파인먼 평전

제임스 글릭 지음
양병찬·김민수 옮김

괴짜 물리학자가 남긴
현대 물리학의 위대한 이정표

나는 천둥벌거숭이로 태어나

자연의 이치를 깨친답시고

약간의 시간을 할애해

여기저기 기웃거렸을 뿐이다

Richard Feynman

1918. 5. 11~1988. 2. 15.

차례

코넬 345

캘테크 459

일러두기

- 본문에 나오는 용어는 한국물리학회 물리학용어집을 참조했다. 다만 이해하기 쉬운 표현이 있을 경우
  용어를 대체하고 각주를 달았다.
- 〈프롤로그〉부터 〈로스앨러모스〉까지 양병찬, 이후 〈코넬〉부터 〈감사의 글〉까지 김민수가 옮겼다.
- 책, 장편소설은 『 』, 논문, 저널, 신문은 《 》, 단편소설, 시, 논문, 기사는 「 」, 예술작품, 방송프로그램,
  영화는 〈 〉로 구분했다.
- 국내에 출간된 책의 내용이 인용되었을 경우, 제목과 지은이, 출판사를 밝혔다.

프롤로그

"세상에 정해진 건 아무 것도 없어. 게다가 우린 늘 운도 좋았고 말이야." 희망 어린 편지 한 통이 로스앨러모스Los Alamos[1]의 은밀한 곳에서 앨버커키 Albuquerque의 한 요양소로 날아들었다.

그러나 원자폭탄을 개발한 과학자들은 악몽에 시달렸다. 로버트 오펜하이머J. Robert Oppenheimer는 자신의 영혼에 그늘이 드리웠다는 말을 자주 했고, 다른 물리학자들도 '인류의 손에 자살폭탄을 쥐어준 격'이라는 오펜하이머의 우려에 공감을 표하기 시작했다. 리처드 파인먼Richard Feynman은 신출내기 과학자인 데다 딱히 책임질 것도 없었지만 비통함은 더하면 더했지 결코 덜하지 않았다. 왠지 따돌림 당하고 있다는 느낌을 지울 수 없었기 때문이다. 과학이 가져다준 핵파멸이라곤 안중에도 없이 평범한 삶을 사는 세상 사람들의 모습은 파인먼의 내면을 더욱 괴롭게 했다. 100년 동안 끄떡없는 도로나 교량을 건설해본들 무슨 소용이 있겠는가, 원자폭탄 한방이면 끝장인 것을…. 파인먼이 알고 있는 비밀을 안다면, 그들은 그런 일에 굳이 시간을 낭비하지 않을 게 뻔했다.

제2차 세계대전의 종말로 과학의 새로운 시대가 열렸지만, 파인먼의 마음은 영 편치 않았다. 한동안은 연구에 손을 떼다시피 하며 낮에는 개구쟁이 소년처럼 흥분을 잘하는 코넬 대학교 교수로, 밤에는 주색잡기에 빠져 신입생 댄스파티를 기웃거리고 술집과 윤락가를 전전하는 망나니로 지냈다. '원자폭탄을 만든 과학자'를 자처하며 막춤을 추는 그를 보며 여학생들은 슬금슬금 뒷걸음질을 쳤다.

한편 그의 동료 물리학자와 수학자들은 첫 인사를 나눈 순간 강렬한 인

---

1) 원자폭탄을 만든 맨해튼 프로젝트가 진행된 곳이다. 자세한 내용은 4장을 참조하라.

상을 받았다. 당시 '떠오르는 신진 학자'로 각광받던 프리먼 다이슨Freeman Dyson은 고향(영국)의 부모님께 보낸 편지에 파인먼을 "반은 천재, 반은 어릿광대"라고 표현했다. 다이슨의 눈에 비친 파인먼은 '격식을 차리지 않고 에너지가 불타오르는, 떠들썩한 미국인'이었다. 파인먼이 현대과학의 단단한 암반巖盤을 뚫는 작업에 얼마나 집요하게 매달리는 중이었는지를 다이슨이 알아차리기까지는 시간이 더 필요했다.

 1948년 봄, 자신들이 만든 원자폭탄의 암울한 그림자가 채 걷히기도 전에 '우리가 원자를 제대로 이해하고 있나?'라는 위기의식에 사로잡힌 27명의 물리학자들은 펜실베이니아주 북부 포코노 산맥에 위치한 관광호텔에 은밀히 모였다. 그들은 오펜하이머의 도움을 받아(그는 과거 어느 때보다도 확고한 정신적 지도자가 되어 있었다) 숙박비와 기차 삯, 그리고 약간의 술값이 포함된 1,000달러 남짓한 경비를 가까스로 마련했다. 그만한 인물들이 그만한 상황에 격식 없이 비공개로 모인 것은 과학사를 통틀어 처음이자 마지막이었다. 10년 전 코펜하겐의 평범한 건물 하나가 과학의 허브 역할을 했을 때처럼[2], 그들은 '우리들의 연구가 사소하고 개별적이며 학구적인 것으로 남아 대부분의 일반인들은 까맣게 모른 채 살아갈 거야'라는 환상에 사로잡혀 있었다. 그동안 과학이 이룬 성과 덕분에 사회와 군부軍部가 물리학을 첨단분야로 인식하여 거액을 투자할 준비가 되었음을 아직 눈치채지 못했던 것이다. 초대장은 선택된 소수의 엘리트 물리학자들에게만 발송되었으며 회의록 조차 남기지 않아 무슨 이야기가 오갔는지 알 수 없다. 이듬해에 그들 중 대부분이 다시 모였고, 오펜하이머가 자신의 스테이션왜건 승용차에 칠판 2개와 술잔(칵테일 잔과 브랜디 잔) 82개를 싣고 나타났다. 그러나 그 즈음에는 현대 물리학이 본격적으로 출범하며 사상 유례없는 규모로 연구가 진행되었기에 과학계의 거물들이 단지 연구만을 목적으로 비밀리에 회동하는 경우는 두 번 다시 없었다.

　원자폭탄은 물리학의 능력을 유감없이 보여줬다. 과학자들은 연필로 끼적인 추상적 개념이 역사를 뒤바꿀 만한 위력을 지녔음을 깨달았다. 하지만 전쟁이 끝나고 냉정하게 되짚어 보니 물리학자들은 자신들이 이론에 얼마나 취약했는지도 깨달았다. 양자역학quantum mechanics은 비록 조악하고 (어쩌면) 일시적이지만, 빛과 물질을 계산하는 데 웬만큼 쓸모가 있을 것이라 기대를 모았다. 그러나 양자역학 이론을 계속 밀어붙이자 잘못된 결과들이 쏟아져 나왔다. 아니, 단순히 잘못된 것이 아니라 아예 무의미했다. 처음 계산할 때는 깔끔히 맞아떨어지는 듯했지만, 좀 더 정확히 계산해 보니 터무니없이 망가지는 이론을 누군들 좋아하겠는가? 양자물리학을 창안한 유럽의 과학자들이 나서서 기울어가는 양자이론을 떠받치려고 온갖 묘안을 짜냈지만 전부 허사였다.

　그들은 뭐라도 하나 건져 보려고 안간힘을 썼다. 전자electron의 질량? 얼핏 보기에는 타당한 값이 나올 것 같아도 제대로 계산해 보면 무한대가 나오니 환장할 노릇이었다. 질량의 개념도 아직 확립되지 않았기 때문에 딱히 '물질'이라고도 그렇다고 해서 '에너지'라고 할 수도 없었다. 파인먼은 (순전히 재미로) 전혀 상관 없는 관점을 적용해 봤다. 주로 여자들 전화번호를 ('미녀 댄서'라든가 '고주망태녀' 등의 가명으로) 적어 놓은, 작고 초라한 올리브그린색 주소록의 맨 마지막 페이지에 거의 하이쿠はいく[3] 수준의 글귀를 휘갈겨 썼다.

---

2) 1925~1929년 코펜하겐 대학교에서 과학자들은 닐스 보어와 베르너 하이젠베르크를 중심으로 양자역학에서 지켜야 할 수학적인 공리들을 제안했다.
3) 일본 고유의 단시短詩. 5·7·5의 17음音 형식으로 이루어진다.

원리

1. 'A는 B로 만들어졌다'거나, 그 역이 성립한다고 말할 수 없다.

2. 모든 질량은 상호작용이다.

양자역학이 자연의 행태를 예측한다는 수준에서 잘 들어맞을 때조차도, 막상 백지를 들이대면 과학자들은 실재하는 대상을 어디에 그려야 할지 몰라 쩔쩔맸다. 파인먼과 달리 어떤 과학자들은 "방정식은 답을 안다The equation knows best"라는 베르너 하이젠베르크Werner Heisenberg의 불완전한 격언을 믿었다. 사실 그들에게는 선택의 여지가 거의 없었다. 과학자들은 성공적으로 분열시킨 원자의 모습을 시각화할 수조차 없었다. 행성이 태양 주위를 공전하듯, 미세한 입자들이 중심부의 핵 궤도를 도는 그림을 하나 내밀었다가 곧 폐기하고 말았다. 종래의 모형을 대체할 원자모델은 없었다. 종이 위에 숫자와 기호들을 잔뜩 적을 수는 있을지는 몰라도 그것이 의미하는 물질의 모습은 머릿속에 영 떠오르지 않아, 원자는 미지의 대상으로 전락했다.

포코노 회동 즈음, 오펜아이머는 원자폭탄 프로젝트의 영웅이 되어 대중적 명성이 절정에 달했었다. (그런 그가 1950년대에 '인민재판'을 받아 반영웅antihero으로 추락하리라고는 아무도 상상하지 못했다.) 모임의 의장은 오펜하이머였지만 회의장 곳곳에는 그보다 더 저명한 물리학자들이 여럿 눈에 띄었다. 덴마크의 연구소에서 날아온 양자론quantum theory의 아버지 닐스 보어Niels Bohr, 시카고의 연구소에서 달려온 핵연쇄반응의 최초 성공자 엔리코 페르미Enrico Fermi, 그리고 유명한 전자방정식으로 핵위기의 빌미를 제공한 영국의 이론 물리학자 폴 A. M. 디랙Paul A. M. Dirac. 이들 세 사람이 노벨상 수상자였던 것은 말할 것도 없고, 오펜하이머를 제외한 거의 모든 참석자들이 이미 노벨상을 받았거나 앞으로 받을 인물들이었다. 비록 유럽의 물리학자들

몇 명이 불참했고 일선에서 물러나 정치인처럼 행동하는 알베르트 아인슈타인Albert Einstein도 오지 않았지만, 포코노 비밀회동의 참석자들은 현대 물리학 전체를 대표한다고 해도 과언이 아니었다.

밤이 되어 파인먼이 발표를 시작하자 여기저기서 의자 움직이는 소리가 들렸다. 참석자들은 이 시건방진 젊은 친구가 당최 무슨 말을 하는지 알아차리느라 애를 먹었다. 그들은 이미 줄리언 슈윙어Jullian Schwinger의 대가다운 발표를 들으며 낮시간의 대부분을 보낸 뒤였다. 슈윙어는 하버드 대학교 교수로, 파인먼과 동갑이었다. 파인먼의 발표 역시 어렵기는 마찬가지였지만(이 발표 내용이 《피지컬리뷰Physical Review》에 실릴 때, 너무 긴 수식을 제한하는 편집지침을 어길 정도였다), 최소한 설득력은 있었다. 파인먼의 발표에 포함된 수식은 슈윙어보다 적고 그리 꼼꼼하지도 않았다. 참석자들은 로스앨러모스 시절부터 익히 파인먼을 알고 있었다. 오펜하이머는 개인적으로 원자폭탄 프로젝트팀에서 가장 똘똘한 젊은 과학자는 파인먼이라고 평가하고 있었다. 하지만 파인먼이 그렇게 후한 평가를 받은 이유를 정확히 댈 수 있는 사람은 아무도 없었다. 핵폭발의 효율을 기술記述한 핵심 방정식에 파인먼이 기여했음을 아는 사람은 극소수였다(구소련의 간첩 클라우스 푹스Klaus Fuchs가 이 방정식을 빼내어 정보당국에 넘겼는데, 그의 상관들은 방정식의 가치를 반신반의하면서도 40년이 지나도록 기밀을 유지했다). 우라늄 덩어리가 지나치게 빨리 폭발하는 확률을 구하는 파인먼의 조기폭발이론theory of predetonation도 사정은 마찬가지였다. 그들은 파인먼이 실제로 수행한 연구를 설명하지는 못했지만 그럼에도 불구하고 파인먼이 독창적인 사고방식의 소유자라는 강한 인상을 받은 것만큼은 분명했다.

그들이 기억하는 파인먼은 다음과 같은 인물이었다. 세계 최초로 대규모 컴퓨팅 시스템('기업용 신형 전자기계식 계산기'와 '색깔로 분류된 카드를 처리하는 여성 작업자'로 구성된 혼성 시스템)을 조직한 사람; 모든 과목 중에서도 특히 기초적인 연산을 지겹도록 강의하는 사람; 2대의 전기열차를 충돌시키는 게임을 하며 미친 듯이 조종간을 비트는 사람; 세기적 패러다임을 바꾸는 폭발이 일어난 순간, 흰색과 보라색이 어우러진 섬광을 휘황찬란하게 반사하는 무기 수송 트럭 안에서, 반항적인 눈빛으로 미동도 않고 꼿꼿하게 앉아 있던 사람.

포코노 매너Pocono Manor 호텔의 휴게실에서 선배들과 마주친 순간, 파인먼은 자신이 점점 더 혼란의 심연 속으로 빠져드는 느낌을 받았다. 초조한 나머지 평소 답지 않게 잠까지 설치고 나왔을 정도였다. 그 역시 슈윙어의 명쾌한 강의를 듣고 난 뒤라, 자신의 발표가 완성도 면에서 그에게 뒤지지 않을까 두려웠다. 파인먼은 당시의 물리학이 필요로 하는 '좀 더 정확한 계산'을 위해 새로운 프로그램을 알기 쉽게 설명하려던 참이었다. 하지만 그의 생각은 프로그램이라기보다는 하나의 비전으로, 여러 개의 입자·기호·화살표·장field이 어우러져 춤추며 요동치는 듯한 그림이었다. 파인먼의 아이디어는 아직 낯선 데다, 그의 다소 신중치 못한 발표 태도가 유럽 출신 과학자 몇 명의 비위를 건드렸다. 발음도 문제였다. 모음은 으르렁거리는 도시의 소음처럼 거칠었고, 자음은 불분명해서 하층민 같은 인상을 줬다. 게다가 몸을 앞뒤로 건들거리며 백묵을 손가락 사이에 넣고 전후좌우로 정신없이 빙글빙글 돌렸다. 몇 주만 지나면 서른 번째 생일이어서, 신동이라 불리기에는 민망해진 파인먼이었다. 발표 도중 논란거리가 될 만한 세부사항 몇 가지는 건너뛰려 했지만 그마저 여의치 않았다. 논쟁을 즐기는 에드워드 텔러Edward Teller가 말꼬리를 잡아챈 것이다. 텔러는 헝가리 출신의 물리학자로 일명 '슈퍼'라고 불리는 수소폭탄 제조를 위한 전후戰後 프로젝트의 책임자였다. 그는 파인먼의 발표를 가로막으며 양자물리학에 관한 기초적인 질문을 던졌다. "배타원리exclusion principle는 어떻게 되는 거죠?"

파인먼이 웬만하면 피하고 싶었던 질문이었다. 배타원리란 특정한 양자 상태를 차지하는 전자가 단 하나만 존재하는 것을 말하는데, 텔러는 파인먼이 '하나의 모자'에서 '두 마리 토끼'를 꺼내려다 들켰다고 생각한 것 같았다. 사실 파인먼의 구상대로라면 여러 개의 입자들이 찰나의 순간 동안 공존하므로, 모든 과학자들이 신줏단지 모시듯 하는 배타원리를 어기는 것처럼 보였다.

"그건 전혀 중요하지 않습니다." 파인먼이 대답했다.

"그걸 어떻게 알죠?"

"저는 압니다. 제가 연구한 바에 의하면…."

"맙소사, 어떻게 그럴 수가!"

파인먼은 칠판에 몇 개의 낯선 다이어그램을 그리기 시작했다. 시간과 반대 방향으로 움직이는 반물질antimatter 입자를 보여주는 그림이었다. 그러자 이번에는 반물질의 존재를 최초로 예측했던 디랙이 헷갈린다는 듯 고개를 연신 갸우뚱했다. 참다 못한 디랙이 인과율causality에 관한 질문을 던졌다. "그게 유니터리unitary한가요?" (유니터리라니! 도대체 디랙은 무슨 의미로 이 말을 사용한 걸까?)

"설명 드리죠. 설명을 들으시면 제가 생각하는 메커니즘을 이해하고, 그것이 유니터리한지 여부도 알게 되실 겁니다." 파인먼이 대답했다. 설명을 계속하는 동안 "그게 유니터리한가?"라는 디랙의 중얼거림이 파인먼의 귓전을 간간이 맴도는 듯했다.

신비로울 정도로 계산에 뛰어나고 물리학에 열정적인 그였지만, 문학에는 이상할 정도로 문외한이고 증명에는 신중치 못했던 파인먼. 그는 한때 스스로의 능력을 과대평가한 나머지 기라성같은 물리학자들을 매료하고 설득하는 데 자신 있다고 생각했었다. 그러나 이제야 비로소 그는 깨달았다. 자신이 어느 선배 학자들도 밟은 적 없는 물리학의 새 시대로 들어가는 길을 발견했음을. 파인먼은 매우 장엄한 태피스트리tapestry[4]에 과거와 미래를 한데 엮어, 전대미문의 새로운 과학을 창조한 것이었다.

코넬 대학교에서 만난 다이슨은 그 비밀을 어렴풋이 간파하고 이렇게 기술했다. "그의 멋진 비전으로 본 세상은 시간과 공간의 세계선world lines으로 직조된 직물이며, 모든 것이 자유롭게 움직인다. 그것은 하나의 통일원리로 모든 것을 설명할 수 있지만, 어쩌면 아무 것도 설명할 수 없을지 모른다." 벼랑 끝에 내몰린 20세기 물리학이었기에 나이든 과학자들은 계산의 장애물을 뛰어넘을 방법을 모색하고 있었다. 파인먼의 발표에서 젊은 물리학자의 새로운 발견을 갈망했지만, 청중들은 원자세계에 대한 특정한 관점(또는 일련의 다양한 관점들)에 집착하여 제각기 혼란에 빠진 상태였다. 어떤 학자들은 주로 파동, 즉 과거를 현재로 실어 나르는 수학적 파동을 생각했다. 물론 파동은 종종 입자처럼 거동하며 (파인먼이 칠판에 쓱쓱 그렸다가 지워버린) 궤적을 따라 움직이기도 했다. 어떤 물리학자들은 그저 수학으로 도피해, 기호를 이용하여 마치 징검다리를 디뎌 가며 안갯속을 헤쳐나가듯 어려운 계산을 가까스로 이어나갔다. 이들 방정식계가 나타내는 세계는 (현미경으로도 볼 수 없는) 극미세계로, 야구공이나 물결파와 같은 일상적 대상의 논리를 벗어난다. 영국의 시인 W. H. 오든W. H. Auden은 「'어린이를 위한 현대 물리학 안내After Reading a Child's Guide to Modern Physics'라는 책을 읽고」라는 시에서 우리가 일상에서 접하는 대상들을 다음과 같이 표현했다(솔직히 말해서 파인먼은 시라면 딱 질색이었다).

---

4) 여러 가지 색실로 그림을 짜 넣은 직물.

다행히도 질량이 충분하므로

그곳에 온전히 존재한다.

만약 비정형非定型의 오트밀 죽이라면,

일부가 어딘가 다른 곳에 존재할 텐데.

양자역학의 대상은 늘 '일부가 어딘가 다른 곳에 존재하는 것'으로 그려졌다. 이와 대조적으로 파인먼이 칠판에 그렸던 닭장 철망을 닮은 육각형 모양의 다이어그램은 윤곽이 매우 뚜렷했다. 정확한 궤적들은 고전적으로 보였다. 순간 닐스 보어가 자리를 박차고 일어섰다. 로스앨러모스 시절부터 알고 지냈던 보어와 파인먼은 당시에도 거리낌 없이 격렬한 논쟁을 벌였다. 보어는 파인먼의 솔직함을 높이 평가하여 개인적으로 자문을 구하기도 했지만, 이번에는 사정이 달랐다. 거침없이 쭉쭉 뻗은 선line에 담긴 명백한 시사점이 그를 혼란스럽게 했다. 파인먼의 입자들은 깔끔하게 정의된 시공의 경로를 따라 이동하는 것처럼 보였다. 그러나 불확정성 원리uncertainty principle에 따르면 그럴 가능성은 전혀 없었다.

"양자역학의 입장에서 볼 때, '경로의 궤적은 정해져 있다'라는 고전적 생각이 타당하지 않다는 것은 주지의 사실입니다." 보어가 말했다(어쩌면 파인먼이 그렇게 들었을 수도 있다). 보어의 나긋나긋한 음성과 모호한 덴마크식 어조는 알아듣기 어려워 듣는 사람을 바짝 긴장시키기로 악명 높았다. 설상가상으로 보어는 강단으로 뛰쳐올라 불확정성 원리에 대해 일장연설을 했고, 파인먼은 그 옆에서 뻘쭘하게 서 있을 수밖에 없었다. 이 굴욕은 두고두고 파인먼의 가슴 속에 응어리로 남았다. 물리학의 한 세대가 저물고 다음 세대가 등장한 포코노 회동이었지만 훗날의 생각과 달리 그곳의 분위기는 세대교체는 명확하지도 불가피하지도 않은 것처럼 보였다.

양자론의 개척자, 원자폭탄 프로젝트에서 한 그룹을 이끌었던 시건방진 리더, 유명한 파인먼 다이어그램의 창안자, 열정 넘치는 봉고 연주자이자 이야기꾼이었던 리처드 필립스 파인먼! 그는 총명했고, 인습을 타파하기 위해 어느 누구보다 노력했고, 가장 큰 영향력을 발휘한 현대 물리학자였다. 1940년대에 반쯤 완성된 파동과 입자 개념을 재료로 삼아, 파인먼은 평범한 물리학자들이 이해하고 사용할 수 있는 도구들을 완성시켰다. 그는 자연이 제기하는 문제의 핵심을 꿰뚫어 볼 수 있는 빛나는 능력의 소유자였다. 물리학계는 조직과 전통에 얽매인 나머지 때때로 영웅을 불신하는 만큼이나 영웅을 간절히 원했다. 그렇기 때문에 파인먼의 이름은 더욱 특별한 광채를 내뿜었다. 파인먼의 이름에 '천재'라는 단어가 따라붙는 것이 당연시되었다. 물질과 에너지에 대한 연구가 예기치 않게 나락으로 떨어져 어둡고 음침한 길을 걸어야 했던 40년의 세월 동안 파인먼은 무대의 중앙을 차지했고 40년 동안 그 자리를 지키면서 전쟁 이후의 과학을 지배했다.

포코노에서 아쉬운 인상을 남긴 파인먼은 절치부심했다. 마침내 그는 실험을 통해 빛·전파·자기·전기에서 나타나는 다양한 현상들을 총망라하는 완벽한 이론체계를 확립했고, 그 공로를 인정받아 노벨상까지 거머쥐었다. 나아가 이에 필적하는 훗날의 업적은 세 가지로 요약된다. 첫 번째는 초유동성superfluidity에 관한 이론으로 기묘하게도 마찰이 없는 액체 헬륨의 특성을 기술한 이론이다. 두 번째는 약한 상호작용weak interaction에 관한 이론으로 방사성 붕괴에서 나타나는 힘을 기술한 이론이다. 세 번째는 파톤parton에 관한 이론으로 원자핵 속에 존재하는 '딱딱한 가상적 입자'를 기술함으로써 쿼크quark의 현대적 이해에 기여한 이론이다. 파인먼보다 젊은 과학자들이 밀교적密敎的인 새 영역을 탐색할 때면 입자의 상호작용에 관한 파인먼의 시각은 어김없이 물리학의 최전선으로 복귀하곤 했다.

파인먼은 계속해서 새로운 수수께끼들에 도전했다. 그에게는 탐구대상을 차별할 여지도 의향도 없었다. 입자물리학 분야의 소문난 문제들이든 (구시대에서나 다뤄졌을 법한) 평범해 보이는 일상적 문제들이든 가리지 않고 다뤘다. 아인슈타인 이후, 자연이 던지는 수수께끼의 도전을 주저 없이 받아들인 물리학자는 파인먼밖에 없었다. 파인먼은 마찰의 메커니즘을 이해할 요량으로 아주 매끄럽게 마무리된 표면의 마찰까지 연구했지만 대부분 실패로 돌아갔다. 바닷바람이 파도를 일으키는 과정에 대한 이론도 하나 만들어 보려 했는데, 어떻게 되었는지는 모르겠다. 다만 훗날 그는 "늪지에 발을 넣었다 빼면 진흙이 묻어 올라오는 것과 같은 이치이다"라는 말을 남겼다. 원자들의 힘과 원자들이 형성한 결정체의 탄성 간의 관계도 탐구했다. 종이를 접어 만든 플렉사곤flexagon[5]이라는 특이한 형태에 관해 실험 데이터와 이론적 발상들을 수집하기도 했다. 아인슈타인조차도 이해하지 못했던 양자중력이론quantum theory of gravitation 분야에서는 스스로 만족할 만한 수준은 아니었지만 상당한 영향력을 발휘할 만큼 발전시켰다. 여러 해 동안 기체와 액체의 난류turbulence 문제에 천착하기도 했지만 아쉽게도 무위에 그쳤다.

물리학자들 사이에서 파인먼의 위상은 그가 실제로 물리학 분야에 기여한 바를 모두 합친 것보다 더 높았다. 출판된 논문이라고는 (대단히 독창적이지만 도무지 이해할 수 없었던) 박사학위 논문 한 편과 (로스앨러모스 문서보관소에 보관된) 비밀논문 몇 편밖에 없었던 20대부터 파인먼의 전설은 쌓여가고 있었다. 계산의 달인이었던 파인먼은 어려운 문제를 단칼에 해결함으로써 동료 과학자들에게 깊은 인상을 남겼다. '깐깐한 능력주의자'를 자처하는 과학자

---

5) 삼면체 또는 사면체 여러 개를 붙인 장난감으로 돌릴 때마다 다른 면을 볼 수 있다. 172페이지에서 자세히 설명한다.

들도 파인먼 앞에서 재빨리 꼬리를 내렸다. 파인먼이 전설적인 검투사나 팔씨름왕처럼 특별한 비법을 알았는지도 모른다. 품위나 예의에 개의치 않는 성품은 '여기 별종이 하나 있소'라고 선포하는 것 같았다. 영국의 작가 C. P. 스노C. P. Snow는 물리학자들의 세계를 유심히 관찰한 후, 파인먼에게는 선배들과 달리 진지함이 부족하다고 지적하며 다음과 같이 말했다. "파인먼은 좀 특이하다. 점잖은 행동을 할 때면 겸연쩍은 듯 씩 웃는 버릇이 있다. 쇼맨십이 있을 뿐만 아니라 즐기기까지 하는 모습을 보면, 마치 그라우초 막스Groucho marx[6]가 위대한 과학자 흉내를 내는 것 같다는 느낌을 준다." 스노는 문득 아인슈타인을 연상했지만 이제는 그늘이 드리우고 위엄이 서린 아인슈타인의 얼굴을 떠올리니, '그도 창의적이던 시절에는 개구쟁이 소년 같았으리라'라는 생각이 싹 가셨다. 파인먼은 어떨까? 그도 늙으면 위엄을 풍기는 인물로 변하지 않을까? 그러나 스노는 고개를 가로 저었다. "아마도 아닐 것이다. 젊은이들이 만년의 파인먼을 만나보면 무척 흥미로울 것이다"라스노는 예견했다.

맨해튼 프로젝트[7]를 위해 소집된 한 팀의 물리학자들을 시카고에서 처음 만났을 때, 파인먼은 그들이 한 달 동안 쩔쩔매던 문제를 단숨에 풀었다. 그러나 팀원 중 한 명이 나중에 인정한 바와 같이, 그 사건은 '최고 수준의 두뇌'를 알아보게 된 피상적 계기에 불과했다. 탁월한 능력 못지않게 팀원들에게 깊은 인상을 준 점은 대학교수답지 않게 소탈하고 자유분방한 태도였다. 파인먼은 전쟁 이전의 젊은 학자들과 사뭇 달랐다. 춤꾼처럼 거침없고 표현력이 풍부한 몸짓, 브로드웨이식 빠른 말투, 거의 사기꾼 수준의 번드르르한 언변, 대화 도중 수시로 튕기는 손가락…. 강의할 때는 과장된 제스처를 보이기 일쑤였고 양쪽 다리를 번갈아 옆으로 까딱거리는 습관도 있었다. 파인먼은 오랫동안 잠자코 앉아 있는 법이 없었다. 행여 그가 가만히 앉아

우스꽝스럽게 몸을 웅크리고 있을 때면 물리학자들은 '저 친구 조만간 벌떡 일어나 날카로운 질문을 던질 모양이군'이라고 중얼거렸다.

보어와 같은 유럽인들이 듣기에 파인먼의 말투는 그들이 만나본 여느 미국인들처럼 사포로 문지른 음악을 연상케 했다. 그러나 미국인들의 귀에 들리는 파인먼의 말씨는 달랐다. 다듬어지지 않은 구제불능의 뉴욕 말씨였다. 그러나 그리 대수로운 문제는 아니었다. 또 다른 젊은 물리학자는 파인먼을 별에 비유하며 이렇게 말했다. "우리는 지워지지 않는 강렬한 인상을 받았어요. 그는 말뿐만 아니라 휘황찬란한 빛을 뿜어내는 것 같았어요. 그런 빛나는 자질을 그리스어로 아레테arete[8]라고 하지 않던가요? 파인먼이 바로 그런 사람이었어요."

파인먼은 독창성에 집착한 나머지 뭐든 제1원리[9]에서 곧바로 도출해야 직성이 풀렸다. 이는 간혹 낭비나 실패로 끝날 수밖에 없으므로, 매우 위험한 성격이었다. 그는 괴짜니 부적응자가 되기 쉬운 타입이어서, 기꺼이 (또는 열정적으로) 어리석은 생각에 빠져들어 잘못된 길로 돌진하기 일쑤였다. 강력한 지성의 뒷받침이 없었다면 이런 강점은 치명적인 약점으로 전락했을 것이다. 한 이론 물리학자는 이렇게 말했다. "딕(파인먼의 애칭)은 엄청나게 똑똑했기 때문에 많은 어려움을 돌파할 수 있었어요. 여차하면 몽블랑 산을 맨발로 오를 사람이었죠." 일찍이 아이작 뉴턴은 "내가 세상을 더 멀리 보았다면 그것은 거인들의 어깨에 올라섰기 때문이다"라고 말한 적이 있다. 그런데

---

6) 미국의 코미디언.
7) 원자폭탄을 만드는 프로젝트의 암호명이다.
8) 사람이나 사물에 갖추어져 있는 탁월한 성질. 좁은 뜻으로는 인간의 도덕적 탁월성을 이른다.
9) 기본 물리법칙과 상수 및 입자에 대한 기본적인 정보만으로 물질의 모든 물리적, 화학적 성질을 계산하는 방법을 뜻한다.

파인먼은 어떻게든 몸을 비틀어 자기의 어깨 위에 올라서려고 했던 인물이다. 적어도 코넬 대학교에서 파인먼을 쭉 지켜본 수학자 마크 카츠Mark Kac가 보기에는 그랬다.

천재에는 두 종류가 있다. '평범한 천재'와 '마법사 천재'. 평범한 천재란 당신이나 나나 몇 배만 더 정진하면 도달할 수 있는, 딱 그 정도 수준의 천재다. 이런 천재의 사고방식에 불가사의한 점은 없다. 그들이 뭘해냈는지를 일단 이해하면 우리 또한 그렇게 할 수 있었으리라는 확신이 든다. 그러나 마법사 천재는 다르다. 그런 천재들은 수학용어로 말하자면 우리가 존재하는 곳의 직교여공간orthogonal complement[10]에 존재하며, 그들의 사고패턴은 어느 모로 봐도 도저히 이해할 수 없다. 그들이 뭘 해냈는지를 용케 이해하더라도 어떤 과정을 거쳐 그렇게 했는지는 완전히 오리무중이다. 마법사 천재들은 좀처럼 제자를 양성하지 못하는데, 그건 스승이 뭘 하면 따라하기가 불가능한 데다 설령 영특한 제자라해도 스승의 불가사의한 사고방식을 따라잡으려다 참담한 좌절을 맛보기 십상이기 때문이다. 리처드 파인먼은 마법사 중에서도 최고 수준의 마법사 천재였다.

파인먼은 대부분의 과학사에 등장하는 윤색된 신화를 경멸했다. 질서정연해 보이는 지적 진보의 이면에는 발을 헛딛거나 확신이 부족해 망설였던 비화가 숨어 있기 마련이지만, 신화는 이러한 치부를 덮고 아름다운 것만 강조하기 때문이다. 파인먼은 이같은 신화를 혐오했지만 자기의 신화가

---

10) 주어진 부분공간과 수직인 벡터들의 공간. 이해하기 어려운 난해한 개념을 빗댄 것이다.

창조되는 것은 막지 못했다. 파인먼이 물리학자들의 정신적 영웅을 모신 신전의 꼭대기에 오르자, 그의 천재성과 모험에 관한 이야기는 물리학계에서 일종의 예술양식이 되었다. 파인먼에 관한 이야기는 기발하고 유머러스 했으며, 시간이 지남에 따라 점차 전설로 변해갔다. 1980년대에는 그중 많은 부분이 기록으로 옮겨져, 이색적인 제목을 가진 두 권의 책(『파인만 씨 농담도 잘하시네』, 『남이야 뭐라 하건!』)으로 출판되었다. 두 책은 출판사가 놀랄 정도로 엄청난 베스트셀러가 되었다. 1988년 파인먼이 세상을 떠난 후 (그와 때로는 친구로, 공동 연구자로, 연구실 이웃으로, 옹호자로, 경쟁자로, 적수로 지냈던) 머리 겔만Murray Gell-Mann은 추도식에서 "딕은 자욱한 신화가 자신을 둘러싸고, 자신에 대한 일화를 만드는 데 어마어마한 시간과 에너지를 쏟아부었다. 그 신화에서 딕은 어느 누구보다도 똑똑한 사람으로 등장해야만 직성이 풀렸다"라고 말해 유족을 격분시켰다. 이야기에 등장하는 파인먼은 잔소리꾼, 난봉꾼, 어릿광대, 순둥이였다. 원자폭탄 프로젝트 당시 파인먼은 군 검열관들에게 눈엣가시와 같은 존재였다. 1986년 우주왕복선 폭발사고의 조사위원으로 활동할 때는 진정한 원인을 밝혀내기 위해 불필요한 관료주의를 배격한 아웃사이더였다. 파인먼은 겉치레, 인습, 돌팔이, 위선을 증오했고, 벌거벗은 임금님을 본 소년이기도 했다. 파인먼은 그런 인생을 살다 갔다. 물론 겔만의 말에도 일리는 있었다. 전설 속에는 파인먼의 업적, 업무처리 방식, 깊은 신념에 대한 오해도 섞여 있었다. 그러나 파인먼의 자아관은 자신의 천재성을 부각시키기보다 가리는 데 기여한 편이었다.

인간적 면모와는 별개로 파인먼의 명성은 뒤이은 현대 과학의 무대에서 기념비처럼 우뚝 서게 되었다. 물리학자들만 알아듣는 파인먼 이야기에는 파인먼 다이어그램, 파인먼 적분, 파인먼 규칙 등이 포함되어 있었다. 장래가 촉망되는 젊은 동료를 발견하면 물리학자들은 이렇게 말하곤 했다. "그 친구가 파인먼은 아니지만…." 캘테크Caltech[11])의 학생식당에 파인먼이 나타나 식판을 들고 지나가거나, 여느 학회의 강연장에 파인먼이 입장하여 맨 앞줄에 앉으려 할 때면, 그가 있는 곳을 기점으로 웅성거리던 소리가 잠잠해지거나 좌중이 술렁였다. 심지어 선배 학자들조차도 짐짓 딴청을 부리는 척하며 그의 모습을 곁눈질했다. 젊은 물리학자들은 파인먼의 가식 없는 매력에 이끌렸다. 그들은 파인먼의 필체나, 칠판에 글씨나 방정식을 휘갈겨 쓰는 몸짓을 흉내내곤 했다. 어떤 이들은 '파인먼은 과연 인간인가?'라는 문제를 놓고 자못 심각한 논쟁을 벌였고 섬광처럼 떠오르는 파인먼의 영감을 부러워하기도 했다. 그밖에도 그들은 자연의 단순한 진리를 믿고, 공인된 지식에 회의를 품으며, 평범함을 참지 못하는 파인먼의 기질을 찬미했다.

파인먼은 위대한 교육자로도 널리 알려져 있지만, 사실인즉 그렇지 않았다. 그는 애제자를 별로 남기지 않았으며 일상적인 교육 의무를 애써 회피했다. 이런 의미에서 보면 (파인먼보다 덜 유명한) 중간 수준의 물리학자들 중에서도 그만큼 후진양성에 소홀한 사람은 없었을 것이다. 과학은 진정한 의미의 도제식 교육을 실천하는 몇 안 되는 분야 중의 하나이므로 제자가 스승 곁에 머물며 기량을 연마해야 했지만, 파인먼에게 그런 식으로 배운 학생은 거의 없었다. 파인먼은 학생들의 연구를 진득하게 지켜보며 이끌어줄 만한 인내심이 없어서 그를 지도교수로 삼으려는 학생들에게 높은 담을 쌓았다. 그럼에도 불구하고, 파인먼이 일단 가르쳤다 하면 학생들에게 깊은 각인을 남겼다.

파인먼은 생전에 책 한 권을 쓴 일이 없지만, 1960년대에 그의 이름을 내건 책들이 나오기 시작했다. 책의 제목은 『기본과정론Theory of Fundamental

---

11) 캘리포니아 공과대학California Institute of Technology의 줄임말.

Processes』과 『양자전기역학Quantum Electrodynamics』으로, 학생과 동료들이 받아적은 내용을 약간 편집한 것임에도 불구하고 큰 영향력을 발휘했다. 그는 작은 지하 강의실에서 학부생들을 대상으로 '물리학 X'라는 이름의 강의를 수년 동안 계속했는데, 학점이 없는 정체불명의 강의였다. 후에 일부 물리학자들은 이 '예측불가하고 형식 없는 세미나'를 가리켜 자신들의 교육과정에서 겪은 가장 강렬한 지적 경험이었노라고 술회했다. 1961년, 파인먼은 캘테크에서 일반물리학 커리큘럼을 다시 짜고 가르치는 일을 맡았다. 그로부터 2년 동안 1, 2학년 학생들과 대학원생 조교들은 파인먼이 펼치는 '우주로의 대장정'을 따라가느라 무진 애를 먹었다. 강의 내용은 『파인만의 물리학 강의The Feynman Lectures on Physics』 3부작으로 출판되었는데 일명 '빨간 책'으로 더 유명해졌다. 이 책은 물리학의 주제들을 밑바닥에서부터 다시 파헤쳤다. '빨간 책'을 교재로 채택한 대학들은 몇 년 후 하나 둘씩 포기하게 되었는데 그 이유는 학생들에게 너무 어려웠기 때문이다. 책의 진가를 인정한 쪽은 오히려 교수와 현역 물리학자들이었다. 그들은 이 책이 자신들의 물리학 개념을 다시 형성해 준다는 사실을 깨달았다. 『파인만의 물리학 강의』는 그저 권위 있는 책에만 머물지 않았다. 물리학자들은 수많은 유명 구절 중 하나를 인용할 때, '제2권 41장 6절'이라고 담담히 출처를 밝히며 경의를 표하곤 했다.

권위를 따지자면 양자역학, 과학적 방법론, 과학과 종교의 관계, 진리 추구의 아름다움과 그 과정에서 불확실성의 역할 등과 같은 다양한 주제에 관한 파인먼의 견해도 만만치 않았다. 그런 주제에 대한 파인먼의 견해는 전문적인 내용을 언급하는 가운데 즉흥적으로 제시되는 경우가 대부분이었지만 『물리법칙의 특성The Character of Physical Law』과 『일반인을 위한 파인만의 QED 강의QED: The Strange Theory of Light and Matter』라는 두 권의 얇은 책으로 발간되기도 했다. 책의 내용은 파인먼의 강의에서 발췌한 것으로 대중을 위한 과학저술의 모범사례로 손꼽힌다. 과학자와 과학 저술가들은 파인먼을 널리 인용했지만 정작 파인먼 자신은 좀처럼 인터뷰에 응하지 않았다. 파인먼은 철학을 '안이하고 입증 불가능하다'라며 경멸했다. 그는 "철학자들은 늘 겉돌면서 멍청한 의견을 내놓는다"라고 말했고, 조롱하는 투로 '철학'을 '철악'이라고 발음했다.[12] 그러나 어쨌거나 그의 영향력은 철학적임이 분명했으며, 특히 젊은 물리학자들에게는 더욱 그랬다. 예컨대 젊은 물리학자들의 기억에 따르면 파인먼은 양자역학(정확히 말하면 '양자역학이 표상하는 세계관')에 대한 세상 사람들의 언짢은 태도를 거트루드 스타인Gertrude Stein[13]식 방법으로 비꼬았다.

'진짜 문제는 없다'는 말이 내게는 분명하지 않다. 진짜 문제를 정의할 수 없으므로, 진짜 문제가 과연 존재하는지 의심스럽기는 하다. 하지만 설사 그렇다고 해도, 진짜 문제가 없다는 확신이 들지는 않는다.

또는 (아마도 문헌에서 가장 많이 인용되었던 것 같은데) 메타포를 이용해 다음과 같이 말했다.

어떻게든 회피할 수 있다면 '하지만 어떻게 그렇게 될 수 있지?'라고 자문하지 말라. 그래 봐야 모든 게 수포로 돌아가, 지금껏 아무도 벗어나지 못한 막다른 골목에 몰려버릴 테니 말이다. 사실 어떻게 그렇게 되는지는 아무도 모른다.

파인먼은 공들여 만든 경구를 메모지에 남몰래 적어놓았다가 나중에 강연할 때 즉흥적으로 떠오른 척하며 써먹기도 했다.

자연은 가장 긴 실만을 엮어서 패턴을 만든다. 따라서 작은 천 조각들 하나하나가 태피스트리 전체의 짜임새를 드러낸다.

세상은 왜 현재와 같은 방식으로 존재할까? 과학은 왜 이런 식으로 존재할까? 우리 주변에 만발한 복잡성을 기술하는 새로운 규칙을 발견하려면 어떻게 해야 할까? 우리는 자연의 단순한 핵심을 향해 나아가는 중인가, 아니면 겹겹이 둘러싼 양파껍질을 하염없이 벗겨낼 뿐인가? 파인먼은 간간이 뒤로 물러나 순전히 실용적인 태도를 취하기도 했지만 이런 질문들을 회피하지 않고 답변을 제시했다. 그것이 철학적이며 비과학적이라는 것을 잘 알면서도 말이다. 과학에 관한 형이상학적 질문 중에서 가장 냉혹한 것을 들자면, '사물의 핵심에 의미, 단순성, 이해 가능성이 존재하는가?'라고 할 수 있다. 파인먼의 인생을 통틀어 이 질문에 대한 답변은 시간이 지나면서 크게 변했지만 이 사실을 눈치챈 사람은 거의 없었다.

파인먼이 양자역학을 재발견함으로써 세상의 존재방식이나 존재이유가 해명되었다고 볼 수는 없다. 그보다는 세상에 대처하는 방식이 밝혀졌다고 하는 편이 옳을 것이다. 그가 사람들에게 제공한 것은 '무엇'에 대한 지식이 아니라 '어떻게'에 대한 지식이었는데, 그것은 들뜬 원자에서 방출되는 빛을 계산하는 방법에 대한 지식이었다. 또한 실험 데이터를 판단하는 방법, 예측하는 방법, 물리학 때문에 당혹스러울 정도로 급격히 증가한 새로운 입자족을 찾아낼 새로운 도구를 만드는 방법에 대한 지식이었다.

---

12) 원문은 philozawfigal이라 썼다.
13) 미국의 시인이자 소설가. 소설이나 시에서 대담한 언어상의 실험을 시도했을 뿐만 아니라 새로운 예술운동의 옹호자가 되었다. 제1차 세계대전 이후 모더니스트로서 활약한 사람 중 하나로 '로스트 제너레이션'이란 말을 처음 사용했다.

과학적 지식에는 다양한 종류가 있는데 그중 파인먼의 주특기는 실용적 지식이었다. 파인먼에게 지식이란 '기술하는 것'이 아니라 '행동하고 성취하는 것'이었다. 상당수의 물리학자들이 유럽 문명의 전통하에서 교육받고 성장했지만, 파인먼은 그림을 감상한 적이 없고 음악도 들어본 적이 없으며 교양서적은 물론 과학책마저도 읽지 않았다. 다른 과학자들이 그에게 뭐든 자세히 설명해주려고 하면 아주 질색하는 통에 그들을 몹시 당혹스럽게 만들곤 했다. 그래도 그의 학습 능력은 놀라워서 배워야 할 것은 어떻게 해서든 배우고야 말았다. 편견 없이 지식을 추구했다는 이야기이다. 안식년에는 생물학에 관심을 가져, 유전학자들이 DNA 변이를 이해하는 데 필요한 작지만 의미 있는 기여를 했다. 언젠가는 "길이 64분의 1인치 미만의 초소형 전기모터를 만들어 보라"라며 1,000달러의 상금을 공개적으로 내걸었다(실제로 상금을 줬다). 이처럼 일찌감치 초소형 기계의 가능성을 떠올린 덕분에 자칭 나노기술자라는 사람들의 지적 아버지가 되었다. 젊은 시절에는 잠드는 순간에 펼쳐지는 의식의 흐름을 관찰한답시고 몇 달 동안 셀프 실험을 하기도 했다. 중년에는 인체의 감각을 차단한 탱크 속에 들어가, 마리화나를 피우거나 피우지 않은 상태에서 유체이탈 환각을 유도하는 실험을 하기도 했다.

파인먼이 살았던 시기는 물리학이라고 불리는 한 줄기 지식이 여러 갈래의 가지로 나뉘기 시작한 때였다. 그중에서 연구비를 독차지하고 대중을 휘어잡았던 쪽은 기본입자elementary particle를 전문적으로 연구하는 학자들이었다. 이들은 '가장 근본적인 과학은 입자물리학'이라고 주장하며 고체물리학과 같은 하위분야를 멸시했다. 겔만은 '고철물리학'이라는 신조어까지 만들었다. 하지만 파인먼은 대통일 이론Grand Unified Theories이라는 거창한 용어를 입에 담지 않았고 다른 분야를 업신여기지도 않았다.

민주적인 스타일의 파인먼은 기술의 귀천을 따지지 않았다. 드럼 연주법, 마사지법, 말 잘하는 법, 술집에서 여자 홀리는 법 등을 스스로 익힌 후 '모두 나름의 규칙을 가진, 배울 만한 재주'라고 결론내렸다. 로스앨러모스 시절에는 멘토로 모셨던 한스 베테Hans Bethe의 "50에 가까운 숫자를 제곱하는 법도 몰라?" 같은 핀잔에 자극받아 혼자서 암산 요령을 터득했고, 그후에는 훨씬 더 까다로운 미적분 문제를 암산으로 푸는 법까지도 스스로 깨쳤다. 그밖에도 전기 도금한 금속 막대기를 플라스틱 물체(예: 라디오 다이얼)에 부착하는 법, 머릿속으로 시간을 재는 법, 개미를 줄 세워 특정한 방향으로 행진시키는 법 등을 혼자 힘으로 알아냈다. 물잔에 물을 채워 즉석 실로폰을 만드는 방법을 어렵지 않게 배운 후, 닐스 보어를 위한 디너 파티에서 시종일관 한 치의 망설임도 없이 그 실로폰을 연주해 보어를 깜짝 놀라게 했다. 동료 물리학자들과 궁극적 목표(원자폭탄 제조)에 몰두하는 동안에도 짬짬이 곁길로 빠져, 구식 소다수 기계의 죔쇠를 푸는 법, 자물쇠 따는 법, 금고 여는 법 등을 알아냈다. 파인먼이 금고를 여는 것을 보고 동료들은 '회전판이 떨어지는 진동을 손끝으로 느끼나 보다'라고 오해했지만, 그건 몸이 아니라 머리를 쓴 결과였다(파인먼이 사무실의 철제 금고에 매달려 손기술을 연마하는 모습을 날마다 봤으니 그들이 그런 생각을 하는 것도 무리는 아니었다). 한편 원자력을 로켓의 동력으로 이용하는 방법을 궁리하다가 원자로 추력모터reactor thrust motor를 고안해냈는데, 실용성은 별로였지만 꽤 그럴듯해서 미국 정부가 강제로 가져다가 특허권을 부여하고는 국가 기밀로 분류해 숨겨 버렸다.

시간이 한참 흘러 정원과 현관을 완벽하게 갖춘 저택에 살게 된 후에도 파인먼의 학구열은 전혀 식지 않았다. 그는 개들을 직관과 반대로 움직이도록 훈련시키는 방법을 혼자 터득했다. 예를 들면 근처에 있는 양말을 곧바로 물어 오지 않고 멀리 우회해서(정원을 한 바퀴 돌고, 현관문 안으로 들어갔다 나온 후에) 물어 오게 했다. '양말 있는 데로 곧바로 가면 안 된다'는 사실을 개에게 완전히 납득시키기 위해 파인먼은 과제를 여러 단계로 쪼개어 단계별로 훈련시켰다. 그리고 사냥개처럼 체온과 냄새를 감지하고 추적해 사람을 찾아내는 방법을 스스로 터득했다. 외국어를 흉내내는 방법도 터득했는데 알고 보니 그 원리는 간단했다. 첫째로 배짱이 두둑해야 하며, 둘째로 입술과 혀의 긴장을 풀고 엉뚱한 소리를 지껄이기만 하면 되는 것이었다. 이것이 사실이라면 파인먼은 왜 평생 동안 파로커웨이 사투리의 억양을 순화하지 못했을까? 동료들은 이 점을 의아해 했다.

파인먼은 무지의 바다에 실용 지식의 섬을 띄우는 데 몰두했다. 작도법을 모르면서도 칠판에 손으로만 완벽히 원을 그리는 방법을 터득했다. 음악을 모르면서도 〈말벌의 비행〉 같은 곡 하나쯤은 혼자 연습해서 연주할 수 있다'며 여자친구와 내기를 했다가 지기도 했다. 한참 후에 그림을 웬만큼 그릴 수 있게 되자, 이번에는 낭만적인 여성 누드화에 몰두하면서 친구들에게 "그림 자체보다는 덤으로 익힌 기법(젊은 여성을 설득해서 옷을 벗게 하는 방법)이 훨씬 더 짜릿해!"라고 너스레를 떨었다. 그럼에도 불구하고 평생 동안 좌우를 구별하는 법은 터득하지 못해, 보다 못한 어머니가 '손등에 점이 있는 쪽이 왼쪽'이라고 일러 줬고, 어른이 되어서도 좌우가 헷갈릴 때는 손등의 점을 확인했다. 재즈도 아니고 월드 뮤직도 아닌 음악을 드럼으로 즉흥 연주하여 청중을 사로잡았고, 양손으로 치는 폴리리듬[14]을 흔한 2:3, 3:4는 물론 7:6, 13:12까지 거뜬히 소화해 전문 훈련을 받은 뮤지션들을 놀라게 했다. 중국어에도 관심을 가졌는데, 오로지 여동생을 약올릴 목적이었던 관계로 '오빠도 말한다'를 배우는 데 그쳤다.

고에너지 입자가속기particle accelerator가 이론 물리학을 지배하는 시대

---

14) 한 곡 안에서 상반되는 여러 리듬을 동시에 연주하는 방법.

가 도래하자 가장 현대적인 상형문자(레이스가 달린 별 모양의 광채가 그려진 사진으로, 안개상자와 거품상자 안에서 일어난 입자충돌 장면을 촬영한 것)를 판독하는 방법을 스스로 익혔다. 새로운 입자를 찾아내기 위해서가 아니라 실험의 편향과 자기기만의 미묘한 흔적을 추적하기 위해서였다. 사람들의 사인 공세를 피하고 강의 초청을 거절하는 법, 행정적 도움을 요청하는 동료들을 피하는 법, 당면 연구과제를 제외한 모든 것을 시야에서 몰아내는 법, 과학자들의 마음에 그늘을 드리우는 특별한 노화공포증을 이겨내는 법, 그리고 종국에는 '암과 함께 사는 법'과 '암에 항복하는 법'까지 두루 마스터했다.

파인먼이 세상을 떠난 후 수많은 동료들이 묘비명을 쓰겠다고 앞다퉈 나섰는데, 그중 한 사람이 슈윙어였다. 한때 동료였을 뿐 아니라 강력한 라이벌이기도 했던 슈윙어는 이런 구절을 택했다. "솔직한 인간, 우리 시대의 걸출한 직관주의자, 과감하게 남들과 다른 장단에 맞춰 춤추면 어떤 운명을 맞게 되는지를 몸소 보여준 본보기." 파인먼의 도움으로 창조된 과학은 이전의 어떤 과학과도 달랐으며 파인먼이 속한 문화권에서 가장 영향력 있는 업적으로 떠올랐다. 때로는 점점 더 모호해지는 터널에서 좁아지는 갈림길로 물리학자들을 내몰기도 했지만, 그가 창조한 과학의 영향력은 결코 줄어들지 않았다. 파인먼은 이제 세상에 없지만, 그가 남긴 가장 큰 유산은 아마도 '역사상 가장 불확실한 시기인 21세기에 뭔가를 안다는 것이 어떤 의미로 다가오는지'를 곰곰이 생각하게 해준 것인지도 모르겠다.

파로커웨이

가정에서 라디오를 땜질하던 시대는 지나가 버린 지 오래다. 요즘 아이들은 부모님이 애지중지하는 구식 라디오의 뚜껑을 열어 부속품을 들어내던 즐거움을 전혀 모른다. 땜질한 전선을 잡아당기고 오렌지빛으로 달궈진 진공관을 응시하다 보면 뭔가 배우는 듯하기도 했다. 전자부품들이 라디오 수신기의 자질구레한 부속품들을 대체해버리는 바람에 그런 쏠쏠한 재미가 사라졌다. 깨지기 쉬운 진공관이 트랜지스터로 바뀌면서 세상은 과학으로 통하는 오솔길을 잃어버렸다. 전자칩은 종전의 회로를 1,000배 이상 압축했지만 밋밋한 모양 탓인지 왠지 시시해 보이고 정이 가지 않는다.

1920년대는 고체전자공학이 등장하기 한 세대 전이었다. 당시에는 회로를 눈여겨보면 전자의 흐름을 대충 파악할 수 있었다. 전기가 배관을 따라 흐르는 액체라도 되는 듯 라디오에는 밸브를 연상시키는 장치들이 여러 개 달려 있었다. 스위치를 찰칵 하고 켜면 들릴 듯 말 듯 한 잡음으로 정상 작동 여부를 확인할 수 있었다. 떠도는 이야기에 의하면 물리학자들은 성장환경에 따라 두 가지 부류로 나눌 수 있는데 하나는 어린 시절 화학실험 세트를 갖고 놀았던 그룹, 다른 하나는 라디오를 갖고 놀았던 그룹이라고 한다. 화학실험 세트도 나름 매력이 있지만, 다이어그램이나 지도 종류를 좋아하는 리처드 파인먼 같은 소년에게 있어서 라디오야말로 다이어그램이자 지도 그 자체였다. 이런 아이들이 라디오를 떡 주무르듯 하는 것은 시간문제였다. 전선, 저항기, 광석, 축전지의 암호를 푸는 법만 익히면 각 부품의 기능은 자연스레 드러나기 마련이기 때문이다.

파인먼은 광석 수신기를 조립한 다음, 재고정리 세일에서 커다란 이어폰을 사다 붙여서 이불을 뒤집어쓰고 라디오를 듣다가 그대로 잠들곤 했다. 가끔은 부모님이 살금살금 들어와 잠든 아들의 귀에서 이어폰을 빼주기도 했다. 기상 조건이 양호한 날에는 꽤 멀리서 오는 신호도 잡혔는데, 업스

테이트 뉴욕의 스키넥터디나 텍사스주의 웨이코에서 송출하는 라디오 방송 (WACO)까지도 들을 수 있었다. 그의 라디오는 접촉에 반응하므로 전선코일 위를 미끄러지듯 움직이며 접촉하면 채널을 바꿀 수 있었다. 하지만 아무리 간단한 라디오라도 톱니바퀴와 태엽으로 돌아가는 시계와는 차원이 달랐다. 라디오는 역학의 세계에서 한 발짝 벗어난 기기로서 그 마법의 본질을 눈으로 확인하는 것은 불가능했다. 꿈쩍도 하지 않는 광석 라디오가 포착한 것은 에테르ether에서 나오는 전자기 복사파electromagnetic radiation였다.

그러나 에테르는 실재하는 물질이 아니었다. 이 세상에 전자기파를 전달하는 물질은 없다. 전파가 연못의 물결처럼 분명한 파동을 일으키며 퍼져 나간다고 상상하려면, '전파는 어떤 것 안에도 들어 있지 않다'는 사실을 직시해야 했다. 때는 바야흐로 상대성relativity의 시대였다. 아인슈타인은 "만일 에테르가 존재한다면 관찰자들이 각자 상이한 방향으로 움직이더라도 모든 관찰자들에게 에테르는 정지한 상태로 관찰되어야 한다"라고 말했다. 그러나 그건 불가능했다. 수학자 헤르만 바일Hermann Weyl은 파인먼이 태어난 해인 1918년에 이렇게 썼다. "에테르는 집요한 물리학자들의 추격을 따돌리느라 마지막 힘을 다해 칠흑 같은 어둠 속으로 달아나 버린 것 같다." 그렇다면 전파는 도대체 무슨 매질을 통해, 뉴욕 번화가의 안테나에서 (파로커웨이 변두리 작은 목조 주택 2층에 있는) 파인먼의 침실까지 순식간에 날아왔단 말인가! 매질이 무엇이든 간에 전파는 모든 공간 구석구석을 흔드는 수많은 진동 중 하나일 뿐이었다. 물리적으로 전파와 동일하지만 파장이 몇 배나 더 짧고 종횡무진 날뛰는 광파, 열처럼 피부로 느낄 수 있는 적외선파, 이름만 들으면 왠지 불길한 예감이 드는 엑스선, 원자보다 파장이 작은 극초단파인 감마선 등, 이 모든 것들은 전자기복사라는 한 가지 현상이 제각기 다른 모습으로 나타난 것에 불과했다. 그렇잖아도 공간에는 각종 전자기파가 와글거렸는데, 인간이 만든 송신기 때문에 난장판이 되었다. 토막 난 음성, 우발적인 찰칵 소리, 슬라이드휘슬slide-whistle[1]의 저음, 그밖의 괴상한 소음들이 서로 충돌해 요동치는 바람에 파동은 더욱 많아졌다. 이런 파동들은 에테르 속이 아니라 그보다 더 추상적인 매질, 즉 물리학자들이 정확한 성질을 파악하기 힘든 매질 속에 공존했다.

물리학자들은 그 매질이 뭔지 상상할 수 없었지만, 그나마 위안이 된 것은 전자기장 아니면, 그냥 간단히 줄여서 장field이라는 이름을 붙일 수 있다는 것이었다. 장이란 '어떤 양이 변화하는 연속된 표면이나 부피'일 뿐이었다. 그 속에 물질은 없지만 흔들리고 진동했다. 물리학자들은 '진동이 때때로 입자처럼 행동한다'라는 사실을 깨달아 가는 중이었지만, 그 때문에 오히려 문제만 더욱 복잡해졌다. 설사 그것이 입자라고 해도 '파동 같은 성질을 지닌 입자'임을 부인할 수 없으므로, 파인먼과 같은 소년들이 원하는 파장(《그림자》나 〈돈 아저씨〉 등의 라디오 프로그램이나 '이노 발포성 염Eno Effervescent Salt' 같은 위장약 광고를 실어 나르는 파장)에 주파수를 맞출 수 있게 해 줬다. 이상과 같은 과학적 쟁점에 관한 정보는 귀했고, 영어보다는 독일어를 구사하는 일부 과학자들의 전유물이었다. 그러나 신문에서 아인슈타인에 관한 기사를 읽고 라디오의 단순한 마법을 곰곰이 생각하던 아마추어들에게는, 이 같은 수수께끼의 본질이 명료하게 다가왔다.

그토록 많은 '미래의 물리학자'들이 어린 시절 '라디오 수리공'에서부터 출발했다는 것은 놀랄 일이 아니다. '물리학자'라는 말이 흔해지기 전, 많은 '미래의 물리학자'들이 (돈 잘 버는 전문직으로 알려진) 전기공을 꿈꾸며 성장했다는 사실 역시 놀랄 일이 아니다. 친구들 사이에서 '리티'라는 애칭으로 불

---

1) 리코더와 비슷하게 생긴 악기.

렸던 리처드 역시 어린 시절에는 전기공 쪽으로 진로를 굳힌 듯싶었다. 리티는 동네를 순회하며 진공관 여러 개와 낡은 축전지 하나를 주웠다. 변압기, 스위치, 코일도 모았다. 포드 자동차에서 건진 코일로는 눈부신 스파크를 일으켜 신문지에 흑갈색 구멍을 냈다. 쓰다 버린 가변저항을 하나 주웠을 때는 110V 전기를 흘려 보내 과부하로 태워 버렸다. 악취를 풍기며 연기를 내뿜는 가변저항을 2층 창밖으로 내밀자, 뒤뜰 잔디에 재가 떨어졌다. '창밖으로 물건 내밀기'는 리티가 늘상 취하는 표준 응급조치였다. 어머니가 브리지 게임을 하는 동안 자극적인 악취가 아래층에 진동하면, 구두약 실험에 실패한 리티가 불이 꺼질 때까지 철제 물통을 창밖으로 내밀고 있다는 것을 뜻했다. 실험실이라고 해봐야 뒤뜰이 내려다보이는 침실에 세워둔 어림잡아 냉장고만한 크기의 나무상자였다. 그는 구두약을 녹여서 까만 페인트를 만들어 실험실을 새카맣게 칠할 생각이었다. 실험실에는 리처드가 직렬과 병렬로 연결한 갖가지 스위치와 전등 들이 나사로 고정되어 있었다. 아홉 살 아래의 여동생 조안은 주급 4센트를 받으며 열심히 조수 노릇을 했다. 그녀의 임무 중에는 전극 간의 틈새에 손가락을 집어넣고 '약한 감전'을 참아내는 일도 포함되어 있었는데, 순전히 오빠의 친구들 앞에서 볼거리를 제공하기 위해서였다.

당시의 심리학자들은 이미 '아이들은 타고난 과학자여서 되는 안 되든 온갖 방법을 총동원해 주변의 복잡한 세상을 탐지하고 두드리고 실험한다'라고 생각하고 있었다. 아이들과 과학자들은 인생관이 똑같다고 보면 된다. "이렇게 하면 어떻게 될까?"는 노는 아이들의 표어이자 자연과학자를 규정짓는 후렴구 같은 말이다. 모든 아이들은 관찰자·분석가·분류가로, 일련의 지적 혁명을 거쳐 정신세계를 구축하고 이론을 세우지만 그 이론이 더 이상 안 맞는다 싶으면 얼른 파기한다. 모든 어린이와 과학자들의 영토는 오직 한곳, 낯설고 이상한 곳이다.

그러나 지금까지 언급한 것들만으로는 실험실, 가변저항, 조수 등의 존재(이것들은 파인먼을 둘러싼 문화의 성격이 어땠는지를 보여주는 생생한 징표라고 할 수 있다)를 완벽하게 설명할 수 없다. 리처드 파인먼은 조직화된 과학의 전리품과 시스템으로 자신의 침실을 채우는 데 몰두했다.

시골도 도시도 아닌 곳

롱아일랜드Long Island 남부 해안에 있는 라커웨이 반도의 동쪽 끝에 위치한 파로커웨이는 몇 백 에이커의 좁은 모래땅 위에 목조주택과 벽돌집들이 들어선 작은 마을로, 아이들이 지내기에 안성맞춤인 곳이었다. 1898년 인근의 60여 개 마을과 함께 퀸즈 자치구로 통합되어 행정구역상으로는 뉴욕 시의 일부가 되었다. 시에서는 수천만 달러를 들여 파로커웨이 일대에 상하수도와 도로를 건설하고 웅장한 공공건물들도 세웠다. 그러나 IND 지하철Independent Subway[2]이 자메이카베이의 습지를 가로질러 노선을 연장하기 전까지 파로커웨이는 뉴욕에서 멀리 떨어진 오지로 여겨졌다. 뉴욕으로 출퇴근하는 사람들은 롱아일랜드 철도를 이용했다. 파로커웨이의 동쪽 경계를 넘어서면 롱아일랜드주 나소 카운티Nassau County의 작은 마을이 나온다. 북서쪽으로 습한 해안지대인 모트베이슨Mott Basin과 해서크채널Hassock Channel을 지나면 광활한 평지가 나타났는데, 이 터는 훗날 아이들와일드 공항Idlewild Airport을 거쳐 케네디 국제공항으로 바뀌었다.

파로커웨이의 아이들은 이 자족적인 땅에서 뜀박질이나 자전거로 담쟁

---

2) 맨해튼 동부를 남북으로 관통하는 뉴욕 지하철의 노선.

이 덩굴로 뒤덮인 집, 들판, 공터를 마음껏 누볐다. 아이들이 전인적이고 독립적인 인간으로 성장하는 데 도움이 되는 환경을 조성하려 한 사람은 아무도 없었지만, 파로커웨이는 그런 여건을 갖춘 천혜의 장소였다. 하지만 마을이 점차 발전하면서 어느 시점에 이르자, 집과 울타리가 빽빽하게 들어차면서 들판과 공터가 점점 사라져갔다. 마침내 한계점에 도달하자 사람들의 통행은 주로 공공도로로 제한되었다. 그래도 파로커웨이 아이들은 이웃집을 통과하거나 집의 뒤뜰, 이면도로의 공터에서 자신들만의 통로를 용케도 찾아냈다. 아이들은 어느 누구의 간섭도 받지 않고 자기들끼리 진취적으로 뛰어놀았다. 부모들의 감시망을 벗어나 멀리까지 배회하는가 하면, 자전거를 타고 정처없이 달리기도 했다. 들판을 가로질러 바닷가로 진출한 다음, 배를 빌려 인적이 뜸한 보호지역으로 노저어 가기도 했다. 리처드는 도서관까지 걸어가 돌계단 위에 앉아, 사방으로 지나가는 사람들을 응시하기도 했다. 뉴욕은 멀어 보였지만, 몇 블록 떨어진 곳(롱아일랜드 주 시더허스트Cedarhurst)에 사는 변두리 주민들을 깔보며 뉴요커들과의 강한 연대감을 느끼기도 했다. 그러나 변두리란 그저 거리상으로 멀리 떨어진 곳을 의미할 뿐이라는 사실도 잘 알았다.

　뉴욕 출신의 비평가 앨프리드 케이진Alfred Kazin은 회고록에 이렇게 썼다. "어렸을 때 난 우리가 세상의 끝에 사는 줄 알았다." 케이진은 브라운스빌Brownsville에서 유년기를 보냈는데 그곳은 브루클린 인근의 외딴 빈민가로, 도시와 시골 사이의 특이한 경계 지역을 유대인 이민자와 그 자녀들이 차지하고 있었다. 그의 글은 다음과 같이 계속된다. "도시 지역에는 공터가 널려 있었는데 그곳은 석공들의 작업장 및 보관장소로 사용되는 바람에 묘석과 묘비들이 가득했다. 마을의 거리에서는 농가들이 드문드문 눈에 띄었고, 진입로로 사용되었던 오래된 자갈길의 흔적도 남아 있었다. 땅의 대부분은 '죽은 땅'으로 시골도 도시도 아니었다. 우리는 여름날 저녁 바다에 갈 때면 잡초가 무성한 공터와 조용한 거리를 지나쳤다. 거리 양쪽에는 부서진 폐가들이 늘어서 있었다. 빅토리아풍의 거무튀튀한 빨간색으로 칠해진 폐가의 현관은 마치 페인트가 피처럼 응고된 후 그을음과 뒤섞인 것 같았다."

파인먼은 해변을 제일 좋아했다. 길게 뻗은 해변은 롱아일랜드의 동쪽 끝까지 거의 끊이지 않고 이어졌고 산책로, 서머 호텔, 별장, 수천 개의 개인용 라커가 설치되어 있었다. 파로커웨이는 도시 사람들을 위한 하계 휴양지로 오스텐드 배스Ostend Baths, 로치스Roche's(리처드는 오랫동안 이 이름이 '바퀴벌레'에서 유래한다고 생각했다), 아널드Arnold 같은 비치클럽이 성업하고 있었다. 여름 한철 동안만 빌려주는 목조 가건물과 탈의실도 있었는데 관리인이 내주는 자물쇠와 열쇠가 늘 반짝거렸다.

해변은 1년 내내 마을 아이들의 놀이터였다. 길다란 방파제 덕분에 아이들은 얕은 파도 속에서 신나게 물장구를 치며 놀았다. 여름 피서가 절정에 이를 때쯤 되면 형형색색의 수영복이 마치 젤리사탕처럼 울긋불긋하게 모래사장을 수놓았다. 파인먼이 이렇게 멋진 해변을 마다할 리 없었다. 집에서 해변까지의 거리는 약 1km(나중에 기억 속에서는 약 3km로 늘어났다)였는데 파인먼은 으레 자전거를 타고 단숨에 달려갔다. 친구들과 함께 갈 때도 있었고 혼자서 갈 때도 있었다. 해변에서 바라본 하늘은 도시 어느 곳에서 바라본 것보다도 넓었고, 바다는 여느 아이에게나 마찬가지로 파인먼의 상상력을 자극했다. 일렁이는 파도, 탁 트인 공간, 수평선을 따라 유령처럼 느릿느릿 나아가는 선박들…. 이보다 더 좋은 것은 없어 보였다. 선박의 진로를 따라 뉴욕항을 지나 하늘과 바다가 맞닿은 곳을 넘으면 유럽이나 아프리카까지도 갈 수 있을 것 같았다.

까마득히 높은 하늘은 돔을 연상케 했고, 태양과 달은 머리 위에서 호弧를 그리며 계절에 따라 고도가 달라졌다. 파인먼은 파도 속에서 물장구를 치며 세상을 땅과 바다와 하늘로 나누는 경계선을 유심히 살폈다. 밤에는 손전등을 들고 다녔다. 10대 아이들에게 해변은 남녀가 어울려 노는 장소였기에 때때로 어색함을 느꼈던 파인먼은 자연탐구에 열중했다. 수영도 자주 했다. 마흔셋의 나이에 시작한 역사적인 2년짜리 학부강의를 통해 물리학에 관한 그의 모든 것을 전수할 때(이 강의는 나중에 『파인만의 물리학 강의』 3부작으로 출판되었다), 파인먼은 학생들의 이해를 돕기 위해 그들의 시선을 해변으로 이끌려고 노력했다. "해변에 서서 바다를 바라본다고 생각해봅시다." 파인먼이 말했다. "바닷물, 부서지는 파도, 포말, 일렁이는 물결의 모양과 소리, 공기, 바닷바람과 구름, 태양과 푸른 하늘, 빛을 상상해 보세요. 해변에는 모래도 있고, 다양한 강도·내구성·색깔·질감을 가진 바위들도 있습니다. 동물과 해초, 굶주림과 질병, 관찰자가 공존하며 어쩌면 행복과 사색이 존재할지도 모릅니다." 파인먼이 해변에서 바라본 자연은 '근본적'이었지만, 그렇다고 해서 단순하다거나 소박하다는 의미는 아니었다. 파인먼에게 물리학의 범위에 포함되는 것으로 여겨지는 근본적인 의문을 떠올리게 한 곳은 바로 해변이었다. "모래는 바위와 다른가? 즉, 모래는 셀 수 없는 '미세한 돌'의 집합체에 불과할까? 달은 거대한 바윗덩어리일까? 우리가 바위를 이해한다면, 모래와 달도 이해한 셈이라고 할 수 있을까? 바닷물이 출렁이는 현상을 파도라고 하는 것과 똑같은 이치로, 공기가 출렁이는 현상을 바람이라고 할 수 있을까?"

　신대륙인 미국을 향한 유럽인의 대이동은 마무리 단계에 접어들고 있었다. 러시아·독일·동유럽의 유대인은 물론 아일랜드인과 이탈리아인의 마음속에서도 이민 1세대의 기억은 가물가물해지고 있었다. 뉴욕 교외 지역은 제2차 세계대전 이전까지 번창을 거듭했지만, 이제는 시들해지기 시작하고 있었다. 파인먼의 전 생애인 69년 동안 파로커웨이는 그리 눈에 띄게 달라지지 않았다. 파인먼이 세상을 떠나기 몇 년 전 자녀들과 함께 고향을 방문했을 때 들판과 공터가 모두 사라져 모든 것이 위축되고 황량해 보였다. 하지만 산책로가 난 해변도, 고등학교도, 라디오 방송을 들으려고 전선을 치렁치렁 늘어뜨렸던 집이 다세대 주택으로 개조되고 기억 속의 모습만큼 널찍하지 않다는 사실만 빼면 옛 모습 그대로였다. 파인먼은 초인종을 누르고 싶은 충동을 억눌렀다. 마을의 중심가인 센트럴애비뉴Central Avenue는 초라하고 비좁아 보였다. 과거에는 주민 대다수가 정통파 유대인이어서 파인먼은 야물커yarmulke [3]를 지겹게 봐야 했다. 파인먼은 야물커를 '그들이 쓰는 작은 모자'라고 불렀는데, 그건 '이름이 뭐든 개의치 않는다'는 의미였다. 어린 시절 자신의 주변에 도시의 연기나 바다의 소금기처럼 짙게 드리웠던 문화를 무심코 거부한 것이다.

파로커웨이의 유대교는 매우 자유분방해서 다양한 스타일의 신앙을 용인했다. 심지어 무신론자인 리처드의 아버지 멜빌까지 포용할 정도였다. 대체로 개혁파 유대교에 가까워 절대주의와 근본주의적 전통을 버리고 온건하고 윤리적인 인본주의를 받아들인 까닭에, 새로 미국 시민이 된 이민자들에게 매우 잘 어울리는 종교였다. 그들의 유일한 희망은 자녀들이 새 시대의 주류에 편입되는 것이었으니, 그럴 만도 했다. 일부 가정에서는 안식일을 거의 지키지 않았다. 파인먼 가족을 포함한 일부 몇몇 가정에게는 유대교의 언어인 이디시어Yiddish가 낯설기도 했다. 파인먼 가족은 가까운 회당에 다녔는데, 리처드는 한동안 회당의 주일학교에 출석했고 방과후 활동을 운영하는 샤레이 테필라Shaaray Tefila라는 청년모임에 가입하기도 했다. 종교는 마을 윤리의 핵심을 이루는 요소 중 하나였다. 20세기 초반 파인먼의 가족을 포

---

3) 유대교 정통파 남자 신자가 기도할 때나 유대교 율법서를 읽을 때 쓰는 작은 두건.

함한 뉴욕의 교외지역에 거주하는 가족 중에는 다양한 분야, 특히 과학 분야에서 성공을 거둔 남녀들이 무더기로 쏟아져 나왔다. 그중에는 노벨상 수상자들도 제법 있었는데, 이 지역이 지구 표면에서 차지하는 면적이 겨우 수백 km²임을 감안하면 지나치다 싶을 정도로 많았다. 많은 가정들이 유대인의 문화를 받아들여 교육을 중시했고, 이민 1세대와 2세대 가정의 부모들은 자녀들의 성공을 자신들의 성공과 동일시하며 열심히 일했다. 따라서 자녀들은 부모의 기대와 희생을 마음 깊이 인식하지 않을 수 없었다. 이들은 하나같이 '직업으로서의 과학'을 가치 있고 보람 있는 선택이라고 믿었다. 사실 최고의 대학들이 유대인 지원자들의 진입장벽을 계속 높였고 그런 대학교의 과학 교수진은 제2차 세계대전 이후까지도 신도교 일색이었다. 그럼에도 불구하고 과학은 외견상 평등한 세상을 열었고, 그러한 세상의 규칙들은 수학적이고 명료할 뿐만 아니라 취향이나 계층과 같은 숨은 변수들도 전혀 없어 보였다.

파로커웨이는 다른 변두리 마을과는 달리 중심지를 갖고 있었다. 네벤잘스Nebenzahl's나 스타크스Stark's와 같은 가게에 가려고 센트럴애비뉴를 걷는 동안 리처드의 어머니 루실은 '마을의 기능이 집중화되어 참 좋다'라고 생각했다. 루실은 자녀들의 선생님과 개인적으로 알고 지냈고 학교 식당의 페인트칠을 거들었으며 이웃과 함께 동네 영화관에서 판촉물로 제공한 빨간 유리그릇 세트를 모으곤 했다. 마을 사람들은 신중하고 내성적이어서, 몇 사람들의 기억 속에 남아 있는 슈테틀shtetl[4] 사람들을 방불케 했다. 마을 사람들은 믿음과 행동이 일치했다. 정직해라, 원리원칙을 지켜라, 공부해라, 어려울 때를 대비해서 저축해라 같은 원칙쯤은 배우지 않아도 기본이었고, 모두

---

4) 동유럽 등지에 존재했던 유대인촌.

가 열심히 일했다. 가난했지만 어느 누구도 가난을 의식하지 않았다.

파인먼의 집에는 두 가족이 함께 살았는데, 나중에 커서 알게 된 일이지만 두 가족 모두 독채를 마련할 형편이 안 되기 때문이었다. 파인먼의 친구 레너드 모트너Leonard Mautner네 가족 역시, 아버지가 돌아가시고 형이 달걀과 버터 행상으로 가족을 부양했음에도 불구하고 가난을 내색하지 않았다. "그때는 세상이 그랬어요." 세월이 많이 흐른 뒤에 파인먼이 말했다. "하지만 이젠 알아요. 그때는 모두가 먹고살려고 몸부림치는 중이었으니, 그게 몸부림으로 보이지 않았던 거였죠." 그러나 아이러니하게도 그런 이웃들과 한데 어우러져 산 것은 아이들에게 커다란 축복이었다. 파로커웨이 아이들은 자유와 도덕적 엄격함이 겸비된, 매우 드문 환경에서 어린 시절을 보냈다. 파인먼도 마찬가지였다. 그저 '정직한 사람이 되기 쉬운 환경'에 몸을 내맡기기만 하면 되었는데, 그건 땅짚고 헤엄치기나 마찬가지였다.

탄생과 죽음

멜빌 파인먼Melville Feynman은 벨로루시 공화국의 수도 민스크 출신이었다. 다섯 살이던 1895년, 부모 루이스와 앤을 따라 미국으로 건너와 롱아일랜드의 패초그Patchogue에서 자랐다. 과학의 매력에 흠뻑 빠졌지만 당시에 이주한 여느 유대인과 마찬가지로 꿈을 실현할 방법이 전혀 없었다. 멜빌은 동종요법homeopathy이라는 대체의학을 배운 뒤 다양한 직업을 전전했다. 처음에는 경찰관과 우편배달부의 유니폼을 판매했고, 그 다음에는 자동차 광택제를 팔았으며(덕분에 파인먼의 집 차고에는 한때 자동차 광택제가 넘쳐났다), 세탁소 체인점을 차리려다가 여의치 않자 결국에는 유니폼 업계로 되돌아와

웬더&골드스타인이라는 업체가 만든 제복을 취급했다. 대부분 고전을 면치 못했다.

멜빌의 아내 루실Lucille은 좀 더 유복한 환경에서 성장했다. 루실은 성공한 모자 사업가의 딸이었는데, 그녀의 아버지는 폴란드에서 태어나 어린 시절 영국의 고아원으로 보내져 헨리 필립스라는 이름을 얻었다. 헨리는 미국으로 이주하여 등짐장수로 바늘과 실을 팔러 다니다가, 독일계 폴란드인 이민자의 딸인 요한나 헬린스키를 만났다. 뉴욕 로어이스트사이드의 한 상점에서, 요한나가 헨리의 시계를 고쳐 준 것이 인연이 되었다. 헨리와 요한나는 결혼한 후 함께 사업에 뛰어들었다. 제1차 세계대전 이전에 여성들이 쓰던 정교한 모자를 예쁘게 마무리하는 기술로 두 사람의 모자 사업은 크게 번창했다. 헨리와 요한나는 이스트사이드의 고급 주택가인 파크애비뉴 근처 92번가로 이사했고, 1895년 다섯 자녀들 중 막내딸인 루실을 낳았다.

미국의 생활방식에 동화된 유복한 유대인의 자녀들이 늘 그렇듯, 루실 필립스는 윤리문화학교에 다녔다(이 학교의 관대한 인본주의 기풍은 루실의 9년 후배인 로버트 오펜하이머Robert Oppenheimer의 마음 속에 깊은 흔적을 남겼다). 루실은 본래 유치원 교사를 지망했지만, 졸업 후 10대의 나이에 멜빌을 만났다. 루실은 절친한 친구를 통해 멜빌을 알게 되었는데, 자초지종을 설명하면 이렇다. 사실 멜빌은 친구의 데이트 상대였고, 루실은 친구의 데이트에 들러리로 따라나섰었다. 그런데 묘한 일이 벌어졌다. 드라이브를 떠날 때는 멜빌이 운전대를 잡고 뒷좌석에 루실과 친구가 앉았지만, 돌아올 때는 친구를 내려 주고 루실이 조수석에 앉게 된 것이었다.

며칠 후 멜빌은 루실에게 이렇게 말했다. "다른 남자와 결혼하기 없기." 정말 청혼 같지도 않은 청혼이었다. 게다가 루실의 아버지는 그로부터 3년 후 루실이 스물한 살이 되어서야 결혼을 승락했다. 두 사람은 1917년 맨해튼 북부의 수수한 아파트에 보금자리를 꾸렸고 이듬해에 맨해튼의 한 병원에서 리처드가 태어났다.

가족들 사이에서 전해져 내려오는 이야기에 의하면, 멜빌은 리처드가 태어나기 전부터 '사내아이가 태어나면 틀림없이 과학자감'이라고 호언장담했다고 한다. 아마도 루실은 '김칫국부터 마시지 말라'고 대꾸하지 않았을까? 아들이 태어나자 멜빌은 자신의 예언을 실현시키려고 손을 썼던 것 같다. 리처드가 유아용 식탁의자를 졸업하기도 전에 멜빌은 파란색과 하얀색 타일을 잔뜩 사다가 '청-백-청-백' 또는 '청-백-백-청-백-백'과 같이 배열함으로써 수학적 원리가 담긴 시각적 패턴을 인식시키려고 무던히도 애썼다. 리처드는 일찌감치 걷기 시작했지만 두 살이 될 때까지 입을 떼지 않았다. 루실은 몇 달 동안 마음 고생이 심했다. 그러나 말문이 늦게 트인 아이들이 늘 그렇듯 리처드는 느닷없이 말을 시작했고, 일단 말문이 트이자 그동안 참았던 말을 거침없이 쏟아냈다. 멜빌이 『브리태니커 백과사전』을 사다 주자 리처드는 기다렸다는 듯이 그것을 탐독했다. 멜빌은 미국 자연사박물관에도 리처드를 데려갔다. 그곳은 박제된 동물이 유리 진열장 안에 전시되어 있고, 철사와 뼈로 만든 공룡이 우뚝 서 있기로 유명했다. 멜빌은 단순한 수치보다는 사람들에게 익숙한 단위로 공룡의 크기를 설명하여, 많은 부모들의 귀감이 되었다. 예컨대 그는 '키 25피트, 두개골 직경 6피트'를 이렇게 설명했다. "이 공룡이 우리 집 앞뜰에 서 있다면, 키가 워낙 커서 2층 창문에서 고개를 들이밀 정도란다. 그렇지만 머리가 창문보다 조금 더 커서, 창문이 박살나고 말 거야." 세 살박이도 능히 알아들을 수 있는 생생한 설명이었다.

멜빌은 가족에게 지식과 진지함을 재능으로 물려주었고 유머감각과 말솜씨를 맡은 쪽은 루실이었다. 어찌 되었든 부모의 역할분담은 이런 식으로 이루어졌다. 저녁식사를 할 때나 가족이 돌려가며 책을 낭독하는 시간이 되면 멜빌은 아내와 아이들의 이야기에 배꼽을 잡고 웃었다. 멜빌은 갑자기 킥킥거려 가족을 놀라게 하곤 했는데, 나중에 리처드는 아버지를 쏙 빼닮은 모습을 보였다. 부전자전이란 바로 이런 경우를 두고 하는 말이리라. 루실은 코미디라면 사족을 못 썼는데, 이는 그녀가 겪은 불행(조부모가 폴란드의 유대인 거주지역에서 겪은 참담한 삶, 친정 식구의 비극 같은)을 견디는 나름의 방법이기도 했다. 루실의 어머니는 뇌전증, 큰언니는 조현병을 앓았고, 또 한 명의 언니인 펄을 제외하고 루실의 형제자매는 모두 어린 나이에 세상을 떠났다.

어린 생명의 죽음은 루실과 멜빌의 가정에도 찾아왔다. 리처드가 다섯 살이던 해 겨울 루실은 둘째 아들을 낳았고, 1년 전 세상을 떠난 친정아버지의 이름을 따서 헨리 필립스 파인먼이라는 이름을 지어 줬다. 그런데 4주 후 아기는 열병에 걸렸다. 손톱 하나에서 피가 났는데, 좀처럼 나을 기미를 보이지 않았다. 아기는 며칠 못 가서 숨을 거두고 말았는데 아마도 척수막염spinal meningitis인 것 같았다. 행복은 일순간 절망으로 바뀌었고 파인먼의 가정에는 오랫동안 짙은 어둠의 그림자가 드리웠다. 리처드는 공포감에 휩싸였다. 기다리고 기다리던 끝에 얻은 남동생이었기에 실망도 컸다. 길들여지지 않은 자연의 변덕이 얼마나 잔인하며, 그 앞에 선 인간이 얼마나 위태로운 존재인지를 깨닫게 되었다. 어린 동생의 가혹한 죽음에 대한 기억은 그해 내내 리처드의 마음을 짓눌렀고 리처드는 그후 이 사건을 거의 언급하지 않았다.

다시 외톨이로 지낸 지 어언 4년, 리처드가 아홉 살이 되던 해에 마침내 조안이 태어났다. 헨리의 어두운 그림자가 채 가시기 전이었다. 헨리의 유해는 집에서 8km 떨어진 가족묘에 안치되어 있었고, 무덤 앞에는 "헨리 필립스 파인먼 1924년 1월 24일~1924년 2월 25일"이라고 적힌 석판이 덩그마니 놓여 있었다. 헨리의 출생증명서와 헨리가 썼던 모자를 엄마가 소중히 간직하고 있다는 사실을 리처드는 잘 알고 있었다(심지어 조안도 알 정도였다).

파인먼 일가는 맨해튼을 떠나 변두리의 작은 마을로 여러 차례 이사했는데, 처음에는 파로커웨이로, 다음에는 롱아일랜드의 볼드윈으로, 리처드가 열 살 되던 무렵에는 시더허스트로 옮겼다가, 결국에는 파로커웨이로 되돌아왔다. 파로커웨이에는 외할아버지 소유의 집이 한 채 있었는데 파인먼네 식구는 이 집으로 들어갔다. 뉴브로드웨이 14번지의 작은 부지에 지은, 모랫빛 미장재를 바른 2층집이었다. 앞뜰과 뒤뜰이 있었고, 도로에서 집으로 이어지는 2차선 진입로가 있었다. 파인먼네 식구는 이모네 식구(루시의 언니 펄, 이모부 랠프 루인, 이종사촌 형 로버트, 이종사촌 여동생 프랜시스)와 한집에서 살았다. 이를테면 '한 지붕 두 가족'이었다. 현관 양옆으로는 흰색 나무 울타리가 빙 둘러서 있었다. 1층에는 거실이 두 개인데, 하나는 전망용, 다른 하나는 생활용이었고, 생활용 거실에는 겨울에 피우는 가스 벽난로가 설치되어 있었다. 2층에 있는 리처드의 방에서는 개나리와 복숭아 나무가 자라는 뒤뜰이 내려다보였다. 리처드는 사촌 여동생을 돌보는 일을 도맡았는데, 어른들이 외출한 저녁에 종종 계단 옆의 낡은 고딕식 널빤지에 기대고 앉아 귀신 이야기를 들려주곤 했다. 그 바람에 프랜시스는 잠도 못 자고 층계참에서 바들바들 떨고 있다가, 밤늦게 귀가한 어른들의 눈에 띄기도 했다.

파인먼네 집에는 대공황 이전 몇 해 동안 두 사람이 더 살았다. 독일 출신의 이민자 부부인 루트비히와 마리로, 미국 생활에 적응하는 동안 이 집에 머물며 숙식을 제공 받는 대신 집안일을 거들었다. 마리는 요리를 하고 루트비히는 흰색 정장 상의를 입고 음식을 날랐는데, 가끔씩 야릇한 미소를 지으며 '정원사 겸 운전기사 겸 집사로 일한다'라고 말했다. 두 사람은 진지하고 창조적인 놀이도 생각해 냈다. 루트비히는 차고의 북쪽 창문을 개조해 노스펜스터 은행의 창구처럼 만들었다. 그러고는 누구나 돌아가면서 은행 출납계원과 고객 역할을 할 수 있도록 했다. 루트비히와 마리는 영어를 배우며 아이들에게 정원 가꾸는 법과 공식적인 식사예절 등 다양한 일상생활을 가르쳤다. 파인먼은 그런 요령을 익히기는 했지만 나중에는 아무짝에도 쓸모없다고 여겨 죄다 집어치워 버렸다.

정해진 시간에 정해진 일이 일어나는, 지극히 원만한 가정생활의 연속이었다. 아이들 중 가장 어린 조안의 눈에는 모든 일이 그저 순리대로 돌아가는 것처럼 보였다. 조안이 서너 살이었을 때, 한번은 오빠가 평소와 달리 밤늦게 곤히 잠든 조안을 흔들어 깨웠다. 리처드는 어른들에게 '동생을 밖으로 데리고 나가, 뭔가 희귀하고 굉장한 것을 보여줘도 좋다'는 허락을 받았노라고 했다. 둘은 불빛 밝은 길을 벗어나, 파로커웨이의 작은 골프장까지 손을 잡고 걸었다. "저 위를 봐." 리처드가 말했다. 조안이 문득 고개를 들어 밤하늘을 쳐다보니, 까마득히 먼 하늘에서 와인초록빛 줄무늬 같은 북극광이 넘실거렸다. 태양에서 날아온 입자들이 지구 자기권의 영향을 받아 한 곳으로 몰려, 대기권 상층부 어디선가 고전압 이온화를 거치며 줄줄이 내뿜는 휘황찬란한 빛의 잔치! 그것은 자연이 준 경이로운 선물 중 하나였지만, 공룡처럼 커져 가는 도시의 가로등에 가려 앞으로 영원히 구경하지 못하게 될 장관이었다.

그럴 만한 값어치가 있다

수학 실력과 땜질 솜씨는 진도가 제각기 달랐다. 집안에는 과학기구가 점점 늘어나 화학실험용 약품, 망원렌즈, 사진현상 장비까지 갖추게 되었다. 리티는 실험실을 집안 전체의 전기회로와 연결하여 집안 어디서든 이어폰을 꽂고 휴대용 확성기로 생방송을 하기도 했다. 아버지가 어디선가 들었다며 '전기화학인가 뭔가가 새로 떠오르는 분야란다'라고 이야기하자, 리티는 전기화학이 뭔지를 알아내겠다며 건조한 화학약품들을 쌓아 놓고 전선을 설치했다가 허탕만 쳤다. 즉석에서 만든 모터를 이용하여 여동생의 요람을 살살 흔들어 주기도 했다. 어느 날 밤 부모가 늦게 귀가하여 문을 여는 순간, 갑자기 '땡-땡-땡' 소리와 함께 리티의 외침 소리가 들렸다. "됐어!" 도난경보장치 설치가 완료된 순간이었다. 브리지 친구들이 '소음이나, 화학약품 연기나, 고급 아마포 수건에 묻은 얼룩을 어떻게 참느냐'라고 묻자, 루실은 '그럴 만한 값어치가 있다'고 쿨하게 대답했다. 뉴욕에 사는 중산층 유대인 가정의 최우선적 고려사항은 '자녀의 야망을 소중히 여기는 것'이었다.

파인먼 부부는 다수의 이웃들과 암묵적으로 동의한 신조대로 자녀를 길렀다. 원칙을 입밖에 내는 일은 좀처럼 없었지만, 어떤 원칙에 따라 사는 것만은 분명했다. 멜빌은 언젠가 이렇게 말한 적이 있다. "부모들은 아이들을 역경과 위험이 도사리고 있는 세상으로 내보낸다. 아이들은 자신만의 영역을 찾아내어 유능하고 보람 있는 삶을 영위해야 한다. 아이들이 세상에 잘 대처하고 치열한 생존경쟁에서 살아남을 수 있도록 양육하기 위해, 부모들은 물불 가리지 말고 최선을 다해야 한다. 덧붙여 비즈니스 세계는 삶을 고갈시키고 무미건조하게 만들므로 학문과 문화를 추구하는 전문직 쪽으로 관심을 돌리게 하는 것이 좋다." 어떤 면에서 보면 부모들의 동기는 이기적이다. 이웃들의 눈앞에서 자녀의 성공만큼 부모의 위신을 높여주는 건 없으니 말이다. 멜빌도 이 점을 인정했다. "아이가 뭘 특별히 잘하면 부모들은 마음에 바람이 잔뜩 들어가 주위를 두리번거리다가, 눈에 띄는 이웃을 붙들고 이렇게 말한다. '내가 뭘 해냈는지 알아? 놀랍지 않아? 당신은 나만큼 내세울 거 있어? (물론 실제로 그렇게 말하는 건 아니고 단지 눈빛으로만 말할 뿐이다.)' 그러면 이웃들은 아이의 놀라운 성취에 갈채를 보내고 아이의 성공이 곧 부모의 성공인 양 추켜세우므로 부모의 자만심은 하늘을 찌른다. 궁극적으로 부모가 희생해도 자녀에게는 아무런 빚이 없다. 이제 자녀는 부모가 아니라 자신의 자녀에게 빚을 갚을 차례다."

리처드 파인먼은 자신의 경험담을 능수능란하게 들려주는 이야기꾼으로 성장했고, 그런 이야기 속에서 그의 아버지는 '일련의 과학적 교훈을 제공한 스승'으로 묘사되었다. 아버지의 가르침은 단순했지만 지혜가 넘쳐났다. 멜빌 파인먼은 호기심을 소중히 여기고 겉모습은 하찮게 여겼다. 멜빌은 리처드에게 어려운 전문용어나 포장에 현혹되지 말라고 신신당부하며 '포장은 어디까지나 껍데기일 뿐'이라고 누누이 강조했다. 그건 오랜 판매업자 경력에서 우러나온 노하우였다. 멜빌에 따르면, 교황 역시 화려한 포장(성복聖服)에 둘러싸인 인간에 불과했다. 멜빌은 아들과 산책을 하다가도 돌을 뒤집고는 개미와 벌레, 또는 별과 파도에 대해 말하기도 했다. 팩트 자체보다는 과정을 중시하는 타입이었기에 많은 것들을 설명하다 보면 종종 밑천이 드러나기도 했지만, 아버지가 때로는 말을 꾸며댔음을 알게 된 것은 세월이 한참 흐른 뒤였다. 아버지가 선물로 준 교훈을 통해 파인먼은 과학적으로 생각하는 법을 체득했다.

파인먼이 즐겨 하는 이야기 중에서 아버지가 등장하는 일화는 딱 두 가지인데, 그중 하나는 새에 관한 이야기다.

여름철에는 주말마다 여러 가정의 아버지와 아이들이 단체로 뉴욕의 캐츠킬 산맥Catskill Mountains을 등반하곤 했는데, 어느 날 한 아이가 리처드에게 물었다. "저기 보이는 새가 무슨 새게?" 리처드가 대답했다. "무슨 새인지 전혀 모르겠어." 다시 아이가 말했다. "저건 갈색목 개똥지빠귀야. 니네 아버진 그런 것도 안 가르쳐 주시니?" 하지만 사실이 아니었다. 아버지는 이미 넘치게 가르쳐줬다. 아버지는 언젠가 이렇게 말씀하셨다. "저기 있는 새 보이니? 저건 '스펜서 솔새'란다. (이건 거짓말이었다. 아버지는 그 새의 진짜 이름을 몰랐다). 그리고 이탈리아어로는 '추토 라피티다', 포르투갈어로는 '봄 다 페이다', 중국어로는 '충룽타', 일본어로는 '카타노 테케다'라고 하지. 이제 너는 모든 언어로 저 새의 이름을 말할 수 있지만, 설사 그렇다고 해도 너는 저 새에 대해 아는 게 하나도 없는 거란다. 다른 나라에 사는 사람들이 저 새를 뭐라고 부르는지만 아는 거지. 그러니까 내 말은, 저 새를 관찰하고 새가 무슨 행동을 하는지 살펴보자는 거야. 중요한 건 '이름'이 아니라, '어떻게 사느냐'거든."

두 번째 일화 역시 '이름'과 '그 이름이 의미하는 사물' 간의 차이점에 관한 이야기다. 리처드는 빨간 장난감 수레를 앞으로 당기면 공이 뒤로 구르는 이유를 아버지에게 물었다.

아버지는 이렇게 말씀하셨다. "그 이유는 아무도 모른단다. 일반원리는 '움직이는 물체는 계속 움직이려고 하고, 가만히 서 있는 물체는 네가 세게 떠밀지 않는 한 계속 서 있으려고 한다'는 거야. 이런 성질을 관성이라고 하지만, 어째서 그런지는 아무도 몰라." 아버지의 말씀이 옳았다. 아버지는 사실을 제대로 이해하고 계셨던 거다.

관성에 대해 설명하기 위해서는 멜빌의 지적 수준을 넘어서는 지식이 필요했다. "힘과 관성에 대한 뉴턴식 이해가 완벽하더라도 '왜'라는 의문에 답변할 수는 없다"라는 사실을 아는 과학자나 교육자는 별로 없었다. 우주가 반드시 그런 식이어야 한다는 법은 없기 때문이다. 어린아이에게 관성을 설명하는 것이나, '땅을 기준으로 하면 공은 실제로 약간 앞으로 움직이지만, 수레를 기준으로 하면 뒤로 급히 뒤로 움직인다'라는 사실을 인식하는 것이나 '힘을 전달하는 데 있어서 마찰의 역할'을 이해하는 것이나, **'모든 물체는 힘을 받아 강제로 상태가 바뀌지 않는 한, 정지상태나 등속직선운동 상태를 유지한다'** 같은 원리를 이해하는 것이나 까다롭기는 모두 마찬가지다. 어떤 원리를 설명할 때 거의 학문적 수준의 미세한 설명을 덧붙이지 않고 모든 내용을 전달한다는 것은 여간 어려운 일이 아니다. 뉴턴의 법칙들은 공이 수레 뒤쪽으로 구르는 이유와 야구공이 포물선을 그리며 날아가는 이유를 설명해 주기는 한다. 심지어 광석라디오가 어떻게 전파를 잡아내는지도 어느 정도는 설명해 준다.

하지만 훗날 파인먼은 그런 설명의 한계를 예리하게 인식했다. 그는 '자석이 쇠막대를 끌어올리는 이유'나 '지구가 중력이라는 힘을 발사체projectile에 전달하는 방법'을 엄밀히 설명하기가 어렵다는 점 때문에 깊은 고민에 빠졌다. 관성과 같은 개념에 대해 불가지론不可知論 입장이었던 파인먼은 '낯선 물리학' 하나를 염두에 뒀다. 바로 양자역학으로 파인먼이 아버지와 함께 수레에 대해 이야기하던 시기에 유럽에서 태동하던 물리학이었다. 양자역학의 등장으로 과학은 새로운 유형의 의문에 직면했고, 파인먼은 그런 의문을 다양한 방식으로 자주 제기했다. 그가 제기한 의문의 골자는 **'어째서 그렇게 되는지 묻지 말아라. 그건 아무도 모른다'**였다.

어린 파인먼은 아버지의 지혜를 일방적으로 받아들이는 입장에 있었지만, 아버지가 지닌 과학적 이해의 한계를 간혹 어렴풋이 느끼기도 했다. 한번은 잠자리에 들기 전에 아버지에게 대수학algebra이 뭐냐고 물었다.

"산수로 해결되지 않는 문제를 푸는 방법이란다." 아버지가 말했다.

"어떤 문제 말이에요?"

"예를 들어 집 한 채와 차고 하나를 1만 5,000달러에 빌린다고 하자. 그럼 차고는 얼마에 빌리는 거지?"

리처드는 아버지의 답변이 왠지 이상하다 싶었다. 그러면 그렇지. 나중에 고등학교에 들어갔을 때 '대수학1' 과목이 생각했던 것보다 싱거워 화를 내며 집에 돌아왔다. 여동생 방에 가서 물었다. "조안, 2^x가 4고 x가 미지수라면, x는 몇이게?" 물론 조안도 풀 줄 아는 문제였기에 리처드는 그렇게 뻔한 문제를 고등학교에서 배워야 하는 이유를 알고 싶었다. 같은 해 리처드는 2^x가 32면, x가 몇인지도 쉽게 알아냈다. 학교에서는 리처드를 재빨리 월반시켜 무어 선생에게 '대수학2'를 배우게 했다. 통통한 체격의 무어 선생은 지도력이 탁월했다. 무어 선생의 수업시간에는 학생들이 번갈아가며 칠판 앞으로 나가 문제를 풀고 들어오기를 반복했다. 파인먼은 상급생들 사이에서 다소 긴장했지만 '내가 형들보다 더 똑똑하다'라고 생각했고, 친구들도 그 사실을 인정했다. 그러나 학교에서 실시한 IQ 검사에서는 125가 나와, 겨우 체면치레를 하는 데 그쳤다.

학교에서

그 당시 뉴욕 시의 공립학교들이 훗날 명문으로 이름을 날린 데에는 사회 저명인사가 된 동문들의 향수 어린 추억에 힘입었다. 파인먼은 자신이 다녔던 초등학교인 '39 공립학교'를 지적 사막intellectul desert이라 생각했다. 처음에는 집에서 배우는 게 더 많았는데, 그의 지적 욕구를 충족시켜 준 건 주로 백과사전이었다. 한번은 간단한 대수를 독학으로 공부하여 사원

일차연립방정식[5]을 직접 세운 다음, 체계적인 풀이과정과 함께 산수 선생님에게 보여드렸다. 선생님은 깊은 인상을 받았지만 풀이과정을 제대로 이해 못해, 교장에게 들고 가 정답 여부를 확인해야 했다. 학교에서는 '일반과학'이라는 과목을 남학생들에게만 가르쳤는데, 담당 교사는 코널리 소령(보나마나 제1차 세계대전 때 달았던 계급이었으리라)이라는 사람으로, 체격이 우람하고 호통을 잘 치는 스타일이었다. 기억에 남는 수업내용이라고는 단 두 가지밖에 없었다. 첫 번째는 1m를 인치로 환산하면 39.37이라는 사실이었고, 두 번째는 '하나의 광원에서 나오는 광선이 방사상으로 뻗어나가는지, 아니면 교과서에서 렌즈의 특성을 설명할 때 나오는 그림에서처럼 평행하게 뻗어나가는지'를 놓고 코널리 선생과 벌인 부질없는 논쟁이었다. 파인먼은 전자(방사상)가 논리적으로 맞다고 생각했다. 이처럼 초등학교 때부터 파인먼은 권위와 타협하지 않았다. 사실 그건 물리학적으로 명백한 사실일 뿐, 권위에 호소함으로써 해결할 성질의 문제가 아니었다.

한편 집에서는 가정용 110V 전류를 물에 통과시켜 물을 끓였고, 전류가 끊길 때 나타나는 파랗고 노란 선 모양의 스파크를 유심히 관찰했다. 아버지는 간혹, 일상세계에서 순환하는 에너지의 흐름이 얼마나 아름다운지를 어린 파인먼에게 설명해줬다. 햇빛에서부터 식물로, 근육으로, 태엽 감는 장난감의 용수철에 저장된 역학적 일로…. 학교에서 시를 써오라고 하자, 리처드는 에너지 순환의 원리를 이용하여 농부가 음식과 풀과 건초를 만들려고 밭을 경작하는 목가적 풍경을 멋들어지게 그려냈다.

---

5) 미지수가 4개이고 가장 차수가 높은 항의 차수가 1차인 방정식이 연립되어 있는 방정식.

…에너지는 중요한 역할을 하며

모든 일을 하는 데 사용되지

그래, 에너지의 힘은 정말로 위대해서

게으름 따위는 절대 피우지 않아

농부에게 이런 에너지가 없다면

농부는 난처해서 어쩔 줄 모를 거야

그러나 작은 갈색 말이 에너지를 독차지하고 있다는 건

생각만 해도 슬픈 일이야

나중에 리처드는 시를 한 편 더 썼다. 과학에 광적으로 집착하는 자신의 마음을 의식적으로 고민하면서 쓴 시였는데, 예언적 심상을 차용하여 '과학이 신에 대해 회의를 품게 한다'는 내용을 표현했다. (여기서 신이란, 리처드가 학교생활을 통해서 알게 된 '표준화된 신'을 의미한다.) 신은 합리적이고 인본주의적인 파인먼 일가를 결코 지배하지 못했던 것 같다. 리처드는 "과학은 우리를 경이롭게 하네"로 시작했다가 다시 생각해 보고는, 경이롭게wonder에 가로줄을 긋고 방황하게wander로 고쳤다.

과학은 우리를 ~~경이롭게~~방황하게 하네,

멀리 그리고 널리 방황하게 하네

그리고 이제 우리는 아네,

부끄러워 얼굴을 가려야 한다는 것을

언젠가는 산이 오그라들고,

계곡은 불바다가 되리

인간은 말 떼처럼 쫓기며

짐승처럼 진흙탕에서 뒹굴게 되리

우리는 말하네, "지구는 태양에서 떨어져 나왔다"

또는 "진화가 우리를 만들었으며,

인간은 가장 하등한 동물에서 나왔거나,

유인원과 원숭이가 한 단계 진화한 것이다"라고

우리의 정신은 과학을 생각하고

과학은 우리의 귓속에 있네

우리의 눈은 과학을 바라보고

과학은 우리의 두려움 속에 있네

그래, 성스러운 우리

주 하나님을 떠나 방황하고 있네

그러나 이제 우리는 어쩔 수 없네

이미 엎질러진 물이니

그러나 리처드는 시를 '계집애 같다'고 생각했다. 리처드에게 그건 결코 사소한 문제가 아니었다. 리처드는 지적 능력이 뛰어난 사내아이들에게 흔히 나타나는 저주, 곧 '계집애 같은 녀석이라고 손가락질 받으면 어떡하나'라든가, '실제로 계집애 같은 녀석이 되면 어쩌나' 같은 두려움에 몹시 괴로워했다. 스스로 저질체력인 데다 운동신경이 둔하다고 생각했다. 야구에도 전병이었다. 길을 가로질러 자기 앞으로 굴러오는 공만 봐도 잔뜩 주눅이 들었다. 피아노 레슨 역시 만만치 않았는데, 그건 연주를 잘 못해서가 아니라 '데이지 꽃들의 춤'이라는 연습곡을 질리도록 연주하는 것이 싫었기 때문이다. 한때 이 때문에 강박관념에 사로잡힌 나머지 어머니가 심부름을 시키려고 말만 꺼내도 가슴이 벌렁거릴 정도였다.

그러니 여자애들 앞에서 수줍어하는 건 당연했고 억센 남자애들 싸움에 휘말릴까 봐 걱정도 했다. 그런 아이들의 숙제를 대신 해주거나 자기가 얼마나 유식한지를 과시함으로써 환심을 사려고 애썼다. 아무리 그렇더라도 약골들이 흔히 당하는 굴욕을 피할 수는 없었다. 새로 마련한 화학실험 세트가 이웃 아이들 손에 넘어가 집 앞 보도에서 축축한 갈색 쓰레기 덩어리로 변하는 광경을 하릴없이 바라보기도 했다. 착한 아이가 되려고도 해 봤지만, 착한 아이들이 으레 그렇듯 너무 착한 나머지 숙맥이 되지나 않을까 걱정했다. 그렇다고 해서 '지적인 아이'의 이미지를 벗고 '활동적인 아이'로 변신하는 것은 사실상 불가능해 보였다. 단, 실용성을 좀 더 추구함으로써 '계집애 같은 녀석'의 오명을 벗어버리는 방법은 가능해 보였다(적어도 그는 그렇게 생각했다). 결국 파인먼은 실용성을 추구하는 사람, 즉 '실용파practical'가 되기로 낙착을 봤다. 실용파, 이 얼마나 멋진 말인가! 파로커웨이 고등학교 시절, 파인먼은 제목에 '실용파'라는 말이 들어간 수학 입문서 시리즈(『실용파를 위한 산수』, 『실용파를 위한 대수』)를 발견하여 탐독했다. 그러는 가운데서도 그는 너무 섬세해지는 것을 늘 경계했는데, 그가 섬세하다고 생각하는 대상은 시, 문학, 그림, 음악이었다. '진짜 사나이'에게 걸맞은 일은 목공이나 기계작업이라고 여겼다.

경쟁 본능 때문에 야구장에서 뛰노는 것만으로는 직성이 풀리지 않는 학생들을 위해, 뉴욕의 고등학교들은 학교 간 대수학 대항전Interscholastic Algebra League, 시쳇말로 수학경시대회를 개최했다(단, 개인전은 없고 단체전만 있었다). 교내 물리학 동아리에 속했던 파인먼은 친구들과 함께 빛의 파동운동과 담배연기 고리의 기묘한 소용돌이 현상을 연구했고, 캘리포니아의 물리학자 로버트 밀리컨Robert Millikan의 (이미 고전적 실험이 된) 기름방울 실험(부유하는 기름방울로 단일 전자의 전하량을 측정하는 실험)을 재현했었다. 하지만 친구들과 팀이 되어 참여한 수학경시대회 경험만큼 짜릿하지는 않았다. 다섯 명씩 팀을 이뤄 출전한 학교 대표들이 한 교실에 모여 두 팀씩 줄지어 앉으면 교사가 일련의 문제들을 출제했다. 이런 문제들은 특히 교묘하게 설계되었다. '표준 교과과정을 넘어서는 안 된다'는 규정에 따라 미적분을 사용하지 않아도 풀 수 있게 출제됐지만, 학교에서 배운 해법으로는 제한시간을 넘길 수밖에 없었다. 따라서 항상 어떤 요령, 즉 지름길이 존재했고 그것을 눈치채지 못하면 시간을 초과할 수밖에 없다. 지름길을 아예 짐작할 수조차 없는 경우에는 출제자도 미처 예견하지 못한 기상천외한 방법을 생각해내야 했다.

당시 교육계에는 종종 '정답을 내는 것보다 적절한 방법을 사용하는 것이 더 중요하다'라는 풍조가 있었다. 그러나 수학경시대회에서는 오직 정답만이 중요했다. 올바른 답을 쓰고 동그라미를 치기만 하면 학생들이 답안지의 여백을 뜻 모를 낙서로 가득 채우더라도 아무런 상관이 없었다. 그러므로 빠른 시간 내에 문제를 풀려면 발상을 전환하거나 고도의 융통성을 발휘해야만 했다. 그러다 보니 정공법은 늘 차선책으로 밀리기 일쑤였지만 파인먼에게는 이런 식의 경쟁이 되레 적성에 맞았다. 회장과 부회장은 따로 있었지만 팀의 사실상 리더는 리티였다. 리티가 이끄는 팀은 승승장구했다. 팀의 2인자는 파인먼의 뒷자리에 앉아 열심히 연필을 놀렸는데, 종종 시간 내에 다 풀고 난 후 파인먼의 어깨 너머로 시험지를 엿보다가 힘이 쭉 빠지곤 했다. 파인먼의 시험지는 늘 깨끗했다.

파인먼이 단칼에 풀었던 문제의 예를 하나 들어 보자. 여러분은 강을 거슬러 배를 저어 가고 있다. 강의 유속은 시속 3마일이고, 배의 속도는 4와 4¼마일이다. 그런데 갑자기 당신의 모자가 바람에 날려 강물에 빠졌다. 그러나 당신은 그것도 모르고 계속 노를 젓다가, 45분이 지난 후에야 머리가 서늘해짐을 느꼈다. 당신은 뱃머리를 즉시 반대 방향으로 돌려 노를 젓는다.

강물에 떠내려가는 모자에 도달하려면 시간이 얼마나 걸릴까? 단, 이런 문제에서 흔히 가정하듯 가속도는 없다.

이런 문제는 비교적 쉬운 편에 속한다. 몇 분만 시간을 주면 기계적으로 풀어도 답을 구할 수 있다. 그렇지만 처음부터 3과 4¼이라는 숫자에만 신경을 곤두세워 이 둘을 더하거나 빼려고 하면 게임은 끝이다. 사실 이것은 수학 문제가 아니라, 기준틀reference frame에 관한 문제다. 강물의 운동에는 신경을 쓸 필요가 없다. 마치 우리가 '태양계 내에서 지구의 운동'이나, '은하계 내에서 태양계의 운동'에 신경을 쓸 필요가 없는 것처럼 말이다. 사실 모든 속도에는 다 기준점이 있다. 강물의 속도를 무시하고, 떠내려가는 모자에 기준점을 둬 보라. 즉, 당신이 모자와 똑같이 떠내려간다고 생각하면, 강물은 정지한 상태가 된다. 그러면 "지금까지 노를 저어 온 것과 똑같은 시간, 즉 45분 후에 모자에 도달할 수 있다"는 답이 떠오를 것이다, 파인먼이 그랬던 것처럼. 파인먼의 경쟁자들은 무식의 깊은 곳에서 번뜩이는 아이디어를 끄집어내려고 안간힘을 썼다. 하지만 아이디어를 떠올리려면 조바심을 내지 말고 긴장을 풀어야 했다. 파인먼의 주특기는 문제를 다 읽기도 전에 핵심을 간파하여 경쟁자들이 계산을 시작하기도 전에 답을 쓰는 것이었다. 그리고 나서는 보란듯이 동그라미를 치고 크게 심호흡을 했다. 파인먼이 졸업반이던 해에는 뉴욕 대학교에서 연례 수학경시대회가 열렸다. 뉴욕의 공립 및 사립 고등학교 학생들이 모두 참가한 이 대회에서 파인먼은 영예의 우승을 차지했다.

대부분의 사람들은 수학이라고 하면 으레 이런 썰렁한 개념을 떠올린다. 산수·대수·기하·삼각함수·미적분 등의 제목으로 분류된, 사실과 기계적 알고리즘의 집합체. 그러나 소수의 사람들은 더 자유롭고 더 다채로운 세계로 통하는 문을 발견하여 나중에 그것을 '재미있는 수학'이라고 불렀다. '재미있는 수학'의 세계에서 다루는 문제는 다음과 같았다. "토끼들이 잡아먹히지 않도록 여우 여러 마리와 함께 나룻배에 태워 가상의 강 건너편으로 실어 날라라." "어떤 원주민 부족은 항상 거짓말만 하고 어떤 원주민 부족은 항상 참말만 하는데, 한 원주민의 대답을 듣고 거짓말인지 참말인지 판단해라." "금화 여러 닢의 무게를 천칭을 이용하여 세 번만 측정해 보고, 그중에서 가짜 금화를 가려내라." "길이 12피트의 사다리를 들고 폭이 좁은 귀퉁이를 돌아가라." "8L짜리 항아리에 가득 찬 포도주를 똑같이 둘로 나눠야 하는데, 부피를 잴 병이라고는 5L짜리와 3L짜리 두 개뿐이다." 그밖에도 '재미있는 수학'의 세계에서 등장하는 단골 메뉴에는 다음과 같은 것들이 있었다. "원숭이 한 마리가 도르래 줄을 타고 올라가는데, 맞은 편에는 원숭이와 무게가 똑같은 추가 매달려 있는 문제(이건 수학을 가장한 물리 문제다)", "소수나 제곱수나 완전수가 등장하는 문제".

'재미있는 수학'의 세계는 날로 발전을 거듭했다. 동전 던지기나 카드 넘기기 문제는 확률이론이 적용되면서 점점 더 복잡해졌다. 무한이라는 개념도 진화해서 '양의 정수가 무수히 많더라도 선분 위에 존재하는 점의 수보다는 적다'는 사실이 증명되었다. 어떤 소년은 컴퍼스와 자를 이용하여 삼각형, 오각형, 원에 내접하는 다각형을 그리고, 종이를 접어 다섯 가지 플라톤 입체를 만듦으로써 마치 유클리드처럼 기하학을 정확하게 이해했다. 파인먼 같은 총명한 소년이라면 그 정도의 영광을 꿈꿀 만했다. 유클리드식 작도법으로 임의의 각을 삼등분하는 것은 고전적인 작도불가능 문제 중 하나였지만, 파인먼과 친구 레너드 모트너는 한때 그 해법을 찾아냈다고 착각했었다. 그들은 이등변 삼각형의 한 변을 어렵사리 삼등분한 다음, 각각의 삼등분점에서 맞은편 꼭지점까지 선분을 긋고, 그것이 각의 삼등분선이라고 생각했다. 흥분한 리티와 렌(모트너의 애칭)은 자전거를 타고 동네를 한바퀴 돌며 다음날 아침 신문에 이런 기사가 대문짝만하게 날 거라고 상상했다. "기하학을 처음 배운 두 고교생, 수학계의 오랜 난제인 각의 삼등분 문제를 풀다."

이처럼 풍부한 내용이 담긴 '재미있는 수학'의 세계는 공부보다는 놀이에 더 적당했다. 그러나 무미건조한 고등학교 수학과는 달리, '재미있는 수학'은 수준 높은 '진짜 수학'의 세계와 연결되는 구석이 많았다. 파인먼은 '죽은 지식'을 수동적으로 받아들이는 대신, 연구를 수행하고 미해결의 문제를 해결하며 생생한 미개척지를 능동적으로 탐험하는 기분을 만끽했다. 학교 수학은 하나의 정답만을 요구했지만 '재미있는 수학'은 개방적인 문제를 통해 이해력과 탐구력을 길러줬다. 또한 게임 등을 통해 권위에서 해방된 느낌을 주기도 했다. 삼각함수에서 통용되는 기호에서 비논리적인 면을 발견한 파인먼은 본인만의 독특한 표기법을 고안하여 sin(x) 대신 **5ᴦ**를, cos(x) 대신 **Cᴦ**를, tan(x) 대신 **Tᴦ**를 사용했다. 파인먼은 자유분방했지만 지극히 체계적이기도 해서, 로그표의 값을 외우고 표에 나오지 않는 값은 암산으로 유도했다. 파인먼은 다양한 공식으로 공책을 메우기 시작했는데, 특히 분수를 계속 더해서 π나 e의 값을 구하는 공식에 관심이 많았다. 열다섯 살이 되기 한 달 전에는 우쭐한 기분으로 공책을 펴서 한쪽 구석에 큼지막한

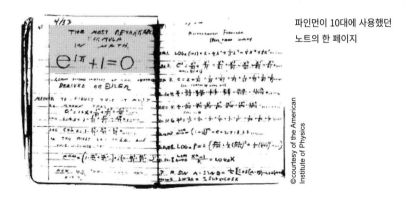

파인먼이 10대에 사용했던
노트의 한 페이지

©courtesy of the American Institute of Physics

글씨로 이렇게 휘갈겨 썼다.

수학에서

가장 멋진

공식

$e^{i\pi}+1=0$

(『우주의 과학사』에서)

그해 말에는 삼각함수와 미적분을 마스터했다. 교사들은 파인먼이 앞서
나가는 것을 일찌감치 알아봤다. 기하 담당인 옥스버리 선생은 사흘 만에 두
손을 들었다. 그는 두 발을 책상 위에 턱 걸치고 앉아, 리처드더러 자기 대신
학생들을 가르치게 했다. 대수학의 경우 리처드는 원뿔곡선과 복소수의 방
정식을 혼자서 익혔다. 원뿔곡선과 복소수의 방정식에는 기하학적 성격이
가미되어 있어서 평면이나 3차원 공간의 곡선과 연관시키지 않으면 문제를
풀기가 어려웠다. 리처드는 그런 지식들이 실용적이라고 확신했다. 그의 노
트에는 삼각함수와 적분의 원리뿐만 아니라 방대한 삼각함수표와 적분표가
그려져 있었는데, 이것들은 어디서 베낀 것이 아니라 자신이 고안해낸 독창
적인 방법으로 직접 계산한 결과물이었다. 미적분 노트 표지의 제목란에는
전에 탐독했던 수학 입문서 시리즈의 제목을 따서 『실용파를 위한 미적분』
이라고 적었다. 동급생들을 대상으로 실시된 졸업 앙케이트 조사에서 파인
먼은 '가장 성공할 가능성이 높은 친구'나 '가장 지적인 친구'라는 별명을 얻
지 못했다. 그는 만장일치로 '미친 천재'라는 별명을 얻었다.

만물은 원자로 구성되어 있다

최초의 양자 개념, 즉 '사물의 핵심에는 더 이상 쪼갤 수 없는 기본 구성요소가 자리잡고 있다'는 생각이 누군가의 머릿속에 떠오른 것은 적어도 2,500년 전이며, 물리학은 이 개념과 함께 서서히 탄생하기 시작했다. 당시로서는 그런 개념 말고는 흙이나 물, 불이나 공기를 이해할 길이 별로 없었겠지만, 처음에는 분명히 긴가민가했을 것이다. 먼지, 대리석, 나뭇잎, 물, 살이나 뼈의 밋밋한 겉모습만 봐서는 그런 생각을 하기가 어려웠을 테니 말이다.

그러나 기원전 5세기에 몇 명의 그리스 철학자들은 다른 만족스러운 가능성을 찾고자 노력했다. 사물은 변하지만(부스러지고, 빛이 바래고, 시들거나 성장하지만), 그럼에도 불구하고 동질성을 유지한다. 불변성immutability을 인정하려면 변하지 않는 기본적 부분이 필요했다. '변하지 않는 기본적 부분'이 움직이고 재결합하기 때문에 사물이 변하는 것처럼 보이는지도 몰랐다. 곰곰이 생각해 보니 물질의 기본 구성요소는 변하지도 쪼개지지도 않는다고 간주하는 편이 그럴듯해 보였다(원자atom는 '자를 수 없다'는 뜻의 그리스어 아토모스atomos에서 유래했다). 그런데 물질의 기본 구성요소가 균일한지도 문젯거리였다. 플라톤은 원자를 '단순한 기하학적 구조를 지닌 단단한 덩어리'로 간주하고, 네 가지 순수원소인 흙, 공기, 불, 물이 각각 정육면체, 정팔면체, 정사면체, 정이십면체라고 생각했다. 원자가 서로 결합하려면 작은 갈고리가 필요하다고 상상한 사람들도 있었다(그렇다면 그 갈고리는 도대체 무엇으로 만들어졌단 말인가?).

실험은 그리스식 방법이 아니었지만 일부 관찰결과는 원자 개념을 뒷받침했다. 물은 증발했고, 수증기는 응축했다. 동물들은 보이지 않는 신호전달자, 즉 냄새를 바람에 실어보냈다. 병에 재를 꽉 채운 뒤 물을 부어도 흘러넘치지 않았다(재와 물의 부피가 병의 부피와 일치하지 않는 것은 물질 내부에 틈이 존재한다는 뜻으로 여겨졌다). 하지만 역학이 늘 골칫거리였다. 알갱이들이 어떻게 이동하고 어떻게 결합하는지를 알 수가 없었다. 시인 리처드 윌버Richard Wilbur는 "돌덩이는 구름 같네"라고 읊었고, 원자 시대가 도래한 후에도 상황은 달라지지 않았다. 자욱한 구름과 같은 입자들이 모여 일상생활에서 만지고, 보고, 느낄 수 있는 현실세계를 어떻게 이루는지는 설명되지 않았다.

과학이 현실세계를 설명할 거라고 믿는 사람들은 교과서적 지식(남에게 배운 지식)과 실제 지식(자신이 깨달은 지식)을 끊임없이 연결해야 한다. 우리는 어릴 적 지구는 둥글고 태양의 둘레를 공전하며 기울어진 축을 중심으로 자전한다고 배웠다. 그러나 지식을 받아들이는 태도는 사람마다 다르다. 현대 세속교회의 엉성한 교리마냥 믿음으로 받아들일 수도 있지만, 이해라는 틀에 단단히 용접하여 절대로 떨어져나가지 않게 할 수도 있다. 예컨대 우리는 태양의 고도가 낮아지는 것을 보고 겨울이 다가옴을 알 수 있다. 가로등의 그림자를 보고 시간을 짐작할 수도 있다. 돌아가는 회전목마 받침대 위를 가로질러 걸을 때는 코리올리힘Coriolis force과 반대방향으로 몸을 기울이는데, 이는 사이클론의 성질에 대해 배운 지식(북반구, 저기압, 시계 반대방향)을 실제 감각과 연결하려는 과정이다. 때로는 돛을 높이 세운 배가 수평선 너머로 사라지는 시간을 측정하기도 한다. 이처럼 태양, 바람, 파도 등이 모두 힘을 모아 '지구는 평평하다'는 옛날 생각으로 되돌아가는 것을 막고 있지만, 밀물과 썰물을 보며 달의 인력을 생각하지 않는 사람들도 있다.

하지만 **'만물은 원자로 구성되어 있다'**는 지식을 '책상과 의자는 딱딱하다'는 일상경험과 연결하는 것은 훨씬 더 어렵다. 빌딩의 돌계단이 반질반질하게 마모된 것을 보고, '눈에 보이지 않는 미세한 입자들이 수천만 번의 발길질에 채여 떨어져 나간 행위가 누적되었다'라고 생각하는 사람들은 거의 없다. 이와 마찬가지로 우리는 보석 면의 기하학적 형태를 보고 둥근 포탄처럼 차곡차곡 쌓여 있는 원자의 모습과 연관시키지는 않는다. 그보다는 특정한 결정방향crystalline orientation을 선호한 나머지, 일부러 공을 들여 맨눈으로 볼 수 있는 규칙적인 각을 만든다. 우리의 몸속이나 주변에 존재하는 원자를 생각해 보면, 단단한 돌이 일정한 형태를 유지하고 있다는 것은 신비롭기 그지없다. 고등학교 시절 리처드 파인먼은 선생님에게 이렇게 질문한 적이 있다(그러나 끝내 만족스러운 답변을 듣지는 못했다). "원자가 늘 요동치는 게 사실이라면 날카로운 물체들은 어떻게 날카로운 상태를 유지할 수 있죠?"

성인이 된 파인먼은 과학자들에게 물었다. "대재앙이 일어나 모든 과학 지식이 사라졌다고 합시다. 단 하나의 문장으로 다음 세대에게 가장 많은 정보를 전달해 줘야 한다면, 뭐라고 말할 건가요? 뭐라고 남겨야 우리가 이 세계에 대해 이해한 바를 가장 잘 전달할 수 있을까요?" 파인먼이 제시한 모범답안은 다음과 같다. **"만물은 원자들로 구성되어 있는데 원자란 끊임없이 움직이는 미세한 입자를 말하며 이 입자들은 어느 정도 떨어져 있으면 서로 잡아당기지만, 너무 바짝 다가서면 서로 밀치는 성질이 있다."** 그러고는 다음과 같이 부연설명을 달았다. "약간의 상상력과 사고력만 발휘해도 이 한 문장에 담긴 세계에 대한 정보가 엄청나다는 걸 알게 될 겁니다."

그리스의 자연철학자들이 원자의 개념을 처음 떠올린 지 2,000년이 훌쩍 넘었다. 그러나 단지 생각하기에 편리한 개념이 아니라 엄연한 물리적 실체로서 원자라는 개념을 받아들여 보편적 사실로 믿는 과학자들은 파인먼이 태어난 20세기 초반 이후에야 등장했다. 1922년 보어가 노벨상 수상 연설에서 청중들에게 주지시키려던 바는 "과학자들은 원자의 존재가 확실히 증명된 것으로 믿고 있다"는 사실이었다. 그럼에도 불구하고 파인먼이 읽고 또 읽은 『브리태니커 백과사전』에는 다음과 같이 적혀 있었다. "순수화학에서는 원자 논쟁에 종지부를 찍을 정도로 결정적인 주장은 아직 제기되지 않았다."

원자의 존재에 관한 더 강력한 증거는 방사능radioactivity 현상에서 발견되었는데, 발견의 주역은 신생과학인 물리학이었다. 방사능이라는 현상은 물질의 실제 붕괴와 관련된 것처럼 보였는데, 이 현상은 매우 띄엄띄엄 일어나기 때문에 눈이나 귀로도 확인할 수 있을 정도였다. 1980년대에 이르러서야 마침내 사람들이 원자를 봤다고 말할 수 있게 되었다. 그때도 원자를 직접 볼 수 있었던 것은 아니지만, 전자현미경 사진 속에 배열된 '그늘진 공' 모양을 본다거나, 레이저를 집중적으로 쏘아 만든 원자덫atom trap 속에서 오렌지빛으로 반짝이는 점들을 본다는 것은 상상력을 자극하고도 남았다.

17~18세기의 과학자들은 고체가 아니라 기체를 관찰하면서 물질의 기본 구성요소는 낟알granule 모양이라고 확신하기 시작했다. 뉴턴 혁명의 강력한 여파에 힘입어 과학자들은 측정을 통해 불변하는 양quantity을 찾아냈으며, 숫자를 사용하지 않았던 철학에서는 드러나지 않았던 수학적 관계를 도출했다. 연구자들은 물, 암모니아, 탄산, 탄산칼륨을 비롯한 수십 가지 화합물들을 만들고 분해했다. 원료와 최종 생성물의 무게를 정밀하게 측정하여 규칙성을 발견했다. 수소와 산소를 2:1의 비율(부피 기준)로 합치면 물이 되었다. 영국의 로버트 보일Robert Boyle은 "일정한 온도에서 피스톤 속에 갇힌 공기의 압력과 부피를 동시에 변화시키더라도 그 곱은 일정하다"라는 사실을 발견했다. 즉, 압력과 부피는 보이지 않는 막대기로 연결되어 있어 압력과 부피를 곱하면 상수가 된다. 또한 기체를 가열하면 부피나 압력이 증가하는 것으로 나타났다. 왜 그럴까?

과거에 과학자들은 열heat을 '한 곳에서 다른 곳으로 흐르는 보이지 않는 유체', 즉 플로지스톤phlogiston이나 열소caloric로 생각했었다. 그러나 자연

철학의 계승자들이 그보다 덜 직관적인 생각을 하나 떠올렸으니, 열은 운동이라는 것이었다. 대담한 생각이었다. 왜냐하면 열이 운동하는 것을 본 사람이 아무도 없었기 때문이다. 과학자들은 '부드러운 압력으로 얼굴에 와 닿는 바람 속에서 무수한 미립자corpuscle들이 보이지 않지만 이리저리 부딪친다'고 상상했는데, 이 추측은 계산으로 뒷받침되었다. 스위스에서는 다니엘 베르누이Daniel Bernoulli가 '압력은 공 모양의 미립자들이 반복적으로 충돌하는 힘과 똑같다'라고 가정함으로써 보일의 법칙을 도출했고, 마찬가지로 '열이란 여기저기서 운동이 강화된 현상'이라고 가정함으로써 온도와 밀도 사이의 관계를 유도했다. 미립자론을 한발 더 진보시킨 사람은 앙투안 로랑 라부아지에Antoine-Laurent Lavoisier다. 그는 세심한 공을 들여 '고체와 기체가 결합할 때(예: 쇠가 녹슬 때)조차도, 화학반응에 참여한 분자들의 출납부를 작성하는 것이 가능하다'는 사실을 입증했다.

"물질은 변하지 않으며, 원자(완벽하게 단순하고, 쪼개지지 않고, 크기가 없고, 서로 떨어져 있는 점)들로 구성되어 있다." 원자에 대해 이처럼 뛰어난 선견지명을 보여준 사람은 18세기의 수학자이자 프랑스 해군의 광학 책임자였던 루지에로 보스코비치Ruggiero Boscovich였다(하지만 아쉽게도 원자 내부에 혼잡하면서도 측정가능한 우주가 들어 있을지 모른다는 생각은 한 세기가 더 지난 후에 등장했다). 그로부터 2세기 후 파인먼이 제시한 단 하나의 문장("만물은 원자들로 구성되어 있는데 원자란 끊임없이 움직이는 미세한 입자를 말하며 이 입자들은 어느 정도 떨어져 있으면 서로 잡아당기지만, 너무 바짝 다가서면 서로 밀치는 성질이 있다")도 보스코비치의 견해를 반영한 것이었다. 보스코비치가 말한 원자는 '물질'보다는 '힘'을 의미했는데, 그가 설명한 내용들을 간추려 보면 다음과 같다. 첫째, 물체는 어떻게 탄성(예: 고무)이나 비탄성(예: 밀랍)을 보이며 압축되는가? 둘째, 물체는 어떻게 튀어오르거나 되튀어오르는가? 셋째, 액체가 얼거나 증발하고, 고체가 단단하게 뭉치는 원리는 무엇인가? 넷째, 물질이 끓거나 발효할 때 입자들이 다양한 속도로 오가면서 접근하거나 멀어지는 메커니즘은 무엇인가?

　미립자를 이해하려고 파고들다 보면 물질의 가시적 특징 뒤에 숨어 있는 인력attraction과 척력repulsion을 이해할 필요성이 느껴지기 마련이다. 파인먼의 단 하나의 문장에서처럼 **미립자란 어느 정도 떨어져 있으면 서로 잡아당기지만, 너무 바짝 다가서면 서로 밀치는 성질**이 있기 때문이다. 명석했던 파인먼은 고등학생이었던 1933년부터 이런 그림을 머릿속에 떠올렸다. 보스코비치 이후 두 세기가 흐르면서 물질의 화학적 특성에 연구는 점점 더 정밀해졌고 발견된 원소의 수도 많이 늘어났다. 고등학교 실험실에서도 비커의 물속에 전류를 흘려보냄으로써 폭발성 원소인 수소와 산소로 분해할 수 있게 되었다. 교육용 화학실험 세트로 구성된 화학 과목은 규칙과 레시피의 기계적인 집합체처럼 보였다. 그러나 호기심 가득한 학생들의 마음 속에는 근본적인 의문이 여전히 남아 있었다. 원자가 항상 요동치는데 고체는 어떻게 계속 단단한 상태를 유지할 수 있을까? 공기나 물과 같은 유체의 운동을 좌우하는 힘은 무엇이며, 도대체 원자들이 어떤 소란을 피우기에 불이 붙는 것일까?

진보의 20세기

　그즈음 과학자들은 힘을 연구하려다가 샛길로 빠져 원자의 본질을 재해석하느라 10년의 세월을 보냈다. 그 사이에 핵물리학과 고에너지 물리학이 등장하면서 화학물리학을 순식간에 뒤로 밀어냈다. 과학자들은 다양한 물질들의 화학적 특징을 연구하면서도 양자역학이 처음 발견한 놀라운 사실들을 소화하느라 진땀을 뺐다. 1933년 여름, 시카고에서 열린 미국 물리학회 연례회의에서 화학자인 라이너스 폴링Linus Pauling은 '양자역학이 생명체를 구성하는 복합 유기분자에 어떤 시사점을 던지는지'에 대해 발표했다. MIT의 물리학자 존 C. 슬레이터John C. Slater의 발표에는 '양자역학의 관점에서 본 전자'와 '화학자들이 측정할 수 있는 에너지' 간의 관계를 알아내기 위해 고심한 흔적이 역력했다. 학회는 "진보의 세기A Century of Progress"라는 기치를 내걸고 화려하게 개막된 1933 시카고 세계박람회장에까지 이어졌다. 수많은 관람객들이 모인 발표장에서 닐스 보어는 새 물리학에서 난제로 떠오른 일반적인 측정 문제에 대해 발표했다. 보어의 가볍고 여린 덴마크식 말투는 아기 울음소리나 마이크 소음에 자주 파묻혔지만, 그는 이 자리에서 상보성complementarity의 원리를 제시했다. 그는 물질의 중심에 존재하는 이중성duality의 문제를 피할 수 없다고 지적하며, 소립자뿐만 아니라 모든 실체가 상보성의 원리를 벗어날 수 없다고 주장했다. 또한 고전물리학의 모든 개념뿐만 아니라 일상생활에서 쓰는 관념까지도 수정이 불가피하다는 점을 인정해야 한다고 덧붙였다. 그는 발표 직전에 아인슈타인과 만났는데 두 사람은 난관을 타개할 해결책이 없다는 데 의견을 같이하고(실제로 두 사람의 견해 차는 보어가 발표장에서 언급한 것보다 훨씬 더 컸다), "우리는 인과관계의 개념에 기반하여 현상을 기술하는 접근방법을 포기해야 한다"라고 선언했다.

숨막히는 더위가 맹위를 떨치던 그해 여름, 박람회장에 운집한 군중 속에는 멜빌, 리처드, 루실, 조안도 섞여 있었다. 오직 이날만을 위해 조안에게 나이프와 포크로 베이컨을 먹는 법을 가르친 후, 파인먼 일가는 짐을 꾸려 승용차 트렁크에 싣고 먼 길을 나섰다. 당시는 고속도로가 개통되기 전이어서 지방도로를 이용하여 뉴욕에서 시카고까지 달려가야 했기에 여행길은 가도가도 끝이 없었다. 도중에 몇 번 농가에 신세를 지기도 했다. 박람회장은 무려 약 50만 평에 달하는 미시간 호반의 부지에 자리잡았고, 도처에 과학을 상징하는 엠블럼들이 설치되어 있었다. 20세기가 진보의 시기인 것은 분명한지라, 시카고 세계박람회는 절정에 도달한 과학의 대중화를 축하하는 자리였다. '**아는 것이 힘이다**'라는 멋들어진 캐치프레이즈는 리처드가 지참한 『소년과학자』라는 책의 표지를 장식한 문구였다. 과학이란 발명이나 개선과 동의어로 여겨졌고, 실제로 사람들의 생활방식을 바꿨다. 에디슨, 벨, 포드의 이름을 간판으로 내건 기업체들은 미국 전역을 전선과 도로로 그물같이 엮어 놓았다. 모든 것은 긍정적으로 보였다. 광자photon와 전자가 실제로 존재하며 수백 마일 떨어진 곳까지 불을 밝히고 목소리를 전해 준다니, 이 얼마나 놀랍고 감사한 일인가!

대공황의 한복판에서도 과학의 경이로움은 미래에 대한 낙관적 믿음을 북돋았다. 지평선 바로 너머에서는 고속 비행기, 높이 1km에 육박하는 마천루, 인체의 질병과 정치적 폐해를 치료해 줄 과학기술이 기다리고 있었다. 발전을 이끌어갈 주역은 고등학생들이었지만, 어리고 총명한 학생들이 세상을 어떤 방향으로 이끌어나갈지 짐작할 수 있는 사람은 아무도 없었다. 뉴욕의 어떤 작가는 50년 후 뉴욕의 모습을 상상하며 1982년이 되면 뉴욕에는 자그마치 5,000만 명의 사람들이 살게 되어, 이스트강과 허드슨강 유역의 상당부분이 사람들로 미어터질 것이라고 예견했다. 그의 예견은 이렇게 이어졌다. "마천루 옆으로 발코니가 연장되고 그 위로 켜켜이 쌓아올린 도로가 건설되며, 소리 없는 철도가 등장할 것이다. 영양분은 농축된 알약으로 섭취하고, 여성들의 옷은 1930년대의 수영복처럼 간소화될 것이다. 이런 환상을 실현할 영웅은 고등학생 천재들이다. 그들은 누구보다도 많은 것을 안다." 젊은이들에 대한 기성세대의 기대는 이처럼 한이 없었다.

과학자들은 문화계의 기대에 부응하여 상상을 현실로 만들려고 애썼다.

그해 여름, 시카고 대학교의 한 연구자가 "인간의 두뇌는 전기로 움직인다"라고 발표했다. 구체적으로 말하면 "뇌 속에는 중앙 배전반이 존재하는데, 이 배전반은 수많은 접속회선들을 이용하여 뇌세포들을 연결시킨다. 따라서 모든 뇌세포들은 각각 조그만 화학공장이자 전지인 셈이다"라는 내용이었다. 시카고 산업계 역시 과학기술의 상징성을 적절히 이용했다. 개막식 행사에서는 네 곳의 천문대에 근무하는 엔지니어들이 40광년 떨어진 아르크투루스Arcturus의 희미한 별빛을 망원경으로 모은 다음, 전기적으로 증폭시켜 박람회장의 조명을 밝혔다. "인간이 물리과학 분야에서 이룬 찬란한 성과와 인류의 탁월한 위기극복 능력을 보여주는 증거들이 모두 한자리에 모였습니다." 박람회 조직위원장을 맡은 루퍼스 도스Rufus C. Dawes가 선언하자, 대형 발사체가 수백 장의 성조기를 박람회장 상공으로 쏘아올렸다. 실물 크기의 공룡 모형은 관람객들에게 경외감을 불러일으켰고, 강의하는 로봇도 등장했다. 과학에 별로 관심이 없는 관람객들은 샐리 랜드Sally Rand라는 여배우의 공연(타조깃털 모양의 부채를 들고 추는 춤)을 유료로 관람하기도 했다. 파인먼 가족은 높이 약 200m의 두 탑을 연결한 스카이라이드Sky Ride라는 케이블카를 타고 과학관에 갔다. 과학관의 한쪽 벽에는 피타고라스에서 시작해 유클리드, 뉴턴, 아인슈타인에 이르기까지 과학의 역사를 151단어로 요약한 글귀가 적혀 있었다.

파인먼 가족에게 보어를 비롯한 시카고에 모인 물리학자들의 이름은 생소했다. 그러나 미국의 여느 신문독자들과 마찬가지로 아인슈타인이라는 이름 하나만큼은 매우 익숙했다. 그해 여름 아인슈타인은 고국 독일을 영원히 떠나 유럽을 여행하고 10월이면 뉴욕항에 도착할 예정이었다. 미국인들은 14년 동안 줄곧 이 '수학자'에게 열광했다. 이 같은 분위기를 주도한 것은 파인먼네 가족이 구독하는 《뉴욕타임스》였는데, 한 세대 전에 에디슨을 신격화한 것과 거의 맞먹는 수준이었다. 유럽 출신이든 미국 출신이든, 미국인들에게 그처럼 열광적인 찬사를 받은 이론 물리학자는 단 한 명도 없었다. 아인슈타인에 대한 전설 중에서 가장 정확한 진실은 '20세기 사람들의 우주관에 상대성이라는 혁명적 개념을 도입했다'라는 것이다. "전세계에서 내 이론을 이해하는 사람은 단 열두 명밖에 없다" 같은 이야기가 정말로 아인슈타인의 입에서 나왔는지는 분명하지 않다. 1919년 《더 타임스》가 1면에 대서특필한 "빛, 하늘에서 모두 휘어져"라는 기사는 모르는 사람이 없을 정도였다. 그밖에도 다음과 같은 사설들이 줄을 이었다. "아인슈타인의 이론 승리", "별의 위치는 기존의 생각이나 예측과 다르지만, 걱정할 필요는 없어", "열두 명의 현자賢者를 위한 이론, 다른 사람들은 이해할 수 없다고 아인슈타인이 말해", "절대체제를 습격하다"라는 도발적인 사설이 있었다. 그런가 하면 이런 재미있는 사설도 있었다. "믿는 도끼에 발등 찍혔다, 구구단도 확실하다고 보장할 수 없어."

　상대성이론이 유명해진 데는 알쏭달쏭하다는 점도 한몫했음을 부인할 수 없다. 하지만 아인슈타인의 메시지가 정말로 이해할 수 없었다면 그렇게 널리 퍼질 수는 없었을 것이다. 수수께끼를 풀어주겠다는 책들이 순식간에 100권 넘게 쏟아져 나왔다. 신문 기사들은 상대성이론의 역설을 둘러싸고 존경과 자기비하가 뒤섞인 마조히즘적 반응을 보였다. 사실 신문이든 독자들이든, 상대성이론의 기본만큼은 정확하게 이해하고 있었다. 그 내용인즉 '공간은 휜다. 그 원인은 중력이 작용하여 보이지 않는 공간의 구조를 비틀기 때문'이라는 것이었다. 에테르가 사라짐과 동시에 시간과 공간의 절대적인 기준틀을 상정할 필요도 없게 되었다. 빛의 속도는 일정하며 측정값은 초속 30만km로 중력의 영향을 받으면 경로가 구부러진다. 일반상대성이론이 해저 케이블을 타고 부지런한 뉴욕의 신문사들로 전송된지 얼마 지나지 않아, 직각삼각형의 빗변 계산조차 버거워 하던 어린 학생들이 $E = MC^2$ 이라는 공식을 입에 달고 다니는 진풍경을 연출했다. 그러나 그뿐만이 아니었다. "물질과 에너지는 이론적으로 맞바꿀 수 있으며, 원자 안에는 새로운 에너지원이 방출되지 않은 상태로 도사리고 있다" 같은 말까지 줄줄이 꿰는 아이들도 나타났다. 이런 아이들이 느끼기에도 우주는 작아진 것 같았다. 이제 우주는 단순히 '모든 것'이 아니었고, '상상할 수 없는 전체'도 아니었다. 4차원 곡률 덕분에 우주에 경계선을 긋는 것이 가능하게 되자 우주는 마치 인공적인 것처럼 보이기 시작했다. 이에 대해 영국의 물리학자 J. J 톰슨J. J. Thomson은 다음과 같은 말로 불편한 심기를 드러냈다. "우주에는 아인슈타인의 공간, 드시터de Sitter [6]의 공간, 팽창하는 우주, 수축하는 우주, 진동하는 우주, 불가사의한 우주가 존재한다. 수학자가 수식 하나를 써내려가기만 해도 우주가 탄생한다. 그는 자신만의 우주를 만들 수도 있다."

앞으로 제2의 아인슈타인은 결코 나타나지 않을 것이다. 이와 마찬가지로 제2의 에디슨, 하이페츠, 베이브 루스도 등장하지 않을 것이다. 그들은 하나같이 미국인들의 문화적 상상력 속에서 반신반인半神半人, 전설 또는 영웅으로 추앙받으며 동시대인들 위에 우뚝 서서 군림했던 인물들이다. 그들만한 천재성을 가진 과학자, 발명가, 바이올리니스트, 야구선수가 앞으로 태어날 수는 있다. 그러나 독보적인 영웅이 탄생하기에는 세상이 너무 커져 버렸다. 베이브 루스 같은 야구선수가 십여 명이라면, 베이브 루스는 없는 것이나 마찬가지다. 20세기 초에 수백만 명의 미국인들에게 '당대 최고의 과학자 이름을 대라'고 하면 이구동성으로 단 한 명의 이름을 댔다. 그러나 20세

---

6) 1917년 네덜란드의 드 시터가 제안한 것으로, 물질을 전혀 포함하지 않는 상대론적 우주의 하나다. 이 우주는 팽창하고 있다.

기 후반이 되자 상황이 달라졌다. 과학을 좀 아는 사람이라면 대여섯 명의 과학자 이름을 열거하는 것은 기본이었다. 게다가 아인슈타인이 살았던 시대에만 해도 사회적 분위기가 천재에게 후한 편이었다. 그러나 오늘날처럼 탈신화화demythologizing와 해체주의를 표방하며 위인들의 어두운 면을 까발리는 시대에는 시대를 상징하는 아이콘적 인물이 배출되기 어렵다.

아인슈타인을 칭송하던 사람들은 과학천재에 대한 대중의 관념을 바꿀 의지와 능력을 보유하고 있었다. 당시 유행했던 '천재는 99퍼센트의 땀과 1퍼센트의 영감으로 이루어진다'는 에디슨의 말은 아인슈타인에게 적용되지 않는 듯했다. 아인슈타인은 영감에 의존하는 '추상적 사색가'였다. 그의 천재성에서 뿜어져 나오는 창조적 능력은 거의 신神의 수준이어서, 그가 어떤 우주를 상상하면 그 우주가 탄생했다. 그의 행동거지는 일상을 초월한 듯한 인상을 줬고 언제나 지혜가 수반되는 것처럼 보였다. 텔레비전이 나오기 이전의 스포츠 영웅들처럼 아인슈타인은 까마득히 먼 곳에 있는 존재로 보였다. 사실 아인슈타인의 신화화에는 그의 독특한 외모도 한 몫 거들었다. 아인슈타인이라고 해서 청춘 시절이 없었겠는가! 천재성이 절정에 달했던 1910~1920년대에는 그도 여느 젊은이들과 마찬가지로 성실하고 기품있어 보이는 외모를 유지했었다. 그러나 1930년대에 들어 50대에 접어든 아인슈타인에게서는 예의 그런 모습을 찾아볼 수 없었다. 헝클어진 헤어스타일, 헐렁한 옷, (그 유명한) 양말벗기. 아인슈타인의 이미지는 이제 자유분방하면서도 다소 무심한 모습으로 굳어졌다.

아인슈타인의 신화화는 때로 다른 사람들에게까지 확대되었다. 1929년 영국의 양자 이론가인 폴 A. M. 디랙이 위스콘신 대학교를 방문했을 때《위스콘신 스테이트 저널》은 "올 봄 위스콘신 대학교를 휘어잡을 과학자. 아이작 뉴턴, 아인슈타인을 비롯한 모든 과학자들을 1면에서 몰아낼 듯"이라는 제목의 기사를 실었다. 기사의 본문에는 다음과 같이 적혀 있었다. "미국의 과학자라면 활발히 활동하느라 바쁘겠지만, 디랙은 다르다. 그는 매우 느긋하며, 그의 가장 중요한 일은 창밖을 내다보는 것이다." 게다가 디랙은 기자의 질문에 단음절로 답변함으로써 신비로움을 더했다. (이쯤 되면 독자들은 디랙이 저명한 원로 과학자쯤 되는 줄 알았겠지만, 그의 나이는 겨우 스물일곱 살이었다.)

기자: 박사님, 향후 연구계획을 몇 마디로 간단히 말씀해주시겠습니까?

디랙: 비밀입니다.

기자: 좋습니다. 그럼 제가 이렇게 써도 될까요? '디랙 교수는 수리물리학의 문제들을 모두 해결할 수 있지만, 베이브 루스의 평균 타율을 계산하는 더 나은 방법은 모른다.'

디랙: 네.

(중략)

기자: 혹시 영화관에 가 보신 적이 있나요?

디랙: 네.

기자: 언제죠?

디랙: 가만 있자, 그게 1920년이었던가? 아니, 아마 1930년이었을 걸요.

천재는 딴 세상 사람처럼 멀게만 느껴졌다. '과학' 하면 장치와 기계를 떠올릴 정도로 실용적인 미국인들 사이에서는 아인슈타인이나 디랙과 같은 유럽의 과학자들을 괴팍하게 보는 문화적 기준이 형성되었다. 영화 〈더 레이디 이브The Lady Eve〉에서는 여주인공(바버라 스탠윅 분飾)이 파인먼 또래의 과학자(헨리 폰다 분)를 두고 이런 대화를 나눈다.

―키만 멀대 같이 크고 맹한 남자 말인가요?

―맹한 게 아니라, 과학자예요.

―그러면 그렇지, 어쩐지 좀 괴짜다 싶더라니….

괴짜가 나쁘다는 뜻은 아니다. 총명한 사람들에게는 재능에 대한 대가로 인간적 결함이 나타난다는 의미였다. 그런 대중적 견해에는 자기방어적인 요소가 개재되어 있지만, 일말의 진실도 담겨 있었다. 현실세계에 살면서도 정신은 딴 세상에 가 있는 것처럼 무심해 보이는 과학자들이 실제로 많았다. 그들은 간혹 격식을 갖춰 옷을 입을 줄도, 사교적인 멘트를 날릴 줄도 몰랐다.

《위스콘신 스테이트 저널》의 기자가 미국 과학계의 실상에 관한 디랙의 고견을 물었다면 좀 더 긴 대답을 들었을지도 모른다. 디랙은 사적인 자리에서 "미국의 과학은 한참 멀었으며, 미국에는 진정한 물리학자가 없다"라고 꼬집은 적이 있기 때문이다. 너무 가혹하다 싶지만 그것은 기껏해야 몇 년 미만의 역사를 쌓은 미국 과학계에 대한 평가였다. 디랙이 물리학을 언급할 때는 뭔가 새로운 것을 의미했다. 진공청소기나 레이온 같은 합성섬유는 물론, 1920년대에 보급된 어떤 경이로운 기술도 새로운 물리학의 관심사가 아니었다. 전등을 밝히거나 전파를 발사하는 것도, 심지어 실험실에서 빛을 내는 기체의 주파수 스펙트럼이나 전자의 전하량을 측정하는 것도 새로운 물리학의 관심사는 아니었다. 새로운 물리학의 관심사는 현실세계를 새로운 관점에서 바라보는 것이었다. 그것은 너무나 균열되고 우연적이고 보잘것없어서 몇몇 나이 든 미국 물리학자들을 당황시켰다.

미국의 원로 물리학자들은 양자역학 혁명quantum mechanics revolution을 절망적인 마음으로 바라보고 있었다. 어떤 이들에게는 단지 양자역학에서 사용하는 수학이 너무 어려울 뿐이었다. 어떤 이들은 자연세계를 확정적으로 기술하는 과학에 익숙해진 나머지, 양자역학의 통계학적 설명을 '무식함을 스스로 폭로하는 것'이라고 비판했다. 그리고 새로운 물리학의 철학적 함의를 두려워하는 이들(특히 '확실한 세상'에서 사고방식이 형성된 중년의 물리학자들)은 일견 주관적으로 보이는 하이젠베르크의 접근방법을 언짢아 했다. 예일 대학교의 물리학과장이었던 쉰일곱 살의 존 질리니John Zeleny는 모교인 미네소타 대학교의 청중 앞에서 이렇게 항변했다. "나는 우리의 지각과 일치하는 실제세계가 존재한다고 생각합니다. 미니애폴리스Minneapolis는 단순한 꿈속의 도시가 아니라 실제 도시라고 믿습니다." 그러나 아인슈타인이 상대성이론에 대해 언급했던 것은 양자역학에 더 잘 적용되는 말이었다. 양자역학을 이해하려면 수학이 필요하며, 수학을 아는 사람들은 소수에 불과했다.

리처드와 줄리언

무더운 여름이면 바다 내음 물씬 풍기는 바람이 파로커웨이 해변을 훑고 지나갔다. 아스팔트에서는 빛이 공기에 굴절되면서 아지랑이가 피어올랐다. 가을이 지나 초겨울이 되면 낮게 드리운 먹구름에서 눈발이 흩날리기 시작했다. 몇 시간 동안 함박눈이 내리고 나면 하늘은 다시 맑아져 눈 뜨고 쳐다볼 수 없는 지경이 되었다. 거의 방종에 가까운 자유로운 시간 속에서 리처드는 오랫동안 꿈쩍 않고 공책을 들여다보거나, 동네 이곳저곳을 기웃거리며 방황하다 구멍가게에 들어가 장난을 치곤 했다. 그의 장난은 유치한 광유체역학적 장난으로, 여종업원에게 팁으로 줄 1페니 동전을 매끄러운 테이블 위에 올려놓고 그 위에 물이 가득 든 잔을 엎어 놓는 것이었다.

얼마 후 해변에 놀러 나간 리처드는 특별한 소녀 한 명과 마주쳤다. 깊고 따스한 푸른 눈에 긴 머리칼을 곱게 땋아 늘어뜨린 아이였다. 해수욕을 한 후 머리를 풀어 빗어내리면, 리처드와 같은 학교에 다니는 소년들이 그녀 주위로 구름처럼 모여들었다. 그녀의 이름은 알린 그린바움Arline Greenbaum(리처드는 오랫동안 알린의 스펠링을 흔히 쓰는 Arlene으로 잘못 알았다)이었고, 파로커웨이 옆 롱아일랜드 주 시더허스트에 살았다. 리처드는 상사병에 걸렸다. 알린은 멋지고 아름다웠지만, 리처드는 부끄럼을 많이 타는 데다 결정적으로 그녀에게는 이미 남자친구가 있었다. 그래도 리처드는 시치미를 뚝 떼고 알린을 따라 방과후 활동 모임에 들어갔다. 알린은 미술반이었으므로 리처드도 (소질은 없지만 별일이야 있겠나 싶어) 미술반에 들었다. 그러나 그건 큰 오산이었다. 얼마 후 리처드는 차라리 희생양이 되는 쪽을 택했다. 바닥에 반듯이 누워, 다른 아이들이 주형鑄型을 뜨도록 돕는 역할을 했다. 아이들은 리처드의 얼굴에 석고를 덕지덕지 발랐고, 리처드는 빨대로 숨을 쉬어야 했다.

알린도 리처드의 시선을 의식했지만 내색하지 않았을 뿐이었다. 그런데 어느 날 저녁 알린이 모임에 참석했더니 커플파티가 벌어지고 있었는데, 그중에서도 하이라이트는 입맞춤 놀이 시간이었다. 나이 많은 아이 하나가 커플들에게 입술의 각도와 코의 위치를 가르쳐 준 후 화기애애한 분위기 속에서 실습이 진행되려던 순간이었다. 리처드의 파트너는 잘 알지도 못하는 여자애였다. 이런 상황에서 알린이 들어서자 난리가 났다. 한 구석에 처박혀 보란듯이 키스를 퍼부어대던 징글맞은 녀석 하나를 빼면, 전원이 자리에서 벌떡 일어나 알린을 맞이한 것이다.

리처드는 이따금씩 다른 여자아이들과 데이트를 했다. 그러나 규칙도 모르는 의식에 참석하는 것 같다는 느낌을 떨쳐버릴 수 없었다. 어머니가 기본적인 매너 몇 가지를 귀띔해 주기는 했다. 그러나 여자아이네 집 거실에서 그녀의 부모와 함께 앉아 기다리는 법, 춤추고 있는 파트너를 가로채는 법,

영혼 없는 멘트("멋진 저녁 시간을 함께해줘서 고마워!")를 날리는 방법, 이 모든 것들이 그저 낯설게만 느껴졌다. 다른 사람들이 모두 통달한 암호를 자기 혼자만 해독하지 못하는 것 같았다.

리처드는 부모의 기대를 별로 의식하지 않고 자랐다. 생후 몇 주 만에 아기를 잃은 부모님(특히, 어머니)의 공허감이나(어머니는 틈만 나면 죽은 아기를 생각했다), 부유층에서 중하위층으로 전락한 데 따른 어머니의 상실감 등을 잘 헤아리지 못했다. 대공황이 발생하자 파인먼 일가는 뉴브로드웨이의 집과 뜰을 처분하고 작은 집으로 이사했고, 그곳에서는 식당과 거실을 침실로도 사용했다. 멜빌은 종종 거리에 나가 물건을 팔았고, 귀가해서는 헐값에 수집하던 《내셔널지오그래픽》 과월호를 읽곤 했다. 일요일에는 야외에 나가 숲의 경치나 꽃을 그리고, 때로는 리처드와 조안을 데리고 메트로폴리탄 미술관에 갔다. 집에서 백과사전을 통해 상형문자를 미리 공부해 둔 덕분에 세 식구가 이집트 전시실을 지나며 글자 몇 개를 해독하자, 사람들의 눈길을 끌기도 했다.

리처드는 여전히 라디오 땜질을 하며 이런저런 실험을 계속했다. 대공황 때문에 라디오를 싼 값에 고치려는 사람들이 많아, 리처드의 작업실은 문전성시를 이루었다. 상용 라디오는 본격 생산에 돌입한 지 10년 만에 미국 가정의 절반에 침투했다. 1932년 신형 라디오의 평균 가격은 48달러였는데 이는 3년 전 가격의 3분의 1에 불과한 수준이었다. 소형 라디오도 등장했다. 놀랍게도 6파운드짜리 경량박스에 진공관 다섯 개가 빽빽히 들어차고, 자체 안테나를 내장하며, 지폐만 한 크기로 줄인 스피커가 달린 제품이었다. 고음과 저음을 따로 조절하는 손잡이가 달린 라디오도 나왔고 "새틴 마감, 세련된 크롬 그릴과 장식이 달린 흑단 듀레츠Durez"를 강조하며 고급형임을 과시하는 라디오도 나왔다.

망가진 라디오들을 수리하면서 리처드는 전부터 아주 익숙했던 회로들에 발생한 다양한 고장들과 마주쳤다. 플러그에 연결된 전선을 바꾸거나 이웃집 지붕 위로 올라가서 안테나를 설치하기도 했다. 고장 원인을 찾아내기 위해 콘덴서에 왁스가 누출되지 않았는지와 저항이 까맣게 타지는 않았는지를 살폈다. 그러다 보니 나중에는 이런 말까지 듣게 되었다. "저 아이는 생각만으로 라디오를 고친다!" 사람들은 리처드의 나이가 어리다는 점을 지나치게 부각시켰다. 뒷주머니에 꽂은 드라이버는 우스꽝스러울 정도로 커 보였지만, 지금껏 아무도 손대지 못했던 고장들을 거뜬히 해결했다. 마지막으로 고친 라디오가 압권이었는데, 스위치를 켜자마자 등골이 오싹할 정도로 큰 굉음이 들렸다. 정체불명의 잡음은 날카로운 비명소리로 바뀌었다가 나중에 정상으로 돌아왔다. 리처드가 앞뒤로 왔다갔다하며 생각에 잠긴 동안 심술궂은 라디오 주인이 인정사정없이 다그쳤다. "뭘 하는 거야? 라디오는 어느 세월에 고치려고." 리처드는 곰곰이 생각했다. 뭐가 잘못됐기에 잡음이 시간에 따라 변하는 걸까? 아무래도 진공관이 열을 받은 것 같았다. 리처드는 걸음을 멈추고 라디오로 돌아와, 진공관 두 개를 빼낸 다음 서로 바꿔 끼웠다. 그리고 라디오를 켜자 잡음이 감쪽같이 사라졌다. 이 사건을 계기로 리처드는 파로커웨이에서 자타가 공인하는 '생각만으로 라디오를 고치는 아이'로 등극했다.

리처드의 수학 실력도 라디오 수리 실력만큼 일취월장했다. 개념과 원리에 바탕을 둔 추리는 단편적인 문제풀이와 비할 바가 아니었다. 믿음직한 수식을 곰곰이 들여다보면 상념의 파편들이 이합집산하며 차츰 정돈되는 느낌이 들었다. 그러다가 어느 순간, 갑자기 득도의 경지에 이르며 즐거움이 찾아왔다. 이 즐거움에는 사람을 지속적으로 몰입하게 만드는 묘한 매력이 있었다. 진리의 힘이란 바로 이런 것이 아닐까 싶었다. 리처드는 때때로 들뜬 기분에 탐닉한 나머지 무아지경에 빠져들곤 했는데, 마치 넋 나간 사람 같았다. 이럴 때면 곁에서 지켜보는 가족들조차 불안할 지경이었다.

이때는 지식을 얻기가 힘든 때였다. 중고잡지를 구하는 것도 하늘의 별 따기였다. 수학 교재 한 권을 구하려면 큰 맘 먹고 온동네 서점들을 이 잡듯 뒤져야 했다. 라디오 프로그램 하나, 전화 한 통, 마을 회당에서 듣는 강의 하나, 모트애비뉴에 새로 문을 연 영화관에서 본 영화 한 편, 리처드에게는 이 모든 것들이 특별한 의미로 다가왔다. 리처드는 가지고 있는 책들을 모조리 외워 버릴 심산으로 책이 누더기가 될 때까지 탐독했다. 수학적 방법에 관한 입문서를 읽다가 이해되지 않는 내용이 나오면 식을 하나씩 하나씩 따져 보고, 그것도 모자라 자기가 낸 연습문제로 공책을 빼곡히 채웠다. 리처드와 친구들은 '재미있는 수학 이야기'를 야구카드처럼 교환했다. 모리 제이콥스라는 아이가 '$cos20° \times cos40° \times cos80° = 1/8$'[7]이라고 가르쳐 줬을 때, 리처드는 그 신기한 느낌을 평생 잊지 못할 것 같았다. 심지어 모리가 그 이야기를 들려 준 곳이 모리 아버지가 운영하는 피혁제품점 앞이었다는 사실까지 기억했다.

라디오가 최고의 인기를 구가하던 시기에는 사람들은 텔레비전이 영상과 소리를 융단폭격처럼 퍼붓는 시대, 신속하고 순간적이고 단편적인 일회용 지식이 판치는 시대가 오리라고는 생각하지 못했다. 이 시기에도 지식은

---

7) 삼각함수의 배각공식에 의하면 $sin(2\theta) = 2sin(\theta)cos(\theta)$이다.
$cos(20°)cos(40°)cos(80°)$를 x라고 하면
$x\, sin(20°) = sin(20°)cos(20°)cos(40°)cos(80°)$
$= 1/2\, sin(40°)cos(40°)cos(80°)$
$= 1/4\, sin(80°)cos(80°)$
$= 1/8\, sin(160°)$
$= 1/8\, sin(20°)$.
그러므로 x = 1/8.

여전히 드물고 소중했다. 과학자들의 사정도 마찬가지여서 과학정보가 공급 과잉으로 인해 평가절하될 염려는 없었다. 리처드는 일찍부터 '아무도 답할 수 없는 지식의 변방 가까이에 서 있다'는 특별하고도 독특한 느낌을 즐겼다. 초등학교 때부터 오후 늦게 실험실에 들르는 일이 잦았는데, 자석을 갖고 놀다가 선생님을 도와 실험실을 청소하면서 선생님이 감당할 수 없는 질문을 던지는 기쁨을 맛봤다.

고등학교를 졸업할 무렵, 과학계의 최전선에서는 마치 땅에서 감자를 줄줄이 캐내듯 새로운 문제들이 쏟아져 나왔다. 리처드는 자신이 이런 동향에서 얼마나 멀리 (또는 가까이) 있는지 알 길이 없었지만, 실제로 그리 멀리 떨어져 있지는 않았다. 양자역학이 천지풍파를 일으키자 수면 밑에 잠복해 있었던 근본적인 이슈들이 수면으로 부상했다. 그 당시 물리학은 가내공업 수준에 머물러 있었으며 그 이전까지 인류가 쌓아올린 어떠한 지식체계보다도 모호한 신흥과학이었다. 전체적으로 새로운 과학적 틀(핵물리학, 양자장론 quantum field theory)이 등장하고 있었지만, 기록된 물리학적 지식은 별로 없었다. 문헌자료라고는 몇 권의 학술지밖에 없었는데 그나마 대부분 유럽에서 발간되는 것들이었으니, 리처드가 그런 문헌들을 알 턱이 없었다.

한편 건너편 동네에서는 줄리언 슈윙어라는 조숙한 10대 소년이 새로운 물리학의 세계에 조용히 발을 들여놓고 있었다. 변두리에서 자라 선머슴 티가 풀풀 나는 리처드와는 달리 도시에서 성장한 줄리언은 귀공자 티가 완연했다. 줄리언은 유복한 여성복 디자이너의 둘째 아들로 태어나 할렘의 유대인 거주지역에서 자라다가 리버사이드 드라이브Riverside Drive로 이사했다. 허드슨강 만곡부를 따라 짙은 빛깔의 웅장한 주택과 타운하우스들이 늘어선 곳이었다. 차도로 건설된 도로 위에 마차가 다니며 동쪽으로 몇 블록 떨어진 브로드웨이의 상인들에게 짐 상자를 잔뜩 실어날랐다. 슈윙어는 책 찾는 노하우를 이미 터득하고 있어서 수준 높은 수학 및 물리학 책을 찾아 4번가나 5번가 아래쪽의 헌책방을 배회했다. 슈윙어는 미국에서 이름난 뉴욕 시티칼리지 병설 타운센드해리스 고등학교를 졸업했다. 1934년 열여섯 살의 나이에 시티칼리지에 입학할 때는 현대 물리학이 무엇인지를 이미 간파하고 있었다. 길고 진지한 얼굴로 어깨를 약간 웅크린 채 대학도서관에 앉아 《영국왕립학회지》와 《소련물리학저널》에 실린 디랙의 논문을 읽기도 했다. 유럽의 학술지들과 발빠르게 경쟁하기 위해 창간 40년 만에 월간에서 격주간으로 전환한 《피지컬리뷰Physical Review》도 읽었다. 슈윙어는 나이에 맞지 않게 우아하고 기품이 있었으며 선생님들에게는 몹시 수줍음을 타는 아이라는 인상을 남겼다.

줄리언은 대학 1학년 때 첫 번째 물리학 논문을 썼다. 논문의 제목은 「여러 전자들의 상호작용에 관하여」였는데, 규격용지 여섯 장에 타자기로 정성스레 작성된 논문은 그의 외모만큼이나 우아했다. 논문은 장론field theory의 새로운 중심원리에서 출발했다. 핵심 내용은 "두 개의 입자들은 서로 직접 작용하지 않으며, 두 입자 중 하나가 주변의 장field에 영향을 주고, 그 영향이 파급되어 두 번째 입자에 도달하게 된다"는 것이었다. 즉, 전자들은 단순하게 서로 부딪쳐 튕겨나가지 않는다는 이야기였는데 좀 더 자세히 말하면 "전자들은 에테르의 위대한 대체물인 장을 헤치고 나가며, 이때 생긴 파동이 다른 전자들을 움직이게 한다"이다. 슈윙어는 이 논문에서 필요 이상으로 획기적인 주장을 내세우는 무리수를 두지는 않았다. 다만 박학다식함을 은근히 과시하느라 '디랙, 포크Fock, 포돌스키Podolsky의 양자전기역학'과 '빈 공간 포텐셜의 하이젠베르크적 표현'을 인용했으며, 그러한 포텐셜을 비교적 간단한 수식으로 나타내기 위해 '로렌츠-헤비사이드 단위Lorentz-heaviside unit'를 원용하기는 했다. 하지만 그의 이론은 물렁물렁한

땅을 중장비로 갈아엎는 격이었다. 전기와 자기를 매우 효과적으로 통합했던 맥스웰의 장field은 이제 힘을 잃고 더 이상 크기를 줄일 수 없는 유한한 꾸러미로 묶여 양자화되어야 했다. 슈윙어의 이론은 부드러우면서도 힘이 있었다. 전자기장 하나만도 까다로운데 그는 전자기장을 뛰어넘어 더욱 추상적인 장을 바라봤다. 물리학자로 데뷔한 첫 번째 논문에서 단번에 두 단계를 건너뛰는 모험을 감행한 것이다.

무려 28개의 수식을 이용해 자신의 이론을 차근차근 설명해 나가던 슈윙어는 20번째 식에서 잠시 주춤거렸다. 수식 한 부분의 값이 너무 커져 다루기가 곤란했던 것이다(사실 무한대였다). 그 부분을 물리학적으로 해석하면 '전자가 전자 자체에 작용한다'를 의미했다. '전자가 주위의 장을 흔들면 주위의 장이 전자를 흔든다'에서 전자의 에너지를 계산하면 무한대가 나올 수밖에 없다. 디랙을 비롯한 물리학자들은 내키지는 않았지만 이 문제를 수습하는 방법을 정해 놓았고, 슈윙어도 그런 방법으로 위기를 모면했다. 그는 문제가 되는 부분을 건너뛰어 슬그머니 21번째 수식으로 넘어갔다.

줄리언 슈윙어와 리처드 파인먼! 1918년생 동갑내기인 두 사람은 열여섯 살에 똑같이 과학자의 추상적 정신세계에 빠져들었지만 걸어간 길은 처음부터 판이하게 달랐다. 슈윙어는 김이 모락모락 나는 최신 물리학을 공부했고, 파인먼은 표준 수학공식으로 노트를 가득 메웠다. 슈윙어는 처음부터 선배들의 무대 위로 성큼 올라갔지만, 파인먼은 실용적인 농담으로 또래집단의 관심을 끌려 했다. 슈윙어는 도시의 지적 심장부를 누비고 다녔지만 파인먼은 변두리의 산책로와 바닷가를 어슬렁거렸다. 동선이 달라 결코 그럴 리는 없었겠지만, 어쩌다 서로 마주쳤더라도 둘은 소 닭 보듯, 닭 소 보듯 지나치고 말았을 것이다. 두 사람은 그로부터 10년 후 로스앨러모스에서 처음 대면한다. 세기의 라이벌로 선의의 경쟁을 펼친 두 사람은 먼 훗날 중년이 되어 노벨 물리학상을 공동 수상한다. 수상식 후 마련된 만찬회 석상에서 두 사람은 반 세기 전에 발간된《브리태니커 백과사전》의 색인을 누가 빨리 암송하는지 내기를 해서 좌중을 놀라게 했다.

어린 시절의 끝 무렵, 리처드는 인근의 인쇄소나 이모가 경영하는 파로커웨이의 작은 휴양호텔에서 아르바이트를 했다. 리처드는 여러 대학에 지원서를 냈지만 결과는 신통치 않았다. 수학과 과학은 만점이거나 거의 만점에 가까웠지만 다른 과목들은 그렇지 못한 데다, 1930년대에 미국 대학들은 유대인의 입학을 강력히 제한했기 때문이다. 리처드는 컬럼비아 대학교의 특별전형에 응시하느라 15달러를 썼는데, 입학허가를 받지 못하자 '괜히 헛돈을 썼다'며 두고두고 분하게 여겼다. 그를 받아준 곳은 매사추세츠 공과대학교Massachusetts Institute of Technology, MIT였다.

MIT

MIT의 열일곱 살짜리 새내기 시어도어 앨런 웰턴Thedore Allen Welton은 1936년도 춘계 기숙사 오픈하우스 행사장에서 선배들을 도와 공학 전시물을 설치하고 조작했다. 웬만한 MIT의 신입생들이 그렇듯 그 역시 비행기, 전기, 화학물질에 대해 막히는 게 없었고, 둘째가라면 서러워할 알베르트 아인슈타인 숭배자였다. 뉴욕 주 새러토가스프링스Saratoga Springs의 작은 동네 출신으로, 대학생활 1년을 마감할 시간이 다가왔지만 쟁쟁한 동기생과 선배들 사이에서 전혀 주눅들지 않은 상태였다. 전시물 점검을 마친 후 이곳저곳을 거닐며 다른 전시물들을 둘러보는 호기를 부렸다. 오픈하우스를 기념하여 학생들의 프로젝트를 전시한 미니 과학전람회에는 보스턴의 방문객과 학부모들도 참석했다. 공학 전시실을 지나 수학 전시실로 발길을 옮긴 웰턴은 사람들이 웅성거리는 쪽을 바라보며 귀를 쫑긋 세웠다. 그곳에는 1학년 동기로 보이는 녀석 하나가 건방지게 조화분석기harmonic analyzer라는 여행가방만 한 복잡한 수학 연산장치를 만지고 있었다. 게다가 한술 더 떠서 마치 기자회견장에 나온 국회의원처럼 구경꾼들의 질문을 재치 있게 받아넘기며 들뜬 목소리로 속사포 같은 설명을 늘어놓는 것이 아닌가! 조화분석기란 임의의 파동을 단순한 사인과 코사인 파동의 합으로 분해하는 장치였다. 딕 파인먼이 푸리에 변환Fourier transform, 즉 복잡한 파동을 분석하는 고등수학기법을 척척 설명하는 것을 듣자 웰턴은 귀가 간질거려 미칠 지경이었다. 푸리에변환으로 말할 것 같으면 방금 전까지만 해도 신입생 중에서는 자기 혼자만 알 거라고 철석 같이 믿었던 바로 그 기법이었으니 말이다.

파인먼의 전공이 물리학이라는 건 웰턴(이니셜 대로 T. A.라고 불리는 것을 좋아했다)도 잘 알고 있었다. 사실 파인먼은 전공을 두 번이나 바꿨다. 처음에는 수학을 선택했는데 특별시험에 합격하여 미분방정식과 3차원 적분을 다루는 2학년 미적분 과정으로 건너뛰었다. 하지만 그것도 겪어보니 역시 쉬워서 다음 단계 시험까지 볼 걸 그랬다는 생각이 들었다. 다른 한편으로 파인먼은 '내가 원하던 길이 과연 이 길인가?'라는 의문을 품기 시작했다. 1930년대에 미국의 수학계는 유례없는 엄밀성과 추상성을 강조하며 비수학계에서 말하는 소위 '응용'을 업신여기는 경향이 있었다. 라디오광 출신의 과학 소년들로 둘러싸인 파인먼에게 수학은 너무 추상적이고 현실과 너무 동떨어진 학문으로 느껴지기 시작했다.

현대 물리학자들에게 인생역정을 물어보면 수학에 대한 흥미를 잃었다고 생각한 때가 바로 운명의 순간이었다고 술회하는 경우가 많다. 그들의 출발점이 늘 수학이었던 이유는 다른 과목에서는 그들의 재능이 두드러지게 나타나지 않았기 때문이다. 그러나 곧 인생의 전환점이 찾아온다. 그들은 갑자기 영감이 떠오르거나 불만이 서서히 누적되다가 어느새 인접한 하이브리드 분야로 뛰어들거나 떠밀리기 마련이다. 파인먼보다 열일곱 살이나 많은 베르너 하이젠베르크는 뮌헨 대학교의 수학자 페르디난트 폰 린데만Ferdinand von Lindemann의 연구실에서 인생의 전환점을 맞이했다. 무슨 이유인지 하이젠베르크는 그날 따라 악착같이 짖어대는 린데만의 검둥이가 마음에 몹시 거슬렸다. 그놈의 검둥이 때문에 『파우스트』에 나오는 검둥개(푸들)가 떠올라 마음이 심난하던 차에, 상대성이론에 대한 바일의 신간을 읽다가 린데만에게 딱 걸리고 말았다. 린데만의 잔소리가 하이젠베르크의 심장에 비수처럼 꽂혔다. "자네 꼬락서니를 보아하니 수학 공부하기는 글렀구먼."

파인먼도 1학년 1학기가 끝날 무렵 에딩턴Arthur Eddington의 상대성이론에 관한 책을 읽다가 '수학에 관한 고전적 질문'을 들고 학과장을 찾아갔다. "수학은 어디에 쓰나요?" 파인먼이 물었다. 학과장의 대답도 고전적이었다. "그게 궁금하다면 자네는 길을 잘못 든 걸세." 그 말을 듣고 보니 '수학의 용도는 수학을 가르치는 것밖에 더 있나?'라는 생각이 들었다. 학과장은 보험

회사에 취직하여 보험계리인으로 일하며 확률 계산을 하면 어떠냐고 물었다. 그건 진심이었다. 두 분야의 박사학위(Ph.D., Sc.D.)를 가진 에드워드 J. v. K. 멘지라는 사람이 1932년 펴낸 『과학 전공자를 위한 직업』이라는 제목의 직업전망 조사서에는 "미국인들의 마음은 대체로 '근본적 원리'보다는 '응용', 즉 실용적인 것에 더 쏠려 있다"라고 쓰여 있었다. 그의 주장은 계속 이어졌다. "사정이 이러하다 보니 미래의 수학자들이 발 붙일 곳은 거의 없다고 봐야 한다. 교수 결원이 있는 대학이 아닌 다음에야, 수학 교수를 데려갈 만한 곳이 없다. 단, 전공을 살리는 길이 아주 없는 것은 아니다. 대형 보험회사에 들어가 보험계리인으로 일하면…." 파인먼은 전공을 수학에서 전기공학으로 바꿨다가, 나중에 또 한 번 바꿨다. 종착점은 물리학이었다.

물리학이라고 해서 수학보다 전망이 밝다고는 할 수 없었다. 미국 물리학회의 회원수는 10년간 두 배로 늘어났지만 아직도 2,000명에 못 미쳤다. 대학에서 학생을 가르치거나 정부(주로 표준국이나 기상국)에서 일하면 3,000~6,000달러 수준의 준수한 연봉을 기대할 수 있었다. 그러나 대공황의 여파로 정부와 대기업 부설 연구소들은 선임연구원 중 절반 가량을 내보내야 했다. 하버드 대학교의 물리학 교수 에드윈 C. 켐블Edwin C. Kemble은 물리학과 졸업생들의 일자리 찾아주기를 '악몽'이라고 토로했다. 물리학자를 하나의 어엿한 직업으로 인정한다는 소리는 듣기 힘들었다.

멘지는 자신이 강조하던 실용주의를 잠시 옆으로 밀어놓고 이런 질문을 던졌는데, 물리학을 긍정적으로 바라보는 관점으로는 이것이 유일했다. "학생들이여, 제군들은 인류의 지식체계에 뭔가를 보태고 싶은 열망을 느끼지 않는가? 또는 자신의 연구가 계속 진행되어 잔잔한 호수에 돌멩이 하나를 던졌을 때 파문이 일듯 자신의 영향력이 점점 더 확대되는 것을 보고 싶지 않은가? 진리를 아는 것 자체에 매력을 느끼며 궁금한 것을 모두 배울 때까지 용맹정진할 수는 없는가?"

MIT에는 미국 물리학계를 주름잡는 최고의 과학자 중 세 명이 있었다. 존 C. 슬레이터, 필립 M. 모스Philip M. Morse, 줄리어스 A. 스트래턴Julius A. Stratton이 그들이었다. 이들 삼인방은 미국 물리학계를 상징하는 성골(신사답고, 미국 출신이고, 기독교인임)이었지만, 실력 면에서 보면 곧이어 등장하는 쟁쟁한 외인부대를 당해낼 재간이 없었다. 한스 베테, 유진 위그너Eugene Wigner와 같은 해외파들은 각각 코넬 대학교와 프린스턴 대학교에 둥지를 틀었고, I. I. 라비I. I. Rabi, J. 로버트 오펜하이머와 같은 유대인들은 반유대주의 의혹에도 불구하고 각각 컬럼비아 대학교와 UC 버클리에 채용되었다. 스트래턴은 나중에 MIT 총장이 되었고, 모스는 브룩헤이븐 국립 핵연구소Brookhaven National Laboratory for Nuclear Research의 초대 소장으로 부임했다. 당시 MIT의 물리학과장은 슬레이터였는데, 그는 유학파였지만 유럽 물리학계의 조류에 깊이 빠져들지는 않았다. 그에 반해 라비는 유학 시절 취리히, 뮌헨, 코펜하겐, 함부르크, 라이프치히를 거쳐 다시 취리히로 돌아오며 유럽 물리학계의 조류에 편승해 있었다. 슬레이터가 1923년 케임브리지 대학교에서 잠시 공부했을 시절 최소 한 과목은 디랙과 함께 수강했을 법한데, 무슨 영문인지 디랙과 직접 마주친 적은 단 한 번도 없었다고 했다.

그 뒤로 10년 동안, 슬레이터와 디랙의 지적 여정은 그야말로 엇갈림의 연속이었다. 슬레이터가 몇 가지 자잘한 발견을 하면, 디랙이 이미 두세 달 전에 선수를 친 뒤였다. 그러니 슬레이터의 심기가 편할 리 없었다. 게다가 슬레이터가 보기에 디랙은 수학적 형식주의mathematical formalism의 최고봉이었다. 슬레이터는 디랙이 자신의 성과를 불필요하고 다소 난해하게 뒤얽힌 수식으로 포장하는 데 일가견이 있다고 여겼고 그런 결과들을 불신했다. 사실 엄밀히 말해 슬레이터가 불신한 것은 디랙 개인의 연구방법론이 아니라 엄청난 전염성을 지닌 철학 사조로, 양자역학을 탄생시킨 유럽의 학파들에게서 막 수입된 것이었다. 그것은 지킬-하이드적 성격 같은 사물의 이중성 또는 상보성을 주장하고, 시간과 우연성을 의심하며, 관찰자가 관찰결과에 미치는 영향을 추정했다. 슬레이터는 '신비스러운 건 싫고 확실한 게 좋다'라고 입버릇처럼 말했지만 대부분의 유럽 물리학자들은 대부분 그런 이슈들을 한껏 즐겼다. 방정식의 결과와 맞서 싸워야 한다는 의무감을 느끼는 과학자들도 있었다. 그들은 물리학에 대한 이해 없이 무시무시한 신기술만을 이용하게 될 가능성을 경계했다. 행렬식을 조작하거나 복잡한 미분방정식을 풀 때마다 갖가지 의문들이 꼬리에 꼬리를 물었다. **"아무도 보지 않을 때, 입자는 어디에 존재할까?"** 고대의 석조건물 양식을 본떠서 지은 유럽의 대학에서는 여전히 철학이 물리학을 설명하기 위한 '법정화폐coin of the realm의 지위'를 고수하고 있었다. 예컨대 들뜬 원자들의 에너지가 감소하는 동안 광자가 뚱딴지 같이 저절로 생겨나는 현상(원인 없는 결과)을 논할 때도 과학자들은 칸트의 인과율causality까지 거창하게 들먹이며 밤늦도록 논쟁을 벌였다. 그러나 미국은 달랐다. 파인먼이 MIT에 입학한 직후, 슬레이터는 거만한 태도로 이렇게 말했다. "요즘 이론 물리학자들이 생각하는 이론의 요건은 딱 한 가지다. 이론의 역할은 실험결과를 적절하게 예측하는 것이다. 다른 것은 다 필요 없다."

이론 물리학자들은 철학적 의미를 논하지 않는 것이 정상이다. 어떤 이론에 대해 질문할 때, 실험결과를 예측하는 데 도움이 되지 않는 질문은 한낱 말장난에 불과하다. 그런 질문은 말장난을 즐기는 사람들에게 맡겨라.

이론에 대한 실험의 우위를 강조하고 상식과 실용성을 중시하는 것은 슬레이터만의 개인적 취향이 아니었다. 그건 미국 물리학자들의 다수의견이었다. 미국인들이 마음 속에 그리는 과학자상은 아인슈타인이 아니라 아직도 에디슨이었다. 그들은 영감보다는 땀을 우선시하고, 수학을 '불가해하고 믿을 수 없는 것'으로 치부했다. 에드워드 콘던Edward Condon이라는 물리학자는 심지어 이런 말까지 했다. "수리물리학자들이 뭘 하는지는 삼척동자도 다 안다. 그들은 실험자들이 얻은 결과를 한참 째려보고는 수식을 잔뜩 섞어서 자신들도 알아보기 힘든 논문으로 바꿔놓는다." 콘던의 말대로라면 이론 물리학이 학문으로서의 존재가치를 입증하는 방법은 한 가지밖에 없다. 이론이 실험결과를 예측하는 수단을 제공하되, 결과 예측에 걸리는 시간은 실제 실험에 걸리는 시간보다 빨라야 했다.

미국에는 유럽과 달리 이론 물리학과가 따로 없었다. 그래서 이론 물리학자들은 실험 물리학자들과 방을 같이 쓰며 그들의 문제에 귀를 기울이고 실용적인 답을 제시하려고 애썼다. 그러나 슬레이터는 에디슨식 과학의 시대가 끝났음을 직감하고 있었다. 'MIT를 미국 과학의 선봉으로 이끌고 미국의 과학이 세계수준으로 발돋움하는 데 기여하라'는 칼 콤프턴Karl Compton MIT 총장의 특명을 받고 물리학과를 MIT의 간판으로 키우겠다 꿈꾸고 있었다. 슬레이터와 마찬가지로 급성장한 미국 기술산업의 지도자들 역시 미국이라는 나라가 그동안 물리학자를 양성하는 데 얼마나 소홀했는지를 뼈저리게 깨닫고 있었다.

슬레이터가 MIT에 처음 부임했을 때만 해도 물리학과 대학원생은 겨우 10여 명이었지만, 6년 후에는 60명으로 불어났다. 대공황 시기였지만 사업가 조지 이스턴George Eastman의 기부금으로 물리학과 화학을 위한 연구동을 새로 지었다. 굵직굵직한 연구프로그램이 가장 먼저 시작된 분야는 전자기

복사를 이용해 물질의 구조를 조사하는 분야, 특히 분광학spectroscopy(상이한 물질에서 나오는 빛의 특성주파수signature frequency를 분석하는 학문)과 엑스선결정학X-ray crystallography이었다. 물리학자들은 새로운 광선이나 입자를 발견할 때마다 분자들 간의 간격을 재는 도구로 사용하곤 했다. 새로운 진공장치와 정교하게 에칭된etched 거울 덕분에 분광학 연구의 정밀도는 점점 향상되었다. 또한 괴물처럼 생긴 거대한 신형 전자석을 이용하여 지구 어느 곳에서보다도 강한 장을 만들어냈다.

줄리어스 스트래턴과 필립 모스는 학부 4학년생과 대학원생들에게 전공필수 과목인 「이론 물리학 입문」을 가르쳤는데 강의 교재는 슬레이터가 직접 집필했다. 개설된 지 불과 몇 년밖에 되지 않은 강의였지만 물리학 교육에 관한 슬레이터와 동료들의 새로운 구상들이 모두 집약되어 있었다. 학부과정에서 역학, 전자기학, 열역학, 유체역학, 광학으로 나눠 가르치던 내용들을 한데 모아 하나의 과목으로 통합하려는 의도였다. 그 이전까지만 해도 학부생들은 실험 위주의 교과과정에 맞춰 그때그때 필요하다고 여겨지는 이론들을 즉흥적, 단편적으로 배웠다. 하지만 슬레이터는 단편적인 지식들을 통합하여 '현대원자론'이라는 새로운 주제로 학생들을 이끌기 원했다. 양자역학에 관한 강의는 아직 개설되지 않았지만 학생들은 단단한 물체의 운동을 다루는 고전역학뿐만 아니라, 진동하는 끈과 텅 빈 상자 속에서 이리저리 튀는 음파를 다루는 파동역학을 기초로 원자 내부를 파고들었다.

교수들은 학생들에게 "이론 물리학의 진수는 수학문제를 푸는 것이 아니라 카멜레온처럼 매우 다양한 모습으로 변신하는 실제현상(움직이는 물체, 유체, 자기장과 자기력, 전기와 물의 흐름, 빛과 물의 파동 등)에 수학을 적용하는 방법을 배우는 것이다"라고 강조했다. 파인먼은 1학년 때 「이론 물리학 입문」 강의를 듣는 4학년생 두 명과 같은 방을 썼는데, 4학년들끼리 나누는 잡담을 잠자코 듣고 있다가 간혹 문제풀이 이야기가 나올 때면 참지 못하고 끼어들어 선배들을 놀라게 했다. "베르누이 방정식을 쓰면 되잖아요?" 그는 베르누이를 대충 발음했는데 이는 그의 지식이 대부분 그렇듯 파로커웨이 시절 중고서적이나 백과사전을 닥치는 대로 읽다가 알게 된 이름이기 때문이었다. 파인먼이 '4학년 과목을 들어도 되겠네'라고 생각한 것은 2학년 때였다.

수강신청 날 파인먼은 기분이 우쭐했다. 수강신청 카드는 학년마다 색깔이 달라 2학년은 분홍색, 4학년은 녹색, 대학원생은 갈색이었다. 수강신청장을 휘 둘러보니 다른 학생들은 대부분 녹색 또는 갈색 카드를 들고 있었다. 파인먼은 호주머니 속에 든 분홍색 카드를 만지작거리며 히죽 웃었다. 게다가 그는 ROTC 제복을 입고 있었다(그 당시 MIT에서는 ROTC 훈련을 1학년과 2학년 때만 실시했다). 그런데 웬걸! ROTC 제복을 입고 분홍색 카드를 들고 한껏 폼을 잡고 있는 파인먼 옆으로 ROTC 제복을 입고 분홍색 카드를 쥔 2학년생 한 명이 뚜벅뚜벅 걸어와 자리를 잡고 앉았다. 파인먼은 힐끗 쳐다보며 이렇게 생각했다. '누구야 이 괴물은?' 바로 T. A. 웰턴이었다. 웰턴은 지난 봄 기숙사 오픈하우스 행사에서 파인먼이 수학 도사라는 걸 한눈에 알아봤었다.

파인먼은 웰턴이 책상 위에 쌓아둔 책을 곁눈질로 흘겨봤다. 툴리오 레비치비타Tullio Levi-Civita의 『절대미분학』이 첫눈에 들어왔다. 파인먼이 도서관에서 대출받으려 했지만 대출중이어서 허탕을 친 책이었다. 웰턴도 파인먼의 책상을 보고는 A. P. 윌스A. P. Wills의 『벡터와 텐서tensor 해석』을 도서관에서 빌릴 수 없었던 이유를 깨달았다. 둘은 곧 서로 자기자랑을 늘어놓으며 신경전을 폈다. 새러토가스프링스에서 온 2학년생은 '일반상대성이론을 다 안다'며 장군을 불렀고, 파로커웨이에서 온 2학년생은 '이미 디랙이라는 사람이 지은 책으로 양자역학을 공부했다'며 멍군을 불렀다. 둘은 몇 시간에 걸쳐 아인슈타인의 중력연구에 대한 개략적 지식을 주고받았다. 마침내 "4학년, 대학원생들의 공세에서 살아남으려면 힘을 합치는 게 피차 이득일걸?"이라는 웰턴의 말에 고개를 끄덕이며 의미심장한 눈길을 교환했다.

'4학년생과 대학원생들만 수강하는 「이론 물리학 입문」 시간에 비범한 어린 학생들이 두 명 들어왔다'는 사실을 알아차린 사람이 한 명 더 있었다. 담당교수인 스트래턴은 강의 도중 수식을 칠판에 써내려가다가 막힐 때면 얼굴이 붉으락푸르락해지곤 했다. 그때마다 스트래턴은 "파인먼 군, 자네라면 이 문제를 어떻게 풀 텐가?"라고 물으며 파인먼에게 분필을 건넸고 파인먼은 기다렸다는 듯 칠판 앞으로 성큼성큼 걸어나갔다.

최적경로

최소작용원리least action princilple라는 이름이 붙은 신기한 자연법칙 하나가 사람들 사이에 회자되었다. 이 원리는 간단한 문제에서 출발한다. 휴가철에 해변가에서 대기중이던 인명구조원이 대각선 방향에서 물에 빠져 허우적거리는 피서객을 발견했다. 피서객을 구하려면 모래사장을 달려 바다에 뛰어든 다음, 약간의 거리를 헤엄쳐 가야 한다. 그런데 모래사장을 달릴 때는 어느 정도 스피드를 내는 것이 가능하지만, 물속에서는 손발을 아무리 빨리 놀려도 달리기 속도를 능가할 수 없다. 인명구조원이 물에 빠진 피서객에게 가장 빨리 도달할 수 있는 경로는 무엇일까?

이 경우 인명구조원과 피서객을 잇는 직선경로는 최단거리경로(A)지만, 가장 빠른 길(최적경로)은 아니다. 인명구조원이 물속에 머무는 시간이 너무 길어 총 소요시간이 증가하기 때문이다. 최소수영거리(C)도 가장 빠른

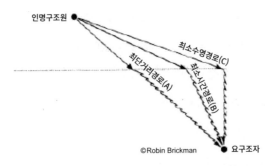

최단거리경로, 최소시간경로, 최소수영경로. 인명구조원의 수영 속도는 달리기 속도보다 느리므로, 최소시간경로를 찾아내려면 '달리기 거리'와 '수영 거리'를 적절히 조합해야 한다. 빛도 마찬가지다. 빛은 물속보다 공기중에서 더 빨리 진행하므로, 물속에 있는 물고기에게서 나온 빛은 어떻게든 정확한 최소시간경로를 찾아내 관찰자의 눈에 도달하는 것으로 보인다.

길은 아니다. 수영 거리는 가장 짧을지 몰라도, 전체 경로가 너무 길어 총 소요시간이 증가하기 때문이다. 가장 빠른 길은 최소시간경로(B)로, 해변과 적당한 각도를 유지하며 달려가다가 입수하는 순간 방향을 꺾어, 물에 빠진 피서객을 향해 일직선으로 헤엄쳐가는 방법이다. 미적분을 배운 학생이라면 최적경로를 찾아낼 수 있지만 인명구조원은 직감에 의존하는 수밖에 없다. 1661년 수학자 피에르 드 페르마Pierre de Fermat는 "빛이 공기에서 물이나 유리로 들어갈 때 굴절하는 것은 빛이 완벽한 직감을 보유한 인명구조원처럼 행동하기 때문이다"라고 추론했다. 다시 말해서 빛은 스스로 최소시간경로를 따라가는 성질이 있다. (한편 페르마는 역방향 추론을 통해 "빛은 조밀한 매질을 통과할 때 속도가 더 느려져야 한다"라고 생각했다. 훗날 뉴턴과 그 추종자들은 정반대, 즉 빛은 소리와 마찬가지로 공기 중에서보다 물속에서 더 빨리 진행한다고 생각했고 이를 증명했다고 생각했지만 단순성의 원리principle of simplicity를 믿은 페르마가 옳았다.)

신학, 철학, 물리학 사이에는 아직 뚜렷한 경계선이 그어지지 않았다. 양자시대에 이르러서도 과학자들의 의식은 이러한 의문에서 완전히 벗어나지 못했기 때문에 '신이 어떤 종류의 우주를 만들었는가?'라는 질문을 당연시했다. 아인슈타인조차도 주저없이 신의 이름을 들먹였다. 하지만 그는 "**신은 세상을 갖고서 주사위 놀이를 하지 않는다**"거나, 나중에 프린스턴 파인홀의 돌에 새겨진 대로 "**신은 교묘하지만, 악의적이지는 않다**Raffiniert ist der Herr Gott, aber boshaft ist er nicht"라고 말하며 미묘한 말장난을 했다. 요컨대 아인슈타인은 종교적이든 아니든 물리학자들이 쉽게 이해하고 흉내낼 수 있는 방식을 찾아낸 것이었다. 그래서 그가 '우주의 설계방식'에 대한 종교적 신념을 표명하더라도 그의 동료들은 독실한 기독교신자든 철저한 무신론자든 아무런 시비를 걸지 않았다(무신론자들에게 있어서 **신**이란 '우리가 사는 세상의 물질 및 에너지 흐름을 지배하는 법칙 또는 원리'를 의미하는 짧은 시구詩句에 불과했다). 아인슈타인의 신앙은 독실하지만 중립적이었다. 맹렬한 반종교주의자인 디랙조차도 받아들일 정도였다. 그런 디랙을 보고 볼프강 파울리Wolfgang Pauli 는 한때 이렇게 비꼬았다. "우리의 친구 디랙에게도 종교가 하나 있는데, 그 종교의 지도원리는 '신은 없고 선지자인 디랙만 있다'는 것이다."

17세기, 18세기의 과학자들은 아인슈타인처럼 이중생활을 해야 했지만 그에 수반되는 위험은 아인슈타인과 비할 바가 아니었다. 그때까지만 해도 신을 부정하는 것은 죽을 죄를 지은 것으로 간주되었고 실제로 불신자들은 교수형이나 화형에 처해지기도 했다. 과학자가 신앙을 공격하는 방법은 고작 '지식(일부 지식)은 관찰과 실험을 섬겨야 한다'라고 주장하는 정도에 불과했다. 사정이 이러하다 보니 '낙하하는 물체의 운동을 연구하는 학자'와 '기적의 근원을 연구하는 학자'를 구분하기란 어려웠다. 그와 정반대로 뉴턴과 동시대의 과학자들은 신의 존재에 대한 과학적 증명을 시도하거나, 신을 전제로 일련의 논리를 전개함으로써 위기를 모면했다. 뉴턴은 자신의 저서 『광학Optiks』에 이렇게 썼다. "기본입자들은 쪼개지지 않으며 매우 단단해서 마모되거나 부서지지도 않는다. 신이 애초에 하나로 창조한 것을 인간의 힘으로 나눌 수는 없다." 한편 르네 데카르트Rene Descartes는 『철학의 원리Principles of Philosophy』에서 "기본입자들이 쪼개지지 않는다는 것은 있을 수 없는 일이다"라고 썼다.

일부 철학자들의 생각과 달리, 쪼개지지 않는 성질을 가진 원자(또는 물질의 부분)는 존재하지 않는다…. 신이 입자를 매우 작게 만든 것은 그 어떤 피조물도 쪼개지 못하도록 하기 위함이다. 그러나 아무리 그렇다고 해도, 신이 자신의 분할능력을 스스로 박탈할 수는 없다. 왜냐하면 그것은 자신의 전지전능함에 스스로 흠집을 내는 것이기 때문이다.

원자가 쪼개진다는 것은 신이 만든 원자에 결함이 있음을 의미하는 것일까? 신이 만든 원자가 완벽하다면 신의 전지전능함(무엇이든 쪼갤 수 있는 능력) 앞에서도 부서지지 않고 버틸 수 있지 않을까? 이런 의문들은 신의 전지전능함을 가정함으로써 파생되는 문제점 중 하나일 뿐이며 심지어 상대성이론에서 속도에 명확한 상한선을 두기 전부터, 그리고 양자역학에서 확실성에 정확한 상한선을 두기 전부터 제기됐었다. 자연철학자들은 우주의 모든 곳에서 신의 존재와 능력을 확인하고자 했다. 그러나 그에 못지 않게(어쩌면 더 열렬하게) 신의 아무런 개입 없이 행성이 비껴 지나가고 물체가 낙하하고 포물체가 되튀는 메커니즘을 밝히고 싶어했다. 데카르트가 『철학의 원리』를 끝마치며 '만일의 사태'를 대비해 덧붙인 글을 읽어보면 그의 심정이 여실히 드러난다. "필자는 자신의 하찮음을 되돌아보며 그 어떤 것도 단언하지 않고 여기에 쓴 모든 견해들을 가톨릭 교회의 권위와 수많은 현자들의 판단에 의탁한다. 마지막으로 독자들에게 당부한다. 자신의 이성적 판단에 따라 몸소 납득한 경우가 아니라면 이 책에 적은 내용 중 어느 하나라도 믿어서는 안 된다."

과학이 탁월한 성과를 낼수록 신이 개입할 여지는 점점 더 줄어들었다. 참새의 추락을 설명하는 데는 뉴턴의 제2법칙인 $f=ma$ 하나만으로도 충분했으며 굳이 신의 섭리를 들먹일 필요가 없었다. 힘, 질량, 가속도는 어디서나 동일하니 말이다. 뉴턴의 사과가 나무에서 떨어지는 것이나 달이 지구 주위를 도는 것은 모두 역학적 현상이며 예측도 가능하다. 달의 공전궤도는 왜 원형일까? 공전궤도란 달이 순간적으로 지나가는 짧은 경로들을 모두 연결한 궤적인데, 매 순간 앞으로 나아가려는 달의 경로가 (사과처럼 만유인력에 이끌려) 지구 쪽으로 휘기 때문이다. 그러므로 달의 경로를 신이 선택해줄 필요는 없다. 설사 태초에 신이 우주를 창조할 때 달의 경로를 설정했더라도 나중에 다시 설정할 필요는 없다. 이는 신이 우주의 운행에서 손을 떼고 멀리 뒷전으로 물러나, 아무런 영향력을 발휘하지 않는다는 것을 의미한다.

18세기의 철학자겸 과학자들이 뉴턴의 방법을 이용해 행성과 포물체의 경로를 계산하는 요령을 배워갈 무렵, 프랑스의 기하학자이자 계몽철학자인 피에르 루이 모로 드 모페르튀이Pierre-Louise Moreau de Maupertuis는 마법처럼 신기한 방법을 하나 발견했다. 모페르튀이의 방법을 이용하면 행성의 경로에 깃들어 있는 오묘한 논리를 엿볼 수 있었다. 하지만 매순간 작용하는 힘을 단순히 더하고 빼는 뉴턴의 방법을 쓰는 사람들은 이 논리를 간파하지 못했다. 모페르튀이와 그 후계자들, 특히 수학자 조제프 루이 라그랑주Joseph Louise Lagrange는 "움직이는 물체는 늘 가장 경제적인 경로를 밟는다"는 사실을 입증했다. 라그랑주에 의하면 가장 경제적인 경로란 작용action을 최소화하는 경로이며 여기서 '작용'이란 세 가지 요소, 물체의 속도, 질량, 통과하는 공간을 바탕으로 계산한 양을 말한다. 즉, 행성은 힘의 종류와 무관하게 가능한 모든 경로 중에서 가장 저렴하고, 간단하고, 적합한 길을 선택한다는 것이다. 마치 절약정신이 투철한 신이 어떻게든 자신의 흔적을 남기려고 애를 쓰는 것처럼 말이다.

파인먼은 「이론 물리학 입문」 시간에 라그랑주 방법의 간편계산법을 배웠지만 별로 감흥이 없었다. 왠지 그런 방법은 마음에 들지 않았다. 하지만 친구 웰턴을 비롯한 다른 수강생들은 라그랑주의 공식이 우아하고 유용하다고 생각했다. 왜냐하면 라그랑주 공식을 쓸 경우, 다양한 힘들을 무시하고 곧바로 답을 낼 수 있어 문제풀이에 유리하기 때문이었다. 특히 라그랑주 공식을 이용하면 뉴턴 방정식에서 요구하는 직각좌표의 기하학 같은 고전적 기준틀에서 벗어날 수 있었다. 라그랑주 기법에서는 어떠한 기준틀도 불필요하기 때문이었다. 그러나 파인먼은 "모든 힘들을 하나하나 떼어내어 전부 계산해낼 때까지는 어떤 계의 진정한 물리학을 이해했다고 할 수 없다"라며 라그랑주 공식의 사용을 거부했다. 고전역학 과목의 고급과정으로 갈수록 더 어려운 문제들을 풀어야 했지만 파인먼은 '눈 딱 감고 답만 적어내는' 라그랑주 방법을 사용하지 않고 버텼다. 사실 공이 포물면을 따라 굴러내려가는 문제 정도는 파로커웨이 고등학교 시절 수학경시대회 팀에서 익힌 기발한 계산요령을 이용해도 충분히 풀 수 있었다.

파인먼이 최소작용원리를 처음 접한 것은 파로커웨이 고등학교에서였다. 지겨운 고등학교 물리 시간이 끝난 후, 담당교사인 에이브럼 베이더는 파인먼을 별도로 지도했다. 베이더 선생은 칠판에 곡선을 하나 그렸는데, 2층 창가에 있는 친구에게 공을 던졌을 때 나타나는 포물선과 비슷한 모양이었다. 높고 느린 곡선에서부터 직선에 가깝고 빠른 궤적에 이르기까지, 공의 체공시간이 바뀔 수 있다면 셀 수 없이 많은 경로가 가능할 것이다. 그러나 체공시간을 알고 있다면 경로는 하나밖에 나올 수 없다. 베이더 선생은 파인먼에게 두 가지 에너지, 즉 운동에너지와 위치에너지를 구해보라고 했다. 고등학교에서 물리를 배우는 학생들이 누구나 그렇듯, 파인먼도 두 가지 에너지를 더하는 데 이력이 나 있었다. 비행기가 하강하면서 가속할 때나 롤러코스터가 내리막길을 미끄러져 내려갈 때, 위치에너지가 운동에너지로 전환된다. 반대로 비행기가 상승하거나 롤러코스터가 오르막길을 올라갈 때는 운동에너지가 위치에너지로 전환된다(단, 마찰은 무시한다). 어떤 경우에도 운동에너지와 위치에너지의 합은 결코 변하지 않으며 총 에너지는 보존된다.

베이더 선생은 파인먼에게 "두 에너지의 '합'보다는 덜 직관적인 양, 그러니까 '차이'를 생각해 볼래?"라고 주문했다. 운동에너지에서 위치에너지를 빼는 것은 더하는 것이나 마찬가지로 쉬웠다. 그저 부호만 바꾸면 되니 말이다. 그러나 그 물리학적 의미를 이해하기는 좀 어려웠다. 베이더 선생은 "그 양을 '작용'이라고 한단다"라고 일러줬는데, 그것은 보존되기는커녕 자꾸 변하기만 했다. 그러자 베이더 선생은 이렇게 말했다. "공이 창문을 향해 날아가는 모든 과정의 작용을 계산해 보렴." 이 말과 함께 파인먼에게는 기적처럼 느껴지는 힌트도 줬다. "특정 순간에는 작용의 값이 증가하거나 감소하겠지. 그렇지만 공이 종착점에 도달한 후에 공이 지나온 경로를 추적해 보면, 공은 늘 '작용의 합이 최소인 경로'를 따라 움직인다는 것을 알게 될 거야." 만약 파인먼이 칠판에 다양한 가상경로(예컨대, 땅과 창문을 잇는 직선, 매우 볼록한 곡선, 예정된 경로에서 살짝 벗어난 곡선)를 그렸다면, 작용(운동에너지와 위치에너지의 차이)의 평균은 실제경로보다 늘 더 크게 나왔을 것이다.

최소작용원리에 대해 말할 때 물리학자들은 은연중에 포물체에게 일종의 자유의지volition를 귀속시킨다. "공이 스스로 길을 선택하는 것 같다"든지 "공은 모든 가능성을 미리 알고 있는 것 같다" 같이 말이다. 자연철학자들은 과학의 모든 분야에서 이와 유사한 최소원리minimum principle와 마주치기 시작했다. 라그랑주는 행성의 궤도를 계산하는 프로그램을 제시했다. 서로 충돌한 당구공의 움직임도 작용을 최소화하는 것 같았다. 막대기에 대롱대롱 매달린 물방울도 마찬가지였다. 방식은 다르지만 물이나 유리를 통과할 때 굴절하는 빛도 그랬다. 페르마는 고결한 수학적 통찰을 통해 최소시간의 원리를 도출함으로써 빛이 물이나 유리를 통과할 때에도 똑같은 자연법칙이 성립한다는 것을 증명했다.

뉴턴의 방법이 과학자들에게 이해하기 쉽다는 인상을 준 반면, 최소원리는 불가사의하다는 느낌을 안겨줬다. 물리학자 데이비드 파크David Park는 이렇게 말했다. "최소원리는 동역학dynamics의 사고방식과 많이 다르다." 사람들은 공, 행성, 광선이 미리 정해진 경로를 진행하는 것이 아니라 매 순간 길을 찾는다고 생각하는 경향이 있다. 그러나 라그랑주의 관점에서 보면 공의 경로는 힘의 고차원적 원칙에 따라 부드러운 포물선으로 만들어지는 것으로 보였다. 모페르튀이는 이렇게 썼다. "우리가 최상위 존재에게서 찾아야 할 것은 시시콜콜한 세부사항이 아니라, 예외를 허용하지 않는 보편성과 단순명료한 현상들이다. 단순성은 우주의 원리다. 뉴턴의 법칙은 역학을 제공하고, 최소작용원리는 우아함을 보장한다."

파크는 최소작용원리를 둘러싼 의문을 이렇게 간단히 정리했다. "공은 자기가 갈 길을 어떻게 알아낼까?" 몇몇 물리학자들이 이 문제 때문에 골머리를 앓았지만 문제는 좀처럼 해결될 기미를 보이지 않았다. 오랜 시간이 흐른 후 마침내 파인먼에게서 해결책이 나왔다. 그는 최소작용원리에 대한 반감을 떨쳐버린 후 양자역학을 이용하여 의문을 해결했다.

공학도의 사회성 키우기

"공학도에게 '수학공식과 계산기밖에 모르는 공돌이'라고 손가락질하는 사람이 단 한 명도 없도록 우리 모두 노력합시다." MIT의 학생편람에는 이런 말이 쓰여 있었다. 어리숙하기로 악명높은 공학도들의 사회성을 키우기 위해 MIT의 일부 교직원과 학생들은 머리를 싸매고 고민했다. 이들이 내린 처방 중 하나는 차tea였다. 모든 신입생들은 예외 없이 차를 마셔야 했다. "처음에 느꼈던 대인기피증이 사라지고 찻잔을 사이에 두고 교수님과 자연스레 대화를 나눌 정도가 되면 더는 억지로 차를 마시지 않아도 됩니다"라는 단서조항이 달린 처방이었다. 또한 학생들은 만찬을 곁들인 자유토론을 통해 대화술을 연마했고, 도처에서 끊임없이 벌어지는 댄스파티에서는 사회성을 다듬었다. 댄스파티의 이름을 구체적으로 나열해 보면 기숙사 만찬 댄스, 크리스마스 댄스, 봄맞이 댄스, 룰렛 게임을 곁들인 몬테카를로 댄스, 눈썰매 타기가 포함된 반 댄스[1], 인근의 여자대학(예: 래드클리프, 지몬스) 학생들을 끌어들인 커플댄스, 나이 메이휴와 글렌 밀러가 지휘하는 오케스트라를 초청한 고품격 댄스, 매년 정기적으로 개최되는 교내 권투대회의 뒤풀이로 펼쳐지는 운동장 댄스, 매주 열리는 공식 무도회 등이 있었다(공식 무도회는 남학생 동우회 건물에서 열렸는데 규율이 매우 엄해서 무덤덤한 파인먼조차도 매주 턱시도를 입지 않고는 못 배겼다).

여느 대학들과 마찬가지로 MIT의 남학생 동우회들은 종교를 엄격히 따졌다. 유대인 학생이 가입할 수 있는 동우회는 단 두 개뿐이어서, 파인먼

---

1) 중세 말 유럽 농촌에서 유래한 댄스의 총칭. 농가의 헛간barn에서 추던 춤이기 때문에 붙여진 이름이다.

은 그중 하나인 파이베타델타라는 모임에 들어갔다. 동우회 건물은 보스턴의 베이스테이트 로드Bay State Road에 있었는데 캠퍼스에서 찰스강을 건너면 바로 나오는 타운하우스 옆 동네였다. 그러나 그 동우회는 그냥 들어가는 게 아니었다. 동우회 선배들은 학기가 시작되기 전부터 줄기차게 회원유치 활동을 벌여, 신입생들로 하여금 즐거운 비명을 지르게 했다. 파인먼도 차량 및 숙식 제공 제의를 수도 없이 받는 등 거의 납치를 방불케 할 정도의 러브콜을 받았다. 그러나 동우회 하나를 선택하고 나면 순식간에 처지가 역전되어 신입회원들은 '귀하신 몸'에서 '비천한 노비'의 신세로 전락했다. 선서를 하고 정식회원이 되자마자 조직적으로 가해지는 모욕을 참아야 했다. 동우회 선배들은 파인먼과 신입회원들을 매사추세츠 변두리의 외딴곳으로 끌고 가 꽁꽁 얼어붙은 호숫가에 나몰라라 내팽개치고는, '알아서 돌아오라'는 말을 남기고 자취를 감췄다. 또한 신입회원들에게 진흙탕 레슬링을 시키거나 밧줄로 꽁꽁 묶어 폐가의 마룻바닥에 밤새도록 방치해 뒀다. 파인먼은 계집애처럼 보이지 않기 위해 자기를 묶으려는 2학년 선배의 다리를 붙잡아 넘어뜨리는 깜짝쇼를 연출하기도 했다. 이런 모욕적 통과의례의 근거는 성격 테스트의 일환이지만 남학생들의 왕따 심리도 가미된 것이어서 대학 당국의 제지를 받아 점차 사라져갔다. 호된 신고식을 치른 새내기 중 상당수는 자신을 괴롭힌 선배 및 동고동락한 동기들과 정서적인 유대감을 느꼈다.

베이스테트 로드에 있는 파이베타델타 동우회 건물 4층에는 휴게실이 딸린 식당이 하나 있었다. 파인먼은 4년 동안 이 식당에서 대부분의 끼니를 해결했다. 학생들은 휴게실에서 우두커니 창밖을 내다보거나 곧장 식당으로 향했다. 저녁식사 때는 모두 재킷을 걸치고 넥타이를 맸다. 그러고는 15분 전에 식당 앞 대기실에 모여 식사시간을 알리는 종이 울리기를 기다렸다. 하얀 페인트로 칠한 벽기둥은 높다란 천장까지 이어졌고, 계단은 우아한 곡선을 그리며 휘어져 올라갔다. 목제 라디오 캐비닛과 공중전화가 설치되어 있는 1층은 늘 학생들로 북적였다. 동우회원들은 종종 4층 난간에 기대서서 1층에 모여 있는 동료와 선후배들을 내려다보며 소리를 지르곤 했다. 공중전화는 선배들이 신입생을 괴롭히는 단골메뉴 중 하나였다. 신입생들은 의무적으로 호주머니에 동전을 잔뜩 넣고 다니다 선배가 지폐를 내밀면 언제든지 동전으로 바꿔줘야 했다. 선배들은 각자 까만 공책을 들고 다니며 후배들의 잘못을 기록하곤 했는데, 가장 큰 잘못은 '동전 미지참'이었다. 나중에 선배가 된 파인먼은 한 신입생을 몇 분 간격으로 연거푸 적발하여 멘붕에 빠뜨리는 만행을 저질렀다. 2층, 3층에는 공부방만 있었다. 학생들은 여기서 두세 명씩 짝을 지어 공부했다. 잠은 맨 꼭대기 층에서만 잘 수 있었는데 각 침실에는 2층 침대가 빼곡히 들어차 있었다.

그토록 맹훈련을 받았음에도 불구하고 필수적인 사교술(특히 춤추기, 댄스파티에 여자친구 데려오기)이 부족해 동료들의 원성을 사는 학생들이 몇 명 있었다. 서른 명 남짓한 파이베타델타 회원들이 서로에게 일상적으로 털어놓은 애로사항은 주로 그런 것들이었다. 그로부터 한 세대 후 전쟁이 끝나고 편안한 시절이 오자 대학가에는 웡크wonk, 너드nerd 같은 말이 생겨났다. 계급의식이 강하고 청교도정신이 약한 문화권에서는 훨씬 더 일찍부터 그런 개념이 유행했다. 예컨대 영국에서는 귀족층이 연구직 과학자들을 조롱하는 듯한 표현의 신조어 보핀boffin이라는 말이 유행했다. 그러나 1930년대의 미국사회에는 그런 개념 자체가 존재하지 않았다. 셔츠 주머니에 펜대를 꽂고 다녀도 별로 어색하지 않았고 공부만 한다고 해서 남들의 웃음거리가 되지도 않았다. 이 점은 파인먼처럼 사회성이 부족하고, 운동도 못하고, 과학성적 말고 내세울 게 없는 학생들에게는 천만다행이었다. 게다가 파인먼은 발음이 서툴러, 낯선 이름을 말할 때마다 비웃음을 당하곤 했다. 또한 이성 공

포증이 있어서 우편물을 가지러 여학생들이 줄지어 앉아 있는 층계를 지나
칠 때면 다리가 후들거릴 정도였다.

미래에 미국을 이끌어 갈 과학자, 공학자가 될 MIT의 학생들 중 상당
수는 노동자 계급 출신으로 공부에 전력투구하는 것을 최고의 미덕으로 여
겼다. 그러지 않고서야 하루 종일 동우회 공부방에 모여 책과 씨름하는 동
급생들 사이에서 배겨날 재주가 없었다. 그러나 파이베타델타의 수뇌부는
'사태를 더 이상 이대로 방치해서는 안 된다'고 생각했다. 열심히 공부하는
것과 춤을 못 추는 것 사이에는 유의미한 상관관계가 있다고 판단한 것이
다. 이에 동우회는 '답답한 회원들의 성격을 개조하여 활발하게 만든다'는
기치를 내걸고 품앗이 프로젝트를 기획했다. 그리하여 마침내 "파이베타델
타의 회원들은 무조건 쌍쌍 댄스파티에 참석해야 하며 파트너가 없는 회원,
즉 공부벌레들에게는 남자 선배들이 소개팅을 해준다"는 원칙이 선포되었
다. 그 대신 공부벌레들에게는 실력이 부족한 동료들을 특별히 지도하라는
명령이 떨어졌다. 공부를 가르쳐 주는 대신 파트너를 소개받는다니…. 딕은
괜찮은 거래라고 생각했다. 덕분에 딕의 댄스실력과 사교술은 일취월장했
다. 보스턴 심포니홀 근처의 레이모어-플레이모어 무도회장에 한 번 들어
갔다 하면, 천장에서 미러볼이 돌아가는 대형 무대를 밤새도록 누볐다. 물
만난 고기가 따로 없었다. 사태가 이 지경이 되자 놀기 좋아하는 딕의 친구
들조차 혀를 내둘렀다.

그러나 딕이 사람들과 잘 어울리게 된 데는 알린 그린바움의 공이 가장
컸다. 동그란 얼굴에 보조개가 파인 발그레한 두 뺨을 가진 그녀는 여전히
파인먼의 이상형이었다. 떨어져 지내는 시간이 많았음에도 불구하고 그녀
는 파인먼의 삶에서 특별한 존재였다. 알린은 매주 토요일마다 파로커웨이
의 파인먼 집을 방문하여 조안에게 피아노를 가르쳤다. 그녀는 소위 '다재다

능한 재원'으로 음악이든 미술이든 못 하는 게 없었다. 로런스 고등학교에서 공연한 시사풍자극 〈전진하는 미국〉에 출연해서는 춤도 추고 노래도 불렀다. 파인먼 부모님의 부탁을 받아 1층 옷장 안쪽 문에 앵무새를 그려주기도 했다. 조안은 알린을 다정한 친언니로 여기기 시작했다. 피아노 레슨이 끝나고 나면 둘이 함께 해변으로 나가 산책을 하거나 자전거를 타기도 했다.

주말이면 알린이 가끔 딕을 찾아와 함께 어울렸고, 근처 여자대학의 학생들이나 주변에서 알면 기절초풍할 일이지만 딕은 더 이상 단골 커피숍의 여종업원들 중에서 파트너를 찾을 필요가 없게 되었다. 동우회 친구들도 알린을 뚜렷이 기억하게 되었다. 두 사람에게서는 평생의 반려자가 될 가능성도 엿보였지만, 동우회 친구들은 알린이 과연 야생마 같은 딕을 길들일 수있을지 의아해했다. 겨울방학 때 딕은 친구 몇 명을 파로커웨이 집으로 초대했다. 딕과 친구들은 몇 시간 동안 전철을 타고 브루클린을 지나 맨해튼 북쪽으로 가서 브롱크스의 송구영신 파티에 참석하고는 다음날 새벽 첫차를 타고 딕의 집에 돌아왔다. 이 무렵 딕은 알코올이 사람을 멍청하게 만든다고 생각해 전례없이 독한 마음으로 술을 멀리했다. 파티에서 포도주든 독주든술을 한 방울도 입에 안 댔다는 사실을 친구들이 뻔히 아는데도, 딕은 귀가하는 도중 큰 소리로 떠들고 비틀대며 취한 시늉을 했다. 전동차 문 옆에서흐느적거리다가 느닷없이 손잡이에 매달려 그네를 타는가 하면, 앉아 있는승객들에게 기대어 우스꽝스럽게 헛소리를 지껄이기도 했다. 딕의 그런 모습에 언짢았지만 알린은 마음을 이미 굳힌 상태였다. 대학 3학년이던 어느날, 딕은 알린에게 불쑥 약혼을 제안했다. 알린은 주저없이 승락했지만, 시간이 한참 지난 후 그것을 두 번째 청혼으로 받아들였노라고 털어놓았다. 딕이 언젠가 한 번 '네가 내 아내라면 얼마나 좋을까!'라고 말했다고 회상했다. 하지만 딕은 아무 생각 없이 내뱉은 말이라 그런지 전혀 기억하지 못했다.

알린은 피아노 치기, 노래 부르기, 그림 그리기, 문학 및 예술 감상에 상당한 소질이 있어서 파인먼의 부족한 부분을 확실히 메워주었다. 시골 출신인 파인먼은 예술에 소질이 없다기보다 예술 자체를 아예 경멸했다. 미술이라면 딱 질색이었고, 음악을 들으면 장르를 불문하고 불안하고 거북했다. 단, 제딴에는 '리듬감만은 타고난 편'이라고 생각하고 틈만 나면 스타카토 연주를 한답시고 손가락으로 벽과 휴지통을 두들겨대는 바람에 룸메이트와 공부 파트너를 짜증나게 만들었다. 하지만 파인먼에게 멜로디와 화음은 아무런 의미가 없어서 듣고 있노라면 마치 모래를 씹는 듯한 기분이 들었다. 심리학자들은 '수학적 재능과 음악적 재능을 잇는 내적 연결고리가 분명히 존재한다'고 추론하곤 하지만, 파인먼에게 음악은 거의 고통이었다. 파인먼은 자발적·능동적으로 비문화인이 되었다. 주변에서 누가 그림이나 음악 이야기를 하면 '문자깨나 쓰며 거만 떠는 소리'로 치부했다. 대부분의 사람들이 친근하게 여기는 전통, 이야기, 지식의 꾸러미(종교, 미국 역사, 영국 문학, 그리스 신화, 네덜란드 그림, 독일 음악 등을 조금씩 엮어서 꾸민 문화적 안식처)에 파인먼은 심한 거부반응을 보였다. 온갖 문화와 전통을 거부하고 백지상태에서 새롭게 출발했다. 부모가 믿는 개혁파 유대교는 온화하고 가족 중심적이었지만, 그것마저도 파인먼의 관심을 끌지 못했다. 부모는 그를 주일학교에 보냈지만, 유대교 회당에서 일요일마다 들려주는 파스텔빛 모자이크 같은 전설과 교훈들(에스더 왕비, 모르드개, 예루살렘 성전, 마카베오, 8일 동안 불타는 기름, 스페인의 종교재판, 크리스토퍼 콜럼버스와 함께 항해했다는 유대인)에 사실과 허구가 뒤섞인 것을 알고는, 충격을 받아 두 번 다시 회당에 발을 들여놓지 않았다. 고등학교 때 선생님들이 지정해 준 책들은 거의 읽지 않았다. 뉴욕 주 교육청에서 주관하는 고교졸업시험에 대비해 아무 책이나 한 권이라도 읽어야 했을 때는 『보물섬』을 골라 친구들의 놀림감이 되었다. (그러나 고교졸업시험 언어

과목 점수는 매우 높았다. 그 이유는 "항공기에서 과학이 차지하는 중요성"을 주제로 쓴 에세이에서 "항공기 꽁무니의 대기에서 형성되는 소용돌이, 와류, 맴돌이……" 같은 동어반복형이지만 왠지 '있어 보이는' 현학적 표현으로 문장을 장식했기 때문이었다.)

러시아 사람들이 파인먼을 봤다면 네쿨뚜르니некультурный('교양없는 사람'을 뜻하는 러시아어)라고 비웃었을 것이다. 일찍부터 폭넓은 지식을 쌓아야 하는 유럽의 과학자들과는 달리, 파인먼에게서는 교양이라곤 눈곱만큼도 찾기 힘들었다. 과학자로서의 경력에 탄력이 붙기 시작하던 어느 날, 파인먼은 오스트리아의 이론 물리학자 빅토르 바이스코프Victor Weisskopf와 나란히 서서 뉴멕시코 남부의 하늘을 가로지르는 휘황찬란한 불빛을 바라보고 있었다. 그순간 파인먼은 고작 '검은 연기 속에서 거대한 오렌지빛 공 하나가 이글거린다'라고 생각한 반면, 바이스코프는 '라디오에서 흘러나오는 차이코프스키의 왈츠를 듣는 것 같다'라고 생각했다. 잠시 후 바이스코프는 생각을 바꿨다. 차이코프스키의 왈츠는 너무 단조로워서 푸르스름한 후광에 둘러싸인 오렌지빛 공을 묘사하기에는 어울리지 않는다고 생각했다. 그보다는 언젠가 콜마르Colmar에서 감상한 그림이 더 어울리는 것 같았다. 중세의 거장 마티아스 그뤼네발트Mathias Grunewald의 그림으로 그리스도의 승천을 묘사한 제단화였다. 그러나 파인먼은 아무런 예술작품도 연상할 수 없었다.

미국 최고의 공대인 MIT는 파인먼에게 최고인 동시에 최악의 곳이었다. 학교에서는 영작문을 필수과목으로 지정했는데, 그 이유는 '학생들이 언젠가 특허출원 신청서를 작성해야 할지도 모른다' 같은 배려 때문이었다. 동우회 친구들 중에는 프랑스 문학 애호가들도 있었지만 파인먼에게 문학이란 어느 나라 문학인지를 불문하고 그저 고통일 뿐이었다. 대가들의 작품을 수박 겉핥기 식으로 배우는 영문학 시간도 괴롭기는 마찬가지였다. 한 과목에서 파인먼은 부정행위를 저질렀다. 매 시간 부과되는 읽기과제를 이행하지 않는 것은 기본이고, 수시로 치르는 쪽지시험 시간에는 옆자리 친구의 답안지를 베끼기 일쑤였다. 파인먼이 보기에 영문학 수업은 자의적인 철자법 및 문법을 배우고, 특이한 표현들을 암기하는 시간인 것 같았다. 문학과 어학에 관한 지식들은 죄다 무용지물이고 진정한 지식을 흉내낸 것에 불과해 보였다. 때로는 "영어 교수들은 도대체 뭐 하는 자들이야? 모두 한자리에 모여 복잡한 규칙들을 간단히 정리할 수는 없었나?"라며 분통을 터뜨리기도 했다. 1학년에는 간신히 과락을 면했지만 허송세월 했다고 여겼던 독일어보다도 학점이 낮았다.

2학년이 되자 형편이 좀 나아진 듯했다. 그래서 과제물 작성을 위해 큰 맘 먹고 괴테의 『파우스트』에 도전했지만 역시나 도저히 이해할 수가 없었다. 결국 동우회 친구들의 도움을 받아 「이성의 한계에 관하여」라는 제목의 에세이를 그럭저럭 써서 제출했다. 파인먼은 "윤리나 예술 분야의 문제들은 논리적 추론을 통해 명쾌하게 설명할 수 없다"라는 결론으로 에세이를 마무리했다. 그의 윤리적 관점은 명확했다. 존 스튜어트 밀의 『자유론』에서 "인간의 개성을 말살하는 것은 모두 독재다"라는 문장을 읽고는 자신이 그토록 벗어나고 싶었던 '바른생활'이라는 이름의 독재, 즉 선의의 거짓말과 허례허식을 통렬히 비판하는 글을 썼다. 토머스 헉슬리Thomas Hixley의 『백묵 한 자루에 관하여』를 읽고 나서는 독후감 대신 "먼지 한 올에 관하여"라고 패러디하며 공기 속의 먼지가 빗방울이 되고, 도시를 뒤덮고, 저녁 하늘을 붉게 물들이는 과정을 상세히 묘사하기도 했다. MIT는 인문학 과목들을 계속 필수 교양과목으로 지정하면서도 정작 '인문학의 범위는 어디까지인가'에 대해서는 느슨한 기준을 적용했다. 파인먼이 2학년 때 수강한 교양과목 중에는 '교양 천문학'이라는 과목이 있었는데, 여기서 '교양'이란 '수식이 포함되지 않는다'는 뜻이었다.

한편 파인먼은 다음과 같은 전공과목을 수강했다: 역학(입자, 강체rigid body, 액체, 응력, 열, 열역학법칙)에서 두 과목, 전기학(정전기, 자기 등)에서 두 과목, 실험 물리학(학생들은 독창적인 실험을 설계해서 다양한 종류의 심험기구들을 능수능란하게 다룰 수 있음을 증명해야 했다)에서 한 과목, 광학(기하학적, 물리학적, 생리학적)에서 이론과 실험 하나씩, 전자공학(장치, 열이온학, 발광)에서 이론과 실험 하나씩, 엑스선과 결정체 과목에서 하나, 원자구조론(스펙트럼, 방사능, 주기율표의 물리학적 이해)에서 이론과 실험 하나씩, 새로운 핵이론에 대한 특강, 슬레이터가 개설한 고급이론 강좌, 양자론 특강, 열 및 열역학 강의(고전·양자 통계역학의 선행과목). 수강신청 한도가 초과하자 상급 강의 다섯 개(상대성이론과 고급역학 포함)를 청강했다. 수강신청을 이색적으로 마무리하고 싶을 때는 금속조직학을 선택하기도 했다.

철학 과목도 있었다. 고등학교 시절 파인먼은 '상이한 종류의 지식 사이에는 위계질서가 존재한다'는 생각을 품었었다. 이를테면 '생물학과 화학이 맨 아래에 있고, 그 위에 물리학과 수학이 있으며, 맨 위에는 철학이 있다'는 식이었다. 지식의 사다리는 '구체적이고 즉흥적인 것'에서부터 '추상적이고 이론적인 것'으로 올라가며, 개미와 나뭇잎에서 화학물질과 원자와 수식을 거쳐 신과 진리와 아름다움에서 절정을 이룬다고 생각했다. 철학자들의 생각도 그러했다. 그러나 막상 겪어 보니 철학은 오래 생각할 거리가 아니라는 생각이 들었다. '증명을 어떻게 구성할 것인가'에 대한 파인먼의 생각은 이미 상당한 수준에 이르러 알린의 어깨 너머로 봤던 데카르트의 책에 나오는 신기한 논증보다 더 예리했다. 신의 완벽성에 대한 데카르트의 증명은 엄밀성이 부족해 보였다. '나는 생각한다, 그러므로 나는 존재한다'라는 구절을 분석한 파인먼은 **"나는 존재하며 또한 생각한다'와 다를 게 뭐 있나?"**라는 의구심이 들었다. 데카르트는 "불완전함이 존재한다는 것은 완전함이 존재한다는 것을 암시한다"라고 말하며 "불분명하고 불완전한 내 마음 속에 신의 개념이 존재한다는 것은, 그런 개념을 만들어낼 정도로 완벽하고 무한한 신의 존재를 암시한다"라고 주장했다. 그러나 파인먼이 보기에 그건 명백한 오류였다. 그는 다양한 수준의 어림셈에 기초한 과학의 불완전성을 잘 알고 있었다. 직선에 한없이 가까이 다가가면서도 결코 닿지 않는 포물선을 그려 본 적도 있었다. 리처드는 알린에게 "데카르트는 멍청이야. 대가의 이름에 기죽지 말고 당당하게 도전해야 해"라고 말했다. 알린은 "모든 일에는 양면성이 있다고 생각해"라고 반박했지만 리처드는 재반박하는 대신 히죽 웃었다. 그러고는 곁에 있던 종이 띠 하나를 집어 들어 반 바퀴 비튼 다음 양 끝을 풀로 붙여 내밀었다. 그건 오직 한 면밖에 존재하지 않는 띠, 바로 뫼비우스의 띠였다.

그러나 데카르트가 자명함을 입증하는 데 사용한 전략은 가히 천재적이었다(여기서 '자명함'이라는 표현을 쓴 이유는 데카르트와 동시대인들이 자신과 신의 존재를 기정사실로 받아들였기 때문이다). 데카르트의 기본적 구상은 '모든 명백성과 확실성을 거부하고 총체적 의심total doubt 상태에서 새로 시작한다'는 것이었다. 데카르트는 "나 자신마저도 환상이나 꿈일지 모른다"라고 선언했는데, 그것은 맹목적 믿음을 보류한 최초의 시도로 회의주의skepticism로 통하는 문을 연 쾌거였다. 회의주의는 현대과학의 방법론 중 하나로 파인먼이 관심을 갖기 시작한 분야였다. 데카르트는 최종적으로 삼단논법을 사용하지 않고 "완벽한 존재가 가진 속성 중에서 가장 특별한 것은 '존재한다는 것'이다"라고 논증했다. 그러나 파인먼은 일찌감치 손에서 책을 놓음으로써, 데카르트의 논증을 거부하는 지적 즐거움을 앞당길 수 있는 기회를 놓쳤다.

MIT의 철학 수업은 파인먼의 짜증을 가중시킬 뿐이었다. 철학은 무능한 논리학자들의 머리에서 나온 밥벌이 수단이라는 생각이 들 정도였다. 로

저 베이컨Roger Bacon은 철학적 사고에 실험과학scientia experimentalis을 도입하여 유명세를 얻기도 했지만 실험보다는 말을 더 많이 하는 것 같았다. 게다가 베이컨이 도입한 실험이란 고작해야 '경험' 수준이어서, 20세기의 학생들이 실험실에서 수행하는 측정실험과는 차원이 달랐다. 오늘날의 실험자들은 정교한 물리학 장치들을 여러 차례 조작하여 나온 결과를 수치로 기록한다. 파인먼은 베이컨보다 덜 알려진 16세기 자기磁氣 연구자 윌리엄 길버트William Gilbert의 좌우명에 더 마음이 끌렸다. "비밀스러운 것들을 발견하고 그 숨은 원인을 탐구하여 탄탄한 논리를 세우려면, 그럴 듯한 추측이나 철학적 사색에 휘둘리지 말고 확실한 실험과 입증된 주장에 의존해야 한다." 파인먼이 견지하는 지식론도 바로 그런 것이었다. 또한 길버트는 베이컨을 가리켜 '총리처럼 펜과 종이로만 과학을 한 인물'이라고 했는데, 이 말역시 파인먼의 마음에 쏙 들었다. 다행스럽게도 MIT의 물리학 교수들은 철학 교수들의 가르침에 귀를 기울이라고 다그치지는 않았다. 이런 분위기는 실용주의자인 슬레이터가 주도했는데 그에게 있어서 철학이란 연기나 향기처럼 부유하는, 검증불가능한 편견에 불과했다. '지식을 표류하게 내버려두는 것이 철학이라면 지식을 현실에 정박시키는 것은 물리학'이라는 것이 그의 소신이었다.

3세기 전의 의학자이자 생리학자인 윌리엄 하비William Harvey는 과학과 철학의 분업을 선언하며 "철학자의 입장에서가 아니라 자연의 짜임새에 따라 세상을 바라봐야 한다"라고 말했다. 하비는 '시체 해부'가 '문장 분석'보다 더 확고한 지식의 토대를 마련해 준다고 주장했다. 두 진영의 학자들은 팽팽히 대립하다 결국에는 이질적인 두 지식 사이에 가로놓인 심연을 인정하게 되었다. 아직 들여다보지 못한 원자 내부의 막연한 공간에 과학자들이 칼을 찔러 넣는다면 어떻게 될지 귀추가 주목되었다.

한편 파인먼은 철학을 맹비난하면서도 엉뚱한 생각을 하기 시작했다. 한 철학교수에게서 의식의 흐름에 관한 난해한 설명을 듣고 '자아성찰을 통해 자신의 내면에 대해 무엇을 알 수 있을까?'라는 의문을 품기 시작한 것이다. 그의 자아성찰은 데카르트보다 더 실험적이었다. 파이베타델타 동우회 건물 4층에 있는 자기 방으로 올라가 커튼을 내리고 침대에 들어가, 마치 자기 어깨 위에 올라선 관찰자처럼 자신이 잠드는 과정을 관찰하려고 했다.

몇 년 전 파인먼의 아버지는 사람이 잠들 때 무슨 일이 일어나는지 생각해 보라고 한 적이 있었다. 고정관념에서 벗어나 새로운 방식의 생각을 유도하는 것을 즐기는 아버지는 이렇게 주문했다. "화성인의 입장에서 생각해 보자. 만약 화성인이 잠을 자지 않는다면 어떻게 될까? 그들이 알고 싶은 것은 무엇일까?" 잠이 들 때는 어떤 느낌이 들까? 누군가 스위치를 내린 것처럼 정신이 깜깜해질까? 아니면 생각이 점점 더 느려지다가 마침내 멈춰버릴까? 파인먼은 자기 방으로 들어가 일부러 낮잠을 청하며 잠이 드는 과정에서 의식의 흐름이 어떻게 변화하는지를 계속 추적했다. 생각은 느려지기보다는 뿔뿔이 흩어졌고, 깨어 있을 때와는 달리 필름이 여러 군데 끊어져 논리적 연결성이 부족한 것 같았다. 하지만 그것도 잠시, 나중에는 도르레와 쇠사슬로 만든 장치 속에서 침대와 함께 밧줄에 이끌려 하늘로 올라가는 꿈을 꾸다 밧줄이 뒤엉키는 바람에 공중에 대롱대롱 매달려 밧줄의 장력을 걱정하다가 벌떡 일어났다. 잠에서 깬 파인먼은 관찰한 내용을 보고서에 깨알같이 적었다. 그러고는 진정한 자아성찰은 사방이 거울인 거울의 방에 들어간 것처럼 어렵다고 결론지으며, 다음과 같은 엉터리 시詩로 보고서를 마감했다. "나는 궁금하다. 나는 내가 왜 궁금해하는지 궁금하다. 나는 내가 왜 궁금해하는지를 왜 궁금해하는지 궁금하다."

철학 시간에 담당교수가 파인먼의 엉터리 시가 포함된 보고서를 크게 낭독한 이후로 파인먼은 자신이 꾸는 꿈을 관찰하려고 애쓰기 시작했다. 마치 어린 시절에 라디오를 고치던 것처럼 파인먼은 현상을 분해한 다음 그 속에서 무슨 일이 일어나는지를 유심히 살펴봤다. 그는 비슷한 꿈을 여러 번 꿨는데 약간씩 다를 뿐 사실상 같은 꿈이었다. 지하철을 타는 꿈에선 운동감각이 생생하게 느껴졌다. 전동차는 좌우로 흔들리고, 울긋불긋한 색깔이 보이고, 터널을 통과할 때는 쉭 하는 바람 소리가 들리기도 했다. 문득 고개를 돌려 보니 가게 쇼윈도 너머로 수영복 차림의 아가씨 세 명이 보였다. 전동차는 계속 흔들렸고, '내가 성적으로 얼마나 흥분할 수 있는지 알아보면 재미있겠다'는 생각이 들었다. 다시 차창 너머로 시선을 돌리니 아가씨들은 어느새 노파로 변하여 바이올린을 켜고 있었다. 꿈의 진행을 완벽하게 제어하는 것은 불가능하다는 것을 실감했다.

한번은 알린이 지하철을 타고 보스턴에 온 꿈을 꿨다. 알린을 만난 파인먼은 물밀 듯이 밀려드는 행복감에 젖어들었다. 태양이 내리쬐는 푸른 초원을 함께 거닐며 알린이 말했다. "이게 꿈일까 생시일까?" 파인먼이 곧바로 대답했다. "천만에 이건 꿈이 아니야!" 알린의 존재감을 얼마나 강렬하게 느꼈던지 꿈에서 깬 파인먼은 친구들이 떠드는 소리에도 자신이 어디에 있는지를 분간하지 못했다. 방향감각을 상실하고 한참을 볼썽사납게 허우적거린 뒤에야 '나는 동우회 침실에 누워 꿈을 꿨고, 알린은 뉴욕의 집에 있다'는 현실을 깨달았다.

'꿈이란 한 사람의 내적 삶으로 들어가는 문'이라는 프로이트의 새로운 관점은 파인먼의 안중에 없었다. 직접 떠올리기에는 너무 두렵거나 혼란스러운 욕구를 해소하려고 잠재의식이 발버둥치든 말든 파인먼이 알 바 아니었다. 꿈에 보이는 영상을 '자기방어적인 망각을 위해 암호화한 상징'으로 간주하는 생각도 통 마음에 들지 않았다. 그의 관심사는 인간의 자아, 즉 이

성적 정신이었다. 인간의 정신을 '얽히고설킨 복잡한 기계'로 보고 탐구한 파인먼이 무엇보다도 중요하게 여긴 것은 정신의 성향과 역량이었다. 파인먼은 철학 시간에 제출한 에세이에서 꿈에 대한 초보이론를 전개했는데 이 논리는 시각이론에 가까웠다. "뇌에는 해석영역이 있다. 이 영역은 감각기관을 통해 중구난방으로 입력되는 인상을 익숙한 대상과 개념으로 바꾸는 역할을 한다. 따라서 우리가 보는 것은 사물의 본모습이 아니라 해석된 모습이며, 눈에 들어온 울긋불긋한 색깔의 조각들을 해석영역이 처리하여 만들어 낸 모자이크 영상이다. 꿈도 마찬가지다. 꿈은 제멋대로 작동한 해석영역의 작품으로, 우리가 깨어 있는 동안에 보고 듣는 내용과는 무관하다."

파인먼은 철학 수업을 들으며 자아성찰에 몰두하려고 최선을 다했지만 MIT가 「현대사상의 형성」이라는 교과명으로 개설한 철학강좌에 대한 반감은 좀처럼 누그러지지 않았다. '확실한 실험'도 '입증된 주장'도 부족한 데다, 그럴듯한 추측과 철학적 사변이 만발할 뿐이었다. 파인먼은 철학 시간 내내 뒷자리에 웅크리고 앉아 조그만 송곳으로 신발 바닥을 후비며 시간을 보냈다. 그의 머릿속에는 온통 이런 생각뿐이었다. '이 동네에는 말도 많고 허튼소리도 많아. 이럴 바에는 차라리 나만의 현대사상을 만드는 게 낫겠어.'

최신 물리학

물리학계에는 새바람이 불고 있었다. '물리학이란 무엇인가?'라는 질문에 제대로 답변할 수 있는 수십 명의 학자들 사이에서 '빠른 것'과 '작은 것'에 대한 이론이 집중 조명을 받았다. 인간이 경험하는 세상은 대부분 빠르지도 작지도 않다. 강물이 흐르고 구름이 떠다니고 야구공이 회전하며 하늘로 치솟는 것을 설명하는 데는 고전물리학으로도 충분하며, 상대성이론이나 양자역학은 불필요하고 부자연스러워 보였다. 그러나 우주의 짜임새를 근본적으로 탐구하려는 젊은 과학자들에게 고전물리학은 더 이상 기댈 언덕이 아니었다. 그들은 양자역학자들이 의식적으로 구사하는 '헷갈리는 어법'을 마다하지 않았고, 아인슈타인의 스승인 헤르만 민코프스키Hermann Minkowski가 읊조린 '통합의 노래("독립된 공간과 시간은 암흑 속으로 사라지고, 오직 통합된 공간과 시간만이 살아남으리")'에 귀를 기울였다.

그후 양자영학은 신비로운 안개처럼 세속문화에 스며들었다. 그것은 불확정성, 반인과율, 업데이트된 도道, 역설의 샘, 관찰자와 피관찰자 사이에 가로놓인 투과막, 결정론적 과학의 틀을 뒤흔드는 음험한 행동이었다. 그러나 양자역학이 그렇게 거창한 역할을 한 것은 아니었다. 실험자들이 이제야 겨우 접근하게 된 미세영역에서 자연이 어떻게 거동하는지를 정확히 기술할 때나 필요하고 유용한 도구일 뿐이었다.

과거에는 자연이 연속적인 것처럼 보였지만 과학기술의 발달에 따라 이산성discreteness과 불연속성discontinuity은 일상생활의 일부가 되었다. 기어와 래칫ratchet[2]은 조금씩 미세하게 움직였고, 모스 부호는 정보를 점과 선으로 디지털화했다. 물체가 방출하는 빛도 마찬가지였다. 일상생활에서 물체가 방출하는 빛은 파장이 긴 적외선이어서 육안으로 볼 수 없다. 그러나 고온의 물질은 단파장의 빛을 내뿜으므로, 대장간 풀무 안에서 달궈지는 쇠막대는 시간이 지남에 따라 빨간색→노란색→하얀색으로 변한다. 세기가 바뀔 무렵, 과학자들은 온도와 파장 간의 관계를 설명하려 고심하고 있었다. 열을 분자의 운동으로 이해한다면, 복사에너지가 방출된다는 것은 내부진동이 일

---

2) 한쪽 방향으로만 회전하는 톱니바퀴.

어난다는 것을 의미한다. 마치 바이올린의 현이 진동하며 공명음을 내는 것처럼 말이다. 1900년 독일의 물리학자 막스 플랑크Max Planck는 이 점에 착안하여 복사공식을 도출해 내고는 "불편함을 감수하고서라도 에너지에 관한 전통적 사고방식을 수정해야 한다"라고 주장했다. 플랑크의 복사공식을 이용하여 올바른 결과를 얻으려면 '복사에너지는 뭉텅이로, 즉 양자라는 불연속적 꾸러미로 방출된다'고 가정해야 했다. 플랑크는 이 꾸러미의 밑바탕이 되는 새로운 자연상수를 하나 계산해냈다. 그것은 쪼개지지 않는 단위로, 에너지가 아니라 '에너지와 시간의 곱', 즉 작용action이라는 양의 단위를 사용했다.

그로부터 5년 후 아인슈타인은 플랑크 상수를 이용하여 광전효과photo-electric effect라는 또 하나의 수수께끼를 풀었다. 광전효과란 금속에 흡수된 빛이 전자를 때려 방출시킴으로써 전류를 생성하는 현상을 말한다. 또 파장과 전류 간의 관계를 파헤쳐 "빛이 전자와 상호작용할 때는 '연속된 파동'이 아니라 '띄엄띄엄 늘어선 덩어리'로 행동한다"라는 필연적인 수학적 결론에 도달했다.

이상과 같은 주장들은 의심스러웠다. 대부분의 물리학자들에게는 1905년 발표된 아인슈타인의 특수상대성 이론이 좀 더 구미에 맞았다. 그런데 1913년, 영국 맨체스터의 어니스트 러더퍼드Ernest Rutherford의 실험실에서 연구하던 덴마크의 청년 닐스 보어가 양자 개념에 입각한 새로운 원자모델을 제안했다. 얼마 전까지만 해도 러더퍼드는 원자를 태양계의 축소판으로 보고, 전자는 핵 주위의 궤도를 돈다고 생각했었다. 만약 양자론이 없었다면 물리학자들은 "전자가 복사에너지를 조금씩 방출하면 전자의 회전반경이 점차 감소하고 마침내 원자가 붕괴한다"라는 개념을 받아들여야 했을 것이다. 보어는 이와 달리 "전자는 쪼개지지 않는 플랑크상수에 의해 규정된 특정 궤도에 머물 수 있다"라고 설명했다. 전자는 광양자light quantum를 흡수하는 순간 더 높은 궤도로 뛰어오른다는 의미의 양자도약quantum jump이라는 용어가 등장했다. 반대로 전자가 더 낮은 궤도로 뛰어내릴 때는 특정 진동수의 광양자를 방출하며, 그밖의 다른 일은 일어나지 않는다고 보아는 설명했다. 이쯤 되면 "궤도 사이에 존재하는 전자들은 어떻게 되지?"라고 묻는 사람이 나올 법도 했지만, 아무도 그런 질문을 던지지 않았다.

덩어리성lumpiness이라는 신개념은 과학자들이 에너지를 이해하는 과정에서 등장한 것으로, 양자역학의 본질이었다. 남은 과제는 이 아이디어에 입각한 연구들을 수용할 이론, 즉 수학적 틀을 만드는 것이었다. 고전물리학적 직관은 버리고, 확률과 원인의 개념에 새로운 의미를 부여해야 했다. 먼 훗날 초기 양자물리학자들이 대부분 세상을 떠나자 무성한 백발, 듬성듬성한 흰색 콧수염, 야윈 체격의 디랙은 양자역학이 탄생한 과정을 짧은 우화로 엮었다. 그 무렵 많은 과학자와 작가들이 비슷한 이야기를 지어냈지만, 디랙처럼 뻔뻔하고 단순무식하지는 않았다. 위대한 발견을 눈앞에 두고 등장한 물리학계의 영웅들은 수식에 대한 믿음과 용기를 무기 삼아 앞으로 돌진했다.

제일 먼저 등장한 인물은 **로렌츠**였다. 이 네덜란드 출신 물리학자는 '빛이 원자 내에서 진동하는 전하에서 나온다'는 사실을 깨닫고 시간과 공간을 수학적으로 재정리하는 방법을 찾았지만, 이상하게도 '광속 근처에서 물체가 수축한다'는 결과를 얻었다. 결국 로렌츠는 시간과 공간의 상대성이론을 확립하는 데 필요한 기본식 일체를 정확히 얻어내는 데 성공했지만, 두려움에 발목이 잡힌 나머지 마지막 한 걸음을 내딛지 못했다.

다음으로 **아인슈타인**이 씩씩하게 등장했다. 그는 거리낌 없이 한걸음 더 나아가, 시간과 공간을 묶어야 한다고 선언했다.

하이젠베르크는 양자역학을 시작하면서 다음과 같이 눈부신 아이디어를 냈다. "관찰불가능한 양들이 많이 포함된 원자모형에 의존하지 말고, 실험을 통해 얻은 양들을 이용하여 이론을 수립해야 한다." 이것은 새로운 철학이나 마찬가지였다.

디랙이 지은 우화는 보어가 빠졌다는 점이 특이했다. 1913년 보어가 제안한 수소원자 모형은 낡은 철학을 대변하는 모형으로 지탄받던 중이었다. 하이젠베르크는 사석에서 이렇게 말했다고 전해진다. "전자가 핵 주위를 돈다고? 그건 말도 안 되는 소리다. 나는 궤도라는 개념을 흔적도 없이 날려버리기 위해 모든 노력을 기울였다. 우리가 관찰할 수 있는 것은 '원자 내부에서 흘러나오는 상이한 파장의 빛'이지, '행성 궤도의 축소판에서 회전하는 전자'가 아니며, 다른 어떤 원자구조도 예외가 될 수는 없다."

1925년, 하이젠베르크는 결론의 향방을 전혀 예상하지 못한 채 자신의 구상을 전개하기 시작했다. 그런데 매우 생소하고 놀라운 결과를 얻는 바람에 덜컥 겁을 집어먹었다. 하이젠베르크의 양quantity, 즉 행렬로 배열된 숫자들은 곱셈의 교환법칙(a×b=b×a)에 위배되는 듯했다. 하이젠베르크의 양들은 가환commutative이 아니어서 결과가 여러 가지 나왔다. 수식이 이런 형태로 나타나면 운동량과 위치를 한꺼번에 정확히 규정하는 것이 불가능했다. 따라서 불확정성을 나타내는 양적 기준을 세워야만 했다.

하이젠베르크와 경쟁관계에 있던 디랙은 하이젠베르크의 논문을 찬찬히 읽은 다음 이렇게 말했다. "내가 하이젠베르크보다 우위에 있다. 왜냐하면 나는 그 친구와 달리 겁이 없기 때문이다."

한편 **슈뢰딩거**Schrödinger는 하이젠베르크나 디랙과 다른 길을 걷고 있었다. 그는 2년 전 "전자, 즉 점 모양의 전하 운반체는 입자도 파동도 아니며, 입자와 파동이 결합한 신기한 대상이다"라는 드브로이의 생각에 깊은 인상을 받아 파동방정식wave equation을 만드는 작업에 착수했다. 파동방정식은 '매우 깔끔하고 아름다운 방정식'으로 이 방정식을 이용하면 원자 안에서 장field에 이끌리는 전자를 계산할 수 있었다.

방정식을 완성한 후, 슈뢰딩거는 수소 원자가 방출하는 빛의 스펙트럼을 계산해서 자신의 방정식을 검증했다. 결과는 참담한 실패였다. 이론과 실험이 일치하지 않았던 것이다. 그러나 소득이 전혀 없지는 않았다. 한발 물러서서 상대성 효과를 무시하면 이론이 관찰결과에 가까워진다는 사실을 알게 되었기 때문이다. 마침내 그는 원래의 방정식을 좀 더 무난한 버전으로 바꿔 논문에 실었다.

그러나 디랙이 보기에는 하이젠베르크나 슈뢰딩거나 거기서 거기였다. 슈뢰딩거의 논문을 읽은 디랙은 이렇게 말했다. "이 친구도 마찬가지로 소심해서 탈이야." 이번에는 **클라인**Klein과 **고든**Gordon이 좀 더 완벽한 이론을 수립하여 발표했다. 이들은 배짱이 두둑해 실험에 별로 개의치 않았고 최초의 상대론적 파동방정식에 자신들의 이름을 남겼다.

하지만 꼼꼼히 계산해 본 결과, 클라인-고든 방정식 역시 실험과 일치하지 않는 것으로 판명되었다. 아울러 디랙이 보기에는 뼈아픈 논리적 결함이 하나 있었다. 특정 사건의 발생확률이 마이너스였던 것이다. "확률이 0보다 작다니, 어림 반푼어치도 없는 소리다"라고 디랙은 비아냥거렸다.

이제는 디랙이 새로운 전자 방정식을 고안(설계 또는 발견)할 차례였다. 1927년 디랙은 새로운 방정식을 발표했다. 디랙 방정식은 깐깐한 물리학자들에게 '불가피한 선택'이라는 느낌을 줄 정도로 단순하고 아름다웠다. 그것은 수소 스펙트럼뿐만 아니라 스핀spin이라는 새로 발견된 양을 정확히 예측(물리학자들에게는 설명)했다. 디랙 방정식은 디랙의 인생에 있어서 최고의 업적이었다. 최후의 승리는 디랙에게 돌아갔고 양자역학의 탄생 우화는 이것으로 막을 내렸다.

물리학 계보에는 크나벤피지크Knabenphysik, 즉 '소년물리학 시대'가 있다. 소년물리학 시대의 막이 열리던 1925년, 하이젠베르크는 스물세 살, 디랙은 스물두 살이었다. 슈뢰딩거는 서른일곱 살로 '노인네' 축에 속했지만, 한 역사가가 말했듯이 슈뢰딩거의 업적은 '늦바람 난 시기'에 쏟아졌다. 그러나 1936년 봄, MIT 교정에서는 새로운 크나벤피지크가 시작되고 있었다. 열일곱 살의 딕 파인먼과 T. A. 웰턴은 양자론에 뛰어들고 싶어 몸살이 날 지경이었지만, MIT에는 상대성이론보다도 더 모호한 신생과학인 양자론을 가르치는 강의는 존재하지 않았다. 그래서 두 사람은 몇 권밖에 없는 책을 스승으로 삼아 독학을 시작했다. 베이스테이트 로드에 있는 동우회 건물 위층의 공부방에서 시작된 공부는 봄학기가 끝날 때까지 이어졌다. 방학이 되자 파인먼과 웰턴은 각각 파로커웨이와 새러토가스프링스의 고향집으로 돌아갔다. 두 사람은 노트 한 권을 우편으로 주고받으며 빼곡히 채워나갔고, 몇 달 만에 1925~1927년 물리학계에서 일어난 혁명의 전모를 개략적으로 파악했다.

"R. P.에게….." 웰턴은 7월 23일에 보낸 노트에 이렇게 썼다. "네가 지난번에 노트에 쓴 식이 눈길을 끄는군."

$$[(P\mu - K\mu)g^{\mu v}(P\mu - Kv) + m^2 c^2]\psi = 0$$

그것은 클라인-고든의 상대론적 방정식이었다. 파인먼은 '속도가 광속에 근접하면 물체의 질량이 증가하는 경향'을 제대로 감안해, 단순한 양자역학이 아니라 상대론적 양자역학의 관점에서 그 식을 재발견했다. 웰턴은 흥분을 감추지 못하며 이렇게 썼다. "네 식을 이를테면 수소원자 문제에 적용해서 어떤 결과가 나오는지 알아보면 어떨까?" 슈뢰딩거가 10년 전에 그랬던 것처럼 이들도 계산을 통해 적어도 '정확히 예측하려고 하면 결과가 틀리게 나온다'는 사실을 알아냈다.

"이것 좀 봐. 무거운 입자의 중력장 안에 있는 전자에 관한 문제야. 전자가 장에 무슨 영향을 주는 건 당연할 텐데…."

"에너지가 양자화될까? 생각하면 생각할수록 흥미로워지는군. 더 생각해 봐야겠어…."

"아무래도 내가 도저히 풀 수 없는 방정식이 나올 것 같아." 웰턴은 안타까운 심정으로 이렇게 덧붙였다. 자기 차례가 된 파인먼은 공책의 여백에 "그렇지!"라고 갈겨쓰고는 이렇게 적었다. "양자역학의 난점은 바로 그거야. 다양한 문제에 대한 방정식을 세우는 건 쉬울지 몰라도, 그 방정식을 풀려면 미분해석기보다 머리가 두 배는 좋아야 한단 말이야."

이제 겨우 열 살이 된 일반상대성이론은 중력과 공간을 녹여 하나의 대상으로 만들었다. 중력은 시공의 곡률curvature이었다. 하지만 웰턴이 원한 건 그 이상이었다. 시공의 기하학에 전자기까지 묶지 말란 법은 없다고 생각했던 것이다. "내 말이 무슨 뜻인지 알아? 나는 공간의 계산에서 전기 현상을 이끌어내고 싶어, 중력 현상처럼 말이야. 나는 네 식을 에딩턴의 아핀기하학affine geometry으로 확장하는 것이 가능한지 알고 싶어…." 웰턴의 질문에 파인먼은 이렇게 답변했다. "시도는 해 봤지만 아직 성공하지 못했어."

또한 파인먼은 비가환 미적분 규칙을 써 내려가며 연산자operator의 미적분법을 고안하려 애썼다. 그 규칙은 시간과 공간에서 힘을 행렬로 나타낸 값의 순서에 따라 달라져야 할 것 같지만 뜻대로 되지 않았다. "지금 생각해 보니 빌어먹을 놈의 부분적분 때문에 틀렸던 것 같아. 틀렸다 맞았다 오락가락하는 중이야."

"이번엔 내가 옳다는 걸 알아…. 내 이론에는 다른 이론보다 '근본적인 불변량invariant'들이 많거든."

두 사람의 필담은 계속 이어졌다. "이게 웬 떡이야, 드디어 쌈박한 증명을 하나 건졌군. 꼭 3주 만이야…." 파인먼이 쾌재를 불렀다. "증명 과정을 노트에 적는 건 별로 중요하지 않아. 내가 그걸 증명하고 싶었던 이유는 딱 두 가지, '내 손으로 꼭 증명하고야 말겠다'는 오기와 'A^n'과 그 도함수들 사이에 아직 찾지 못한 모종의 관계가 있을지도 모른다'는 느낌 때문이었거든. 이제 증명이 끝났으니 조만간 전기를 계산에 넣을 수 있을 것 같아. 그럼 이만, 난 잠 좀 자야겠어."

연필이 노트 위를 종횡무진 누비며 텅 빈 페이지를 수식으로 가득 메웠다. 파인먼은 그 수식들을 '법칙'이라고 불렀다. 파인먼은 계산방법을 개선하려고 노력하면서 다른 한편으로 '무엇이 근본적이고 무엇이 부수적인지'와 '어떤 법칙이 본질적이고 어떤 법칙이 파생적인지'를 끊임없이 자문自問했다. 모든 것이 뒤죽박죽인 초기 양자역학 세계에서 '근본적인 것과 부수적인 것', '본질적인 것과 파생적인 것'을 구분하기란 사실상 불가능했다.

하이젠베르크와 슈뢰딩거는 판이하게 다른 길을 거쳐 동일한 물리학에 도달했다. 두 사람 모두 각자 자신이 택한 길에서 추상성을 수용하고 시각화를 포기했다. 슈뢰딩거의 파동은 기존의 모든 그림에 반기를 들었다. 에너지나 물질의 파동이 아닌 일종의 확률적 파동으로 수학적 공간을 누비고 다녔다. 새로운 공간 자체는 전자의 위치를 표시하는 좌표가 새겨진 고전물리학의 공간과 종종 유사했지만, 물리학자들은 운동량공간(P_a), 즉 위치보다는 운동량에 기초한(또는 파면wave front의 '한 점'보다는 파면의 '진행방향'에 기초한) 좌표계를 사용하는 것이 더 편리하다고 여겼다. 양자역학에서의 불확정성 원리란 '위치와 운동량을 동시에 명시하는 것은 더 이상 불가능하다'는 것을 의미했다.

2학년을 마친 1937년 8월, 파인먼은 파동의 관점에서는 다소 불편하지만 직접 시각화하기에는 더 편리한 좌표공간(Q_a)에서 문제를 다루기 시작했다. "P_a가 Q_a보다 더 근본적이지 않으며, 그 역逆도 마찬가지야. 그렇다면 지금껏 이론들이 P_a를 중요하게 취급해 온 이유는 뭘까? 내가 P_a 대신 Q_a를 써서 수식을 일반화해 봐야지." 실제로 파인먼은 계산을 통해 자신의 생각이 옳다는 것을 증명했다.

그러던 와중에 두 사람은 기어코 건강을 해치고 말았다. 웰턴은 자신도 모르는 사이에 의자에 앉은 채 잠들어 버리는 황당한 버릇이 생겼다. 여름방학 동안 낮잠도 자고, 미네랄 치료와 커다란 수은 아크등에서 나오는 강한 자외선을 쬐는 태양등 치료도 받았다. 한편 파인먼은 2학년을 마칠 무렵 신경쇠약 비슷한 증상에 시달렸다. 처음에는 의사에게 '여름 내내 침대에 누워 지내야 할 것'이라는 말을 들었다. 웰턴은 둘 만의 공책에 이렇게 썼다. "내가 너라면 미쳐 버렸을 거야. 어쨌든 가을에 멀쩡한 몸으로 학교에 돌아오길 바라. 양자역학의 권위자인 모스 교수의 강의를 놓치면 안 되니까 말이야. 아, 새학기가 빨리 왔으면 좋겠다!" 파인먼은 "나도!"라고 짧게 응수했다.

파인먼과 웰턴은 물리학의 최첨단에 서려고 필사적으로 노력했다. 두 사람은 《피지컬리뷰》 같은 저널을 읽기 시작했는데, 파인먼은 이 저널들을 통해 프린스턴 대학교의 교수들이 논문을 많이 쓴다는 사실을 알게 되었다. 파인먼과 웰턴의 희망사항은 물리학의 최신동향을 따라잡고 궁극적으로 그것을 뛰어넘는 것이었다. 웰턴은 파동 텐서[3] 미적분의 발전을 파고들었고, 파인먼은 전기공학에 텐서를 응용하는 특이한 문제에 몰두했다. 수개월을 허비하고 난 뒤에야 '저널들은 허접한 여행안내서에 불과하다'는 사실을 깨닫기 시작했다. 논문이 저널에 실릴 때쯤이면 상당수의 연구들은 이미 골동품이 되었고, 설상가상으로 평범한 내용을 전문용어로 포장한 껍데기 논문들도 수두

---

3) 물리 3차원 공간에서 아홉 개의 성분을 가지며, 좌표 변환에 의하여 좌표 성분의 곱과 같은 형변환type conversion을 하는 양. 물체의 관성 모멘트나 변형은 이것으로 표시한다.

룩했다. 간혹 《피지컬리뷰》에서 '월척'을 낚는 경우도 있었지만, 학부 2학년 생이 쓰레기 더미 속에서 옥석을 가려낸다는 것은 사실상 무리였다.

2학년 봄학기에 이론 물리학의 후반부 강의를 맡았던 모스 교수는 양자 역학에 대해 정곡을 찌르는 질문을 던지는 학생 두 명을 주목했다. 1937년 가을, 두 사람은 선배 한 명과 함께 매주 한 번씩 모스 교수를 만나 그동안 우격다짐으로 익혔던 물리학 지식들을 (물리학자들이 이해하는) 제대로 된 물리학의 맥락에 맞추기 시작했다. 모스는 세 사람에게 디랙이 바이블처럼 여겼던 『양자역학의 원리The Principles of Quantum Mechanics』 1935년판을 건네주고, 그들이 고안한 방법으로 다양한 원자들의 특성을 계산하는 일을 시켰다. 수소지름함수hydrogenic radial function에서 매개변수를 바꿔가며 에너지를 계산하는 일이었는데, 단조롭고 지겨운 숫자계산을 반복하는 고단한 작업이었다. 다행히 세 사람은 구식 수동식 크랭크[4] 대신 전기 모터가 달린 신형 계산기를 갖고 있었는데 이 계산기로 덧셈, 곱셈, 뺄셈은 물론 (시간은 좀 걸리지만) 나눗셈까지 할 수 있었다. 신형 계산기의 전원을 켜고 금속 다이얼이 0에 맞춰질 때까지 기다린 다음, 다이얼을 돌려 숫자를 입력했다. 계산기에는 벨도 달려 있어, 모터 돌아가는 소리와 벨 울리는 소리가 몇 시간 동안 귀청을 때렸다.

파인먼과 웰턴은 남는 시간을 이용해 국가청년고용본부 대공황사무국의 소개로 아르바이트를 했다. 둘은 한 교수에게 고용되어 계산기를 이용해 결정체의 원자 격자를 계산하는 일을 했다(그 교수는 참조표를 출판하여 돈을 벌 계획이었다). 둘은 계산기를 더 빨리 작동하는 방법을 생각해 냈다. 고안한 방법의 검증을 끝낸 후 중요한 계산문제를 하나 풀었다. 그것은 '일을 모두 마치는 데 걸리는 시간이 얼마인가?'라는 문제였는데, 무려 7년이라는 답이 나오자 교수를 설득하여 계획을 포기하게 했다.

기계공

MIT는 명색이 공과대학이었으며, 그것도 기계 발명이 전성기에 이르렀을 때의 공과대학이었다. 그로부터 반 세대가 지난 후 전자제품 소형화 시대가 도래하면서 한계가 드러났지만, 당시만 해도 선반과 캠cam[5], 모터와 자석 등만 있으면 못할 일이 없을 것 같았다. 학부생들에게는 학교의 실험실, 실습시간, 기계공작실이 세상에 둘도 없는 놀이터였다. 실습 과목 중 하나를 담당한 해롤드 에저턴Harold Edgerton은 과학소년 출신의 발명가로 머지 않아 스트로보스코프stroboscope(어떤 기계식 셔터보다도 시간을 잘게 쪼개 빛을 터뜨리는 장치)를 이용한 고속사진으로 유명해질 인물이었다. 현미경과 망원경 덕분에 작고 큰 세계를 들여다보게 된 것처럼 에저턴은 사람들의 시야를 '매우 빠르게 움직이는 세계'로 넓혀 준 은인이었다. 에저턴은 MIT의 실습실에서 다양한 모습들을 사진에 담았다. 총알이 사과와 카드를 관통하고, 벌새가 날고 우유 방울이 튀어오르고, 골프공이 골프채에 맞아 일그러지는 찰나의 순간은 맨눈으로 결코 포착할 수 없는 놀라운 장면이었다. 스트로보스코프 덕분에 사람들은 눈에 보이지 않는 것이 얼마나 많은지 깨달았다. "내가 한 일이라고는 그저 전능한 신이 보여주는 빛을 놓치지 않고 상자 안에 담아낸 것뿐입니다"라고 에저턴은 말했다. 에저턴과 동료들은 세상을 절묘하게 쪼개는 방법을 발견함으로써 마치 호기심 많은 어린아이처럼 세상의 안쪽을 들여다보고 싶은 과학자의 이상을 구현했다.

이것이 바로 미국 과학기술 교육의 현주소였다. 하지만 유럽은 달랐다.

---

4) 기계 왕복 운동을 회전 운동으로 바꾸거나 그 반대의 일을 하는 기계 장치.
5) 회전운동·왕복운동을 하는 특수한 윤곽이나 홈이 있는 판상장치.

독일의 경우 이론 물리학자를 지망하는 젊은이들이 삼삼오오 짝을 지어 알프스의 호숫가로 하이킹을 떠나거나, 실내악을 연주하거나, 토마스 만의『마의 산Der Zauberberg, Magic Mountain』에 버금가는 대단한 말재주로 진지하게 철학을 논하기도 했다. 불확정성이라는 개념으로 20세기를 풍미했던 하이젠베르크도 학생 시절에는 '자연이 플라톤적 질서를 구현하고 있다'는 절대확신에 사로잡혀 지냈다. 바흐의 〈샤콘느 D단조〉의 선율, 달빛 어린 안개 속 풍경, 시공 속 원자의 숨은 구조, 이 모든 것들이 젊은 물리학도의 눈에는 하나로 보였다. 하이젠베르크는 제1차 세계대전의 충격 이후 뮌헨에서 시작된 청년운동에 가담해 다음과 같은 대화를 동료들과 자유롭게 주고받았다. "독일의 운명이 인류 전체의 운명보다 더 중요했던가? 인간의 지각이 이산화탄소 분자를 깊숙이 뚫고 들어가면 탄소 원자 하나가 산소 원자 두 개와 결합하는 이유를 알 수 있을까? 젊은이들에게는 자신의 가치관에 따라 인생을 설계할 권리가 있을까?" 유럽의 학생들에게는 물리학보다 철학이 먼저였다. 의미와 목적을 탐구하다 보면 자연스레 원자의 세계로 빠져들었다.

MIT의 실험실과 기계공작실에 발을 들여놓은 학생들에게 의미추구란 딴 세상의 일이었다. 남학생들은 '선반을 다루는 법', '기계공들이 뿜어내는 근육질 카리스마가 느껴지도록 말하는 법' 등을 배우며 자신들의 남자다움을 시험했다. 파인먼은 기계공이 되고 싶었지만 왠지 전문 기계공들 사이에 끼어든 들러리 같다는 생각이 들었다. 전문 기계공이라면 공구들을 아주 능숙하게 다루고, 노동자 계층의 언어를 자연스럽게 구사하고, 넥타이가 척chuck[6]에 끼이지 않도록 허리띠 안에 찔러넣고 작업해야 했다. 그러나 파인먼이 금속을 절삭해 보려고 하면 뭐 하나 제대로 되는 법이 없었다. 원반

6) 공구나 가공물을 끼워 고정시키는 장치.

은 평평하지 않았고, 구멍은 너무 컸으며, 바퀴는 뒤뚱거리며 굴러갔다. 하지만 이런 장치들의 원리를 이해하고 나면 때때로 작은 성취감을 누릴 수 있었다.

한번은 걸핏하면 파인먼을 못살게 구는 조교 한 명이 무거운 놋원반을 선반 중심에 고정시키느라 낑낑대고 있었다. 원반을 위치 게이지에 대고 돌리는 중이었는데, 원반이 한 번 돌 때마다 게이지 바늘이 째깍거렸다. 조교는 원반의 중심을 잡지 못해 쩔쩔매며 째깍거리는 바늘과 씨름을 했다. 중심에서 가장 많이 벗어난 곳을 표시하려고, 회전하는 원반 언저리에 분필을 최대한 천천히 갖다댔다. 그러나 치우침 정도가 너무 미세해서, 분필을 가만히 들고 정확한 지점에 표시한다는 것은 사실상 불가능했다. 파인먼은 묘안을 생각해냈다. 분필 잡은 손을 원반 위로 가까이 가져가 바늘이 흔들리는 리듬에 맞춰 손을 천천히 위아래로 흔들었다. 원반이 튀어나온 부분을 찾기는 힘들었지만 바늘의 리듬은 그렇지 않았다. 파인먼은 바늘이 움직이는 리듬에 맞춰 손을 흔들다가 원반의 한 부분에 분필로 잽싸게 표시를 했다. 곁에서 지켜보던 조교가 나무망치로 그 부분을 한 번 두드리자 원반의 중심이 잡혔다.

실험실의 물리학 장비는 급속도로 발달하여 소수의 기계공들이 감당할 수 있는 수준을 넘어섰다. 1930년대에 이탈리아 로마에서는 엔리코 페르미가 립스틱만 한 알루미늄 관을 이용하여 독특한 소형 방사선 계수기를 만들었다. 페르미는 체계적 실험을 통해 방사성 라돈 시료에서 흘러나오는 자유 중성자에 여러 원소들을 잇따라 노출시켰다. 그 결과 페르미의 손을 거쳐 자연계에 존재하지 않는 새로운 방사성 동위원소들이 줄줄이 탄생했다. 그중에는 반감기가 매우 짧은 것도 있어, 붕괴하기 전에 실험하려면 시료들 들고 복도를 전력질주해야 했다. 새로 발견된 원소 중 하나는 이름도 없고 자연계에서 발견된 어떤 원소보다도 무거웠다. 페르미는 중성자선이 지나가는 길에 납으로 만든 벽을 세우고 실험하다가, 자신도 모르게 불가사의한 영감에 이끌려 파라핀 벽으로 대체해 봤다. 그러자 파라핀 속에 들어 있는 뭔가(아마도 수소)가 중성자의 속도를 늦추는 듯싶더니, 뜻밖에도 느린 중성자가 충돌한 원소들에게 더 큰 영향을 미치는 것이 아닌가! 중성자는 전기적으로 중성이므로 표적원자들 주변에 무리지어 있는 전하들 사이를 헤집고 자유로이 떠다녔다. 방망이에 맞은 야구공의 속도로 날아다니는 중성자들은 오랫동안 핵을 들쑤셔 아수라장으로 만들었다. 페르미가 자세히 살펴보니, 그 과정은 본질적으로 일종의 확산 현상으로서 고요한 실내공기 속에서 향수 냄새가 서서히 퍼져나가는 것과 유사했다. 페르미는 중성자들이 파라핀을 통과할 때 수소원자들과 한 번, 두 번, 세 번…, 백 번 충돌하는 장면을 머릿속으로 상상해 봤다. 충돌할 때마다 에너지를 잃고 확률의 법칙에 따라 이리저리 튀면 결국 어떤 경로를 밟게 될까?

중성자는 원자의 중심에 존재하는 '전하를 띠지 않은 입자'로 1932년에야 발견되었다. 그 이전까지만 해도 물리학자들은 핵을 '전기적으로 음인 입자(전자)와 양인 입자(양성자)가 뒤섞인 것'으로 가정했다. 일반적인 화학실험과 전기실험에서 얻은 증거는 핵을 정확히 파악하는 데 거의 도움이 되지 않았다. 물리학자들이 아는 사실은 고작해야 '핵이 원자의 질량의 대부분을 차지하고, 외곽의 전자와 균형을 유지하려면 어떤 형태로든 양전하가 존재해야 한다' 정도였다. 화학에서는 전자껍질, 궤도, 또는 구름 안에서 떠다니거나 빙빙 도는 전자들이 중요해 보였다. 그러나 과학자들은 입자들로 물질을 때린 후 입자들이 얼마나 굴절하는지를 측정함으로써 핵 안을 들여다보기 시작했다. 또한 과학자들은 핵을 쪼개기 시작했다. 1938년 봄, "핵분열과 연쇄반응 개념을 이용하면 무거운 원소를 새로 만들거나 핵에너지를 방출시키는 것이 가능하다" 같은 사실을 아는 물리학 교수와 학생의 수는 수십 명에서 수백 명으로 늘어났다. 이에 MIT는 대학원생들을 대상으로 하는 핵구조론 세미나를 개설하기로 결정하고 모스와 또 한 명의 동료 교수에게 강의를 맡겼다.

대학원생들이 상기된 표정으로 모여 있는 강의실로 학부 3학년생인 파인먼과 웰턴이 들어왔다. 두 학생을 발견한 모스는 정색을 하며 "정식으로 수강신청을 할 생각인가?"라고 물었다. 파인먼은 행여 거절당할까 봐 조마조마한 마음으로 "예"라고 대답했지만, 모스는 뜻밖에도 "다행이군!"이라며 환하게 웃었다. 그도 그럴 것이 파인먼과 웰턴이 수강신청을 함으로써 수강 인원이 총 세 명으로 늘어났기 때문이다. 알고 보니 나머지 대학원생들은 모두 청강만 할 생각이었다. 양자역학과 마찬가지로 핵구조론 역시 어려운 새 분야였으며, 변변한 교재도 하나 없었다. 교재라고 해야 핵물리학을 공부하는 사람이라면 누구나 꼭 봐야 할 자료인《리뷰스 오브 모던 피직스Reviews of Modern Physics》에 3부작으로 실린 긴 논문 하나가 전부였는데, 저자는 몇 년 전 코넬 대학교로 자리를 옮긴 독일의 젊은 물리학자 한스 베테였다. 이 논문에서 베테는 핵물리학이라는 분야를 재정립했다. 그는 먼저 가장 단순한 핵입자들의 전하, 무게, 에너지, 크기, 스핀에 관한 기본사항을 다뤘고 이어서 가장 간단한 복합핵, 즉 양성자 하나와 중성자 하나가 결합한 중양자deuteron로 논의를 넓혀갔다. 그는 체계적으로 논리를 전개하면서 가장 무거운 원자 속에서 모습을 드러내기 시작한 힘을 향해 한 발짝씩 나아갔다.

이 같은 최신 물리학들을 공부하며 파인먼은 시각화가 가능한 좀 더 고전적인 문제들도 함께 탐구할 기회를 엿봤다. 그러다가 햇빛이 구름에 의해 산란scattering되는 현상을 탐구하게 되었다. 산란은 물리학 용어 중에서 점점 더 중요한 위치를 차지해 가고 있는 단어였다. 일상어에서 차용한 수많은 과학용어와 유사하게, 산란은 오해의 소지를 안은 채 평범한 의미에 가깝게 사용되고 있었다. 대기 중의 입자가 광선을 산란시키는 방식은 정원사가 씨를 흩뿌리거나 파도가 나무토막을 흩어버리는 것과 비슷하다. 양자시대 이전의 물리학자들이 산란이라는 말을 쓸 때는 머릿속으로 파동을 생각하든 입자를 생각하든 중요하지 않았다. 빛은 어떤 매질을 지나면서 그냥 분산dispersion 되므로, 방향성의 일부 또는 전부가 사라졌다. 파동의 산란은 일반적인 확산diffusion, 즉 본래의 방향성이 무작위로 바뀌는 현상을 암시했다. 하늘이 파란 까닭은 대기 중의 분자들이 다른 파장보다 파란색 파장을 더 많이 산란시키기 때문이다. 그래서 하늘은 온통 파랗게 보인다. 한편 입자들의 산란은 충돌하고 되튀는 당구공 모형 그림으로 정확하게 나타낼 수 있었다. 하나의 입자로 다른 입자 하나를 산란시키는 것도 가능했다. 실제로 몇 안 되는 입자들을 이용한 산란 실험은 조만간 현대 물리학에서 가장 중요한 실험으로 각광받게 되었다.

구름이 햇빛을 산란시킨다는 것은 분명했다. 구름을 확대경으로 들여다보면 흔들리는 물방울들이 제각기 굴절되고 반사된 빛을 받아 아른거리는 것을 볼 수 있다. 빛이 이 물방울에서 저 물방울로 이동하는 현상은 또 다른 종류의 확산임이 분명하다. 체계적인 과학 교육을 받으면 '수학적으로 설명하거나 수식으로 만들기 쉬운 문제들은 풀기도 쉽다'는 착각에 빠지기 쉽다. 파인먼에게는 구름의 산란 문제가 그런 착각을 떨쳐버리는 데 도움이 되었다. 그것은 교과서에 나오는 수백 개의 문제들처럼 기초적인 문제에 불과해 보였으며, 근본적인 의문을 잔뜩 품은 아이들이 흔히 제기할 법한 문제이기도 했다. 요컨대 '구름이 우리 눈에 보이는 이유는 무엇인가?'라는 문제에서 한 걸음 더 나아간 문제일 뿐이었다. 물 분자들은 수증기 상태로 떠다니는 동안 빛을 잘 산란시키지만, 수증기가 응결할 경우 그 빛이 더 하얗고 더 강렬해진다. 왜냐하면 분자들의 미세한 전기장들이 매우 가까이 접근하여 동일한 위상으로 공명함으로써 효과를 배가시키기 때문이다.

파인먼은 '산란된 빛의 방향이 어떻게 변할지'에 대해서도 궁리하다 자신도 처음에는 믿지 못한 사실을 발견했다. 바로 '빛이 수십억 개의 물방울과 충돌하면서 온통 회색빛으로 물든 구름 속을 빠져나올 때, 원래의 방향을 일부 기억하고 있다'는 사실이었다. 안개 낀 어느 날 찰스강 건너 멀리 있는 건물을 바라보니 윤곽은 희미하지만 아직 또렷했고, 명암 대비가 약해지는 데도 불구하고 초점은 그렇지 않았다. 파인먼은 생각했다. '수학은 역시 쓸 만하군.'

파인먼 군은 물론 유대인입니다만

파인먼의 탐구활동은 '알려진 과학'의 끄트머리에 도달했다. 파인먼의 산란 계산법은 마누엘 S. 바야르타Manuel S. Vallarta 교수의 골머리를 썩이던 우주선cosmic ray 문제에 곧바로 응용되었다. 우주선은 중요한 이슈였다. 전문가는 물론 일반인들도 미지의 선을 우려의 시각으로 바라봤다. 미지의 우주선은 고에너지를 품고 우주공간을 흘러다니다 대기권으로 들어와서는 전하를 이곳 저곳에 뿌려놓았다. 우주선의 존재가 처음으로 드러난 것은 이 같은 이온화작용 때문이었다. 20세기에 접어들기 직전까지만 해도 "대기는 그냥 놔두면 전기가 통하지 않는다"라고 과학자들은 생각했다. 그러나 이제 과학자들은 선검출 장비를 선박, 비행기, 기구에 실어 지구 도처에 보내 우주선을 검출하기 시작했다. 그중에서도 캘리포니아주 패서디나Pasadena 인근 지역이 주목을 받았다. 로버트 밀리컨과 칼 앤더슨Carl Anderson이 캘테크를 미국 우주선 연구의 핵심 거점으로 키운 덕분이었다. 나중에 밝혀진 사실이지만 우주선이란 상이한 원천에서 유래한 다양한 입자들을 총칭하는 용어였다. 1930년대의 '검출 연구'란 우주의 구성 요소 중 어떤 것이 우주선을 방출하며, 지구에서 바라본 우주선의 타이밍과 방향에 영향을 미치는 요인이 무엇인지를 이해하려는 노력을 의미했다.

MIT의 바야르타가 고민하던 문제는 '은하계 별들의 자기장이 우주선을 어떻게 산란시키는가?'였다. 마치 물방울이 빛을 산란시키듯이 말이다. 우주선이 오는 곳이 은하 안이든 밖이든, 우주선의 겉보기 방향은 산란효과로 인해 은하수 중심부에 가까워지거나 멀어지는 쪽으로 치우쳐야 하지 않을까? 그러나 파인먼의 연구결과는 부정적이었다. 우주선의 겉보기 방향은 어느 쪽으로도 치우치지 않는다. 다시 말해 '알짜 산란효과는 0'이라는 의미다. 우주선이 모든 방향에서 오는 것처럼 보였다면, 그건 별들의 간섭이 본래의 방향을 은폐해서가 아니었다. 두 사람은 이 내용을 함께 정리하여 《피지컬리뷰》에 짧은 논문으로 발표했다. 이것은 파인먼의 데뷔 논문인 셈이었는데, 그 논지는 이러했다. "산란 물질 덩어리에서 입자가 특정한 방향으로 나올 확률은 반입자antiparticle가 그 반대방향으로 나올 확률과 똑같을 수밖에 없다. 반입자의 관점에서 보면 시간은 거꾸로 흐른다." 혁명적인 주제를 담고 있지는 않았지만 아이디어가 도발적이고 기발했다.

바야르타는 파인먼에게 '스승과 제자가 공동으로 논문을 발표할 때는 스승을 제1저자로, 제자를 제2저자로 한다'는 묵계를 일러줬다. 설사 논문의 핵심 아이디어를 제공한 사람이 제자라고 해도 말이다. 몇 년 후 하이젠베르크가 우주선에 관한 책을 발표하며 결론 부분에서 "바야르타와 파인먼에 의하면 그런 결과를 예상할 근거는 없다"라고 언급하자, 파인먼은 묵계에 멋지게 복수한 셈이 되었다. 제1저자와 제2저자를 함께 거론한다는 것은 두 사람이 동급임을 인정하는 것이기 때문이다. 기분이 우쭐해진 파인먼은 바야르타와 만난 자리에서 만면에 웃음이 가득한 채 물었다. "하이젠베르크의 책을 읽어 보셨나요?" 스승은 제자가 싱글벙글하는 이유를 알고 이렇게 말했다. "그래, 우주선 분야에서는 자네가 종결자야."

파인먼의 학구열은 대단해서 새로운 문제라면 뭐든 해결하려고 입맛을 다셨다. 물리학과 건물 복도를 지나다 아는 사람들을 만나면 불러세워 '요즘은 어떤 문제를 다루느냐'고 꼬치꼬치 캐물었다. 그들은 그의 질문이 단순한 인사말이 아님을 곧 알게 되었다. 한번은 동기생인 모나크 커틀러Monarch Cutler가 걸려들었는데 때마침 졸업논문 때문에 자포자기한 상태였다. 커틀러는 졸업논문 주제로 광학을 연구하고 있었는데 1938년 MIT의 두 물리학 교수에 의한 중대발견으로 "렌즈 표면에 산성염acid salt을 원자 두세 개 정도의 두께로 아주 얇게 코팅하면 렌즈의 굴절 및 반사 특성이 변한다"에 관한 것이었다. 이런 코팅은 카메라나 망원경의 렌즈에서 일어나는 불필요한 반사를 줄이는 데 꼭 필요했다. 커틀러는 상이한 얇은 막들을 포개어 씌우면 어떻게 되는지를 수학적으로 증명할 계획이었다. 커틀러의 지도교수들은 "완벽에 가까운 단색필터를 만들어서 특정 파장의 빛만 선택적으로 통과시키는 방법이 있지 않을까?"라고 생각했다. 커틀러는 난감했다. 특별한 양자효과가 작용하는 것 같지는 않아 고전적 광학이론만으로도 충분히 해결될 거라 예상했지만, 단일파장보다 더 얇고 투명한 필름층을 통과하는 빛의 움직임을 분석한 사람은 지금껏 한 명도 없었기 때문이다. 커틀러는 파인먼에게 하소연했다. "뭐부터 해야 할지 모르겠어, 관련 논문을 하나도 찾지 못했으니…." 며칠 후, 파인먼은 커틀러를 찾아와 문제를 풀었다며 종이쪽지 하나를 건넸다. 종이에는 수식이 잔뜩 적혀 있었는데, 코팅 안쪽 표면에서 무한히 반복되는 반사효과를 모두 더하는 식이었다. 또한 파인먼은 굴절과 반사가 겹쳐 빛의 위상에 영향을 미치고, 그 결과 색이 바뀌는 메커니즘을 제시했다. 커틀러는 파인먼의 이론을 바탕으로 오랫동안 고성능 계산기와 씨름한 끝에 지도교수들이 원한 컬러필터를 만드는 방법을 찾아냈다.

파인먼이 커틀러를 위해 다층박막반사 이론을 만든 과정은 파로커웨이 시절 수학경시대회 팀에서 문제를 풀던 경험과 별반 다르지 않았다. 그는 무한히 뒤얽힌 광선들, 즉 여러 쌍의 표면 사이를 한없이 오락가락하는 광선들을 직관적으로 이해하고, 여러 개의 공식을 떠올려 차례로 검증했다. 파인먼은 열네 살에 벌써 복잡한 분수로 이루어진 무한급수를 마치 피아니스트가 음계를 연습하는 것처럼 능숙하게 다뤘다. 이제 파인먼의 직관은 한층 더 업그레이드되어 수식을 물리현상으로, 물리현상을 수식으로 전환할 수 있었다. 기호들이 암시하는 힘, 공간, 리듬을 감각적으로 느낄 수도 있었다.

대학 4학년 때는 퍼트넘Putnum 대회가 열렸다. 퍼트넘은 창설된 지 불과 2년 만에 미국에서 가장 어렵고 권위 있는 수학경시대회로 부상했다. 5등까지는 '퍼트넘 펠로'라는 호칭을 부여하고 우승자에게는 하버드에서 장학금을 지급했다. 수학과에서는 쟁쟁한 인재들을 제쳐놓고, 물리학과의 파인먼을 MIT 대표 중 한 명으로 선발했다. 대회 문제들은 미적분과 대수를 복잡하게 꼬아 만든 것이어서, 규정된 시간 내에 만족스러운 답안을 제출한 학생이 지금껏 아무도 없었다. 참가자의 절반 이상이 단 한 문제도 풀지 못해 성적분포의 중앙값이 0으로 나온 해도 여러 번 있었다. 응원을 나갔던 동우회 회원들은 시간이 끝나기도 전에 대기실로 돌아온 파인먼을 보고 깜짝 놀랐다. 나중에 알게 된 사실이지만 채점자들은 파인먼과 다른 입상자들 사이의 현격한 점수차이에 경악을 금치 못했다고 한다. 하버드에서는 파인먼에게 장학금을 제안했지만, 파인먼은 손사래를 쳤다. 그는 이미 마음을 정한 곳이 한 군데 있었으니, 바로 프린스턴이었다.

파인먼은 원래 MIT에 남을 생각이었다. 미국에는 MIT에 대적할 대학교는 없다고 믿었고, 학과장인 슬레이터와의 면담에서도 그렇게 말했었다. 슬레이터는 전에도 파인먼 같은 학생들을 종종 봐 왔었다. 그들은 보스턴과 MIT, 또는 브롱크스와 MIT, 또는 플랫부시Flatbush와 MIT밖에 모르는 '우물 안 개구리' 스타일의 범생이라서 모교에 대한 애착이 무척 강했다. 슬레이터는 파인먼에게 솔직이 말했다. "자네의 미래를 위해서는 여기에 남지 않는 것이 좋아."

슬레이터와 모스는 1939년 1월 프린스턴의 교수들에게 직접 편지를 써 파인먼의 비범함을 극찬했다. 모스는 "파인먼의 성적은 사실상 완벽합니다"라고 했고, 슬레이터는 "파인먼은 최근 5년간 MIT 물리학과가 배출한 학부생 중 최고입니다"라고 썼다. 프린스턴 대학원 입학사정위원회 위원들의 입에서는 "흙 속의 진주"라는 말이 거침없이 튀어나왔다. 입학사정관들은 종전에도 한 방면에만 뛰어난 지원자들을 여럿 봐 왔지만, GRE[7]에서 영어와 역사 점수가 바닥인 학생을 받아들인 적은 한 번도 없었다. 파인먼의 역사 점수는 뒤에서 5등, 문학 점수 역시 뒤에서 6등, 미술 점수는 상위 93퍼센트 안에도 들지 못했다. 반면 물리학과 수학 점수는 위원회 사상 최고였으며 물리학은 무려 만점이었다.

온갖 논란을 잠재우고 파인먼을 받아들이려 하니 또 다른 문제가 도사리고 있었다. 프린스턴의 물리학과장인 H. D. 스미스H. D. Smyth는 모스에게 보낸 편지에 다음과 같이 썼다.

특히 이론 물리학에 관심을 보이는 학생에게는 항상 확인해야 하는 사항입니다. 혹시 파인먼 군은 유대인입니까? 유대인의 입학을 제한하는

7) 미국의 대학원 수학 자격 시험.

규정이 따로 있는 건 아닙니다만, 저희 학과로서는 배치의 어려움 때문에 유대인 비율을 적당히 낮은 선으로 유지하고 있습니다.

3월이 되도록 아무런 소식이 없자, 슬레이터는 마음을 졸이며 스미스에게 교수 대 교수의 입장에서 편지를 썼다. "파인먼은 우리가 다년간 봐 왔던 학부생들 중 최고임이 분명합니다. 학업성적이 우수하고 성품이 온화하며…" 추천사의 문구는 공식적이고 의례적이었지만, 슬레이터는 사본에 남지 않는 부분, 그러니까 먹지가 붙지 않은 부분에서 정곡을 찔렀다. "파인먼 군은 물론 유대인입니다만…" 슬레이터는 스미스에게 정상을 참작해야 한다는 메시지를 확실히 전달하고 싶었다.

캐너 군이나 아이젠버드 군에게는 미안한 이야기지만, 파인먼 군은 여느 학생들과 비교하면 몇 수 위라고 생각합니다. 솔직히 우리는 파인먼 군을 놔 주고 싶지 않으며, 내심 프린스턴에서 받아주지 않았으면 하고 바랄 정도입니다. 그러나 파인먼 본인은 프린스턴에 가기로 마음을 굳힌 모양이니 저흰들 어쩌겠습니까. 파인먼 군의 입학을 긍정적으로 검토해 주실 것을 정중히 요청드립니다. 장담컨대 스미스 교수님도 파인먼 군을 좋아하시게 될 겁니다.

모스도 다음과 같이 거들었다. "파인먼 군의 인상이나 태도에서 문제의 소지를 찾아볼 수 없을 뿐만 아니라, 그 문제(유대인이라는 신분)가 커다란 결격사유가 될 거라고 보지는 않습니다."

학부생들과는 달리 대학원생들은 입학과 동시에 강의조교나 연구조교로 소속 학과에 고용되어 보수를 받고 승진도 하는 것이 일반적이었다. 그런데 제2차 세계대전이 발발하기 직전 미국 과학계에는 반유대주의라는 인습이 남아 있었는데, 그것은 학부생들보다 대학원생들에게 더욱 높은 장벽으로 작용했다. 더욱이 대학원 학과들은 해마다 졸업생들을 고용하는 기업의 눈치를 봐야 했는데, 응용과학 연구에 투자하는 기업 중 대부분이 유대인에게 문호를 개방하지 않았다. 1946년 하버드 대학교의 화학과장이었던 앨버트 스프레이그 쿨리지Albert Sprague Coolidge는 대놓고 이렇게 말했다. "우리는 이름이 '베르크'나 '슈타인'으로 끝나는 학생들을 미리 걸러야 한다는 사실을 잘 안다." 1920~1930년대에 대학에 입학하려는 이민자 자녀들의 수가 크게 늘자 입학정원 할당제가 널리 시행되고 있었다. 그러다 보니 유대인에게 불리한 상황이 전개된 것은 굳이 설명할 필요도 없었다. 유대인의 치열한 노력과 저돌적 추진력에서는 빈민가의 냄새가 난다고 수군거렸고, 꼴사납다고 여기는 사람들도 있었다. 1920년 하버드의 한 신교도는 이런 말을 남겼다. "유대인들의 학문적 성공에 대한 자부심은 대단하다. …우리는 '쪼잔한 유대인'들의 근면함을 경멸한다." 소설가 토머스 울프Thomas Wolfe는 '유대인 녀석들'의 야망을 경멸하면서도 과학자라는 직업의 매력만큼은 인정했다. "과학자들은 밤에도 눈빛이 이글거린다. 교실에서, 강의실에서, 멋진 실험기구가 즐비한 커다란 실험실에서, 연구와 지식탐구의 향연이 펼쳐지고 아인슈타인 같은 세계적 과학자가 탄생한다."

또한 당시에는 '학생들이 교수와 잘 지내려면 뭔가 특별한 처신이 필요하다'는 생각이 일반적이었다. 하지만 유대인 학생들은 평상시에는 상냥하고 조심스러운 듯하다가, 갑자기 언제 그랬냐는 듯 똑똑한 체하며 까탈스럽고 센스 없게 구는 통에 상종하기 어려운 존재로 여겨졌다. 심지어 UC 버클리의 학과장으로 로버트 오펜하이머를 오랫동안 지켜봤던 레이먼드 T. 버지Raymond T. Birge조차 오펜하이머를 이렇게 평가했다고 한다. "뉴욕 출신 유대인들이 오펜하이머 근처에 구름처럼 몰려들었지만 오펜하이머만큼 고상한 학생들은 많지 않았다." 폐쇄적이고 동질적인 대학문화에서는 '매력적이다'라거나 '고상하다'라는 말이 비꼬는 투의 은어로 쓰였다.

파인먼은 뉴욕 출신의 유대인임에도 불구하고 유대주의의 사회적 관계나 신념에 전혀 무관심했고, 반유대주의 정서에 대해서도 가타부타 말한 적이 한 번도 없었다. 우여곡절 끝에 프린스턴에 입성하기는 했지만, 그 이후 파인먼은 대학에서 자리잡는 데 아무런 애로사항을 느끼지 않았다. 하지만 MIT 시절만 해도 그렇지는 않았다. 벨 전화연구소는 제2차 세계대전 이전에 유대인 과학자를 한 명도 고용하지 않은 곳이었는데, 여름방학 때 일하겠다고 지원한 파인먼을 매년 탈락시켰었다. 이 연구소 출신으로 훗날 노벨상을 수상한 윌리엄 쇼클리William Shockley가 파인먼을 추천했는데도 말이다. 여담이지만 버지는 파인먼을 버클리로 영입할 기회를 잡은 적이 있었다. 초조해진 오펜하이머가 파인먼을 긴급 추천했지만 버지가 무슨 이유에선지 2년 동안 결정을 미루는 바람에 기회가 무산되고 말았다. 벨 연구소였다면 반유대주의가 결정적인 역할을 했겠지만, UC 버클리의 경우에는 그 정도까지는 아니었으리라 생각된다. 종교 때문에 진로가 바뀌었다고 생각하느냐는 질문에 파인먼은 아니라고 잘라 말했다.

분자 내부의 힘

1939년 MIT의 물리학 전공자 13명이 졸업논문을 제출했다. 물리학계에 축적된 지식의 양이 아직 많지 않은 시기였으므로, 학교 측에서는 학부생의 논문이라도 독창적이고 이왕이면 학술지에 실릴 만한 좋은 논문을 기대했다. 졸업논문은 과학자로 출발하는 데 손색이 없어야 함은 물론, 세밀한 연구를 통해 체계화된 지식의 담벼락에 빠진 벽돌을 끼워 넣는 역할도 해야 했다. 여기서 세밀한 연구란 예컨대 전자 하나를 잃고 이온화한 가돌리늄gadolinium이나 수화hydrated한 염화망간 결정의 스펙트럼을 분석하는 것을 말한다. 이러한 물질들이 방출하는 다양한 파장들을 확인하려면 많은 인내심과 훌륭한 실험기술이 필요했다. 분광학자들은 첨단기술을 개발하여 신물질들을 신속하게 분석했지만, 과학은 이에 뒤질세라 새로운 물질들을 계속 쏟아냈다. 4학년 학생들은 새로운 실험기기를 고안하거나, 압착하면 전류를 생성하는 결정체를 연구하기도 했다. 파인먼의 논문은 이처럼 한정된 문제에서 출발했지만 결국 '모든 물질의 분자들 안에서 작용하는 힘'에 대한 근본적인 발견으로 이어졌다. 이 발견은 나중에 파인먼이 거둔 굵직한 연구성과와는 별로 관련이 없었고 파인먼 자신도 대수롭지 않은 결과라고 태연한 척했지만, 고체물리학 분야에서는 유용한 분석도구로 인정받아 오랫동안 사용되었다.

파인먼은 몰랐던 일이지만, 3학년 때 양자역학을 가르쳤던 모스 교수가 파인먼을 1년 빨리 졸업시키자고 학과장에게 건의한 적이 있었다. 건의는 받아들여지지 않았고, 파인먼은 4학년으로 진급하여 슬레이터에게 논문지도를 받게 되었다. 슬레이터가 제시한 논문주제는 다음과 같다. "석영에 열을 가하면 왜 조금밖에 팽창하지 않을까? 금속과 비교할 때 석영의 팽창계수는 왜 그렇게 작을까?" 언뜻 보기에 여느 졸업논문의 주제보다 더 심오해 보이지 않았고, 물리학 또는 화학 편람만 들춰봐도 바로 떠오를 법한 문제였다.

모든 물체가 팽창하는 이유는 똑같다. 열이 분자들을 교란하기 때문이다. 열 자체가 분자의 교란이기도 하다. 그러나 고체의 경우 실제 분자배열에 따라 세부적인 팽창 특성이 달라진다. 분자들이 규칙적인 공간도형 모양으로 배열된 결정체는 특정한 축의 방향으로 더 많이 팽창할 수 있다. 과학자들은 으레 막대기에 공을 꽂은 모양으로 결정구조를 만들지만, 실제로 물질의 결정구조는 고정되어 있지 않다. 원자들은 배열된 상태를 유지하거나 한 곳에서 다른 곳으로 다소 흔들리거나 자유롭게 떠다닐 수도 있다. 금속 안의 전자들은 자유롭게 떼지어 몰려다닌다. 개별 물질의 색깔, 질감, 강도, 취약성, 전도율, 부드러움, 맛은 모두 원자의 국소적 성향에 따라 달라진다. 나아가 그런 성향들은 물질 안에서 작용하는 힘(고전역학에서 말하는 힘과 양자역학에서 말하는 힘을 모두 포함)에 따라 달라지는데, 파인먼이 논문을 쓰기 시작했을 때의 물리학은 그런 힘들을 잘 이해하지 못했다. 지구상에서 가장 흔한 광물이라고 할 수 있는 석영 속의 힘들도 예외는 아니었다.

구식 증기기관의 회전속도를 일정하게 조절하는 부분은 기계식 조속기governor인데, 한 쌍의 철제 공이 회전축에서 바깥쪽으로 왔다갔다 하는 구조로 되어 있다. 축의 회전이 빠를수록 철제 공의 경로는 더 길어지고, 공이 움직이는 거리가 멀어질수록 축이 회전하기는 그만큼 더 어려워진다. 파인먼은 '석영(이산화규소)을 구성하는 원자들, 즉 규소 원자 하나에 달라붙은 산소 원자 한 쌍에서도 이와 유사한 효과가 나타날 것'이라는 가정하에 논리를 전개해 나갔다. 파인먼의 생각은 이러했다. "규소 원자는 회전하는 대신 진동하고 있다. 석영의 내부 온도가 높아지면 분자들의 교란이 증가하지만, 산소 원자들이 안쪽으로 당기는 역학적 힘을 제공함으로써 온도상승에 따른 팽창효과를 상쇄한다." 하지만 각 분자 안의 힘들은 제각기 다양한 방향으로 작용하며 크기도 각각 다르다. 이 힘들을 간단히 계산할 수는 없을까?

파인먼은 분자구조에 대해 그렇게 자세히 생각해 본 적이 없었지만 이번 기회에 결정에 관한 모든 내용, 즉 결정의 표준배열, 기하학적 구조, 대칭성, 원자 간의 각도 등을 차례로 섭렵했다. 그 결과 이 모든 내용들이 한 가지 문제로 귀결된다는 것을 깨달았다. 그것은 '분자들을 밀어내 특정한 형태로 늘어서게 만드는 힘들의 성질은 무엇인가?'라는 문제였다. 자연의 근본적인 법칙을 추구하는 물리학의 관심은 큰 것에서부터 작은 것으로 점차 옮겨졌다. 바야흐로 물리학의 초점은 분자들의 힘에 맞춰지고 있었다. 예컨대 과학자들은 특정한 방향으로 특정한 길이만큼 석영을 압축하려면 얼마의 압력이 필요한지를 측정할 수도 있었다. 또한 여전히 새로운 분야인 X선 회절 분석을 이용해 규칙적인 결정의 그림자 무늬를 들여다보고, 그 구조를 추론해 낼 수 있었다. 어떤 이론 물리학자들은 원자의 중심부를 좀 더 깊이 들여다보는 데 매달렸고, 어떤 이들은 양자론적 방법을 구조와 화학 문제에 응용해 보려고 시도했다. 몇 년 후 로스앨러모스의 비밀 프로젝트에서 수석 금속학자로 파인먼과 함께 일하게 될 구조론자 시릴 스탠리 스미스Cyril Stanley Smith는 당시의 상황을 일컬어 "'물체matter의 과학'과 구별되는 '물질material의 과학'이 가능해진 시대"라고 표현했다. 과학자들은 '원자의 힘'과 '인간의 지각에 포착되는 물체' 간의 연결고리를 찾고, '추상적인 에너지 준위'와 '3차원 형태' 간의 연결고리도 찾아야 했다. 이런 의미에서 "물체는 자체의 내부 복사internal radiation로 나타나는 자가 홀로그램이다"라는 스미스의 말은 정곡을 찌른 것이었다.

힘이냐 에너지냐, 이것은 '원자에 대한 양자론적 이해'를 '물질의 작용'에 실제로 적용하려고 고심하는 사람들이 선택해야 할 문제였다. 단순한 용어 선택의 문제가 아니라 '문제를 어떻게 바라볼 것인가'와 '어떻게 계산할 것인가'에 대한 본질적 판단의 문제였다.

힘의 관점에서 자연을 바라보는 개념은 뉴턴으로 거슬러 올라간다. 이것은 세상을 직접적으로 다루는 방법으로 물체 사이의 상호작용이 직접 일어난다. 즉, 하나의 물체가 다른 물체에 힘을 가한다고 가정했다. 19세기까지만 해도 힘과 에너지의 차이는 명백하지 않았으나, 에너지는 차츰 과학자들 사이에서 사고의 지렛목으로 떠오르기 시작했다. 현대용어로 말하면 힘은 방향과 크기가 모두 있는 벡터양이며, 에너지는 방향이 없고 크기만 있는 스칼라양이다. 에너지는 열역학의 부상으로 전면에 나선 이후, 힘보다 더 근본적인 것처럼 보이기 시작했다. 화학반응은 에너지를 최소화하려는 작용으로 이해할 때 깔끔히 계산할 수 있었다. 심지어 언덕을 굴러내려가는, 위치에너지가 높은 상태에서 낮은 상태로 움직이는 공도 에너지를 최소화하려고 한다. 파인먼이 고등학교 2학년 물리 시간에 거부감을 느꼈던 라그랑주의 접근방법 역시 최소에너지를 이용하여 (힘든 계산이 요구되는) 직접적 상호작용을 회피하는 방법이었다. 마지막으로 에너지에는 에너지보존법칙이라는 것이 있어서 다양한 계산들을 정연하게 수행하는 것이 가능했다. 그러나 힘의 경우에는 에너지보존법칙에 비견되는 법칙이 존재하지 않았다.

그럼에도 불구하고 파인먼은 힘을 이용한 접근방법을 계속 모색했다. 그러다 보니 졸업논문의 내용은 어느덧 슬레이터가 제시한 범위를 훨씬 넘어섰다. 파인먼이 이해한 분자구조의 개념에 따르면 힘은 분자구조를 설명하는 데 반드시 고려해야 할 요소였다. 파인먼은 다양한 강도의 스프링이 결합해 서로 밀고 당기는 원자들을 상상했다. 물리학자들이 흔히 사용하는 에너지 계산법은 간접적이고 우회적인 전략으로밖에 보이지 않았다. 논문의 제목을 "분자들 안의 힘과 응력Forces and Stresses in Molecules"이라고 거창하게 붙이고는, "과거에는 까다롭게만 여겨졌던 '힘을 이용한 직접적 분석방법'이 '에너지를 이용한 간접적 분석방법'보다 분자구조를 설명하는 데 더 유용하다"라는 서론으로 논의를 시작했다.

파인먼이 보기에 양자역학이 에너지 개념에서 출발한 이유는 두 가지였다. 첫째, 최초의 양자론자들이 자신들의 공식을 증명할 때 습관적으로 적용하던 방법이 한 가지 있었는데, 그것은 원자들이 방출하는 빛의 스펙트럼을 관찰해서 계산해 보는 것이었다. 그런데 이 과정에서는 힘이 수행하는 역할이 보잘것 없었다. 둘째, 슈뢰딩거의 파동방정식은 '방향이 없는 에너지를 측정한다'는 배경에서 자연스럽게 나온 것이어서 벡터양 계산에 적합하지 않았다.

파인먼이 대학 4학년이었을 때, 그러니까 하이젠베르크, 슈뢰딩거, 디랙의 3년 혁명(크나벤피지크)이 일어난 지 10년 남짓 지난 후 물리학과 화학의 응용분야는 폭발적으로 증가했다. 이 대열에 합류하지 못한 사람들에게는 철학적 배경이 복잡한 데다, 지긋지긋한 계산을 수반하는 양자역학이 골칫거리로 여겨졌을지도 모른다. 그러나 금속의 구조나 화학반응을 분석하는 과학자들의 손을 통해, 새로운 물리학은 고전물리학이 해결하지 못했던 난제들을 거뜬히 해결했다. 양자역학이 승승장구한 이유는 극소수의 선도적 이론가들이 양자역학을 수학적으로 확신했을 뿐만 아니라, 수백 명에 달하는 재료과학자들이 양자역학의 유용성을 인정했기 때문이었다. 양자역학은 그들에게 통찰력을 제공하고 활력을 불어넣었다. 몇 가지 수식을 다루는 방법을 이해하기만 하면 원자의 크기나 회색빛 땜납 표면의 광택을 정확히 계산할 수 있었다.

새로운 물리학에서 가장 중요한 주제는 슈뢰딩거의 파동방정식이었다. 양자역학의 가르침에 의하면 입자는 입자가 아니라 떠돌아다니는 확률구름의 흔적으로, 퍼져나가는 성질을 지녔다는 점에서 파동과 같았다. 파동방정식을 이용하면 구름의 흔적을 계산하고 관심 있는 대상이 특정 범위의 어딘가에 나타날 확률을 구할 수 있었다.

그러나 고전적 계산으로는 원자 안에서 전자들이 어떻게 배열되는지를 파악할 수가 없었다. 고전물리학에 의하면 음전하를 띤 전자들이 최소에너지 상태를 찾아야 하므로, 양전하를 띤 핵을 향해 원을 그리며 떨어져야 했다. 하지만 그렇게 되면 물질 자체가 사라지고 만다. 한마디로 말해서 물체가 폭삭 무너져 버리는 것이다. 오직 양자역학의 관점에서 볼 때만 그런 일이 일어나지 않는데, 그 이유는 전자가 한정된 위치를 부여받기 때문이다. 따라서 양자역학적 불확정성은 거품의 붕괴를 막아주는 공기나 마찬가지였다. 전자구름은 세상의 모든 고체들을 지탱했고, 슈뢰딩거의 방정식은 전자구름에서 에너지가 가장 낮은 부분이 어디인지를 알려줬다.

고체결정의 분자격자가 차지하는 3차원 공간에서 전자들의 전하가 어디에 분포하는지를 정확한 그림으로 나타내는 일도 가능해졌다. 나아가 전하의 분포는 원자의 육중한 핵이 제자리(전체적인 에너지가 최소로 유지되는 곳)를 지킬 수 있게 한다. 그러므로 연구자가 특정 핵에 작용하는 힘을 계산하고 싶다면, 수고스럽기는 해도 다음과 같은 순서를 밟으면 되었다. 먼저 에너지를 계산한다. 다음으로 핵의 위치를 약간 바꿔서 에너지를 계산한다. 마지막으로 에너지 변화를 나타내는 곡선을 하나 그린다. 이 곡선의 기울기는 '변화가 얼마나 빨리 일어나는지'를 의미하는데 이 값이 바로 힘이다. 그런데 배열 형태가 바뀔 때마다 계산을 다시 해야 했으므로 시간과 노력이 많이 들어가는 데다가 모양새도 좋지 않았다.

파인먼은 좀 더 나은 방법을 설명하느라 몇 페이지를 더 할애했다. 주변의 배열을 전혀 고려하지 않고, 특정 배열로부터 직접 힘을 계산할 수 있음을 증명했다. 새로운 계산방법을 이용하면 곡선을 다시 그린 후에 기울기를 구하지 않고 곧바로 에너지 곡선의 기울기(힘)를 계산할 수 있었다. 파인먼은 졸업논문에서 "내가 고안한 방법을 이용하면 계산에 들어가는 수고가 상당히 줄어든다"라고 강조했다. 이 논문을 읽은 MIT의 교수들 사이에서 작은 동요가 일어났고, 그중에서도 분자구조의 응용문제를 오랫동안 연구해 온

교수들은 파인먼의 논문을 매우 높게 평가했다.

그러나 논문 초고를 읽은 슬레이트는 퇴짜를 놨다. 그 이유인즉 구어체로 썼기 때문에 과학논문으로 받아들여지기 어렵다는 것이었다. 덧붙여 '저널에 발표하려면 분량을 줄여야 한다'는 조언도 잊지 않았다. 제목마저도 「분자 내부의 힘Forces in Molecules」으로 간소화된 파인먼의 졸업논문은 1939년 《피지컬리뷰》에 실렸다.

과학자들의 발견 중에는 현실의 언어로 표현할 수 없는 것들이 꽤 있지만 파인먼의 발견은 그렇지 않았다. 그것은 진술하기 쉽고 시각화하기도 쉬운 정리theorem였다. 원자핵에 작용하는 힘은 전하를 띠는 전자들이 형성한 주변의 장에서 나오는 전기력, 즉 정전기력elctrostatic force 이상도 이하도 아니다. 전하의 분포를 일단 양자역학적으로 계산하면 그 이후로는 양자역학을 생각할 필요가 전혀 없었다. 문제가 고전적으로 바뀌므로 핵을 '질량과 전하가 모인 고정된 점'으로 다루면 되기 때문이다. 이 같은 접근방법은 모든 화학결합에 적용되었다. 두 핵이 (수소핵들이 결합하여 물분자를 형성할 때와 마찬가지로) 서로 강하게 끌어당기는 것처럼 행동하는 것은 두 핵 사이에 양자역학적으로 몰려 있는 전하가 그 핵들을 끌어당기기 때문이다.

파인먼은 《피지컬리뷰》에 실린 졸업논문에 더 이상 신경쓰지 않았다. 양자역학에 대한 자신의 주요 관심사에서 벗어난 주제를 다뤘으므로 다시 생각할 일이 거의 없었기 때문이다. 어쩌다 우연히 생각이 나더라도 '이렇게 사소하고 자명한 일에 그토록 많은 시간을 쏟았었나?'라는 자괴감에 쥐구멍에라도 들어가고 싶은 심정이었다. 파인먼이 아는 한, 그런 계산은 아무짝에도 쓸모가 없었다. 자신의 논문이 다른 과학자의 논문에 인용된 것도 구경한 적이 없었다. 그로부터 9년 후인 1948년, 파인먼은 지금은 파인먼 정리Feynman's theorem 또는 파인먼-헬만 정리Feynman-Hellmann theorem로 부르는 자신의 발견을 놓고 물리화학자들이 격론을 벌였다는 말을 전해듣고 깜짝 놀랐다. 정리가 워낙 간단하다 보니 신빙성을 의심한 일부 화학자들이 이의를 제기했던 것이다.

학비가 아깝지는 않을까요?

대학 졸업을 몇 달 앞두고 32명의 파이베타델타 회원 대부분이 한데 모여 단체사진을 찍으려고 포즈를 취했다. 맨 앞 줄 왼쪽 끝에 앉은 파인먼은 여전히 다른 동기생들보다 체구가 왜소해서 앳돼 보였다. 입을 꾹 다문 채 사진사의 지시대로 무릎에 두 손을 얹고 자못 근엄한 표정으로 중앙으로 몸을 기울였다. 학기가 끝났을 때는 곧바로 파로커웨이의 집으로 갔다가, 1939년 6월 졸업식에 참석하기 위해 학교로 돌아왔다. 갓 자동차 운전을 익힌 파인먼은 부모님과 알린을 태우고 케임브리지로 왔다. 운전을 하느라 긴장한 탓인지 오는 길에 속이 계속 울렁거렸다. 며칠 동안 병원 신세를 진 후 가까스로 졸업식 전에 회복할 수 있었다.

그로부터 수십 년 후, 파인먼은 졸업식장에 가기 위해 처음 운전대를 잡았던 일이 떠올랐다. 졸업 가운을 입었을 때 자신을 못살게 굴었던 친구들의 모습도 생각났다. 입학생 중 하나가 그렇게 촌스러울 줄은 프린스턴도 미처 몰랐으리라…. 알린 생각도 났다. 파인먼은 한 역사가에게 이렇게 말했다. "그녀에 대해 생각나는 게 별로 없네요, 그저 사랑스러웠다는 것 하나밖에는."

슬레이터는 파인먼이 졸업한 지 몇 년 후 MIT를 떠났다. 그 무렵 제2차 세계대전 관련 연구가 시급해지자 MIT는 방사선연구소를 새로 설립하고 컬럼비아에서 I. I. 라비를 영입하여 지휘를 맡겼다. 방사선연구소는 '파장이 좀 더 짧은 무선전파를 이용하여 야간이나 구름 속에서도 적의 항공기와 선박을 탐지하는 방법', 곧 레이더를 개발하는 작업에 착수했다. 일부에서는 슬레이터가 MIT를 떠난 것을 두고 '뛰어난 동료의 그늘에 가려지는 것에 익숙하지 않다 보니 라비의 존재를 견뎌내기 힘들었던 모양'이라며 수군거렸다. 모스 역시 MIT를 떠나 점점 몸집을 키우는 물리학 행정기구의 책임자로 변신했다. 여느 평범한 물리학자들과 마찬가지로 두 사람은 자신들이 생전에 쌓아올린 명성이 바래가는 현실을 속수무책으로 바라보는 아픔을 맛봤다.

두 사람은 각각 짤막한 자서전을 냈다. 모스는 자서전에서 학생들에게 진로지도를 하는 것이 물리학을 가르치는 것만큼이나 중요하다고 말하며 다음과 같은 에피소드를 하나 소개했다.

한번은 리처드라는 이름을 가진 4학년생의 아버지가 나를 찾아왔다. 나는 그 학부형이 바짝 긴장하고 있다는 인상을 받았다. 교육수준이 낮아 보이는 데다 언변도 그리 좋은 편이 아니었다. 장황한 서두와 구차한 변명을 생략하고 학부형이 남긴 말의 골자만을 생각나는 대로 옮겨 본다. "제 아들 리처드가 내년 봄이면 이 학교를 졸업하게 됩니다. 아들놈 말이 공부를 더 계속해 학위를 또 하나 받겠다는군요. 제가 이래 봬도 앞으로 3~4년 동안 아들놈의 학비를 댈 능력 정도는 있는 사람입니다. 그런데 제가 알고 싶은 건 '그 아이한테 그만한 투자가치가 있는가?'라는 겁니다. 아들놈의 말에 의하면 모스 교수님께서 자기를 쭉 지도해 오셨다고 하더군요. 그래서 솔직한 말씀을 들으려고 실례를 무릅쓰고 이렇게 찾아왔습니다. 제 아들놈이 정말로 학업을 계속할 만한 실력이 있는 겁니까? 학비가 아깝지는 않을까요?"

모스는 터져나오는 웃음을 가까스로 참았다. 1939년에 물리학 전공자가 일자리를 구하는 것이 쉽지는 않았지만, 모스는 학부형의 눈을 똑바로 쳐다보며 이렇게 말했다고 한다. "아버님 걱정 마십시오. 리처드는 반드시 잘해낼 겁니다."

프린스턴

존 아치볼드 휠러John Archibald Wheeler는 프린스턴에서 '닐스 보어의 사도使徒'로 불렸다. 다부진 체격에 회색 눈을 가진 스물여덟 살의 조교수로, 파인먼이 입학하기 한 해 전 프린스턴에 부임했다. 휠러와 보어는 둥그런 눈썹과 부드러운 용모는 물론, 마치 선지자처럼 착 가라앉은 베이스 톤으로 물리학을 강의하는 모습마저 똑같았다. 그 후 여러 해 동안 자연의 신비로움을 찬미하거나 델포이 신전에나 어울릴 법한 경구를 구사하는 데 있어서 휠러를 능가할 물리학자는 없었다. 그의 어록에 수록된 주옥 같은 명언들을 몇 가지 열거해 보면 다음과 같다.

블랙홀은 대머리다.(사실 블랙홀이라는 용어를 만든 사람도 휠러였다.)
'법칙은 없다'라는 법칙만 빼고 법칙은 없다.

나는 항상 한 다리를 앞으로 내디딤과 동시에, 두 다리를 쉴 새 없이 움직인다.

어느 분야에서든 가장 이상한 것을 하나 골라 집중적으로 파고들어라.

각각의 사건들, 법칙을 벗어난 사건들, 수없이 많고 통제불가능한 사건들이 얽히고설켜 공식으로부터의 자유freedom from formula를 과시하며 확고한 형태를 만들어낸다.

휠러는 마치 비즈니스맨처럼 넥타이를 단정히 매고 소맷부리에 풀을 빳빳이 먹인 하얀 와이셔츠를 입었다. 그리고 학생들과 토론을 시작할 때는 꼭 회중시계를 꺼내놓음으로써, 자신은 시간을 매우 소중히 여기는 사람이라는 인상을 주려고 애썼다. 프린스턴의 동료 중 한 사람인 로버트 R. 윌슨Robert R. Wilson은 휠러를 양파에 비유하며 껍질을 아무리 벗겨도 그 속에서 완벽한 신사가 튀어나올 것 같다고 말했다. 그러면서도 윌슨은 이렇게 말했다. "하지만 그의 단정한 태도 어딘가에 엄청난 유연함과 노련한 승부사 기질이 도사리고 있어서, 아무리 황당한 문제가 나오더라도 거리낌 없이 처리했다."

도서관 사서 부부의 아들이자 광산 기술자 세 사람의 조카로 태어난 휠러는 오하이오주에서 자랐다. 볼티모어에서 대학을 다녔고, 존스홉킨스 대학원에서 학위를 받은 다음, 국가연구평의회 해외연수 연구원으로 선발되어 1934년에 화물선(편도 요금 55달러)을 타고 코펜하겐으로 가서 보어의 문하생이 되었다. 어린 시절에는 『창의적인 원리와 기계장치』라는 책에 실린 그림들을 들여다보며 많은 시간을 보냈고, 나무를 깎아 만든 기어와 지렛대로 계산기와 총을 만들기도 했다. 그래서인지 헷갈리는 양자역학의 패러독스를 칠판에 그림을 그려가며 설명할 때는 어릴 적 창의적 기질이 그대로 드러나, 마치 환상적인 은빛 기계 속을 들여다보는 듯했다. 그는 엄청나게 자신만만한 태도로 강의에 임했고 우아한 말씨와 상상력을 자극하는 그림으로 청중들에게 깊은 인상을 남겼다.

1930년대 말 MIT는 시류에 영합하는 것을 지양하고, 신중하고 보수적인 태도를 견지했다. 슬레이터와 콤프턴은 다방면에 걸친 연구를 선호했고, 응용분야와 관련된 연구들을 우선적으로 지원했다. 그러나 프린스턴은 달랐다. 프린스턴은 휠러를 임용하는 한편, 핵물리학을 집중 육성한다는 신중한 계획의 일환으로 헝가리 출신의 세계적인 물리학자 유진 위그너를 승진시켰다. 1939년 휠러와 보어는 연초부터 몇 달 동안 사제관계가 아닌 동료의 자격으로 공동연구를 수행했다. 그즈음 보어는 날이 갈수록 혼란이 가중되는 유럽을 떠나, 프린스턴에 있는 아인슈타인 연구소를 방문했다. 배에서 내린 보어는 뉴욕 부두로 옛 스승을 마중나온 휠러에게 조만간 물리학에서 가장 각광 받게 될 연구대상, 즉 우라늄 원자에 관한 소식을 전할 참이었다. (휠러는 방사능을 처음 봤을 때 느꼈던 신비로운 감정을 아직도 간직하고 있었다. 어두컴컴한 방 안에 가만히 앉아 까만 황화아연 막을 응시하며 라돈에서 나오는 알파입자들이 간헐적으로 섬광을 발하는 횟수를 세던 장면이 눈앞에 어른거렸다.)

보어는 가장 가벼운 원소인 수소 원자를 시발점으로 양자혁명을 일으켰다. 반면 우라늄 원자는 양성자가 92개이고 중성자가 140개 남짓인 자연계에서 가장 무겁고 거대한 원자다. 우주에는 우라늄이 매우 희소하여 수소 원자 17조 개마다 하나꼴로 존재한다. 우라늄 원자는 매우 불안정해서 양자역학적 예측이 불가능한 순간에 가벼운 원소들로 잇따라 붕괴한다(이것은 보어가 배를 타고 북대서양을 건너오는 동안 휴대용 칠판에 적어 고이 간직한 특종기사였다). 그리고 중성자와 충돌하면 바륨barium과 크립톤krypton 또는 텔루륨tellurium과 지르코늄zirconium 같은 작고 특이한 원자쌍으로 쪼개지며 자유에너지와 새로운 중성자들까지 추가로 방출한다. 이처럼 거대한 핵을 어떻게 시각화해야 할까? 서로 맞닿으면 스르르 미끄러지는 구슬 무더기 모양으로? 고무줄로 꽉 묶어 놓은 포도송이 모양? 아니면 희미한 빛을 내며 밀치고 진동하다가 모래시계처럼 허리가 잘록해져 결국 둘로 갈라지는 물방울 모양으로? 세 번째 안인 물방울 모형은 1939년 물리학계에 바이러스처럼 유행했다. 휠러와 보어는 이 모형 덕분에 (지나치게 단순화된 이론이기는 하지만) 핵분열fission에 대한 유효이론을 수립할 수 있었다. 핵분열이라는 용어는 1938년에 탄생한 생소한 용어였다. 두 사람은 그보다 좀 더 나은 말이 있지 않을까 싶어 밤늦도록 고민했는데, 분열splitting이나 유사분열mitosis 등을 생각하다 결국 포기하고 말았다.

아무리 생각해봐도 핵을 물방울 모형으로 시각화한다는 건 무리인 것처럼 보인다. 무거운 원자의 중심에 존재하는 (마치 건포도가 박힌 것처럼) 울퉁불퉁한 복합체에서 약 200개의 근접한 입자들이 강력한 핵력으로 결합되어 있는 모습을 생각해보라. 이 핵력은 파인먼이 분자 수준에서 분석했던 전기력과는 차원이 다르다. 하지만 크기가 작은 분자들의 경우 물방울 모형이 부적절할지 몰라도 우라늄처럼 큼지막한 덩어리의 경우에는 비교적 잘 들어맞았다. 원자핵의 모양은 물방울과 마찬가지로 반대 방향으로 작용하는 두 힘 간의 미묘한 균형에 의존한다. 표면장력이 물방울의 표면적을 줄이는 역할을 한다면, 원자핵에서는 인력이 그런 역할을 한다. 반면에 양전하를 띤 양성자들 간의 전기적 반발력은 이러한 인력을 거스른다.

페르미가 로마의 실험실에서 '느린 중성자가 매우 유용하다'는 사실을 알아낸 뒤로, 보어와 휠러는 그 느린 중성자가 의외로 중요한 역할을 한다는 점을 깨달았다. 두 사람은 한 걸음 더 나아가 다음과 같은 두 가지 예측을 통해 물리학사에 새로운 이정표를 세웠다. 첫째, 우라늄 동위원소 중 비교적 드문 우라늄-235만이 폭발적으로 핵분열을 한다. 둘째, 자연계에서 발견되지 않았고 실험실에서도 아직 생성된 적이 없는 새로운 물질, 즉 '원자번호 94, 질량수 239인 물질'에서도 중성자 포격neutron bombardment으로 핵분열을 일으킬 수 있다. 머지않아 이 두 가지 이론적 주장에 기반하여 세계 최대의 기술적 모험이 감행될 것이었다.

핵물리학 실험실이 우후죽순처럼 생겼고 미국인들의 왕성한 발명정신은 다양한 기계장치의 발달로 이어졌다. 이 기계장치들은 입자 빔beam을 가속하여 금속박이나 기체원자를 때린 다음, 이온화 기체상자에서 충돌 생성물이 지나간 경로를 검출하도록 설계되었다. 프린스턴은 미국 최초의 대형 사이클로트론cyclotron[1] 중 하나를 보유하고 있었다. 1936년 당시 자동차 서너 대 값을 들여 만든 것이었다(사이클로트론은 훗날 핵물리학에서 중차대한 역할을 수행하게 된다). 그밖에도 프린스턴은 소형 가속기들을 매일 가동함으로써 희귀한 원소와 새로운 동위원소들을 계속 만들어내는 동시에 수많은 데이터들을 생성했다. 알려진 게 별로 없는 시기였으므로 거의 모든 실험결과들이 소중해 보였다. 대충 꿰맞춰 만든 장치들이 수두룩하다 보니 측정과 해석이 까다로웠고, 뒤죽박죽이거나 임시방편인 경우도 많았다.

1939년 초가을, 헨리 바샬Henry H. Barschall이라는 학생이 전형적인 문제를 하나 들고 휠러를 찾아왔다. 여느 초보 실험자들과 마찬가지로 바샬은 가속기 빔을 이용하여 이온화 상자 안으로 입자들을 산란시키고 입자의 에너지를 측정하던 중이었다. 그는 되튐각이 달라짐에 따라 변화하는 에너지를 측정하고 싶었지만, 상자 자체의 조건 때문에 실험결과가 왜곡된다는 것을 깨달았다. 어떤 입자들은 상자 밖에서 출발했고 어떤 입자들은 상자 안에서 출발하여 상자의 원통형 벽에 부딪쳤는데, 어느 경우든 입자의 에너지가 부족했다. 문제는 부족한 에너지를 채우는 것, 다시 말해서 측정값을 참값으로 전환하는 방법을 찾아내는 것이었다. 하지만 그러기 위해서는 복잡한 기하학적 구조를 고려하여 골치아픈 확률 문제를 풀어야 했다. 바샬은 어디서부터 시작해야 할지 그저 막막할 뿐이었다. "난 너무 바빠서 이 문제를 생각할 겨를이 없다네. 마침 이번에 새로 들어온 똑똑한 대학원생이 한 명 있으니, 그 친구에게 가 보게." 휠러는 이렇게 말하며 파인먼을 소개했다. 바샬은 백방으로 수소문하다 대학원 기숙사 근처에서 배회하는 파인먼을 가까스로 찾아냈다. 파인먼은 바샬의 이야기에 귀를 기울였지만 묵묵부답이었다. 파인먼의 무덤덤한 반응을 접한 바샬은 앞이 샛노래졌다.

---

1) 균일한 자기장과 높은 진동수의 교류전압을 이용해 전하를 띤 입자를 가속시키는 입자가속기의 한 종류.

파인먼은 새로 만난 세계에 적응하던 중이었다. 새로운 세계는 파인먼이 떠나온 과학의 중심지보다 훨씬 더 작은 세계였다. 생필품도 살 겸 복잡한 머리도 식힐 겸, 파인먼은 캠퍼스 서쪽 가장자리의 나소 스트리트에 즐비한 상점가에 들렀다가 선배 대학원생 레너드 아이젠버드와 마주쳤다. "이게 누구야, 장래의 훌륭한 이론 물리학자가 어인 일로 여기까지 행차하셨나?" 아이젠버드가 반색하며 말했다. 그러고는 파인먼이 산 휴지통과 칠판 지우개를 가리키며 한 마디 덧붙였다. "물건 제대로 골랐군."

며칠 후 바샬과 다시 만났을 때 파인먼은 뭔가가 가득 적힌 종이 한 뭉치를 바샬에게 건넸다. 그것은 바샬의 의문을 속 시원히 해결한 모범답안이었다. 바샬은 완벽한 풀이과정에 감탄했다. 그러나 바샬을 질리게 한 것은 '기차여행 도중에 짬을 내어 문제를 풀었다'는 파인먼의 부연설명이었다. 이렇게 파인먼의 진가를 몸소 체험하고 인정한 젊은 물리학도들의 명단에 또 한 명의 이름이 추가되었다.

휠러 역시 자신의 강의조교로 배정된 파인먼의 천재성을 이미 인정한 터였다. 사실 두 사람이 교수와 조교로 맺어진 경위는 아무리 생각해도 불가사의였다. 원래 파인먼은 위그너 교수와 함께 일할 것이라 생각했다. 어쨌든 휠러와 처음 면담한 후, 파인먼은 교수가 자기보다 겨우 일곱 살 위라는 사실에 깜짝 놀랐다. 이어서 휠러가 회중시계를 눈에 띄게 꺼내놓은 데 또 한 번 놀랐다. 그러나 잠시 후 파인먼은 휠러의 의도를 이해했다. 다음번에 휠러를 만났을 때는 파인먼도 급히 장만한 1달러짜리 회중시계를 꺼내 휠러의 시계와 마주놓았다. 잠시 어색한 침묵이 흐른 후, 두 사람은 박장대소했다.

격식이 판치는 동네

프린스턴의 격식주의는 유명했다. 식사와 사교를 겸한 먹자 클럽, 나무가 우거진 오솔길, 조지 왕조의 양식을 본떠 만든 조각상과 스테인드글라스, 저녁 식사 때 입는 가운, 차를 마실 때 지켜야 하는 꼼꼼한 절차…. 프린스턴처럼 각종 클럽을 이용하여 학부생들의 사회적 지위를 꼼꼼히 규정해 놓은 곳은 미국 어디에도 없었다. 이미 20세기의 새로운 문화가 들이닥쳐 대학원의 위상이 높아지고 나소 스트리트가 말끔히 포장되었지만, 프린스턴은 여전히 뉴욕과 필라델피아와 남부사회를 잇는 전초기지였다. 한 세대 전 F. 스콧 피츠제럴드F. Scott Fitzgerald가 프린스턴을 동경하며 "한가롭고 보기 좋으며 귀족적이다"라고 묘사했던 분위기 그대로였다. 프린스턴의 교수진은 갈수록 전문성을 더해갔지만 피츠제럴드에게 '약간 시적詩的인 신사들'이라 조롱받은 부류의 교수들도 아직 간간이 눈에 띄었다. 1933년 이곳에 도착하자마자 최고의 유명인사가 된 '친절한 천재' 아인슈타인마저도 보다 못해 한 마디 거들었다. "케케묵은 격식이 판치는 동네에서 코딱지만 한 반신반인들이 죽마를 타고 다닌다."

하지만 대학원의 분위기는 학부와 좀 달랐다. 학문의 세계에 발을 들여놓은 대학원생들은 대학의 세속적인 분위기에 휩쓸리지 않았다. 특히 물리학과는 시대의 조류에 맞춰 발빠르게 움직였다. 파인먼이 익히 알고 있던 바와 같이, 프린스턴의 교수들은 물리학 저널에 많은 논문을 기고하며 외견상 활발하게 활동했다. 그럼에도 불구하고 프린스턴의 '영국의 명문대학 따라하기' 같은 형식주의는 하버드나 예일을 능가했다. 대학원 교정에 딸린 안뜰과 기숙사는 영국 명문대학의 스타일을 그대로 모방했으며 기숙사 1층 현관에 수위가 버티고 서 있는 것도 마찬가지였다. 파인먼은 고리타분한 형식주의에 숨이 막히기도 했지만 '규정대로 까만색 가운을 입으면 땀에 전 테니스복이나 흰히 드러난 맨팔을 가리는 데 편리하다'는 점을 깨닫기도 했다.

물리학에는 천재인 파인먼이지만 사회적 관습 앞에서는 쑥맥이었다. 프린스턴에 처음 도착한 1939년 가을의 어느 일요일 오후, 파인먼은 아이젠하트Eisenhart 학장이 개최하는 티타임 행사를 앞두고 신경이 곤두섰다. 옷을 말쑥하게 차려입고 모임 장소에 들어서자 첫눈에 들어온 것은 당황스럽게도 젊은 여성들이었다. 눈을 쫙 깔고 앉을 자리를 찾아 두리번거리는데 뒤에서 웬 여성의 목소리가 들렸다. "선생님 차에 크림을 넣어 드릴까요, 아니면 레몬을 넣어 드릴까요?" 황급히 뒤돌아보니 '프린스턴의 암사자'로 소문난 학장 부인이 서 있었다. (들리는 바에 의하면, 수학자 카를 루드비히 지겔Carl Ludwig Siegel 은 프린스턴에서 한 해를 보내고 1935년 독일로 돌아가 친구들에게 이렇게 말했다고 한다. "히틀러도 나쁘지만 아이젠하트 여사는 더 나빠.")

파인먼은 엉겁결에 이렇게 대답했다. "네, 둘 다요."

"호호호" 간드러진 웃음소리에 이어 날카로운 목소리가 파인먼의 가슴을 후벼팠다. "에이 설마…. 농담도 잘하시네, 파인먼 군!" 황망한 중에도 그녀의 말은 결코 예사스럽게 들리지 않았다. 상대방의 실수를 꼭 지적하고 넘어가겠다는 의도가 깔린 게 분명했다. 나중에도 그 일만 생각하면 전신의 힘이 쭉 빠지며 그녀의 날카로운 목소리가 귓가에 앵앵거렸다. "에이 설마…. 농담도 잘하시네."

시골뜨기 주제에 프린스턴의 고급문화에 적응하기는 쉽지 않았다. 부모님이 보내 주신 우비가 너무 짧아 늘 마음에 걸렸다. 어떻게든 아이비리그 스포츠에 끼어들려고 기웃거리다가, 틈만 나면 남쪽 해안의 작은 만에서 보트를 타며 놀던 파로커웨이 시절의 경험만 믿고 제일 만만해 보이는 스컬링에 도전하기로 했다. 그러나 사람 한 명이 들어가기에도 비좁은 보트에서 떨어져 물 속으로 곤두박질치는 바람에 망신만 당하고 물러섰다. 빡빡한 주머니 사정도 문제였다. 자기 방에 찾아온 손님들을 대접할 때는 라이스푸딩에 포도를 얹거나, 크래커에 젤리와 땅콩버터를 곁들여 파인애플 주스와 함께 제공했다. 첫해에 강의조교로 일하며 받은 보수는 주당 15달러였다. 그러다 보니 265달러짜리 계산서를 지불하기 위해 여러 계좌에서 돈을 인출할 때면 이자손실을 최소화한 최적조합을 찾기 위해 20분 동안 계산기를 두드려야 했다. 그러나 이자손실이 가장 클 때와 가장 작을 때의 차이가 겨우 8센트에 불과한 것을 알고는 혼자 머쓱해졌다.

하지만 이처럼 궁핍한 생활 속에서도 파인먼은 결코 기죽지 않았다. 파인먼이 프린스턴에 도착한 지 얼마 지나지 않아 기숙사에서 함께 지내는 학생들은 파인먼과 일면식도 없는 아인슈타인이 정기적으로 대화를 나누는 사이라고 철석같이 믿게 되었다. 파인먼이 기숙사 현관에서 공중전화로 '상상 속의 위대한 물리학자'와 전화통화를 할 때마다 그들은 경외감에 사로잡혀 두 사람의 대화에 귀를 기울였다. "네, 그렇게 해 봤습니다…. 아, 그랬었군요…. 좋습니다, 그렇게 해보죠." 사실 대부분의 통화상대는 휠러였다.

휠러의 강의조교로 처음에는 역학, 다음에는 핵물리학을 담당했던 파인먼은 머지않아 휠러가 출타중일 때 그 대신 강의를 맡게 되었다. 파인먼은 이를 통해 강의실을 가득 메운 학생들을 대하는 일도 자신이 택한 직업에 수반되는 책임 중 하나라는 것을 깨닫기 시작했다. 또한 매주 휠러를 만나 함께 진행하는 연구과제에 대해 의견을 나누기도 했다. 연구과제를 정한 사람은 휠러였지만 대화를 통해 협동연구의 윤곽이 잡혀 갔다.

20세기에 들어선 직후 40년 동안 물리학의 시야는 폭발적으로 넓어졌다. 주류 물리학자들이 상대성원리, 양자역학, 우주선, 방사능, 핵 등에 온통 정신이 팔리다 보니, 역학, 열역학, 유체역학, 통계역학과 같은 고전적 분야들은 사실상 찬밥 신세였다. 이론 물리학에 갓 입문한 똑똑한 대학원생의 눈에 응용분야인 공학을 포함한 전통적 분야들은 그저 '커리큘럼의 구색을 맞추기 위한 과학'으로 고색창연한 골동품처럼 보였다. 이론 물리학자들이 원자의 중심 속으로 파고들었던 점에 주목하여, 물리학 연대기 작가 에이브러햄 페이스Abraham Pais는 당시의 물리학을 내향적inward bound이라고 불렀다.

새 시대를 맞은 물리학 분야에서는 온갖 최상급 표현들이 난무했다. 실험장비는 매우 비쌌고(오늘날에는 수천~수만 달러짜리 장비가 수두룩하다), 실험에 필요한 에너지도 가장 높았다. 물질과 입자는 가장 심오한 단어로 간주되었고, 각종 아이디어들은 매우 낯설었다. 상대성이론은 천문학자들의 우주관을 바꿔 놓은 것으로 악명 높았지만, 원자물리학 분야에 가장 흔히 응용되었다. 왜냐하면 광속에 가까운 속도를 다루려면 상대론적 수학이 필수였기 때문이다. 실험학자들이 고에너지 영역을 능숙하게 다루는 방법을 터득하게 되자, 종전의 기본적 구성요소들은 좀 더 기본적인 새 단위에 자리를 내줬다. 이미 그 자체로도 가장 근본적인 과학이기는 했지만, 물리학이 화학을 누르고 가장 근본적인 과학으로 등극한 것은 양자역학 덕분이라고 해도 과언이 아니었다(여기서 '근본적'이라 함은 자연의 기본적 구성요소들을 책임진다는 것을 뜻한다).

1930년대가 끝나고 1940년대가 시작될 때만 해도, 입자물리학은 미국의 물리학계에서 주도권을 잡지 못한 상태였다. 1940년 워싱턴에서 개최된 미국 이론 물리학회 연례회의의 주제를 정할 때, 준비위원들은 '기본입자'와 '지구 내부'를 놓고 격론을 벌인 끝에 '지구 내부'를 선택했다. 그러나 파인먼과 휠러는 이론 물리학의 초점이 어디를 향해야 하는지에 대해 추호도 의심을 품지 않았다. 두 사람이 생각하는 이론 물리학의 핵심쟁점은 '양자역학에 내포된 본질적 약점은 무엇인가?'였다. MIT 시절 파인먼은 디랙의 『양자역학의 원리』 1935년판을 마치 추리소설처럼 손에 땀을 쥐며 읽었는데, 디랙이 내린 결론은 이러했다. "뭔가 본질적으로 새로운 물리학적 발상들이 필요한 시기가 된 것 같다." 디랙을 비롯한 양자역학의 개척자들은 양자전기역학(전기·자기·빛·물질 간의 상호작용에 관한 이론)을 극한까지 밀고 나갔지만 불완전하기는 여전히 마찬가지였다. 이 점은 디랙도 잘 알고 있었다.

양자역학의 골칫거리는 음전하를 띤 조그만 기본 알갱이, 즉 전자였다. 오늘날에는 고등학생들도 실험을 통해 전하가 띄엄띄엄한 상태로 존재한다는 특성을 이해할 수 있지만, 당시만 해도 전자의 현대적 개념이 아직 확립되지 않았었다. 전자의 정확한 개념은 뭘까? 엑스선을 발견한 빌헬름 뢴트겐Wilhelm Röntgen은 자신의 연구생들에게 1920년까지 이 시건방진 개념을 사용하지 못하도록 금지령을 내렸다. 양자역학을 발전시킨 사람들은 새로운 수식들을 총동원하여 전자의 전하량·질량·운동량·에너지·스핀을 기술하려고 애썼지만, 전자의 존재를 둘러싼 쟁점들 앞에서는 꼬리를 내리고 불가지론不可知論을 유지했다. 특히 골치아픈 문제는 '전자는 조그만 알갱이인가, 아니면 한없이 작은 점인가?'라는 문제였다. 닐스 보어는 이미 진부해진 자신의 원자모형에서 전자를 '핵 주위의 궤도를 도는 미행성planetoid의 축소판'으로 묘사했지만, 전자란 '조화롭게 진동하며 울려퍼지는 존재'에 더 가까워 보였다. 일부 수식화 과정에서는 전자를 출렁이는 망토wavelike cloak, 즉 '특정 시간에 특정 장소에 나타날 확률분포를 갖는 파동'으로 가정했다. 하지만 도대체 나타나긴 뭐가 나타난단 말인가, 하나의 실체? 아니면 하나의 단위 또는 입자?

양자역학이 등장하기 이전에도 고전물리학의 핵심을 갉아먹는 골칫거리가 하나 있었으니, 그것은 전자의 반지름이었다. 전자의 에너지(또는 질량)와 전하를 연결하는 수식을 만들려면 전자의 반지름이 필요했다. 전자의 크기가 줄어들면 전자의 에너지가 커지는데, 이것은 목수의 망치질이 못대가리의 한 점에 집중될 때, 망치질의 압력이 '제곱인치당 수천 파운드'로 증가하는 원리와 똑같다. 게다가 전자를 '유한한 크기를 가진 작은 공'으로 간주한다면 대체 어떤 힘이 작용하기에 또는 어떤 접착제가 발라져 있기에 자체 전하에 의한 전자의 폭발을 막아준단 말인가? 이에 물리학자들은 고전전자반지름classical electron radius이라는 수치를 사용하게 되었는데, 여기서 '고전classical'이란 '가상' 또는 '허구'를 의미한다. 그러나 나머지 대안(점처럼 미세한 전자)을 채택하더라도 문제는 여전히 남았다. 그것은 전기역학 수식에 '0으로 나누기 오류division by zero', 즉 무한대가 나타난다는 것이었다. 무한히 작은 못에 무한히 강력한 망치, 이것이 문제였다.

어떤 의미에서 보면 이런 수식들은 전자의 자체에너지self-energy, 즉 전자의 전하가 전자 자체에 미치는 효과를 측정한다고 볼 수 있다. 그렇다면 이 효과는 거리가 가까워질수록 커질 텐데 도대체 전자는 그 자체에 얼마나 더 가까워질 수 있을까? 만약 거리가 0이라면 효과는 무한대가 되겠지만, 그건 불가능했다. 양자역학의 파동방정식은 무한대 문제를 더욱 복잡하게 만들 뿐이었다. 이제 물리학자들은 초등학생처럼 '0으로 나누기 오류'를 두려워하는 대신, 장field에서 발생하는 무수히 많은 파동들을 무한히 더하는 바람에 한계를 벗어나 버린 수식들을 곰곰이 생각하기 시작했다. 문제가 간단한 경우, 물리학자들은 수식에서 발산하는 부분을 버리는 방법 같은 황당한 편법을 써서 적당한 답을 얻음으로써 위기를 일시적으로 모면하기도 했다. 그러나 디랙은 『양자역학의 원리』를 끝맺으며, 무한대 문제가 존재한다는 것은 이론의 치명적인 결점이라는 것을 의미한다고 지적했다. 그의 말마따나 "이쯤 되면 본질적으로 새로운 물리학적 발상이 필요해" 보였다. 하지만 파인먼은 수식을 세워 무한대 문제를 해결하는 방법을 아직도 잘 이해하지 못했다.

파인먼이 애착을 느끼는 해결책이 한 가지 있었다. 하지만 너무나 급진적이고 단도직입적이어서 기존의 통념에 젖은 사람들로 하여금 고개를 절레절레 흔들게 만들었다. 파인먼은 '전자가 전자 자체에 작용한다'는 발상을 강력히 부정하며 '멍청한 순환론'이라고 비판했다. 그러나 파인먼의 생각대로 자체작용을 없애는 것은, 곧 장 자체를 없앤다는 것을 뜻했다. 자체작용을 중개하는 것은 장이며, 장은 모든 전자들이 지닌 전하의 총체다. 하나의 전자는 장에 전하를 보태고 장은 다시 전자에 영향을 미친다. 따라서 만약에 장을 없앤다면 이 같은 순환성도 사라지므로, 전자마다 다른 전자에 직접 작용하게 될 것이다. 그러면 전하 사이에서 직접 일어나는 상호작용만이 가능하게 된다. 그런데 이런 상호작용은 어떤 경우에도 광속을 넘어설 수 없으므로, 관련 수식에 시간지연time delay을 도입해야 한다. 이 상호작용은 빛(전파, 가시광선, 엑스선, 기타 다양한 형태의 전자기복사)으로 나타난다. "이것을 흔들면, 나중에 저것이 흔들린다." 파인먼은 나중에 이렇게 말했다. "태양의 원자가 흔들리면 8분 후에 내 눈의 전자도 흔들리는데, 그 이유는 상호작용이 직접 일어나기 때문이다."

'장이 없으면 자체작용도 없다'는 파인먼의 태도에는 '자연법칙은 발견하는 것이 아니라 구성하는 것'이라는 의미가 내포되어 있다. 뉘앙스의 차이를 정확히 표현하기 쉽지 않지만, 파인먼이 던진 질문은 "전자가 전자 자체에 작용하는가?" 또는 "자연계에 장이 존재하는가?"가 아니라, "자체작용이라는 개념 없이도 물리학적 설명이 가능한가?" 또는 "물리학자의 마음 속에 장이 존재해야 하는가?"였다. 아인슈타인이 에테르를 폐기했을 때 그는 실재하는 무엇(적어도 실재했을지도 모르는 무엇)은 없다고 선언한 셈이었다. 마치 환자의 가슴을 처음 열어 본 외과의사가 '시뻘겋고 펄떡이는 심장을 못 찾았다'고 말하는 것처럼 말이다. 하지만 장은 에테르와 달랐다. 장은 애초에 어떤 실체가 아니라 하나의 방편으로 등장한 것이었다. 19세기에 영국의 마이클 패러데이Michael Faraday와 제임스 클러크 맥스웰이 고안한 장 개념은 마치 외과의사의 메스만큼이나 필수적인 분석도구로 자리잡았다. 그러나 패러데이와 맥스웰의 설명은 처음부터 변명조였다. 두 사람은 힘의 선lines of force[2]과 유동바퀴idle wheel[3]를 언급하면서도 두 개념이 문자 그대로 받아들여지기를 기대하지 않았다. 비록 수학적 정확성이 매우 중시되었지만, 비유는 어디까지나 비유일 뿐이었다.

그렇다고 해서 장을 아무런 근거 없이 꾸며낸 개념이라고 섣불리 단정하면 곤란하다. 장은 빛과 전자기를 통합한 개념으로 '빛은 전자기에 속하는 파동 이상도 이하도 아니다'라는 영원한 명제를 확립하는 데 기여했다. 이제는 사라진 에테르의 추상적 계승자로, 장은 파동을 수용하는 데 안성맞춤이었고 에너지는 그 원천에서 파동처럼 잔물결을 일으키며 방출되는 듯했다. 패러데이와 맥스웰처럼 전기회로와 자석깨나 갖고 놀아본 사람이라면 누구나 진동과 파동이 튜브나 바퀴처럼 꼬이거나 회전하는 방식을 감으로 느꼈을 것이다. 장은 '멀리 떨어진 물체들끼리 서로 영향을 준다'라는 마뜩잖은 신비주의적 발상(원거리 작용 개념)을 불식시키는 데에 결정적으로 기여했다. 힘은 장 내부의 한 곳에서 다른 곳으로 끊이지 않고 용케 옮겨간다. 중간에 건너뛰지도 않고, 주술적 명령을 맹목적으로 따르지도 않는다. 미국의 실험 물리학자이자 철학자인 퍼시 브리지먼Percy Bridgman은 이렇게 말했다. "합리적으로 생각해 보라. 예컨대 지구에 작용하는 태양의 중력이 공간을 통해 한

---

2) 패러데이는 자석 주위에 쇳가루를 뿌렸을 때, 실제로 힘의 선을 관찰했다.
3) 맥스웰은 유동바퀴가 공간을 채우고 보이지 않게 유사역학적으로 소용돌이친다고 상상했다.

점에서 가장 가까운 이웃에 모종의 영향력을 건네주면서 옮겨간다고 이해하는 것이, 모종의 목적론적 예지력에 이끌려 중간거리를 무시하고 목표물을 바로 찾아내는 중력작용을 생각하는 것보다 받아들이기 쉽지 않은가?"

하지만 이 무렵의 과학자들은 장 역시 마법의 한 자락이라는 사실을 까맣게 잊고 있었다. 장은 파동을 품은 무존재nullity이지만, 완전히 빈 공간은 아니며 어쩌면 공간 이상의 존재였다. 나중에 등장한 이론학자 스티븐 와인버그Steven Weinberg는 장을 일컬어, "막membrane의 장력이지만, 막은 없다"라고 우아하게 표현하기도 했다. 장이 물리학자들의 생각을 거의 지배하다 보니 심지어는 물체마저도 간혹 단순한 부속물의 지위로 밀려나, 장의 '매듭'이나 '흠집', 또는 아인슈타인이 말했듯이 '장이 유별나게 강한 곳'으로 치부되었다.

장을 포용할 것인가, 아니면 피해갈 것인가. 어떤 쪽을 택하든 1930년대까지 이 선택은 실질적 문제라기보다는 방법론상의 문제였다. 1926년, 1927년에 일어난 사건들로 인해 이 점은 분명해졌다. 이제 하이젠베르크의 행렬이나 슈뢰딩거의 파동함수가 정말로 존재하는지를 물을 정도로 순진한 사람은 아무도 없었다. 이 두 가지 방법은 동일한 과정을 다르게 바라보는 대안들일 뿐이었다. 따라서 새로운 물리학적 접안경ocular을 모색하던 파인먼은 고전적 개념으로 되돌아가, 장과 무관한 입자의 상호작용을 생각하기 시작했다. 파인먼에게 대두된 문제는 '파동처럼 전달되는 에너지'와 '간교한 말장난 같은 원거리작용'이었다. 한편 휠러도 사정은 마찬가지였다. 납득하기 어렵겠지만 그 역시 이런저런 이유로 순수한 개념에 이끌렸다. 전자들은 장을 매개로 하지 않고 직접 상호작용할지도 모르는 일이었다.

종이접기와 리듬

파인먼은 대학원 기숙사에서 물리학 전공자들보다는 수학 전공자들과 더 자주 어울리곤 했다. 매일 오후 두 학과의 학생들은 (영국식 전통을 모방한) 공동 휴게실에 모여 차를 마셨는데, 파인먼은 날이 갈수록 외계어로 변해가는 수학용어에 귀를 기울였다. 순수수학은 당시 물리학자들이 사용하는 응용수학의 범위를 벗어나, 비기秘記를 방불케 하는 위상수학의 세계로 나아가고 있었다. 위상수학은 경직된 '길이'나 '각도'에 구애받지 않고 2차원이나 3차원, 또는 다차원의 형태들을 연구했다. 수학과 물리학은 사실상 결별한 상태였다. 대학원생 수준쯤 되면 공통과목도 없고 함께 의논할 거리도 딱히 없었다. 파인먼은 삼삼오오 떼지어 서 있거나 소파에 앉아 차를 마시는 수학과 학생들 틈에 끼어들어 그들의 대화에 귀를 쫑긋 세웠다. 그들의 화제는 주로 수학적 증명에 관한 것이었다. 파인먼은 자신의 직관을 신뢰했다. 설사 대화의 주제를 잘 이해하지 못하더라도 '어떤 보조정리lemma에서 어떤 정리theorem가 도출될 수 있는지'를 직감할 수 있다고 믿었다(직관이 맞느냐 틀리느냐는 별개의 문제였다).

파인먼은 특이한 레토릭을 즐겼다. 수학과 학생들이 그림으로 나타내기가 거의 불가능한 난해한 질문을 주고받을 때 일부러 반직관적인 대답을 생각해 보거나, 물리학자들의 단골메뉴 즉 '수학자들은 뻔한 사실을 증명하느라 괜히 시간을 낭비한다'는 독설을 즐겼다. 파인먼은 수학자들을 못살게 굴면서도 그들을 매우 흥미로운 집단, 물리학 너머의 과학에 관심을 갖고 행복해 하는 무리로 여겼다. 수학과 학생들 중 두 명이 파인먼의 눈길을 끌었다. 그중 한 명인 아서 스톤Arthur Stone은 장학금을 받고 프린스턴으로 유학 온 영국 청년으로 인내심이 무척 강했다. 다른 한 명은 나중에 세계적인 통계학자

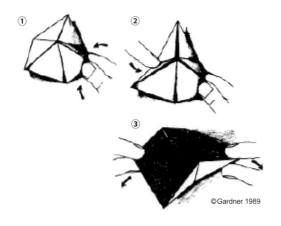

©Gardner 1989

가 된 튜키John Tuckey였다. 두 친구는 특이한 방법으로 여가 시간을 소비했다.

스톤은 영국에서 건너올 때 영국식 바인더 노트를 여러 개 챙겨 왔는데, 울워스Woolworth's에서 구입한 미국식 속지는 영국식 바인더와 규격이 안 맞아, 바인더 밖으로 1인치만큼 삐죽 튀어나왔다. 삐져나온 부분을 가위로 잘라내니 너비 1인치짜리 종이띠가 생겼다. 그러자 갑자기 '종이띠를 이런저런 방향으로 접거나 비틀어 다양한 모양을 만들자'란 생각이 스톤의 머릿속을 스쳤다. 얼마 안 가서 1인치짜리 종이띠가 잔뜩 쌓이자 스톤은 본격적으로 종이접기 놀이에 착수했다. 띠 하나를 들어 60도 각도로 비스듬히 접으니, 여러 개의 정삼각형 모양들이 줄줄이 생겨났다. 이어서 접힌 선을 따라 종이띠를 말아 완벽한 육각형 하나를 만들었다.

종이띠의 양 끝을 테이프로 붙여 연결하니 특이한 장난감이 하나 탄생했다(①). 오른손 엄지와 검지로 육각형의 한쪽 모서리를 꼬집으며 왼손 검지로 반대쪽을 누르니(②), 육각형이 (위에서 내려다볼 때) ㅅ자 모양으로 오그라들었다. 오그라든 육각형을 양쪽으로 잡아당기니, 속에 숨어 있던 삼각형들이 겉으로 나와 제2의 육각형이 되었다(③). 같은 동작을 반복하니 또 다른 삼각형들이 겉으로 나오며 제3의 육각형을 형성했고, 한 번 더 반복하니 본래의 육각형으로 되돌아갔다. 결과적으로 끝없이 뒤집히는 납작한 육각형 하나가 탄생했다.

스톤은 장난감의 이름을 헥사플렉사곤hexaflexagon이라고 붙였다. 밤새도록 헥사플렉사곤을 붙들고 씨름한 끝에 아침에 이르러 새로운 가설, "세 가지 육각형이 번갈아 나오는 트리헥사플렉사곤tri-hexaflexagon[4]뿐만 아니라 여섯 가지 육각형이 번갈아 나오는 헥사헥사플렉사곤hexa-hexaflexagon도 가능하다"를 수립하기에 이르렀다. 그러나 여섯 개의 육각형을 다루는 작업은 그리 만만치 않았다. 세 개의 육각형까지는 잘되지만 나머지 세 개가 문제였다. 그것은 스톤의 위상수학적 이해력을 시험하는 중대한 과제였다. 며칠 후 헥사헥사플렉사곤이 완성되자 점심과 저녁 시간을 틈타 구내식당 전체에 퍼졌다. 수 세기에 걸친 종이접기 역사를 아무리 되돌아봐도 그처럼 우아한 나선형의 작품이 나온 사례는 없었다.

곧이어 수학과 학생인 스톤, 튜키, 브라이언트 터커먼Bryant Tuckerman과 이들의 물리학과 친구인 파인먼이 모여 플렉사곤연구 운영위원회를 발족했다. 이들은 종이와 테이프를 들고 실력을 갈고 닦아, 12, 24, 48개의 육각형으로 구성된 헥사플렉사곤을 개발했다. 각각의 헥사플렉사곤 내에서도 원리를 단번에 파악하기 어려운 모종의 법칙에 따라 수 많은 변형들이 잇따라 탄생했다. 도형접기 이론은 꽃을 활짝 피우며 위상수학과 네트워크 이론을 합친 하이브리드 이론의 모양새를 갖췄다. 파인먼의 가장 큰 기여는 헥사플렉사곤의 가능한 경로를 모두 나타내는 다이어그램을 고안한 것인데, 이는 나중에 파인먼 다이어그램Feynman diagram으로 불렸다.

그로부터 17년 후인 1956년, 플렉사곤은 마틴 가드너Martin Gardner의 이름으로 실린 기사를 통해 《사이언티픽 아메리칸》에까지 진출했다. 가드너는 플렉사곤 덕분에 '재미있는 수학'의 전도사로 떠오른 후 장장 25년 동안 "수학 게임"이라는 제목의 칼럼을 쓰고 마흔 권이 넘는 책을 썼다. 그의 《사이언티픽 아메리칸》데뷔 기사는 대중의 마음을 사로잡으며 플렉사곤 열풍을 일으켰다. 플렉사곤은 광고 전단과 연하장 등에 인쇄되는가 하면, 수십 편의 논문과 여러 권의 책에 영감을 주기도 했다. 《사이언티픽 아메리칸》에는 수백 통의 독자편지가 쇄도했는데, 그중에서 가장 재미있는 것은 뉴저지주 소재 앨런 B. 듀몬 연구소에서 온 편지였다.

우리 직원 일동은 12월호에 실린 '플렉사곤'이라는 기사에 흠뻑 빠져들었습니다. 기사를 읽자마자 너나 할 것 없이 일손을 놓고 종이를 자르기 시작해 예닐곱 시간 만에 헥사플렉사곤을 완성했습니다. 그후 우리 모두는 플렉사곤의 경이로움에 넋을 빼앗겨 헤어나오지 못하고 있습니다. 그런데 문제가 하나 생겼습니다. 오늘 아침 동료 한 명이 자리에 앉아 헥사헥사플렉사곤을 접으며 빈둥거리던 중, 벌어진 삼각형 틈으로 넥타이 끝이 끼어들어가는 불상사가 발생했습니다. 넥타이는 종이를 한 번 접을 때마다 조금씩 플렉사곤 속으로 말려들어가더니 마침내 플렉사곤 속으로 완전히 자취를 감추고 말았습니다. 플렉사곤을 마지막으로 접었을 때는 아예 동료의 모습까지 사라졌습니다.

우리는 미친 듯이 동료를 찾아 헤맸지만 그의 종적을 찾을 길이 없었습니다. 그의 유해는 한참 후 헥사헥사플라곤의 열여섯 번째 육각형 속에서 납작하게 눌린 채 발견되었습니다.

---

4) 트리헥사플렉사곤을 만드는 양식과 동영상은 덧붙인 인터넷 사이트를 참조하라.
　www.auntannie.com/Geometric/Flexagon/(양식) youtu.be/Qc0ytliIw_U(동영상)

천재들의 놀이정신과 지적 탐구정신 사이에는 일맥상통하는 구석이 있다. 파인먼은 자기 방의 내달이창[5] 앞에 앉아 무료한 오후를 보내곤 했는데, 그때마다 창밖 화단에서는 먹이를 나르느라 부지런히 움직이는 개미들의 모습이 보였다. 파인먼은 설탕상자를 끈으로 묶어 공중에 매달아 둔 다음, 나뭇가지 끝에 개미를 얹어 설탕상자에 접근시켰다가 원위치로 되돌려놓기를 여러 번 반복했다. 개미의 의사소통 방법과 방향감각을 알아보기 위함이었다. 또 한번은 어느 추운 겨울날, 창문을 활짝 열어젖힌 채 창가에 쭈그리고 앉아 그릇에 담긴 젤리를 미친 듯이 휘젓고 있는데, 이를 이상하게 여긴 친구가 가까이 다가가자 "날 그냥 내버려 둬!"라고 냅다 소리치는 바람에 친구가 기절초풍을 했다. 젤리를 휘저으면 어떻게 응고되는지를 관찰하는 중이었기 때문이다. 언젠가는 친구와 정자의 운동방식에 대해 논쟁이 붙었는데, 홀연히 사라졌다가 신선한 샘플을 들고 불쑥 나타나 자신의 주장을 입증했다.

한편 파인먼은 존 튜키와 함께 인간의 시간측정(시간 헤아리기) 능력을 몸소 실험했다. 계단을 빠르게 오르내려 심장박동수를 늘린 다음 시간(초 단위)을 헤아리거나, 양말을 세는 동시에 시간을 헤아리는 등 다양한 환경에서 시간측정 능력을 실험했다. 실험 결과 특이한 점이 발견되었다. 파인먼은 책을 눈으로 읽으며 시간을 헤아릴 수는 있지만, 말을 하면 시간을 놓치기 일쑤였다. 이와 대조적으로 튜키는 시를 소리내어 읊으며 시간을 헤아릴 수는 있지만, 책을 눈으로 읽는 동안에는 그러지 못했다. 두 사람은 자신들의 뇌가 시간을 헤아릴 때 각각 다른 기능을 사용한다는 결론을 내렸다. 파인먼은 숫자를 입으로 말하면서 청각리듬을 이용하여 시간을 헤아리지만, 튜키는 숫자

---

5) 벽면 밖으로 돌출한 창.

가 적힌 테이프가 눈 앞으로 지나가는 장면을 연상하며 시간을 헤아리는 것으로 밝혀졌다. 그로부터 몇 년 후 튜키는 이렇게 회상했다. "우리는 관심사와 취향이 똑같았다. 매사를 경험하고 실험한 다음, 그 결과를 정리하여 간단한 원리를 찾아내는 데 몰두했다."

간혹 과학계 밖에서 날아들어 온 지식의 편린이 주변을 떠다니다 파인먼의 몸에 씨앗처럼 달라붙기도 했다. 파인먼의 친구 중 에디트 시트웰Edith Sitwell의 시에 빠져든 사람이 한 명 있었다. 시트웰은 대담한 시어와 파격적이고 화려한 리듬을 구사하여 '현대적이고 이국적인 시인'으로 평가받던 인물이었다. 시트웰은 자신의 작품세계에 대해 이렇게 말했다. "리듬은 꿈과 현실을 이어 주는 최고의 통역자 중 하나다. 빛이 '보이는 세계'의 언어라면, 리듬은 '들리는 세계'의 언어다." 파인먼에게는 리듬이 마약이자 윤활유였다. 그의 생각들은 종종 변화무쌍한 드럼 소리처럼 미끄러져 흘러갔는데, 그럴 때면 친구들은 마치 드럼을 치듯 책상과 노트를 끊임없이 두들기는 그의 손가락 끝에 시선을 모았다. 친구가 시트웰의 시 몇 편을 큰 소리로 낭독하자 파인먼은 뭔가 떠올랐다 싶은 표정으로 시집을 낚아채어 신나게 읊어대기 시작했다.

우주가 내 머릿속에서 팽창하는 동안
나는 꿈을 꾼다, 비록 침대에 누워 있지는 않지만.
모든 것이 가능해지는 날이 와도,
어떤 세상과 어떤 날에 대한 생각은 내 곁에 머무르리.

스프링클러의 미스터리

언젠가 프린스턴과 고등과학원의 물리학자들이 티타임 모임을 가진 적이 있었다. 그들의 중심 화제는 잔디에 물을 뿌리는 회전식 스프링클러였다. 회전식 스크링클러란 물을 앞으로 내뿜으며 그 반동으로 회전하는 S자형 장치를 말한다. 그런데 회전식 스프링클러를 물에 집어넣은 다음, 물을 내뿜는 대신 빨아들이게 하면 어떻게 될까? 물의 흐름이 반대방향(내뿜음→빨아들임)으로 바뀌었으므로, 스프링클러는 밀리지 않고 끌리면서 역방향으로 회전할까? 아니면 물이 어느 방향으로 흐르든 S자형 곡선을 따라 굽이치며 비트는 힘은 똑같으므로 전과 같은 방향으로 회전할까? 핵물리학자, 양자론자, 심지어 순수 수학자들까지 논쟁에 끼어들어 지리한 소모전이 전개되었다. ("난 생각 안 해봐도 단번에 알겠는걸." 몇 년 후 파인먼의 이야기를 들은 친구 하나가 말했다. 그러나 파인먼은 곧바로 이렇게 응수했다. "누구나 단번에 알 수 있다고 말하지. 그런데 문제는 어떤 사람은 이쪽이 맞는다고 주장하고, 어떤 사람은 저쪽이 맞는다고 주장한다는 거야.")

점점 더 복잡한 물리학 문제들이 꼬리에 꼬리를 물고 등장하는 시기였지만, 간단한 문제들 역시 심심찮게 나타나 허를 찌르기도 했다. 뉴턴의 법

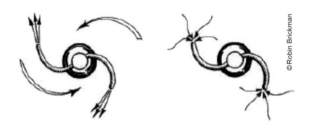

회전식 스프링클러의 미스터리. 물을 내뿜을 때는 시계 반대방향으로
회전한다. 그럼 반대로, 물을 빨아들일 때는 어떻게 될까?

칙을 얼마나 잘 이해하고 있는지를 구태여 파헤치지 않더라도 밑천이 부족한 물리학자는 금세 탄로나기 마련이었다. 모든 작용에는 반대 방향으로 똑같은 세기의 반작용이 생긴다. 이것은 스프링클러의 작동원리이자 로켓의 작동원리이기도 했다. 하지만 「작용과 반작용의 법칙」 문제를 거꾸로 풀려니 '반작용이 영향력을 발휘하는 지점이 정확히 어디인지'부터 따져봐야 했다. 노즐 끝일까? 휘어진 금속관에 의해 물의 진로가 바뀌는 S자형 곡선의 한 지점일까? 어느 날 휠러는 학생들로부터 판정을 내려 달라는 요청을 받았는데 그의 대답이 걸작이었다. "어제 파인먼의 이야기를 들어보니 뒤로 돌아갈 것이 확실해 보였지만, 오늘 파인먼의 이야기를 들어보니 앞으로 돌아갈 것이 분명해 보이는구먼. 내일 파인먼의 이야기를 들으면 어떤 생각이 들지 아직 모르겠네."

머릿속은 가장 편리한 실험실이었지만 가장 믿을 만한 실험실은 아니었다. 사고실험Gedankenexperiment으로 결론을 내리는 데 실패하자, 파인먼은 스프링클러 문제를 물체(단단한 금속과 축축한 물)의 세계로 들고 나오기로 결심했다. 파인먼은 금속 파이프 조각을 S자 모양으로 구부린 다음, 그 안에 부드러운 고무호스를 꽂았다. 이제 압축공기를 간편하게 공급받을 수 있는 곳을 찾을 차례였다.

프린스턴의 파머 물리학연구소Palmer Physical Laboratory는 MIT에는 못 미쳤지만, 나름 굉장한 시설을 갖추고 있었다. 대형실험실 네 개와 그보다 작은 실험실이 여러 개 있었고, 총 바닥면적은 $8,000m^2$(2,500평)이 넘었다. 기계공작실은 전기충전장치, 축전지, 배전반, 화학설비, 회절격자로 가득 차 있었다. 3층에 자리잡은 고압실험실에서는 40만V의 직류를 다룰 수도 있었다. 저온실험실에는 수소 액화장치가 설치되어 있었다. 그러나 파머 연구소의 자랑거리는 뭐니뭐니해도 1936년에 건설된 신형 사이클로트론이었다. 파인먼은 프린스턴에 도착하여 학장과 차를 마신 다음 날, 벼르고 별렀던 사이클로트론을 찾아갔다. 하지만 프린스턴의 사이클로트론을 본 파인먼은 큰 충격을 받았다. 파머 연구소의 지하로 내려가 출입문을 열자 천장에 거미줄처럼 매달린 전선들이 눈에 들어왔다. 밖으로 노출된 냉각 시스템의 안전밸브에서는 물이 뚝뚝 떨어졌고, 테이블 위에는 각종 도구들이 어지럽게 널려 있었다. 프린스턴의 어느 곳도 그보다 더 프린스턴 답지 않은 광경은 없을성싶었다. 오죽하면 파로커웨이 시절 집에서 나무궤짝으로 만들었던 실험실이 생각날 정도였을까. (참고로 장고 끝에 고에너지물리학에 투자하기로 결정한 후, MIT는 물심양면으로 지원을 아끼지 않았다. MIT의 사이클로트론은 프린스턴의 것보다 더 신형으로, 미려한 광택과 기하학적으로 배열된 다이얼들이 돋보이는 우아하고 초현대적인 걸작이었다.)

사이클로트론실의 분위기가 워낙 어수선하다 보니, 파인먼은 '압축공기 좀 끌어다 쓴다고 해서 별일 있으랴'라는 생각이 들었다. 그래서 압축공기 배출구에 고무관을 연결한 다음, 고무관 끝을 커다란 코르크마개 속으로 밀어넣었다. 그리고 직접 제작한 소형 스프링클러를 커다란 물병에 집어넣고, 코르크마개로 병의 입구를 막았다. 고무호스로 물을 빨아들이는 대신 병의 위쪽에서 공기를 주입할 심산이었다. 공기가 주입되면 수압이 상승할 것이고, 갈 곳이 없는 물은 S자형 파이프 속으로 들어간 다음, 고무호스를 타고 병 밖으로 빠져나갈 것이라 생각했다.

마지막으로 밸브를 열어 압축공기를 주입하자 병이 부르르 떨리며 코르크마개에서 물이 새어나오기 시작했다. 공기가 더 많이 들어가니 물이 더 많이 흘러나왔다. 고무호스가 흔들리는 듯했지만 비틀린다고 단정할 정도는 아니었다. 그런데 밸브를 더 열자 대형사고가 터졌다. 유리병이 폭발하며 물과 유리가 사방으로 튀어나가 방 전체가 아수라장으로 변한 것이다. 사건의 전모를 알게 된 사이클로트론 담당교수는 파인먼을 사이클로트론실에서 영원히 추방했다.

실험이 실패로 돌아간 후 파인먼은 정신이 번쩍 들었지만 주눅이 들지는 않았다. 향후 몇 년 동안 파인먼과 휠러는 그 실험을 자주 거론하면서도 문제의 해답을 결코 밝히지 않는 용의주도함을 보였다. 사실 파인먼은 정답을 이미 알고 있었다. 파인먼의 물리학적 직관은 물이 오를 대로 올라 있었고, 물리학적 감각과 엄밀한 수식을 넘나드는 능력은 타의 추종을 불허했다. 파인먼의 실험은 폭발 직전까지는 순조로웠다. 그렇다면 역방향 스프링클러(물을 분출하지 않고 빨아들이는 스프링클러)는 과연 어느 쪽으로 회전했을까? 정답은 '어느 쪽으로도 회전하지 않는다'였다. 'S자형 곡선 안에서 회전력이 작용한다'는 생각은 핵심을 잘못 짚은 것이다.

역방향 스프링클러가 움직이지 않는 원리는 이렇다. 정방향 스프링클러의 경우 하나의 물줄기가 분출되므로 작용과 반작용이 간단하고 측정하기도 쉽다. 즉, 한 방향으로 분출되는 물의 운동량은 반대방향으로 회전하는 노즐의 운동량과 같다. 그러나 역방향 스프링클러의 경우에는 상황이 다르다. 전방의 물뿐만이 아니라 사방의 물이 동시에 노즐로 빨려들어가므로, 하나의 물줄기가 형성되지 않는다. 따라서 노즐이 물을 빨아들일 때 마치 등반가가 밧줄을 양손으로 번갈아 잡아당기는 것처럼 앞으로 끌려가는 현상은 일어나지 않는다.

20세기 들어 엔터테인먼트 기술(영화)이 발달하면서 사고실험 기술도 덩달아 발달했다. 이제 과학자들이 머릿속 실험실에서 필름을 거꾸로 돌리는 것은 다반사였다. 영화 제작자들은 '**필름을 영사기에 넣고 거꾸로 돌리면 참신하고 웃기는 통찰력을 얻을 수 있다**'는 사실에 매료되었다. 호수에서 잠수부의 다리가 먼저 튀어나오고, 물보라는 호수 속으로 빨려들듯 사라진다. 훨훨 타오르는 불이 공기 중의 연기를 빨아들여 종이를 만든다. 깨진 달 걀 껍질 조각들이 저절로 조립되어 바들바들 떨고 있는 병아리들을 감싼다. 그러나 회전식 스프링클러의 경우 가역성reversibility이 착각인 것으로 드러났 다. 물의 흐름을 유심히 살펴보면 정방향 스프링클러의 작동장면이 담긴 동 영상을 거꾸로 보는 것과, 역방향 스프링클러의 작동장면이 담긴 동영상을 제대로 보는 것은 확연히 다를 것이다.

파인먼과 휠러에게 원자 수준의 가역성이 중요한 이슈로 떠올랐다. 원 자 수준에서 일어나는 스핀과 힘의 상호작용은 스프링클러보다 추상적이다. 물체의 운동과 충돌을 기술하는 수식은 정방향이든 역방향이든 잘 들어맞는 다는 것이 통설이었다. 이러한 수식들은 최소한 물체의 개수가 적을 때만큼 은 시간에 대해 대칭성symmetry을 유지했다. 이런 관점에서 보면 실제 세상 에서 일어나는 사건들이 일방통행적이라는 사실은 얼마나 당혹스러운가! 달 걀 스크램블을 만들거나 접시를 깨뜨리는 것은 약간의 에너지로도 충분하지 만, 이것들을 원상복구하는 것은 과학의 힘을 벗어나니 말이다. 이미 시간의 화살Time's arrow이라는 유행어가 등장하여, 일상적인 경험에 비춰보면 뻔하 지만 물리학 수식에서는 불분명한 방향성directionality의 문제를 부각시켰다. 수식에서는 '과거에서 미래로 가는 길'과 '미래에서 과거로 가는 길'이 똑같 아 보였다. 아서 에딩턴은 이렇게 투덜거렸다. "일방통행을 알리는 교통표지 판은 없다."

이러한 역설은 적어도 뉴턴 이후 쭉 존재했지만 별로 주목을 받지 못하 다 상대성이론 때문에 전면에 부상했다. 수학자 헤르만 민코프스키는 시간 을 네 번째 차원fourth dimension으로 시각화하여 과거-미래를 방향의 짝(좌-우, 상-하, 전-후)으로 표시했다. 민코프스키의 다이어그램을 그리는 물리학자 는 신의 눈으로 세상을 바라보게 된다. 시공을 나타낸 그림에는 시간을 따라 움직이는 입자의 경로를 나타내는 선이 존재할 뿐이며, 과거와 미래가 함께 나타난다. 4차원 시공다양체는 영겁의 시간을 한눈에 보여준다. 자연법칙은 '현재의 모습'이 '미래의 모습'으로 바뀌는 것을 제어하는 규칙이 아니라, 태피스트리 전체에서 갑자기 나타나는 패턴들을 기술하는 명세서라고 할 수 있다. 시공을 나타낸 그림은 시간이 특별하다고 느끼는 우리의 일상적 감각과 조화되기 어렵다. 어떠한 시공적 다이어그램도 이러한 부조화를 말끔히 제거하지는 못하는데, 그 이유는 아무리 물리학자라도 '과거에 대한 기억'과 '미래에 대한 열망'을 갖고 있기 마련이기 때문이다.

철학자들은 주특기인 사변의 영역에 머무르며 일련의 흐릿하고 진부한 개념들을 답습했다. 시간을 둘러싼 철학자들의 고민은 **'영원한'**, **'본질적인'**, **'초시간적인'**, **'재현가능한'** 같은 관형어를 통해 고스란히 드러났다. 물리학자들이 별안간 동시성simultaneity의 개념을 폐기하자(상대론적 우주에서는 두 사건이 동시에 일어난다고 말하는 것이 아무런 의미가 없다) 수 세기 동안 추론과 논쟁만을 일삼던 철학자들의 발등에 불이 떨어졌다. 동시성이 사라지자 순차성sequentiality이 침몰하고 인과율이 압박을 받았다. 한 세대 전만 해도 너무 앞서나간 것처럼 보였던 과학자들은 이제 다양한 가능성들을 자유롭게 고려할 수 있게 되었다.

1940년 가을, 파인먼은 학부생 시절부터 종종 장난삼아 생각해 봤던 근본적 문제로 돌아갔다. 전자가 자체에 작용한다는 가능성을 배제하면, 즉 장을 없애면 양자론의 고질적 병폐인 무한대 문제가 사라지지 않을까? 그러나 아쉽게도 파인먼은 자신의 발상에 문제가 있었음을 깨달았다. '전자의 자체작용'이라는 관점에서 바라보지 않으면 설명할 수 없는 현상이 문제였다. 실제 전자는 밀리면 되밀고, 가속된 전자는 복사를 통해 에너지를 소모한다. 요컨대 전자는 복사저항radiation resistance을 받는데 이 저항을 극복하려면 힘이 추가로 필요하다. 방송 안테나는 전파 형태로 에너지를 복사하므로 복사 저항을 받는데 이것을 보충하려면 안테나에 전류를 더 많이 흘려야 한다. 복사저항은 뜨겁게 가열된 물체가 식을 때 생긴다. 이 때문에 원자 속 전자는 에너지를 잃고 점점 소멸하며 상실된 에너지는 빛의 형태로 복사되어 방출된다. 이런 현상을 감쇠damping라고 하는데 물리학자들은 '감쇠 현상이 일어나는 이유를 설명하려면 전자가 자체에 행사하는 힘을 상정하는 수밖에 없다'라고 생각했다. 원자 속은 빈 공간이며 그 속에는 전자밖에 없다. 그러니 전자가 아니라면 도대체 무엇이 감쇠 현상을 일으킨단 말인가?

어느 날 파인먼의 머릿속에 새로운 아이디어가 떠올랐다. 휠러가 내 준 알쏭달쏭한 문제와 씨름하느라 녹초가 된 상태에서, 파인먼은 전자의 자체 작용을 다시 생각하게 되었다. 빈 공간에 고립된 전자가 복사에너지를 전혀 방출하지 않는다면 어떻게 될까? 복사가 일어나려면 두 가지 요소, 즉 원천과 대상이 필요하므로 파인먼은 두 개의 전자만으로 이루어진 우주를 가정하고 논리를 전개했다. 첫 번째 전자가 흔들린다→두 번째 전자에 영향을 미친다→두 번째 전자가 흔들려 첫 번째 전자에 작용하는 힘을 생성한다. 파인먼은 익숙한 맥스웰의 장 방정식으로 힘을 계산했지만, 입자가 두 개밖에 없는 우주에서는 장이 존재할 수 없었다(단, 여기서 장이란 파동이 자유롭게 퍼져나가는 매질을 뜻한다). 파인먼은 즉시 휠러에게 달려가 물었다. "첫 번째 입자가 두 번째 입자에게 힘을 가하고, 두 번째 입자가 다시 첫 번째 입자에게 힘을 가한다는 원리로 복사저항 현상을 설명해도 될까요?"

휠러는 파인먼의 생각이 마음에 쏙 들었다. 점전하point charge 한 쌍만 남기고 전자를 모두 빼버린 다음, 제1원리를 기반으로 새로운 이론을 구축한다. 그것은 휠러가 평소에 생각하던 접근방법과 비슷했다. 그러나 휠러는 파인먼의 모형에 숫자를 대입하면 틀린 답이 나올 것임을 단박에 알아차렸다.

첫 번째 전하가 두 번째 전하로부터 되받는 힘은 몇 가지 요인(두 번째 전하의 강도, 질량, 거리)에 따라 달라지는데, 그중에서 복사저항에 영향을 미치는 요인은 하나도 없었기 때문이다. 파인먼도 곧 문제점을 알아차렸지만 지도교수의 빠른 통찰력에 흠칫 놀랐다. 게다가 문제는 거기에 그치지 않았다. 파인먼은 두 전하가 서로 힘을 주고받는 과정에서 발생하는 지연 현상을 제대로 설명할 수가 없었다. 즉, 첫 번째 입자에 작용하는 힘의 타이밍이 너무 늦어, 알려진 복사저항의 효과에 어긋났다. 사실 파인먼도 자신이 딴 다리를 긁고 있다는 것을 깨달았다. 복사저항이 아니라 지극히 단순한 현상, 즉 평범한 반사광reflected light을 설명하고 있었다고 생각하니 쥐구멍에라도 들어가고 싶은 심정이었다.

시간 지연은 전통적인 전자기이론의 특징이 아니었다. 상대성이론의 탄생 전야인 맥스웰 시대에도, 뉴턴이 그랬던 것처럼 '힘은 즉시 작용한다'고 가정하는 것이 여전히 자연스러워 보였다. '지구가 태양 주위의 궤도를 도는 것은 태양이 거기에 있어서가 아니라, 중력의 영향력이 1억 6,000만km의 공간을 건너오는 데 걸리는 시간인 8분 전 거기에 있었기 때문'이다. 따라서 '태양을 없애도 지구는 8분 동안 회전할 것'이라는 사실을 이해하려면 상상력의 도약이 필요했다. 상대성이론의 통찰력을 수용하려면 장 방정식을 수정해야만 했다. 이제 파동은 유한한 빛의 속도에 발목이 잡혀 뒤처진 파동retarded wave이 되었다.

여기서 시간의 대칭성 문제가 수면으로 부상했다. 뒤처진 파동을 정확히 반영하니 전자기방정식들이 멋지게 성립했다. 시간의 부호를 플러스에서 마이너스로 바꿔도 방정식은 여전히 성립했다. 시간이 마이너스인 파동이란 물리학적으로 앞선 파동advanced wave, 즉 방출되기 전에 들어온 파동을 뜻했다. 물리학자들이 뒤처진 파동 해법을 계속 선호한 것도 무리는 아니었다. 앞선 파동은 시간의 흐름에 역행하므로 이상해 보였기 때문이다. 클로즈업해서 보면 앞선 파동도 여느 파동과 다름없이 보이겠지만, 그것이 파원으로 수렴하는 모습은 연못 한복판에 그려진 동심원 모양 파문의 역모션을 연상시켰다(돌멩이가 연못에 빠지는 장면이 담긴 필름을 거꾸로 돌리면 동심원의 중심에서 돌멩이 하나가 튀어나온다). 따라서 수학적으로 지극히 정상이었음에도 불구하고, 앞선 파동 해법은 시급히 해결할 문제가 아니라는 이유로 뒷전으로 밀려나 꿔다 논 보릿자루 취급을 받았다.

파인먼의 설명을 듣던 휠러는 갑자기 눈을 번득이더니 파인먼이 내놓은 전자쌍 모형에 앞선 파동 개념을 추가하면 어떻게 될지 생각해 보자고 즉시 제안했다. 수식에 나타난 겉보기 시간대칭성을 진지하게 받아들인다면 어떻게 될까? 그러면 흔들리는 전자가 복사에너지를 밖으로 내보낼 때 시간대칭성이 유지된다고 생각해야 할 것이다. 남북으로 동시에 광선을 보내는 등대처럼, 전자는 미래와 과거를 향해 동시에 앞뒤로 빛을 비출지도 모르는 일이었다. '앞선 파동과 뒤처진 파동을 결합하면 두 가지 파동이 상쇄효과를 일으켜, 복사저항 현상에서 나타나는 시간지연의 문제를 해결할 수 있다'는 것이 휠러의 생각이었다. (두 개의 파동이 상쇄되는 현상은 충분히 납득할 수 있었다. 진동수가 같은 파동들이 만나면, 위상이 일치하는지 어긋나는지에 따라 보강간섭constructive interference 또는 상쇄간섭destructive interference이 일어난다. 만일 두 파동의 마루와 마루, 골과 골이 만나면 파동의 크기는 두 배로 늘어난다. 그러나 한 파동의 마루가 다른 파동의 골과 만나면 두 파동은 완전히 소멸한다.) 한 시간 동안 신들린 듯이 계산에 몰두한 결과, 휠러와 파인먼은 기대 이상의 성과를 거뒀다. 시간지연 문제는 물론 다른 문제점들까지 덤으로 해결했다. 즉, 첫 번째 입자로 되돌아가는 에너지는 두 번째 입자의 질량, 전하량, 거리에 더 이상 의존하지 않는 것으로 밝혀졌다. 적어도 휠러의 연구실 칠판에 두 사람이 휘갈겨 적은 1차 계산 결과에 의하면 그렇게 보였다.

터무니없어 보이더라도 개의치 않고 파인먼은 생각을 더 전개했다. 파인먼이 처음에 제시했던 '하나의 전자를 흔들면 잠시 후 또 하나의 전자가 흔들린다'는 개념에 특이한 사항은 없었다. 따라서 하나의 전자가 흔들린다면, 직전에 또 하나의 전자가 **흔들렸다**는 새로운 개념은 말로 표현하는 즉시 역설이 되었다. 새로운 개념은 시간을 거스르는 작용을 필요로 했다. 그렇다면 원인은 무엇이고 결과는 무엇일까? '내가 깊은 덤불 속으로 들어가는 이유가 고작 전자의 자체작용을 제거하기 위해서란 말인가?'라는 회의감이 들 때마다 파인먼은 마음을 꾹꾹 억눌렀다. 결국 자체작용은 양자역학에서 명백한 모순을 낳았고, 물리학계 전체는 이것을 해결할 수 없는 문제로 인식했다. 어찌됐거나 아인슈타인과 보어의 시대에 그보다 더한 역설은 없었다. 파인먼은 이미 이렇게 믿고 있었다. "아니, 무슨 소리야. 그게 어떻게 가능해?"라는 말을 절대로 입 밖으로 내지 않는 것이 훌륭한 물리학자의 자세라고….

올바른 방정식을 풀고 외견상의 역설에 현혹되어 수학적인 모순에 빠지지 않도록 조심하느라, 파인먼은 무지막지한 계산과 검산을 해야 했다. 그러는 가운데 기본모형은 차츰 확장되어 '두 개의 입자로 구성된 계'에서 '전자와 주위를 둘러싼 수많은 흡수체absorber 입자들이 상호작용하는 계'로 발전했다. 모든 복사가 궁극적으로 주변의 흡수체에 도달하는 범위는 곧 우주였다. 하지만 그럴 경우 공교롭게도 모형의 가장 기이한 특징인 시간역전 성향이 약해졌다. '결과가 원인을 앞지를 수 있다'는 말에 거부감을 느끼는 사람들의 구미를 맞추기 위해 파인먼은 기발한 견해를 제시했다. 그것은 '에너지를 빈 공간에서 잠깐 꿔왔다가 나중에 정확히 그만큼 갚는다'는 발상이었다. 에너지를 빌려주는 흡수체는 수많은 입자들인데, 모든 방향으로 무질서하게 움직이기 때문에 주어진 입자에 미치는 영향은 거의 상쇄된다고 가정했다.

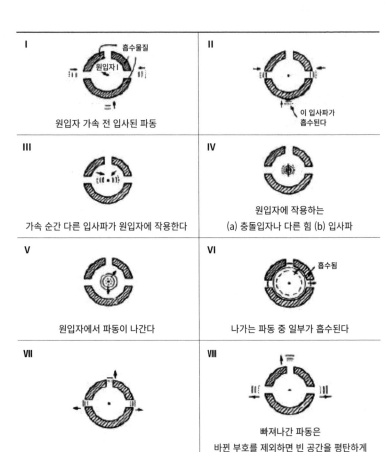

I	II
흡수물질 원입자 Ⅰ 원입자 가속 전 입사된 파동	이 입사파가 흡수된다

III	IV
가속 순간 다른 입사파가 원입자에 작용한다	원입자에 작용하는 (a) 충돌입자나 다른 힘 (b) 입사파

V	VI
원입자에서 파동이 나간다	흡수됨 나가는 파동 중 일부가 흡수된다

VII	VIII
나머지 빠져나간 파동은 영원히 떠난다	빠져나간 파동은 바뀐 부호를 제외하면 빈 공간을 평탄하게 지나가는 입사파처럼 보인다

©Wheeler and Feynman 1945

시간을 따르는 파동과 거스르는 파동

휠러와 파인먼은 입자들의 상호작용을 설명하는 일관된 체계를 세우려다 과거와 미래의 역설에 휘말렸다. 입자가 흔들리면 연못에 돌을 던졌을 때 생기는 파동처럼 그 영향이 밖으로 퍼져나간다. 자신들의 이론을 대칭적으로 만들기 위해 두 사람은 안으로 진행하는 파동(시간을 거스르는 작용을 내포함)도 이용해야 했다.

이들이 알아낸 바에 의하면 정상파동(뒤처진 파동)과 거꾸로 된 파동(앞선 파동)이 상쇄되므로(단, 모든 복사가 언제 어디서든 확실히 흡수되도록 우주가 배열되었다 가정) 불편한 역설을 회피할 수 있었다. 무한하고 텅 빈 공간으로 영원히 진행하면서 흡수체에 전혀 흡수되지 않는 광선이 나온다면 이들이 내세운 이론의 앞뒤가 맞지 않는다. 따라서 우주론자와 시간철학자들은 그들의 체계가 양자론의 주류에서 밀려난 지 한 참 후에도 이를 붙들고 고찰했다.

전자가 흡수층의 존재를 느끼는 유일한 때는 가속될 때일 것이다. 이 가정을 따르면 원原입자가 흡수체에 미치는 영향은 정확한 시간에 정확한 힘으로 원입자에 되돌아오므로, 복사저항을 설명할 수 있다. 따라서 '우주에는 모든 방향마다 방출되는 복사파를 흡수할 물질이 충분히 존재한다'는 가정하에, 파인먼은 앞선 파동과 뒤처진 파동을 절반씩 결합함으로써 어떠한 반론에도 끄떡없는 방정식 체계를 세울 수 있다고 생각했다.

파인먼은 이상과 같은 아이디어를 대학원 친구들에게 설명하고 "내 이론으로 설명할 수 없는 역설이 있으면 어디 한번 말해 봐"라고 큰소리쳤다. 예컨대 표적이 탄알에 맞으면 문이 닫히도록 된 장치를 만들었다 가정하자. 그런데 탄알이 표적에 도달하기 전에 앞선 장이 문을 닫아 버리면 탄알이 표적을 맞힐 수 없으므로, 결국 앞선 장은 문을 닫지 않게 된다…. 파인먼은 휠러가 어린 시절에 읽었던 『창의적인 원리와 기계장치』에서나 튀어나올 법한 루브 골드버그 장치Rube Goldberg contraption[6]를 떠올렸다. 이리저리 계산해본 결과, 파인먼의 모형은 의외로 완벽해서 어지간한 역설에 흔들리지 않을 것 같았다. 이론이 확률에 기반을 두고 있는 한, 치명적 모순에서 벗어날 수 있을 것 같았다. 흡수입자들이 모든 방향에서 어느 정도 거리를 유지하고만 있다면 흡수체의 위치와 모양은 중요하지 않았다. 앞선 효과가 문제가 되는 경우는 딱 한 가지, 주변층에 구멍이 숭숭 뚫린 경우였다. 이 경우에는 복사가 흡수되지 않고 영원히 밖으로 빠져나가 버리므로 앞선 효과가 나타나기도 전에 원입자 쪽으로 되돌아간다.

휠러가 파인먼의 돈키호테식 이론을 전폭적으로 지지한 데는 나름의 이

---

6) 미국의 만화가 루브 골드버그가 고안한 연쇄반응에 기반을 둔 기계장치. 생김새나 작동원리는 아주 복잡하고 거창하지만 정작 하는 일은 아주 단순한 기계를 일컫기도 한다.

유가 있었다. 당시 대부분의 물리학자들은 "원자는 최소한 세 개의 독특한 입자들, 즉 전자·양성자·중성자로 구성되며, 우주선을 분석해 보면 그 밖에도 몇 가지 입자가 더 존재하는 것이 분명하다"라고 확신하고 있었다. 이처럼 입자의 가짓수가 늘어나는 추세는 '우주는 궁극적으로 단순하다'고 믿는 휠러의 신념에 어긋났다. 휠러는 대놓고 주장하기를 꺼렸지만 매우 특이한 생각을 품고 있었는데, 그것은 '색다른 이론이 하나 등장하여 만물은 궁극적으로 전자로 구성되었음을 밝혀주리라'는 것이었다. 이것이 미친 생각이라는 것은 휠러도 잘 알았다. 하지만 전자를 궁극적인 구성요소로 내세우려면 전자의 복사력에서 표준이론이 설명하지 못하는 방식으로 핵심단서를 찾아야 했다. 그로부터 몇 주도 채 지나지 않아 휠러는 파인먼에게 논문 초안을 작성하라고 닦달했다. 두 사람의 이론이 위대한 이론으로 인정받을 것을 대비하여 휠러는 연구결과를 발표하는 데 차질이 없도록 만전을 기했다. 1941년 초, 휠러는 파인먼에게 '2월에 열리는 학과 세미나에서 발표할 준비를 하라'고 지시했다. 프린스턴 대학교 물리학과의 세미나는 세계적으로 유명한 물리학자들이 방문하는 격조 높은 학술포럼이었다. 내로라하는 권위자들이 즐비한 학술포럼에서 발표하는 것은 이번이 처음인지라 파인먼은 신경이 곤두섰다.

발표일을 며칠 앞두고, 학술포럼 담당교수인 위그너가 복도에서 마주친 파인먼을 불러세웠다. "휠러 교수에게서 이야기 많이 들었네. 자네가 발표할 흡수체 이론은 매우 중요한 이론이라고 하더군. 우주론 분야에도 시사하는 점이 많을 것 같아, 천체물리학의 대가인 헨리 노리스 러셀Henry Norris Russell을 초청했다네." 평소에 말로만 듣던 대가 앞에서 발표할 생각을 하니 오금이 저렸다. 그러나 그건 시작에 불과했다. 수학자인 존 폰 노이만John von Neumann, 배타원리로 유명한 볼프강 파울리가 때마침 취리히에서 왔다가 학술포럼에 참석한다고 했다. 게다가 평소에 학술포럼에 잘 참석하지 않던 알베르트 아인슈타인도 무슨 바람이 불었는지 참석 의향을 내비쳤다는 것 아닌가!

휠러는 청중의 질문을 받아넘겨 주겠다고 약속하며 파인먼을 진정시키려 애썼다. 위그너는 파인먼에게 몇 가지 주의사항을 전달했다. "첫째, 발표 중에 러셀 교수가 잠든 것처럼 보여도 걱정하지 말게, 그 양반은 늘 그러니까 말이야. 둘째, 파울리가 고개를 끄덕인다고 해서 괜히 좋아하지 말게, 중풍 때문에 몸을 떨어서 그런 거라네." 파울리는 발표 내용에 깊이가 없거나 엉성하다고 판단될 경우, 인정사정없이 면박을 주기로 악명높았다. "완전히 틀렸군ganz falsch"은 기본이고, 더욱 심한 경우에는 "발표할 깜냥도 안 되는 군"이라고 일갈했다.

파인먼은 꼼꼼하게 준비했다. 강연 원고를 잘 챙겨서 갈색 봉투에 넣은 다음, 세미나실에 일찌감치 들어가 방정식으로 칠판을 가득 메웠다. 한참 정신없이 방정식을 써내려가던 중에 뒤에서 웬 부드러운 목소리가 들렸다. 깜짝 놀라 뒤돌아보니 부스스한 표정의 노신사가 빙그레 웃으며 서 있었다. 아인슈타인이었다. 강연을 들으러 왔다가 텅 빈 세미나실에서 젊은이 한 명을 발견하고는 차나 한 잔 얻어마실 요량으로 부른 것이었다.

나중에 파인먼은 이날의 일을 거의 기억하지 못했다. 그저 봉투에서 원고를 꺼낼 때 손이 떨렸던 것과, 발표 내용에 집중하다 보니 사람들의 얼굴과 상황이 점차 잊혀지면서 마음이 가벼워졌 것밖에는…. 그러나 잠시 후, 예상했던 대로 파울리가 반론을 제기해 왔다. 아마도 앞선 퍼텐셜advanced potential이라는 개념을 수학적 동어반복으로 잘못 이해한 것 같았다. 파인먼을 거세게 몰아세우고도 성에 차지 않았던지, 파울리는 갑자기 아인슈타인을 향해 고개를 돌리고는 정중한 어조로 동의를 구했다. "아인슈타인 교수님, 제 의견에 동의하시죠?" 잠시 후 (파인먼에게는 이미 익숙한) 부드러운 독일어 음성이 세미나실에 울려 퍼졌다. "아뇨, 파인먼 군의 이론은 가능해 보이는군요. 물론 중력이론과는 맞지 않을 수도 있겠죠. 하지만 중력이론은 아직 제대로 확립되지 않았는걸요."

합리주의자

파인먼은 극단적 이성주의와 완벽주의의 마법에 걸렸다. 연구가 잘 진행되든, 어머니의 수표책에서 오류를 발견하여 정정하든, 부정확한 지출명세서를 다시 계산하든, 친구들에게 '신이나 초자연적 존재를 믿는 건 멍청한 짓'이라고 설교하든, 왠지 뭔가 부족하다는 느낌에서 벗어날 수 없었다. 파인먼이 만성 소화불량에 시달린 것도 따지고 보면 병적인 이성주의 때문이었다. 한번은 시간을 효율적으로 배분한다는 명목하에 공부하는 시간과 노는 시간을 포함한 모든 활동에 대해 시간별 계획표를 짠 적이 있었다. 그런데 계획표를 다 짠 후에야 미래에 일어날 일들을 완벽하게 예측하는 것은 불가능하다는 사실을 깨달았다. 따라서 계획표를 작성할 때는 각각의 활동 사이에 약간의 여유시간을 두는 것이 나았다. 그래야만 불시에 발생한 사건들을 그때그때 처리할 수 있기 때문이다.

극단적 이성주의의 불똥은 애인인 알린 그린바움에게까지 튀었다. 어린 시절 부모님이 다투는 모습을 종종 봤음에도 불구하고, 파인먼은 장래에 두 사람이 감정싸움을 벌이게 될까 봐 걱정이 태산이었다. 파인먼은 체질적으로 다툼과 분노를 싫어했다. 사랑하는 남녀가 분별력을 잃고 언쟁에 휘말리는 이유를 도저히 이해하지 못했다. 파인먼은 궁리에 궁리를 거듭한 끝에 '부부싸움 방지계획'을 세웠다. 그리고 이 계획을 알린과 공유하기 전 친구에게 먼저 공개하고 자문을 구했다. 1번 도로 로터리에 있는 간이식당차에서

햄버거를 먹으며 친구에게 털어놓은 계획의 전모는 이러했다. "첫째, 두 사람 사이에 의견차이가 생기면 다투지 말고 일정한 시간(예: 1시간) 동안 토론을 한다. 둘째, 정해진 시간이 다 지나도록 해결이 안 되면 둘 중 한 사람의 의견을 따른다. 이 경우 연장자이고 경험도 더 많은 파인먼이 최종결정권자가 된다." 두 번째 계획의 단서조항은 어디까지나 파인먼의 희망사항이었다.

이야기를 들은 친구는 파인먼을 한번 쳐다보고는 너털웃음을 웃었다. 그 친구는 파인먼과 알린을 모두 잘 알았기에 어떤 결말이 날지 훤히 알고 있었기 때문이다. 1시간 동안 아웅다웅해 봐야 파인먼이 항복하고 알린이 결정권을 행사할 게 뻔했다. 파인먼이 그런 계획을 생각했다는 것만 봐도 그가 얼마나 이론에 치우치는 사람이었는지를 짐작하고도 남음이 있다.

그즈음 알린이 파인먼을 찾는 횟수가 부쩍 늘었다. 두 사람은 휠러 교수 내외와 저녁을 같이 먹는가 하면 단 둘이서 빗속을 오랫동안 거닐기도 했다. 알린은 딕을 쩔쩔매게 하는 데 일가견이 있었고 딕의 알량한 자존심이 어디에 있는지 꿰뚫고 있었다. 딕이 남들의 시선을 의식하여 쭈뼛거린다 싶으면 단박에 알아채고 무자비하게 놀려댔다. 한번은 알린이 '자기야, 사랑해!'라는 글귀가 새겨진 연필 한 박스를 선물했는데 딕이 칼로 글자를 후벼파다가 알린에게 딱걸리고 말았다. "위그너 교수 책상에 연필을 놓고 나올까 봐 걱정이 돼서 그랬어"라는 딕의 변명에 알린은 "딴 사람들이 어떻게 생각하든 무슨 상관이야?"라고 쏘아붙였다. 알린은 1센트짜리 엽서에 시를 써서 딕에게 부쳤다.

내 호의를 부담스러워하는
내 친구는 멍텅구리!
연필 선물한 나를 화나게 하는

내 절친한 친구는 멍텅구리!

...

인습의 가면을 벗지 못하는

...

고정관념에 깊이 사로잡혀

남들 꽁무니만 따라다니는

내 딱한 친구는 멍텅구리!

딕은 자신의 정직성과 독립심을 큰 자랑으로 여겼다. 알린은 그가 높은 수준의 정직성과 독립심을 유지할 수 있도록 늘 곁에서 도와줬다. 두 사람의 관계는 그런 식으로 알콩달콩 무르익어갔다. 그런데 알린에게는 골치아픈 문제가 하나 있었다. 그것은 건강 문제였는데, 목에 혹이 하나 났다가 가라 앉은 후 원인 모를 열과 통증이 찾아왔다. 친척 중에 의사가 있어서 찾아가 보니, 오메가 오일이라는 엉터리 약을 주면서 환부에 바르라고 했다(100년 전 만 해도 이런 스타일의 치료법이 유행했다).

2월에 열린 학술포럼에서 발표를 마친 다음 날, 리처드는 미국 물리학 회 모임에 참석하기 위해 케임브리지로 갔다. 알린은 리처드를 만나기 위 해 뉴욕에서 기차를 타고 보스턴 시내의 사우스스테이션까지 갔다. 리처드 의 옛 동우회 친구가 역으로 마중 나와 짐마차에 알린을 태우고 다리를 건너 MIT로 갔다. 두 사람은 물리학과 건물인 8동 복도에서 어떤 교수와 열띤 대 화를 나누며 지나가는 리처드를 발견했다. 알린은 리처드와 일부러 시선을 마주쳐 봤지만, 리처드는 알린을 알아보지 못했다. 알린은 말을 걸지 않는 편이 좋겠다고 판단했다. 리처드는 그날 밤 동우회 건물로 돌아와서야 휴게 실에 앉아 있던 알린을 발견했다. 신이 난 리처드는 알린의 손을 잡고 빙글

빙글 돌리며 춤을 췄다. 동우회 친구 중 한 명이 이렇게 말했다. "저 친구는 물리학회physical society보다는 신체접촉physical contact을 더 좋아한단 말이야."

파인먼은 좀 더 다양한 청중을 앞에 두고 휠러와 파인먼의 공통 관심사인 시공 전기역학을 주제로 두 번째 발표에 도전했다. 이미 아인슈타인, 파울리, 폰 노이만, 위그너 같이 어마어마한 학자들 앞에 서 본 경험이 있어서인지 미국 물리학회의 일반회원들을 상대하는 건 별로 두렵지 않았다. 하지만 아무리 그렇더라도 준비한 원고에만 매달려 전전긍긍하면 청중들이 지루해하지 않을지 걱정이 되었다. 정중한 질문이 몇 차례 나왔고 휠러가 답변을 거들었다.

휠러의 적극적인 지원 덕분에 발표는 대체로 무난하게 끝났다. 파인먼은 「상호작용하는 입자들에 관한 이론」의 밑바탕이 되는 기본원리들을 아래와 같이 명확히 진술했다.

1. 점전하는 한 전하와 다른 대전입자의 상호작용을 합할 때만 가속되며, 전하는 자체에 작용하지 않는다.
2. 한 전하가 다른 전하에 행사하는 상호작용력은 로렌츠 힘 공식으로 계산한다. 여기서 장은 맥스웰 방정식에 따라 첫 번째 전하가 생성한 장이다.

세 번째 원리는 말로 표현하기 어려웠지만 일단 이렇게 정리했다.

3. 근본적인 방정식들은 시간의 부호를 바꿔도 변하지 않는다.

나중에는 좀 더 직접적인 표현으로 바꿨다.

3. 자연계의 근본적(미시적) 현상은 과거와 미래의 교환에 대해 대칭이다.

파울리는 못미더워 하면서도 파인먼이 제시한 마지막 원리의 힘을 이해했다. 그러고는 파인먼과 휠러에게 "아인슈타인도 1909년 발표한 (잘 알려지지 않은) 논문에서 과거와 미래의 근본적 대칭성을 주장했소"라고 귀띔해 줬다. 파울리의 선의는 고마웠지만 사실 휠러는 파울리의 도움이 필요하지 않았다. 그렇잖아도 그는 파인먼과 함께 머서 스트리트 112번지 '하얀 판잣집'을 방문하기로 약속을 잡았다.

만년의 아인슈타인은 자신을 찾아온 대부분의 과학자들에게 그랬듯 패기 넘치는 두 젊은 과학자를 반갑게 맞이했다. 아인슈타인은 두 사람을 자신의 서재로 안내한 뒤 책상을 사이에 두고 마주앉았다. 파인먼은 '부드럽고 상냥한 천재'의 전설을 두 눈으로 직접 확인하고는 깜짝 놀랐다. 아인슈타인은 듣던 대로 양말 없이 맨발에 신을 신고, 셔츠 없이 맨몸 위에 스웨터 한 장만을 달랑 걸치고 있었다. 이제는 물리학의 일선에서 물러나 세계정부world government[7]에 대한 장광설을 늘어놓는 것으로 소일하고 있었는데, 만약 그만큼 존경받지 못하는 누군가가 그러고 있었다면 틀림없이 괴팍한 노인네 취급을 받았을 것이다. 새로운 물리학에 염증을 느낀 아인슈타인은 본인의 표현대로 '완고한 이단자', 또는 '시각과 청각을 상실한 산송장'으로 변해 가고 있었다. 아인슈타인은 양자역학에 등장하는 비인과적 역설acausal paradox을 탐탁잖게 여기는 것으로 알려져 있었다. 하지만 휠러와 파인먼이 설명한 이론은 아직 양자론은 아니었고, 아인슈타인이 보기에 모순도 없어 보였다.

---

7) 세계의 모든 국가가 주권과 군비를 폐지하고 그 기초 위에 수립되는 세계 전 인류의 공동 정부. 세계정부를 중심으로 조직되는 국가를 세계국가 또는 세계연방이라 한다.

휠러와 파인먼은 아직 고전적인 장 방정식만을 사용했다. 또한 결국에는 필요성을 알았지만 자신들의 이론에 양자역학적 수정을 가하지 않은 상태였다.

아인슈타인은 자신도 뒤처진 파동과 앞선 파동 문제를 생각해본 적이 있노라고 맞장구치며, 스위스의 발터 리츠Walter Ritz와 견해가 다르다는 점을 분명히 하기 위해 자신이 1909년에 발표한 짤막하고 특이한 논문을 기억해냈다. 리츠의 주장은 두 가지로 요약되는데, 첫째는 "타당한 장론은 뒤처친 해解만 포함해야 한다"라는 것이고 둘째는 "수식에 아무런 잘못이 없어 보이더라도 시간을 거슬러 올라가는 앞선 해는 무조건 허용하지 말아야 한다"였다. 그러나 아인슈타인은 "앞선 파동을 배제할 이유는 전혀 없다"라고 강조하며 "기본 수식들은 분명히 가역적이므로 시간의 화살을 설명할 수 없다"라고 주장했다.

휠러와 파인먼도 아인슈타인과 생각을 같이했다. 과거와 미래의 대칭성을 고집함으로써 뒤처진 퍼텐셜과 앞선 퍼텐셜의 조합이 불가피해 보이도록 만들었다. 결과적으로 두 사람의 이론이 그리는 우주에는 비대칭성이 존재했지만(통상적인 뒤처진 장의 역할이, 뒷걸음질치는 앞선 장의 역할보다 훨씬 더 중요하다), 수식에는 그런 비대칭성이 나타나지 않았다. 비대칭성이 생기는 이유는 주변 흡수체가 갖는 무질서하고 불안정한 성질 때문이다. 무질서해지는 경향은 시간의 화살이 존재한다는 것을 보여주는 가장 보편적인 징표다. 잉크 한 방울이 물잔 안에서 퍼져나가는 과정을 보여주는 동영상은 거꾸로 돌리면 이상하게 보인다. 하지만 잉크 방울 분자 하나하나의 미시적 운동을 보여주는 동영상은 앞으로 돌리든 뒤로 돌리든 똑같이 보일 것이다. 개별 잉크 방울 분자의 무작위 운동은 역전될 수 있지만, 전체적인 확산 과정은 역전될 수 없다. 이러한 계는 미시적으로는 가역적이고 거시적으로는 비가역적인데, 이것은 혼돈chaos과 확률의 문제라고 할 수 있다. 잉크 분자들이 무작위적으로 떠돌아다니다가 언젠가 방울로 합체하는 것이 불가능한 일은 아니지만 안타깝게도 비현실적이다. 휠러와 파인먼의 우주에서도 이와 동일한 비현실성 때문에 흡수체의 무질서가 확실해지면서 시간의 방향성이 굳어졌다. 파인먼은 1941년 초에 작성한 22쪽짜리 원고에서 비가역성의 개념을 공들여 자세히 설명했다.

> 우리는 두 가지 형태의 비가역성을 구분해야 한다. 일련의 순차적 현상들이 마치 동영상을 거꾸로 돌리듯 완벽하게 역순으로 일어나는 것이 불가능하다면, 그것은 '미시적으로 비가역적인 현상'이라고 할 수 있다. 한편 거시적 의미에서 볼 때 '본래 순서대로 일어날 확률'과 '역순으로 일어날 확률'의 차이가 매우 크다면, 그것은 '거시적으로 비가역적인 현상'이라고 할 수 있다. 우리는 모든 물리현상이 미시적으로 가역적이라고 믿는다. 따라서 외견상 비가역적으로 보이는 모든 현상들은 오직 거시적으로만 비가역적이다.

이 같은 가역성의 원리는 지금 보더라도 매우 놀랍고 위험해 보인다. 왜냐하면 뉴턴이 과학에 심어 놓은 일방통행적 시간관념에 도전하기 때문이다. 파인먼은 휠러의 주의를 끌기 위해 맨 마지막 문장 다음에 '휠러 교수님께'라고 쓴 다음, '교수님'이라는 호칭에 의식적으로 밑줄을 긋고 메모를 달았다. "아마 동의하지 않으시겠지만, 이건 좀 포괄적인 진술입니다. RPF[8]"

한편 휠러는 흡수체 모형에 관한 문헌을 계속 검색해 발표됐지만 잘 알려지지 않은 논문들을 여러 편 찾아냈다. 독일의 물리학자 H. 테트로데H.

---

8) Richard Philips Feynman

Tetrode는 1922년《물리학 저널Zeitschrift für Physik》에 발표한 논문에서 "모든 복사는 원천과 흡수체 간의 상호작용으로 이해해야 한다. 따라서 흡수체가 없으면 복사도 없다"라고 제안했다. 이것은 아인슈타인도 지적한 사항이었다. 테트로데는 물리학계의 집중적인 성토로 풍비박산 날 것을 각오하고 이를 악물었다.

태양이 공간에 홀로 존재하여 다른 물체들이 태양 복사를 흡수할 수 없다면, 태양 복사는 일어나지 않을 것이다. 예컨대 내가 어제 저녁에 100광년 떨어진 곳에 있는 별을 망원경으로 관측했다고 치자. 나는 내 눈에 도달한 빛이 100년 전에 방출됐다는 것을 안다. 그러나 그 별(또는 그 별을 구성하는 원자들)도 100년 전에 이미 알고 있었을 것이다. 당시에는 존재하지도 않았던 관측자가 어제 저녁 바로 그 시간에 자신을 보게 되리라는 것을.

100광년이 아니라, 1920년대에는 상상도 할 수 없었던 100억 광년 떨어진 퀘이사quasar에서 방출된 복사도 마찬가지다. 그것은 우주가 나이를 먹는 동안 거침없이 공간을 가로지르다 마침내 거대한 망원경의 중심부에 있는 반도체 수신기에 포착되어 적색편이redshift를 나타내지만, 흡수체의 협조가 없었다면 애초에 방출되지 않았을 것이다. 하지만 테트로데는 이렇게 말하며 살짝 꼬리를 내렸다. "마지막 몇 페이지에서 내 추측은 수학적 증명과 큰 괴리를 보였다." 휠러는 광자라는 용어를 우연히 만들어낸 물리화학자 길버트 N. 루이스Gilbert N. Lewis의 논문에서도 '진흙 속의 진주'를 또 하나 찾아냈다. 루이스 역시 "물리학자들이 근본적인 방정식들에 함축된 과거와 미래 사이의 대칭성을 인식하지 못한 것 같다"라고 우려를 표명하며 '과거-미래 대칭성'은 복사 과정에서 나타나는 '원천-흡수체 대칭성'을 시사한다고 여겼다.

나는 '하나의 원자는 다른 원자가 없으면 절대로 빛을 방출하지 않는다'는 가정을 세우려 한다. 빛을 받는 원자를 고려하지 않고 빛을 방출하는 원자를 생각하는 것이나, 흡수될 빛이 존재하지 않는데 빛을 흡수하는 원자를 생각하는 것이나 터무니없기 마찬가지다. 따라서 나는 방출emission이라는 단순한 개념을 버리고 **전송**transmission이라는 개념을 사용할 것을 제안한다. 전송이란 '두 개의 명확한 원자들이 에너지를 교환하는 과정'을 말한다.

파인먼과 휠러는 자신들의 이론을 계속 밀고 나갔다. 두 사람은 이 이론이 지닌 함의를 어느 정도까지 확장시킬 수 있는지 알아보려 노력했다. 다양한 시도를 해봤지만 번번이 실패로 돌아갔다. '어쩌면 중력도 상호작용의 개념을 이용하여 간단히 기술할 수 있을지 모른다'는 기대를 품고 중력 문제를 다뤄보기도 했다. 공간 자체를 없앰으로써 좌표도 거리도 없고 기하학적 구조나 차원도 없이, 상호작용 자체만이 의미를 지닌 모형을 구축해 보려고도 했다. 그러나 막다른 골목을 만났다. 이론을 전개하는 과정에서 엄청나게 중요한 사실이 하나 드러났다. 바로 '최소작용의 원리를 이용하면 입자의 상호작용을 계산할 수 있다'는 것이었다.

MIT에서 「이론 물리학 입문」을 처음 들을 때 파인먼은 최소작용의 원리라는 간편한 편법을 애써 외면했다. 허공을 가르며 포물선을 그리는 공에 최소작용의 원리를 적용하면, 순차적인 궤적을 일일이 계산할 필요없이 '공의 최종경로는 작용(운동에너지와 위치에너지의 차)이 최소로 되는 경로'라는 사실만 알고 있으면 되었다. 흡수체 이론에서 장은 더 이상 독립된 실체가 아니므로, 입자의 작용이 갑자기 의미있는 양으로 떠올랐다. 작용은 입자의 운동에서 직접 계산할 수 있었다. 이 경우에도 입자는 마치 마법에 걸리기라도 한 듯 작용이 가장 작은 경로를 선택했다. 최소작용 접근방법을 사용하면 사용할수록 파인먼은 그 물리학적 관점이 전통적 관점과 얼마나 다른지를 더욱 절실히 느꼈다. 전통적 관점에서는 늘 시간의 흐름을 기준으로 생각하여 매 순간 일어나는 변화를 미분방정식을 써서 포착했다. 이에 반해 최소작용의 원리를 사용하면 입자의 경로를 전체적으로 바라보는 시각(조감도)을 얻을 수 있다. 후에 파인먼은 이렇게 회상했다. "시공간 경로가 전체적으로 어떤 특성을 갖고 있는지를 밝혀야만 자연의 행동을 결정할 수 있다. 휠러 교수와 나는 모든 시공간을 아우르는 경로의 특성을 기술할 수 있게 되었다." 학부 수준에서는 최소작용의 원리가 너무 인위적이며 진정한 물리학을 너무 추상화한 것처럼 보였다. 그러나 제대로 알고 보니 그것은 매우 아름다운 원리였으며 그다지 추상적이지도 않았다.

파인먼이 이해하고 있는 빛의 개념은 여전히 유동적이어서 입자도 아니고 파동도 아닌 상태에 머물러 있는, 양자역학이 해결하지 못한 무한대 문제와 머리를 맞대고 서로 밀어붙이는 형국이었다. 유클리드가 『광학』에 기록한 "눈에서 방출된 광선은 직선으로 진행한다"라는 제1공리는 여전히 금과옥조로 여겨졌다. 그러나 물리학자가 상상하는 빈 공간(모든 운동, 힘, 상호작용이 발생하는 칠판)의 개념은 한 세대가 지나기도 전에 새로운 전기를 맞이했다. 공은 일상적인 3차원 공간의 궤도를 따라 움직였지만, 파인먼이 계산한 입자들은 상대성이론에서 필수불가결한 것으로 여기는 4차원 시공간 경로, 심지어 그보다 더 추상적인 공간(좌표축이 거리와 시간이 아닌 공간)에서 경로를 그리며 나아갔다. 시공간에서는 움직이지 않는 입자마저도 특정한 궤적(과거에서 미래로 뻗은 선)을 그렸다. 민코프스키는 이 같은 경로에 세계선world-line이라는 이름을 붙였다. 그에 의하면 세계선이란 실체를 나타내는 점이 끝없이 나아가는 모습으로, 세계 안에서 어떤 곡선을 그리게 된다. 또한 우주 전체를 유사한 세계선들로 환원하여 생각할 수 있다. 과학소설가들은 일찌감치 '세계선을 미래에서 과거로 비틀어 놓으면 어떤 이상한 결과들이 나올지' 상상하기 시작했다.

하지만 아무리 소설가라도 휠러만큼 커다란 상상의 날개를 펼친 사람은 없었다. 어느 날 휠러는 대학원 기숙사 현관에서 파인먼에게 전화를 걸었는데 나중에 파인먼은 휠러와의 통화 내용을 다음과 같이 기억했다.

휠러: 파인먼, 모든 전자들의 전하와 질량이 똑같은 이유를 알았네.

파인먼: 왜 그렇죠?

휠러: 전자란 모두 똑같은 녀석들이거든. 우리가 지금껏 시공간에서 살펴봤던 세계선들을 시간의 경과에 따라 움직이는 것으로만 보지 말고 거대한 매듭이라고 생각해 보자고. 이 매듭을 특정 시간에 해당하는 평면으로 자르면 수많은 세계선의 단면들이 보일 텐데, 그게 곧 전자를 나타낸다네. 단, 주의할 점이 하나 있는데 한쪽 단면을 정상 전자의 세계선이라고 하면, 반대쪽 단면은 미래에서 되돌아오는 것이어서 부호가 반대가 되며 양전자positron처럼 움직인다는 거야.

양전자란 전자의 반입자 쌍둥이antiparticle twin로 우주선 소나기에서 발견되었다. '양의positive'이라는 형용사와 '전자electron'라는 명사를 합성하여 만든, 물리학계에 등장한 지 10년도 채 안 된 최신용어였다. 디랙은 수식을 통해 최초의 반입자인 양전자를 예측했지만, 수식이 아름답다는 점을 제외하면 인정을 받지 못하다가 마침내 실험을 통해 정당성을 인정받았다. 디랙의 파동방정식을 풀면 입자의 에너지가 $\pm\sqrt{\text{특정 값}}$의 형태로 나왔는데 여기서 양의 해는 전자, 음의 해는 양전자를 의미했다. 디랙은 괴상망측한 음의 해를 버리고 싶은 마음이 굴뚝 같았지만 꿋꿋이 유혹을 이겨냈다. 휠러가 '앞선 파동'에 생각이 미친 것처럼 디랙은 '절대값이 똑같고 부호가 다른 해'에 관심을 기울였다.

파인먼은 수화기에서 흘러나오는 설익은 이론(만물은 스파게티 모양으로 지나가는 전자의 경로를 잘라낸 조각이라는 설)을 가만히 따져봤다. 허점이 많아 보였지만 휠러의 얼굴을 봐서 그중에서 가장 기본적인 문제를 하나만 지적하리라 마음먹었다. 그것은 전진하는 경로와 후진하는 경로가 맞아떨어지지 않는다는 것이었다. 자수 바늘에 실을 꿰어 천을 여러 차례 드나들었다면 최소한 들어간 횟수와 나온 횟수가 같아야 하는 것 아닌가?

파인먼: 하지만 교수님, 양전자의 수가 전자의 수보다 적군요.

휠러: 글쎄, 양성자 속 아니면 다른 곳에 숨었겠지.

휠러는 전자를 모든 입자들의 바탕으로 삼으려는 노력을 아직도 포기하지 않은 것 같았다. 파인먼은 더 이상 토를 달지 않았지만 양전자에 관한 논점이 머릿속을 맴돌았다. 파인먼은 2년 전 처음 발표한 논문에서 별들이 우주복사를 산란시키는 현상을 다룬 적이 있었다. 그때 이미 반입자를 '역경로를 지나는 보통 입자'로 취급했다. 민코프스키의 우주에서 공간뿐만 아니라 시간까지도 역전되면 안 되는 이유가 뭘까?

Mr. X와 시간의 본질

그로부터 20년이 지난 1963년의 어느 날, 시간의 미스터리가 전혀 해결되지 않은 상황에서 물리학자, 우주론자, 수학자, 그밖의 여러 분야의 학자 스물 두 명이 시간의 본질에 관한 문제를 논의하기 위해 코넬 대학교에 모여 탁자에 빙 둘러앉았다. 시간이란 전후의 수량을 표시하기 위해 수식이 잔뜩 적힌 대차대조표에 기입되는 양quantiity일까? 아니면 끝없이 흐르는 강물처럼 모든 것을 감싼 채 실어나르는 일종의 흐름flow일까? 어느 쪽이 옳든 간에 **'현재란 도대체 무엇일까?'**라는 의문은 여전히 남았다. 이미 고인이 된 아인슈타인은 이 점을 걱정하며 '현재란 사람의 마음 속에만 있는 것이므로 과학으로 이해하는 게 불가능할지도 모른다'는 달갑잖은 가능성을 인정했었다.

철학자 아돌프 그륀바움Adolf Grünbaum이 제일 먼저 말문을 열었다. "시간이 앞으로 흐른다는 일상적 관념은 착각, 곧 거짓개념pseudoconception일 뿐입니다. 인간은 **의식을 지닌 독립체**conscious entity여서 사건을 있는 그대로 받아들이지 않고 개념적으로 기록(관념적으로 표상)입니다. 따라서 인간이 '새로운 사건들이 계속 생겨난다'고 생각한다면, 그건 의식이 작용했기 때문이므로 물리학자들이 쓸데없이 신경쓰지 않아도 되는 문제입니다."

그륀바움이 발표를 끝내자마자 철학적·심리학적 모호함에 불만을 품은 참석자 한 명이 신랄한 반론을 제기하기 시작했다. (나중에 출판된 회의록에서는 이 참석자가 만인의 웃음거리가 되는 것을 막기 위해 Mr. X라고만 언급했다. 그러나 파인먼의 깐족거리는 말투는 대번에 티가 났다. 그를 Mr. X라고 부르는 것은 국무장관을 '국무장관 전용기에 탑승한 고위층'이라고 부르는 것이나 마찬가지였다.)

Mr. X: 방금 뭐라고 말씀하셨죠?

그륀바움: 제 말뜻은 '의식이 있는 것'과 '의식이 없는 것' 사이에 차이가 있다는 겁니다.

Mr. X: 그 차이란 게 뭡니까?

그륀바움: 글쎄요, 더 정확히 표현할 말이 떠오르지 않네요. 예컨대 컴퓨터는 일자리를 잃어도 슬퍼하지 않을 겁니다. 왜냐하면 컴퓨터는 개념화된 자의식이 없기 때문이죠. 그러나 실직한 사람은 자신의 처지를 슬퍼할 겁니다.

Mr. X: 개는 의식이 있나요?

그륀바움: 글쎄요, 아마도 그럴 겁니다. 사람과는 정도의 차이가 있겠지만 말입니다. 하지만 개가 개념화된 의식을 갖고 있는지는 잘 모르겠군요.

Mr. X: 그럼 바퀴벌레는 의식이 있을까요?

그륀바움: 글쎄요, 저는 바퀴벌레의 신경계를 모릅니다.

Mr. X: 그런가요? 바퀴벌레는 무위도식한다고 괴로워하지는 않을 것 같은데요?

파인먼이 생각하기에 '현재'라는 개념을 확고히 하려면 애매모호한 유심론적 관점에 얽매여서는 안 될 것 같았다. 파인먼은 사람의 마음이 물리 법칙의 표현에 다름 아니라고 생각했다. 그륀바움이 말한 생겨남coming into being이라는 것도 따지고 보면 뇌가 만들어낸 것이었다. 즉, 뇌 속에 숨어 있는 특정 기관이 은밀히 작동하여 두 공간 영역(한쪽은 두개골 내부, 다른쪽은 시공 다이어그램 속의 어느 곳) 간의 상관관계를 처리한 결과였다. 그렇다면 이론적으로 볼 때 사람의 뇌 기관은 현재성nowness이라는 느낌을 만들어내기에 충분할 정도의 정교함을 갖추고 있어야 했다.

현재에 대한 인식은 주관적이고 임의적이어서 정의와 해석에 따라 달라지는데 상대성이론의 시대에는 더욱 그랬다. "현재를 쉽게 정의하는 방법은 특정한 t값을 현재라고 놓는 것이다. 틀린 말은 아니지만 우리의 경험에 어긋난다." 물리학자인 데이비드 파크David Park가 말했다. "우리가 주변의 일들에만 신경을 쓰며 단순하게 지낸다면 우리의 주의력은 하나의 기간에 집중된다. 경험적으로 말하면 현재란 바로 이 기간, 즉 '머리에 떠오르는 것을 생각하고 당면과제를 해결하는 기간'을 말한다. 여러 철학자들은 이와 비슷한 이유를 들어 현재라는 개념을 파기하고 싶어했다. 이러한 논쟁 중에 파인먼은 인간의 의식이 특별하다는 견해를 부인하며 독특한 입장을 견지했다. 양자역학의 측정 문제에 부딪히면서 관용의 폭을 넓혀 왔던 터라 파인먼을 비롯한 과학자들은 현재의 부정확성, 즉 현재의 시점timing과 지속기간duration이 사람에 따라 다를 가능성에 대해 얼마든지 받아들일 준비가 되어 있었다. 이후 과학기술의 발달은 현재를 엄밀하게 정의하는 방법을 제공했고 최소한 '현재란 무엇인가'에 대해 논의할 수 있는 분위기를 조성했다. 게다가 카메라 셔터나 컴퓨터를 이용하여 시간을 기록하는 관행은 현재에 대한 주관성을 감소시켰다.

파인먼과 함께 코넬 회의에 참가한 휠러는 대공포에 장착된 컴퓨터를 예로 들어 이렇게 설명했다. "대공포에게 현재란 하나의 유한한 구간finite interval을 의미한다. 구체적으로 직전 경로(레이더에 포착된 표적의 직전 비행경로)는 물론 직후 경로(직전의 데이터를 이용해 외삽법으로 계산한 표적의 직후 비행경로)까지도 포함한다. 마찬가지로 우리의 마음은 '직전의 기억'과 '직후의 기대'를 혼합하여 현재를 구성한다. 따라서 현재는 영원히 붙잡을 수 없는 찰나적 순간이 아니라 실제로 체감할 수 있는 유한한 구간이다." 휠러는 『이상한 나라의 앨리스』에서 하얀 여왕White Queen이 앨리스에게 한 말을 인용하며 이야기를 마무리했다. "지나간 일밖에 모르면 기억력이 나쁜 거란다."

휠러와 파인먼의 흡수체 이론은 점점 더 외곬로 빠지는 입자물리학계의 관심권에서 벗어났지만, 다양한 학자들이 모인 코넬 회의에서는 큰 주목을 받았다. 휠러와 파인먼이 가역적 과정과 비가역적 과정에 관심을 기울인 데서 탄생한 흡수체 이론은 이제 시간의 흐름과 시간의 화살을 이해하려는 세 가지 접근방법의 공통기반으로 자리잡았다. 입자물리학자들이 흡수체 이론을 대수롭지 않게 지나쳐버리자 신세대 우주론자들이 바통을 이어받았다. 우주론 분야는 단순히 별을 관측하는 천문학에서 우주를 향해 어마어마한 질문을 던지는, 즉 '우주의 기원'과 '우주의 운명'을 탐구하는 모험으로 변모하기 시작했다. 우주론은 완전히 과학적이지는 않지만 철학, 미술, 신앙, 그리고 적잖은 희망을 융합하여 현대과학의 한가운데에 우뚝 섰다. 공기는 뿌옇고 밤하늘을 내다볼 창문도 별로 없는 데다가 천문관측 시설도 무선안테나도 부족했지만, 우주론자들은 시간과 공간의 기원을 밝혀내겠다는 일념으로 먼 하늘을 바라보며 눈빛을 번득였다. 우주론자들이 생각하는 공간은 아인슈타인 시대 이전의 과학자들이 가졌던 직관적인 생각과는 이미 달랐다. 공간은 평평하고 밋밋한 대상이 아니라, 시간과 중력을 모두 품고 있는 불가사의하고 가소성이 뛰어난 매질이었다. 일부 우주론자들은 100억~150억 년 전에 일어난 대폭발을 근거로 내세우며 '공간이 고속으로 팽창하면서 그 안의 물질들이 점점 더 멀리 떨어져 간다'고 믿었다. 우주는 어디를 가나 똑같고 무한하고 정적이고 유클리드적이고 늙지 않고 균일하다는 가정, 즉 세상은 끝이 없기를 기원하던 가정은 흔들리고 있었다. 우주팽창설을 지지하는 가장 강력한 증거는 1929년 에드윈 허블의 발견이다. 다른 은하들이 우리 은하에서 먼 쪽으로 흘러나가며 멀어지면 멀어질수록 이동속도가 더 빨라

보이는 현상이었다. 이 팽창이 영원히 진행될 것인지 아니면 그 반대가 될지는 아직 미지수였다. 어쩌면 우주는 팽창과 수축을 일정한 주기로 영원히 반복하는지도 모를 일이었다.

우주의 팽창 문제는 시간의 본질 자체와 관련된 듯했다. 빛의 생성과 소멸을 초래하는 입자들의 상호작용을 기술하는 수식에는 시간에 대한 몇 가지 가정이 반영되어 있었다. 휠러와 파인먼의 방식으로 시간을 생각하면 입자들의 상호작용과 우주팽창 과정 간의 보편적인 연결고리를 피할 수 없었다. 코넬 회의에서 헤르만 본디Hermann Bondi가 한 모두발언도 이 점을 염두에 둔 것이었다. "밤하늘이 어둡고, 물질과 복사 사이에 불균형이 나타나고, 복사된 에너지가 실질적으로 사라지는 것은 바로 이러한 과정 때문이다. 우리는 물리학의 기본 구조와 우주론이 매우 긴밀하게 연관되어 있음을 인정한다." 앞선 파동과 뒤처진 파동을 절반씩 고려하여 과감하게 시간대칭이론을 세웠던 것처럼, 휠러와 파인먼은 이번에도 과감한 우주론적 주장을 펼쳤다. 수식들의 균형을 적절히 맞추려면 '모든 복사가 결과적으로는 어딘가에 흡수된다'고 수학적으로 가정해야 했다. 광선이 흡수물질과 만나지 않고 끝없는 미래로 영원히 날아간다면 이 같은 가정에 어긋나므로, 두 사람의 이론이 성립하려면 특정한 종류의 우주가 전제되어야 했다. 우주가 영원히 팽창한다면 상상컨대 우주의 물질이 매우 희박하게 분포되어 빛이 흡수되지 않을 것이기 때문이다.

물리학자들은 시간의 화살이 세 가지로 구별된다는 사실을 알고 있었다. 파인먼의 표현에 의하면 이 세 가지 화살은 첫째 열역학적 화살(또는 '우연한 삶'의 화살), 둘째 복사 화살(또는 '뒤처지거나 앞선' 화살), 셋째 우주론적 화살이다. 파인먼은 코넬 회의에 참석한 물리학자들에게 세 가지 그림을 마음속에 늘 담아두라고 당부했다. 첫 번째는 '물탱크 하나의 한 쪽에는 바닷물이, 다른 쪽에는 민물이 담겨 있는 그림', 두 번째는 '안테나 하나가 놓여 있고, 전하가 안테나 쪽으로 다가오거나 안테나에서 멀어져가는 그림', 세 번째는 '멀리서 함께 움직이거나 따로 노는 성운nebula의 그림'이었다. 세 가지 화살 간의 관계는 세 가지 그림 간의 관계와 같았다. 바닷물과 민물이 점점 더 섞이는 장면을 보여주는 영화라면, 안테나에서 복사가 나오고 성운이 멀어져가며 흩어지는 장면도 보여줘야 하지 않을까? 참석자들은 그저 추측에 추측을 거듭할 뿐이었다.

파인먼은 다음과 같은 말로 발표를 마무리했다. "물리법칙은 우리에게 '허용 가능한 우주가 여럿 존재한다'고 알려주는데 우리는 단 하나의 우주만 기술하고 있습니다. 이거 정말 흥미롭지 않습니까?"

양자역학과 최소작용 원리

의사인 친척에게 처방받은 오메가 오일을 아무리 발라도 혹과 열이 가라앉지 않자, 알린은 '장티푸스일지도 모르니 병원에 가보라'는 말을 듣고 파로커웨이의 병원에 입원했다. 병원에서도 정확한 병명을 듣지 못하자, 파인먼은 의학적 불확실성이 과학자에게 안겨주는 무력함을 어렴풋이 느꼈다. 과거에는 '과학적 사고방식이 어려운 상황에서 침착성과 통제력을 제공해 준다'고 굳게 믿었지만, 이제는 아니었다. 자신의 전공과 아무리 거리가 멀더라도, 파인먼은 의학도 과학의 일부분이므로 물리학의 친척뻘이라고 여겼다. 리처드의 아버지도 한때 희망을 품고 의학의 한 갈래에 심취했었고 근래에는 리처드도 기초해부학을 배우며 생리학 과목을 청강했다. 그는 프린스턴 도서관에서 장티푸스에 관한 책들을 두루 섭렵한 다음, 병원으로 찾아가 알린의 담당의사에게 이것저것 꼬치꼬치 캐묻기 시작했다. "위달검사Widal test[9]는 하셨나요?" "네." "결과는요?" "음성입니다." "그런데 왜 장티푸스라는 거죠? 고감도 검사에서도 음성반응이 나왔는데, 도대체 무슨 근거로 알린의 친구와 친척들을 정체불명의 세균에게서 보호한답시고 모조리 가운을 입히는 거죠? 더구나 알린의 목과 겨드랑이에서 나타났다 사라지기를 반복하는 정체불명의 혹이 장티푸스와 무슨 관계죠?" 의사는 파인먼의 질문에 드러내 놓고 불쾌감을 표시했다. 알린의 부모는 아무리 약혼자라고 해도 알린의 치료에 간섭할 위치는 아니라고 일침을 놓았다. 파인먼은 잠자코 꼬리를 내렸고 알린은 다행히 회복되는 듯싶었다.

바야흐로 파인먼과 휠러의 공동연구는 중대한 전환점에 놓여 있었다. 그들의 이론은 현대적이고 인과율을 벗어난 양상을 띠긴 했지만, 아직은 고전이론의 티를 벗지 못해 양자론이라고 부르기는 어려웠다. 물체를 물체로 다뤘을 뿐, 확률 관점에서 다루지는 않았다. 또한 에너지를 연속적인 현상으로 다뤘을 뿐, 잘 정의된 조건하에서 '띄엄띄엄한 묶음'과 '쪼갤 수 없는 덩어리'로 나타내지는 않았다. 자체에너지self-energy 문제는 양자론에서나 고전전기역학에서나 까다롭기는 마찬가지였다. 원치 않는 무한대(0으로 나누기 오류)는 양자시대 이전부터 골치를 썩이던 것으로, 전자를 점과 비슷하다 생각하는 순간 무한대가 나타났다. 처음에 파인먼은 고전적인 경우에서 출발하여 양자화된 전기역학으로 옮겨가는 것이 자연스로운 수순이라고 생각했다. 고전모형을 현대적 양자모형으로 전환하는 표준방법들은 이미 몇 가지 확립되어 있었는데, 그중 하나는 모든 운동량 변수들을 취하여 복잡한 수식으로 바꾸는 것이었다. 그러나 휠러와 파인먼의 이론에는 운동량 변수가 없다는

---

9) 장티푸스 진단에 사용되는 혈청검사.

것이 문제였다. 왜냐하면 파인먼이 최소작용의 원리를 바탕으로 이론의 틀을 단순화하는 과정에서 운동량 변수들을 모두 소거해 버렸기 때문이었다.

휠러는 가끔씩 파인먼에게 "내가 모든 문제를 해결했으니 걱정하지 말게"라고 큰소리치곤 했다. 1941년 봄 휠러는 그동안의 연구성과를 정리하는 차원에서 프린스턴 물리학과 학술포럼에서 양자화된 이론을 발표하겠노라고 예고했다. 그러나 휠러가 영 못미더웠던 파울리는 도서관으로 가던 파인먼을 불러세워 휠러가 발표할 내용이 뭔지 따져물었다. 파인먼이 모르겠다고 대답하자 파울리는 이렇게 말했다. "뭐? 교수가 조교한테도 발표내용을 안 가르쳐줬다고? 그렇다면 휠러 교수는 문제를 해결한 게 아닌 게로군." 파울리의 예측대로 휠러는 곧 발표를 취소했다. 그러나 휠러는 이에 조금도 굴하지 않고 하나가 아니라 총 다섯 편으로 구성된 대작을 쓰겠다는 거창한 계획을 세웠다.

한편 파인먼은 박사학위 논문을 준비해야 했다. MIT 시절 그랬듯 복잡한 문제에서 군더더기들을 모두 걷어내고 알짜배기만을 다루는 간결한 방식으로 자신의 이론을 양자화하기로 마음먹었다. 시간지연을 고려하며 결합된 한쌍의 조화진동자harmonic oscillator의 상호작용을 계산했더니 이상적인 용수철 한 쌍과 다를 바 없었다. 한 쪽 용수철이 흔들리면 순수한 사인파sine wave가 나오는데, 다른 쪽 용수철은 반대쪽으로 튈 것이므로 두 파동의 상호작용으로 새로운 파형이 형성될 것이다. 파인먼의 이론은 어느 정도 진척을 보았지만 간결함이 도에 지나쳤는지 양자론 버전을 만들기가 쉽지 않았다.

전통적인 양자역학에서는 과거에서 미래로 갈 때 미분방정식을 거쳤다. 이를 소위 해밀토니안 방법Hamiltonian method이라고 한다. 물리학자들은 계의 해밀토니안을 찾는 방법을 논했는데 해밀토니안을 찾아내는 경우 계산을 계속하면 되지만, 찾아내지 못하면 그걸로 끝이었다. 그러나 원거리에서 작용이 직접 일어난다고 보는 파인먼과 휠러의 관점에서는 해밀토니안 방법이 비집고 들어올 자리가 없었다. 왜냐하면 시간지연을 도입했기 때문이었다. 위치나 운동량 등을 이용하여 현재를 완전히 기술하는 것만으로는 충분치 않았다. 과거에서(휠러와 파인먼의 경우에는 미래에서) 날아온 지연효과가 언제 들이닥칠지 도무지 알 수 없었다. 과거와 미래가 상호작용하므로 통상적인 미분방정식의 관점이 무너졌다. 따라서 최소작용의 원리와 라그랑주 접근법을 대안으로 사용하는 것은 사치가 아니라 필수였다.

이런저런 일로 머리가 복잡한 상태에서 파인먼은 기분도 전환할 겸 나소 태번Nassau Tavern에서 열린 맥주파티에 참가했다. 파인먼은 유럽에서 건너온 지 얼마 안 된 물리학자 헤르베르트 옐레Herbert Jehle 옆에 앉았다. 옐레는 베를린에서 슈뢰딩거의 문하에 있었고, 퀘이커 교도였으며, 독일과 프랑스의 포로수용소에서 살아남은 인물이었다. 당시 미국 과학계는 이 같은 난민들을 신속히 흡수했으므로 유럽의 혼란이 더욱 생생하고 가깝게 느껴졌다. 옐레는 파인먼에게 무슨 연구를 하느냐고 물었고, 파인먼은 자신의 연구 주제를 간단히 설명한 다음 '양자역학에서 최소작용의 원리를 적용한 사례라면 뭐라도 좋으니 아는 게 있으면 이야기해 달라'고 부탁했다.

옐레는 뜻밖에도 뭘 좀 아는 인물이었다. 파인먼의 우상인 디랙이 8년 전에 바로 그 주제에 관한 논문을 발표했다고 일러줬다. 다음 날 아침, 두 사람은 그 논문을 열람하기 위해 도서관으로 향했다. 여러 권씩 편철된《소련 물리학저널》더미를 샅샅이 뒤진 끝에 「양자역학의 라그랑지안」이라는 제목의 짤막한 논문을 찾았다. 디랙은 파인먼이 궁리하던 방식과 똑같이, 즉 시간의 경과에 따라 입자가 그리는 경로 전체의 확률을 다루는 방식으로 최소작용 접근법의 첫 부분을 풀어나갔다. 세부적으로 디랙은 오직 한 가지, 즉 시간이 무한소량infinitesimal amount만큼 앞으로 흐를 때 (양자역학 지식의 꾸러미라고 할 수 있는) 파동함수가 어떻게 변화하는지를 수학적으로 기술했을 뿐이었다. 하지만 파인먼에게는 그것만도 감지덕지였다. 무한소량은 대단한 개념은 아니지만 미적분의 출발점이었기 때문이다. 파인먼은 디랙의 논문을 계속 넘기다 특정 단어가 나올 때마다 동작을 멈추고 깊은 생각에 빠졌다. 유사체analogue라는 단어였다. "매우 간단한 양자 유사체가 존재한다", "그것들은 고전적 유사체를 보유하고 있다", "이제 이 모든 것의 양자 유사체가 어떠해야 하는지 쉽게 알 수 있다"…. 파인먼은 고개를 갸우뚱거리며 옐레에게 물었다. "물리학 논문에 유사체가 웬말이죠? A식과 B식이 유사하다analogous면 결국 똑같다는 이야긴가요?"

"아뇨." 옐레가 정색을 하며 말했다. "'유사하다'는 말과 '똑같다'는 말은 의미가 달라요." 파인먼은 칠판 앞으로 가 디랙의 논문에 나온 공식들을 쭉 적고 하나씩 하나씩 따지기 시작했다. 옐레의 말대로 그것들은 똑같지 않았다. 디랙의 논문에서 유사체라는 말은 '똑같다'는 뜻이 아니라 **'비례한다'**는 뜻이었다. 파인먼은 디랙의 공식에 곱셈상수를 추가하고 몇 개의 항에 값을 대입한 다음, 이 식 저 식을 넘나들며 옐레가 혀를 내두를 만큼 엄청난 속도로 계산을 해 나갔다. 잠시 후 두 사람의 눈 앞에는 매우 낯익은 방정식, 슈뢰딩거 방정식이 나타났다. 파인먼의 라그랑지안식 체계와 양자역학의 표준 파동함수 사이에는 연결고리가 존재했던 것이다.

옐레가 갑자기 조그만 노트 하나를 파인먼에게 내보였다. 그는 파인먼이 칠판에 잔뜩 써 놓은 수식들을 정신없이 베끼던 중이었는데, 노트의 한 부분을 가리키며 이렇게 말했다. "대단해요, 디랙이라면 절대로 이렇게 풀지 않았을 거예요." 디랙의 경우 어떤 해법을 선보일 때는 그저 '이런 게 있다'고 보여주기 위한 것일 뿐, 그 해법의 유용성을 소개하려는 의도는 아닌 경우가 많았다(적어도 옐레가 보기에는 그랬다). 그러나 파인먼의 스타일은 디랙과 천차만별이었다. 거침없고 실용주의적인 파인먼의 태도는 고고하고 심미적인 디랙의 태도와 좋은 대조를 이뤘다. 파인먼이 수학을 구사하는 방식은 옐레에게 깊은 인상을 남겼다. 옐레는 고개를 절레절레 흔들며 말했다. "듣던 대로 미국인들은 다르군요. 늘 어딘가에 써먹을 궁리를 한다니까요"라고 옐레는 말했다.

아우라

파인먼의 실력은 일취월장을 거듭하여 최고의 경지에 근접해 갔다. 나이도 스물 셋으로 젊었고, 매의 눈으로 물리학 전반을 조망하려면 아직도 3~4년은 더 경험을 쌓아야 했지만, 이론과학 특유의 재료들을 현란하게 다루는 솜씨에서 파인먼을 대적할 물리학자는 이미 세상에 없었다. 파인먼은 그저 수학만 잘하지 않았다. 게다가 '휠러와 파인먼의 공동연구에 등장하는 까다로운 수학적 장치들을 휠러 혼자 감당하는 건 무리'라는 사실을 프린스턴의 선배 물리학자들이 모를 리 없었다. 구소련의 물리학자 레프 란다우Lev Landau나 20대 초반의 아인슈타인처럼, 파인먼은 수식 너머에 존재하는 실체를 쉽게 꿰뚫는 가공할 능력의 소유자였다.

파인먼은 별종이었다. 잠을 자고 꿈을 꾸는 동안에도 손가락 끝에서 살아 움직이는 점토의 감각을 느끼는 조각가였다. 매일 오후에 티타임만 되면 대학원생과 교수들은 파인홀에 있는 휴게실로 우루루 몰려가 너 나 할 것 없이 파인먼의 얼굴을 쳐다봤다. 튜키를 비롯한 수학자들과 농담을 주고받으며 알듯 말듯한 물리학 이론의 보따리를 풀어놓는 파인먼의 모습을 구경하는 게 그들의 낙이었다. 어떠한 아이디어를 접하든 파인먼은 항상 본질을 파고드는 의문을 제기했다. 어니스트 로런스의 (가마솥 모양의 건물로 유명한) 버클리연구소에서 프린스턴으로 자리를 옮긴 실험학자 로버트 R. 윌슨은 고작 두어 차례 파인먼과 격의없는 대화를 나눴을 뿐인데 단박에 사람을 알아봤다. "이 친구 물건이로군!"

파인먼의 아우라는 전에도 늘 그랬듯 외부에는 잘 알려지지 않았다. 파인먼은 아직 대학원 2년차여서 기본 문헌에 무지했을 뿐 아니라, 디랙이나 보어의 논문을 독파하는 것을 썩 내켜하지 않았다. 사실 그건 다분히 의도적이었다. 대학원생이라면 누구나 거쳐야 하는 논문제출자격 구술시험을 준비하는 동안 파인먼은 '이미 다 아는 물리학 지식'을 요약하여 달달 외우는 공부 따위는 하지 않기로 했다. 그 대신 호젓한 MIT 도서관을 찾아가 새 노트를 펴고 맨 앞장에 "내가 모르는 것들"이라고 적었다. 그러고는 난생 처음으로 자신의 물리학 지식을 재정비하기 시작했다. 이 같은 공부방법은 나중에 파인먼의 전매특허가 되었다. 몇 주 동안에 걸쳐 물리학을 갈래별로 분해하여 윤활유를 바른 다음 다시 조립하면서 어설픈 부분이나 불일치하는 곳이 없는지 낱낱이 점검했고, 주제별로 핵심사항을 골라내려고 애썼다. 공부를 다 마치고 완성된 노트를 보니 그렇게 뿌듯할 수가 없었다.

하지만 이 노트는 정작 구술시험 준비에는 그다지 도움이 되지 않았다. 파인먼은 '무지개의 맨 꼭대기는 무슨 색이냐'라는 질문을 받는데 '굴절률과 파장 간의 관계를 나타내는 곡선'이 머릿속에서 뒤집히는 바람에 하마터면 틀릴 뻔했다. 수리물리학자 H. P. 로버트슨H. P. Robertson은 상대성이론 분야에서 매우 까다로운 문제를 하나 출제했다. 멀리 떨어진 별에서 망원경으로 본 지구의 겉보기 경로를 묻는 문제였는데, 파인먼은 교수를 설득하여 겨우 정답을 인정받았지만 나중에 가서 자신이 틀렸다는 사실을 깨닫게 되었다. 휠러는 표준광학 교재를 펼쳐들고 "원자 100개에서 나오는 빛의 위상이 제각각이면 빛의 세기는 원자가 하나인 경우의 50배가 된다"라는 문장을 읽고 어째서 그렇게 되는지 설명해 보라고 했다. 파인먼은 문제의 함정을 간파하고 "그런 논리대로라면 '원자 한 쌍과 원자 한 개가 내는 빛의 세기가 똑같다'는 이야기가 된다"라고 주장하며, 교재가 틀린 게 분명하다고 대답했다. 사실 구술시험은 죄다 요식행위에 불과했다. 프린스턴의 선배 물리학자들은 파인먼의 우수성을 너무나 잘 알고 있었기 때문이다.

한번은 핵물리학 강의록을 작성하다가 핵 속의 입자들을 나타내는 위그너의 공식을 보고는 크게 실망했다. 그 공식은 쓸데없이 복잡해 이해하기 무척 힘들었기 때문이다. 그래서 파인먼은 자기 방식대로 문제를 풀면서 다이어그램을 하나 고안했다(이 다이어그램은 앞으로 벌어질 일의 신호탄이었다). 입자의 상호작용 과정을 꼼꼼히 기록하고, 중성자와 양성자의 수를 헤아려 대칭 쌍인지 아닌지에 따라 군론적group theoretical 방식으로 배열했다. 그런데 신기하게도 이 다이어그램은 파인먼이 플렉사곤의 접는 순서를 이해하느라 고안해냈던 다이어그램과 모양이 비슷했다. 정확한 메커니즘은 알 수 없었지만 파인먼의 다이어그램은 위그너의 공식과 잘 들어맞는 것으로 밝혀져 위그너의 접근방법을 단순화하는 데 크게 기여했다.

고등학교 시절 유클리드 기하학 문제를 풀 때 파인먼은 논리적 순서에 따라 단계적으로 접근하는 방식을 사용하지 않았다. 그는 머릿속에서 도형을 이리저리 조작하는 방법을 썼다. 어떤 점은 고정시키고, 어떤 점은 자유롭게 이동시켰으며, 어떤 선은 딱딱한 막대기로 어떤 선은 신축성 있는 밴드로 생각하며 확실한 답이 떠오를 때까지 도형을 계속 변형시켰다. 머릿속에서 만든 도형들은 어떠한 학습도구보다도 편리했다. 물리학 지식과 수학기법에 모두 통달한 파인먼은 대학원에 와서도 동일한 방법을 사용했다. 단, 고등학교 시절과 다른 점이 하나 있다면 머릿속 공간에서 떠다니던 선과 꼭지점이 이제는 복잡한 기호와 연산자로 진화했다는 것이었다. 기호와 연산자들을 유심히 살펴보면 일정한 패턴이 반복되는 것을 알게 되었고 특정 부분을 골라 전개하면 좀 더 복잡한 식들이 모습을 드러냈다. 파인먼은 도형들을 움직여 재배열하는 가 하면, 점을 고정한 상태에서 점이 속해 있는 공간을 늘려보기도 했다. 어떤 연산을 떠올릴 때는 기준틀, 즉 시간과 공간의 방향을 바꿔야 했다. 파인먼의 관점은 정지상태에서 등속운동으로, 그리고 가속운동으로 옮겨갔다.

주변에서는 파인먼의 물리학적 직관이 비범하다고 말했지만 파인먼의 분석력이 탁월했던 이유는 그것 때문만이 아니었다. 파인먼은 마음 속에서 힘에 대한 감각과 힘을 수학적으로 표현하는 대수연산algebraic operation 지식을 하나로 결합하여, 물리량뿐만 아니라 그것을 표현하는 미적분법, 기호, 연산자까지도 가시적인 실체로 느낄 수 있었다. 어떤 창조적인 사람들은 숫자에서 색깔을 느낀다고 하는데 파인먼도 그런 부류였다. 파인먼은 익숙한 물리학 공식과 마주칠 때면 추상적 변수들에게서 다양한 색깔을 느꼈다. 한번은 이렇게 말하기도 했다. "나는 말을 할 때마다 얀케와 엠데Jahnke and Emde의 책에 나오는 베셀함수Bessel function가 희미한 그림으로 나타나는 것을 본다. J가 밝은 황갈색, n이 남색, x가 흑갈색을 띤 채 내 주위를 날아다닌다. 그게 학생들에게는 어떻게 보일지 무척 궁금하다."

지난 8년 동안 입자의 경로를 작용이라는 양으로 표현하는 방법인 라그랑지안 개념을 양자역학에 완벽하게 적용한 물리학자는 없었다. 디랙도 예외는 아니었다. 하지만 디랙의 아이디어는 파인먼의 상상력에 불을 댕기는 도화선으로 작용했고, 그동안 발목을 잡았던 고질적인 문제가 해결되면서 양자역학은 완전히 새로운 양상을 띠게 되었다. 디랙은 무한소시간infinitesimal time 단위로 파동함수의 진행과정을 계산하는 방법을 제시했지만, 파인먼은 유한시간finite time 단위로 움직이는 파동함수가 필요했다. 무한소시간과 유한시간 사이에는 높다란 장벽이 가로놓여 있었다. 디랙의 무한소 개념을 이용하려면 무한히 많은 계단들을 차곡차곡 밟고 올라가야 했고, 한 계단을 오를 때마다 적분 계산을 해야 했다.

파인먼은 일련의 곱셈과 복합적분compound integral을 구상한 다음, 입자의 위치를 나타내는 좌표들을 따져 봤다(복합적분을 하려면 수많은 좌표들이 필요했다). 파인먼이 원하는 양은 작용이었는데 그것을 구하려면 입자가 경유할 수 있는 좌표를 모두 포함하는 복잡한 적분 계산이 필요했다. 계산 결과는 일종의 확률합으로 나왔지만 엄밀히 말하면 완벽한 확률이라고 보기 어려웠다. 왜냐하면 양자역학에서는 그보다 더 추상적인, 확률진폭probability amplitude이라는 양이 필요했기 때문이다.

파인먼은 처음부터 마지막까지 상상할 수 있는 모든 경로들을 계산에 포함시켰다. 처음에는 명료한 경로의 집합보다는 두루뭉술한 좌표뭉치들이 눈에 더 잘 들어와 고생을 좀 했지만, 제1원리까지 깊이 파고들어 양자역학의 체계를 새로 세울 수 있었다. 앞으로 연구가 어떤 방향으로 진행될지 알 수 없었지만, 파인먼은 시공의 경로를 좀 더 뚜렷하고 직접적으로 이해한 듯한 느낌이 들었다. 에테르 이후에 등장한 장은 1920년대 파동이론의 유산으로, 특이하고 부자연스럽게 진동하는 것이 왠지 이상해 보였다.

폐결핵

17세기의 물리학이 그랬던 것처럼 20세기의 의학은 과학적 토대를 구축하려고 몸부림치는 중이었다. 의사들은 인류사를 통해 치료자로서 인정받은 권위를 휘두르며, 전문용어를 구사하고 의과대학과 학회의 주요 직책을 맡았다. 그러나 그들의 의학지식은 민간요법과 유사과학적 유행이 뒤섞인 모조품에 불과했다. 대조군 실험과 통계학의 기본을 이해하는 의학자는 극소수였다. 소위 권위자라는 사람들이 개인적 경험, 추상적 추론, 심미적 판단 등을 근거로 하여 특정 치료법을 논하는 광경은 신학자들이 신학이론에 대해 왈가왈부하는 모습을 연상시켰다.

생물학자를 양성하는 교육과정에서 수학은 아무런 역할을 하지 못했다. 인체는 아직 블랙박스 같아서 내부를 들여다보려면 수술용 칼을 이용하거나 윤곽이 불명확한 초기 엑스선을 이용하여 사진을 찍어야 했다. 연구자들은 식생활이 질병에 미치는 영향을 이해하려고 기웃거리는 수준이었다. 현대적 느낌이 드는 비타민이라는 용어가 만들어졌고 그중 몇 가지는 실험실에서 분리되었다. 그러나 파인먼의 아버지 멜빌은 만성 고혈압 진단을 받고서도 염분과 기타 영양소가 강화된 달걀, 우유, 치즈 등 고혈압에 좋지 않은 영향을 끼치는 음식에 서서히 중독되어 가는 실정이었다. 면역학과 유전학에 대한 지식은 전무하다고 해도 과언이 아니었다. 인간의 정신에 관한 이론은 과학이라기보다는 문학적 비유와 임시방편을 모아 놓은 잡설에 불과했다. 암, 바이러스, 심장 및 뇌질환에 관한 지식은 지극히 초보적인 수준에 머물렀다. 20세기 내내 의학은 걸핏하면 만인의 조롱거리가 되곤 했다.

그러나 예방접종과 항생제라는 쌍두마차의 등장으로 의학은 세균성 전염병과의 전면전을 승리로 이끌 기회를 잡았다. 파인먼이 대학원에 들어가던 무렵 의사가 된 조너스 소크Jonas Salk는 그로부터 몇 년 후 백신을 개발하여 소아마비polio와의 싸움에서 거세게 몰아붙이기 시작했다. 하지만 대규모 임상시험과 통계적 사고가 의학분야에 뿌리를 내리려면 아직 갈 길이 멀었다. 알렉산더 플레밍Alexander Fleming은 푸른곰팡이penicillium notatum의 항균효과를 10년 전에 눈치채고도 뭉그적거리고 있다가 후학들에게 추월당했다. 당시 플레밍의 관찰결과는 「파이퍼의 바실루스 분리를 위한 배지A

Medium for the Isolation of Pfeiffer's Bacillus」라는 제목의 논문으로 발표되었다. 플레밍은 환자 몇 명의 상처에 곰팡이를 문질러 보고 애매한 효과를 거뒀는데, 그 효과를 제대로 연구해 봐야겠다는 생각은 꿈에도 하지 않았다. 그로부터 10년이 지난 1940년, 플레밍을 포함한 생물학자들은 수백만 명의 생명을 구해 줄 마법의 항생물질을 꿈꿨지만 계속 허탕을 치고 있었다. 그러던 중, 플레밍의 논문을 우연히 발견한 두 명의 연구자들이 페니실린을 추출해냈고, 마침내 일화逸話와 과학을 구분하는 경계선을 넘었다. 그들은 병에 걸린 생쥐 네 마리에 페니실린을 주사하고 다른 네 마리는 그냥 내버려두는 방법으로 페니실린의 효과를 입증했다. 1930년대 의학계 분위기를 감안하면 허송세월한 10년은 그냥 무시해버려도 그만이었다. 그러나 플레밍의 동시대인들은 그를 멍청하다고 비웃지 않았다. 오히려 그를 영웅으로 치켜세우며 노벨상까지 안겨줬다.

결핵(폐병consumption, 소모병wasting disease, 림프절결핵scrofula, 황폐증phthisis, 폐결핵white plague)이 창궐하여, 다른 어떤 질병보다도 더 넓은 지역을 휩쓸며 많은 사람들의 생명을 앗아갔다. 결핵은 소설가와 시인들에게 낭만적 아우라를 제공하는 소재였다. 창백한 탐미주의자가 앓는 질병으로, 몸을 쇠약하게 하는 소모성 질환이었기 때문이다. 결핵에 걸리면 체온이 오랫동안 서서히 오르는데, 대사가 항진되어 신체활동이 활발해지고 삶의 기운이 충만한 것으로 오인받기 십상이었다. 토마스 만의 가장 유명한 소설 『마의 산』은 결핵에서 영감을 얻어 탄생한 작품이다. 그는 결절tubercle의 상흔과 염증을 죄악, 타락, '차가운 무기분자에서 탄생한 생명'과 결부시켜 이렇게 표현했다. "뭔가 알수 없는 물질이 침윤infiltration하여 조직을 자극함으로써 흉측한 덩어리를 키운다. 전신이 독소에 중독되어 병세가 악화되면 걷잡을 수 없는 지경에 이른다." 토마스 만이 『마의 산』의 집필을 마친 1924년, 소설에 등장하는 유럽의 휴양지 스타일의 요양원은 이미 구시대의 유물이 된 지 오래였다. 넘쳐나는 환자들 때문에 골머리를 앓던 미국 공중보건 당국은 결핵을 그저 '가난한 사람들이 걸리는 병'쯤으로 치부했다.

알린 그린바움의 림프계를 감염시킨 결핵균은 살균처리 되지 않은 우유에서 옮은 것으로 추정된다. 목의 림프절과 다른 부위에 발생한 재발성 부기recurrent swelling는 고무처럼 말랑말랑하고 통증을 수반하지 않았다. 알린은 고열과 피로에 시달렸다. 그러나 정확한 진단은 아직 의사들의 능력 밖이었다. 알린은 그다지 못 사는 형편도 아니고 그리 어린 나이도 아니어서, 의사들의 눈에는 전형적인 결핵 환자가 아닌 것처럼 비쳐졌다. 게다가 림프절결핵은 폐결핵보다 훨씬 드물어, 유병률이 20~30분의 1에 불과했다. 의사들은 장티푸스가 아님을 확인하고 다른 가능성을 타진했지만, 림프종lymphoma, 림프육종lymphosarcoma, 호지킨병Hodgkin's disease과 같은 악성질환에만 초점을 맞췄다.

파인먼은 다시 프린스턴의 도서관을 찾아 닥치는 대로 자료를 찾았다. 한 표준 의학서를 살펴보니 다양한 가능성이 나열되어 있었다. 첫 번째는 국소감염증이었는데, 알린의 경우에는 부종의 범위가 너무 넓어 해당사항이 없었다. 두 번째는 림프절결핵이었는데, 책에는 '진단이 매우 쉽다'고 쓰여 있었다. 그 다음으로는 다양한 암들이 열거되었는데, 하나같이 '치명적'이라고 쓰여 있는 것을 보고는 간담이 서늘해졌다. 잠시 정신을 가다듬고 나니 최악의 경우를 상상했던 자신이 우스워졌다. 누구나 그런 목록을 읽다보면 으레 죽음을 떠올리기 마련이라고 생각하고 도서관 문을 나섰다. 차나 한 잔 마시려고 파인홀에 들어서자 평소와 다름없이 대화가 오가는 광경이 왠지 낯설게만 느껴졌다.

1941년의 몇 달은 그렇게 지나갔다. 병원을 셀 수 없이 드나드는 동안,

알린의 증상은 나타났다 사라지기를 반복하고 상담 의사의 수는 갈수록 더 늘어났다. 하지만 파인먼은 병실에 들어가지 못하고 밖에서 서성였고, 대부분의 소식은 알린의 부모님을 통해 간접적으로 전해 들었다. 파인먼과 알린은 무슨 일이 생기더라도 용감하고 솔직하게 맞서자고 굳게 다짐했다. 알린은 리처드에게 이렇게 말했다. "아프지 않을 때도 그랬지만 우리의 사랑을 지탱하는 건 솔직함이야. 나는 진실 앞에서 당당하고, 당황하거나 얼버무리지 않는 너의 태도가 마음에 들어." 알린은 여느 환자들과는 달리 자신의 병에 대해 완곡하게 말하거나 적당히 둘러대는 것을 싫어했다. 사실 불치병 앞에서는 치료에 대한 부담으로 솔직해지기 어려운 것이 인지상정이었다. '나쁜 소식을 곧이곧대로 전하면 치료에 악영향을 미친다'는 생각 때문이었다. 의사들이 최종적으로 호지킨병이라고 진단하자 리처드는 딜레마에 빠졌다. 간혹 일시적으로 증상이 완화될 수는 있지만 병세가 호전될 가능성은 없는 질병임을 익히 알고 있었기 때문이다.

의사들은 '알린을 안심시키기 위해 선열glandular fever이라는 거짓 진단명을 쓰자'고 제안했다. 파인먼은 단호히 거부하며 이렇게 말했다. "나는 알린에게 설사 선의의 거짓말이라도 일체의 거짓말을 하지 않기로 맹세했습니다. 그런 엄청난 거짓말을 하고 어떻게 알린의 얼굴을 마주볼 수 있겠습니까?" 양가 부모들과 의사들은 '이십대 초반의 젊은 숙녀에게 본인이 죽어간다는 사실을 말해 주는 건 너무 잔인하다'며 리처드를 만류했다. 리처드의 여동생 조안은 오빠를 '고집 세고 인정머리 없는 인간'으로 몰아붙이며 흐느꼈다. 리처드는 억장이 무너졌지만 인습 앞에 무릎을 꿇었다. 파밍데일 병원의 입원실에서 알린의 부모와 함께 리처드는 알린에게 '선열에 걸렸다'고 분명히 말해줬다. 그때부터 리처드는 알린이 언젠가 진실을 알게 되면 건네줄 요량으로 '비장의 러브레터'를 늘 몸에 지니고 다녔다. 거짓말한 게 들통나면 알린이 절대로 용서해 주지 않을 것 같아서였다.

오래 기다릴 것도 없이 일은 터지고야 말았다. 병원에서 퇴원하여 집으로 돌아온 직후 알린은 계단 꼭대기로 슬그머니 올라가 아래층 부엌에서 이웃과 함께 이야기하던 어머니가 우는 소리를 몰래 엿들었다. 알린의 호출을 받고 나타난 리처드는 모든 것을 이실직고한 후, 고이 품었던 편지를 건네며 결혼하자고 했다.

하지만 결혼은 그리 간단한 문제가 아니었다. 프린스턴 같은 명문대학에서는 그런 문제를 학생 재량에 맡기지 않았다. 아무리 환경이 좋은 학생이라도 결혼을 하게 되면 경제적으로나 정서적으로나 책임이 막중할 것으로 여겨졌다. 파인먼은 장학금으로 학비와 생활비를 해결하고 있었다. 퀸 주니어 장학생Queen Junior Fellow에 이어 샬럿 엘리자베스 프록터 장학생Charlotte Elizabeth Proctor Fellow으로 선발되어 연구조교 자격으로 1년에 200달러씩 받았다. 학장을 찾아가 '약혼녀가 죽어가고 있어서 결혼해야겠다'고 말하자, 학장은 허락할 수 없다고 고개를 가로저으며 '그러면 장학금 수혜자격이 박탈된다'고 경고했다. 대충 눈감아줄 분위기가 결코 아니었다. 학장의 반응에 낙담한 리처드는 대학원을 한동안 휴학하고 취직을 할까 망설였다. 그런데 결정을 내리기 직전에 병원에서 연락이 왔다.

정밀검사 결과 알린의 림프샘에서 결핵이 발견됐다는 소식이었다. 호지킨병이 아니어서 천만다행이었다. 당시 결핵은 '불치병'이 아니라 '난치병'이어서, 개별적으로는 효과가 신통치 않은 약물 수십 가지를 한꺼번에 복용하면 치료가 전혀 불가능한 것은 아니었다. 게다가 결핵은 신속하게 진행되지도 않고 증상이 뚜렷하지도 않은 질병이었다. 리처드는 일단 한시름 덜 수 있었다. 결혼을 서두를 이유가 사라졌기 때문이었을까? 리처드의 기대와는 달리 소식을 전해들은 알린의 목소리에는 실망감이 역력했다.

전쟁준비

1941년 봄이 가고 여름이 되자 도처에 전운이 감돌기 시작했다. 과학자들에게는 유독 상황이 심각해 보였다. 과학자들 간의 국제적 유대관계는 이미 단절되어 있었다. 히틀러가 장악한 유럽을 떠나 미국으로 망명한 학자들은 5~6년간 대학에서 자리를 잡았고, 종종 주도적 역할을 하기도 했다. 헤르베르트 옐레처럼 최근에 입국한 망명자들은 강제수용소와 테러에 관한 이야기를 전했는데, 들으면 들을수록 끔찍했다. 일본이 진주만을 공격하기 한참 전부터 과학자들은 전쟁 연구에 동원되었다. 파인먼의 캐나다인 동료 하나는 고국으로 돌아가 영국 공군에 입대했다. 어느 날 갑자기 아무런 말도 없이 사라진 사람들도 몇 있었다. 전쟁에 유용한 기술을 확보하는 차원에서 과학자들은 하나둘씩 비밀 프로젝트에 가담하여 고문으로, 엔지니어로, 기술분과위원으로 활동하고 있었다. 전쟁은 어느새 물리학자들 간의 전쟁으로 비화하고 있었다. 암암리에 영국의 공중전 사실을 알게 된 과학자들의 일급정보 중 하나는 항공기가 반사하는 전파 펄스를 이용하여 항공기를 탐지하는 방법, 즉 레이더였다(레이더라는 이름은 아직 생겨나기 전이었다). 항간에서는 '고도의 수학기법과 전자기계 장치로 적군의 암호를 해독한다'는 소문도 들렸다.

발 빠른 물리학자들은 '베를린 외곽의 카이저 빌헬름 연구소Kaiser Wilhelm Institutes에서 핵분열 현상이 발견되었다'는 공개기록을 통해 '중성자를 낳는 연쇄반응 과정에서 엄청난 에너지가 나오지만, 폭탄을 하나 만들기 위해서는 희귀한 우라늄 동위원소가 꽤 많이 필요하다'는 생각에 이르렀다. 얼마나 많은 우라늄 동위원소가 필요할까? 프린스턴에서 제시한 추정치는 100kg, 그러니까 일반 성인의 체중보다 무거운 수준이었다. 하지만 순수한 형태로 존재하는 우라늄-235의 양이 좁쌀 한 톨만큼도 안 되는 현 상황에서 어림 반 푼어치도 없는 소리였다. 전 세계를 통틀어 방사성 동위원소를 극소량(현미경으로 볼 수 있는 수준) 이상으로 분리해낸 경험이 있는 곳은 당시 독일이 점령하고 있었던 노르웨이뿐이었다. 그런데 노르웨이의 한 증류공장에서 지겨운 과정을 거쳐 중수소deuterium가 농축된 중수重水가 만들어진 것은 사실이지만, 우라늄은 물이 아니었다.

과학자들 중에는 잡담을 하다가 영양가 있는 정보를 건지는 이들이 있었는가 하면, 자신도 모르는 사이에 비밀활동의 핵심부에 발을 들여놓는 이들도 있었다. 파인먼은 대체로 시류에 휩쓸리지 않고 지냈다. 하지만 프린스턴의 중견 교수인 유진 위그너는 2년간 레오 실라르드Leo Szilard, 에드워드 텔러Edward Teller와 함께 '헝가리 비밀결사'의 일원으로 활동하면서 은밀히 아인슈타인에게 그리고 아인슈타인을 통해 프랭클린 D. 루스벨트 대통령에게 폭탄개발 가능성에 대한 경각심을 일깨웠다. (아인슈타인은 위그너와 실라르드의 말을 듣고 "그런 생각을 미처 못했군요!"라고 대답한 적이 있다.)

또 다른 프린스턴 교수인 로버트 윌슨은 버클리 사이클로트론 시절 멘토였던 어니스트 로런스가 보낸 전보를 받고 어떤 비밀모임에 포섭되었다. 일반적인 과학모임의 간판을 내걸고 MIT에 모인 윌슨과 다른 물리학자들은 새로 설립된 래드랩Rad Lab[10]을 위해 암약暗躍하게 되었다. 래드랩의 관계자가 밝힌 포부는 원대했다. 이제 막 레이더를 이용하기 시작한 영국의 경험을 바탕으로 선박을 유도하고 포砲를 겨냥하고 잠수함을 추적하는 기술을

---

10) 래드랩은 본래 방사선연구소radiation laboratory의 약자이지만 레이더 개발이라는 비밀 프로젝트를 숨기기 위한 가짜 이름이었다. 재미있는 사실은 당시 방사능이라는 것이 특별한 군사적 가치가 없다고 생각해 연구소의 이름을 이렇게 지었다는 점이다. (『홍성욱의 과학 에세이』, 홍성욱 지음, 동아시아)

연구·개발하여 전쟁의 성격을 확 바꾸겠다는 목표였다. 레이더의 기본 원리는 강력한 전파 펄스를 목표물에 발사한 다음 메아리처럼 되돌아오는 전파를 탐지하는 것이다. 처음에는 전파의 파장이 10m 이상이어서 커다란 안테나를 사용해야 하고 해상도도 형편없었다. 레이더를 실용화하려면 파장을 마이크로파와 비슷한 수준인 1m 미만으로 대폭 줄이는 것이 급선무였다. 래드랩의 목표는 '기존의 어떤 장비보다도 강도가 높고 주파수도 높되 크기는 작은' 전자장비를 만드는 것이었다. 참고로 영국의 연구진이 개발한 마그네트론magnetron이 만드는 고밀도 마이크로파 빔은 담뱃불을 붙일 수 있을 정도였다. 미국의 과학자들이 어리둥절해진 것도 무리는 아니었다. "별 거 아니로군요, 그냥 호루라기 같은 거네요." 영국이 만든 마그네트론을 구경하려 모인 미국 물리학자들 앞에서 I. I 라비가 말했다. 그러자 언짢은 표정으로 서 있던 영국 물리학자 중 한 명이 이렇게 맞받아쳤다. "좋아요, 라비 교수. 혹시 호루라기 소리가 나는 원리는 알고 있나요?"

과학자들이 비밀리에 활동을 시작한 지 한참이 지나서야 미국 국민들은 국가 간의 충돌이 불가피하다는 현실을 인정했다. 버클리 시절 평화주의자를 자처하던 윌슨도 이제는 래드랩에 본격적으로 합류하기로 결정했다. 그러나 윌슨이 래드랩에 합류하기 위해 프린스턴을 떠날 때쯤 위그너와 학과장 스미스는 '또 다른 변화를 모색할 때'라는 결론을 내렸다. 그들은 윌슨에게 '조만간 원자로 하나를 만드는 프로젝트를 시작할 예정'이라고 말하며 그이유도 설명했다.

전쟁이 임박하자 과학자들과 무기제조업자들은 훗날 어떤 전쟁에서도 유례를 찾기 힘든 애국심으로 똘똘 뭉쳤다. 그들은 윌슨의 평화주의쯤은 안중에도 없었다. 파인먼도 병무청을 방문하여 통신대 입대를 자원했다. 하지만 군대에 가려면 먼저 기초적인 군사훈련부터 받아야 한다는 말을 듣고는 제풀에 물러섰다. 1941년 봄, 3년 동안 번번이 퇴짜를 놓았던 뉴욕의 벨 연구소에서 영입 제의를 해 오자 마음이 동했다. 친한 선배인 윌리엄 쇼클리를 따라 연구소를 구경해 보니 스마트한 실용과학이 약동하는 분위기가 마음에 쏙 들었다. 벨의 연구원들은 허드슨강 위에 가로놓인 조지워싱턴교를 연구실 창 너머로 바라보며 교량의 케이블을 따라 유리창에 곡선을 그렸다. 다리와 연결된 케이블 곡선의 모양이 현수선catenary에서 포물선으로 살짝 바뀌자 연구원들은 달라진 부분에 표시를 했다. 파인먼은 손뼉을 딱 치며 '내가 할 수 있는 창의적인 일은 바로 저런 것'이라 생각했다. 그러나 필라델피아 근처 프랭크퍼드 무기고Frankford Arsenal의 모병관(육군 장성)이 프린스턴을 방문하여 물리학자를 찾자, 파인먼은 주저없이 벨 연구소를 포기하고 그해 여름 육군에 입대했다. 조국에 봉사할 절호의 기회를 놓치고 싶지 않았다.

1941년 12월, 미국이 제2차 세계대전에 참전했다. 약 7,000명의 미국 물리학자 중 4분의 1이 군사연구시설에 들어갔다. 이런 연구시설들은 미국 전역에 산발적으로 설립되었지만 신속히 자리를 잡았다. '과학은 진보를 의미하며 지식을 활용하고 인류의 능력을 고양하는 것이 과학자의 의무'라고 교육받은 세대가 마침내 거국적인 목표를 확인한 셈이었다. 연방정부 조직과 과학기관의 지도자들은 재빨리 상호협력 체제를 구축하여 연방정부는 1941년 여름에 이미 과학연구개발청을 창설하고 그 산하에 국방연구위원회를 두었다. 새로운 협력체제의 화신인 MIT 총장 칼 콤프턴의 표현에 의하면 국방연구위원회의 임무는 '전쟁에 쓰일 장치, 기기, 기구, 물자에 관한 연구를 조율하는 것'이었다. 레이더와 폭발물은 물론, 전장에서 사용할 계산기와 의약품 생산 역시도 시급한 과제였다.

총포술은 더는 '무작위로 설계한 포탄을 시행착오를 거듭하며 되는 대로 쏘아올기'의 문제가 아니었다. 핵물리학자인 한스 베테는 자발적으로 무기 연구에 나서 장갑관통armor penetration에 관한 초기이론을 개발하는가 하면, 발사체 언저리에서 발생하는 초음속 충격파 문제를 연구하기도 했다. 파인먼은 이 정도로 멋진 임무를 수행하지는 않았지만, 프랭크퍼드 무기고에서 여름을 보내는 동안 기어와 캠이 결합된 총포조준용 구닥다리 아날로그 컴퓨터와 씨름했다. 이 장치는 기계식인 데다 완전히 구식이어서 '차라리 벨 연구소에 갈 걸 그랬다'는 푸념이 절로 나왔다.

그러나 수학과 금속이 연관된 문제를 그토록 절박하게 다루는 경우는 대학의 기계공작실에서도 본 적이 없었다. 포탑砲塔을 조준하는 일은 '사인과 탄젠트를 강철기어로 변환하는 것'을 의미한다고 생각하니 삼각함수의 원리에서 공학적 결론이 도출되었다. 포탑이 수직에 가까워지면 탄젠트 값이 무한대로 발산하지만, 기어의 톱니에 회전력이 작용하므로 얼마 못 가서 톱니가 망가지고 말 것이다. 파인먼은 지금껏 생각해 본 적이 없는 수학적 접근방법, 즉 함수근functional root을 사용해야겠다 생각했다. 사인을 똑같은 서브함수 다섯 개로 나눈 다음, 함수의 함수의 함수의 함수의 함수가 사인값과 같도록 만들자 기어가 하중을 견딜 수 있게 되었다. 여름이 가기 전에 파인먼에게 새로 부여된 임무는 몇 초마다 규칙적으로 들어오는 위치정보를 이용하여 매끄러운 곡선(이를테면 비행기의 경로)을 그려내는 것이었다. 나중에 알게 된 사실이지만 그것은 MIT의 래드랩에서 개발된 신기술, 즉 레이더와 관련된 임무였다.

여름이 지나 프린스턴으로 돌아온 파인먼에게는 대학원 과정의 마지막 일, 즉 학위논문을 쓰는 일만 남아 있었다. 천천히 연구를 하며 최소작용 관점에서 양자역학을 연구하는 데 도움이 될 만한 기본문제들을 폭넓게 다뤄보았다. 두 개의 입자(또는 두 개의 입자계 A와 B)가 직접 상호작용하지 않고 파동처럼 움직이는 조화진동자oscillator, O를 매개로 하여 상호작용하는 경우를 생각했다. 즉, A의 영향으로 O가 진동하고, O는 이어서 B에 작용하는 방식이었다. 이 과정에는 복잡한 시간지연 문제가 개입되어 있었다. 왜냐하면 O가 움직여 B에 영향을 미치는 경우, 이 영향력은 과거의 어떤 시점에 A가 어떻게 움직였는가에 따라 달라지며, 그 역도 마찬가지였기 때문이다. 사실 이것은 기존의 익숙한 문제(두 입자가 장field을 매개로 상호작용하는 문제)를 조심스럽게 단순화한 문제였다. 파인먼은 (장과 같은 역할을 하는) O를 완전히 무시하고 A와 B에 대한 정보, 즉 최소작용의 원리로 운동방정식을 유도하려면 어떤 조건이 필요한지 자문했다. 이런 식으로 접근하자 최소작용의 원리가 '그저 유용한 간편법' 이상의 원리로 보이기 시작했다. 이제 파인먼의 눈에는 최소작용의 원리가 물리학의 전통적 쟁점들, 예컨대 에너지보존의 법칙과 직접 관련된 것처럼 보였다.

"이와 같은 선입견은…." 파인먼은 이렇게 썼다가 지우고 다시 썼다.

"이처럼 최소작용의 원리를 지향하는 이유는, 운동을 그렇게 표현함으로써 에너지와 운동량 등의 보존을 쉽게 확증할 수 있기 때문만은 아니다."

하루는 꼭두새벽에 윌슨이 파인먼의 방으로 찾아왔다. 그는 파인먼과 마주앉아 망설이는 듯 잠시 주춤거리다가 간신히 운을 뗐다. "현재 물리학자들은 군軍과 손을 잡고 모종의 비밀 프로젝트를 진행하고 있어." 당초에 윌슨은 비밀 프로젝트에 대해 자세히 언급하지 않을 생각이었지만 파인먼을 끌어들이려면 달리 방법이 없어 보였다. 게다가 군에서는 물리학자들을 그리 대수롭게 여기지 않아 비밀유지에 관한 규정도 만들지 않은 상태였다. 따라서 물리학자들은 각자 재량껏 입조심을 하는 수밖에 없었는데, 윌슨은 파인먼을 포섭하기 위해서라면 얼마간의 비밀을 누설하는 것쯤은 무방하다고 생각했다. 그만큼 파인먼의 도움이 절실한 시점이었다.

"우린 아마도 핵폭탄을 만들게 될 것 같아." 윌슨이 작심한 듯 말문을 열었다. "영국의 물리학자들은 2년 전 보어와 휠러가 우라늄-235에 관해 언급한 내용에서 힌트를 얻어 원자폭탄 제조에 필요한 물질의 임계질량을 새로 추정하는 데 성공했어. 독일에서 추방된 화학자 프란츠 지몬Franz Simon은 영국 연구진에 합류했다가 비행정을 타고 대서양을 건너와, 미국 물리학계에 버밍엄 연구소의 최신 소식을 전했어. 지몬의 말에 의하면 1~2파운드 정도면 충분할 듯싶지만 어쩌면 더 적을 수도 있어. 현재 영국의 물리학자들은 우라늄 동위원소를 분리하는 데 사활을 걸고 있어. 희귀하고 가벼운 우라늄-235를 그보다 훨씬 더 풍부한 우라늄-238에서 뽑아내려는 거야. 화학반응에서는 모든 동위원소들이 한 가지 원소처럼 행동하므로 두 가지 우라늄을 화학적으로 구별하는 방법은 없어. 하지만 이론학자들은 '상이한 동위원소는 원자의 질량이 다르다'는 사실에 입각하여, 몇 가지 그럴 듯한 방법을 시도하고 있어. 지몬도 미세한 바늘구멍이 여기저기 뚫린 금속박을 이용해 기체를 느리게 확산시키는 방식을 연구하는 중이야. 기체가 구멍을 통과하는 동안 약간이나마 더 무거운 우라늄-238 분자들은 뒤에 처질 거야. 우라늄 분리 문제를 해결하기 위해 비밀위원회와 자문위원회가 속속 생겨났어. 영국에서는 우라늄을 튜브 알로이tube alloy라는 암호명으로 부르다 곧 튜빌로이tubealloy로 줄여 불렀어. 미국에서는 프린스턴의 교수 여러 명이 참가하여 원자로를 건설하고 있어."

여기까지 말을 마친 윌슨은 잠시 숨을 고른 후 본론으로 들어갔다. "나는 기발한 아이디어 하나를 생각해 냈어. 지금껏 내 머릿속에만 존재했던 새로운 장치를 이용하면 우라늄의 분리 문제를 훨씬 더 빨리 해결할 수 있을 거야." 윌슨의 얼굴은 어느새 발갛게 상기되었다. 지몬이 구멍난 금속에 온통 정신이 팔린 사이, 그리하여 어느 날 아침 부엌으로 달려가 여과기를 망치로 두들겨대는 사이에 윌슨은 새로운 전자공학과 사이클로트론 기술을 접목하는 방안을 구상하고 있었던 것이다.

월슨은 스미스를 설득하여 교수, 대학원생, 엔지니어로 이루어진 연구팀을 구성했다. 때마침 국방연구위원회의 주도로 미국 전역에서 마치 직업소개소처럼 쓸만한 전문인력을 찾아내는 시스템이 구축되어 필요한 연구자들을 찾기가 한결 수월했다. 프린스턴은 대부분의 학위 과정을 일시적으로 중단시키는 편법을 이용하여 대학원생들의 등을 강제로 떠밀었다. 학생들은 전쟁과 관련된 프로젝트 세 가지 중에서 하나를 선택하도록 강요받았다. 첫 번째는 월슨의 프로젝트, 두 번째는 폭발압 측정을 위한 풍속계 개발 프로젝트, 세 번째는 흑연의 열특성thermal properties of graphite 연구 프로젝트였다. 흑연의 열특성은 처음에는 생뚱맞게 들렸지만, 나중에 알고 보니 원자로에 사용될 물질의 열중성자 특성thermal neutron property을 의미했다. 월슨은 파인먼을 스카웃 대상 1호로 점찍었다. 무엇이든 예사로 보아 넘기는 법이 없고, 권위주의에 절대 무릎 꿇지 않는 파인먼의 정신을 높이 샀기 때문이었다. 파인먼이라면 알맹이 없는 이론이나 자기기만에서 나온 발상 정도는 충분히 걸러낼 거라는 계산이 섰다. 아울러 다른 대학원생들을 추가로 선발할 때는 파인먼을 입회시킬 생각이었다.

파인먼은 월슨의 제의를 단칼에 거절하여 월슨을 당황시켰다. 무엇보다도 논문 주제에 푹 빠져 있었던 데다가, 내색은 하지 않았지만 프랭크퍼드 무기고에서 겪었던 일 때문에 전쟁관련 연구에 다소 환멸을 느끼던 참이었다. 월슨은 파인먼에게 회의에 한번 참석이나 해 달라고 애원했지만, 파인먼은 요지부동이었다. "비밀은 꼭 지켜 드릴 테니 나는 명단에서 빼 주세요."

오랜 세월이 흐른 후, 원자폭탄 개발의 주역들이 저마다 '결정의 순간'을 되돌아볼 무렵, 파인먼은 그날 오후를 떠올렸다. 월슨을 보내고 난 뒤 마음이 얼마나 싱숭생숭했던지, 책이 눈에 들어오지 않았었다. 돌이켜보니 아마도 이런 생각을 했던 것 같다. '프로젝트의 중요성', '히틀러', '세상을 구하는 일'…. 일부 물리학자들의 추측에 의하면 대학의 교직원 명단과 출판된 논문들의 내용으로 미루어 볼 때 독일은 초보 수준의 핵무기 연구 프로젝트를 진행하고 있는 것이 분명해 보였다. 문제는 교직원 명단에서 사라진 물리학자들 중 한 명이 바로 베르너 하이젠베르크라는 거였다. 자칫 방심했다가는 대형사고가 터질 것 같은 분위기였다. 파인먼은 이를 악다물고 급히 책상서랍을 열어 흩어진 논문 원고를 대충 챙겨 집어넣었다. 결연한 행동의 이 순간은 두고 두고 파인먼의 기억 속에 남았다.

맨해튼 프로젝트

초기 맨해튼 프로젝트의 전초기지였던 시카고, 버클리, 오크리지Oak Ridge, 핸퍼드Hanford는 결국 국가 핵 시설의 중심지로 발전했다. 정제 우라늄과 플루토늄 단 몇 파운드를 생산하기 위해 사상 최대규모의 산업조직을 시급히 구성해야 했다. 제너럴일렉트릭, 웨스팅하우스, 듀퐁, 앨리스-차머스Allis-Chalmers, 크라이슬러, 유니언카바이드와 같은 쟁쟁한 업체들은 물론, 수십 개의 중소기업들이 참여하여 거대한 생산단지들을 지상에 새로 건설할 예정이었다. 그러나 진주만 공격 이후 수개월 동안 불확실한 상황이 지속되면서 핵 연구는 본격적인 궤도에 진입하지 못하고 소규모에 머무를 수밖에 없었다. 소규모로 진행되고 있는 핵 연구가 국가의 전쟁수행능력에 영향을 미칠 것이라고 예상하기는 힘들었다. 여러 실험실들이 계획성 없이 편의에 따라 변경되었다. 게다가 프린스턴의 여유자금은 고작 몇 천 달러에 불과해 윌슨의 프로젝트를 지원하기에는 턱없이 부족했다. 사정이 이렇다 보니 윌슨은 전자장치 문제로 도움이 필요할 때마다 MIT의 래드랩에 있는 I. I. 라비의 연구실을 찾아가 손을 벌려야 했다. 작업장의 직공과 기술자들을 포함해 윌슨의 팀은 약 30명으로 불어났다.

윌슨의 팀은 실험 파트와 이론 파트로 구성되어 있었다. 실험 파트에서는 20여 명의 인원이 볼품없는 관tube 하나를 붙들고 씨름하고 있었는데, 관의 길이는 자동차만 하고 겉에는 더 작은 관과 전기배선이 불쑥불쑥 삐져나와 있었다. 이론 파트의 구성원은 맹랑한 대학원생 두 사람으로, 조그만 사무실에 책상을 나란히 놓고 앉아 까다로운 계산을 도맡아 처리했다.

대학원 선후배 사이인 두 사람은 국가의 운명이 걸린 비밀연구 프로젝트에 참여하고 있다는 중압감을 느끼지 않을 정도로 당돌했다. 하루는 선배가 후배에게 구긴 종이를 건네며 휴지통에 던지라고 지시했다.

"왜 내가 해야 하죠?" 후배가 물었다.

"내 시간이 네 시간보다 더 가치 있기 때문이야, 월급도 내가 더 많이 받잖아." 선배인 파인먼이 대답했다. 두 사람은 각자의 자리에서 휴지통까지의 거리를 잰 다음 거기에 월급을 곱해서 '핵 과학에서 더 가치 있는 사람이 누구인지' 결정하기로 했다. ('가치가 높은 사람일수록 월급을 더 많이 받고, 휴지통에서 멀리 떨어진 곳에 배치된다'는 것이 파인먼의 논리였다.) 결국 종이를 버린 쪽은 후배인 폴 올럼Paul Olum이었다. 올럼은 하버드 재학 시절 수학을 전공하는 학부생 중에서는 자기가 최고라 믿었다. 1940년 프린스턴 대학원에 들어온 뒤로는 휠러의 두 번째 연구조교로 채용되었다. 휠러의 소개로 파인먼을 알게 된 올럼은 몇 주도 채 지나지 않아 패닉에 빠졌다. "이게 도대체 어찌된 일이지? 물리학 전공자가 아는 수학 상식을 수학 전공자인 내가 모르고 있었다니." 하버드에는 파인먼 같은 물리학도가 한 명도 없었다. 파인먼, 이 명랑하고도 천진난만한 천재는 자전거를 타고 프린스턴 교정을 누비며 현대 고등수학의 형식주의를 비웃었음에도 불구하고, 울럼의 지적 수준을 훨씬 능가했다. 파인먼은 단지 계산의 천재가 아니었다. 울럼은 파인먼의 생각을 도저히 따라잡을 수 없었다. 허탈해진 울럼은 이렇게 결론지었다. "파인먼은 화성인이다!" 지금껏 그렇게 직관적이고 편안하게 자연을 이해하는 사람을 본 적이 없었다. 게다가 이해도는 또 얼마나 깊은지…. 울럼이 짐작하건대 파인먼은 특정한 조건에서 전자가 어떻게 움직이는지 알고 싶을 때, 그냥 이렇게 자문하는 것으로 충분했다. "만약 내가 전자라면 어떻게 행동할까?"

파인먼은 윌슨이 이끄는 프로젝트팀의 이론 분야에서 일하며 이론과 현실의 갭을 실감했다. '이론적 배경이 전무한 상태에서 전자의 움직임을 직감하는 것'과 '금속과 유리관과 전자기기를 허겁지겁 조립하여 만든 기계장치의 작동을 예상하는 것'은 근본적으로 달랐다. 파인먼과 울럼은 눈코 뜰 새 없이 바쁘게 일했다. 두 사람은 '윌슨의 구상이 희망과 절망 사이를 수시로 넘나들 것'이라는 점을 처음부터 잘 알았다. 계산은 매우 까다로웠다. 종종 추측이나 근사치에 의존해야 했는데 '추측이 필요한 부분'이 어디고 '정확한 계산이 필요한 부분'이 어디인지 판단하기가 어려웠다. 이런 상태에서는 이론 물리학의 신뢰성을 담보할 수 없겠다는 생각이 들었다. 한편 실험 파트에서는 '이론 파트에서 계산 결과를 내놓지 않아 작업이 진행되지 않는다'는 볼멘소리가 터져나왔다. 파인먼에게는 실험실의 풍경이 마치 만화영화의 한 장면처럼 느껴졌다. 기계장치를 한 번 둘러볼 때마다 처음 보는 관이나 다이얼이 추가되어 있는 것을 발견하곤 했기 때문이다.

윌슨은 자신이 구상한 기계장치를 아이소트론isotron이라고 불렀는데, 이는 거의 무의미한 이름이었다. (참고로 윌슨의 옛 멘토 어니스트 로런스가 만든 경쟁제품의 이름은 칼루트론calutron, 즉 '캘리포니아+트론'이었다.) 여러 연구팀들이 다양한 우라늄 분리장치를 선보였지만 그중에서 평범한 직관과 가장 거리가 먼

것은 윌슨의 아이소트론이었다. 윌슨이 생각하는 원자란 이리저리 떠밀리 거나 구멍 사이로 비집고 들어가는 미세구miniature ball가 아니라, 너울거리는 전자기 세상에 사는 거주민의 모습과 가까웠다. 아이소트론은 먼저 우라늄 덩어리를 기화시켜 이온화시켰다(가열된 우라늄은 전자를 내놓고 전하를 띠게 되었 다). 이어서 자기장에 의해 우라늄이 움직였고, 원자들은 흘러가다가 구멍 하 나를 통과하면서 하나의 빔으로 똘똘 뭉쳤다. 이 과정을 거친 원자에서는 다 른 분리장치들과 차별화되는 아이소트론만의 오묘한 특징, 파인먼이 가늠하 려 안간힘을 썼던 그 특징이 드러났다.

자기장은 유별나게 들쭉날쭉한 톱니 모양으로 진동했으며, 라디오파 의 파장에서 전압이 심하게 요동쳤다. 일부 우라늄 원자들은 에너지가 0으 로 떨어지는 순간 자기장에 닿았다. 이어 일부 원자들은 에너지가 상승하면 서 자기장에 진입하여 앞서 간 원자들을 따라잡을 정도로 가속되었다. 그 후 에너지는 다시 떨어져 나중 원자들은 더 느리게 이동했다. 아이소트론의 목 적은 마치 도로에 드문드문 몰려 있는 자동차들처럼 빔을 여러 개의 묶음으 로 분산시키는 것이었다. 윌슨은 이 묶음의 길이를 약 1m로 추정했다. 가장 중요한 원리는 "우라늄-235와 우라늄-238은 질량이 서로 달라 자기장 안에 서 가속도가 달라진다. 결국 상이한 위치에서 묶음을 형성한다"라는 것이었 다. 따라서 '타이밍을 잘 맞추면 각각의 동위원소별로 묶음이 달리 형성되므 로 분리가 가능하다'는 것이 윌슨의 생각이었다. 마지막으로 동위원소 묶음 이 관의 끝부분에 도달하면 정확한 간격으로 진동하는 또 다른 자기장이 동 위원소 묶음을 마치 교통정리를 하는 것처럼 좌회전 또는 우회전시켜 미리 설치된 용기 속으로 집어넣겠다는 계획이었다.

그러나 복잡한 문제들이 잇따라 터졌다. 이온 자체의 운동량이 만드는 이온들 사이의 척력 때문에 이온들끼리 서로 밀치는 경향이 나타났다. 게다가 어떤 원자들은 이온화할 때 전자를 둘 이상씩 잃어버려 전하가 두세 배로 늘어나는 바람에 파인먼의 계산을 방해했다. 한편 전압을 초기값(파인먼이 처음 계산했던 값) 이상으로 높여 보니, 동위원소 묶음이 되튀는 현상이 일어나 제2의 파동이 형성되는 것으로 나타났다. 파인먼은 이 같은 파생효과가 자신의 방정식에서도 나타난다는 사실에 놀라움을 금치 못하며 방정식의 위력을 새삼 실감했다. 아이소트론 프로젝트에서 간단한 구석이라고는 한 군데도 없었다. 물리학자들은 우라늄 선wire 대신 우라늄 분말powder을 기계에 넣는 방법도 찾아야 했다. 그 이유는 우라늄 선은 전극과 합금을 형성하는 성질이 있어서 전극을 망가뜨리기 때문이었다. 한 실험 담당자는 우라늄 선 끝에 불을 붙이면 눈부시게 빛나는 별들이 쏟아지는 장관이 연출된다고 묘사했다. 그야말로 엄청나게 값비싼 폭죽인 셈이었다.

그러던 와중에 윌슨과 친분이 있는 버클리의 로런스가 만든 칼루트론이 아이소트론의 최대 라이벌로 부상했다. 로런스는 아이소트론을 자신의 프로젝트에 통합하여 프린스턴의 연구소를 문닫게 한 다음, 그곳의 인력과 장비를 칼루트론에 투입하고 싶어 했다. 칼루트론은 아이소트론과 비슷하게 새로운 가속기 기술을 이용하여 우라늄 이온 빔을 생성하는 방식을 이용했지만, 우라늄 원자가 1m도 채 안 되는 트랙을 따라 돌면서 가속된다는 점이 달랐다. 무거운 원자들은 바깥쪽으로 돌고 가벼운 원자들은 안쪽으로 돌아, 신중히 배치된 수집장치 속으로 들어갔다(적어도 이론 상으로는 그랬다). 그러나 맨해튼 프로젝트의 최고 책임자로 부임한 레슬리 R. 그로브스Leslie R. Groves 장군이 칼루트론을 시찰하기 위해 손수 차를 몰고 샌프란시스코 만에서 버클리의 래드랩 언덕까지 이어진 구불구불한 길을 올라 로런스의 연구소에 들렀을 때 큰 소동이 벌어졌다. 생성물의 양이 워낙 적다 보니, 연구소에서 나온 것을 죄다 긁어모아도 확대경 없이 맨눈으로 보기가 거의 불가능했기 때문이다. 설상가상으로 몇 마이크로그램에 불과한 표본은 순도가 매우 낮았다. 그래도 칼루트론의 생성물은 아이소트론의 생성물보다는 많았다.

1942년 말 파인먼은 파리똥만 한 표본을 들고 기차에 올라 컬럼비아의 한 연구소로 향했다. 프린스턴에는 조그만 우라늄 조각에 들어 있는 동위원소의 비율을 측정할 장비가 없었기 때문이다. 허름한 양가죽 코트를 걸친 채 건물에 들어선 파인먼은 자신을 정식으로 맞아 줄 사람을 찾느라 애를 먹었다. 방사성 물질 조각을 들고 이리저리 헤맨 끝에 안면이 있는 물리학자 해럴드 유리Harold Urey를 가까스로 만나 안내를 받을 수 있었다. 유리는 저명한 물리학자로 공교롭게도 파인먼이 난생처음 들은 과학 강의를 맡고 있었다. 이 강의는 중수를 주제로 하여 브루클린에서 열린 공개강의로, 벨기에의 기구氣球 전문가인 오귀스트 피카르Auguste Piccard의 아내와 유리가 공동연사로 초빙되었다. 좀 더 근래에는 맨해튼 프로젝트의 실무위원회 모임에서 유리를 만난 적이 있었다. 파인먼은 실무위원회에 계속 참석하면서, I. I. 라비, 리처드 톨먼Richard Tolman, 그리고 J. 로버트 오펜하이머와 처음으로 인사를 나눴다. 오펜하이머는 파인먼과 닮았다면 아주 닮았고 다르다면 아주 다른 물리학자로, 향후 3년 동안 파인먼의 운명을 좌우할 인물이었다.

파인먼이 컬럼비아 출장에서 돌아온 직후, 맨해튼 프로젝트의 운영위원회는 아이소트론의 운명을 좌우할 결정을 내렸다. 전자기적 분리방식에 관한 모든 연구를 공식적으로 총괄하는 로런스의 권고를 받아들여, 운영위원회는 프린스턴 프로젝트를 중단시키기로 결정했다. 작동 상태로 보아 칼루트론이 아이소트론보다 1년은 족히 앞서가는 듯했고, 자금 사정 측면에서 봐도 자석과 자기장을 기반으로 하는 것보다는 펌프와 파이프를 기반으로 한 전통적 확산방식을 택하는 것이 유리해 보였기 때문이다. 운영위원회의 결정이 이렇게 난 이상, 미세하게 다른 속도로 무작위 궤적을 그리며 떠

다니는 우라늄 원자들은 몇 km에 걸쳐 겹겹이 세워놓은 금속 장벽을 지나
며 수십억 개의 미세한 구멍을 통과하는 수밖에 없었다. 윌슨은 아연실색하
여 "위원회가 이성을 잃고 너무 성급한 판단을 내렸다"라고 비난했다. 그러
나 선배 과학자들이 보는 눈은 달랐다. 그들은 "로런스의 개인적 능력과 홍
보솜씨가 윌슨을 압도했다"라고 생각했다.

스미스와 위그너는 나중에 개인적으로 "조금만 더 면밀히 평가했다면
아이소트론이 전쟁기간을 단축시켰을 것"이라며 아쉬워했다. 프린스턴 팀
의 한 소장파 연구원은 이렇게 말했다. **"우리의 방법이 훨씬 더 우아했다.** 로
런스의 칼루트론은 무지막지한 힘을 그대로 이용해 빔을 가까스로 갈라놓는
장치였다." 사실 아이소트론은 생산량이 증가함에 따라 순도가 더 높아지도
록 설계되었으므로 대량생산에 유리했다. 파인먼의 계산에 의하면 수천 대
이상의 장치를 이용해 대량생산할 경우 아이소트론의 생성물이 칼루트론보
다 몇 배 더 많았다(파인먼은 계산 과정에서 벽을 긁은 우라늄 부스러기에서부터 작업
자의 옷에 묻은 우라늄에 이르기까지 모든 것을 고려했다). 기계 수천 대라고 하면 어
마어마하게 큰 것 같지만 나중에 실제로 시설이 들어서고 보니 별로 큰 규모
는 아니었다.

프린스턴의 아이소트론 프로젝트에서 올럼과 맺은 우정은 이후 많은
과학자들과 맺은 우정과 마찬가지로 파인먼의 마음 속에 풍성한 지적 자산
과 소중한 정서적 경험으로 남았다. 파인먼과 잇따라 마주친 젊은 물리학자
와 수학자들은 눈부시도록 반짝이는 파인먼의 존재에 완전히 압도당했다.
나름 한가락 하는 과학자를 자처하는 그들에게 그런 경험은 생전 처음이었
다. 그들은 파인먼이 존재한다는 상황을 새롭게 인식하고는 다양한 적응 방
법을 모색했다. 어떤 이들은 파인먼보다 한 수 아래임을 인정하며 꼬리를 내
리고, 파인먼이 지나치다 싶은 농담을 해도 다 받아주면서, 어쩌다 파인먼의

칭찬이라도 받으면 어린아이마냥 흡족해 했다. 어떤 이들은 자아상이 변해서 물리학을 완전히 포기하기도 했다. 물리학을 기웃거리던 올럼도 결국 수학으로 되돌아갔는데, 스스로 수학이 더 편하다고 느꼈기 때문이었다. 올럼은 전쟁 중에 줄곧 파인먼과 함께 지냈지만 전후에는 파인먼과 헤어졌다. 전후 40년 동안 두 사람은 겨우 몇 번밖에 못 만났지만 올럼은 옛친구를 종종 떠올렸다. 올럼은 오리건 대학교의 총장을 지내던 중 파인먼의 사망 소식을 전해 들었다. 프린스턴에서 만났던 그 젊은 천재는 이미 올럼의 일부가 되어 떼려야 뗄 수 없는 존재가 되어 있었다. "제 아내도 3년 전 세상을 떠났습니다, 파인먼처럼 암으로요." 올럼은 떨리는 목소리로 말을 이었다.

딕의 책들, 그 밖에 딕과 관련된 여러 가지 물건들을 지금도 갖고 있습니다. 예를 들면 파인먼의 강의록 일체, 그가 나온 사진, 첼린저호에 관한 일화가 담긴《사이언스》기사, 심지어 최근에 나온 책도 몇 권 있습니다. 그런 것들을 볼 때마다 마음이 짠합니다. 파인먼처럼 위대하고 경이로운 지성의 소유자들도 보통 사람들처럼 죽는다는 게 선뜻 이해가 가지 않습니다. 탁월한 능력과 비범한 감각의 소유자가 땅 속에 묻혀 있고 이제 아무 것도 남아 있지 않다니….
섬뜩한 기분이 들기도 합니다. 정말 그런 기분입니다. 많은 친척과 지인들이 세상을 떠났기에 이제 웬만한 죽음에는 무덤덤한 편입니다. 부모님이 모두 돌아가시고 남동생 하나도 죽었습니다. 하지만 나는 딱 두 사람, 딕과 아내한테서만 섬뜩한 기분을 느낍니다.
사실 우린 죽마고우가 아니었습니다. 대학원에서만 단짝으로 지냈습니다. 그런데도 우리는 죽마고우 이상이었습니다. 딕에 관한 느낌을 말해 보라고요? 글쎄요, 꼭 낭만적이었던 것만은 아닌 듯한데, 뭐라 딱히 표현할 말이 없네요. 하여간 딕이 세상이 없다는 게 믿어지지 않습니다. 그는 우주에 단 하나밖에 없는 비범하고 특별한 존재였으니까요.

논문 마무리

어찌된 일인지 존 휠러는 프린스턴에서 진행되고 있는 핵 연구 프로젝트에 참여하지 않았다. 그도 그럴 것이, 휠러는 일찌감치 프린스턴을 떠나 시카고에 머무르고 있었기 때문이다. 시카고의 금속학 연구소(이름만 그렇지 금속학자들이라고는 전혀 찾아볼 수 없는 정체불명의 연구소)에서는 엔리코 페르미가 이끄는 연구진이 최초의 원자로를 가동하려고 동분서주하고 있었다. 페르미 팀은 폭탄용보다 등급이 낮은 우라늄을 이용하여 느린 핵분열을 일으킬 계획이었다.

1942년 봄만 해도 앞으로 세상이 어떻게 돌아갈지 감을 잡는 데 가장 유리한 곳은 시카고였다. 휠러는 자신이 지도하는 학생(파인먼)이 동위원소 분리 연구에 얼마나 깊숙이 관여하고 있는지 금세 알아차렸다. 1942년 3월 휠러는 파인먼에게 편지를 보내 '미해결의 문제가 얼마나 많이 남아 있든 간에 지금이 논문을 끝낼 절호의 시기'라고 언질을 줬다. 시카고를 점점 자주 드나드는 위그너의 생각도 휠러와 같았다. 파인먼이 그때까지 이루어놓은 것만으로도 박사학위를 받는 데 충분하다고 여겼다.

논문을 쓸 분위기가 무르익었다는 느낌이 아직 들지 않은 데다 상황이 상황인 만큼 부담스럽기는 했지만, 파인먼은 윌슨에게 아이소트론 프로젝트에서 잠시만 빼 달라고 요청했다. 나중에 기억을 더듬어 보니 프로젝트팀을 나온 첫날에는 하루가 다 가도록 잔디밭에 누워, 찔리는 마음으로 하늘만 멍하니 바라봤던 것 같았다. 다음날이 되어서야 겨우 만년필을 부여잡고 휘갈겨 쓴 글씨체로 빈칸을 채워나가기는 했지만, 워낙 종이가 귀한 시절이어서 알린이 편집장으로 있는 로런스 고등학교의 학보사 《로런시안》의 공용 편지지나, 롱아일랜드 글렌데일에서 하수관이나 연통 등을 판매하는 회사인 G. B. 레이먼드 & 컴퍼니의 남는 주문용지를 재사용했다.

파인먼은 휠러의 견해를 완벽하게 소화해냈다. 그것은 과거와의 단절을 선언한 혁명적 견해였다. 막스 플랑크의 양자역학을 빛과 전자기장 문제에 적용하며, 파인먼은 "중대한 난점을 만족스럽게 해결하지 못했다"라고 적었다. 아울러 다른 상호작용에 대해서도 최근에 새로운 입자들이 발견되면서 비슷한 난점들이 제기되고 있다고 지적하며 이렇게 썼다. "중간자장론meson field theory은 전자기장론에서 유추하여 수립한 이론이다. 그러나 불행하게도 유추가 너무 완벽해서 무한대 답이 너무 자주 나오고 의미도 헷갈린다." 파인먼은 장의 개념에서 적어도 '파동을 실어나르는 자유매질'이라는 낡은 관념만큼은 제거해 버렸다. 파인먼은 장을 파생개념으로 규정하며 이렇게 적었다. "실제로 장은 입자에 의해 전적으로 규정된다. 장은 단지 수학적 구성물일 뿐이다."

파인먼의 파격적인 행보는 계속 이어졌다. 특정 시점에서 양자역학계의 상태를 상세히 기술하는 방식으로는 정론이나 다름없는 슈뢰딩거의 파동함수에 반기를 들었다. "입자들의 상호작용에 시간지연이 개입된다면 슈뢰딩거의 파동함수는 사실상 무용지물이다. 그렇다면 '파동함수는 단순한 수학적 구성물로서 특정 조건에서는 유용하지만 일반적으로 적용할 수는 없다'는 견해가 가능하다."

파인먼은 휠러와 공동으로 수립한 흡수체 이론을 극복하려고 무진 애를 썼다. 파인먼은 자신의 논문을 독자적인 내용으로 채우고 싶었지만, 어쩌면 흡수체 이론 자체가 이미 막다른 골목을 향해 다가가고 있음을 느꼈는지도 모른다. 게다가 당시 파인먼의 마음을 사로잡고 있었던 것은 최소작용의 원리였다. 그는 휠러와의 공동연구가 출발점에 불과하다고 여겼다. 학위논문에 등장한 깔끔한 사례들이 대부분 흡수체 이론에서 유래한 것이었지만, 파인먼은 자신이 제시한 최소작용 접근법이 그 자체로서 완벽하며 흡수체 이론과 무관하다고 적었다.

막상 논문을 쓰고 보니 도입부가 약간 고리타분해 보였다. 하나의 진동자와 연결된 역학계들(예: 스프링)을 설명하기 위해 방정식 몇 개를 풀었는데, 왠지 물리학 교과서를 보는 듯한 느낌이 들었다. 잠시 후 뛰어난 수학적 기교로 매개변수를 소거하자 진동자는 사라졌고, 고전적 라그랑지안과 매우 흡사한 간편계산이 한 차례 지나갔다. 곧 무대는 바뀌어 양자역학이 주제로 떠올랐고, 도입부에서 다뤘던 고전적 체계가 제법 현대적인 모습으로 탈바꿈하여 다시 등장했다. 진동자로 연결된 두 역학계가 사라지고 나니, 그 자리에 진동하는 장을 매개로 상호작용하는 두 입자가 나타났다. 진동하는 장은 이번에도 제거되었고 마침내 빈 서판blank slate 상태의 새로운 양자전기역학이 탄생했다.

파인먼은 연구의 한계점과 향후 연구과제를 대충 나열하면서 논문을 마무리 지었다. 파인먼의 이론은 어떠한 실험으로도 검증되지 않은 것이었기에 앞으로 실험을 통해 타당성이 입증되기를 바라는 마음 간절했다. 파인먼이 제시한 양자역학은 아직 비상대론적이어서, 쓸만한 이론으로 인정받으려면 광속 근처에서 뉴턴 물리학이 뒤틀리는 현상을 고려해야 했다. 무엇보다도 파인먼은 자신이 구사한 수식의 물리학적 의미가 만족스럽지 않았다. 아무래도 명확한 해석을 기대하기가 어려울 듯 싶었다. 물리학자들에게 슈뢰딩거의 파동함수보다 두렵거나 난해한 것은 없었지만, 사실 파동함수는 의식의 끝자락에 걸친 확률적 흔적에 불과할망정 어떤 형태로든 시각화가 가능하기는 했다. 그러나 파인먼의 이론은 일말의 시각화마저도 거부했다.

시각화를 어렵게 만드는 첫 번째 문제는 측정이었다. 수학에서는 모든 순간에 대해 계system를 기술하는 것이 원칙이므로, 특정 구간을 측정하고 싶으면 애초부터 측정을 감안하여 방정식을 세워야 했다. 시각화를 어렵게 만드는 두 번째 문제는 시간이었다. 파인먼의 접근방법은 현재에서 아주 멀리 떨어진 시점에서 계의 상태를 언급해야 했기 때문에 시간을 특정하기 어려웠다. 이 같은 문제점들은 단기적으로는 물리학적 해석을 까다롭게 하는 족쇄로 작용했지만 장기적으로는 득이 될 것이 분명했다. 파인먼은 시각화되지 않는 형식이라면 딱 질색이었으므로 시각화 문제는 어차피 해결하고 넘어가야 할 문제였다.

정식으로 논문 심사를 맡은 휠러와 위그너는 다행히 별다른 문제를 제기하지 않았고, 파인먼은 1942년 6월 박사학위를 받았다. 파인먼은 3년 전에만 해도 거북하게 느꼈던 가운을 입고 학위수여식에 참석했다. 부모님 앞에 선 자신이 그렇게 자랑스러울 수 없었다. 명예 박사학위 취득자들과 함께 단에 오를 때는 순간적으로 부아가 치밀었다. 늘 실용적으로 생각하는 파인먼의 입장에서 보기에 후학들이 다 차려 놓은 밥상에 숟가락만 얹는 얌체족처럼 보였기 때문이다. 자신도 그런 명예증서를 받는 모습을 잠깐 상상했다가, '정말로 그런 날이 오면 기필코 거절하리라'고 다짐하며 이를 악물었다.

대학원을 졸업하자 결혼을 가로막았던 걸림돌 하나가 제거되었지만 그 이상도 그 이하도 아니었다. 의학적이든 준의학적이든, 원칙대로라면 결핵은 사랑에 짐이 될 수밖에 없었다. 심지어 로런스 F. 플릭Lawrence F. Flick박사는 1903년에 출간한 『폐병, 치료와 예방이 가능한 질환』이라는 연구서에서 "폐병 환자는 결혼해도 되는가?"라는 문구를 한 장章의 제목으로 사용했었다. 플릭은 폐병이 결혼생활에 미치는 '위험과 부담'을 강조하며 다음과 같이 섬뜩한 경고를 했다.

> 남편과 아내는 매우 친밀한 관계이므로 아무리 세심한 주의를 기울이더라도 아차 하는 순간에 서로에게 폐병을 전염시킬 수 있다.
>
> (중략)
>
> 폐병에 걸린 젊은 엄마들은 대부분 아기의 세례복을 구입한 직후 자신의 수의를 마련한다.

1937년에 나온 『간호사와 공중보건 근로자를 위한 결핵 편람』이라는 책은, 결핵 환자는 결혼을 하지 말아야 한다고 분명히 적었다.

> 폐결핵을 앓고 있거나 최근에 앓은 경험이 있는 사람에게 결혼은 비용이 많이 들고 위험천만한 사치행위가 되기 쉽다. 환자가 여성이라면 남편과 자녀들에게 전염시킬 위험을 감수해야 할 뿐 아니라 임신을 할 경우 병세가 악화될 가능성이 높다는 사실도 명심해야 한다.

이 같은 사회적 편견은 꽤 오랫동안 지속되었다. 1952년, 한 권위 있는 책에서는 서머셋 몸Somerset Maugham의 단편소설 『요양소Sanatorium』를 인용하며 결핵에 걸린 청춘남녀들에게 결혼을 하지 말라고 경고했다.

> 그들은 매우 젊고 용감했기에 더욱 안타까웠다. 몇 년 동안 기다리는 센스를 지닌 남녀의 이야기로 고쳐 써 달라고 작가에게 애원하는 독자들이 있을지도 모르겠다. 나 역시 해피엔딩을 좋아하지만 어쩔 수 없다.

하지만 사랑과 결핵이 뒤엉킬 경우에 나타날 수 있는 감정의 소용돌이에 대해 간접적으로나마 언급한 글은 하나도 없었다. 리처드의 부모는 리처드가 알린과 결혼한다고 생각하니 겁이 덜컥 났다. 특히 루실 파인먼은 '결혼은 어림 반 푼어치도 없는 소리'라며 일축했다. 아들의 결심이 얼마나 굳은지 알게 되자 루실이 리처드를 대하는 태도는 점점 더 냉랭해졌다. 늦봄에 리처드에게 보낸 장문의 편지에서 루실은 차가운 어조로 일관했으며, 결혼이 아들의 건강과 출세와 재정상태 심지어 에둘러 표현하기는 했지만 부부 관계에 미칠 악영향을 언급했다.

루실은 내친김에 속내를 모두 털어놨다. "네 건강, 아니 네 삶이 위험해. 결혼을 하면 알린과 보내는 시간이 많아질 테니까 말이야." 루실은 남들이 색안경을 쓰고 볼까 봐 걱정이었다. 결핵에는 오명이 따라다니기 마련이므로 리처드까지 그 오명을 뒤집어쓸 것이 뻔했다. "사람들은 결핵을 겁낸단다. 아내가 요양소에서 지낸다고 아무리 말해도, 네가 사실상 별거하고 있다고 믿어줄 사람은 아무도 없어. 그리고 내가 겪어봐서 아는데, 세상 사람들은 결핵 환자의 남편과 어울리는 걸 위험하다고 여긴단다." 루실의 훈계는 계속되었다. "네 수입으로는 요양비는커녕 치료비도 댈 수 없어. 지금까지 쏟은 정성만으로도 너는 할 일을 다한 거야. 알린도 양심이 있다면 약혼에 만족해야지, 결혼까지 욕심을 내면 안 된다고 생각해. 그런 결혼을 해 봐야 서로의 부담만 가중시킬 뿐 아무런 득이 되지 않아. 너희들의 결혼은 오직 한 사람, 알린의 이익을 챙기기 위한 이기적인 행동이야." 루실은 아무리 어려운 상황이 닥쳐도 경제적 도움을 주지 않을 작정이니 단단히 각오하라고 으름장을 놓는가 하면, 아내가 아프면 걱정이 떠나지 않아 나라를 위해 능력을 발휘하는 데 지장을 줄 거라며 리처드의 애국심에 호소하기도 했다. 리처드가 누리고 있는 자유는 거저 얻은 게 아니라, 할아버지와 할머니가 박해와 집단학살을 피해 유럽을 탈출해 온 결과라는 사실도 일깨워줬다. 루실은 파인먼의 의중을 떠보고자 이렇게 적기도 했다. "아들아 너는 어릴 적에 엄마를 기쁘게 해주려고 안 먹던 시금치를 가끔 먹곤 했단다. 이번에도 그렇게 할 수 있겠지?" 아들을 사랑하지만 멋지게 보이려고 실속 없이 구는 꼴은 차마 못 봐주겠다고도 적었다. 그리고 마지막으로 이렇게 덧붙였다. "그런 결혼이 불법이 아니라니 놀랍구나. 당연히 불법이어야 하는 것 아닌가?"

멜빌은 루실과는 달리 침착한 대응방법을 택했다. 그는 리처드에게 전문가의 조언을 받을 것을 권했다. 리처드는 아버지의 충고를 받아들여 학과장인 스미스, 그리고 학교의 의사와도 상담했다. 스미스는 담담한 표정으로 "학생들의 개인사에는 일절 관여하지 않는다는 게 내 원칙이라네"라고만 말했다. "제가 결핵에 걸린 아내와 접촉한 다음 친구들과 접촉하는 극단적 상황이 벌어질 수도 있는데 말입니까?"라고 파인먼이 다그쳐도 스미스의 태도는 조금도 변하지 않았다. 반면 의사의 입장은 달랐다. 의사는 파인먼이 임신의 위험을 제대로 이해하고 있는지 떠보기 위해 이것저것 물었고, 파인먼은 "우리 부부는 관계를 가질 생각이 없습니다"라고 잘라 말했다. 그러자 의사는 "결핵은 '접촉성 질환'이 아니라 '감염성 질환'입니다"라며 훈계조로 말했고, 이에 열받은 파인먼은 의사의 주장을 조목조목 반박했다. '접촉성 질환과 감염성 질환은 인위적인 구분으로 의학용어에 과학의 껍데기를 씌운 것에 불과하며, 설사 두 가지 질환 사이에 차이가 있다 해도 약간의 정도 차이에 불과하다'는 것이 파인먼의 생각이었다.

리처드는 본래 "1년 이내에는 결혼할 계획이 없습니다"라고 아버지에게 공언했었다. 그러나 불과 며칠만에 박사학위를 받아 지위가 격상되자 기분이 우쭐해져 '리처드 파인먼'이라고 인쇄된 개인용 편지지의 서두에 'Ph.D'라는 호칭을 덧붙여 어머니에게 답장을 썼다. 어머니의 주장을 조목조목 반박하면서 "학과장인 스미스도, 의사도 결혼이 내 건강에 미칠 위험성을 전혀 우려하지 않고 있어요"라는 말로 마무리를 했다. 알린과 결혼하면 짐을 떠안는 격이라고들 하지만, 리처드 자신이 그렇게도 간절히 원하던 짐이었다. 알린을 근처의 요양소로 옮기려고 준비하던 어느 날, 리처드는 두 사람이 함께 살아갈 나날들을 생각하다 흥에 겨워 콧노래가 절로 나왔다. 그렇다고 해서 두 사람의 행복만을 추구하고 남의 일에는 나 몰라라 할 생각은 추호도 없었다. 나라에서 자신에게 임무를 부여하는 한 필요한 일은 무엇이든 하고, 가야 할 곳은 어디든 갈 각오가 되어 있었다. 그건 무슨 숭고한 이념 때문도 몇 년 전 다른 상황에서 했던 약속을 지켜야 한다는 책임감 때문도 아니었다. 그저 주어진 상황에서 늘 최선을 다하고 싶을 뿐이었다.

알린과 결혼하는 것은 시금치를 먹는 것과는 분명히 달랐다. 파인먼이 어릴 적에 시금치를 좋아하지 않았음에도 불구하고 어머니를 봐서 억지로 시금치를 먹은 건 사실이었다. 그러나 솔직히 말해서 그건 어머니를 사랑하는 마음에서 나온 행동은 아니었다. "어머니는 제 의도를 오해하셨던 것 같아요. 저는 그저 어머니가 화를 내시지 않았으면 하고 바랐던 것뿐이에요."

파인먼은 마침내 결단을 내렸다. 학위수여식이 끝나자마자 워싱턴로드 44번지 집으로 이사를 하고 얼마 동안 어머니에게 주소도 알리지 않았다. 알린의 표현대로 모든 일은 눈 깜짝할 사이에 벌어졌다.

모든 일은 눈 깜짝할 사이에 벌어졌어, 마치 번갯불에 콩 볶아먹듯 말이야. 지금 다시 생각해 봐도 가슴이 뭉클하고 숨이 막힐 것 같아. 사랑은 정말 아름답고 강력하고 지킬 만한 가치가 있어. 아무 것도 우릴 갈라놓을 수 없다는 걸 난 알아. 우리의 사랑은 시간의 시련을 이겨냈고, 처음 그날처럼 찬란한 빛을 발하고 있어. 아무리 귀한 재물도 사람을 훌륭하게 만들지 못하지만, 사랑은 매일 그렇게 해. 우린 작지 않아, 우린 거인이야. 우리 눈앞에는 함께할 미래가 펼쳐져 있어, 행복한 세상에서 언제까지 영원토록!

걱정에 휩싸여 상황을 받아들이지 못하는 부모를 뒤로하고, 리처드는 친구에게서 빌린 스테이션웨건에 매트리스 하나만 달랑 싣고 알린을 태우기 위해 시더허스트로 차를 몰았다. 순백색 드레스 차림의 알린이 아버지가 직접 콘크리트를 부어 만든 진입로를 걸어나왔다. 두 사람은 스태튼아일랜드Staten Island 유람선에 몸을 싣고 첫날밤을 맞으며 뉴욕 만을 건넜다. 그리고는 스태튼아일앤드 자치구청에서 가족도 친구도 없이 옆방에서 불러온 낯선 사람 두 명의 입회하에 결혼식을 올렸다. 리처드는 접촉성 감염이 염려되어서 알린의 입에 키스하지는 않았다. 결혼식이 끝난 후 리처드가 알린을 부축하여 천천히 계단을 내려왔고, 두 사람은 곧장 차에 올라타 알린의 새 보금자리로 향했다. 그곳은 뉴저지주 브라운스밀스Browns Mills의 한 자선병원이었다.

로스앨러모스

세기적 빅 이벤트를 눈앞에 두고 파인먼은 다시금 라디오를 만지작거리는 중이었다. 누군가 보안경으로 쓰라고 짙은 색 용접마스크를 나눠줬다. 에드워드 텔러는 자외선 차단제를 잔뜩 바르고 안경을 착용했다. 폭탄 개발자들에게 '32km 떨어진 폭발지점 쪽으로 다리를 뻗고 엎드리라'는 상부의 지시가 떨어졌다. 폭발지점에 우뚝 솟은 30m 높이의 철탑 꼭대기에는 그들이 만든 장치가 놓여 있었다. 숨이 탁 막혔다. 버스 3대에 나눠탄 과학자들은 언덕에서 내려오다가 길가에 차를 대고, 한 사람이 숲속에 들어가 구토하는 것을 기다려 주기도 했다. 습기를 머금은 번개폭풍이 뉴멕시코 사막을 한차례 휩쓸고 지나갔다. 그룹 리더 중에서 가장 젊은 파인먼은 군용 무기수송 차량에 설치된 다이얼 열 개짜리 복잡한 전파장비와 씨름하느라 점점 더 다급해졌다. 전파장비는 관측기와 교신하는 유일한 수단이었지만 아직 아무런 반응을 보이지 않고 있었다.

파인먼은 식은땀을 흘리며 떨리는 손가락으로 다이얼을 돌렸다. 찾는 주파수를 알면서도 확인하기 위해 다시 한 번 물었다. 암호로 된 긴급전보를 받고 뉴욕에서 날아와 버스를 간신히 타는 바람에, 열 개나 되는 다이얼의 기능을 속속들이 익힐 짬이 없었다. 답답한 마음에 일단 안테나를 이리저리 움직여 봤지만 아직은 먹통이었다. 잠시 후 잡음이 들리는가 싶더니 느닷없이 차이코프스키 왈츠의 달콤한 선율이 흘러나왔다. 멀리 샌프란시스코에서 비슷한 주파수로 송출하는 단파방송이었다. 파인먼은 음악 소리를 기준으로 하여 주파수를 맞췄다. 정확하다는 생각이 들 때까지 이 다이얼 저 다이얼을 계속 조작했다. 마지막으로 한 번 더 비행기에서 보내는 전파의 주파수에 다이얼을 맞췄지만 여전히 먹통이었다. 파인먼은 자신이 맞춘 주파수가 정확하다고 믿고 이제 손을 놓기로 했다. 바로 그때, 거친 목소리가 어두컴컴한 허공을 가르며 울려퍼졌다. "30분 전!" 지금껏 전파장비는 제대로 작동중이었지만 비행기에서 전파를 보내지 않고 있을 뿐이었다.

　멀리서 비추는 탐조등 불빛이 탑이 있는 (것으로 추정되는) 지점과 구름 사이를 규칙적으로 오가며 밤하늘을 갈랐다. 파인먼은 용접마스크를 쓰고 섬광을 바라보려다가 시야가 너무 어둡다는 생각이 들어 집어치웠다. 캄파냐 언덕에 흩어져 있는 인파를 보니 마치 3D 안경을 쓴 영화 관람객들 같았다. "정신나간 낙관론자들 같으니라고!" 파인먼은 중얼거렸다. "도대체 빛이 얼마나 걸러진다고 저러고들 있는 걸까?" 파인먼은 무기수송차량으로 돌아가 앞자리에 앉았다. 차 앞 유리 정도면 위험한 자외선을 차단하는 데 충분하리라는 판단에서였다. 그곳에서 약 40km 떨어진 지휘본부에서는 낡아빠진 모자를 쓴 앙상한 몰골의 사내 하나가 나무기둥에 기대어 가쁜 숨을 몰아쉬고 있었다. 로버트 오펜하이머였다. 그는 아직 상황이 개시되지도 않았는데 지레 겁을 먹고 이렇게 외쳤다. "주여, 심장이 짓눌려 터질 것 같습니다!"

　1945년 7월 16일 오전 5시 29분 45초, 이미 오래전부터 호르나다 델 무에르토Jornada del Muerto, 즉 '죽음에 이르는 길'이라고 불려 온 이 지역에 동이 트기 직전, 한 줄기 아침햇살 대신 원자폭탄의 섬광이 번쩍였다. 바로 그 순간 파인먼은 자신도 모르게 반사적으로 고개를 숙여 무기수송차량 바닥에 아로새겨진 자줏빛 얼룩을 바라봤다. 잠시 후 머릿속에서 '과학적 지성'이 '일반인의 지각'을 밀어내면서, 파인먼의 의식은 고개를 들게 했다. 땅은 백지장처럼 하얘졌고, 그 위에 펼쳐진 삼라만상은 밋밋한 2차원 도형처럼 보였다. 하늘이 서서히 은색에서 노란색으로, 다시 오렌지색으로 물들면서 충격파 너머에 새로 형성된 구름이 빛을 반사했다. '뭔가가 구름을 만들어내는구나!'라고 파인먼은 생각했다. 실험은 여전히 진행중이었다. 파인먼은 뜻밖에도 타오르는 듯한 빛을 보았는데, 아마도 엄청난 고온에서 전자를 잃은 분자들, 즉 이온화된 공기에서 나오는 빛인 것 같았다. 주변의 목격자들은 평생 두 번 다시 보지 못할 광경들을 차곡차곡 기억 속에 담았다. 훗날 오토 프리슈Otto Frisch는 기억을 더듬어 이렇게 말했다. "그러고 나서는 아무런 진동 없이 태양이 빛나기 시작했거나, 적어도 그렇게 보였다." 고요한 적막 속에서 한 줄기 빛이 사막 위에 형성된 거대한 웅덩이를 가로지르며 반짝이다가 사라졌다. 인간의 감각기관이나 과학기구 따위로 측정할 성질의 빛이 아니었기에 I. I 라비는 촉광 단위foot-candle를 동원하지 않고 이렇게 적었다. "그것은 육안으로 바라볼 수 있는 광경이 아니었다. 폭발하고 몰아치더니 사람들의 몸을 뚫고 지나갔다." 폭발이 일어난 후 100초 동안, 그러니까 충격을 받은 공기의 바깥 팽창층이 사람들이 모여 있는 곳에 도달할 때까지는 아무런 소리도 들리지 않았다.

정적을 깨고 날카로운 총성 비슷한 소리가 나자, 파인먼 왼편에서 지켜보던 《뉴욕타임스》 기자가 깜짝 놀라며 물었다. "방금 그 소리가 뭐였죠?" 물리학자들은 호들갑 떠는 기자를 재미있다는 듯 쳐다봤다. "그런 게 있어요." 파인먼이 큰 소리로 대답했다. 어느덧 스물일곱 살의 가장이 되었는데도 호리호리한 체격에 활짝 웃는 파인먼의 모습은 여전히 어린애 같았다. 곳곳의 언덕에 반사된 폭발음은 마치 천둥소리처럼 울렸다. 사람들은 들리는 대로 느끼는 것 같았다. 총성 같은 소리는 실제 총소리로, 천둥 같은 소리는 실제 천둥소리로. 파인먼은 갑자기 그 소리들이 생생하게 느껴져 음향을 물리학적으로 분석하고 싶어졌다. 엔리코 페르미는 폭발 지점에 더 근접해 있었지만 도리어 소리를 제대로 듣지 못했다. 왜냐하면 폭발 압력을 계산하기 위해 갈가리 찢은 종이 조각을 돌풍에 날리느라 소리에 신경을 쓸 겨를이 없었기 때문이다.

이날의 환희, 외침, 춤, 승전보는 적절한 절차에 따라 기록되었다. 한 물리학자의 증언에 의하면 실험을 마치고 돌아오는 길에 파인먼은 버스 지붕이라도 뚫고 날아갈 기세였다고 한다. 폭탄 개발자들은 환호성을 지르며 흠뻑 취하도록 술을 마셨다. 그들은 폭탄을, 그 기구를, 그 장치를 축하했다. 영리하고 유능한 동료들이 갈색 사막에서 2년의 세월을 보낸 끝에 어떤 물질을 에너지로 변환하는 데 성공했다. 특히 이론학자들은 추상적인 칠판과 학blackboard science의 타당성을 궁극적으로 검증한 셈이었다. 처음에는 아이디어를, 이제는 불火을 얻었다. 결국 그것은 일종의 연금술, 즉 금보다 더 희귀한 금속을 납보다 더 유해한 원소로 바꾸는 연금술이었다.

거의 모든 구성원들이 새로운 영역, 예컨대 폭발이론이나 극고온물성론極高溫物性論 분야의 임무를 부여 받았다. 실용성이 관건이었으므로 냉정과 열정을 겸비해야 했다. 머리를 쓰는 데 이력이 난 이론학자들이다 보니, 직접 뭔가를 만지거나 냄새를 맡는 등 궂은일에 익숙지 못해 진땀을 뺐다. 심지어 순수 수학자들까지도 손에 흙을 묻혀야 했다. 스타니와프 울람Stanislaw Ulam은 '여태껏 늘 기호만 갖고 놀았다'며 신세를 한탄했다. 이제 울람은 '비천한 속세'로 내려와 실제 숫자를 다뤄야 했는데, 더욱 비천한 것은 그 숫자들의 소숫점 아래로 떨거지들이 줄줄이 달려 있었다는 것이다. 우아함이나 간결함 등의 이유를 내세워 논점을 취사선택할 처지가 아니었으며, 화학물질이 말썽을 일으키거나 관이 파열되는 일 등은 다반사였다. 파인먼 역시 복잡한 계산을 하다 말고 타자기를 수리한 적이 한두 번이 아니었다. 게다가 타자기를 수리하다 말고 우라늄 축적의 안전성을 체크하거나 새로운 계산시스템을 고안하기도 했다(이 계산시스템은 기계와 인간이 반반씩 계산하는 방법으로, 이론적으로 풀 수 없는 방정식의 해를 구하는 데 사용되었다). 실용주의 정신이 로스앨러모스의 메사mesa[1]를 뒤덮자 이론학자들은 차츰 신바람이 나기 시작했다.

---

1) 꼭대기는 평평하고 등성이는 벼랑으로 된 언덕.

나중에 밝혀진 일이지만 그들은 자신들이 저지른 일에 대해 회의를 품었던 적도 있었다. 오펜하이머는 도회적인 용모와는 대조적으로 동양적 신비주의를 열렬히 추종했다. 불덩어리가 하늘을 5km쯤 뒤덮었을 때(파인먼이 '뭔가가 구름을 만들어내는구나!'라고 생각했던 바로 그때), 『바가바드 기타Bhagavad-Gita』의 한 구절이 떠올랐다고 한다. "나는 이제 죽음의 신, 세상의 파괴자가 되었노라." 원폭실험 책임자인 케네스 베인브리지Kenneth Bainbridge가 오펜하이머에게 이렇게 말한 것으로 알려져 있다. "이제 우린 모두 개새끼가 된 거야." 라비는 뜨거운 구름이 가시자 오싹함을 느꼈다고 토로했다. 쌀쌀한 새벽공기 때문이 아니라 고향의 목조주택이 불타는 장면을 상상했기 때문이었다. 폭발이 일어난 순간, 현장에서는 안도감과 흥분 때문에 이런 생각들이 표면에 드러나지 않았다.

하지만 파인먼의 기억에 의하면 침울한 표정을 짓고 있던 사람이 단 한 명 있었다. 그 사람은 바로 파인먼을 맨해튼 프로젝트에 끌어들였던 장본인, 로버트 윌슨이었다. 그는 불쑥 이런 말을 내뱉어 파인먼을 놀라게 했다. "저 끔찍한 걸 우리가 만들었다네." 폭탄 개발자들이 그 순간의 기억을 다시 떠올린 것은 그로부터 한참이 지나서였다. 당시 군 참모들이 보기에는 과학자들이 횡설수설하고 군기도 엉망인 것처럼 보였을지 모르지만, 그들의 애국심 하나만큼은 (비록 훗날의 회고담에서는 많이 사그러들었을언정) 최고였다. 최초의 원폭실험이 있은 지 3주 후, 그리고 히로시마에 원자폭탄이 투하된 지 3일 후(이날은 공교롭게도 나가사키에 원자폭탄이 투하된 날이었다), 파인먼은 어머니에게 타자기로 쓴 편지에서 자신의 심경을 밝혔다.

우리는 펄쩍펄쩍 뛰고, 소리지르고, 이리저리 뛰어다니며 서로 등을 두드리고 악수하고 축하하고…. 모든 게 완벽했어요. 하지만 우리의 최종

목표는 뉴멕시코가 아니라 일본이에요. 우리는 모두 본부에 모였어요. 내가 일어나 한마디 하는 동안, 동료들은 모두 싱글벙글하며 입을 다물지 못했죠. 다들 우리가 이룩한 성과를 큰 자랑으로 여기고 있어요. 아마 우리가 전쟁을 곧 끝낼 수 있을 것 같아요.

트리니티Trinity라는 암호명으로 불린 원폭실험은 인류가 새 시대의 문턱을 넘어선 사건이었다. 이 사건은 인류의 의식을 완전히 바꿔놓았다. 그 서막은 '과학을 이용한 자연 정복'이었다. 영원히 뒤집히지 않을 자랑스러운 승리인 것 같았지만 가공할 규모의 무력행사와 살육이 뒤따랐다. 새로운 빛이 하늘을 가로지르며 퍼져나가는 순간, 인간은 엄청나게 강력한 동시에 엄청나게 취약한 존재가 되었다. 모든 이야기가 여러 번 반복되면 신화가 되듯, 트리니티 스토리도 신화가 되어 인류의 미래에 대한 근시안적 시각과 생명경시 풍조에 경종을 울리고 있다. 30m가 넘는 높이에도 불구하고 흔적도 없이 날아간 철탑, 폭발지점에서 1km 떨어진 곳에서 갈가리 찢긴 채 발견된 산토끼, 조청처럼 녹았다가 밝은 비취색으로 반들반들하게 굳어버린 사막 모래 등, 트리니티 현장에서 목격된 장면들은 장차 한 시대를 지배하게 될 공포를 예고하기에 충분했다(참고로 오늘날 핵무기가 폭발한 지점이나 피폭 중심지를 일컫는 용어로 사용되는 그라운드 제로ground zero는 본래 철탑이 서 있다가 날아가고 바닥이 거울처럼 반질반질해진 약방사성 지면을 지칭하는 말이었다). 소 잃고 외양간 고친다는 속담처럼 인간은 늘 뒷북을 치는 경향이 있다. 우리는 이제서야 트리니티가 초래한 결과를 깨닫고 있다. 유혈사태에 말려든 과학자들, 히로시마의 죄 없는 희생자들, 스탠리 큐브릭의 〈닥터 스트레인지러브〉[2], 핵미사일

---

2) 냉전 시대를 배경으로 미국과 소련의 핵무기 전쟁을 다룬 영화.

의 투사중량throw weight, 방사성 폐기물, 상호확증파괴mutual assured destruction. 이런 아이러니는 인류의 전매특허인지도 모른다. 아직 소년 티를 못 벗은 파인먼은 어머니에게 쓴 편지에서 이렇게 말했다. "갈색 사막에 생겨난 거대한 웅덩이를 하늘에서 내려다보는 건 멋진 구경이었어요. 그 가운데에는 분화구도 하나 있었고요."

까만 서류가방을 든 남자

윌슨이 추진하던 아이소트론 프로젝트가 중단된 지도 어느덧 30개월이 지났다. 파인먼을 비롯한 팀원들은 앞일을 모르는 상태에서 긴장된 나날을 보냈다. 마치 다음 명령을 기다리는 용병들 같았다. 후에 윌슨은 이때의 심정을 이렇게 토로했다. "우리는 앙꼬 없는 찐빵이었다. 전문지식과 의욕을 갖춘 사람들이 모였지만 할 일이 없었다. 그건 내가 생각했던 것 중에서 최악의 상황이었다." 시간이 남아 돌자 윌슨은 전부터 꼭 필요하다고 생각했던 일종의 중성자 측정장비를 만들기로 했다.

한편 윌슨은 맨해튼 프로젝트의 임시본부인 시카고에서 보내는 정보가 부실하다고 느끼고 있었다. 당시 시카고의 금속학 연구소에서는 엔리코 페르미가 파일pile이라는 장비를 연구하고 있었다. 로마 출신의 페르미는 가죽 재킷을 입고 갓 배운 앵글로색슨 어휘를 이용하여 어줍잖은 핵 용어들을 만들어내고 있었다. 파일이라는 용어도 페르미의 작품이었다. 파일은 시카고 대학교의 스쿼시 경기장에 설치된 구조물로, 그 속에서는 흑연 벽돌과 우라늄 공이 격자 모양으로 얽혀 연쇄반응을 일으켰다. 윌슨은 파인먼을 시카고에 특사로 보냈다.

윌슨은 파인먼을 특파하기에 앞서 정보수집 요령을 간단히 일러줬다. "과마다 일일이 찾아다니며 전문지식을 알려달라고 요청하게. 더 이상 도움을 받지 않아도 자네 혼자 일할 수 있을 정도로 자세히 가르쳐달라고 해야 하네."

"그건 좀 심하지 않나요?" 파인먼은 볼멘소리를 했다.

"뭐 어쩌겠어? 우리가 꼭 해야 할 일이니까 아니꼬워도 참아야지. 필요한 정보를 하나도 빠짐없이 수집하려면 어쩔 수 없어."

1943년 초, 파인먼은 시카고행 열차에 올랐다. 10년 전 시카고에서 열렸던 "진보의 세기" 박람회에 간 이후로 서쪽으로 가는 여행은 처음이었다. 파인먼은 시카고에서 스파이 뺨치는 정보수집 능력을 발휘했다. 처음 만난 텔러와는 자주 이야기를 나누는 사이가 되었고, 이 연구실 저 연구실을 순례하며 중성자의 단면구조와 생성률에 대해 배웠다. 간혹 기회가 될 때마다 수학실력을 유감없이 발휘하여 그곳의 이론학자들에게 강한 인상을 남기기도 했다. 한번은 회의에 참석했다가 그들이 까다로운 미적분 문제를 갖고서 쩔쩔매는 걸 보고는 해결사를 자청했다. 현장에 있었던 필립 모리슨Philip Morrison은 당시의 상황을 이렇게 회상했다. "그는 역시 우리를 실망시키지 않았다. 우리가 고성능 계산기를 갖고서 한 달 동안 해결하지 못한 문제를 간단히 해결했다. 우리 모두는 해석학의 달인을 만나는 경험을 했다." 파인먼은 문제를 두 부분으로 나눈 다음, 한 부분은 베셀함수를 이용하여 풀고 다른 부분은 미분으로 푸는 기지를 발휘했다. 파인먼이 10대 때 즐겨 사용하던 방법이지만 그때와 비교하면 관객의 수준이 다른 데다가 사안의 중대성도 엄청나게 컸다.

금속학연구소에 전설의 씨앗을 뿌린 천재는 파인먼뿐만이 아니었다. 파인먼이 다녀간 지 5개월 후, 줄리언 슈윙어는 컬럼비아에서 버클리로 옮겨 오펜하이머와 공동연구를 한 후, MIT의 래드랩을 거쳐 시카고로 왔다. 뉴욕 출신의 동갑내기인 슈윙어와 파인먼의 인생역정은 판이하게 달랐다. 두 사람의 진로는 계속 엇갈렸다. 슈윙어의 검은색 신형 캐딜락 세단과 세심한 옷차림은 시카고 과학자들에게 깊은 인상을 줬다. 더운 여름 내내 그의 넥타이는 단 한 번도 느슨해진 적이 없었다. 슈윙어가 밤새 칠판에 써 내려가는 내용을 받아적던 동료 한 명은 슈윙어의 손놀림이 무척 빠르다고 느꼈는데, 알고 보니 그는 양손잡이였다. 슈윙어는 양손에 분필을 잡고 두 식을 한꺼번에 푸는 신공을 터득한 듯싶었다.

징집연령에 해당되는 젊은이들이 느낀 당혹감에 비하면 아무것도 아니지만, 젊은 과학자들에게도 전쟁은 부담스러웠다. 창의적인 연구로 전성기를 누려야 할 전도양양한 물리학자들에게 전쟁은 기이한 나날의 연속이었다. 파인먼은 전쟁이 몰고 올 변화의 향방을 불안한 마음으로 지켜볼 수밖에 없었다. 그러던 중 멀리 매디슨에 있는 위스콘신 대학교에서 무보수로 방문교수를 맡아 달라는 제의가 와서 별 생각 없이 받아들였다. 자리가 생겼다는 안정감이 들었지만, 휴가 중인 교수 대신이어서 임시직 이상을 기대하기는 어려웠다. 때마침 윌슨의 심부름으로 시카고에 머무는 동안 매디슨에 잠깐 다녀오기로 결심하고, 하루 날을 잡아 신분을 숨긴 채 위스콘신 교정 이곳 저곳을 샅샅이 둘러봤다. 결국에는 과사무실 직원에게 자신을 소개하고 동료교수라는 사람들을 몇 명 만나본 뒤, 그냥 시카고로 되돌아오고 말았다.

임무를 마친 파인먼은 데이터가 가득 담긴 조그만 서류가방 하나를 들고 프린스턴으로 돌아왔다. 조그만 강의실에 윌슨을 비롯한 프린스턴 팀원들을 모아 놓고, 1943년 초 현재 폭탄개발 진행상황(폭탄의 모양은 어떠한지, 우라늄 소요량은 얼마인지, 에너지 생성량은 얼마나 되는지)을 브리핑했다. 스물네 살의 파인먼이 와이셔츠 바람으로 재치 있는 이야기를 쏟아낼 때마다 사람들의 웃음소리가 복도에까지 울려퍼졌다. 파인먼은 이런 일이 역사에 남으리라 생각하지 않았지만 폴 올럼의 생각은 달랐다. "먼 훗날 사람들이 이 순간을 재현하는 영화를 만든다고 상상해 볼까요? 그들은 이 순간을 아주 심각하게 묘사할 거예요. 아마도 프린스턴의 과학자들이 정장을 차려입고 앉아 있고, 시카고에 특파됐던 요원 한 명이 까만 서류가방을 들고 뚜벅뚜벅 걸어들어오는 장면을 연출할 거예요. 이렇게 화기애애한 장면은 꿈에도 상상하지 못할 거예요." 파인먼이 껄껄 웃으며 말했다. "본래 현실은 영화와 달라도 많이 다른 거야."

군은 도저히 납득할 수 없는 인물을 민간인 책임자로 뽑았다. 그는 바로 J. 로버트 오펜하이머였다. 오펜하이머(오피, 오파이, 오피에)는 유대인, 탐미주의자, 격식주의자, 날카롭고 다분히 좌익성향을 지닌 과학자로 종국에는 자멸의 구렁텅이에 빠져버린 인물이었다. 게다가 행정경험이라고는 캘리포니아 물리학회 이상을 넘은 적이 없는 사람이었다. 오펜하이머가 동료들 사이에서 인정을 받은 이유는 연구의 깊이보다는 전광석화처럼 빠른 두뇌회전 덕분이었다. 그는 실험감각이 없고 스타일이 물리학자답지 않아 어처구니 없는 실수를 저지르기로 악명이 높았다. 한번은 어떤 이론학자가 작심하고 이렇게 지적했다. "오펜하이머의 공식은 본인의 눈에는 완벽하게 보인다. 그러나 누가 보더라도 수치인자numerical factor가 틀렸다는 건 분명하다." 나중에 물리학자들 사이에서 '**오펜하이머의 수치인자**'라는 은어가 유행했는데 이 은어는 π, i, - 등의 기호가 누락되었음을 비꼬는 말이었다. 역사가인 리처드 로즈Richard Rhodes는 오펜하이머의 물리학을 "뱅크샷[3] 물리학"이라고 평했다. 로즈의 부연설명에 의하면 "오펜하이머는 목표물을 직접 맞추지 못

---

3) 공을 벽이나 쿠션, 백보드에 맞히는 샷.

하고 가장자리와 모퉁이를 여러 번 때린 후에 억지로 맞추는 경향이 있다." 양자전기역학과 소립자물리학의 핵심문제를 오펜하이머보다 더 잘 이해하는 사람은 한 명도 없었지만 어찌된 일인지 오펜하이머의 연구는 늘 삼천포(특수한 지식·관심을 가진 소수만이 알 수 있는 난해한 연구)로 빠지곤 했다. 그러다 보니 오펜하이머는 노벨 물리학상 수여의 배후에서 늘 막강한 영향력을 행사했지만 정작 자신이 상을 받지는 못했다.

오펜하이머는 세련된 취향을 가진 심미주의자였다. 과학을 포함한 모든 분야에서 고상한 멋을 추구했다. 양복은 어깨를 강조하고 옷깃이 넓게 접히도록 맞춰 입었다. 마티니, 블랙커피, 파이프담배를 무척이나 아꼈다. 스테이크 전문점에서 회식을 주재할 때는 동료들이 자기처럼 '덜 익힌 고기'를 선택하기를 바랐기에 동료들 중 누구라도 '잘 익힌 고기'를 선택하려 들면, 그 쪽으로 몸을 돌려 사려 깊은 어조로 말했다. "차라리 생선 요리를 시키는 게 낫지 않을까요?"

오펜하이머는 1904년 뉴욕의 유복한 유대인 가정에서 태어났다. 루실 파인먼처럼 맨해튼의 안락한 환경에서 성장했고 윤리문화협회라는 독특한 신앙조직에서 설립한 윤리문화학교에 다녔다. 그 후 새롭고 실용적인 미국식 물리학 사조에 동화된 파인먼과는 달리, 오펜하이머는 대서양을 건너 케임브리지와 괴팅겐으로 유학을 떠나 영국과 독일에서 지적인 유럽식 스타일을 열렬히 받아들였다. 그는 현대어를 숙달하는 데만 만족하지 않고 산스크리트어까지도 익혔다. 물리학자들은 오펜하이머가 산스크리트어를 구사하는 것을 호기심어린 눈으로 바라봤고, 미 육군 공병대의 레슬리 그로브스 장군은 그것을 천재성의 또 다른 징표로 간주했다. 그리고 천재성이야말로 그로브스가 애타게 찾던 자질이었다. 그로브스는 자신이 확고한 행정가임을 자부했기 때문에, 행정능력을 보유한 과학자는 확보할 필요가 없다고 생각했다. 어떤 사람들에게는 그로브스의 선택이 매우 뜻밖이었지만 그로브스의 직감은 적중했다. 뚜껑을 열어보니 오펜하이머의 천재성은 탁월한 리더십으로 나타났다. 수없이 많은 후배 물리학자들의 개인사를 챙겨 그들의 신망을 얻더니, 1943년 초에는 파인먼의 마음까지 얻었다. 시카고에서 프린스턴으로 장거리 전화를 걸어 앨버커키에서 알린이 지낼 만한 요양소를 찾아주는 일도 마다하지 않았다. 그렇게 멀리서 걸려온 장거리 전화를 받아본 적이 없는 파인먼은 감읍했다.

원자폭탄 프로젝트를 추진할 장소를 선택하는 데 군과 오펜하이머의 의견은 완전히 일치했다. 후세의 사람들에게는 이치에 맞지 않는 것처럼 보일지 몰라도 군사적·학문적 관점에서 볼 때 사막을 선택하는 것은 나름 타당성이 있었다. 적의 공격에 대비하거나 말 많고 예측불가능한 과학계에서 일정한 거리를 유지하려면, 사막처럼 고립된 장소를 선택하는 것이 유리했기 때문이다. 오펜하이머는 오래전부터 뉴멕시코 외곽지역의 호젓한 분위기, 진리처럼 투명한 공기, 협곡 벽에 달라붙어 자라다 만 소나무들이 마음에 쏙 들었다. 그래서 카우보이를 연상시키는 서부식 셔츠와 캐주얼 차림으로 그로브스와 함께 현장답사에 나섰다. 두 사람이 구불구불한 산길을 따라 높은 메사에 오르자 로스앨러모스 목장학교 뒤로 생그레 데 크리스토 산맥Sangre de Cristo Mpuntains까지 뻗은 드넓은 사막이 보였다. 그로브스도 오펜하이머를 따라 로스앨러모스의 매력에 푹 빠졌지만, 모든 사람들이 다 그런 것은 아니었다. '에너지를 방출하는 연쇄반응'을 처음으로 이해한(그리고 원자폭탄 프로젝트에 대해 여러 차례 남다른 선견지명을 보여주기도 한) 부다페스트 출신의 물리학자 레오 실라르드는 신랄하게 비판했다. "그런 장소에서는 정상적인 사고를 할 수가 없다. 거기에 가는 사람은 누구나 미쳐버릴 것이다."

각양각색의 루머에 견디다 못한 프린스턴 그룹은 소문의 진위여부를 직접 확인하기로 했다. 윌슨이 먼저 로스앨러모스 현장을 보러 나갔다가, 연구소 대신 강당이 들어서고 송수관이 잘못 깔려 엉망진창 된 것을 보고 서둘러 돌아왔다. 기밀유지 상태가 얼마나 허술한지 '그로브스와 오펜하이머가 기밀유지 문제를 놓고 티격태격한다더라'는 소문이 파인먼의 귀에까지 들릴 정도였다.

우여곡절 끝에 로스앨러모스의 기반공사는 완료되었다. 사이클로트론 부품과 중성자 측정장비를 담은 대형 나무상자가 기차에 실려 목적지를 향해 프린스턴 역을 출발했다. 자동차에 나눠 실려 프린스턴을 떠난 화물들도 로스앨러모스에 도착하여 새 연구소의 핵심 위치에 배치되었다. 마지막으로 하버드에서 힘들여 분해한 사이클로트론 한 대, 발전기와 가속기 여러 대가 로스앨러모스에 도착했다. 로스앨러모스는 순식간에 세계 최고의 시설을 보유한 물리학의 메카로 떠올랐다. 프린스턴 팀은 중성자 측정장비를 실은 나무상자를 보낸 후 곧바로 출발했다. 리처드와 알린은 3월 28일(일요일) 선발대와 함께 출발했다. 교통혼잡을 피하기 위해 '목적지는 어디라도 좋으나, 뉴멕시코만큼은 제외하라'는 지시가 내려왔다. 파인먼의 머릿속에서 상식과 역발상이 다툼을 벌이다 마침내 역발상이 승리를 거뒀다. '뉴멕시코행 표를 사는 동료가 한 명도 없을 테니, 나 하나쯤은 뉴멕시코행 표를 사도 되겠다'고 판단한 것이다. 표를 사는 데 매표원이 말을 걸었다. "아, 이 많은 상자들이 죄다 고객님 건가 보죠?"

파인먼을 VIP로 오인한 철도회사는 특별 서비스로 알린을 위해 휠체어와 1인실을 제공했다. (지성이라면 감천이라더니 알린의 간절한 소망이 하늘에 전해진 것 같았다. 알린은 전날 밤 눈물을 글썽이며 '앞으로 한 남자의 아내로서 최선을 다할 테니 나를 위해 객실 추가요금을 지불해 주면 어떻겠냐'는 뜻을 넌지시 비쳤지만, 파인먼의 빠듯한 사정을 뻔히 아는지라 대놓고 말할 수 없었다.) 서부여행은 두 사람 모두에게 '무

한히 자유롭고 환하게 열린 미래'를 예고하는 사건이었다. 동시에 두 사람은
그동안 자신들을 가뒀던 울타리에서 벗어나, 철없던 어린 시절의 기억과 완
전히 결별했다. 알린은 밤마다 근심걱정으로 잠을 못이루면서도 그간 아내
로서 그려왔던 꿈과 희망을 리처드에게 잔뜩 불어넣었다. "집에 커튼도 달
고, 리처드가 지도하는 학생들과 차도 마시고, 벽난로 앞에서 체스도 두고,
침대에 앉아 일요 만평도 보고, 텐트 안에서 야영도 하고, 도널드라고 이름
지은 아들도 키웁시다…."

연쇄반응

전문 가구제작자들이 시카고 대학교의 스쿼시 경기장에 모여
톱질과 조립을 반복한 끝에 만들어낸 페르미의 우라늄-흑연 파일pile은 1942
년 12월 2일 세계 최초로 방사성 물질의 임계질량에 이르렀다. 시커먼 흑연
벽돌 더미 속에서 일어난 세계 최초의 인공 연쇄반응은 30분 동안 지속되었
다. 하지만 원자폭탄이 되려면 100만분의 1초 미만의 빠른 반응이 일어나야
하므로 이렇게 느려터진 반응은 실효성이 없었다. 2층 높이의 타원체인 시
카고 파일 1호기가 트리니티 테스트 때 폭발한 야구공만 한 구형 플루토늄
으로 진화하려면 점진적 변화로는 어림도 없었다. 크고 느린 파일에서 작고
빠른 폭탄으로 발전하기 위해서는 어중간한 중간단계를 생략하고 급진적 도
약을 꾀해야만 했다.

이듬해 4월, 로스앨러모스의 메사 위에 급조된 보안출입구 앞에서 승용
차에 앉아 대기하던 파인먼의 머릿속에 한 가지 아이디어가 떠올랐다. "페
르미가 오래전에 발견한 대로 수소 원자는 중성자의 속도를 늦춘다. 수소는

물 속에 속박된 채로 널려 있으므로, 물 속에서 우라늄을 녹이면 강력한 소형 원자로가 만들어질지도 모른다." 출입 승인에 착오가 생겨 보초병들이 조치를 취하는 동안 파인먼은 문 앞에서 기다려야 했다. 보안출입구 양 옆으로는 가시철조망이 길게 늘어서 있었는데, 철조망 너머에는 실험실은 없고 농가 몇 채와 가건물 몇 채가 보였다. 가건물은 군이 임시로 사용하기 위해 속성 콘크리트 기초, 나무틀, 소박한 외장재, 아스팔트 지붕을 이용해 대충 지은 것이었다. 샌타페이Santa Fe에서 차를 몰고 60km쯤 들어가면, 끔찍한 먼지가 휘날리는 비포장 도로가 메사 벽에 막혀 갑자기 끊어졌다. 시카보보다 더 서쪽으로 가본 경험이 있는 물리학자는 몇 없었다. 파인먼뿐만 아니라 다른 물리학자들 역시 처음 가본 땅이었다. 모집 담당자들은 과학자들에게 "군은 가급적 고립isolation을 원합니다"라고 경고했지만 고립의 의미를 깨달은 사람은 아무도 없었다. 초기에 외부와 연락을 취할 수 있는 수단이라고는 산림청에서 깔아준 회선 하나가 전부였다. 통화를 하고 싶은 사람은 상자 옆구리에 달린 크랭크를 부지런히 돌려야 했다.

승용차 안에서 헌병의 승인을 기다리는 동안, 파인먼은 (앞으로 비등수형 원자로water boiler라고 불리게 될) 중형 원자로를 가상하여 계산을 해봤다. "흑연 사이사이에 넣은 우라늄 덩어리 대신, 이 설비에서는 우라늄 수용액, 즉 우라늄-235의 농도가 높은 농축우라늄을 사용한다. 그러면 물 속에 들어 있는 수소 때문에 효율은 몇 배 더 높아질 것이다." 파인먼은 우라늄 소요량도 계산해 봤다. 그 후 몇 주 동안 파인먼은 비등수형 원자로 문제를 수시로 검토하며 중성자들이 수소와 충돌하는 모양을 종이에 자세히 그렸다. 관점을 바꾸어 색다른 시도도 해 봤다. 어쩌면 우라늄의 이상적인 배치형태, 즉 우라늄의 소요량을 최소화하는 조건은 종전에 생각했던 것과는 달리 균등배치형태가 아닐지도 모른다는 생각이 들었기 때문이다. 또한 파인먼은 기존의 수식들을 모두 변환하여 (이제는 애용하는 방법이 된) 최소작용의 원리를 적용하기에 편리한 꼴로 만들었다. 뒤이어 「분열 물질의 공간분포에 관한 정리」를 세웠고 그런 분포 차이가 중소형 원자로에서는 별로 중요하지 않다는 점도 알게 되었다.

농축우라늄이 도착할 때쯤 드디어 비등수형 원자로가 완성되었다. 한 변의 길이가 1m쯤 되는 까만 산화베릴륨beryllium oxide 정육면체 안에 놓인 직경 30cm짜리 구형 원자로였다. 파인먼은 인부들을 이끌고 본부에서 몇 km 떨어진 오메가 협곡Omega Canyon 깊숙한 곳으로 내려가, 소나무 그늘이 짙게 드리운 곳에 묵직한 콘크리트 벽을 설치했다. 그런 다음 벽 뒤에 탁자 하나를 놓고 탁자 위에 원자로를 설치했다. 파인먼이 고안한 원자로는 맨해튼 프로젝트에서 처음으로 만들어진 대규모 실험용 중성자원源으로, 폭발 위험도 있었다. 로스앨러모스에 모인 모든 이론 물리학자들의 레이트모티브leitmotiv[4])가 된 이 원자로를 이용하여 물리학자들은 원자폭탄과 관련된 다양한 문제들(중성자의 경로, 신비로운 금속의 혼합, 방사선, 열, 여러 가지 확률들)을 실제로 연구할 수 있게 되었다.

겨우내 쌓였던 눈이 녹아내리며 땅바닥이 온통 질퍽거리는 4월 몇 주 동안, 과학자들의 숫자는 한두 명씩 늘더니 어느덧 30명에 육박했다. 이곳에 온 과학자들은 처음에는 샌타페이에 마련된 임시 사무실을 드나들다가 어느 틈엔가 풍경 속으로 슬그머니 사라졌다. 만약에 그들이 샌타페이를 하늘에서 내려다봤다면, 자신들의 행선지가 평평한 고대 용암줄기 위에 펼쳐진 지대로, 오랫동안 침묵을 지키고 있는 거대화산의 분화구에서 사방팔방으로 뻗어나간 지형의 일부라는 사실을 알아차렸을 것이다.

---

4) 책, 미술작품, 특정 집단 등에서 반복적으로 나타나는 주제나 중심 사상.

사실 로스앨러모스에 모인 과학자들은 수수께끼 같은 자신들의 주소에 먼저 관심을 보였다. 그곳의 우편번호는 '사서함 1663'이었고, 과학자들의 운전면허증에는 **특수목록 B**SpecialList B'라는 정체불명의 주소가 적혀 있었다. 그러나 보안이라는 명목하에 마련된 제반절차들은 지역주민들의 의구심을 완전히 해소시키지 못했다. 예컨대 지역 경찰관 누구라도 샌타페이 북쪽에서 리처드 파인먼에게 "길가에 차를 대라"고 명령한 다음 운전면허증을 본다면, 고개를 갸우뚱하지 않을 수 없었을 것이다. 왜냐하면 거기에는 '185번'이라고만 적혀 있는 익명의 **'엔지니어'**가 '특수목록 B'에 거주하며 모든 교통법규 위반사항은 일절 불문에 붙인다는 황당한 내용이 기재되어 있었기 때문이다. 로스앨러모스라는 지명은 협곡의 이름이었든 남학교의 이름이었든 사실상 **아무런 의미가 없었다**.

로스앨러모스 현장에 도착한 과학자들이라면 십중팔구 전직 교수 출신이라는 사람 하나가 밖에 나와 공병대에 지시를 내리고, 공병대는 마지못해 그의 지시를 따르는 장면을 목격했을 것이다. 그는 멋있기로 소문난 모자를 뒤집어쓰고 이리저리 휘둘러보다가 과학자들과 눈이 마주치면 "어서 오십시오 로스앨러모스입니다. 나는 오펜하이머입니다만 당신은 누구시죠?"라고 말했다. 파인먼이 로스앨러모스에서 처음으로 만난 지인은 프린스턴의 아이소트론 팀에서 함께 일했던 후배 올럼이었다. 올럼은 클립보드를 들고 길 한복판에 서서 목재를 가득 실은 트럭이 들어올 때마다 일일이 수량을 확인하고 있었다. 처음에는 숙소가 마련되어 있지 않아, 파인먼은 학교 건물 발코니 위에 줄줄이 놓인 침대에서 잤다. 끼니는 샌타페이에서 보내주는 도시락으로 해결했다.

파인먼이 로스앨러모스에 도착했을 당시, 건축공사는 완전히 마무리되지 않은 상태였다. 곳곳에서 콘크리트가 굳어 가고 아무데나 휴대용 기계

톱이 윙윙대는 와중에, 당장 일할 준비가 된 사람들은 이론학자들밖에 없었다. 그들은 바퀴 달린 칠판 하나만 있으면 언제 어디서든 연구를 시작할 수 있는, 이른바 '전천후 과학자'들이었다. 정식 기공식은 1943년 4월 15일에 거행되었다. 오펜하이머는 이론학자, 실험학자, 화학자들을 한자리에 모아놓고(이들의 도착 일자는 제각기 달랐다) 그동안 그들이 비밀리에 들었던 이야기들을 공식적으로 확인했다. "앞으로 우리는 '제한된 시간과 공간에서 방사능 현상을 일으켜, 중성자를 집중적으로 살포함으로써 폭발을 일으키는 장치'를 만들어야 합니다. 그것은 실제로 사용할 수 있는 폭탄, 즉 실전용 무기입니다." 원자폭탄 개발자들을 위한 오리엔테이션이 시작되자마자 파인먼은 노트를 펼쳐 맨 앞 페이지에 이렇게 적었다. "이 강의에는 '이미 연구가 완료된 사항'과 **'앞으로 연구해야 할 사항'**이 모두 포함되어 있다." 버클리와 시카고에서 온 팀들은 프린스턴 팀보다 기초지식이 많은 것 같았다.

통상적인 우라늄 원자가 쪼개지려면 빠른 고에너지 중성자와 충돌해야 한다. 모든 원자는 그 자체가 미세한 폭탄이라고 할 수 있다. 급격한 에너지 변화에 의해 쪼개진 원자는 중성자들을 더 많이 방출하여 이웃 원자들의 반응을 촉진한다. 하지만 중성자는 느려지는 경향이 있어서 더 많은 분열이 일어나는 문턱을 넘지 못하므로, 연쇄반응이 저절로 일어나지 않는다. 그러나 희귀한 동위원소인 우라늄-235는 느린 중성자와 충돌해도 분열한다. 따라서 다량의 우라늄을 농축하여 민감한 원자가 많아지도록 만들면, 중성자가 충돌할 표적이 많아지므로 연쇄반응이 오래 지속될 수 있다. 나아가 순수한 우라늄-235를 쓰면 폭발반응이 가능해지지만 순수한 우라늄-235는 수 개월 동안 모아도 극미량밖에 확보할 수 없다는 한계가 있다.

연쇄반응을 촉진하는 또 한 가지 방법은 마치 온실을 유리로 에워싸듯 방사성 물질을 금속껍질로 에워싸는 것이다. 그렇게 하면 중성자를 반사시켜 가운데로 되돌려보냄으로써 중성자의 효과를 강화시킬 수 있다. 오펜하이머를 보좌하는 로버트 서버Robert Serber는 30명 남짓한 청중 앞으로 걸어나와 반사벽tamper을 이용한 연쇄반응 촉진방법을 자세히 설명했다. 가냘픈 체격임에도 불구하고 그가 뿜어내는 활기찬 기운은 좌중을 압도했다. 파인먼은 서버의 설명을 재빨리 노트에 옮겨적었다. "…중성자를 되돌려보내면… 원자폭탄은… **임계질량 유지**… 비흡수 등산란인자 3non absorbing equi-scattering factor 3의 질량… **성공적인** 폭발…" 파인먼은 간단한 다이어그램도 몇 개 그렸다.

이렇게 진행된 핵물리학 논의는 마침내 더 오래되고 까다로운 문제인 유체역학 문제로 옮겨갔다. 중성자가 역할을 수행하는 동안 폭탄은 뜨거워지면서 팽창하는데, 고비가 되는 1,000분의 1초 사이에 충격파, 압력 기울기pressure gradient, 모서리 효과edge effect가 생긴다. 이런 현상들을 다룰 때 수반되는 계산은 매우 어려워 이론학자들이 오랫동안 만사를 제쳐놓고 계산에만 매달려도 모자랄 판이었다.

그러나 원자폭탄을 만드는 일은 양자전기역학 이론을 수립하는 일과는 급이 달랐다. 양자전기역학 이론 수립은 난해하고 고차원적인 추론을 요구하는 일이어서 기라성 같은 과학자들의 피땀어린 노력이 필요했다. 그러나 원자폭탄 제조는 새롭기는 하지만 고차원적인 추론을 요구하는 일은 아니어서 의외로 어렵지 않았다. 오히려 얼마나 쉬운지 파인먼도 처음에는 깜짝 놀랄 정도였다. 파인먼은 버클리나 시카고 팀의 과학자들보다 부족했던 기초지식을 오리엔테이션 강의를 통해 따라잡았다. 새로 익힌 지식을 이용하여 일련의 작은 성과들을 거두고 나니, 순수이론의 어둠 속에서 오랫동안 갈피를 못잡던 때와 극명히 대비되어 마음이 흡족했다.

하지만 원자폭탄을 만드는 것은 사상 최초의 일인 만큼, 곳곳에 복병들이 도사리고 있어서 결코 방심할 수 없었다. 나중에 공식적으로 발간된 원자폭탄 개발사에는 이렇게 쓰였다. "우리가 맡은 일에는 대부분 '사상 최초'라는 꼬리표가 붙어 있었다. 이론과학적 문제들은 검증되지 않은 것 투성이였고, 폭탄 개발에 필요한 물질들은 오랫동안 입고되지 않았다." 이것은 공식 원폭개발사를 대필한 익명의 작가가 쓴 글인데, 사실 이 익명의 대필작가는 파인먼이었다. 그에게 이런 생소한 일을 떠맡긴 사람은 프린스턴의 학과장을 역임한 해리 스미스였다. 파인먼은 우라늄이나 플루토늄 대신 '물질'이라는 말을 썼는데 그 이유는 '튜빌로이' 또는 '49'라는 암호명을 사용하던 버릇이 있어서 원소명을 사용하기가 껄끄러웠기 때문이다.

튜빌로이를 애타게 기다리기는 실험학자들이나 이론학자들이나 마찬가지였다. 기다리다 지친 물리학자들은 좀 더 평범한 물질을 신청하기도 했는데, 한번은 농구공 반만 한 순금 두 덩이를 배달받은 적도 있었다. 두 개의 금덩이 중 하나는 문버팀쇠로 전락하여, 언젠가 파인먼의 안내를 받아 로스앨러모스를 구경하던 스미스의 발길에 걸어채이기도 했다. 오스뮴osmium(밀도가 높은 비방사성 금속)의 경우 어이없게도 과학자들의 요청량이 전 세계 생산량을 초과하는 바람에 받아들여지지 않았다. 우라늄-235와 플루토늄은 전 세계 생산량이 100만 배로 증가할 때까지 기다려야 했다.

실험에 필요한 물질이 절대적으로 부족하다 보니, 처음에는 육안으로 보이지 않는 극미량의 물질로 실험을 진행하는 수밖에 없었고 실험에 소요되는 비용과 노력도 만만치 않았다. 시카고 팀은 초기에 플루토늄의 밀도를 측정하는 데 큰 어려움을 겪었고, 로스앨러모스에서는 1943년 10월까지 플루토늄을 한 알갱이도 구경할 수 없었다. 실험에 필요한 물질을 적당량 확보하려면 기다려야 했지만 무작정 기다릴 수만도 없는 노릇이었다. 그러다 보니 제대로 된 실험은 딱 한 번 수행했고 대부분의 문제는 연필과 종이로 풀어야 했다. 실험 없는 이론은 '그물을 치지 않은 고공줄타기'나 마찬가지였다.

로스앨러모스의 조직은 크게 이론 부문과 응용 부문으로 구성되어 있었다. 과학자 35명과 계산 담당자 1명으로 구성된 이론 부문은 분석과 예측('만약 …하면 어떻게 될까?')을 행하여 그 결과물을 응용 부문으로 넘기는 임무를 맡았다. 응용 부문은 실험, 보급, 무기, 화학, 금속학이라는 다섯 개 하위부문으로 이루어진 거대조직이었다. 로스앨러모스의 이론학자들은 기본적인 자연의 신비, 이를테면 단일한 수소 원자가 어떠어떠한 색깔의 단일한 빛묶음을 방출하는 방식 또는 이상파동idealized wave이 이상기체idelaized gas를 통과하는 방식 등에 대해 깊이 생각하는 사치를 누리지는 못했다. 문제의 물질들은 이상화되지 않아서, 이론학자들은 실험학자들 못지 않게 가시밭길 같은 비선형수학의 영역을 파헤쳐야 했다. 이론학자들이 중대결정을 내리고 나서야 실험학자들의 실험이 가능했다. 파인먼은 익명의 보고서에 주요 현안문제들을 죽 나열했다.

1. 폭탄(플루토늄의 경우 내폭형implosion type, 우라늄의 경우 포신형gun type)의 크기는 얼마나 되어야 하는가? 연쇄반응이 지속되는 데 필요한 최소규모, 즉 각 물질의 임계질량과 임계반경은 얼마인가?
2. 중성자들을 폭탄 내부로 되돌려보낼 반사벽으로는 어떤 물질이 가장 적당한가? (금속학자들은 최종실험이 실시되기 한참 전부터 반사벽 제작에 착수해야 한다.)
3. 우라늄의 순도는 얼마나 되어야 하는가? (이 계산 결과에 따라 오크리지의 동위원소 분리구역에 거대한 3차 시설을 건립할 것인지 여부가 결정된다.)
4. 핵폭발로 인해 대기 중에 발생하는 열, 빛, 충격은 각각 얼마나 되는가?

전함과 쾌속 어뢰정

　　이론학자들이 사용한 T동(theoretical의 T에서 유래함)은 녹색 페인트칠을 한 2층짜리 건물로 오펜하이머가 자신의 지휘본부이자 연구소의 정신적 구심점으로 삼은 공간이기도 했다. 오펜하이머는 코넬의 저명한 핵물리학자 한스 베테를 T동의 책임자로 임명했다. T동은 복도가 좁고 벽이 얇아 과학자들은 업무 중에 간간이 한스 베테의 우렁찬 웃음소리를 듣곤 했다. 그런 웃음소리가 들릴 때마다 과학자들은 으레 파인먼도 그 주변에 있으려니 생각했다.

　　일부 동료들은 파인먼과 베테를 '기묘한 콤비'로 여겼다. 그도 그럴 것이 한 사람은 현학적으로 보이는 독일인 교수인 데 반해, 한 사람은 번뜩이는 두뇌를 자랑하는 '떠오르는 천재'였기 때문이다. 누군가가 두 사람에게 '전함'과 '쾌속 어뢰정'이라는 별명을 각각 지어줬다. 두 사람이 토론하는 모습을 보면 베테는 대가답게 중심을 확고히 잡고 진득하게 밀고 나가는 반면, 파인먼은 과장된 몸짓과 크고 거친 뉴욕 말씨로 "미쳤군요", "지금 제정신입니까?"라고 딴죽을 걸면서 부산을 떨었다. 그러면 베테는 노련하고 침착하게 대응하면서 문제를 유심히 분석하고는 "미친 건 내가 아니라 자넬세"라고 반박했다. 그러나 그 정도로 물러날 파인먼이 아니었다. 연구실 이 구석 저 구석을 걸어다니며 골똘히 생각하다가 별안간 사무실이 떠나가도록 큰 소리로 외쳤다. "아니, 아닙니다. 팀장님이 틀렸습니다."

　　파인먼은 베테와 상극이었다. 신중한 성격의 베테와 달리 파인먼은 앞뒤를 가리지 않는 성격이었다. 그러나 역설적으로, 베테에게는 파인먼 같은 캐릭터가 꼭 필요했다. 풍부한 상상력과 날카로운 비판정신으로 무장한 파인먼은, 베테의 허점을 지적하고 설익은 생각을 바로잡아 주는 데 적격이었다. 파인먼의 머리에서는 도전적인 아이디어와 신선한 통찰력이 끊임없이 튀어나왔다. 하지만 파인먼에게는 치명적인 약점이 하나 있었다. 직관에 너무 의존하다 보니 오버하는 경우가 종종 있어서, 그의 첫 직감은 기발하기는 하지만 늘 옳지는 않았다. 그래서 약삭빠른 동료들은 경험법칙을 하나 만들어냈다. "파인먼이 세 번 이야기하면 옳은 소리다."

오펜하이머가 베테를 이론 부문의 우두머리로 뽑은 것은 자연스러운 결정이었다. 베테는 1930년대 핵물리학의 현주소를 조망한 논문 3부작을 발표함으로써 이 분야의 세계적 권위자로 자리잡았다. 오펜하이머도 인정한 바와 같이, 그는 기존의 핵물리학 지식을 정리하는 데 그치지 않고 수식을 한 줄 한 줄 직접 계산하여 이론을 다시 썼다. 베테가 연구한 주제들은 확률론, 충격파론, 포탄의 장갑관통이었다(포탄의 장갑관통에 관한 논문은 1940년 '임박한 전쟁에 미력이나마 기여하고 싶다'는 간절한 바람에서 탄생했지만 군에 의해 즉시 기밀문서로 분류되었다. 당시 베테는 미국 시민이 아니라는 이유로 자신의 논문을 두 번 다시 보지 못했다). 베테는 1938년 별들이 에너지를 생성하는 열핵반응thermonuclear reaction의 원리를 발견한 공로로 나중에 노벨상을 받았다. 오펜하이머와 어니스트 O. 로런스가 버클리에서 그랬듯이, 베테도 1935년 코넬에 부임한 이후 코넬을 물리학 분야의 새로운 세계적 중심지 중 하나로 만들었다.

오펜하이머는 베테가 꼭 필요했으므로 일찍부터 그를 영입하는 데 공을 들였다. 1942년 베테가 MIT의 래드랩에서 두각을 나타내기 시작하자, 오펜하이머는 '앞으로 원자폭탄의 이용가치가 매우 높을 것 같으니 우리와 함께 일해 보지 않겠냐'며 베테를 꼬드겼다. 베테가 오펜하이머의 제안을 받아들이기로 결정했을 때, 그 소식은 (두 사람이 미리 정해 둔 암호인) 웨스턴유니언 출판사의 동화그림을 통해 오펜하이머에게 전해졌다. 베테의 친구 에드워드 텔러는 베테를 끌어들이기 위해 무진 애를 썼다. 그러나 오펜하이머가 이 완강한 실용주의자를 이론 부문의 수장으로 떡 하니 임명하자, 누구보다도 텔러가 가장 놀랐다. 로스앨러모스의 이론 부문은 세상에서 가장 별나고 신경질적이고 불안하고 변덕스러운 사색가과 계산쟁이들을 한 장소에 마구잡이로 쑤셔넣은 곳이었다. 그런 곳에서 자존심으로 똘똘 뭉친 대가들을 어르고 달래는 것이 어디 보통 일인가?

베테는 물리학을 배우느라 유럽을 한 바퀴 돌았는데, 제일 먼저 뮌헨에서 노벨상 수상자 제조기로 유명한 아르놀트 조머펠트Arnold Sommerfeld 문하에서 공부한 다음 케임브리지와 로마로 갔다. 케임브리지에서는 나름의 양자역학 체계를 정립한 디랙의 새로운 양자역학 강의가 주목을 받았지만, 디랙의 강의가 단지 '책을 크게 읽어내려가는 수준'에 불과하다는 사실을 안 뒤로는 강의에 출석하지 않았다. 개교 이래 최초의 물리학 유학생으로 관심을 받았던 로마에서 베테는 페르미의 매력에 흠뻑 빠졌다. 베테는 페르미와 한동안 긴밀한 공동연구를 했는데 그동안 페르미에게서 '가볍게 접근하는 방법'을 배웠다.

조머펠트와 페르미가 문제를 다루는 방법은 매우 대조적이었다. 베테가 처음 만난 스승 조머펠트는 수식을 중요시 해서, 물리학 문제를 다룰 때는 거대한 수학지식의 병기창고에서 필요한 무기를 골라 적어내려가는 일부터 시작했다. 그는 일단 수식을 푼 다음, 결과를 해석하여 물리현상을 이해하는 데 적용하는 스타일이었다. 그러나 페르미는 달랐다. 그는 먼저 문제를 가볍게 훑어보면서 작용하는 힘들을 떠올리고 이후에 필요한 수식들을 대충 끄적이는 스타일이었다. 하지만 페르미처럼 '가볍게 접근한다'는 것은 말이 쉽지 시각화하기 어려운 추상적 개념이 지배하던 양자역학 시대에는 견지하기 어려운 관점이었다. 베테는 물리 자체를 강조하는 페르미의 방식과 수식 계산에 거의 강박적으로 집착하는 조머펠트의 방식을 접목했는데, 이는 당시의 통념과 거리가 먼 접근방법이었다. 당시 대부분의 물리학자들은 종이에 수식을 잔뜩 적어놓고 계산에 몰두한 나머지 '기호에 담겼을지도 모르는 양quantity의 범위'나 '실제 양의 의미'를 잊는 경우가 다반사였다. "현실과 동떨어진 이론은 무의미하며 이론은 실제 숫자를 얻을 수 있는 경우에만 의미가 있다"는 것이 베테의 지론이었다.

베테가 로마를 떠나 독일로 돌아왔을 때, 독일 과학계는 백척간두에 서 있었다. 1932년 가을 유서 깊은 튀빙겐 대학교의 조교수로 임명된 베테는 나치 완장을 두른 학생들을 강의실에서 목격했다. 그해 겨울 히틀러는 정권을 장악했고 이듬해 2월에는 제국의회 의사당Reichstag이 불탔다. 1933년 봄 나치의 1차 반유대령anti-Jewish ordinances이 공표되면서 독일 대학교의 물리학자들 중 4분의 1이 즉시 해직되었는데, 모두 유대인이었다. 부친이 프로이센의 신교도였던 베테는 자신이 유대인이라고 생각하지 않았지만, 어머니가 유대인이다 보니 독일에서 그의 지위가 어떻게 변할지는 불을 보듯 뻔했다. 베테는 갓 취임한 교수직에서 쫓겨났다. 유럽의 지식인들은 사상 최대규모의 이주를 시작했고, 베테도 그 대열에 동참하는 것 외에 다른 길이 없었다. 1935년 그는 마침내 신세계에 발을 디뎠다. 일반적으로 과학자들은 국제연구 참가나 방문교수 등의 형태로 다국적 사회에서 일하는 데 유리했던 덕분에 비록 시민에서 망명자의 신분으로 전락했을망정 마음 고생은 덜했다.

파인먼은 학부 시절부터 베테의 이름을 익히 알고 있었다. 핵물리학의 현주소를 조망하여 '베테 바이블'로 알려진 3부작 논문에는 MIT의 물리학 강좌에서 다루는 내용이 빠짐없이 수록되어 있었다. 파인먼은 언젠가 어떤 학회에 참석했다가 먼 발치에서 베테를 한 번 본 적이 있었다. 강인한 골격에 약간 찌부러진 듯한 얼굴 표정, 넓은 눈썹 위로 뻗친 연갈색 머리칼. 베테의 첫인상을 한마디로 표현한다면 '허접하다', 아니 솔직히 '못생겼다'였다.

그러나 로스앨러모스로 가기 전 샌타페이에서 대면했을 때, 거북한 첫인상은 봄눈 녹듯 녹아내렸다. 가까이서 본 베테는 강직하고 따뜻한 분위기를 물씬 풍기는 사람이었다. 당시 서른일곱 살의 베테는 전문 산악인을 연상케 하는 다부진 몸매를 갖고 있었고, 틈만 나면 협곡에서 트레킹을 하거나 연구소 뒤에 우뚝 솟은 봉우리에 오르곤 했다.

메사에 도착한 직후, 이론학자의 수급에 불균형이 생겨 모자라는 바람에 베테가 조언을 구할 사람이 마땅치 않았다. 그를 보필할 예정이던 빅토르 바이스코프는 아직 오지 않았고 텔러와의 관계도 소원해졌다. 베테와 텔러의 관계가 서먹서먹해진 이유는 오펜하이머가 텔러보다 베테를 더 신임한데다가, 베테도 텔러를 제쳐두고 바이스코프를 찾았기 때문이다. 그러던 중 베테는 어느 날 무심코 파인먼의 방에 들렀고, 머지않아 동료 과학자들은 복도에서 베테의 우렁찬 웃음소리를 종종 들을 수 있게 되었다.

처음에 몇 차례 열린 발표회에서 베테는 핵폭발 효율 계산법을 찾으려는 발표자들의 시도를 그저 묵묵히 지켜봤다. 서버는 가장 간단한 공식을 하나 발표했는데, 우라늄이나 플루토늄의 질량이 임계치보다 약간 많을 때 적용할 수 있는 공식이었다. 하지만 폭탄의 경우에는 질량이 임계치보다 훨씬 커야 했기에 문제가 더욱 어려웠다. 베테와 파인먼은 우아하기로 정평이 난 방법을 하나 개발했고, 이것은 베테-파인먼 공식Bethe-Feynman formula으로 알려지게 되었다.

핵물리학의 실질적 위험성은 다른 문제들도 야기했다. 우라늄이나 플루토늄 덩어리가 임계질량에 못미치는 경우에도 제어 불가능한 연쇄반응, 즉 조기폭발predetonation을 일으킬 가능성이 제기된 것이다. 원자폭탄은 화학폭발물보다 훨씬 더 불안정했다. 우주선cosmic ray에서든, 개별 원자의 자발적인 분열에서든, 불순물로 인해 일어나는 핵반응에서든 떠돌이 중성자들은 항상 나타났지만 확률이 낮은 편이었다. 하지만 로스앨러모스의 실험실은 해수면에 있는 실험실과는 사정이 좀 달랐다. 로스앨러모스 정도의 고지대라면 우주선이 충분한 핵분열을 일으킬 수 있으므로 우라늄-235의 온도를 해수면에서보다 훨씬 더 높게 만들 수 있었다. 조기폭발을 이해하지 못하면 '아임계subcritical에서 초임계supercritical로 넘어가는 찰나적 순간에 폭탄이 어떻게 반응할 것인지' 알 길이 없으므로, 폭발 자체도 이해할 수 없었다. 문제의 심각성을 절감한 베테는 프로젝트 초기에 몇 개월 동안 이 문제를 파인먼에게 배정했다. 파인먼은 '근임계near-criticality라는 특이한 조건에서 물질이 어떠한 특성을 보이는가'라는 문제를 생각하느라 오랜 시간을 보냈는데, 이는 종래의 과학자들이 생각해 볼 기회가 없었던 문제였다. 파인먼이 보기에 문제의 본질은 물질의 '평균적 반응'이 아니라 '요동'이었다. 중성자의 움직임은 연쇄적으로 확산되며 점차 사라지는 것이 아니라 최종적으로 사라지기 직전까지도 여기저기서 급증하는 모습을 보였다.

수학의 확률론은 이런 복잡한 패턴을 다루기 위해 탄생한 것이지만 아직은 턱없이 빈약했다. 파인먼은 폴란드의 수학자 스타니스와프 울람과 이 문제를 논의했다. 그 결과 울람의 접근방법은 분지과정 이론branching-processes theory이라는 새로운 확률분야가 탄생하는 데 산파역할을 해주었다. 한편 파인먼은 비교적 쉬운 확률이론에서 출발하여 차츰 수준을 높여 독자적인 요동이론을 수립했다. 여기서 '쉬운 확률이론'이란 짧은 연쇄반응, 즉 하나의 중성자가 하나의 원자를 분열시킨 다음 새로 방출된 중성자가 다른 표적원자와 충돌하지만, 연쇄반응이 더 이상 진행되지 않고 거기서 중단되는 것을 다루는 확률이론을 말한다. 일부 요동은 가이거 계수기[5]에서 돌발

---

5) 방사능에 의해 불활성 기체가 이온화되는 정도를 표시하여 방사능을 측정하는 장비.

성 잡음으로 들리기 때문에 측정이 가능했다. 이 경우 그 기원을 추적하여 요동을 초래한 단일 분열 사건을 밝혀낼 수도 있었다. 그러나 다른 요동들은 여러 개의 연쇄반응이 결합된 것이어서 기원을 추적할 수가 없었다.

수학 문제를 풀 때면 늘 그랬듯이 파인먼은 이번에도 기하학적으로 접근했다. 특정 단위부피unit volume에서 폭발이 일어나고, 이로 인해 일정한 시간이 흐른 뒤 다른 단위부피에서 폭발이 일어날 확률을 계산해 봤다. 그러다 마침내 강력한 조기반응premature reaction이 일어날 확률을 계산하는 방법을 찾았다. 이 방법은 매우 믿을만하고 실용적이어서 히로시마 폭탄에서 상호 간에 폭발을 일으키는 특이한 모양의 우라늄 조각에까지도 적용될 수 있었다.

베테에게 파인먼은 완벽한 파트너인 동시에 자극제였다. 이 젊은 친구는 이해가 빠르고, 겁이 없으며, 패기만만했다. 문제를 하나 배정받아도 그걸로 만족하는 법이 없었고 모든 일에 참견하고 싶어했다. 베테는 스물다섯 살의 파인먼을 한 소그룹의 리더로 임명했는데 그 자리는 텔러, 바이스코프, 서버, 그리고 로스앨러모스에 파견된 영국 대표단을 이끄는 루돌프 파이얼스Rudolf Peierls와 같은 탁월한 물리학자가 아니면 어림도 없는 자리였다. 25년 동안 정규교육을 꼬박꼬박 받았음에도 불구하고 진심으로 존경할 만한 멘토를 단 한 번도 만난 적이 없었던 파인먼은 갑자기 한스 베테가 좋아지기 시작했다.

확산

그룹의 리더로 임명된 파인먼은 구성원들의 인선에도 참여했다. MIT 시절 동우회 친구 한 명에게 편지를 보내 비밀 연구에 참여해 달라고 부탁했다. 심지어 아버지까지도 (연구원이 아니라 구매 담당자로) 영입하려 했지만, 남편의 지병(만성 고혈압)이 악화될 것을 우려한 루실이 강력히 반대했다. 사실 리처드의 의도는 단순했다. 그저 아버지에게 내로라 하는 석학들이 모인 지성의 세계, 당신의 아들을 들여보내고 싶어 오랫동안 간절히 기도했던 바로 그 세계를 직접 보여드리고 싶었다. 리처드는 어머니에게 보낸 편지에 이렇게 적었다. "여기서는 모든 사람들이 자신의 임무를 수행하기 위해 동분서주하고 있어요. 구매도 마찬가지예요. 눈코 뜰 새 없이 바쁜 데다, 프로젝트 수행을 위해 매우 중요한 자리이죠. 하지만 늘 바쁜 건 아니고 가끔씩 업무에서 벗어날 수 있는 시간도 있어요. 그때 학구적인 분들과 어울릴수도 있어요. 아버지도 그걸 매우 좋아하실 거예요." 그러나 루실은 요지부동이었다.

1944년 봄, 파인먼은 후보 물리학자 명단에서 친근한 이름, T. A. 웰턴을 발견했다. 파인먼은 반가운 마음에 얼른 징발 요청서를 작성했다. 파인먼의 학부 동기인 웰턴은 일리노이 대학교에서 강사 생활을 하며 민간인으로남기 위해 군사 관련 과목을 가르치고 있었다. 그러나 주변의 인재들이 '은밀한 곳'으로 사라지는 현실을 초조한 마음으로 지켜보았다. 하지만 파인먼의 징발 요청서 때문에 웰턴도 결국 은밀한 곳으로 뽑혀 오고 말았다. 당시수많은 물리학자들이 그랬던 것처럼, 웰턴도 여기저기서 주워들은 것이 많아 군 보안 담당자들이 그러려니 생각했던 것 이상으로 알 건 다 알고 있었다. 나중에 웰턴은 이렇게 털어놓았다. "시카고의 호텔 객실에서 만난 낯선인물에게서 '모든 일에서 손을 떼고 뉴멕시코로 이주하라'는 요구를 받은 순간 '드디어 올 것이 왔다'는 생각이 들었어." 웰턴이 도착하던 날 파인먼은웰턴과 오메가 협곡으로 하이킹을 나가 한참 동안 걸으며 뜸을 들이며 말했다. "우리가 여기서 뭘 하는지 알아?" 파인먼이 간신히 입을 열자 웰턴은 주저 없이 대답했다. "그럼 알고 말고. 원자폭탄을 만들고 있잖아." 의외의 대답에 파인먼은 하마터면 기절할 뻔했다.

파인먼은 재빨리 정신을 가다듬고 말했다. "그러니까 새로운 원소로 그걸 만들려는 계획을 알고 있었다 이거지?" 웰턴은 '플루토늄에 대한 소문이 일리노이까지 퍼진 것은 아니다'라고 솔직히 인정했다. 파인먼은 계속 설명했지만 해발 2,000m의 고지대를 걷느라 폐가 오그라든 웰턴이 파인먼의 짤막짤막한 설명을 제대로 알아들었는지는 의문이었다.

어쨌든 파인먼은 원자폭탄에 대해 자세히 설명했다. 당시에는 원자폭탄을 설계하는 방식이 두 가지였다. 우라늄 폭탄은 포신형으로, 우라늄 총탄을 우라늄 과녁에 쏘아 임계질량까지 끌어올리는 방식이었다. 한편 플루토늄 폭탄은 내폭형으로, 텅 빈 구殊가 주변에 채워진 폭발물의 충격을 받아 안쪽으로 터지는 방식이었다. 뜨거운 플루토늄 원자들은 1차원으로 압축되는 포신과는 달리 3차원으로 압축되었다. 내폭법은 '생각할수록 점점 더 나아보인다'는 인상을 주었는데 그 이유는 다른 방법들이 많은 문제점들을 내포하고 있었기 때문이다. (내폭형의 발명자인 세스 네더마이어Seth Neddermeyer가 '강철관 둘레를 에워싼 폭발물'에 대한 실험결과를 처음 발표했을 때 파인먼은 자신의 의견을 말하지 않았다. 그냥 뒷줄에서 손을 들고 이렇게 외쳤을 뿐이다. "뭔가 수상쩍네요.")

웰턴은 좁은 협곡을 따라가랴 파인먼의 말을 알아들으랴 이중고를 겪는 중에도 파인먼의 지위를 파악하느라 여념이 없었다. 웰턴은 파인먼의 말을 종합하여 이렇게 결론내렸다. "듣고 보니 이 친구 똑똑한 신인으로 인정받으려고 고생깨나 했구먼. 하긴 젊은 연구자라면 선배들에게 쓸만하다는 인상을 줘야 하니, 그럴 수밖에 없었겠지. 어쨌든 이 친구 실력 하나만으로 성공한 건 분명해. 리처드, 참 대단한 친구야."

알린 이야기는 잠깐 스쳐가는 정도로만 하고 말았다. 알린은 장로교에서 운영하는 결핵 요양소(앨버커키 도로변에 위치한 요양소로 규모가 작은데도 늘 인력이 부족했다)에 머무르고 있었는데, 건강이 안 좋아 대부분의 나날들을 목제 침대에 누워 지냈다. 파인먼은 주말마다 거의 거르지 않고 알린을 찾아갔다. 금요일 오후나 토요일에 동료의 승용차를 빌리거나 지나가는 차를 얻어타고 비포장 도로를 달려 샌타페이로 향했다. 연구소를 벗어나면 파인먼은 순수 양자역학이론으로 생각의 방향을 틀어 자투리 시간(오가는 시간과 알린이 잠든 시간)을 활용하여 논문 작업을 진척시켰다. 웰턴은 겁 없던 MIT 2학년 시절, 4학년생과 대학원생들만 수강하는 「이론 물리학 입문」 수업을 둘이서 나란히 들었던 기억을 떠올렸다. 그 당시 파인먼은 라그랑지안을 이용한 동역학 문제의 간편계산법을 완강하게 거부했었다. 그런 사정을 잘 아는 웰턴이었기에 파인먼이 가장 기본적인 양자역학을 재공식화reformulating하면서 라그랑지안 방법을 어디까지 밀고나갔는지를 확인하는 것은 매우 흥미롭고 인상 깊었다. 파인먼은 웰턴에게 솔직히 털어놓았다. "양자의 움직임을 '한 입자가 지나갈 가능성을 지닌 모든 시공간 궤적의 합'으로 표현하는 아이디어의 윤곽이 잡혔지만, 어떻게 적용해야 할지는 아직 모르겠어." 파인먼의 멋진 레시피는 아직 구체화되지 않은 상태였다.

파인먼이 이끄는 그룹의 공식 명칭은 T-4로, 확산diffusion 문제를 담당했다. 웰턴은 T-4 그룹에 들어온 네 번째 물리학자였다. 파인먼은 패기만만하고 독창적인 리더였다. '기존의 통념에 얽매이지 말고, 새로운 관점에서 문제를 바라보라'고 팀원들을 독려했다. 이따금씩 '파인먼의 제안이 너무 복잡하다'거나 '너무 이상하다'며 반발하는 과학자들도 있었다. 그러면 파인먼은 '일단 내가 말한 대로 해 보고 나서 이야기하라'거나 '조를 짜서 기계식 계산기로 계산해 보라'고 말하며 조금도 물러서지 않았다. 게다가 파인먼의 방식이 예상을 깨고 몇 번의 성공을 거두자, 그의 방식은 팀원들의 신망을 얻어 실험정신을 고취하는 원동력이 되었다. 모든 팀원들이 파인먼 방식으로 혁신하려고 애썼으며 어떤 발상도 터무니없다는 이유로 고려 대상에서 제외되는 일은 없었다. 파인먼은 '사람'보다는 '일'을 우선시하여 성과가 일정한 기준에 미치지 못하면 상대가 누구라도 인정사정 봐주지 않았다. 파인먼은 팀원을 책망할 때 뼈있는 농담을 던졌는데, 그건 바보가 아니고서야 두 번 다시 듣고 싶지 않은 말이었다. 심지어 웰턴마저도 파인먼의 책망에 무안을 느낄 정도였다.

그래도 파인먼은 팀원들을 단결시키는 용한 재주가 있었다. 책상에 굴러다니는 연필을 손가락으로 한 번에 튕겨올리는 요령을 익혀 어느 틈엔가 팀원 모두에게 전수했다. 언젠가 한번은 '기술 구역에서 일하는 과학자들에게 군복이 지급될 예정'이라는 흉흉한 소문이 퍼졌다. 과학자들의 마음이 싱숭생숭한 가운데 베테가 T-4 그룹 연구실로 찾아와 뜬금없이 계산 이야기를 꺼냈다. 파인먼은 이때다 싶어 다운된 분위기를 업시키려는 속셈으로 "연구원들이 직접 손으로 계산하게 하면 어떨까요?"라고 건의했고 영문을 모르는 베테는 이를 받아들였다. 파인먼은 갑자기 몸을 비틀고 팀원들을 향해 "받들어 연필!"이라고 외쳤다. 그러자 팀원들이 "받들어 연필!"을 복창함과 동시에 방 안의 연필들이 일제히 공중으로 솟구쳐오르는 것이 아닌가! 뒤이어 파인먼이 외친 "계산 실시!" 구령에 맞춰 팀원들이 일사불란하게 계산모드에 돌입하자 베테는 배꼽을 잡았다.

확산은 학부 1년생 시절 찔끔 배우다 만 주제였다. 약간은 모호하고 약간은 단조롭기도 했지만, 로스앨러모스의 모든 그룹들이 공통적으로 겪는 문제점의 핵심과 맞닿아 있었다. 예컨대 조용한 방 안에서 향수병 뚜껑을 연다고 치자. 향수 냄새가 2m, 2.5m, 3m 떨어진 사람의 콧속으로 들어갈 때까지 걸리는 시간은 각각 얼마나 될까? 기온이 영향을 미칠까? 밀도는? 냄새를 운반하는 분자들의 질량은? 방의 형태는? 평범한 분자확산이론을 이용하면 표준 미분방정식으로 대부분의 의문들을 해결할 수 있었다(단, 마지막 의문만은 예외다. 왜냐하면 벽면의 기하학적 형태를 고려하면 문제가 매우 복잡해지기 때문이다). 또한 분자의 진행경로는 시시각각 발생하는 일련의 사건들이나 다른 분자와의 충돌결과에 따라 달라질 수도 있다. 결국 분자들은 우왕좌왕하며 진행하므로, 하나의 분자가 진행하는 경로는 가능한 방향과 거리를 모두 아우르는 수많은 경로들의 합이라 할 수 있다. 금속을 통과하는 열의 흐름을 다룰 때에도 형태는 다르지만 유사한 문제가 발생했다. 그리고 로스앨러모스에서 논의되는 핵심 이슈 역시 특이한 복면으로 위장한 확산 문제였다.

임계질량을 계산하는 문제는 어느새 확산을 계산하는 문제로 돌변했다. 중성자들은 생소한 방사성 위험구간을 통과하는 동안 확산하는데, 이 공간에서 일어나는 충돌은 당구공의 충돌과 질적으로 다른 듯했다. 중성자는 포획되거나 흡수되기도 하고 분열의 방아쇠를 당겨 새로운 중성자들을 생성할 수도 있기 때문이다. 정의에 따르면 임계질량 상태에서는 '새로 생성된 중성자'의 수와 '흡수되거나 용기의 경계 밖으로 누출되어 사라진 중성자'의 수가 정확히 일치한다. 이건 단순한 산술적 문제가 아니었다. 갈팡질팡하는 개개의 미시적 움직임을 토대로 중성자가 퍼져나가는 거시적 현상을 이해하는 문제였다.

공 모양의 폭탄을 다룰 때는 문제가 또 달라져 아름답고도 신기한 확산 문제, 즉 태양의 둘레가 어두워지는 것과 비슷한 문제가 되었다. 태양은 왜 가장자리가 뚜렷할까? 태양의 표면이 고체나 액체라서 그럴까? 아니다, 그렇지 않다. 태양의 표면은 기체이며 표면에서 멀어질수록 기체가 점차 옅어져 마침내 태양과 빈 공간을 구분하는 경계가 흐려진다. 그런데도 우리 눈에는 태양의 경계가 보인다. 왜 그럴까? 소용돌이치는 태양 중심부에서 나온

에너지가 표면으로 확산하는 과정에서 입자들은 서로 산란되어 경로가 뒤엉킨다. 종국에는 뜨거운 기체가 엷어지면서 충돌 가능성이 완전히 사라진다. 그리하여 태양에는 명백한 가장자리가 형성되는데 그 윤곽은 물리적 실체라기보다는 빛이 빚어낸 작품이다. 통계역학의 용어를 빌리면 평균 자유거리(충돌이 한 번 일어나고 다음 충돌이 일어날 때까지 입자가 이동하는 거리)는 대략 태양의 반경만큼이나 길다. 이때 광자들은 확산이라는 핀볼 게임에서 빠져나와, 계속 직선으로 날아가다가 지구의 대기나 인간의 망막에서 다시 산란된다. 태양의 중심과 가장자리 사이의 밝기 차이를 알면 내부 확산의 성질을 간접적으로 계산할 수 있다(또는 그래야만 했다). 하지만 그 역학은 까다롭다는 관념이 지배적이어서, 총명하고 젊은 MIT의 수학자 노버트 위너Nobert Wiener가 유용한 방법을 고안해낼 때까지 기다려야 했다.

태양을 '직경 몇 cm의 공간 안에서 중성자들이 들끓는 방사성 금속 구'라고 가정하면 동일한 문제의 축소판처럼 보일 것이다. 그러나 이런 접근방법은 잠깐 동안만 유용할 뿐 어느 선을 넘으면 쓸모가 없어졌는데 그 이유는 추상적인 가정이 너무 많았기 때문이었다. 실제 폭탄은 주로 정제된 우라늄 덩어리 주위에 중성자 반사용 금속을 에워싸서 만들기 때문에 문제가 훨씬 더 복잡했다. 아무리 고차원적인 수학을 동원해도 속수무책이었다. 중성자가 다른 중성자를 때리는 경우도 마찬가지였다. 가능한 에너지의 범위가 넓은 것은 물론, 모든 방향으로 산란할 확률이 똑같으리라는 보장도 없었다. 게다가 폭탄은 완벽한 구가 아닐지도 몰랐다. T-4 그룹이 처음 할당받은 과제에서 난관에 봉착한 지점도 바로 '전통적 과잉단순화와 현실 간의 괴리'였다.

베테는 T-4 그룹에 '순수한 우라늄 금속을 우라늄수소화물uranium hydride(우라늄과 수소의 화합물)로 대체해 보면 어떨까?'라는 텔러의 아이디어를 검토해 보라고 지시했다. 순수 우라늄 대신 우라늄수소화물을 이용하면 몇 가지 이점이 예상되었다. 첫 번째로 중성자를 늦추는 수소가 폭탄의 재료 속에 내장되어 있으므로 우라늄의 필요량이 줄어들 수 있으리라는 것이었다. 두 번째는 수소화물이 자연발화성pyrophoric 물질이라는 점이었다. 로스앨러모스의 금속학자들이 본격적으로 실험용 수소화물 덩어리를 만드는 일에 착수하자, 로스앨러모스의 금속학 실험실에서 매주 대여섯 차례씩이나 작은 우라늄 불꽃이 튀었다.

수소화물 문제는 뜻하지 않게 이론학자들에게 한 가지 선물을 안겼다. 수소화물 덕분에 이론학자들은 임계질량을 계산할 때 사용하던 기존 방법의 한계를 넘어야 했다. 텔러의 아이디어를 제대로 평가하려면 새로운 기법을 고안해야 했기 때문이다. 수소화물을 고려하기 전에는 페르미의 어림셈에 기초한 방법으로 근근이 버틸 수 있었으며, 무엇보다도 중성자들이 단일한 고유속도로 움직인다고 가정하면 되었다. 순수한 금속이나 비등수형 원자로의 느린 반응에서는 그런 가정이 아주 잘 맞는 듯했다. 하지만 수소화물이라는 기묘한 상황에서는 사정이 180도 달라졌다. 이 경우 거대한 우라늄 원자들은 조그만 수소원자 두세 개와 결합하여 분자를 구성하며, 중성자들은 매우 빠른 속도에서부터 매우 느린 속도에 이르기까지 상상할 수 있는 모든 속도로 날아다녔다. 속도의 범위가 이렇게 넓은 경우의 임계질량을 계산하는 방법은 아직 어느 누구도 생각해내지 못했다. 파인먼은 두 개의 어림셈 공식을 이용하여 마치 젓가락질을 하듯 이 문제를 해결했다. 파인먼이 사용한 어림셈 공식은 각각 '극단적 최댓값'과 '극단적 최솟값'을 구하는 공식이었다. 이렇게 구한 추정치를 이용하여 임계질량의 최대범위를 정하니, 상한값과 하한값이 거의 같은 것으로 나타나 필요한 임계질량을 상당히 정확하게 추정할 수 있었다. 파인먼의 계산경험으로 볼 때 이 정도의 정확성이면 충분해 보였다.

파인먼이 '임계성을 새로운 관점에서 이해하라'며 팀원들을 몰아붙이자 팀원들은 'T-2 그룹의 일을 슬그머니 넘보는 것 아닌가?'라는 의구심을 품었다. 그러나 파인먼이 통찰력 넘치는 아이디어들을 줄줄이 쏟아내자 파인먼을 잘 안다고 생각하는 웰턴마저도 불가사의하다고 느낄 정도였다. 어느 날 파인먼은 T-2 그룹이 이용하던 단순화 모형에 대해 "장담컨대 소위 고유값eigenvalue이라는 에너지 특성값의 표를 만들어내기만 하면 모든 문제가 술술 풀릴 것이다"라고 선언했다. 누가 봐도 무모한 비약으로 보였고 팀원들의 생각도 그랬다. 그러나 머지않아 이번에도 파인먼이 옳았음이 재차 입증되었다. 새로운 모형의 등장으로 텔러의 제안은 결정적인 타격을 입었고, 우라늄수소화물은 막다른 골목에 몰렸다. 이로써 순수한 우라늄과 플루토늄이 수소화물보다 훨씬 더 효율적으로 연쇄반응을 일으킨다는 사실이 입증된 것이다.

한 무리의 과학자들 사이에서 벌어진 논쟁을 통해 확산이론은 과학사에서 유례를 찾아볼 수 없는 철저한 검증을 거쳤다. 교과서에 나오는 우아한 수식체계들은 검토와 개선 작업을 통해 완전히 폐기되었고, 그 자리는 실용적 방법론에 따라 수정된 수식들로 채워졌다. 교과서에 나오는 방정식들은 모든 상황에 적용될 수 있는 것이 아니어서 로스앨러모스라는 특수한 현실에서는 아무런 쓸모가 없었다.

특히 파인먼이 로스앨러모스에서 수행한 연구에서 이 같은 불확실성을 수용하는 문제가 커다란 안건으로 부상했다. 극소수의 과학자들만이 불확실성을 인정하는 뜻에서 논문의 요소요소에 다음과 같은 단서조항을 불쑥 삽입했다. "유감스럽게도 정확성을 기대할 수는 없다." "유감스럽게도 이 논문에 포함된 수치들을 정확하다고 간주해서는 안 된다." "이런 방법들은 정확하지 않다." 그러나 모든 응용과학자들은 실용적 관점에서 오차의 범위를 계산에 포함시키는 방식에 일찌감치 익숙해져 있었다. 예컨대 "3마일 곱하기 마일당 1.852km(3mile×1.852km/mile)는 5.556km가 아니라, 약 5.5km다"라는 식의 어림셈이 내면화되어 있었다. 정밀성은 열역학 제2법칙의 지배를 받는 엔진의 에너지처럼 흩어질 따름이었다. 파인먼은 종종 어림셈의 과정을 받아들이는 것은 물론, 아예 하나의 도구처럼 조작하여 정리를 만들기도 했다. 그가 늘 강조한 것은 '사용의 편이성'이었다. "내가 만든 정리는 어림식approximate expression을 얻을 때 매우 유용하다. 이 정리를 이용하면 식을 유도하거나 이해하는 데 편리하다. 지금까지 관심 있는 사례들을 모두 조사해 본 바에 의하면 정확도는 충분하며 계산도 매우 간단하다. 일단 숙달되면 광범위한 중성자 문제들을 고려할 때 매우 간편히 활용할 수 있다."

수학자들을 대상으로 한 설문조사에 의하면 과학자나 수학자들은 종종 정리나 공식을 아름답게 느낀다고 한다. 그러나 로스앨러모스에서만큼은 예외였다. 그곳의 과학자들은 정리를 '수학적 아름다움의 대상'으로 바라볼 겨를이 없었고 심지어 도구로서의 가치도 인정하지 못할 정도였다. 이론학자들이 아무리 머리를 짜내도 정확한 해를 갖는 방정식은 나오지 않았으며, 아무리 오랫동안 방정식을 붙들고 힘든 계산을 해도 나오는 거라고는 근사치밖에 없었다. 그러다 보면 확산이론의 본모습은 뒤죽박죽되기 일쑤였다. 그래도 소득은 있었다. 구체적인 소득을 열거하기는 어렵지만 과학자들은 이런 과정을 통해 과거 어느 때보다도 값진 경험을 얻었다.

시간이 날 때마다 입자와 빛에 관한 순수이론을 생각했던 파인먼에게 확산은 신기하게도 양자역학과 꼭 들어맞는 주제였다. 전통적인 확산방정식은 표준 슈뢰딩거방정식과 비슷해, 마치 한 식구 같았다. 그러나 두 방정식 사이에는 한 가지 결정적인 차이가 있었으니, 그것은 '양자역학 공식의 지수exponent에는 허수 i가 포함되어 있다'는 것이었다. i가 없는 확산은 '관성이 없는 운동', 즉 '운동량이 없는 운동'을 의미했다. 향수 분자들은 개별적으로 관성을 지니지만, 여러 개가 뭉쳐서 공기 중에 떠다닐 때는 무수한 무작위 충돌이 합쳐져서 관성을 잃는다. 이와 달리 i가 들어간 양자역학에는 관성, 즉 '입자가 기억하는 과거의 속도'가 반영되었다. 지수에 허수가 들어가면 속도와 시간이 필연적으로 뒤섞일 수밖에 없었다. 어떤 의미에서 양자역학은 시간이 허수로 흐를 때 일어나는 확산이라고 할 수 있었다.

실제로 확산 문제들을 계산하는 과정에서 어려움에 부딪히자 로스앨러모스의 이론학자들은 비전통적 접근방법으로 옮겨가는 수밖에 없었다. 깔끔한 미분방정식을 푸는 대신, 물리 현상을 여러 단계로 쪼갠 다음 조금씩 시간을 늘려가면서 수치적으로 풀어야 했다. 그러다 보니 과학자들의 관심은 미시적 수준으로 되돌아가 개별 중성자의 진행경로에 초점을 맞추었다. 파인먼이 추구하는 양자역학도 이와 매우 유사한 방향으로 전개되었다. 확산 연구와 마찬가지로 파인먼의 양자역학 연구는 너무 단순하거나 특수한 미분 접근법을 지양하고, 단계별 계산을 중시하는 방향으로 나아갔다. 그리고 무엇보다도 경로와 확률의 합을 강조했다.

머리로 계산하기

1940년대까지만 해도 과학자 행세를 하려면 계산능력은 필수였다. 1943년과 1944년, 로스앨러모스에 급히 지어진 목조 가건물들을 둘러본 과학자라면 수십 명의 과학자들이 책상에 빙 둘러앉아 계산에 몰두하고 있는 장면을 심심찮게 목격했을 것이다. 어떤 의미에서 로스앨러모스의 이론 부문은 세계 최강의 계산 전문가들이 자웅을 겨루는 곳이었다. 매일 아침 베테, 페르미, 폰 노이만과 같은 쟁쟁한 인물들이 조그만 방에서 머리를 맞대고 광속으로 압력파pressure wave를 계산하는 살풍경이 벌어졌다. 특히 T동의 부책임자인 바이스코프의 계산 및 암산 능력은 타의 추종을 불허해서, 응용 부문에서 요청하는 단면적(다양한 물질과 상황에서 입자충돌이 일어날 특성확률의 약칭)을 순식간에 계산했다. 계산 속도가 어찌나 빠른지 그의 연구실은 과학자들 사이에서 '기차화통'이라고 불릴 정도였다. 폭발의 형태에서 오펜하이머가 마시는 칵테일의 알콜 도수에 이르기까지, 과학자들은 뭐든 닥치는 대로 계산해냈다. 처음에는 어림짐작으로 대충 계산하고, 필요하면 몇 주가 걸리더라도 정확히 계산했다. 어림짐작을 할 때는 주로 감에 의존했는데, 그 모습이 마치 포도주스가 3분의 1컵 필요할 때, 주스 잔을 반쯤 채웠다가 조금 따라내어 양을 맞추는 요리사를 방불케 했다. 30년 후 저렴한 전자계산기가 등장하면서 무용지물이 된 보간법interpolation을 이용한 로그 계산을 머릿속으로 뚝딱 해치우는 것 정도는 기본이었다.

파인먼은 각종 함수의 곡선이 담긴 연장통을 늘 머릿속에 넣어 두고 유사시를 대비하여 미리 눈금을 조정해 놓았다. 파인먼은 계산 도중에 간혹 자신도 모르게 효과음을 내곤 했는데, 산술적 또는 기하급수적으로 증가하는 함수의 성질에 따라 효과음이 달라 동료들을 즐겁게 했다. 팀원들이 계산하는 것을 어깨너머로 힐끗 보고 족집게처럼 잘못을 짚어내기로 유명했지만, '답을 미리 알면서도 팀원들을 일부러 고생을 시킨다'는 오해를 받기도 했다. 이에 대해 파인먼은 '숫자의 자연스러움이나 연결관계를 살펴보면 정확한 답이 뭔지는 몰라도 틀린 답인지 맞는 답인지 정도는 알 수 있다'고 해명했다. 하지만 무의식적 추정에 무조건 의존하는 건 파인먼다운 방식이 아니었다. 파인먼은 자신이 뭘 하는지를 늘 알고 싶어 했고, 머릿속 연장통을 샅샅이 뒤져 해석장치(복잡한 적분 문제를 쉽게 푸는 열쇠)를 찾아냈다. 때로는 갖가지 단순화된 가정(예: 어떤 양을 무한소로 가정함)을 도입하고, 오차를 허용할 때는 오차의 범위를 정확히 측정했다.

파인먼의 계산 중에는 '명성을 얻기 위해 의도적으로 연출된 것'으로 오해받을 소지가 있는 것도 더러 있었다. '시계는 겉멋든 사람들에게나 필요한 것'이라고 여기던 파인먼은 어느 날 아버지에게서 회중시계 하나를 선물 받았다. 파인먼이 시계를 보란 듯 주머니에 꿰차고 다니자 의아하게 여긴 동료들이 하나둘씩 집적거리기 시작했다. 그들은 시계를 꼬나보면서 시간을 묻고는 파인먼의 반응을 유심히 살폈다. 파인먼은 동료들의 기대를 저버리지 않고 "4시간 20분 전에 12시 12분 전이었는뎁쇼" 또는 "앞으로 3시간 49분만 있으면 2시 37분이 되는구먼요"라고 응수했다. 파인먼의 말을 듣고 바로 시간을 계산해 내는 사람은 거의 없었다. 그러나 여기에는 한 가지 트릭이 숨어 있었다. 파인먼은 시계를 들여다보며 즉흥적으로 시간을 암산해 말한 것이 아니라 사전에 짜여진 각본에 따라 행동했을 뿐이었다. 그는 게이지 이론gaugage theory을 흉내내어, 매일 아침에 시곗바늘을 일부러 앞뒤로(예를 들면 3시간 49분 빠르게, 또는 4시간 20분 느리게) 돌려놓았다. 그리고는 돌려놓은 시간이 얼마인지를 잘 기억해 뒀다가, 동료들이 시간을 물어볼 때마다 '시곗바늘이 가리키는 시간 ± 돌려놓은 시간'을 말해줬다. 파인먼의 장난기는 여러 해가 지난 후에도 여전해서, 일반인들에게 이론 물리학의 복잡한 문제(시간 및 방향의 변환 문제)를 설명할 때 이렇게 말했다. "일광절약시간이 뭔지 아시죠? 물리학에는 일광절약 방법이 열 가지가 넘는답니다."

베테와 파인먼은 계산 대결을 벌이기도 했는데 구경꾼들이 종종 놀란 건 '건방진 파인먼'이 눈치없이 '노련한 고수'를 이겼기 때문은 아니었다. 오히려 말이 느린 베테가 속사포 같은 파인먼을 이기는 횟수가 더 많았다. 프로젝트 초기, 두 사람은 공식 하나를 계산하던 중 48의 제곱을 알아야 했다.

파인먼은 무심코 책상 건너편의 계산기에 손을 뻗었다.

그때 베테가 대뜸 말했다. "2,300이로군."

파인먼은 베테의 암산이 왠지 미덥지 않아 계산기를 두드리기 시작했다. 그러자 베테가 말했다. "좀 더 정확한 값을 말해줄까? 2,304라네." 입을 다물지 못하는 파인먼에게 베테가 요령을 설명했다. "50에 가까운 수를 제곱하는 방법을 아직 모르고 있었나? 50의 제곱이 2,500이라는 건 두말할 필요도 없고, 50보다 약간(1≤a≤9) 크거나 작은 수들을 어림 제곱하면 2,500보다 수백 (100~900) 크거나 작겠지? $(50-a)^2=2,500-100a+a^2$이니까 말이야. 48은 50보다 2가 작으므로, 48의 제곱의 근사값은 $2,500-100×2=2,300$이야. 마지막으로 정확한 값을 구하기 위해 2의 제곱을 더하면 답은 2,304가 나와."

파인먼은 훨씬 더 어려운 계산도 암산으로 처리할 수 있었지만, 베테의 암산 솜씨는 그런 파인먼조차도 감탄하게 했다. 베테의 머릿속에는 간편셈들의 방대한 레퍼토리가 구축되어 있어, 웬만한 작은 수들의 계산은 암산으로 단번에 해결했다. 이 같은 간편셈법의 근저에는 거미줄처럼 이리저리 얽힌 지식 네트워크가 깔려 있었다. 파인먼과 마찬가지로 베테는 '연이은 제곱수의 차는 항상 홀수이고, 두 수의 합과 같다 $[(n+1)^2-n=2n+1=(n+1)+n]$'는 사실을 본능적으로 알고 있었다. '50에 가까운 수를 제곱수'를 구하는 요령도 여기서 유래했다.[6]

한번은 2½의 세제곱근이 필요했다. 기계식 계산기는 세제곱근을 직접 계산하지 못하므로 파인먼이 세제곱근표를 꺼내려고 서랍을 여는 순간, 베테의 목소리가 들렸다. "1.35야." 마치 알코올 중독자가 집안 곳곳 손을 뻗으

---

6) $51^2-50^2=51+50=101$; ∴ $51^2=2,500+101=2,601$
  $50^2-49^2=50+49=99$; ∴ $49^2=2,500-99=2,401$

면 닿을 만한 곳에 술을 놓아 두듯, 베테는 숫자계의 모든 곳에 계산장치를 비치해 놓은 것 같았다. 로그표에 나오지 않는 값은 보간법을 이용한 암산으로 순식간에 구했다.

파인먼이 계산의 고수가 된 과정은 베테와는 달랐다. 그는 급수를 계산하는 법과 삼각함수를 유도하는 법을 알았고, 이들 간의 관계를 시각화하는 방법도 알았다. 파인먼이 습득한 계산 요령들은 대수해석의 심오한 세계(미적분학 교과서의 맨 마지막 장에 용처럼 도사리고 있는 미분 및 적분 문제)에 적용되었다. 파인먼의 계산능력은 로스앨러모스에서 끊임없이 시험대에 올랐다. 어떤 의미에서 로스앨러모스의 이론 부문은 '이상한 도서관'의 안내데스크 같았다. 갑자기 전화벨이 울리고 누군가 이렇게 물었다. $1+(1/2)^4+(1/3)^4+(1/4)^4+...$ 이렇게 계속되는 무한급수의 합은 얼마죠?

"얼마나 정확하면 되죠?" 파인먼이 되물었다.

"오차율이 1퍼센트 미만이면 됩니다."

"좋아요, 1.08입니다." 파인먼은 처음 네 항을 머릿속으로 더해 대답했다. 그 정도면 소수 둘째 자리까지 구하는데 충분할 거라 여겼기 때문이다. 그러나 전화의 목소리는 태도를 바꿔 정확한 답을 요구했다.

"정확한 답이 필요하지 않다면서요?"

"그렇지만 그래도 정확한 값을 알고 싶어서요."

"그래요? 답은 $\pi^4/90$입니다."

파인먼과 베테는 자신들의 계산능력이 일손을 덜어주는 장치라고 여겼다. 그러다 보니 종종 시합을 방불케 하는 상황이 벌어지기도 했다. 어느 점심 시간, 그날 따라 넘치는 의욕을 주체하지 못한 파인먼이 밥상머리에서 내기를 걸었다. '어떤 문제든 10초 안에만 내면 10퍼센트의 정확도로 60초 안에 풀겠다'는 것이었다. 10퍼센트의 오차범위라면 비교적 넓은 편이어서 적당한 문제를 고르기가 어려웠다. 이 같은 압박감 때문에 동료들은 파인먼을 이길 도리가 없다고 지레 겁을 먹었다. 가장 어렵다는 문제가 '$(1+x)^{20}$을 전개할 때 10차항의 계수를 구하라'는 정도였다. 파인먼은 모든 문제들을 제한시간 내에 풀었다. 마지막으로 나선 도전자는 폴 올럼이었다. 그는 전에 파인먼과 1:1로 붙은 경험이 있어서, 나름 준비가 되어 있었다. 올럼이 '탄젠트10의 100제곱($\tan 10^{100}$)을 구하라'고 말하자, 게임은 바로 끝나고 말았다. 탄젠트 함수는 주기가 π이므로, $\tan 10^{100}$의 값을 구하려면 먼저 10^{100}을 π로 나눈 다음, 그 나머지 값에 대한 탄젠트를 구해야 한다. 그러나 천하의 파인먼이라 해도 π를 소수 100째 자리까지 기억할 수는 없었고, 설사 기억한다 할지라도 60초 동안 100자리 나눗셈을 할 수는 없는 노릇이었다.[7]

파인먼은 적분 계산에서 솜씨를 한껏 뽐냈다. '무한히 더한다'는 개념을 발전시켜 더 난해한 영역으로 끌고 들어갔다. 머릿속에 저장해 둔 계산장치 몇 가지를 적절히 조합하면 까다롭고 비非교과서적인 비선형 수식들도 적분할 수 있었다. 그러나 적분이 불가능한 수식들도 있었는데, 그럴 때는 숫자들을 대입해 보거나 계산을 조금 해 보거나 어림셈을 하거나 외삽도 시도해 보았다. 다항식을 시각화하여 원하는 곡선을 추측해 보고 예측값과 실측값의 차이를 따져 보았다. 한번은 평소처럼 연구실을 한 바퀴 휙 둘러보는데, 유난히 복잡한 미분방정식과 씨름하는 팀원이 눈에 들어왔다. 그것은 3.5차 비선형 미분방정식으로 세 번 적분하고 반쪽 도함수half-derivative 하나를 처

---

7) 예컨대 당신이 $\tan(1000)$을 손으로 계산한다고 치자. 구간이 $(-\pi/2, \pi/2)$인 경우 쉽게 계산할 수 있다. 그러나 탄젠트 함수는 주기가 π이므로, $1000-318\pi=0.973\cdots$ 이라는 사실을 이용하여 탄젠트 값을 계산해야 한다. 그러나 당신의 추정치가 소수점 셋째 자리, 즉 3.141이라면 당신은 $1000-318\times3.141=1.161$이라는 값을 얻을 것이다. 이 경우 $\tan(1.161)/\tan(0.973)=1.57$이므로 오차율이 10퍼센트를 넘어 내기에서 지게 된다.

리해야 하는 문제였다. 파인먼은 궁리 끝에 적분 셋을 몰아서 하고 반쪽 적분은 따로 하는 방법을 고안해냈다. 이 방법은 절차가 매우 간단할 뿐만 아니라 결과도 생각했던 것보다 훨씬 더 정확했다.

한편 파인먼은 베테와 함께 3차 미분방정식의 일반적인 해법을 창안했다. 2차 미분방정식의 해법은 몇 세기 전부터 존재했지만 3차 미분방정식의 해법이 개발된 것은 처음이었다. 파인먼이 창안한 방법은 정확하고도 실용적이었지만, 기계를 이용한 계산machine computation 시대가 다가옴에 따라 곧 무용지물이 될 운명에 처해 있었다. 파인먼의 전설을 만드는 데 기여한 다른 계산능력들의 운명도 마찬가지였다.

기계로 계산하기

원자 시대와 함께 컴퓨터 시대도 열렸다. 방방곡곡의 군 및 민간 연구소에 배치된 연구자들 중 몇 명은 계산 자체보다 아예 계산도구에 관심을 가졌다. 특히 로스앨러모스에서는 다른 어느 곳보다도 수치계산의 필요성이 절실했다. 그러나 계산장치의 주를 이루는 것은 기계식이었으며, 일부 전자식으로 교체되었지만 컴퓨터 기술의 핵심인 트랜지스터는 1940년대 말에야 발명되었다. 그러다 보니 연구소의 계산 부문은 '기계가 처리하는 부분'과 '사람이 처리하는 부분'이 혼재하는 하이브리드 시스템으로 운영되었다. 책상을 가로세로로 배치하고 그 위에 준準 컴퓨터를 올려놓은 다음, 사람들이 카드를 이리저리 날랐다. 요컨대 기억 및 논리 분기장치 역할을 사람이 맡은 셈이었다.

로스앨러모스 본부는 어디서든 최고의 기술이 개발되기만 하면 당장 가져다 쓸 수 있는 권한을 갖고 있었지만, 아무리 최고의 기술이라고 해도 현장의 과학자들에게는 아직 별 도움이 되지 않았다. 선두주자로 나선 IBM을 비롯한 컴퓨터 장비 업체들은 과학계를 '별 볼일 없는 시장'으로 간주했다. 자신들이 생산한 고성능 장치들이 다양한 과학적 용도, 예컨대 기후 예측, 엔진 설계, 단백질 분석, 비행일정 수립, 생태계에서 심장판막에 이르기까지 다양한 시뮬레이션 등에 사용되리라고는 상상도 하지 못했다. 기업만을 컴퓨터 시장의 유일한 잠재고객으로 인식했고 컴퓨터의 주요 기능은 회계, 즉 덧셈과 뺄셈을 대신해 주는 것으로 생각했다. 월 매출액에 12를 곱해 연 매출을 추정하는 일이 있긴 했지만 곱셈은 일종의 사치로 여겨졌다. 하물며 나눗셈까지 기계로 하는 건 별나라 이야기였다. 대출금 상환액과 채권 수익률은 사람이 기준표를 보고 계산해도 충분했다.

달가닥 소리를 내며 과학 계산을 도맡아 하던 타자기만 한 크기의 마천트 계산기Marchant calculator는 덧셈, 뺄셈, 곱셈, 그리고 조금 어렵지만 열 자리 나눗셈까지 할 수 있었다. (처음에 본부에서는 비용을 아끼려고 여덟 자리 나눗셈을 하는 기종도 여럿 주문했지만, 속도가 너무 느려 거의 사용하지 않았다.) 마천트 계산기의 캐리지carriage[8]는 처음에는 수동식 크랭크로 나중에는 전기모터의 힘으로 움직였다. 캐리지를 좌우로 보낼 때는 키와 레버를 이용했고, 계수기와 등록 다이얼의 숫자에는 색칠을 해서 표시했다. 계산기의 몸체에는 숫자 입력 키, 플러스 막대, 마이너스 막대, 곱셈 키, 음수 곱셈 키, 쉬프트 키, 중단 키(나눗셈에 문제가 생겼을 때 작동을 멈추게 하는 키)가 가로와 세로로 가지런히 배열되어 있었다. 마천트 계산기는 온통 단추와 연결부로 뒤덮여 있어 사칙연산을 하기 결코 간단치 않았다. 심지어 한 세기 전 찰스 배비지Charles Babbage

---

8) 타자기의 종이 이송 기구.

가 항해사, 천문학자, 수학자들이 믿고 쓸 만한 숫자표를 찍어냈으면 하는 바람으로 발명한 대형 차분기관Difference Engine이나 해석기관Analytical Engine 보다도 성능이 떨어졌다. (배비지는 소수小數의 연산에서 소수점 자리이동 문제를 해결했을뿐만 아니라 베틀 기계에서 도입한 천공카드를 이용하여 자료와 명령을 입력할 수도 있었다. 하지만 증기기관 시대에 그 진가를 알아보는 사람이 거의 없었다.)

로스앨러모스에서 마천트 계산기는 그야말로 애물단지였다. 과학자들이 늘 계산기를 끼고 살다 보니 금속 부품들이 마모되어 정렬 상태가 흐트러지기 일쑤였다. 그런데 로스앨러모스 연구소는 공식적으로 존재하지 않는 '유령 연구소'였기 때문에 A/S 기사들의 출장서비스를 받을 수 없었다. 그래서 고장난 계산기는 캘리포니아 버뱅크Burbank에 있는 제조업체로 보내는 수밖에 없었고, 이런저런 핑계로 수리를 미루다 보니 계산기 서너 대가 한꺼번에 먹통이 되는 경우가 다반사였다. 어느 날 참다 못한 파인먼은 후에 계산과 수치해석의 권위자가 된 콧수염을 멋지게 기른 그리스의 수학자 니콜라스 메트로폴리스Nicholas Metropolis를 찾아가 울분을 토했다(파인먼도 일시적으로 콧수염을 길렀다). "이 빌어먹을 기계에 대해 공부해서 버뱅크로 보낼 일이 안 생겼으면 좋겠어요." 의기가 투합한 두 사람은 멀쩡한 계산기와 고장난 계산기를 분해한 다음, 비교분석을 통해 어긋나거나 막힌 부분을 찾아냈다. 그러고는 종이에 "수리완료!"라고 큼지막하게 써서 계산기 앞에 붙였다. 베테는 자신의 휘하에 있는 이론학자들이 그런 식으로 시간을 낭비하는 것을 탐탁잖게 여겨, 수리공 노릇 따위는 집어치우라고 불호령을 내렸다. 파인먼은 상관의 지시에 마지못해 따랐지만, 조만간 무슨 일이 벌어질 줄 뻔히 알고 있었다. 몇 주도 안 되어 계산기가 모자라면, 베테의 마음은 슬그머니 바뀌곤 했으니까.

계산 수요가 폭발적으로 증가하던 1943년 가을, 로스앨러모스 본부는

IBM 본사에 사무용 기기들을 모처某處로 보내달라고 주문하여, 601 곱셈기 3대, 402 도표작성기 1대, 복제-합계 천공기 1대, 검공기verifier 1대, 천공기 1대, 정렬기 1대, 병합기 1대를 들여놓았다. 컬럼비아 대학교의 천문학자들은 전쟁 전부터 천공카드를 이용한 계산을 실험해 왔다. 식당에서 쓰는 스토브만 한 크기의 곱셈기는 대규모 일괄계산이 가능했다. 전기탐침으로 카드에 뚫린 구멍을 탐지했고, 전선 뭉치를 종류별로 배선반에 꽂아 작동환경을 구성했다. 계산에 푹 빠진 로스앨러모스의 과학자들은 고성능 계산장치들을 곧 사용하게 되리라는 기대에 부풀어 있었다. 심지어 이론학자 중 한 명인 스탠리 프랭컬Stanley Frankel의 경우 기계가 도착하기도 전에 계산기의 성능을 어떻게 개선할 것인지(가령, 플러그를 재배열하여 출력을 3배로 늘리면 3~4자리 숫자 세 묶음을 한꺼번에 곱할 수 있지 않을까?)를 궁리하기 시작했다. 군수물자 조달에 익숙해진 과학자들은 기지를 발휘하여 '군대에 징발된 IBM 직원을 물색하여 유지보수 담당자로 파견해 달라'고 상부에 요청했다. 계산장치가 담긴 나무상자들이 먼저 도착하고 이틀 후 유지보수 담당자가 도착했다. 그러나 파인먼과 동료들은 그새를 못 참고 포장을 뜯어 동봉된 배선 도면을 참조하여 그럭저럭 장치를 조립했다. 계산장치의 무질서한 기계음이 귀에 거슬리자 리듬에 민감한 파인먼은 늘 그렇듯 계산장치의 설정값을 교묘히 조작함으로써 리드미컬한 기계음이 나도록 만들었다.

이론학자들은 컴퓨터사에 길이 남을 만한 일을 꾸미기 위해 머리를 맞대더니, 기어코 계산기와 공장의 조립라인을 결합한 계산 시스템을 고안해 냈다. 파인먼과 메트로폴리스의 제안에 따라 계산 과정에는 보조인력이 투입되었는데, 이들 보조인력은 주로 과학자의 부인들로 충원되었으며 정식 연구원의 8분의 3에 해당하는 급여를 지급받았다. 보조인력들은 복잡한 계산을 부분별로 나눠맡아, 한 사람이 숫자를 세제곱하여 다음 사람에게 넘기면 다음 사람이 이어서 뺄셈을 하는 등의 방식으로 일을 처리했다. 이를테면 수치계산 방식에 대량생산 방식을 접목한 셈이었다. 줄지어 늘어서서 마천트 계산기를 조작하는 여성들의 모습은 컴퓨터의 내부 작동방식을 모방했다고 해도 과언이 아니었다. 후대의 컴퓨터 과학자들이 깨달은 바와 같이, 미적분을 잘게 쪼개어 기계식 계산에 필요한 알고리즘적 요소로 만든 것은 매우 매력적인 발상이었다. 이런 식으로 생각하면 누구나 자연스럽게 셈의 깊숙한 본질을 성찰하게 되며 '해가 존재하는 방정식solvable equation의 유형'에 대한 인식도 바뀌게 된다. 갑작스럽게 일어난 소용돌이에 휘말려 하늘로 올라가는 화구火球의 방정식을 예로 들어 보자. 전통적인 해석학적 관점에서는 '극단적인 비선형 방정식이므로 풀이가 불가능하다'고 생각하기 쉽지만, 수많은 천공카드를 이용하여 시간대별로(0분 01초, 0분 02초, 0분 03초…) 계속 추정해 나가다 보면 해결의 실마리를 찾을 수 있다.

로스앨러모스의 과학자들은 계산장치를 이용하여 수많은 문제들을 풀었지만, 내폭implosion에 관한 문제만큼 대규모 과학 시뮬레이션 시대의 도래를 예감케 한 것은 없었다. 이것은 '내부로 흘러드는 충격파의 운동을 어떻게 계산할 것인가'의 문제였다. 폭탄을 둘러싼 폭약으로 인해 충격파가 움직이고, 플루토늄 덩어리는 압력에 눌리면서 임계상태에 놓이게 된다. 이 경우 안정된 폭발을 보장하려면 폭탄 전체를 어떻게 구성해야 할까? 폭발에 이어 생기는 화구는 어떤 종류일까? 이런 의문들을 해결하려면 '압축성 유체compressible fluid에서 구면폭발파spherical detonation wave가 전파되는 과정을 기술한 공식'이 필요했다. 여기서 '압축성 유체'란 핵폭발이 일어나기 수백만분의 1초 전 투포환만 한 크기로 액화된 플루토늄 덩어리를 의미한다. 이때의 압력은 지구 중심점에서보다 더 높고, 온도는 섭씨 5,000만 도에 달한다. 여기서부터는 이론학자들이 알아서 할 문제였고, 실험학자들은 그저 잘

되기를 기도할 뿐 있으나마나 한 존재였다.

1944년 한 해 동안 이론학자들의 계산에 큰 진전이 있었다. 당시 비상
근 고문으로 활동하던 폰 노이만은 종전 후의 미래를 내다보던 인물이었다.
수학자, 논리학자, 게임이론가인 동시에 현대 전산학의 아버지 중 한 명인
폰 노이만은 파인먼과 함께 IBM 기계로 일을 하거나 협곡을 거닐면서 많은
이야기를 나눴다(그는 게임이론가답게 로스앨러모스에서 벌어지고 있는 색다른 포커판
에서 보내는 시간이 점점 더 늘고 있었다). 폰 노이만의 이야기 중에서 파인먼의 기
억에 영원히 남은 것은 두 가지였다. 첫째는 '과학자가 온 세계를 책임질 필
요는 없다'는 말로 사회적 책임에 둔감한 것이 합리적 자세일 수도 있다는
의미였다. 둘째는 카오스chaos라는 수학적 현상으로, 파인먼은 폰 노이만을
통해 카오스의 초기 개념을 어렴풋하게나마 인식했다. 두 사람이 사용하던
초창기 컴퓨터에 어떤 방정식을 넣고 돌리자 지속적이고 반복적인 불규칙성
이 나타난 적이 있었다. 예를 들면 충격파가 물질을 통과하고 난 뒤에 진동
이 남았다. 처음에 파인먼은 이런 불규칙한 흔들림이 수치상 오차라고 확신
했는데 폰 노이만은 그런 흔들림이야말로 과학자가 실제로 관심을 가져야
할 특징이라고 일러줬다(카오스라는 용어가 정식으로 등장한 것은 나중의 일이다).

또한 폰 노이만은 자신이 방문한 다른 곳에서 얻은 최신 정보들을 로
스앨러모스의 신예 컴퓨터 전문가들에게 전해, 시대의 흐름에 뒤처지지 않
도록 도와주기도 했다. 폰 노이만이 가져온 이야기 보따리 속에는 하버드에
서 제작 중인 전기기계식 자동계산기 마크 I Mark I, 벨연구소의 계전식 계
산기, 일리노이 대학교의 인간 신경세포연구, 1만 8,000개의 진공관으로 구
성된 에니악(ENIAC) 등이 있었다. 에니악은 메릴랜드주 애버딘프루빙그라
운드Aberdeen Proving Ground가 탄도계산을 위해 새로 도입한 혁신적 장치였
다. 진공관은 2진 점멸 플립플롭flip-flop을 제어했고, 플립플롭은 (지난날을 기

리는 의미에서) 소수 계산기에서 사용된 기계식 바퀴를 본떠 10개씩 고리 모양으로 배열되었다. 에니악은 진공관이 너무 많아 견디지 못했다. 폰 노이만의 추정에 의하면 전원을 켤 때마다 진공관이 두 개씩 터졌다. 생각다 못한 군은 병사들을 시켜 예비 진공관을 장바구니에 담아 운반하게 했다. 컴퓨터 운영자들은 확산이론에서 '튀며 날아다니는 입자'를 지칭하는 데 쓰는 '평균 자유경로mean free path'라는 용어를 빌려, "컴퓨터의 평균 자유경로는 '고장 나지 않고 계속 작동하는 시간의 평균'이야!"라고 비아냥거렸다.

한편 파인먼은 수학을 근원적으로 파헤치는 분위기에 영향을 받아 오랫동안 실용 공학에서 벗어나 순수 수학에 심취했다. 심지어 "수의 몇 가지 흥미로운 성질"이라는 제목으로 공개강연까지 했다. 수의 성질은 셈과 논리, 그리고 철학에서도 흥미로운 주제였다(하지만 철학을 싫어하는 파인먼은 철학이라는 말을 입 밖에도 내지 않았다). 1944년 스물다섯 살의 파인먼은 막강한 청중(파인먼은 며칠 후 어머니에게 보낸 편지에 물리학계의 대가들이 전부 참석했다고 썼다)을 앞에 두고 "기존의 수학 지식을 모두 버리고 제1원리, 특히 아이들도 다 아는 단위 셈법에서 출발해 보세요"라고 제안했다. 파인먼은 더하기, 즉 $a+b$를 '시작점 a'에서 'b 단위'를 세는 연산으로 정의했다. 곱셈과 거듭제곱도 'b번 센다'와 'b번 곱한다'로 각각 정의했다. 또 덧셈의 교환법칙 $[a+b=b+a]$과 결합법칙 $[(a+b)+c=a+(b+c)]$ 등 간단한 법칙들을 유도했다(이런 법칙들은 보통 무의식적으로 가정하지만, 양자역학에서는 일부 수학적 연산들의 답이 연산 순서에 따라 다르게 나온다). 파인먼은 어떤 내용도 당연시하지 않고 순전히 논리를 바탕으로 하여 뺄셈, 나눗셈, 로그 취하기 등의 역연산inverse operation 을 설명했다.

파인먼은 늘 새로운 질문을 던졌는데 이 질문에 답하려면 새로운 산술적 발명품을 만들어내는 수밖에 없었다. 그러는 가운데 a, b, c가 나타내는 대상과 이들을 다루는 규칙은 점차 늘어 갔다. 파인먼의 독창적인 정의에 따르면 음수는 아무런 의미가 없었다. 분수, 분수 지수, 음수의 허수근 등은 셈과 직접적으로 관련이 없지만, 파인먼은 자신의 '은빛 논리엔진'에서 그것들을 계속 이끌어냈다. 이어서 무리수와 복소수, 복소수의 복소거듭제곱으로 나아갔는데, 이런 수들은 "자신과 곱해서 -1이 되는 i란 어떤 수인가?"와 같은 질문과 맞닥뜨리자마자 거침없이 쏟아져 나왔다. 아무런 사전지식도 없는 상태에서 로그를 계산하는 방법을 청중들에게 상기시켰고, $(1+x)^{1/x}$이 x가 0에 무한히 접근할 때 어떻게 수렴하는지를 보이며 불가피한 부산물로서 자연밑수 e(소위 무소부재한 근본상수ubiquitous fundamental constant)를 유도했다.

수 세기에 걸친 수학사를 간략히 더듬는 자리였음에도 불구하고 단순한 되풀이에 머물지 않은 이유는 관점을 현대적으로 바꿔야만 수학의 짜임새를 전체적으로 파악할 수 있기 때문이었다. 복소거듭제곱의 개념을 이해한 다음에는 복소거듭제곱을 실제로 계산하기 시작했다. 청중들의 수준을 감안할 때 사인파의 모양을 모르는 사람이 있을 리 만무했지만, 파인먼은 결과표와 그래프를 몸소 작성하여 사인값이 -1과 0과 1 사이를 왔다갔다한다는 사실을 직접 확인시켰다. 마지막으로 파인먼은 청중들에게 매우 중요한 질문을 하나 던졌다. 한 시간 동안의 강연 내용 중에서 어느 것 하나 중요하지 않은 게 없었지만 이 질문은 그 내용들을 모두 포괄하는 것이었다. "e를 얼마나 거듭제곱하면 i가 될까요?" 청중들은 이 문제의 정답은 물론 'e와 i와 π 사이에 밀접한 관계가 성립한다'는 사실도 알고 있었지만, 어찌된 일인지 갑자기 꿀먹은 벙어리가 되었다. (파인먼은 어머니에게 보낸 편지에서 이 순간을 이렇게 묘사했다. "청중들은 이미 답을 알고 있었겠지만 시간관계상 생각할 시간을 많이 주지 않아서 그런지 우물쭈물했던 것 같아요.") 잠시 후 파인먼은 득의양양한 표정으로 다중언어polyglot처럼 보이는 공식, 즉 오일러 공식을 설명했다. 열네 살 때

공책 한 구석에 큼지막한 글씨로 적고 우쭐한 기분으로 '수학에서 가장 멋진 공식'이라고 찬미했던 $e^{\pi i}+1=0$, 바로 그 공식이었다.[9] 대수와 기하는 뚜렷이 구분되는 언어를 사용하지만 결국 하나이고, 가장 순수한 논리로 몇 분 안에 추상화하고 일반화한 숫자놀음에 지나지 않는다는 게 파인먼의 지론이었다. 결과적으로 물리학계의 대가들은 파인먼의 간단한 숫자놀음에 깊은 인상을 받은 셈이었다.

만일 웰턴이 생각했던 것처럼 파인먼이 의식적으로 유력한 물리학자들 사이에서 입지를 굳히려고 애쓰는 중이었다면, 파인먼은 본인이 느끼는 것 이상으로 성공가도를 달리고 있는 셈이었다. 맨해튼 프로젝트가 시작된 지 일곱 달 만인 1943년 11월, 오펜하이머는 '전쟁 이후를 생각해서 파인먼을 미리 스카우트하는 것이 좋겠다'며 UC 버클리 물리학과를 설득하기 시작했다. 그는 학과장 버지에게 다음과 같은 편지를 썼다.

어느 모로 보나 파인먼이 로스앨러모스에서 가장 뛰어난 젊은 물리학자라는 건 모두가 인정하는 사실입니다. 파인먼은 매력으로 똘똘 뭉친 성격과 인격의 소유자로, 매사에 지극히 합리적이고 분명하며 물리학을 열렬히 사랑하는 탁월한 교육자입니다. 이미 상당한 거물들이 파인먼에게 눈독을 들이고 있는 만큼 조만간 채용 제의를 할 것으로 보이니 빨리 손을 써야 합니다.

오펜하이머가 언급한 '상당한 거물'이란 코넬의 베테와 프린스턴의 위그너였다. 베테는 "웬만한 물리학자 두 명을 줘도 파인먼 한 사람과 바꾸지 않겠다"라고 직설적으로 말했다. 위그너는 파인먼을 다음과 같이 극찬했는데, 이는 1940년대에 한 물리학자가 다른 물리학자에게 보낼 수 있는 최고의 찬사였다. "파인먼은 제2의 디랙이다. 게다가 파인먼은 인간미도 겸비하고 있다."

울타리 안에서

파인먼은 결혼기념일을 축하하기 위해 알린이 머무는 장로교 요양소를 방문했다. 요양소 뜰에 나가 알린이 상품안내서를 보고 주문한 소형 숯불 바베큐 그릴에 스테이크를 구웠다. 알린은 파인먼을 위해 셰프용 모자와 앞치마, 그리고 장갑도 구입했다. 콧수염을 기르기 시작한 파인먼은 남들 눈에 우습게 보일까봐 셰프 복장을 탐탁잖게 여겼다. 하지만 알린이 가정적인 모습을 좋아한다는 생각에 울며 겨자먹기로 그녀가 건네주는 소품들을 넙죽넙죽 받아 챙겼다. 그러나 차를 타고 지나가는 사람들이 자기를 보고 손가락질을 한다는 느낌에 더는 견디지 못하고 셰프 복장을 내팽개쳤다. 알린은 여느 때처럼 딴 사람들이 어떻게 생각하든 무슨 상관이냐며 짐짓 눈을 흘겼다. 사실 파인먼 형편에 2파운드 84센트씩이나 하는 스테이크는 사치였다. 두 사람은 스테이크 말고도 수박, 자두, 감자칩을 먹었다. 요양소 잔디밭을 따라 비탈길을 걸어내려가면, 대륙횡단 고속도로인 66번 도로에서 차들이 굉음을 내며 질주했다. 앨버커키는 찌는 듯이 더웠지만 두 사람은 행복했다. 알린은 장거리 전화로 부모님과 7분 동안 통화했지만 이 또한 사치였다. 리처드가 북쪽으로 지나가는 차를 얻어타려고 떠난 후, 오후 늦게 사막 전체

---

9) 오일러 공식의 일반형은 $e^{i\theta}=cos\theta+isin\theta$ 이다. 여기서 $\theta=\pi$라고 하면, $e^{\pi i}=cos\pi+isin\pi=-1$ 이므로 $e^{\pi i}+1=0$이 된다. 그리고 $\theta=\pi/2$ 라고 하면, $e^{\pi i/2}=cos\pi/2+isin\pi/2$ 이므로 $e^{\pi i/2}=i$가 된다. 따라서 e를 $\pi i/2$만큼 거듭제곱하면 i가 된다.

가 어둑어둑해지며 천둥번개를 동반한 소나기가 쏟아졌다. 알린은 폭우 속에 갇힌 리처드를 걱정했다. 걸핏하면 거친 폭풍우가 몰아치는 광막한 서부의 날씨는 그녀에게 아직도 낯설기만 했다.

파인먼은 메사에서 희귀종 취급을 받았다. 주말만 되면 거의 빼놓지 않고 예메즈 산맥Jemez mountains과 생그레 데 크리스토 산맥 사이로 난 골짜기를 따라 로스앨러모스와 앨버커키 사이를 뻔질나게 오갔기 때문이다. 사실 오지의 은둔세계에 감금되다시피 한 신분으로 틈만 나면 외출할 생각을 한다는 것만으로도 별종 취급을 받기에 충분했다. 한번은 동료들끼리 '우리 중에 나치의 스파이가 있다면 가장 유력한 용의자가 누굴까?'라는 주제로 농담을 주고받던 중, 독일 출신의 영국 과학자 클라우스 푹스는 서슴없이 딕 파인먼을 지목했다. 이유는 간단했다. "오만 가지 분야의 연구에 정기적으로 관여할 만큼 오지랖 넓은 사람이 파인먼 말고 또 누가 있겠어요? 게다가 매주 꼬박꼬박 누군가와 접선하기 위해 앨버커키로 가는 것도 그렇고요."

비상한 사람들이 모여 현실과 고립된 채 살아가던 로스앨러모스는 점점 더 지방자치단체와 유사하게 변모해 갔다. 로스앨러모스는 공식적으로도 그랬지만, 그곳에 거주하는 주민들의 관념 속에도 그 정체성이 뚜렷이 형성되어 있었다. 그곳은 예메즈 산맥 깊숙한 곳의 언덕에 자리잡은 단순한 외딴 마을이 아니었다. 외견상 비포장 도로를 따라 생겨난 자연부락으로, 거짓으로 꾸며낸 것일망정 '뉴멕시코주 샌타페이 사서함 1663'이라는 공식 주소도 있었다. 마을 언저리에는 울타리가 둘러쳐지고 마을 옆 웅덩이에서는 오리들이 한가로이 헤엄치는, 유럽 이주민들이 건설한 전형적인 마을을 연상시켰다. 한 주민의 표현을 빌리면 "주변에는 인디언 부족이 살고 사방팔방으로 광활히 뻗은 사막 한가운데에 외따로 떨어져 있어, 외부와 일절 접촉하지 않고 자급자족해야 하는 개척자 집단의 마을"이었다. 빅토르 바이스코프는 마을의 촌장, 파인먼은 마을의회 의원으로 각각 선임되었다. 마을의 경계를 나타내는 울타리는 세상과 마을을 격리시켜 토마스 만의 『마의 산』과 같은 분위기를 연출했다. 마을 주민들의 국적은 다양했지만 각자 자신의 분야를 대표하는 최고의 엘리트라는 공통점을 갖고 있었다. 구성원 개개인을 하나씩 뜯어보면 로스앨러모스는 귀족사회임에 틀림없었다. 옥스퍼드 출신의 누군가가 말했듯이 '전 세계에서 가장 배타적인 조직'이었다.

그러나 다른 전시戰時 연구소들과 마찬가지로 이곳에서도 미국 과학계 특유의 신교도적이고 신사적이며 느슨한 계층구조가 형성되고 있었다. 덕장 오펜하이머의 세심한 배려 덕분에 귀족사회가 민주사회로 변모되어, 신분이나 지위 등의 보이지 않는 장벽이 과학적 담론을 가로막는 경우는 거의 없었다. 민주적으로 선출된 의원과 각종 위원회는 그런 인상을 더했다. 격의 없는 대화가 이어지다 보니 대학원생들은 자신들이 저명한 교수들과 이야기한다는 사실을 까맣게 잊어버리기 일쑤였다. 박사나 석사 등의 학위와 공식적 호칭은 양복과 넥타이 속에 파묻혔다. 민주적 분위기는 밤에도 이어져, 열띤 파티가 열릴 때면 4대륙의 요리와 칵테일, 희곡 낭독과 정치논쟁, 왈츠와 스퀘어댄스[10], 토치송[11]을 부르는 스웨덴인, 재즈피아노를 연주하는 영국인, 빈Wien의 현악 3중주를 연주하는 동유럽인들이 한데 어우러졌다(다양한 문화가 충돌할 때면 어리벙벙해진 옥스퍼드 출신이 물었다. "스퀘어가 정확히 뭐죠? 사람인가요, 방인가요, 아니면 음악인가요?). 파인먼은 니콜라스 메트로폴리스와 함께 놋쇠 드럼으로 2중주를 하고 동료들과 어울려 콩가춤[12]을 췄다. 파인먼은 이 같은 '뒤죽박죽 문화'를 경험해 본 적이 없었다(학부 시절에 MIT가 예비 공학자

---

10) 남녀 4쌍이 한 조를 이루어 사각형으로 마주보고 서서 시작하는, 미국의 전통 춤.
11) 실연·짝사랑 등을 읊은 감상적인 블루스곡.
12) 여러 명이 허리를 잡고 길게 줄을 만들어 추는 춤.

들에게 교양과목이라는 제목으로 제공한 종합선물을 무시해 버렸던 파인먼이었기에 그런 문화적 경험은 확실히 이번이 처음이었다). 한 파티에서는 조지 거슈인의 현대적인 음악에 맞춰 〈메사의 제전Sacre du Mesa〉이라는 제목의 발레를 초연하기도 했는데, 마지막 장면에서는 번쩍이는 기계두뇌machine brain가 등장하여 덜거덕 소리를 내며 메사의 신성한 비밀을 드러냈다. '2+2=5.'

로스앨러모스는 바깥 세계와 담을 쌓고 내부적으로 번창했다. 그러는 가운데 개별 구성원들은 각자 자신만의 아성을 쌓았고 리처드와 알린도 나름의 도피처를 마련했다. 파인먼이 수수께끼 풀기를 워낙 좋아하다 보니, 알린은 파인먼에게 보내는 편지를 암호로 썼다(파인먼의 아버지도 마찬가지였다). 두 사람은 암호 편지를 통해 울타리를 치고 다른 사람들의 시선을 따돌릴 수 있었다. 파인먼은 알린을 푸치Putzie라고 부르고 알린은 파인먼을 코치Coach 라고 불렀지만, 파인먼의 동료들 중에서 이를 눈치챈 사람은 아무도 없었다. 파인먼이 하이킹을 다녀올 때마다 다리에 알이 박이거나 알린의 병세가 점점 더 악화되는 등의 사실을 아는 사람들도 없었다. 그러나 파인먼 가족의 행각은 연구소 정보국의 군 검열관들에게 결국 탄로나고 말았다. 검열관들은 파인먼에게 4(e)항 규정을 준수하라고 종용했는데 그 내용은 이러했다. "**암호나 부호, 기타 여하한 형태의 비밀 표현을 사용하지 않는다. 열 십(十) 자나 엑스(X)자, 기타 유사한 기호들도 마찬가지다.**" 미국은 개인의 사생활을 신성시하는 나라인 만큼, 이 규정은 국책사업에 자원한 학자와 민간인들의 입장을 충분히 고려하여 제정된 것이었다. 검열관들은 신중한 절차를 밟았고 우편물이 도착하면 그날 안에 처리하려 애썼다. 또 프랑스어, 독일어, 이탈리아어, 스페인어로 쓴 편지는 허용했다.

검열관들은 파인먼에게 '암호편지를 해독하는 데 필요한 코드표를 내놓으라'고 요구했지만 파인먼은 '코드표 따위는 애당초 존재하지 않으며 필요하지도 않다'고 시치미를 뗐다. 검열관들은 파인먼의 말을 곧이곧대로 믿고 알린이 보낸 편지에만 보안규정을 적용하기로 했다. 즉, 알린이 파인먼에게 암호 편지를 보낼 때 코드표를 동봉하면 검열관들이 편지봉투를 열어 편지를 해독하고 코드표를 제거한 후, 파인먼에게는 내용물(암호편지)만을 전달하겠다는 것이었다. 그러자 아니나 다를까, 파인먼은 스스럼없이 8(l)항 규정을 위반하게 되었다. 이 조항은 자기지시적 규정self-referential law으로, 그 내용은 "검열규정에 관련된 정보를 언급하는 것은 물론, 검열의 주제에 대해 말하는 것도 검열의 대상이 된다"라는 것이었다. 파인먼은 내심 쾌재를 불렀다.

파인먼이 계속 암호 편지를 보내자 알린의 짓궂은 장난기가 발동했다. "XX가 어깨너머로 엿보는 기분이 들어서 편지 쓰기가 너무 힘들어"라고 푸념하며, 편지에 구멍을 뚫거나 잉크 얼룩을 묻혀 보내기 시작한 것이다. 그러면 파인먼은 숫자놀이가 포함된 답장을 보내 검열관들을 헷갈리게 했다. 예컨대 1/243(0.004 115 226 337 448…)과 같은 특이한 무한소수를 적으면, 바짝 긴장한 검열관들은 이것이 암호나 대외비가 아닌지 확인하느라 진땀을 흘렸다. 파인먼은 은근히 신이 나서 "수학적 진리가 다 그렇듯 그런 숫자에는 별다른 정보가 없고 그저 공허한 반복만이 있을 뿐이에요"라고 얼버무렸다. 알린의 장난 실력은 일취월장했다. 한번은 그림조각 맞추기 퍼즐에서 힌트를 얻어 조각조각 썬 편지를 조그만 부대에 담아 보낸 적도 있었다. 또 한번은 물건 이름이 잔뜩 적힌 쇼핑목록을 봉투에 넣어 보내는 바람에 검열관들이 수상쩍어 보이는 물건의 이름을 죄다 지운 적도 있었다. 알린이 보낸 장난 편지의 최고봉은 뭐니뭐니해도 '부비트랩을 모방한 편지'로 겉봉에 이렇게 씌어 있었다. "펩토비스몰Pepto Bismol[13] 분말을 동봉했으니 열 때 조심하

---

13) 설사약으로 널리 사용되는 차살리실산비스무트bismuth subsalicylate의 상품명.

기 바람." 편지는 두 사람을 이어주는 생명선이었다. 물론 검열관들의 번뜩이는 시선을 의식하여 사생활 보호 방법을 늘 강구하는 것은 기본이었다.

민간 사서함의 경우 편지가 수취인에게 전달되기도 전에 모조리 개봉되어 읽히는 일 따위는 없었다. 높이 둘러쳐진 철조망처럼 검열은 메사의 민감한 거주자들에게 자신들의 특수한 신분을 상기시켰다. 그들은 감시받고, 에워싸이고, 제한받고, 고립되고, 포위되고, 호위받는 존재였다. 극소수의 과학자들은 너무 중요한 존재여서, 무장군인들을 동원하여 그들의 연구실 주변을 순찰할 필요가 있었다. 그들이 어느 정도 자부심을 느끼는 것은 당연했다. 파인먼은 부모님에게 비밀을 꼭 지켜달라고 신신당부했다. "여기 있는 군인들 중에 우리가 뭘 하는지 모르는 사람들이 부지기수예요. 대위는 물론이고 심지어 소령들까지도요."

전쟁이 끝나고 나면 철조망은 조롱거리나 귀찮은 물건으로 전락하기 마련이지만 당시만 해도 철조망은 두 가지 상반된 의미를 지닌 상징물이었다. 로스앨러모스 거주민이라면 한편으로는 철조망을 불쾌하게 여기면서도 다른 한편으로는 소중히 여겼다. 파인먼은 대부분의 철조망을 샅샅이 점검하여 구멍난 부분과 외부인이 침입한 통로까지 발견했다. 투철한 주민정신을 발휘하여 그 사실을 주변 초소에 알렸지만, 무기력하게 대응하는 보초병들을 보고 화가 머리끝까지 치밀었다. 순진한 파인먼은 그런 개구멍들이 공공연한 비밀이라는 사실을 전혀 깨닫지 못했기 때문이었다. 인근 지역의 주민들이 연구소 안으로 들어와 12센트짜리 영화를 관람하고 돌아가는 해프닝이 벌어지기도 했지만, 오펜하이머의 묵인하에 보안책임자가 봐 준 덕에 조용히 넘어갔다.

탐구정신이 유별난 파인먼은 비밀스럽거나 은밀한 장소를 보면 궁금증을 참지 못했다. 그러나 때로는 특유의 고집 때문에 새로운 문물을 선선히 받아들이지 못할 때도 있었다. 연구소에 코카콜라 자판기가 새로 들어와 구식 음료수 자판기를 대체했을 때의 일이었다. 종전에는 이용자들이 자판기 뚜껑을 열고 병을 꺼낸 다음, 양심적으로 돈통에 동전을 넣는 방식이었다. 새로 들어온 자판기는 부정행위를 원천적으로 방지하기 위해 병목에 강철고리를 걸어 병을 고정하도록 고안되었다. 새 자판기가 인간에 대한 불신을 조장한다는 생각이 들자 파인먼은 오기가 발동하여 자판기를 슬그머니 망가뜨렸다. 그게 잘한 일일까, 아니면 잘못한 일일까? 파인먼은 동료들과 도덕률에 관한 논쟁을 벌였다.

파인먼은 인습에 빠지는 것을 제일 싫어했다. 언젠가 술에 만취하여 고성방가를 하고 솥과 냄비 등을 드럼처럼 두드리며 마구 휘젓고 다니다, 급기야 인사불성이 되어 클라수스 푹스에게 업혀 간신히 숙소로 돌아온 적이 있었다. 그 일이 있은 뒤로 파인먼은 마음을 독하게 먹고 오랫동안 금주와 금연을 철저히 실천했다. 그러던 어느 날 불현듯 '혹시 내가 인습에 젖어드는 것은 아닐까?'라는 생각이 들자, 추호의 망설임도 없이 흡연과 음주를 재개했다. 나이가 들면서 점점 더 철이 들 법도 했지만 철이 든다는 건 왠지 파인먼답지 않았다.

'뭐든 꼬치꼬치 캐내는 데는 파인먼을 따를 자가 없다'는 소문이 로스앨러모스에 파다하게 퍼졌다. 한 과학자는 사물함의 열쇠를 잃어버려 발을 동동 구르다가, 파인먼의 손을 빌려 튼튼하기로 소문난 예일 자물쇠를 땄다. 한번은 두 사람이 헐떡이며 계단을 뛰어올라와 기밀문서를 넣어둔 서류 캐비닛을 열어달라고 애원했다. 파인먼은 클립과 드라이버를 이용하여 단 2분 만에 문제를 해결했다. 웬만한 자물쇠를 여는 건 별로 어렵지 않았지만 조합형 자물쇠는 그리 호락호락하지 않았다. 소그룹의 리더인 파인먼은 기밀문서를 보관하는 특수 강철금고를 지급 받았는데 이 금고의 자물쇠가 바로 조합형이었다. 그래서 파인먼은 틈만 나면 금고 다이얼을 이리저리 돌리며 여는 방법을 궁리했다. 어떨 때 보면 자물쇠에 대한 파인먼의 관심은 거의 강박관념 수준이었다. 파인먼은 알린에게 쓴 편지에서 그 이유를 이렇게 설명했다.

> 아마도 내가 퍼즐을 너무 좋아하다 보니 그런 것 같아. 모든 자물쇠를 보면 퍼즐 같은 기분이 들어서 누가 뭐라 하지 않아도 꼭 열고 싶은 마음이 생겨. 그러나 조합형 자물쇠는 여전히 난공불락이야.
> 열릴 듯 말 듯 하는 자물쇠는 꼭 당신의 마음 같아. 하지만 난 결국 자물쇠를 열고 말 거야, 당신을 이해하는 것처럼 말이야.

자물쇠는 인간의 논리와 기계의 논리가 뒤섞인 도구였다. 설계자의 전략은 제조업자의 편의나 금속의 한계 때문에 제약을 받았는데, 이는 원자폭탄 개발 프로젝트에서 마주치는 문제점과 일맥상통했다. 로스앨러모스에 설치된 금고들의 경우 0에서 99까지의 숫자 중 세 개를 맞춰 문을 열어야 했으므로, 이론적으로 가능한 조합은 100^3=100만 가지 였다. 그러나 파인먼은 직접 실험을 통해 기계적 정밀성의 결여로 인한 다이얼의 오차한계가 무려 ±2나 된다는 사실을 알게 되었다. 예컨대 정확한 숫자가 23이라면 21에서 25까지 아무 숫자나 선택해도 대세에 지장이 없었다. 따라서 체계적인 방법으로 다이얼 조합을 찾아낼 때는 다이얼 숫자를 1씩 증가시킬 것이 아니라 5씩 증가시켜도 무방했다. 파인먼은 물리학자답게 실용적 직관을 이용하여 금고다이얼에 새겨진 숫자들을 액면 그대로 받아들이지 않고 오차의 범위를 고려하여 해석했다. 그 결과 유효한 조합의 수는 총 100만 가지에서 20^3=8,000가지로 대폭 줄었고 전부 다 시도해보더라도 몇 시간이면 충분했다.

당시 미국에서는 금고와 금고털이들에 관한 일화들이 심심찮게 떠돌았다. 카우보이 시대와 갱 시대를 거치면서 금고들이 주철과 망간으로 만든 이 중벽, 삼중 측면 볼트와 바닥 볼트, 제어 텀블러와 압력 손잡이 등을 장착하며 더욱 두껍고 정교해지자, 일화집 역시 더욱 두껍고 정교해졌다. "완벽한 금고털이가 되려면 손가락이 사포로 문지른 듯 매끄럽고 귀가 극도로 예민해야 한다"라든지 "텀블러가 일렬로 늘어서거나 제자리로 복귀할 때 발생하는 진동을 느끼는 감각은 금고털이의 필살기다" 같은 온갖 설이 난무했지만, 전부 미신이었다. 물론 순전히 감으로 금고를 여는 금고털이가 있기도 했겠지만 그건 극소수였고, 성공한 금고털이들이 애용하던 연장은 빠루와 드릴이었다. 털린 금고는 옆면에 구멍이 뚫리고 손잡이와 다이얼이 뜯겨나가기 일쑤였다. 온갖 방법이 실패로 돌아가면 금고털이들은 최후의 수단으로 '수프', 즉 니트로글리세린을 이용하여 금고를 폭파했다. 로스앨러모스의 과학자들도 미신에서 자유롭지 못했으므로 누군가가 '우리 중에 금고털이의 달인이 있다'는 소문을 퍼뜨리자, 대부분의 사람들은 '파인먼이 미세한 찰칵 소리를 듣는 비법을 터득했다'고 철석 같이 믿었다.

파인먼도 금고 여는 요령을 익히려면 먼저 미신을 딛고 일어설 방도를 찾아야 했다. 처음에는 금고털이들의 경험담이 실린 싸구려 책에서 노하우를 배우려고 했다. 주인공들은 '물속에서 금괴가 가득 찬 금고를 열었다'고 뽐내곤 했는데, 파인먼이라면 자못 심각한 어조로 다음과 같이 말할 것 같았다. **"필자는 원자폭탄의 비밀이 전부 담긴 금고들을 열었다. 거기에는 플루토늄 생성 일정 및 정제 과정, 플루토늄 소요량, 원자폭탄의 작동 과정, 중성자의 생성 과정 등 극비사항 일체가 담겨 있었다."** 책에서 쓸만한 정보를 수집하는 동안, 파인먼이 금고 여는 일이 얼마나 재미없고 일상적인 일인지를 차차 깨닫게 되었다. 드릴과 니트로글리세린을 제외한 나머지 레퍼토리 중에서 실현 가능한 원칙들을 최대한 활용해야 할 판이었다. 일부 원칙들만 읽고 나머지는 직접 실습하며 익혔다. 알고 보니 대부분의 원칙들은 한 가지 핵심원칙의 변형이라는 것을 깨달았는데, 그 핵심원칙이란 바로 '사람은 예측 가능하다'는 것이었다.

- 사람들은 대개 금고를 잠그지 않은 채로 둔다.
- 사람들은 대개 금고번호의 기본설정(공장출하치)을 바꾸지 않고 그대로 사용한다.
- 사람들은 대개 금고번호를 어딘가에 적어두는데, 가장 흔한 곳은 책상서랍 가장자리다.
- 사람들은 대개 생일이나 기타 기억하기 쉬운 숫자들을 선택한다.

네 가지 원칙 중에서 맨 마지막 원칙 하나만 알아도 엄청난 성과를 거둘 수 있었다. 파인먼은 "가능한 유효조합 8,000개 중에 날짜로 만들 수 있는 조합은 162개밖에 안 된다"라는 사실을 알게 되었다. 첫 번째 숫자는 월月, 즉 1에서 12까지지만 오차의 범위를 적용하면 세 가지(0, 5, 10)만 시도해 보면 되었다. 두 번째 숫자는 일日, 즉 1에서 31까지지만 오차의 범위를 적용하면 여섯 가지밖에 안 되었다. 마지막으로 세 번째 숫자는 연年, 즉 1900부터 1945까지지만 오차의 범위를 적용하면 아홉 가지로 족했다. 3×6×9=162라면 전부 다 시도해 봐도 몇 분이면 충분한 수준이었다. 게다가 서너 번만 얼렁뚱땅 성공해도 사람들에게 '금고 열기의 달인' 소리를 듣는다는 사실도 덤으로 알게 되었다.

파인먼은 자신의 전용 금고를 조작하다가 새로운 요령을 추가로 익혔다. 문이 열린 상태에서 다이얼을 돌려 볼트가 내려오는 시간을 감지하면 마지막 숫자를 알아낼 수 있었다. 시간만 더 주어진다면 그런 식으로 두 번째 숫자도 알아낼 수 있을 것 같았다. 파인먼은 동료들의 사무실을 방문할 때마다 그들의 금고에 우두커니 기대고 서서 늘 뭔가에 쫓기는 사람처럼 다이얼을 만지작거리는 버릇이 생겼다. 그렇게 하여 동료들의 금고번호를 부분적으로 알아내고 나니, 시행착오를 통해 나머지 번호를 알아내는 건 일도 아니었다. 동료들의 금고번호 목록을 손에 쥔 파인먼은 자신의 전설을 부풀리기 위해 공연히 엄살을 떨었다. 동료들의 부탁을 받으면 쓰지도 않는 기구를 괜히 들고 가 그들의 시선을 분산시키면서 시간이 오래 걸리는 척 행동하곤 했다.

마지막 봄날

또 다시 찾아온 금요일 오후. 메사의 꼬불꼬불한 자갈길은 위태위태하게 아래로 이어졌다. 이름 모를 연녹색 풀이 드문드문 돋은 사막을 가로질러 동쪽으로 50km쯤 가면, 생그레 데 크리스토 산맥이 마치 몇 블럭 건너에 설치된 도시의 전광판처럼 시야에 선명하게 들어왔다. 로스앨러모스에서 은거생활을 시작한 후 2년 동안 공기가 그처럼 맑았던 적은 없었기에 유럽은 물론 미국 동부 출신의 과학자들도 깊은 감명을 받았다. 둘째가라면 서러워할 이성주의자인 파인먼도 어쩔 수 없었다. 겨울에 눈이 오면 순백에 서린 음영은 더없이 풍부해 보였다. 파인먼은 골짜기에 낮게 드리운 구름과 구름 위아래로 한눈에 들어오는 봉우리, 그리고 구름에 흩어지는 부드러운 달빛까지 한껏 즐겼다. 파인먼은 심미안에 눈뜨는 자신이 갑자기 바보처럼 느껴졌다.

로스앨러모스는 은행창구와 달리 정해진 근무시간이 따로 없었다. 파인먼은 날짜감각이 점점 더 무뎌졌다. 원자폭탄 개발에 골몰하다 보니 계산은 몹시 바쁘게 돌아갔고 새로운 이론을 탐구하는 재미도 없었다. 파인먼의 하루 일과는 아침 8시 30분에 시작해서 15시간 후에 끝났는데 간혹 계산실 밖으로 한발짝도 내딛지 못하는 날도 있었다. 한번은 31시간 동안 꼬박 일하고 다음 날 숙소로 직행했는데 몇 분 후 오류가 발견되는 바람에 팀 전체에 비상이 걸린 적도 있었다. 그래도 꽉 짜여진 일상에서 벗어날 수 있는 기회가 전혀 없는 것은 아니었다. 화학약품 때문에 화재가 나는 경우, 파인먼은 화재진압을 거든다는 핑계로 황급히 메사를 가로질러 달려갔다. 세미나, 브리핑, 콜로키엄, 타운미팅 등이 열리는 날에는 근엄한 표정을 짓고 있는 오펜하이머 옆자리에 잔뜩 웅크리고 앉아 딴청을 피웠다. 인근의 지형을 탐사한다는 명목으로 동료 폭스와 함께 차를 몰고 나가 하루 종일 인디언 동굴 속을 기어다니기도 했다.

주말은 사고의 방향을 바꾸는 전환점이었다. 매주 금요일이나 토요일이면 파인먼은 가능한 한 로스앨러모스를 벗어나려 노력했다. 폴 올럼의 조그만 쉐보레 쿠페Chevrolet coupe나 폭스의 파란색 뷰익Buick을 얻어타고 울퉁불퉁 바퀴자국이 난 길을 따라 내려갔다. 오랫동안 마음 속에 똬리를 틀고 있는 의문을 곱씹다 보면 프린스턴에서 연구하던 까다로운 양자 문제에까지 생각이 미쳤다.

거의 매주 얼굴을 마주하는 파인먼과 알린이었지만 로스앨러모스를 바라보는 두 사람의 마음은 사뭇 달랐다. 로스앨러모스에서 보낸 일주일이 파인먼에게 '꽉 찬 시간'이었다면 알린에게는 '공허한 시간'이었다. 파인먼은 소설에 나오는 이중간첩 같았다. 두 비밀세계 사이를 오가며 이중생활을 하는 자신이 독립적인 존재인지 아니면 허깨비인지 도통 종잡을 수가 없었다. 나중에 폭스가 소련의 스파이로 밝혀졌을 때, 파인먼은 폭스의 포커페이스(속마음을 숨기는 능력)를 감탄했다가 이내 생각을 바꿨다. 실제 경험을 통해 이

중생활을 하는 것이 그리 어렵지 않다는 사실을 잘 알고 있었기 때문이다. 사실 파인먼만큼 이중생활에 능한 사람도 없었다. 알린의 건강을 걱정하느라 늘 마음이 짓눌렸지만 동료들 앞에서는 지극히 태평한 모습을 보였던 그였다. 푹스를 포함한 로스앨러모스의 동료들에게 속마음을 숨기는 건 식은 죽 먹기였다.

로스앨러모스에 세 번째 봄이 찾아오자 파인먼은 이번 봄이 이곳에서의 마지막이라는 것을 직감했다. 얼마 동안 그는 긴장 속에서 약간의 여유를 느꼈다. 계산을 원활히 수행하는 방법을 알아낸 덕분에 하루에 두세 시간 정도 더 수면을 취할 수 있었다. 샤워를 한 다음 30분 동안 책을 읽다가 잠이 드는 호사도 누렸다. 비록 잠시 동안이지만 최악의 상황은 넘긴 것 같았다. 알린에게 편지를 쓸 시간도 벌었다.

편지 자주 못해서 미안해, 최근 편지 쓸 시간이 거의 없었어. 당신은 진정 의지가 강하고 멋진 여자야. 늘 강하게 밀어붙이지 않고 계곡을 흐르는 물처럼 넘어갈 때와 돌아갈 때를 알고 있는 것 같아. 당신은 나를 떠받치는 그릇이야. 당신이 없으면 나는 공허하고 나약해져.

파인먼은 편지를 쓸 때마다 어김없이 **"사랑해"**, 아니면 **"한결같이 사랑하고 있어"**, 아니면 **"죽도록 사랑해"**와 같은 말로 끝을 맺었다. 일이 다시 바빠지자 파인먼은 이모가 운영하는 파로커웨이 해변의 휴양호텔에서 주급 20달러를 받고 서빙과 주방일을 하던 나날들을 떠올렸다. 스트레스에 찌든 파인먼은 자신도 모르는 사이에 책상이나 벽을 닥치는 대로 두들겨댔다. 그가 가는 곳에서는 때론 경쾌하고 때론 신경질적인 '드럼' 소리가 들려왔다. 동료들은 그 소리를 즐기거나 참거나 둘 중 하나를 택해야 했는데 솔직히 말해서 그건 음악이 아니라 소음이었다. 그러나 파인먼은 애꿎게도 동료 줄리어스 애슈킨Julius Ashkin의 제대로 된 리코더 소리를 물고 늘어졌으니, 그야말로 적반하장도 유분수였다. 그는 리코더를 '지긋지긋하게 인기를 끄는 목관악기'라고 폄하하며 "종이에 찍힌 까만 점들에 일대일로 대응하는 소음을 내는 건 음악을 흉내내는 것에 불과해"라고 비아냥거렸다.

보안요원과 과학자들 사이에서 팽팽한 신경전이 벌어질 때마다 파인먼은 굳게 지켜왔던 협동정신을 잠시 망각하고 발끈하곤 했다. 담배 연기 자욱한 방에 한 시간 이상 갇혀 어둠 속에 앉은 수사관들에게 곤욕을 치르는 동료들의 모습은 첩보영화의 한 장면을 방불케 했다. 파인먼은 알린에게 보낸 편지에 이렇게 썼다. "그래도 겁먹지는 마, 그들은 내가 상대론자라는 사실을 눈치채지 못했으니까 말이야." 하지만 시간이 지나면서 배짱 좋기로 소문난 파인먼도 종종 불안에 휩싸였다. 만성 장염과 흉통에 시달려 걱정스러운 마음에 흉부 엑스레이를 찍어 보니 다행히도 정상이었다. 불현듯 앞으로 태어날 아기의 이름(아마도 도널드? 딸이라면 마틸다일 수도 있었다)이 뇌리를 스쳤다. 푸치(알린의 애칭)는 우유를 충분히 마시지 못해 날이 갈수록 쇠약해지고 있었다. 가까이서 돌봐줄 수도 없는데 그녀의 원기를 북돋아 주려면 어떻게 해야 할까? 파인먼은 눈앞이 캄캄했다. 맨해튼 프로젝트의 그룹 리더로 일하고 받는 월급은 고작 380달러. 매달 병실 및 산소 사용료 200달러, 간병비 300달러, 기타 생활비를 지불하고 나면 300달러가 적자였다. 알린이 저축한 3,300달러에 피아노와 반지를 처분하면 열 달 이상은 버틸 수 있을 것 같았다.

파인먼과 알린은 거의 매일 편지를 주고받았다. 내용을 읽어보면 연애편지를 처음 써보는 소년소녀들의 글 같았다. 잠은 얼마나 잤는지, 돈은 얼마나 남았는지 등등 일상사를 죽 늘어놓는 식이었다. 메이시스 백화점에서 우편주문 비용 44센트를 환불해준 덕분에 뜻밖의 공돈이 생기자 알린은 뛸

듯이 기뻐하며 이렇게 적었다. "마치 백만장자라도 된 기분이야. 우리 반반

씩 나눠갖자." 파인먼은 간헐적인 소화불량과 눈꺼풀 부기swollen eyelid에 시

달렸고 알린의 병세는 악화와 호전을 반복하는 가운데 각혈을 하고 산소호

흡기를 사용하는 횟수가 점점 더 늘어갔다.

알린의 제안에 따라 두 사람은 레터헤드[14]가 인쇄된 맞춤 편지지를 사

용했다. 알린은 달러스테이셔너리 컴퍼니Dollar Stationery Company라는 문구

업체에 두 가지 종류의 편지지를 주문했는데, 하나는 공식용이고 다른 하나

는 개인용이었다. 공식용 편지지에는 '리처드 P. 파인먼 부인'이라는 문구가,

개인용 편지지에는 '자기야, 사랑해! -푸치'라는 문구가 아로새겨져 있었다.

('자기야, 사랑해!'는 프린스턴 시절 알린이 리처드에게 선물한 연필에도 새겨져 있었는데

당시 리처드는 교수가 볼까 창피해서 글자를 칼로 후벼파다가 알린에게 들키고 말았다.)

얼마 후 알린의 친척과 리처드의 동료들 사이에서는 달러스테이셔너리 특

유의 녹색 및 갈색 레터헤드가 인쇄된 편지지가 유행했다. 알린은 빨간색 하

트와 은색 별로 편지봉투를 장식했는데, 군에서는 '미군 검열관 개봉'이라는

글귀가 새겨진 테이프를 덧붙여 장식을 마감했다.

두 사람은 서로 '멍청이'라고 부르면서도 혹시 상대방의 기분이 상하지

나 않을까 노심초사했다. "자기는 절대로 멍청이가 아니야, 그저 순진하고

귀엽고 재미있을 뿐이지. 무슨 말인지 알겠지, 코치?" 결혼 선물로 받은 패

물과 그림 몇 장으로 꾸민 갑갑한 요양소 방에서 홀로 지내는 알린은 행여

리처드가 주변 여자들에게 마음을 빼앗길까 봐 은근히 걱정했다. 리처드는

로스앨러모스 파티에서 막춤으로 인기를 끌었고 간호사, 유부녀, 그리고 오

펜하이머의 비서들과 시시덕거리는 데 정신이 팔리기도 했다. 리처드가 무

---

14) 편지지 상단에 인쇄된 상호, 로고, 소재지, 전화번호 등을 일컫는 말.

심코 동료의 아내를 언급하기만 해도 알린의 가슴은 콩닥거렸다. 그도 그럴 것이 로스앨러모스의 여자 기숙사 주변에서 풍기문란 행위가 발생하여 헌병이 출동한 적이 있었기 때문이다(당시 과학자들은 '군이 민간인의 사생활에 개입해서는 안 된다'고 주장하며 시위를 벌였는데, 리처드는 동료들에게 떠밀려 본의 아니게 시위를 주도하게 되었다). 리처드는 끊임없이 알린을 안심시켰다. "만사가 순조롭게 진행되고 있고, 나는 당신만을 사랑해." 알린은 다음과 같은 사실들을 주문처럼 되뇌며 사랑의 징표로 삼았다. 첫째, 리처드는 키가 크고 상냥하고 친절하고 강하다. 둘째, 리처드는 알린에게 힘이 되지만, 가끔은 알린에게 기댈 줄도 안다. 셋째, 알린이 리처드를 서서히 신뢰한 것처럼, 리처드도 알린을 신뢰할 것이다. 넷째, 리처드와 알린은 '나'가 아니라 '우리'의 입장에서 생각한다. 다섯 번째, 알린은 손이 닿지 않는 높은 창을 리처드가 팔을 뻗어 열어주는 것을 좋아하고, 리처드의 아기 같은 말투를 좋아한다.

결혼식을 올린 정식 부부임에도 불구하고, 이 암울하고 잔인한 해年가 찾아올 때까지 리처드와 알린은 단 한 번도 잠자리를 같이하지 않았다. 두 사람은 여러 차례 머리를 맞대고 진지하게 이 문제를 의논했지만 결론을 내릴 수 없었다. 리처드는 부부관계로 인해 알린의 건강이 악화되는 것을 원치 않았고 자칫 알린을 이용해 자신의 쾌락을 추구하는 꼴이 될까 봐 두려웠다. 어떤 때는 그냥 막연히 두려웠다. 하지만 리처드가 소극적인 자세를 보일수록 알린은 그 어느 때보다도 강하게 로맨틱한 감정에 매달렸다. 『채털레이 부인의 사랑』에 나오는 구절은 그녀의 마음을 대변했다. "아니야, 날 사랑해 줘. 날 사랑한다고 말해줘. 날 떠나보내지 않겠다고 세상 모든 사람들에게 말해줘!"

1943년에 발표되어 인기를 끈 『미국인들의 사랑』이라는 책에서 저자는 다음과 같이 주장했다. "일부의 주장과 달리, 오늘날 미국인들의 생활에서 성性이 얼마나 큰 비중을 차지하는지를 정확히 가늠하기는 어렵다. 미국인들의 성 개념은 유럽인들보다 많이 뒤떨어졌다. 미국에서는 사랑을 남녀 간의 의례로 보는 관념이 확립되지 않았다. 여성의 사랑은 남성의 선행이나 영웅적 행동에 이끌려 생겨나지 않는다. 감사와 연민은 사랑과 다르며 사랑하는 사이라면 주기만 할 게 아니라 요구할 줄도 알아야 한다. 세상은 많이 변했다. 사랑에 빠진 여성은 받는 데 그치지 않고, 주고 또 주기를 열망한다. 그러나 우리는 이런 변화들을 눈치채지 못하고 있다."

용기를 얻은 알린은 마침내 리처드와 사랑을 나누리라 다짐하고 일요일 하루를 완전히 비워두었다. 그리고 정신적·육체적으로 그리워하는 마음을 담아 리처드에게 편지를 썼다.

내 사랑 리처드, 요즘 내가 느끼는 불안감은 아마도 억눌린 기분 때문인 것 같다는 생각이 들어. 갈망하는 것을 서로 마음껏 표현하면 우린 더 행복하고 나은 삶을 살게 될 거야.

D-데이를 며칠 앞두고 알린은 때가 되었음을 알리기 위해 리처드에게 다시 편지를 썼다. 편지를 쓰고 나서는 잠이 오지 않아 침대에 걸터앉아 신문을 뒤적이다 눈에 띄는 광고 문구를 하나 오려 편지에 붙였다. "결혼생활이 제일 중요하다." 그녀는 리처드에게 두 사람 앞에 놓인 미래를 떠올리게 하고 싶었다. 앞으로 2~3년만 잘 요양하면 리처드는 이름난 교수(사실 물리학자는 아직 버젓한 직업은 아니었다)가 되고 자신은 아이엄마가 될 것이다.

늘 변덕만 부리고, 힘들어하는 모습 보이고, 상처주는 말들을 내뱉고, 기대기만 해서 정말 미안해. 괜히 나 때문에 숨돌릴 틈도 없었지? 앞으론 안 그럴게. 이제 우린 힘껏 싸워야 해, 한 발 한 발 앞으로 내디딜 때마다 절대로 넘어지면 안 돼. 넘어지면 그동안 걸어 온 길이 너무 아까워. 난 자기에게 최고의 여자가 될 거야. 헌신적인 여자는 기본이고, 자기의 영원한 연인이자 첫사랑으로 남고 싶어. 우린 함께 노력해서 도널드를 낳아 자랑스러운 부모가 될 거야. 그 아이가 자길 닮았으면 좋겠어. 코치, 난 자기가 늘 자랑스러워. 자기는 좋은 남편이고 연인이야. 그리고 자기에게 꼭 해주고 싶은 게 있는데, 이번 일요일에 오면 다 알게 될 거야.

- 당신의 푸치

헛된 희망

알린의 건강은 날이 갈수록 악화되었다. 몸무게가 40kg 아래로 내려가 마치 굶어 죽어가는 여자처럼 보였다. 보다 못한 리처드는 5월에 쓴 편지에서 우유를 좀 마시라고 신신당부를 했다.

당신은 정말 좋은 여자야. 당신을 생각하기만 하면 기분이 좋아져. 이건 사랑이 분명해. 그러고 보니 사랑의 정의를 내리는 것 같네. 그래 이게 바로 사랑이야. 난 당신을 사랑해.
이틀 후에 봐.

- R. P. F

날이 갈수록 두 사람의 대화에서 병원 검사 이야기가 차지하는 비중이 점점 더 늘었다. 그들에게는 낙관적인 태도가 필요했지만 알린은 거의 자포자기 상태였다. "증세가 너무 빨리 악화되는 것 같아. 아무래도 딴 의사를 찾아가야 할까 봐." "그런 생각할 시간 있으면 우유나 더 마셔."

물리학자들에게 막강한 힘을 부여한 과학지식도 토양이 빈약한 의학에서는 맥을 못추는 것 같았다. 죽음 앞에서 필사적 노력을 기울이던 두 사람은 실낱 같은 희망이라도 붙들려고 몸부림쳤다. 리처드는 '설프sulf'로 시작되는 약물이 개발되었다는 소식을 듣고 동부의 연구자들에게 편지를 썼지만 "유감스럽지만 설파벤아마이드sulfabenamide는 개발단계의 약물입니다"라는 답장을 받았다. 설폰아마이드sulfonamide 계열의 물질이 세균의 증식을 억제한다는 사실이 밝혀진 지 채 10년도 안 된 데다가, 종국에는 항생제를 완벽히 대체하기에 부족한 물질로 판명되었다.

잠시 주춤했던 리처드는 다시 멀리서 연구하는 의사들에게 편지를 쓰기 시작했다. 결혼 후 처음으로 부부관계를 가진 직후, 알린의 월경이 멈췄기 때문이다. 임신인 것 같았다. 두 사람은 한편으로 기쁘면서도 다른 한편으로 겁이 덜컥 났다. 건강한 임신과 출산이 과연 가능할까? 리처드는 이 사실을 부모님에게는 숨기고 막 대학생이 된 여동생 조안에게만 알렸다. 조안은 고모가 될지도 모른다는 생각에 뛸 듯 기뻐했다. 리처드와 알린은 아기 이름을 의논하며 새로운 계획을 짰다. 그러나 알린은 계속 쇠약해졌으므로 리처드는 영양결핍 증상을 의심했어야 했다. 이성을 가진 관찰자라면 몸이 그 지경인 상태에서 월경이 중단된 것을 임신의 증거로 해석할 사람은 아무도 없었겠지만, 두 사람은 제정신이 아니었다(사실 임신이 아니라면 너무 잔인했다). 의사들은 거의 절망적인 견해를 내놨다. 뉴저지 주 브라운스밀스 요양소의 산부인과 과장은 "만약 임신이라면 어떤 경우에도 전문가에게 맡겨 중절 수술을 해야 합니다"라고 강력히 권고했다. 이어서 실시한 임신검사에서는 결국 음성이 나왔다. 두 사람은 앞이 노래졌다.

로스앨러모스의 한 의사는 리처드에게 "임신검사의 신뢰도가 낮기로 악명높으니 앨버커키의 검사실에서 다시 한 번 검사해 보세요. 그곳에는 프리드먼 검사Friedman test에 필요한 토끼들이 있을 거예요"라고 말해 줬다. 또한 그 의사는 "배양된 곰팡이에서 추출한 신물질(스트렙토마이신)이 기니피그의 결핵을 치료한다는 이야기를 들은 것 같아요. 효능이 입증되면 곧 널리 사용될지도 몰라요"라고 말했다. '임신검사 결과를 믿을 수 없다'며 버티던 알린은 리처드에게 보낸 편지의 끄트머리에 암호 같은 글귀를 적었다. "추신: 아마도 59인 듯." 같은 날 요양소의 간호사가 '알린이 각혈을 하고 있다'는 내용의 편지를 보내오자, 어안이 벙벙하던 파인먼은 수중에 있던 백과사전을 펼쳐 tuberculosis는 물론 tuff, tumor, tunicata, tularemia, 심지어 Turkey까지 샅샅이 살펴봤지만, 아무런 단서도 찾아낼 수 없었다. 리처드는 알린에게 쓴 편지에서 이렇게 말했다. "Tuff는 화산암의 일종이고, tunicata는 동물군의 이름이고, tumor는 당신도 아는 거고, Turkey는 나라 이름이야."

알린은 몸이 허약해질 대로 허약해져 며칠 동안 답장도 쓰지 못할 정도였다. 리처드는 불확정성을 붙들고 늘어졌다. 모른다는 것은 좌절이자 고통이지만 결과적으로 유일한 위안이었다. 그는 앨버커키 요양소로 보낸 편지에 이렇게 썼다. "계속 버텨보는 거야. 이 세상에 정해진 건 아무 것도 없어. 게다가 우린 늘 운도 좋았고 말이야."[15]

두 사람이 개인적으로 혼란한 시기를 보내는 가운데 연합국의 승전보가 날아들었고, 이어서 리처드는 스물일곱 번째 생일을 맞이했다. 알린은 또한 번 문구업체에 깜짝 주문을 해 놓았다. 로스앨러모스 전지역에 일제히 살포되고 도배된 전단과 벽보에는 "온 국민이 R. P. 파인먼의 탄생을 축하합니다!"라는 헤드라인이 대문짝만하게 인쇄되어 있었다. 유럽에서 일어나, 숱한

---

15) 이 책 프롤로그의 맨 첫 번째 문장이다.

과학자들에게 윤리적인 목표를 부여했던 전쟁은 이제 막을 내렸다. 태평양을 온통 붉은 빛으로 물들였던 피의 소용돌이가 멈추기 시작했다. 이제 과학자들은 독일과 일본의 위협 때문에 전장으로 내몰리지 않아도 되었다. 마지막으로 남은 실험 하나를 수행하기 위해 우라늄이 도착하고 있었다.

바로 그 시각, 미네소타주 메이요 클리닉Mayo Clinic에서는 성격이 전혀 다른 실험이 진행되고 있었다. 스트렙토마이신의 첫 번째 임상시험으로, 대상자는 단 두 명뿐이었다. 스트렙토마이신은 두 해 전인 1943년 8월에 발견되어 1944년 가을 임상시험에 들어갔다. 처음에 결핵으로 사경을 헤매던 두 환자는 모두 병세가 급속도로 호전되었지만, 임상시험이 30명의 환자에게 확대되려면 이듬해 8월까지 기다려야 했다. 1945년 8월에 실시된 임상시험에서도 환자들의 환부가 치유되고 폐가 깨끗해지는 효과가 확인되자 과학자들은 임상시험 규모를 더욱 확대했다. 그로부터 1년 후 임상시험 규모는 사상최대를 기록했고, 스트렙토마이신으로 치료된 환자의 수는 1,000명을 넘어섰다. 마침내 1947년 스트렙토마이신은 항결핵 효과를 인정받아 세상에 공개되었다.

몇 년 앞서 개발된 페니실린과 마찬가지로 스트렙토마이신의 개발이 지연된 이유는 의학이 과학적 방법론을 빠르게 수용하지 못했기 때문이었다. 이제서야 의사들은 대규모 임상시험의 위력을 깨달았지만 통계학을 이용하여 전반적 경향을 분석하는 방법은 여전히 낯설었다. 닭의 목구멍에서 채취한 미생물을 배양하여 스트렙토미세스 그리세우스Streptomyces griseus라고 명명한 의사는, 이미 1915년 토양에서 그와 똑같은 미생물을 발견했을 뿐만 아니라 그것이 병원균을 죽이는 성질이 있음도 알아냈다. 하지만 그런 미생물들을 체계적으로 탐색하여 배양하고 항균력을 측정하는 연구가 의학계에 뿌리내린 것은 그로부터 한 세대가 지난 후였다.

핵 공포

의학과 마찬가지로 불모지나 다름없는 분야가 또 한 가지 있었다. 바로 핵 방사선에 피폭된 사람들의 장단기적 안전을 전문적으로 연구하는 분야였다. 불길한 공포가 인류의 앞날에 드리워지면서 방사능에 대한 거부감이 문화적 반응의 일부로 자리잡았다. 맨해튼 프로젝트에 참여했던 과학자들은 마치 중세의 기사라도 된 듯 우쭐한 기분에 무시무시한 신물질을 겁도 없이 마구 다뤘다. 플루토늄을 다루는 사람들은 일체형 작업복에 장갑과 마스크를 착용해야 했지만 아무리 조심해도 피폭된 사람들이 몇 명씩은 나오기 마련이었다. 원형 원자로prototype reactor [16)에서는 방사성 물질이 새어 나왔고 과학자들은 개인용 방사선량계를 때때로 무시하거나 잘못 읽었다. 임계질량 실험에는 늘 위험이 수반되었는데 안전대책은 있었지만 나중의 기준에서 볼 때 미흡하기 짝이 없었다. 실험학자들은 임계질량을 확보하기 위해 반짝이는 정육면체 모양의 우라늄 덩어리를 수작업으로 처리했다. 해리 다글리안Harry Daghlian은 밤에 혼자 일하다가 봉변을 당했다. 그는 우라늄 덩어리 몇 개를 놓쳐서 양이 너무 많아지자, 연쇄반응을 막아야 한다는 생각에 우라늄 무더기 쪽으로 손을 쭉 뻗었다. 그 순간 이온화하여 공기 중에 어른거리는 푸른 기운을 보고 몸져 눕더니 2주 후 방사능 중독으로 사망했다. 얼마 후 루이스 슬로틴Louis Slotin은 방사성 물질 덩어리를 드라이버로 지탱하다가 드라이버가 미끄러지는 바람에 목숨을 잃고 말았다. 세상의 많은 과학자들처럼 슬로틴도 위험을 평가할 때 '확률이 아무리 낮아도(백 번에 한 번, 스무 번에 한 번이라도) 비용이 엄청나다면(거의 무한대), 치명적인 결과가 나온다'는 사실을 깜빡 잊었던 것이다.

실험학자들은 빠른 반응을 측정하기 위해 한 가지 실험을 고안했는데 파인먼은 이를 '잠자는 용의 꼬리를 간지럼 태우는 격'이라고 비난하며 '용 꼬리 실험'이라고 불렀다. 이 실험을 하려면 누군가 수소화우라늄 덩어리를 비좁은 수소화우라늄 고리 안으로 떨어뜨려야 했다. 이 실험이 성공하려면 중력이 초임계超臨界 상태의 매개자 역할을 수행함으로써 수소화우라늄 덩어리를 끝까지 안전하게 옮겨 주기를 바라는 수밖에 없었다. 파인먼은 좀 더 안전한 실험은 없을까 궁리하다가, 붕소로 된 흡수체를 이용하여 초임계 물질를 아임계亞臨界 물질로 바꾸는 실험을 제안했다. 중성자 증식이 얼마나 빨리 소멸하는지를 측정하면 붕소가 없을 경우에 나타나는 증식률을 계산할 수 있다고 생각했기 때문이다. 그러나 파인먼의 생각은 어디까지나 산술적 추론에 불과했으므로 그가 제안한 '파인먼 실험'이라는 이름만 얻고 실제로 실행되지 않았다. 가장 큰 근거는 시간이 너무 촉박하다는 것이었다.

로스앨러모스는 예정된 스케줄에 따라 돌아가고 있었기 때문에 심각한 안전문제가 새로이 대두되는 경우는 거의 없었다. 안전성 문제가 대두되는 곳은 오크리지, 테네시, 핸퍼드, 워싱턴과 같이 수백만 평의 땅에 공장을 급히 세워 우라늄과 플루토늄을 대량생산하는 거대 신도시였다. 우라늄 및 플루토늄 화합물과 용액은 금속통, 유리병, 마분지 박스 등에 담겨 저장실 시멘트 바닥에 쌓여갔다. 우라늄은 산소나 염소와 결합하여 물에 녹거나 건조한 상태를 유지했다. 작업자들은 이 물질들을 원심분리기나 건조로에서 깡통과 호퍼hopper[17]에 옮겼다. 오랜 세월이 지난 후 대규모 역학조사를 통해 정부의 기밀유지와 허위정보로 인해 은폐됐던 사실이 드러나면서 저준위low-level 방사선이 어느 누가 예상했던 것보다 해로운 것으로 밝혀졌다. 그

---

16) 특정한 형식의 원자로를 개발하기에 앞서 건설되는 실용 규모에 가까운 시험용 원자로.
17) V자형 용기.

러나 관계당국은 이런 위험성은 물론 더욱 시급하고 계산 가능한 위험, 즉 걷잡을 수 없는 연쇄폭발 가능성까지도 나 몰라라 하는 중이었다.

1944년과 1945년, 프로젝트의 진행이 가속화되면서 파인먼은 몸이 두 개라도 모자랄 지경이었다. 그는 텔러의 요청에 따라 로스앨러모스의 과학자들을 대상으로 폭탄 설계 및 조립의 핵심사항들(금속과 수소화물의 임계질량 계산, 파일과 비등수형 원자로와 장치gadget에서 일어나는 반응의 차이, 중성자들을 다시 반응하도록 반사시킬 때 다양한 반사물질의 효과를 계산하는 방법, 순수한 이론적 계산 결과를 포신법과 내폭법으로 실제로 구현하는 방법)을 여러 차례 강의했다. 파인먼이 맡은 임무는 '우라늄-235의 농도에 따라 우라늄 폭탄의 효율이 어떻게 달라지는지'를 계산하고 '다양한 조건에서 방사성 물질의 안전량은 얼마인지'를 추정하는 것이었다. 시간이 흘러 '폭탄의 물리학'을 담당하는 G부문(gadget의 G에서 유래함)을 이론학자들이 맡아야 할 때가 오자, 베테는 무려 네 가지 상이한 그룹의 지휘권을 파인먼에게 넘겼다. 그것도 모자라 오펜하이머에게 이렇게 보고했다. "새로 생긴 업무의 상당부분을 T-4 그룹이 맡을 것이라 예상합니다." 지금껏 파인먼의 공식적 권한은 'IBM 장치로 계산을 수행하는 그룹에게 자문을 제공하는 것'이었지만 베테의 전폭적인 신임을 등에 업은 파인먼은 계산에 관한 전권을 행사하게 되었다.

오크리지에서 처음으로 농축우라늄이 축적되자 몇 명의 담당자들이 모여 앞으로 발생할지도 모르는 문제점들을 논의하기 시작했다. 오크리지에서 로스앨러모스로 보낸 공문은 이렇게 말문을 열었다. "담당자 귀하: 만에 하나 9207구역에 축적된 물질이 안전량을 초과하여 반응을 일으키는 사태가 발생할 경우 현재로서는 이를 중단시킬 대책이 전혀 없습니다." 공문을 작성한 테네시 이스트먼 코퍼레이션Tennessee Eastman Corporation의 공장감독은 이렇게 물었다. "혹시 특수한 화학물질을 이용하여 일종의 사전 진화장치를 장착하는 방법은 없을까요?" 오펜하이머는 공장감독의 질문 뒤에 숨은 위험을 감지하고 텔러와 실험 부문의 방사능 그룹 책임자인 에밀리오 세그레Emilio Segrè를 불렀다. 세그레는 상황 파악을 위해 오크리지로 출장을 떠나고, 이론적 해결책을 강구하는 일은 여러 이론학자들의 손을 거쳐 결국 파인먼에게 넘어왔다.

세그레가 파악한 바에 의하면 군이 정보를 구획화[18]하는 바람에 오크리지는 총체적 위험에 직면했다. 이곳 사람들은 초록빛 액체가 담긴 커다란 병을 이리저리 굴리면서도 그 안에 든 물질이 폭탄의 원료라는 사실을 까맣게 모르고 있었다. 담당자 몇 명은 이 사실을 알았지만 '축적된 양이 물리학자들이 추정한 임계질량에 미치지 않으므로 안전이 보장된다'고 가정했다. 세그레가 다음과 같이 설명하자 오크리지 사람들은 기겁을 했다. "수소가 존재하는 상황에서는(예: 물속에 있는 경우) 중성자들이 느려져 위험한 유효속도에 도달하므로 반응을 지속하는 데 필요한 우라늄-235의 양이 줄어든다. 수분이 함유된 우라늄을 지금과 같은 방식으로 모아 저장하면 폭탄급 순도에 근접하게 되므로 언제 폭발할지도 모른다." 이 정도 지식은 로스앨러모스 전문가들 사이에서는 상식으로 통했지만 오크리지 사람들에게는 금시초문이었다.

오크리지로 달려가 세그레의 보고서를 일일이 확인한 파인먼은 현장 상황이 예상보다 훨씬 더 심각하다는 사실을 깨달았다. 세그레는 '우라늄이 어느 정도 분산저장되었다'고 보고했지만 사실은 그렇지 않았다. 담당자의 착오로 안내를 잘못 받아 똑같은 저장실을 두 번 들여다본 경우도 있었다. 건

---

18) 비밀조직 내에서 각 구성분야를 조직상으로 각기 분리시켜 자기 임무 외에는 조직에 대한 정보를 알 수 없도록 제한하는 방법.

물을 샅샅이 돌아보면서 수십 개의 방을 시찰한 파인먼은 300갤런, 600갤런, 3,000갤런짜리 드럼통을 발견했다. 파인먼은 배치도에 드럼통의 정확한 위치와 바닥의 재질(벽돌, 나무)을 기입하고 같은 방에 저장된 고체 우라늄 조각들의 상호영향을 계산하는 한편, 교반기·증발기·원심분리기의 위치를 파악했다. 그리고 엔지니어들을 만나 건설 중인 공장들의 청사진을 검토했다.

파인먼의 판단에 의하면 그대로 뒀다가는 공장에 대형 참사가 날 게 뻔했다. 쌓아 둔 우라늄은 언젠가 핵반응을 일으켜 폭발과 맞먹는 속도로 열과 방사능을 방출할 것 같았다. 이스트먼의 감독이 반응을 중단시킬 방법을 묻자, 파인먼은 "카드뮴염이나 붕소를 우라늄에 쏟아부으면 도움이 될지도 모르지만 초임계 반응은 걷잡을 수 없이 빠른 속도로 일어나기도 하므로 화학물질로 멈출 수는 없습니다"라고 말했다. 파인먼은 가능성이 낮아 보이지만 만일의 사태에 대해서도 언급했다. "원심분리를 하는 동안 원심분리기의 특이한 운동 때문에 금속이 중심 근처에서 한 덩어리로 뭉칠 수도 있습니다." 가장 끔찍한 시나리오는, 개별적으로는 안전한 두 개의 묶음이 뜻하지 않게 섞여 위험물질로 돌변하는 것이었다. 밸브가 고장나거나 현장 책임자가 자리를 비우기라도 한다면 사태는 일파만파로 확대될 수 있었다. 우라늄 처리 공정도 문제였다. 전체 공정을 분 단위로 세밀히 체크한 결과, 몇 군데의 처리과정이 너무 허술한 것으로 드러났다. "WK-1 공정이 지체되면 CT-1 공정은 유휴 상태가 되는가? 용액을 옮기고 나면 P-2 공정은 유휴 상태가 되는가? P-2 공정에서 발생하는 침전에 대한 현장 책임자의 승인 조건은?"

현장조사를 모두 마친 파인먼은 마지막으로 군 고위 장성들과 공장 관리자들을 모아 놓고 안전성 확보를 위한 세부 프로그램을 제시했다. 또한 파인먼은 다양한 기하학적 형태로 저장된 폭발물질의 안전도를 어림계산하는 방법도 하나 선보였다. 그것은 엔지니어들이 현장에서 당장 써먹을 수 있는 매우 실용적인 방법이었다. (파인먼은 이 어림셈을 유도하기 위해 이번에도 변분법variational method을 동원하여 난해한 적분 방정식을 풀었다.) 오랜 세월이 지난 후 몇몇 사람들은 파인먼을 생명의 은인으로 여기게 되었다.

　로스앨러모스의 수뇌부가 위임한 재량권을 행사한 것은 매우 유익한 경험이었다. 파인먼은 오크리지로 첫 출장을 떠날 때 비행기를 처음 탔다. 기밀 문서 가방을 등에 짊어지고 그 위에 셔츠를 입은 채 비행기에 탑승하면서 자신이 군대에서 특별한 우선권을 부여받았다고 생각하니 가슴이 쿵쾅거렸다. '자신이 맡은 일의 성격을 모르는 사람들은 공장을 안전하게 가동할 수 없다'고 판단한 파인먼은 '군을 설득하여 현장 담당자들에게 기초적인 핵물리학을 가르쳐야 한다'고 주장했다. 신중하고 노련한 오펜하이머는 젊고 어리숙한 파인먼에게 '까다로운 상대와 협상하는 법'을 간단명료하게 일러줬다.

> 오펜하이머: **'로스앨러모스가 오크리지 공장의 안전을 책임지려면 현장 담당자들을 위한 교육이 반드시 필요합니다'**라고 단도직입적으로 말하게.
> 파인먼: 저처럼 젊은 사람이 그렇게 말하면 씨가 먹힐까요?
> 오펜하이머: 암, 그렇다마다. 절대로 주눅들지 말고, 자네의 주장을 당당히 펼쳐야 하네.

　존 폰 노이만과 함께 가쁜 숨을 몰아쉬며 고산지대를 산책하던 시절 "명예를 지키려면 때로 책임지지 않을 줄도 알아야 하네"라는 이야기를 귀에 못이 박히도록 들었던 파인먼이었다. 하지만 세계 최초의 핵 저장물이 담긴 드럼통과 카보이carboy[19] 가운데서 생활하다 보니, 용솟음치는 책임감이

---

19) 액체 위험물질을 담는 대형 유리병으로 보통 나무상자 안에 들어 있다.

파인먼의 가슴을 옥죄어 왔다. 공장의 설계자들은 파인먼의 계산을 늘 기정사실로 받아들였으므로 그의 선택과 판단에는 수많은 사람들의 목숨이 달려 있었다. 하지만 파인먼의 계산이 충분히 보수적이었다고 장담할 수 있을까? 파인먼의 어린 영혼은 육신의 주변을 맴돌며, 더 나이들고 영향력이 큰 사람처럼 행동하는 자신을 미덥잖고 아찔한 심정으로 지켜봤다. 여러 해가 지난 뒤 당시의 느낌을 회상하며 말했듯이 파인먼은 좀 더 빨리 성숙해야 했다.

훗날 일어날 대량학살보다 오크리지에서 인명사고가 터질 가능성이 파인먼을 더 괴롭혔다. 그해 봄 어느 날, 파인먼은 앨버커키를 방문할 때 무심코 묵었던 허름한 엘 피델 호텔에 비상구가 없다는 사실을 깨닫고는 두 번다시 그곳을 찾지 않았다.

때를 기다릴 거야

알린을 만난 후 지나가는 차를 얻어타고 로스앨러모스로 돌아오던 어느 일요일 밤, 로스앨러모스 쪽으로 갈라지는 비포장 도로가 가까워지자 에스파뇰라에서 북쪽으로 몇 km 떨어진 곳에서 반짝이는 불빛이 눈에 들어왔다. 아마도 어디선가 축제가 벌어지고 있는 듯했다. 문득 알린과 함께 축제에 가본 지도 오래라는 생각이 들자 리처드는 그 불빛을 그냥 지나칠 수 없었다. 축제장을 찾은 리처드는 흔들거리는 페리스Ferris 관람차를 타고, 쇠사슬에 매달린 금속 의자들이 회전하는 기구에 몸을 싣고 빙글빙글 돌았다. 멋대가리 없는 예수 그림을 상품으로 내건 고리 던지기 놀이는 하지 않기로 했다. 아이들 몇 명이 비행기구 하나를 물끄러미 바라보자 안쓰러운 마음에 한 번 태워줬다. 축제장에서 혼자 청승을 떨다 보니 알린의 모습이 떠오르며 슬퍼졌다. 로스앨러모스로 돌아갈 때 얻어탄 차에는 여자들이 무려 셋이나 있었다. 리처드는 알린에게 보낸 편지에서 이렇게 능청을 떨었다. "그런데 다들 못생겨서 정조를 지킬 수 있었어. 심지어 의지력을 발휘하는 스릴마저 없었어."

그로부터 일주일 뒤, 리처드는 '나약하게 군다'는 핀잔에 삐친 알린을 달래기 위해 편지를 썼다. 그게 알린이 마지막으로 읽는 편지가 될 줄은 몰랐다.

아내에게,

나는 늘 너무 아둔한 것 같아. 당신을 구박하고 한참이 지난 후에야 당신이 환자라는 사실을 깨닫곤 하니까 말이야. 내 말은 '가능하면 다른 사람들이 불편해하지 않도록 당신이 조금만 더 노력했으면 좋겠다'는 뜻이었어. 하지만 내가 잘못했어. 지금은 당신이 위로받을 때지, 핀잔받을 때가 아니라는 걸 깜빡 잊었지 뭐야. 그리고 당신이 위로받아야 할 때가 언제인지를 결정하는 사람은 내가 아니라 당신이라는 사실도 잊지 않을게. 이제부터는 당신이 원하는 방식대로 사랑할 거야. '손을 잡아 줘'라고 하면 손을 잡아주고, '내 앞에서 꺼져'라고 하면 당신 앞에서 사라질게.

지금 이 시기는 곧 지나갈 거고, 당신은 분명히 좋아질 거야. 당신은 잘 안 믿을지 몰라도, 나는 꼭 그렇게 될 거라 믿어. 나는 그때를 기다릴 거야. 간혹 모진 소리를 하기도 하지만 나는 당신의 연인이고, 당신이 가장 힘들어할 때 당신을 돌보는 사람이야.

도움이 되지 못해 미안해. 당신이 기댈 수 있는 기둥이 되어야 하는데…. 앞으로 다시는 당신을 불행하게 만들지 않을 거야. 나를 믿고, 의

지하고, 신뢰해 줘. 나를 당신 마음대로 이용해도 좋아, 왜냐하면 나는 당신의 남편이니까.

나는 훌륭하고 참을성 있는 당신을 존경해. 아둔하고 눈치 없는 나를 용서해 줘.

나는 당신의 남편이야, 사랑해.

무슨 바람이 불었는지 리처드는 오랫동안 연락하지 않았던 어머니에게도 편지를 썼다. 하루는 새벽 3시 45분에 잠에서 깼는데 어찌된 일인지 잠이 다시 오지 않아 동이 틀 때까지 양말을 빨기도 했다.

파인먼이 이끄는 계산팀은 모든 일을 제쳐놓고 마지막 한 가지 문제에 집중했다. '몇 주 후 처음이자 마지막으로 실험을 실시할 앨라모고도 사막Alamogordo에서 원자폭탄의 폭발 에너지가 과연 어느 정도일 것인가'라는 문제였다. 계산팀은 파인먼이 지휘봉을 잡고 나서 생산성이 몇 배나 높아졌다. 파인먼은 세 개의 문제를 동시에 계산장치로 보내는 시스템을 고안했는데, 이것은 후에 컴퓨터 연대기에서 병렬처리나 파이프라인 기법이라고 일컬어지는 방식의 원조였다. '하나의 계산을 구성하는 부분 연산들은 표준화되어 있으므로 약간만 변형하면 다른 계산에도 사용할 수 있다'는 것이 파인먼의 신념이었다. 문제별로 각각 다른 색깔의 카드를 사용하다 보니 형형색색의 카드들이 사이클을 그리며 분주하게 방안을 맴돌았다. 때로는 소규모 작업이 다른 작업을 추월하기도 했는데 마치 선행권을 양보받고 앞서나가는 성급한 골퍼를 연상시켰다. 파인먼은 실행 중인 작업을 멈추지 않으면서 오류를 효과적으로 바로잡는 방법도 개발했다. 각 사이클별로 오류가 파급되는 범위는 제한되어 있으므로 오류가 발생할 경우 문제가 되는 것은 특정한 카드들뿐이었다. 따라서 몇 개의 카드만 교체하면 궁극적으로 계산의 큰 줄기는 훼손되거나 지연되지 않았다.

계산실에서 작업에 열중하던 리처드에게 전화가 한 통 걸려왔다. 앨버커키의 요양소에서 온 전화로 알린이 위독하다는 내용이었다. 미리 부탁해 둔 클라우스 푹스의 차를 전속력으로 몰아 요양소에 도착하니 알린은 침대에 가만히 누워 있었다. 그녀의 시선은 리처드의 움직임을 거의 따라잡지 못했다. 뭔가 심상치 않은 기운이 느껴졌다. 리처드는 몇 시간 동안 알린의 곁을 지키며 그녀의 생이 다해가는 과정을 지켜봤다. 알린은 숨을 쉬었다 멈췄다 하며 뭔가를 삼키려 애썼다. 세포의 산소가 고갈되고 심장박동이 약해진 기색이 역력했다. 마지막 숨소리가 가늘게 들리는가 싶더니, 잠시 후 간호사가 다가와 알린의 사망을 알렸다. 리처드는 몸을 숙여 알린에게 입맞춤을 하고 그녀의 머리에 코를 갖다댔다. 놀랍도록 한결같은 머리향을 마음속 깊이 간직했다.

간호사는 사망 시간을 오후 9시 21분으로 기록했다. 리처드는 묘하게도 알린 곁에 놓아 두었던 회중시계가 그 순간에 멈춘 것을 발견했다. 처음에는 (비과학적인 사람들에게나 통할) 초자연적 현상으로 여겼지만 의문은 곧 풀렸다. 그 시계는 워낙 고물이어서 리처드가 여러 번 고쳤는데, 간호사가 어두컴컴한 방에서 시간을 확인하려고 집어드는 순간, 멈춰버린 것이 분명했다.

파인먼은 다음 날 알린의 시신을 화장하고 나서 그녀의 유품들을 약간 챙겼다. 그리고 밤 늦게 로스앨러모스로 돌아왔는데 때마침 숙소에서는 파티가 벌어지고 있었다. 파인먼은 조용히 자리에 앉아 망연자실한 표정으로 허공을 응시했다. 다음 날 아침 계산실에 가니 팀원들은 계산에 몰두하고 있었다. 자신의 도움이 없어도 충분하다고 판단한 파인먼은 '내게 특별히 신경 쓰지 말아달라'는 심정을 동료들에게 내비쳤다. 알린의 유품을 정리하던 파인먼은 작은 스프링 노트 한 권을 발견했다. 알린이 자신의 건강상태를 적던 일지였다. 파인먼은 맨 마지막 줄에 이렇게 적었다. "6월 16일 사망."

파인먼은 업무에 복귀했지만 베테는 곧 파인먼에게 파로커웨이 집으로 가서 푹 쉬고 오라고 지시했다. (폰 노이만은 파인먼에게 할 말이 있어, 파인먼이 집으로 가는 도중에 파로커웨이로 전화를 걸었다. 전화를 받은 조안은 오빠가 몇 년 동안 집에 들르지 않았다고 말했다. 파인먼의 가족은 폰 노이만의 전화를 받은 후에야 파인먼이 집에 온다는 사실을 알게 되었다.) 파인먼이 집에서 몇 주를 보냈을 때 암호 전보가 왔다. 파인먼은 토요일 밤에 비행기를 타고 뉴욕을 떠나 다음 날인 7월 15일 정오 앨버커키에 도착했다. 군용차량이 공항으로 마중을 나와 파인먼을 싣고 베테의 집으로 직행했다. 파인먼은 베테의 아내 로제가 만들어 놓은 샌드위치를 먹는 둥 마는 둥 하고 허겁지겁 버스에 올라탔다. 잠시 후 그가 도착한 곳은 뉴멕시고 사막의 일부가 내려다보이는 산등성이의 관측지였다. 그곳의 이름은 호르나다 델 무에르토, 이미 사람들의 입에 오르내리는 좀 더 현대적인 이름으로는 그라운드 제로ground zero였다.

우리 과학자들은 영리하다

원폭실험은 맨해튼 프로젝트에 참여한 과학자들 모두의 기억 속에 강렬한 인상을 남겼다. 베테에게는 이온화된 공기의 완전한 보랏빛 색조를, 바이스코프에게는 차이코프스키 왈츠의 으스스한 선율과 그리스도의 승천을 다룬 중세 그림에 나오는 후광을, 오토 프리슈에게는 회오리 먼지기둥 위로 솟아오른 구름을, 파인먼에게는 '과학적 지성'이 '일반인의 지각'을 밀어낸 후에 뼛속까지 파고든 울림을, 그리고 아주 많은 이들에게는 종이 조각을 갈갈이 찢어 바람에 날려보내는 페르미의 꿋꿋한 모습을. 페르미는 종이의 이동거리를 측정한 다음, 노트에 적어둔 표를 참고하여 원자폭탄이 방출한 에너지를 계산했다. 그것은 TNT 1만 톤의 에너지에 해당하는 양으로, 이론학자들이 예측했던 것보다는 좀 많고 나중에 실험을 통해 추정한 것보다는 좀 적었다. 이틀 후 지표면에서 내뿜는 방사능이 충분히 약해졌으리라 계산한 페르미는 베테와 바이스코프를 대동하고 차를 몰아 폭발지역을 시찰했다. 파인먼이 관측지에서 내려다보고 '반질반질하다'고 표현한 지역에 가보니 모래가 녹고 탑은 흔적도 없이 사라져 있었다. 나중에 군은 조그만 기념비를 세워 이 자리를 표시했다.

이번 사건의 여파로 모든 과학자들이 변했다. 그들은 제각기 맡은 역할을 수행했다. 겨우 보정표(예컨대 공기역학적으로 어설픈 나가사키 폭탄에 바람이 미치는 영향을 보정하기 위한 표) 하나를 만들기 위해 계산기를 두드린 사람일지라도 그 기억을 절대로 잊을 수 없을 것이다. 트리니티와 히로시마 폭발에 직접 관여하지 않았더라도 로스앨러모스에서 일한 사람들은 한 가지 사실을 외면할 수 없었다. 그것은 자신들이 인류에게 마지막 불을 가져다준 사건의 공범이라는 사실이었다. 오펜하이머는 공개 강연에서 프로메테우스의 전설이 현실이 되었노라고 말했다.

모든 이들이 저마다 공을 들이고 솜씨를 발휘했지만 집단지성의 힘을 간과할 수는 없었다. 1945년 말에 발표된 공식 보고서는 원자폭탄을 "어떤 비뚤어진 천재의 악마적 영감 때문이 아니라 선남선녀 수천 명이 자국의 안전을 위해 열심히 노력하여 탄생한 무기"라고 소개했다. 하지만 로스앨러모스에 모인 사람들은 평범한 남녀가 아니라 과학자였다. 이미 그들 중 몇 사람은 지금껏 순수하게만 느껴졌던 '물리학자'라는 단어에 향후 어두운 그림자가 드리울 것임을 예감했다. (이 보고서의 초안에는 이런 구절도 있었다. "자기 나라의 과학자들을 바라보는 미국인들의 태도에는 과장된 감탄과 장난스러운 경멸이 묘하게 뒤섞여 있다. 이렇게 흥미로운 일은 두 번 다시 일어나지 않을 것이다.") 파로커웨이에 승전보를 보낸 지 얼마 되지 않아 파인먼은 마음을 가라앉히고 서류철을 꺼내 계산을 했다. 히로시마에 투하한 폭탄을 양산한다면 단가가 B-29 폭격기와 맞먹을 거라는 결과가 나왔다. 폭탄의 파괴력은 재래식 폭탄 10톤을 적재한 비행기 1,000대의 위력을 능가했다. 파인먼은 계산의 의미를 이해하고 "독점 불가", "방어 불가"라고 썼다. 전 세계적으로 원자폭탄 생산을 통제하지 못한다면 안보는 불가능하다는 뜻이었다. 파인먼은 "**기술과 지식**"이라는 제목 아래 다음과 같은 결론을 적었다.

대부분의 정보는 이미 노출되었다. 우리가 아무리 보안을 유지하려고 애써도 다른 사람들이 폭탄을 만드는 것을 막을 수 없다. 물론 우리가 효율적인 공정과 적정한 생산규모를 알려준다면 약간은 도움이 될 것이다. 그러나 그들은 조만간 우리를 따라잡아, 우리가 오하이오주 콜럼버스와 그 비슷한 도시 수백 군데에서 그랬던 것처럼 히로시마급 원자폭탄을 만들 수 있는 기술을 보유할 것이다.
게다가 과학자들은 매우 영리하며 현실에 만족하지 못한다. 그들은 폭탄 한 방에 $10km^2$가 날아가도 만족하지 못한다. 과학자들은 생각을 멈추지 않는다. 그들은 이렇게 말한다. "얼마나 강력한 폭탄을 원하는지 알려만 달라!"

과학자들은 그동안 정들었던 '마의 산'을 떠나려니 발길이 떨어지지 않았다. 몇 달 동안 꼼지락거리며 내키는 연구를 하거나 발르그란데Valle Grande 부근에서 스키를 탔는데, 스키장의 견인밧줄이 예전에 그라운드 제로에서 철탑 위로 폭탄을 끌어올리던 것임을 알고 기겁하곤 했다. 일부는 텔러가 이끄는 수소폭탄 프로젝트에 참여했고, 일부는 울타리 뒤의 복합시설이 차츰 굵직한 국립연구소와 무기연구시설의 구심점으로 바뀌면서 로스앨러모스에 그대로 눌러앉았다. 서서히 흩어진 과학자들은 그렇게 목적이 분명하고, 평등하고, 열정이 넘치는 과학단지에서 다시 일할 가능성이 없다는 사실을 실감했다.

파인먼은 로스앨러모스에 남을 이유가 없어 베테가 있는 코넬로 가려고 했다. 버클리의 레이먼드 버지는 '파인먼의 영입을 적극 검토해 달라'는 오펜하이머의 건의를 제때 처리하지 않고 지연시켜 오펜하이머의 노여움을 샀다. 오펜하이머는 다시 한 번 버지에게 편지를 썼다. "현재 상황에서 젊은 과학자를 영입하는 데 너무 뜸을 들일 필요는 없을 듯합니다. 로스앨러모스의 과학자들 사이에서 파인먼의 평판은 대단합니다. 그는 탁월한 이론학자일 뿐만 아니라 누구보다도 활발하고 책임감 있으며 따뜻한 마음의 소유자입니다. 또한 총명하고 매사에 분명하며 제가 지금껏 만나본 사람 중에서 분별력이 가장 뛰어난 사람입니다. 파인먼은 이곳에서 매우 귀중한 존재입니다. 리더의 역할을 훌륭히 수행했고, 젊지만 비중 있는 연구를 했습니다." 버지는 그해 여름에야 파인먼에게 교수직을 제의했지만 때는 이미 늦었다. 알린이 살아 있었을 때 파인먼은 알린의 건강을 위해 캘리포니아로 이사가는 것을 고려했던 적이 있었다. 하지만 이제 파인먼을 쉽게 움직일 수 있는 사람은 베테였다.

1945년 10월, 파인먼은 그룹 리더 중에서 가장 먼저 로스앨러모스를 떠났다. 보고서 몇 편을 마무리하고 최종 안전점검을 위해 오크리지와 핸퍼드를 둘러보는 일만 남겨 두었다. 오크리지를 마지막으로 방문하러 가는 길에 어떤 가게의 진열장 앞을 지나는데 마침 예쁜 드레스 하나가 눈에 들어왔다. 갑자기 감당할 수 있는 생각이 밀려오며 설움이 복받쳐 올랐다. "알린이 살아 있었으면 좋아했을 텐데." 알린이 세상을 떠난 후 처음으로 눈물이 나왔다.

파라커웨이 시절 자전거 옆에서.

같이 살던 뉴브로드웨이 14번지의 이모 집에서
아버지, 어머니, 여동생과 함께.

리처드와 알린:
왼쪽은 장로교 요양소에서.

로스앨러모스에서:
"나는 원자폭탄의 비밀이
전부 담긴 금고들을 열었다⋯."

로스앨러모스에서 열린
한 회의에서, J. 로버트
오펜하이머 옆에 몸을 숙이고
앉아서: "어느 모로 보나 파인먼이
로스앨러모스에서 가장 뛰어난
젊은 물리학자라는 건 모두가
인정하는 사실입니다."

줄리언 슈윙어: "그는 더할 나위 없는 미문으로
이야기하고, 세심하게 구성된 문장이 유창하게
흘러나오며, 모든 종속절은 적절하게 마무리된다.
마치 매콜리의 영혼이 들어온 것 같다."

I.I. 라비(왼쪽)와 한스 베테: 물리학자들은
인류의 피터팬이라고 라비는 말했다.

빅토르 바이스코프(왼쪽)와
프리먼 다이슨.

트리니티 테스트를 눈앞에 두고: "게다가 과학자들은 매우 영리하며 현실에 만족하지 못한다. 그들은 폭탄 한방에 10km²가 날아가도 만족하지 못한다. 과학자들은 생각을 멈추지 않는다. 그들은 이렇게 말한다. '얼마나 강력한 폭탄을 원하는지 알려만 달라!'

1947년 6월, 셸터아일랜드에서 열린 학회에서: 서 있는 사람들은 윌리스 램과 존 휠러, 의자에 앉아 있는 사람들은 에이브러햄 페이스와 파인먼과 헤르만 페슈바흐, 무릎을 쪼그리고 앉은 사람은 줄리언 슈윙어다.

1955년 교토에서 파인먼과 유카와 히데키: 파인먼은 액체 헬륨의 야릇한 무마찰 거동인 초유동성에 관해 자신의 이론을 발표했는데, 이는 엄연한 양자역학이다.

캘테크에서: 시간을 거슬러 여행하는 반입자에 관해 직접 발표한 슬라이드 앞에서.

봉고를 연주하는 파인먼: "이상한 일이죠. 제가 드물게
공식적인 자리에서 봉고를 연주해달라는 요청을 받을
때마다, 사회자는 제가 이론 물리학 연구도 한다는 걸 말할
필요를 못 느끼는 것 같거든요. 아마 사람들이 과학보다
예술을 더 존중하기 때문이라 생각합니다."

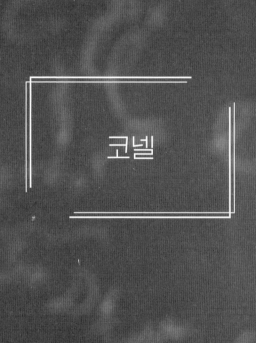

코넬

미국의 물리학은 대규모 사업의 형태로 두 번에 걸쳐 번영을 누렸다. 하나는 막을 내렸고, 다른 하나는 원자폭탄이 투하된 여름에 시작되었다. 정치인, 교육자, 신문 기자, 성직자, 과학자들은 시대의 분수령이 막 지났음을 인지하기 시작했다.

다음 해 겨울, 《크리스천 센추리The Christian Century》[1]는 다음과 같은 글을 실었다. "고대 그리스 신 가운데 프로메테우스라는 거인족이 있었다. 그는 하늘에서 불을 훔쳐 인간에게 주었다. 이로써 프로메테우스는 인류의 은인이자 과학과 배움의 신성한 후원자라는 최고의 영예를 얻었다." 그 이상은 아니었다. 이 성직자 에세이스트의 찬사와는 반대로 원자폭탄은 프로메테우스의 계승자인 과학자들의 품위를 떨어뜨렸다. 진보의 시대가 인류 자폭 장치의 발명과 함께 막을 내렸다. 이제 기독교 성직자들이 개입할 시점이었다. 심지어 "역사상 처음으로 자신의 소명에서 벗어나 정치가 혹은 전도사가 되어, 회개하지 않으면 지옥에 떨어질 것이라는 암울한 복음을 전파해야 한다"라고 말하는 과학자도 등장했다. 바로 로버트 오펜하이머였다. 프로메테우스 전설을 물려받은 오펜하이머는 대중과 과학자들 모두에게 공개 발언을 하기 시작했다. 그러나 오펜하이머가 설교한 메시지는 천벌에 대한 복음보다 정교했다. 그는 과학이 오랫동안 종교를 위협했으며, 이제야 미약하게나마 대중들이 정말 두려워할 대상이 생겼다는 점을 청중들에게 일깨웠다. 오펜하이머는 원자무기가 다윈의 진화론 이래 다른 어떤 과학 발전보다 더 인간에게 두려움을 줄 것이라 믿었다.

1945년 11월, 후련한 마음으로 태평양 전장에서 고향으로 돌아오던 장교와 수병들은 낙진 대피소 앞에서 핵 확산 및 원자폭탄 사용 금지에 대한

---

1) 1884년 처음 발행되어 오랜 역사와 영향력을 가진 미국의 개신교 잡지.

안내문을 보았다. 오펜하이머는 승전의 환희가 두려움에 자리를 내줄 시점을 예상했다. 그는 동료와 친구들에게 "원자무기는 전 세계 모든 이에게 영향을 미치는 위협"이라고 발언하며 지난 30개월[2]에 대해 이야기했다. 로스앨러모스에서 가장 큰 강당을 가득 채운 청중들이 그의 이야기를 들었다. 오펜하이머는 신문과 잡지들이 찬양했던 과학자들의 성취에, 실제로 신비로움이란 거의 없으며 내폭형이 아닌 핵분열이 얼마나 흔한지, 원자폭탄 제조는 얼마나 쉬운지, 그리고 많은 나라가 얼마나 쉽게 입수할 수 있는지에 대해 머지않아 언론이 알게 될 것이라 단언했다.

프로메테우스는 신화 속 과학자를 상징하는 유일한 인물은 아니었다. 또 다른 인물은 파우스트였다. 지식과 힘을 두고 행해진 근래의 파우스트적 흥정은 중세 시대만큼 무시무시하지 않았다. 지식은 세탁기와 의약 따위를 의미했고, 악마는 만화나 브로드웨이 뮤지컬 속 캐릭터로 쓰일 만큼 온순해졌다. 하지만 얼마 전 일본의 두 도시에 떨어진 불길 덕분에 그리 고분고분하지 않은 악마의 본성이 되살아났다. 이는 결국 과학자들이 자신의 영혼을 악마에게 팔았다는 것을 의미했다. 오펜하이머는 개인적인 성찰을 통해 과학자들이 스스로의 동기에 대해 의문을 던지기 시작했음을 깨달았다. 로버트 윌슨은 "우리가 끔찍한 것을 만들었네"라고 말했고, 그 말에 파인먼은 놀람과 동시에 샘솟던 열정이 차게 식었다. 다른 이들도 동의하기 시작했다.

오펜하이머는 다른 과학자들이 각자 품었던 생각들을 떠올리게 했다. 2년 전 나치의 폭탄이 실현 가능했으리란 예상과 미국의 승리를 장담할 수 없었다는 점 말이다. 오펜하이머는 이런 논리가 시들해졌음을 인정했다. 몇

---

2) 1943년 3월에서 1945년 10월까지, 오펜하이머가 로스앨러모스 연구소를 맡아 맨해튼 프로젝트를 이끌었던 기간을 뜻한다.

몇 사람들은 단지 호기심이나 모험심처럼 고상하지 않은 동기에 이끌렸을 수 있다고 말했는데, 오펜하이머가 "당연히 그럴 수 있지"라고 대꾸하여 몇몇 사람들을 놀라게 했다. 그가 또 다시 "당연히 그럴 수 있지"라고 말했던 것이다. 파인먼은 이 며칠 전 로스앨러모스를 떠났기에 사람들이 공유했던 신조에 대해 오펜하이머가 일깨워준 것을 듣지 못했고, 들을 필요도 없었다. 사람들의 신조는 결국 이들이 지금까지 수행한 자기정당화라는 가장 고통스러운 행위와 단단히 결부되고야 말았다. 불을 가져온 이는 이렇게 말했다.

우리가 이 일을 했던 이유는 유기적 필요성 때문이었다. 과학자라면 그런 일을 중단할 수는 없다. 과학자는 세계가 어떻게 작동하고 있는지, 실재의 모습이 무엇인지 알아내고, 세상을 통제할 수 있는 능력을 인류 전체에게 되돌려 주는 것이 좋은 일이라 믿는다. 세상에 대한 지식과 이 지식이 주는 힘이 인류에게 본질적으로 가치 있다는 믿음, 지식의 전파가 도움이 되도록 하는 것, 그리고 그 결과를 기꺼이 받아들이겠다는 믿음이 없다면 과학자가 되는 건 불가능하다.

미국인들과 과학자들의 관계는 변했다. 과학의 수준은 곧 국력을 의미했다. 기관으로서의 과학, 조직화된 과학은 국가 안보를 보증하는 지표로서 군대 바로 다음의 자리를 차지했다. 트루먼Harry S. Truman 대통령은 1945년 가을 의회 연설에서 "과거 수년간의 사건들은 과학의 가능성에 대한 증거이며 예언이기도 하다"라고 말하며, 세계 속에서 미국의 역할은 대학, 산업체 및 정부가 주도하는 조직화된 연구의 성과에 달려있을 것이라 언급했다. 곧이어 정부는 원자력에너지위원회와 해군연구소, 국립과학재단을 설립했다. 전쟁 전에는 존재하지 않았던 상설 국립 연구소가 로스앨러모스, 오크리지,

시카고 남쪽의 아르곤, 버클리뿐만 아니라 6,000에이커[3] 크기의 육군 점유지였던 롱아일랜드 지역 브룩헤이븐에도 들어섰다. 자금은 여유롭게 흘러들었다. 전쟁 전 정부는 과학 연구 전체 예산의 6분의 1정도를 지원했다. 그러나 전쟁이 끝날 무렵에는 그 비율이 뒤바뀌어 전체 예산의 6분의 1만이 비정부기관의 재정으로 지원되었다. 정부와 대중은 국가적 과학 사업을 새로운 개념으로 인식하게 되었다. 물리학자들이 세계 정부와 국제적인 핵무기 규제에 대한 입장을 공개적으로 발언하자 성직자들, 재단 책임자, 국회의원들도 과학의 도덕률을 자신들의 강연 레퍼토리의 일부로 삼았다.

주요 언론은 오펜하이머와 동료들을 유명인사로 만들었다. 원자폭탄 프로젝트을 수행한 과학자는 노벨상과 맞먹는 유명세를 얻었다. 이와 비교하면 MIT 방사선 실험실에서 레이더를 만들어낸 것은 아무것도 아니었다. 웬만한 레이더 한 대가 전쟁에서 승리하는데 더욱 큰 역할을 했는데도 말이다. '물리학자'는 마침내 유행어가 되었다. 아인슈타인 역시 수학자가 아니라 물리학자로 불렸다. 심지어 핵물리학 전공이 아닌 물리학자들도 이런 유행 속에 명성을 얻었다. 파인먼을 선발했던 윌슨은 '물리학이 중세 프랑스어 연구처럼 유쾌하고 지적인 연구 대상이었던 평온한 시절'을 아쉬워하며 회고했다. 동시에 원자과학자는 적어도 10만 명 이상의 히로시마 및 나가사키 시민들이 순식간에 죽었다는 사실에 죄책감을 느꼈다.

한편 과학자들은 자신들이 영웅적인 마법사로 불리는 것을 알게 되었다. 새롭게 부여받은 역할은 이들이 처음 자각했던 것보다 더 복잡하게 발전했다. 암울한 관계의 씨앗이 싹튼 것이다. 10년 내에 오펜하이머는 매카시 시대[4]의 희생양이 되어 기밀 취급허가 자격을 잃게 된다. 대중은 과학자들이 창조해낸 지식을 특별 취급했다. '기밀'이라는 도장이 찍히거나 적국에 넘겨질 때도 있었다. 지식은 신비를 품은 모래알이자 스파이들의 화폐였다.

이론 물리학자들 역시 자신의 이론적 지식에 대해 깨달은 바가 있었다. 오펜하이머는 1945년 11월 로스앨러모스의 강연에서 이론 물리학자들에게 이점을 일깨워 주었다. 오펜하이머는 전쟁 이전의 이론 물리학에서 이루어진 연구의 본질이 사람들에게 어떤 인식을 강요했다고 말했다. 인간의 언어에 한계가 있다는 것, 사람들이 유령의 그림자처럼 실재 세계의 사물에 단지 어렴풋이 대응하는 개념들을 선택한다는 인식 말이다. 원자폭탄 연구가 시작되기 전에 양자역학은 이미 과학과 상식 사이의 관계를 바꾸었다. 이제 우리는 경험에 기반해 모형을 만들지만, 이 모형이 실재에 온전히 부합하지 않는다는 것을 안다.

평온한 대학

높아진 물리학자의 지위는 이들의 근거지인 미국의 모든 기관을 뒤흔들어 놓았다. 코넬 대학교 총장 에드먼드 에즈라 데이는 이 변화를 일찍이 느꼈던 사람이다. 전쟁 중에 열렸던 예산심의, 전쟁 후 그가 물리학자들과 함께 참석했던 예산심의, 두 곳에서 그 기운이 감지되었다.

전쟁 중에 이루어진 첫 심의는 막 휴직계를 낸 실험부장 로버트 베이커Robert F. Bacher [5]와 함께 했다. 베이커는 나중에 원자폭탄 프로젝트의 실험

---

3) 24.28km^2. 여의도의 세 배 정도 되는 넓이다.
4) 1950년대에 미국 상원의원 조지프 매카시가 공화당 집회에서 '미국 내 활동하는 공산주의자들의 명단을 갖고 있다'는 발언 이후, 미국 전역을 휩쓴 공산주의자 색출 광풍을 의미한다.
5) 미국의 핵물리학자. 1942년 오펜하이머의 추천으로 맨해튼 프로젝트에 합류, 실험부서를 이끌며 오펜하이머와 긴밀히 협력했다. 전후에는 원자력에너지위원회에서 활동했으며 1949년 캘테크에 부임했다.

물리학 부서를 이끌게 되었다. 베이커는 UC 버클리나 프린스턴이 보유한 급의 사이클로트론을 요구했다. 게다가 교수 연봉에 맞먹는 운영비용(연간 4,000~5,000달러)을 편성해 달라고 데이 총장을 재촉하기도 했다.

히로시마에 폭탄이 투하된 지 두 달 후 열린 예산심의에서 대학의 물리학자들은 데이 총장에게 훨씬 더 강력한 가속기와 이를 설치할 새 실험실을 요구했다. 이번에는 300만 달러에 달하는 설비 투자와 운영에 필요한 25만 달러를 예산으로 요청했다. 심지어 약속을 할 수 없다면 핵 과학 연구에 더 좋은 환경을 찾아갈 것이라 협박했다. 재단 이사회는 확보된 기금도 없었지만 열띤 심의 끝에 사업을 추진할 것을 만장일치로 가결했다.

데이 총장은 "문제는 핵력을 통제하는 것이 아니라 핵물리학자들을 통제하는 것이다. 이들은 터무니없는 요구를 하고, 지나치게 웃돈이 붙어 있다"라고 소회했다. 베이커는 코넬에 복귀했다가 새롭게 발족한 원자력에너지위원회의 첫 과학자로 근무하기 위해 워싱턴으로 떠났다. 3년 뒤 코넬은 새로운 가속기인 싱크로트론[6]을 보유하게 되었다. 재단 이사회가 보여준 무모한 신념은 해군연구소가 출자한 넉넉한 자금으로 입증되었다. 3년이 지나자 싱크로트론도 구식이 되었고 이미 새로운 형태의 가속기가 건설 중이었다.

파인먼이 전쟁 후 변화된 대학의 모습을 처음 감지한 것은 1945년 가을학기가 시작하기 전 한밤중에 찾아왔다. 이타카[7]는 뉴욕 출신 소년의 어두운 지리 감각으로 볼 때 오하이오 주의 한 마을과 다를 바 없었다. 파인먼은 기차를 타고 가기로 해서 긴 여행 시간을 이용해 대학원 학생들에게 가르칠 기초 수리물리학 강의 계획을 짜기로 했다. 그는 여행가방 하나를 들고 마침

---

6) 사이클로트론보다 개선된 입자 가속기. 원형의 진공튜브 속에서 전하를 띤 입자를 가속한다.
7) 뉴욕 주의 코넬 대학교가 있는 작은 도시를 가리킨다.

내 자신이 교수가 되었다는 자부심과 함께 기차에서 내렸다. 그러다가 평소처럼 가방을 어깨에 들쳐 매려는 충동을 참았다. 대신 짐꾼에게 택시 뒷좌석으로 자신을 안내해 달라 요청 후 택시 운전사에게 시내에서 가장 큰 호텔로 데려달라고 말했다.

그해 가을의 이타카는 미국의 다른 도시들과 마찬가지로 호텔이나 단기 임대 아파트를 구하기 어려웠다. 주택 공급이 부족했기 때문이다. 전쟁이 끝나고 동원이 해제됨에 따라 대학 등록자 수가 폭발적으로 증가했기 때문이었다. 호황의 기운은 어디에나 있었다. 활기 없고 조용하던 이타카마저 골드러시 시대의 서부 마을처럼 보였다. 코넬 대학교는 마구잡이로 집과 막사를 지었다. 파인먼이 도착하기 일주일 전, 안타깝게도 새 막사 다섯 채가 화재로 소실되었다. 그는 두 번째 호텔을 알아본 다음 택시를 타고 돌아다닐 형편이 안 된다는 것을 깨달았다. 여행 가방을 맡기고 걷기 시작해 어두워진 집들과 공동주택을 지나쳤다. 파인먼은 틀림없이 코넬 대학교를 찾았다 생각했다. 캠퍼스에 켜켜히 쌓인 커다란 나뭇잎 더미는 침대로 보이기 시작했다. 환한 가로등 불빛 아래 놓인 침대 하나만 찾을 수 있으면 좋았을 터였다. 마침내 파인먼은 문이 열려 있는 건물 로비에 긴 의자를 발견하고, 의자에서 하루 잘 수 있을지 관리인에게 물었다. 그는 자신이 신임 교수라고 어색하게 설명했다.

다음날 아침, 파인먼은 공중화장실에서 가까스로 세수를 하고 물리학부에 등록을 마쳤다. 그리고 나서 캠퍼스 중앙에 위치한 윌러드 스트레이트 홀의 주택지원실로 향했다. 사무실 직원은 그에게 주택공급 사정이 너무 형편없어서 지난 밤 한 교수가 로비에서 자야했다고 거만하게 말했다. 파인먼은 곧바로 대꾸했다. "이봐요, 내가 그 교수입니다. 이제 어떻게 좀 해주시죠." 그는 이타카 크기의 작은 도시에서 소문이 나면 겨우 몇 시간 만에 제자리로 돌아온다는 사실에 깜짝 놀라 심기가 불편했다. 또한 자신의 신체시계를 재조정해야 한다는 점도 자각했다. 전쟁은 그에게 약속과 마감시간에 대한 위기감을 남겼다. 1만 명의 학부생이 모여 있어도 코넬은 한적해 보였다. 그는 한 주 내내 대학 여기저기 기웃거리거나 수업 준비를 했는데, 그동안 학부 행정실이 아무런 일정도 잡지 않은 것을 알고 놀라기도 했다. 사람들의 말투도 파인먼이 익숙해져 있던 긴장감이 없어 그런지 느리다는 인상을 주었다. 사람들은 느긋하게 날씨 따위를 이야기했다.

처음 몇 달 동안은 적적했다. 가까운 동료들은 아무도 전후 생활을 서둘러 시작하고 싶어 하지 않았다. 베테도 12월까지 로스앨러모스를 떠나지 않았다. 학기가 늦게 시작된 탓에 도통 자리가 잡히지 않았다. 공간은 부족했다. 직원들은 록펠러 홀의 방을 작게 나누어 사무실을 차려야 했다. 외부에 있는 테니스장 세 군데는 순식간에 나무 막사에 자리를 내주었다. 파인먼은 우중충하던 자신의 록펠러 사무실을 로스앨러모스에서 온 동료 필립 모리슨과 함께 썼다. 모리슨은 원자폭탄에 들어갈 플루토늄 코어를 육군의 세단형 자동차 뒷좌석에 싣고 앨러모고도까지 운반했었다. 모리슨은 점잖고 진지한데다, 성실함 그 자체였던 베테에게 매료되었다. 또 파인먼에게도 매료되었는데 당시의 파인먼은 의외로 우울하고 외로워 보였다. 베테 역시 이를 감지했지만 다른 이들은 거의 알아채지 못했다. 나중에 베테는 "우울한 상태인 파인먼은 다른 사람들이 활기 넘칠 때보다 조금 더 유쾌하죠"라고 덤덤하게 언급했다.

파인먼은 도서관에서 다소 외설스러운 『아라비안나이트』를 읽거나 여성들을 물끄러미 바라보며 시간을 보냈다. 대부분의 아이비리그 대학과 달리, 남북전쟁 이후 설립된 코넬은 여성을 학부생으로 받았다. 여학생들은 자동으로 가정대학에 소속되긴 했지만 말이다. 그는 신입생 댄스파티에 다니고 학생식당에서 밥을 먹었다. 그는 나이에 비해서 어려 보였고, 제대한 복학생과 비교하면 외적으로 특별히 눈에 띄지도 않았다. 댄스파트너는 그가 원자폭탄을 만들다 막 복귀한 물리학자라는 말에 의심이 가득한 눈으로 바라봤다. 파인먼은 알린이 그리웠다. 파인먼은 로스앨러모스를 떠나기 전 여성들, 특히 미모의 여성들과 데이트하기 시작했다. 몇몇 친구는 이를 두고 그가 감정을 주체 못 하여 슬픔을 완강히 거부하는 것으로 이해했다.

파인먼과 파인먼의 어머니 루실 사이에 깊은 골이 생겼다. 아들의 결혼을 강경하게 반대했던 그녀는 알린의 죽음에 대해 고통스럽게 썼다.

네가 알린과 결혼해 알린의 짧았던 삶을 행복하게 해준 것을 자랑스럽고 기쁘게 생각한다는 걸, 이제는 알아주었으면 좋겠구나. 알린은 너를 열렬히 사랑했지. 네 생각을 이해하지 못했던 것을 부디 용서해 다오. 이 엄마는 네가 감당해야 할 것들이 두려웠단다. 하지만 너는 아주 잘 견뎌냈어. 이제는 알린 없는 생활을 받아들이도록 해보거라….

그녀는 아들에게 집에 와달라고 애원하며 밥과 설탕 입힌 빵과 과자를 많이 준비해놓겠다고 약속했다. 아무도 파인먼에게 머리 빗으라고 잔소리를 하지 않을 것이라고도 덧붙였다. 그는 7월에 며칠간 잠시 방문했다. 얼마 지나지 않아 8월에 원자폭탄 뉴스가 가족들 사이에 전광석화처럼 퍼졌다. 친구와 친척들은 거의 동시에 전화를 걸었다. 루실도 산타페이로 전화를 시도했지만 허사였다. 뉴스 통신사에 있던 한 친척은 전기 수신기에 막 뜬 오펜하이머의 공식 성명을 읽어주기 위해 전화했다. 밤 11시가 넘어 전화가 울리고 수화기 너머에서 상대방이 말했다. "여기는 프린스턴 '트라이앵글'[8]입니

---

8) 프린스턴 대학교 학생들로 구성된 극단의 이름. 1891년 설립된 미국에서 가장 오래된 대학생 순회공연 극단으로 알려져 있다.

다. 아드님이신 파인먼이 1940년 대학원에 있던 다른 남학생들보다 겉옷에 그레이비[9] 얼룩이 더 많았다는 게 사실입니까?" 또 다른 친척이었다.

루실은 아들에게 편지를 보냈다.

나도 유머 감각은 있지만 이건 웃을 만한 일이 아닌 것 같구나. 나는 이 무시무시한 일에 네가 참여했다는 사실이 오싹하기도 하고 두렵기도 했단다. 누구도 기뻐할 수는 없는 일이구나. 폭탄으로 인한 죽음과 파괴에 대해 듣는 일은 끔찍한 일이야…. 나는 인간이 인간을 파괴하는 이 소름 끼치는 행위가 모든 파괴의 절정이 될 수 있음을 기도드린단다…. 네가 초조하게 생각한 것이 당연하지. 누군들 그런 위험한 장소에서 지내는 게 두렵지 않겠니.

그날 밤 과학자들이 느꼈던 자부심과 공포심의 조합은 놀라운 기억을 불러일으켰다. "내가 거실에서 브리지게임을 하고 있던 때가 생각나는구나. 나의 똑똑한 아들이 창문 밖에서 불이 난 쓰레기통을 들고 있었지." 그녀는 덧붙였다. "그런데 말이다. 네가 그 불을 어떻게 껐는지 내게 말해준 적이 없는 것 같구나."

파인먼은 그해 가을, 뉴멕시코에서 이타카로 가는 길에는 집에 들르지 않았다. 루실은 아들의 결혼을 반대한 일이 얼마나 큰 결과를 초래했는지 깨달았다. 어느 늦은 밤, 잠을 이룰 수 없었던 그녀는 침대에서 나와 다음과 같이 시작하는 고통에 찬 편지(어머니가 아들에게 보내는 사랑의 편지)를 썼다.

---

9) 고기 요리를 할 때 나온 육즙으로 만든 소스. 여기서 전화를 건 상대방은 어렸던 파인먼이 참여한 원자폭탄 개발 계획이 가져온 결과를 조롱하고 있다.

애야, 너와 가족 사이에 무슨 일이 있는 거니? 우리는 무엇 때문에 멀어지게 되었을까? 네가 너무나 그립구나…. 편지를 쓰면서도 가슴이 터질 것 같고 눈시울이 뜨거워진단다.

그녀는 아들의 어린 시절에 대해 썼다. 아들이 얼마나 사랑스럽고 소중한 존재였는지, 그녀가 아들에게 아름다운 이야기책을 어떻게 읽어주었는지, 아빠가 색색의 타일로 아들에게 어떤 패턴을 만들어주었는지, 아들이 도덕성과 의무감을 갖도록 부모가 어떻게 노력했는지를 말이다. 그녀는 아들이 고등학교부터 대학원 과정에 이르는 동안 해낸 모든 성취에서 느꼈던 자부심을 아들에게 일깨워 주었다.

엄마는 네가 주는 기쁨으로 가슴이 얼마나 벅찼는지 모른단다. 그런데 이제는 낯선 수확물을 거둬들이고 있구나. 우리가 북극과 남극처럼 멀리 떨어져 있다니.

알린에 대한 언급은 빼고 그녀는 자신이 느꼈던 부끄러움을 이야기했다. "엄마가 잘못했다. 그동안 엄마는 어디에선가 너를 잃어버렸구나." 그녀가 말하길 다른 엄마들은 자신을 사랑해주는 아들이 있었다. 당연히 그녀도 이를 바라지 않겠는가? 그녀는 퇴짜 맞은 연인처럼 간절히 애원하며 편지를 마무리했다.

나는 아들이 필요해. 엄마는 너를 원한단다. 엄마는 절대 포기하지 않으마. 죽음도 우리를 떼어놓을 수 없으니 말이다…. 이따금 엄마를 생각해주렴. 그리고 너도 엄마를 생각하고 있다고 알려주거라. 애야, 사랑하는 내 아들, 내가 무슨 말을 더 할 수 있겠니. 엄마는 아들을 사랑하고 언제까지나 그럴 거야.

파인먼은 1945년 크리스마스에 집으로 갔다. 상처는 서서히 치유되었다. 그러는 동안 파인먼은 프린스턴에서 집중했던 미완의 이론으로 되돌아가기 위해 노력했지만, 쓸모 있는 결과로 이어지지는 않았다. 지난 3년간 수행했던 의욕 넘치고 의미심장한 연구의 성취는 쉬이 채울 수 없는 공백을 남겼다. 파인먼은 연구에 집중하기 힘들어했다. 봄이 오자 그는 건물 밖 잔디밭에 앉아 지나간 시간을 아무런 성취도 없이 흘려보낸 것은 아닌지 우려했다. 물리학자들 사이에서 명성을 쌓았지만 일상으로 돌아와 보니 자신이 명성에 걸맞은 일반적인 연구를 해두지 않았음을 깨달았다. 대학에서 발표한 두 편의 논문 이후, 그가 학술지에 발표한 논문은 휠러 교수와 함께 연구한 흡수체 이론에 관한 해석이 유일했다. 게다가 이 이론도 오래가지는 못할 것으로 보였다.

현상은 복잡해도 법칙은 단순하다

파인먼이 자신의 기반을 마련하기 위해 분투하고 있었다면, 줄리언 슈윙어Julian Schwinger는 그렇지 않았다. 두 사람은 비록 1,600km 떨어진 뉴욕시 반대쪽 끝에서 성장했지만 이웃이라 여겨졌기에 서로 경쟁자가 되었다. 두 사람이 물리학에 입문한 여정은 이들의 스타일이 그렇듯이 완전히 달랐다. 파인먼이 거칠고 투박한 스타일을 유지하려 했던 반면, 부엉이처럼 게슴츠레한 눈매에 20대임에도 이미 앞으로 약간 구부정했던 슈윙어는 고상함을 유지하기 위해 상당한 공을 들였다. 정성들여 만든 값비싼 옷을 입었고 캐딜락을 몰았다. 그는 야간에 작업을 했고 대개 오후 늦게까지 잠을 잤다. 그의 강의는 매끄럽고 쉼이 없기로 유명했다. 그는 강의노트 없이 수업하는 것을 자랑거리로 여겼다. 슈윙어의 수업을 들었던 한 영국 학생(파인먼의 활기 넘치는 모습에는 다소 피곤함을 느꼈던 학생)은 수업시간에 슈윙어가 '신들린 사람'이 된다고 생각했다. "그는 더할 나위 없는 미문으로 이야기하고, 세심하게 구성된 문장이 유창하게 흘러나오며, 모든 종속절은 적절하게 마무리된다. 마치 매콜리[10]의 영혼이 들어온 것 같다." 슈윙어는 청중이 생각할 수 있도록 말하는 것을 좋아했다. 예를 들면 그는 자신이 결혼하여 신혼여행을 다녀왔다고 직접적으로 알리지 않고 다음과 같이 말할 것이다. "나는 독신자용 숙소를 떠나 동행인과 나라 도처로 향수어린 여행에 나섰다." 그의 방정식도 이와 꼭 같은 스타일이었다.

슈윙어의 후원자인 라비I. I. Rabi[11] 교수는 그를 처음 만났던 당시를 이야기할 때면 지치는 법이 없었다. 이를테면 17살이던 슈윙어가 자신의 사무실에서 조용히 앉아 있다가 마침내 말문을 열어 아인슈타인, 보리스 포돌스키Boris Podolsky, 네이선 로센Nathan Rosen이 막 발표한, 논란거리였던 양자역학의 역설[12]에 관한 논쟁을 정리했다. 과감하고 자기 멋대로 하려는 젊은이의 오만함 때문에 슈윙어는 다니던 시립대학에서 행정적으로 곤경에 처해 있었다. 수업에 거의 참석하지 않았기 때문이다. 라비 교수는 슈윙어가 컬럼

---

10) 미국의 정치인이자 역사가, 평론가 및 수필가로 활동했던 토마스 배빙턴 매콜리Thomas Babington Macaulay를 가리킨다.
11) 미국의 물리학자. 핵자기공명 현상의 발견으로 1944년 노벨 물리학상을 수상했다.
12) EPR 역설이라고 불리는 사고 실험. 양자역학 이론이 불완전함을 지적하는 이론으로 닐스 보어로 대표되는 '코펜하겐 해석'에 대한 비판적인 이론이다.

비아 대학교로 전학할 수 있도록 도움을 주었다. 그러고는 슈윙어에게 노발 대발하는 강사들을 부추겨 슈윙어가 낙제할지도 모른다고 위협하는 것을 상당히 즐거워했다. 라비 교수는 "자네가 쥐인가 아니면 사람인가?[13] 그 녀석 한테 F를 주게"라고, 재미없는 한 화학교수에게 말했다. 하지만 그는 이 점수가 학생보다 자신을 더 괴롭게 만들 것이라 정확히 판단했다. 슈윙어가 학사학위를 받기도 전인 19살 때, 라비 교수는 이미 자신의 양자역학 수업에 그를 임시강사로 두고 강의를 맡겼다.

한편 슈윙어는 졸업하기 전에 이미 박사학위 논문에 쓸 연구를 완성해 두었다. 페르미, 텔러, 베테는 각각 슈윙어를 알았고 그의 연구를 알고 있거나 이미 그와 공동연구를 진행하고 있었다. 반면 슈윙어보다 3개월 어린 파인먼은 MIT에서 이제 학부 2학년을 마치고 있었다. 슈윙어는 이미 일련의 다양한 연구 논문을 발표했는데 대부분은 십여 명의 다른 공동연구자들과 함께 쓴 《피지컬리뷰》였고 각각은 매우 탁월한 것이었다. 파인먼이 학부 졸업 논문을 펴냈던 시기에 슈윙어는 UC 버클리에서 국립연구협의회 선임연구원으로 오펜하이머 바로 지근에서 연구를 수행하고 있었다.

슈윙어도 라비 교수처럼 레이더와 방사선 연구소를 더 선호했기에 로스 앨러모스에는 가지 않기로 했다. 그는 자신의 속도를 절대 잃지 않을 것 같았다. 전쟁이 끝날 무렵 라비 교수는 파울리를 대신하여 슈윙어를 특별 강사로 채용하고 실험실 과학자들에게 전쟁과 무관한 물리학 분야의 최신 동향을 제공하도록 했다. 사막 한 가운데 있는 울타리 안에 고립되어 원자폭탄개발에 참여했던 과학자들의 경우, 전쟁은 정상적인 경력에 큰 방해가 되었다. 특히 파인먼 또래의 물리학자들은 이 점을 의식하고 있었다. 왕성하게 연구

---

13) "자네는 겁쟁이 인가?"라는 의미다.

를 해야 하는 결정적 시기였기 때문이다. 슈윙어는 1945년 로스앨러모스를 경유하는 여행을 하며 파인먼을 처음 만났다. 파인먼은 이 동년배가 얼마나 많은 논문을 발표했는지 보고 놀랐다. 파인먼은 슈윙어가 연상인줄 알았다. 그는 슈윙어가 로스앨러모스의 이론 물리학자들을 대상으로 했던 강연의 내용은 잊어도 슈윙어의 스타일은 오래 기억했다. 예를 들어 슈윙어가 경기장에 입장하는 황소처럼 머리를 한쪽으로 기울인 채 강연장에 들어오던 모습, 눈에 띄게 노트를 옆으로 치우던 방식, 사람을 주눅 들게 할 정도로 완벽한 강연 같은 것들 말이다. 당시 하버드 대학교에 있던 슈윙어는 얼마 안 되어 스물아홉의 나이에 정교수가 되었다. 하버드 대학 위원회는 이 자리의 후보로 베테를 진지하게 고려했는데 그 까닭은 슈윙어가 정오까지 일어나 강의 시간을 지킬 수 있을지 우려했기 때문이었다. 슈윙어는 용케 그 일을 해냈으며 그의 핵물리학 강연은 곧 하버드 및 MIT 물리학 커뮤니티 전체에서 큰 인기를 끌게 되었다.

한편 파인먼은 보다 평범해 보이는 수리물리학 강의에 온 힘을 쏟고 있었다. 이 과목은 모든 물리학과에서 가르치는 기초 과목이었다. 하지만 파인먼은 물리학자들의 수학 기법에 이루어졌던 중대한 변화를 자신이 이제 막 경험했다는 생각이 들었다. 로스앨러모스에서 수학 기법은 개선되고, 명백해졌으며, 다시 쓰이거나 새로 고안되며 엄밀하게 검증되었다. 파인먼은 무엇이 유용하며, 어떤 것이 줄곧 강의되었는지, 단순한 교과서적 지식은 무엇인지 잘 알고 있었다. 따라서 그는 관례에서 벗어난 과정을 강조하려고 의도했고, 자신이 방정식을 풀 때 사용했던 방법과 요령들을 학생들에게 가르쳐 주려 했다. 야간열차를 타고 이타카로 가는 동안 적어둔 메모로 시작한 강의 노트에는 기초부터 완전히 새로운 강의 계획이 담겨 있었다.

파인먼은 고등학교 시절 사용하곤 했던 것 같은 노트 첫 페이지에 우선적인 원칙들을 쓰기 시작했다.

현상은 복잡―법칙은 단순―

수리물리학은 연결고리―법칙으로부터 얻어진 방정식의 해

그는 자신만의 방식이 학생들에게 어떤 영향을 줄 수 있을지 고민했다.
자신은 어떻게 문제를 해결했던가?

무엇을 배제할지 파악할 것⋯. 수학으로 할 수 있는 것이 무엇인지 파악
하는 물리적인 직관

그는 학생들에게 앞으로 전개되는 부분과 그렇지 않은 부분을 있는 그
대로 요약해주기로 했다.

다양한 요령들을 소개할 것―완전한 공부 또는 엄밀한 수학 증명을 할
시간은 없다. 공부할 양이 많음.

그는 줄을 그어 이 부분을 지웠다.

실제로 각각의 주제를 소개할 것.

하지만 결국엔 공부할 양이 많을 터였다.

공부―연습량 많음. 더 깊이 알고 싶은 학생은 책을 읽고 찾아올 것. 예

제를 더 연습할 것. 진행이 원활하지 않으면 진행을 늦춘다. 이해 정도를 파악할 수 있도록 몇 가지 문제를 낸다.

그는 완전히 새로운 방법론뿐만 아니라 통상적인 수업에서 배제되곤 했던 중요한 수학적 방법론을 학생들에게 알려주고자 했다. 수학은 완벽하진 않아도 실용적일 수 있을 터였다.

필요한 정확도를 지정해줄 것. 자, 시작.

그는 경로적분과 같이 인내를 요하는 종래의 기법들 중 일부를 줄였다. 왜냐하면 이러한 적분법 대부분은 정공법을 통해 해결할 수 있음을 발견했기 때문이다. 그가 이러한 기법들을 학생들에게 성공적으로 전달할 수 있을지는 의문이었다. 파인먼이 수리물리학 수업 개요를 짜는 것을 본 동료 교수 가운데 몇몇은 이 점을 우려했다. 그럼에도 이 수업을 가르친 몇 년 동안, 그의 강의는 여기에 매료된 대학원생들뿐만 아니라 물리학과, 수학과의 일부 젊은 교수들도 끌어 모았다. 그중 압권은 다음과 같은 시험 문제가 주는 신선한 충격이었다. "반지름이 a, 높이가 2π, 중성자의 밀도가 n인 원통형의 원자폭탄에…." 학생들은 수리적 방법론에 집착하는 어느 이론가에 휘말려 절대 간단하지 않은 양자역학의 기본 원리들에 흥미를 갖게 되었다. 그는 되풀이하여 소리와 빛의 전파에 관해 가장 본질적인 문제들과의 관련성을 보여주었다. 파인먼은 방사선이 광원에서 주기적으로 방출될 때, 모든 방향으로 방출되는 방사선 세기의 총량을 학생들이 계산하도록 했다. 또 다루기 어려운 벡터, 행렬 및 텐서를 시각화하고 이따금 수렴하지만 때로는 수렴하지 않고 곤란하게 발산해버리는 무한급수의 합을 경험해보게 했다.

파인먼은 서서히 코넬에 정착했지만 이론 연구에서는 여전히 아무런 진전이 없었다. 원자폭탄을 항상 마음 한켠에 짊어지고 있었기에, 그는 지역 라디오 방송에 나가 꾸미지 않은 언어로 발언하기를 서슴치 않았다. '진행자: 지난주 파인먼 박사님은 원자폭탄 하나가 히로시마에 어떤 결과를 초래했는지, 그리고 폭탄 하나가 이타카에는 어떤 영향을 줄지 말씀하셨습니다….' 진행자는 이어 원자력 자동차에 대해 물었다. 진행자가 말하길 많은 청취자가 한 숟가락 분량의 우라늄을 탱크에 넣고 주유소를 비웃게 되는 날을 고대하고 있다고 했다. 파인먼은 이 꿈에 찬물을 끼얹었다. "엔진 내부의 우라늄이 분열하여 방출하는 방사선이 운전자의 목숨을 빼앗을 겁니다."

파인먼은 계속해서 원자력을 응용하는 다양한 방식을 생각하며 시간을 보내곤 했다. 로스앨러모스에서 그는 발전에 필요한 일종의 고속원자로를 발명하여 (정부를 대신하여) 특허를 받았다. 그는 우주여행에 대해서도 생각해보았다. 1945년 말, 그는 한 동료 물리학자에게 편지를 보냈다. "친애하는 선생님, 저는 행성 간 여행이 원자력 에너지 덕분에 '가능하다' 믿습니다." 그의 제안은 근본적으로 기발하고 대체로 엉뚱했다. 로켓 추진은 답이 아니라고 말했다. 이 방식은 추진 기체의 온도와 원자량 때문에 기본적으로 한계가 있었는데, 온도는 결과적으로 금속이 열을 견디는 능력에 의해 제한을 받을 것이라 예상했다. 연료의 무게와 부피는 비행체의 무게와 크기를 몇 배나 초과할 것이고, 볼품없는 일회용 보조 추진 로켓과 거대한 연료 탱크는 30년 후 우주여행에 골칫거리가 될 것이라 예측했다.

대신 파인먼은 공기를 추진체로 사용하는 제트 추진의 한 가지 방식을 제안했다. 제트 기술은 당시 이제 막 비행기에 실현 가능성을 점치고 있었다. 파인먼은 우주선이 지구 대기의 바깥쪽 경계를 일종의 예비 궤도로 이용하여 지구를 돌면서 가속하게끔 구상했다. 원자로는 엔진 내부로 흡수된 공기를 가열함으로써 제트기를 앞으로 나아가도록 한다. 날개는 양력을 제공하는 데 사용되었다가 속력이 초속 5마일을 넘으면 '뒤집힌 채 비행하여 지구 혹은 대기권 밖으로 벗어나지 않도록' 한다. 우주선이 유효탈출속도에 도달하면 우주선은 새총에서 발사된 돌멩이처럼 궤도의 접선 방향으로 지구를 떠나 목적지를 향하여 날아간다.

물론 공기저항, 곧 우주선체의 열이 문제를 일으킨다. 다만 파인먼은 우주선의 속력이 빨라짐에 따라 고도를 정교하게 조정하여 이 문제를 해결할 수 있다고 판단했다. "만약 공기가 마찰에 의한 가열을 야기할 정도로 충분하다면, 분명히 제트 엔진에 연료를 공급하기에도 충분할 것이다." 물론 엔진이 이렇게 폭넓은 공기 밀도 범위에서 작동하려면 훌륭한 공학기술이 필요하다는 점은 파인먼도 인정했다. 그는 달처럼 대기가 없는 목적지에 이런 우주선이 도달할 때 속도를 늦추는 방법과 같은 대칭 문제를 다루지 않았다. 어느 경우든 파인먼은 치명적인 결함을 예상할 수 없었다. 사람들이 머리 위로 날아다니는 원자로가 무해하다는 믿음을 잃게 될 것이라는 결함 말이다.

그들은 모두 잿더미나 다름없지

파인먼은 1946년 가을학기가 시작하기 전에 파로커웨이를 방문했고, 욤키퍼Yom Kippur[14] 다음 날에는 파로커웨이의 이스라엘 예배당에서 원자폭탄에 대한 강연을 했다. 이 유대교 회당에 새로 부임한 유다 칸이라는 활기 넘치는 랍비는 작금의 문제점들에 관해 널리 존경받는 설교를 했

---

14) 유대력의 정월 10일에 해당하는 종교적인 공휴일. 속죄의 날로도 알려져 있다.

다. 파인먼의 부모는 무신론자였지만 이따금 예배당에 갔다. 아버지 멜빌의 건강은 조금 호전된 것 같았다. 관리가 쉽지 않은 아버지의 고혈압은 가족에게 근심거리여서 지난 봄에도 미네소타 주에 있는 메이요 클리닉에 다녀왔다. 멜빌은 식이요법 효과에 관한 초기 실험에 참여하여 쌀과 과일로 이루어진 엄격한 식이요법을 수행했다. 효과는 있는 것 같았다. 혈압이 감소했다. 집으로 돌아온 아버지는 가끔 의사의 지시사항을 어기고 집을 몰래 빠져나와 친구들과 골프를 쳤다. 그는 56세였다. 어느 날 파인먼은 아버지가 식탁에 앉아 소금통을 빤히 보고 있는 모습을 봤다. 멜빌은 한 쪽 눈을 감았다가 뜨고, 다시 다른 쪽 눈을 감았다. 그러고는 자신의 눈에 맹점이 있다고 말했다. 뇌의 모세혈관 어딘가가 파열된 듯했다.

죽음이 언제든 찾아올 수 있다는 인식은 가족들의 뇌리를 떠나지 않았다. 멜빌과 파인먼은 편지를 주고받은 적이 거의 없었다. 가족 간의 연락책은 루시의 몫이었다. 그러나 파인먼은 코넬 대학교의 교수직을 수락한 후, 아버지에게 편지를 보내 지난 25년간의 사랑에 고마움을 전했고 아버지는 감동하여 답장을 보냈다. 멜빌은 자부심에 가슴이 벅찬 상태로 다음과 같이 썼다. (그동안 루시는 멜빌이 편지지 한 면만 써서 종이를 낭비한다고 불평했다.)

어리석은 아비가 이미 아비를 넘어선 학식과 지혜를 갖춰버린 아들에게 편지를 쓰는 것이 쉽지는 않구나…. 네가 어렸을 이 아비는 너보다 크게 유리한 입장이어서 어렵지 않았지. 하지만 이제는 네 옆에 앉아 아들이 갖춘 지식의 햇살을 쬐며 아비의 이해력을 벗어나, 네가 아는 자연의 놀라운 비밀 몇 가지를 배우는 것이 더 공평하겠구나.

10월 7일, 멜빌은 뇌졸중으로 쓰러졌고 다음날 사망했다. 파인먼은 2년 사이 두 번째 사망신고서에 서명을 했다. 아버지는 그에게 다음과 같이 편지를 썼다. "젊은 시절 아비가 종종 꾸었던 꿈들이 네 경력으로 이루어지는 것을 보는구나…. 아비는 네가 너와 비슷한 교양을 지닌 수많은 중요 인물과 함께 누리는 교양 있는 삶이 부럽단다."

퀸즈 인근의 배이사이드 공동묘지에서 아버지의 장례가 치뤄졌다. 이곳은 눈 닿는 곳 끝까지 비석과 기념비로 가득 찬 광대한 구릉지대였다. 파인먼의 외할아버지는 이곳에 작은 방공호처럼 돌로 만든 가족묘를 마련해 두었다. 묘지로 가는 도중에 랍비 칸이 파인먼에게 장남으로서 자신과 함께 카디시[15]를 올릴 것을 요청했다. 동생 조앤은 오빠의 얼굴이 얼어붙는 모습을 고통스럽게 지켜봤다. 파인먼은 신을 찬양하는 애도가의 기도에 참여하길 원하지 않았다.

파인먼은 랍비에게 히브리어를 모른다고 말했다. 칸은 기도를 영어로 바꾸었다. 파인먼이 기도를 듣고는 따라하길 거부했다. 자신이 무신론자였고 아버지도 신을 믿지 않았다는 것을 알고 있었기 때문이었다. 이런 위선은 참기 어려울 것 같았다. 파인먼에게 불신은 무관심과 전혀 달랐다. 불신이란 단호하며 냉정하고 합리적이었으며, 종교라는 신화가 지식을 속인다는 신념이었다. 그는 조부모의 유골을 모신, 층층이 쌓인 소형 납골묘 주변에서 돌과 잔디로 둘러싸인 채 서 있었다. 한 켠에는 태어나 한 달을 살고 사망한 남동생 헨리도 있었다. 파인먼의 얼굴에는 긴장과 단호함이 어렸고, 그 순간 조앤 역시 완전히 고립된 것만 같았다. 파인먼은 아버지의 관을 떠나보내며 돌연 분노를 터뜨렸다. 어머니는 주저앉아 흐느꼈다.

코넬에서 파인먼은 꼭 1년 전 로스앨러모스에서 그랬던 것처럼 의연한

---

15) 유대교에서 예배가 끝날 때나, 사망한 이를 위해 하는 기도.

척 지냈다. 비통한 마음이 들더라도 이를 아무에게도 드러내지 않았다. 파인먼은 이성적인 모습을 당당히 유지했으며 보통 때처럼 '실제 그대로의' 상태라고 스스로 되뇌었다. 수업이 시작되었다. 1946년 가을학기, 코넬에 등록한 학생은 전쟁 전 수준의 거의 두 배로 역대 최대였다. 파인먼은 젊은 물리학도들에게 인기를 얻었다. 그는 확고한 자신감을 가지고 강의에 임했다. 학기가 시작된 지 며칠이 지난 10월 17일 밤, 파인먼은 현실에서 벗어나기 위해 펜과 종이를 들었다. 그리고 지금 자신을 도와줄 수 있는 유일한 사람에게 마지막 편지를 썼다.

알린에게.
여보 당신을 너무나 사랑해.
당신이 이 말을 얼마나 듣고 싶어 하는지 알아.
하지만 당신이 이 말을 좋아하기에 편지를 쓰는 것만은 아니야.
당신에게 이 말을 적다 보니 내 마음이 온통 따뜻해지기에 쓰는 거야.
마지막으로 당신에게 편지를 쓴 지 2년이 다 되어가네. 끔찍하게 긴 시간이지. 하지만 당신은 내가 얼마나 고집 세고 현실적인 인간인지 잘 알고 있으니 날 용서해주리라 생각해. 게다가 난 글쓰기 감각도 없는 것 같기도 하고.
이젠 내가 그동안 미뤄왔던 일을 하는 것이 옳다는 걸 당신이 알아주리라 믿어. 과거에도 많이 했으니까. 당신을 사랑한다고 말하고 싶어. 당신을 사랑하고, 언제나 당신을 사랑할 거야.
당신이 세상을 떠난 다음 당신을 사랑한다는 말이 내게 어떤 의미인지 이해하기 어려웠지. 하지만 난 지금도 당신을 위로하고 돌봐주고 싶어. 당신도 나를 사랑하고 보살펴주길 원해. 여러 문제들을 당신과 함께 이야기하고, 함께 헤쳐 나가고 싶어. 우리가 함께 할 수 있었다는 걸 지금까지 전혀 깨닫지 못했어. 우리가 뭘 할 수 있었을까. 옷 만들기를 같이 했을 수도 있고, 중국어를 배우거나 영화용 프로젝터를 샀을 수도 있겠지. 이제는 할 수 없지만 말이야. 이제는 아니지. 당신 없이 난 외톨이야. 당신은 "아이디어가 넘치는" 사람이었지. 무모했던 우리의 모험들을 죄다 선동하기도 했고.

당신이 아팠을 때 당신이 원했던 일, 그러니까 당신은 내게 필요하다고 생각한 것들을 챙겨주지 못해 걱정했지. 걱정할 필요는 없었는데. 내가 말한 대로 난 당신을 무척이나 사랑했으니까 내게 정말 필요한 것은 없었거든. 이제 당신이 내게 줄 수 있는 것은 아무것도 없다는 사실이 점점 분명해져. 나는 당신을 사랑하니까, 당신은 내가 다른 사람을 사랑하지 못하도록 붙잡아. 그래도 난 당신이 거기에 있으면 좋겠어. 당신은 세상을 떠났지만, 살아 있는 다른 누구보다도 나아.

장담하지만 당신은 내가 바보 같다고 할 테고, 내가 완전한 행복을 누리길 원하니까 내게 짐이 되길 원치 않는다고 말하겠지. 내가 지난 2년 동안 여자 친구가 한 명도 (물론 당신 빼고) 없었다는 걸 알면 당신도 분명히 놀랄 거야. 하지만 여보, 당신도 나도 어쩔 수 없어. 나도 이해가 안되거든. 나도 많은 여자들, 아주 괜찮은 여자들도 만났지. 혼자이긴 싫으니까. 하지만 두세 번 만나보면 이들은 모두 잿더미같이 느껴져. 당신만이 내게 남아있어. 당신은 실제로 존재하니까.

사랑하는 나의 아내, 당신을 흠모해.

당신을 사랑해. 당신은 세상을 떠났지만.

- 리치

추신) 이 편지를 보내지 않은 날 용서해줘. 당신의 새 주소를 모르거든.

아내를 떠나보내고 2년 후에 사랑하던 아내에게 이런 편지를 썼다는 사실은 이미 파인먼을 따라다니기 시작한 일화와 이미지들의 집합인 파인먼 도상학[16]의 일부가 되지 못했다. 편지는 봉투에 넣어져 상자에 들어갔다. 파인먼이 사망하기 전까지 아무도 이 편지의 존재를 몰랐다. 아울러 아버지 장례 때 묘지에서 분노를 터뜨린 일은 친구들에게도 언급하지 않았다. 이들은 암묵적으로 동의한 도덕률 중 하나인 위선에 대한 파인먼의 반감을 알고 있었음에도 말이다. 파인먼은 격한 심정으로 고통을 받을 수도, 수줍음, 불안감, 분노, 걱정 또는 슬픔으로 기분이 상할 수도 있었기에 아무도 그를 만나러 가까이 다가오지 않았다. 대신 친구들은 항간에 떠도는 이야기를 듣게 되었다. 예컨대 순진무구함과 유머, 무모함, (탁월함이 아닌) 상식적인 영리함과 『벌거벗은 임금님』에서 임금이 옷을 입지 않았다 지적하는 아이의 정직함 덕분에 관료제나 어떤 인물 또는 상황을 굴복시키는 영웅적 면모, 파인먼이 의도치 않았던 설화가 생기고 있었다. 이야기들은 적어도 의미로 볼 때 사실이었다. 모든 이야기들이 선택적으로 불완전하지만 말이다. 이 이야기들은 숭배되고, 다듬어졌으며, 반복하여 떠돌기도, 때로는 회상되기도 했다.

로스앨러모스에서 파인먼과 친구들은 이미 징병검사 이야기가 퍼지며 변질되는 다양한 버전을 경험했다. 이를테면 한 육군 검사관이 파인먼에게 손을 내밀어달라고 요구하자, 한 손은 손바닥을 위로 다른 손은 아래로 하여 손을 내밀었다. 검사관은 그에게 손을 뒤집으라고 요청했고, 그는 이번에는 한 손의 손바닥을 아래로, 다른 손을 위로 뒤집으며 대칭성에 관한 현자의 가르침을 주며 손을 뒤집었다. 코넬에서 첫 해를 보낸 직후 파인먼은 이 이

---

16) 대상의 일반적 의미와 상징에 대해 파악하고 판정하는 학문. 무신론자인 파인먼이 사망한 아내에게 남몰래 썼던 편지가 파인먼의 이미지에 영향을 미치지 않았음을 말한다.

야기에 약간의 변화를 줄 기회를 얻었다. 육군은 여전히 장병을 모집하고 있었고, 파인먼의 징병 유예기간이 끝나버렸다. 징병 사무소는 새로이 신체검사 일정을 잡았다. 이 이야기에 대한 파인먼의 설명은 이후 수십 년 간 꽤 진지한 형태에서 완전히 우스꽝스러운 형태까지 무수히 회자되었다. 기본적인 형태는 다음과 같다.

파인먼은 속옷 바람으로 신체검사장을 돌아다녔다. "마침내 나는 정신과 의사가 있는 13번 검사장에 도착했지."

마녀 같은 의사. 엉터리. 사기꾼. 파인먼은 정신 의학에 과격한 견해를 갖고 있었다. 그의 정신은 자신의 전문 분야였고, 그는 스스로를 통제하고 있다 여기길 좋아했다. 예민한 정신과 의사라면 파인먼이 이따금 약을 올리겠다는 저의를 품은 대화를 완강히 부인하는 성향에 주목했을 수도 있다. 하지만 저의와 부정은 정신과 의사들의 전문 분야였다. 파인먼은 이들의 모험심(재현 가능한 실험이 부족했음을 비꼬아 쓴 말이다)과 같은 비과학적인 속임수를 두고 최근에 본 알프레드 히치콕 감독의 영화 〈스펠바운드Spellbound〉에 비유하길 좋아했다. 이 영화에서 "한 여자(잉그리드 버그만)가 손이 굳어서 피아노를 칠 수가 없었지…. 훌륭한 피아니스트였는데 말야…." 당시에 연구를 할 수 없었던 파인먼은 자신이 연구하지 못하는 가장 합리적인 이유를 찾으며 감정에 대해서는 결코 고려하지 않았다. "그건 정말이지 따분해…." 그 여자는 자신의 정신과 의사와 화면에서 사라졌다가 다시 나타나 피아노에 앉아 연주한다. "음, 이런 종류의 헛소리는 말야, 그러니까, 내가 참을 수 없거든. 난 정말이지 맘에 안 드네. 알겠나?" 다른 일은 차차하더라도 정신과 의사는 박사다. 그러므로 파인먼은 박사학위를 보유한 것을 경멸할 나름의 이유가 있었다.

담당 정신과 의사는 파인먼의 기록을 보고 미소 지으며 말한다. "안녕하세요, 딕! 어디서 일하시죠?" 아니, 도대체 왜 저자는 나를 딕이라 부르는 거지? 이 사람은 날 잘 모르잖아.

파인먼은 냉담하게 스키넥터디Schenectady라고 말한다. 이건 사실이다. 파인먼과 베테는 그해 여름 제네럴 일릭트릭사에서 일하면서 코넬에서 나오는 급여에 보태고 있었다.

"스키넥터디 어디쯤이죠, 하는 일은 맘에 드시나요, 딕?"

파인먼이 그에게 말한다.

"난 이 사람을 조금도 좋아할 수가 없어. 알겠나? 바에서 귀찮게 말을 거는 사내처럼 말야."

이제 네 번째 질문을 했다. "당신은 사람들이 자신에 대해 이야기한다고 생각하십니까?" 여기서 파인먼은 이런 방식이 틀에 박힌 관례임을 감지했다. 무심한 질문 세 개에 뒤이어 업무에 돌입하기 같은.

"그래서 내가 대답했지. 그럼요." 이 지점에서 파인먼은 이 이야기와 관련하여 오해를 받아 억울한, 결백한 사람의 목소리로 말하기 시작한다. 그는 양심적으로 정직하다. 이 정신과 의사가 절차와 허튼소리를 잊으려 했다면 그를 이해하려고 시도했을 것이다. "난 속일 생각이 없었어…. 난 정직하게 설명하려고 노력했지…."

정신과 의사는 기록한다.

"사람들이 당신을 쳐다본다고 생각하시나요?" 파인먼은 정직하게 아니라고 대답할 것이다. 하지만 정신과 의사는 덧붙인다. "예를 들어 벤치에 앉은 동료들 중 누군가 우리를 보고 있다고 생각하십니까?" 자, 파인먼은 여러 벤치 중 하나에 앉았다. 주변에 동료가 별로 없다. 그는 암산을 해본다. "그러니까 여기에 대략 12명이 있고 이들 중 3명 정도가 보고 있지. 뭐, 그게 이들이 할 수 있는 일의 전부니까. 그래서 내가 보수적으로 말했어. '맞아요. 아마

이들 중 두 명은 우리를 보고 있을 거요.'" 파인먼은 확인하기 위해 몸을 돌리고 충분히 확신한다. 반면 정신과 의사(이 멍청이, 이 얼간이)는 이 말이 사실인지 아닌지 몸을 돌려 알아내려고도 하지 않는다." 그는 과학자도 아니다.

"혼잣말은 하시나요?" "그렇다고 인정했지." (그건 그렇고 내가 자네에게 말한 걸 그 친구에게 말하지 않았어. 가끔 내가 나한테 공들여 말하고 있다는 걸 깨닫는 것 말이야. 예를 들어 '이 적분은 이 항들의 합보다 커질 테니, 압력이 더 커지겠군, 알겠지?', '아니지, 너 미쳤군', '아냐, 난 아니지. 아니, 난 아니라고!' 따위의 대화. 말하자면 난 나와 논쟁하지. 나에겐 왔다갔다 하는 두 가지 목소리가 있어.)

"최근에 부인을 잃으셨군요. 부인께 이야기하십니까?" 이 질문이 불러일으키는 분노는 이 일화가 주는 재미의 한도를 넘어선다.

"머릿속에 맴도는 목소리를 듣습니까?" "아니오." 파인먼이 대답한다. "아주 드물게요." 그는 몇 가지 경우를 인정했다. 사실은 가끔 그가 막 잠이 들 때 독특한 헝가리 억양을 가진 에드워드 텔러의 목소리를 들었다. 시카고에서 그는 원자폭탄에 대해 파인먼에게 첫 브리핑을 했다.

훨씬 더 많은 이야기들이 오갔다. 말하자면 광기의 본성에 관한 논쟁, 생명의 가치에 관한 논쟁. 이 두 경우에서 파인먼은 계속하여 검사관의 화를 돋우었다. 파인먼은 이모 한 분이 정신질환이 있다고 밝혔다. 그리고나서 파인먼의 청중이 깨닫게 되는 것 이상으로 급소를 찌르는 대목이 있다.

"좋아요. 딕. 박사학위가 있네요. 어디서 공부하셨나요?"

"MIT와 프린스턴이오. 당신은 어디서 공부하셨소?"

"예일과 런던이죠. 그럼 뭘 공부하셨나요, 딕?"

"물리학이오. 그럼 당신은 뭘 공부하셨소?"

"의학이죠."

"그럼 **이게** 의학이란 말이오?"

이 이야기에는 몇 가지 사항들이 감춰져 있었다. 파인먼은 맨해튼 프로젝트에서 3년간의 전시 복무를 했기 때문에 자신이 추가 의무 징집으로부터 면제됨을 결코 주장하지 않았다. 아울러 자신이 지금 스물여덟 살의 나이에 징집이 된다면 이론 물리학자로서의 경력에 얼마나 해가 되는지도 언급하지 않았다. 그는 아슬아슬한 줄타기를 해야 했다. 1946년 여름에는 징병을 피하는 일을 재미로 하거나 유행이라 여기진 않았다. 대부분의 사람들은 징병 사무소에 의해 정신박약으로 공표가 되는 일이 군 복무보다 장래에 훨씬 더 악영향을 주기 때문에 차라리 징집을 택했다. 그래서 징병 사무소는 정신질환 검사 때 속임수에 대비하여 몇 가지 안전장치를 마련했다. 예를 들면 과거의 정신 병력을 열람하지 않았다. 왜냐하면 어느 경우든 정신질환 치료는 세대가 지났어도 드문 일이기 때문이다. 또 검사관은 점검 항목의 질문에 답하는 피검자가 자기 진술에 의존할 수 있다고 여겼다. 파인먼은 두 번째 정신과 의사에게 자신의 답변을 반복했다. 텔러의 목소리를 떠올리는 파인먼의 능력은 **입면환각**hypnagogic hallucination[17]으로 기록되었다. 피검자가 기이하게 노려보았다고도 적혀있었다. ("이건 내가 '그럼 이게 의학이란 말이오?'라고 말했을 때 인 것 같군.") 그는 불합격했다.

파인먼은 징병 사무소가 기록을 자체 조사하여 파인먼이 전쟁 중에 핵심적인 물리학 연구를 수행할 수 있도록 징병 유예를 요청한 공식 서한을 발견할 가능성은 생각했다. 최근의 서한들은 파인먼이 코넬에서 장래의 물리학자들을 교육하는 중요한 업무를 수행하고 있다고 서술하고 있었다. 누군가는 파인먼이 검사관들을 계획적으로 속이려 했다 판단할 수 있지 않을까? 파인먼은 자신의 정신질환을 검증하는 데에 어떤 가중치도 두지 말아줄 것

---

17) 부분적으로 의식이 깨어 있는 상태에서 어떤 장면, 소리, 느낌을 경험하는 환각 현상.

을 부탁하며 조심스럽게 작성한 편지 한 통을 보냈다. 징병 사무소는 4F(네 가지 항목에서 부적격함)라고 적힌 새 소집 영장으로 답변했다.

마음의 장벽 주위로

프린스턴 대학교는 그 해 가을, 학교 설립 200주년 기념식을 성대하고 화려하게 치렀다. 각종 파티와 행진 그리고 멀리서 학자들과 고위 인사를 불러 모은 일련의 공식 학회를 준비했다. 디랙은 핵물리학의 미래라는 주제로 사흘간 진행되는 학회에서 기본 입자들에 대해 강연하기로 했다. 파인먼은 한때 자신의 영웅이었던 디랙을 소개하고 강연 후 토론을 이끌어 달라는 초청을 받았다.

파인먼은 이미 익숙한 양자전기역학의 어려운 점들을 재진술한 디랙의 논문을 좋아하지 않았다. 이 논문은 해밀턴 연산자에 주안점을 두었다는 점에서 파인먼이 보기에 시대에 뒤처졌다 생각했다. 막다른 길이었던 것이다. 디랙이 성마른 농담을 많이 하자 후에 강연이 예정되었던 닐스 보어가 진지함이 부족하다고 그를 비판했다. 파인먼은 미해결 상태인 그 이론에 대해 진심 어린 논평을 했다. "우리는 수학적인 형식에서 디랙의 전자론과 같은 직관적인 도약이 필요합니다. 우리에겐 천재의 손길이 필요하죠."

하루가 흘러가는 동안 로버트 윌슨은 양성자의 고에너지 산란에 대해 이야기했고 로렌츠는 캘리포니아의 가속기에 대해 강연했다. 파인먼이 창문 밖을 내다봤을 때 디랙이 잔디밭 한 쪽에서 나른하게 누워 하늘을 올려다보고 있었다. 파인먼은 전쟁 전부터 디랙에게 묻고 싶었던 질문거리가 있었다. 그는 강연장을 나가 디랙 옆에 앉았다. 디랙이 1933년 발표한 논문은 파인먼이 고전역학에 나오는 **작용**action의 양자역학적 형태를 발견하는데 중요 단서를 제공해 주었다. 디랙은 다음과 같이 썼다. "이 모든 논의의 양자역학적 유사물analogue이 무엇인지 이해하는 것은 이제 쉬운 일이다." 하지만 파인먼이 이 '유사물'이 실제로 정확하게 비례한다는 것을 발견할 때까지 디랙뿐만 아니라 어느 누구도 이 단서를 추적하지 않았다. 여기에는 엄밀하고 잠재적으로 유용한 수학적 유대가 존재했다. 이제 파인먼은 이 위대한 인물이 두 개의 양이 서로 비례한다는 것을 줄곧 알고 있었는지 물었다.

"그런가?" 디랙이 말했다. 파인먼은 그렇다고 대답했다. 잠시 침묵한 다음 디랙은 떠나 버렸다.

파인먼의 명성은 대학가에 널리 퍼졌다. 그에게 각종 일자리 제안이 들어왔다. 하지만 이 제안들은 정도를 벗어나 적절하지 않은 듯했고, 결정적으로 그의 좌절감에 아무런 도움이 되지 않았다. 오펜하이머가 봄 학기에 캘리포니아로 파인먼을 초청했으나 그는 이를 거절했다. 코넬은 파인먼을 부교수로 승진시키고 급여를 올려주었다. 펜실베이나 대학교의 물리학부 학과장은 신임 이론분과장을 원했다. 여기에 베테가 개입했다. 베테는 파인먼을 보내줄 의사가 없었으므로, 펜실베니아 학과장인 후배를 세심하게 설득했다. 베테는 비생산적인 28세의 교수가 한 대학에서 이론 그룹의 주역이라는 심리학적인 책임을 떠맡는 것은 파인먼에게 해로운 일이라 생각했다. 무엇보다 파인먼은 은신처가 필요하다 여겼다. (베테는 펜실베니아 대학교의 총장에게 파인먼이 두 번째로 실력 있는 젊은 물리학자라고 말했다. 슈윙어 다음이라고 말이다.)

파인먼을 가장 놀라게 한 동시에 압박감을 준 제안은 같은 해 봄, 아인슈타인 연구소인 프린스턴 고등과학원으로부터 온 것이었다. 오펜하이머가 고등과학원의 원장으로 부임하여 파인먼을 원했다. 프린스턴의 학과장이었던 스미스 역시 파인먼을 찾았다. 이 두 기관은 특별 겸임직을 제안하며 파인먼의 의향을 떠봤다. 이런 기대에 부응하지 못할 수 있다는 파인먼의 불안감은 최고조에 달했다. 그는 마음의 장벽을 부수기 위해 다양한 전략을 취했다. 한동안 매일 아침 8시 30분에 일어나 연구를 시작하려 노력했다. 파인먼은 어느 날 아침 면도할 때 거울을 들여다보며 혼자 되뇌었다. 프린스턴의 제안은 말도 안 되기에 도저히 이를 수락할 수 없고, 게다가 이들이 가진 자신을 향한 기대를 책임질 수 없다고 말이다. 그는 결코 아인슈타인이 되고자 한 적이 없다. 이건 그들의 실수였다. 잠시 마음이 가벼워졌다. 책임감이 어느 정도는 사라지는 듯했다.

오랜 친구이던 윌슨이 코넬에 막 도착하여 핵 연구소를 지휘했다. 베테와 더불어 윌슨은 파인먼의 기분을 감지하고 이야기를 나누기 위해 그를 초대했다. "너무 걱정 말게." 그가 파인먼에게 말했다. "우리에게 책임이 있어. 우린 교수를 고용하고, 위험을 무릅쓰지. 만족스럽게 강의를 하는 것으로 협상에 충분한 역할을 수행하는 거야." 이 말을 들은 파인먼은 '**과학의 미래**'가 자신의 임무로 여겨졌던 시절을 그리워했다. 다시 말해 물리학자들이 우주를 바꾸고 미국 과학계에서 가장 강력한 정치 세력이 되기 그 이전, 어마어마한 예산을 보유한 기관들이 할리우드 스타들처럼 핵물리학자들을 쫓아다니지 않던 시절 말이다. 그는 물리학이 놀이였던 때를 기억했다. 수도꼭지에서 흘러나온 물줄기가 3차원 공간에서 우아하게 줄어들며 만드는 곡선을 보던 때, 그리고 왜 그런지 이해하려 애쓰던 시절 말이다.

며칠 후 파인먼은 학생식당에서 밥을 먹고 있었다. 갑자기 가장자리에 학교 문장이 새겨진 식판을 누군가가 공중으로 던졌다. 접시가 날아가는 순간 그가 품었던 오랜 의문의 실마리를 찾았다고 여길만한 경험을 했다. 접시가 **회전할 때, 흔들거렸다**. 학교 문장 때문에 파인먼은 접시의 회전과 흔들림이 동시적이지 않음을 알아볼 수 있었다. 하지만 바로 그 순간, 그에게는 이 두 가지 형태의 회전이 서로 관련 있는 것처럼 보였다(물리학자로서의 직관 때문이었을지도 모르겠다). 파인먼은 '이제 놀아봐야겠다'고 혼잣말했다. 그래서 이 문제를 종이에 계산해보려 했다. 이 문제는 의외로 복잡했지만 라그랑지안과 최소작용원리를 사용해서 흔들림과 회전의 관계가 2:1의 비율임을 알아냈다. 결과는 충분히 깔끔했다. 그런데도 이 뉴턴 힘을 직접적으로 이해하고 싶었다. 파인먼이 첫 이론 수업을 들었던 대학 2학년 때 도발적으로 라그랑지안 접근법의 사용을 거부하고 직접적으로 이해했던 것처럼 말이다. 그는 자신이 발견한 것을 베테에게 보여주었다.

"그런데 여기에서 중요한 점이 뭔가?" 베테가 물었다.

"중요한 것은 없습니다." 파인먼이 말했다. "대상이 중요한지의 여부는 상관 안 합니다. 그저 재미있지 않나요?"

"재미있네." 베테가 동의했다. 파인먼은 이제부터 자신이 하고자 하는 것은 재미있게 노는 것이라고 그에게 말했다.

이런 기분을 유지하니 의도적인 노력으로 이어졌다. 사실 파인먼은 자신의 포부 가운데 어느 것도 포기하지 않았기 때문이다. 만약 자신이 허우적대고 있다면 양자역학의 결함을 해결하고자 전념하는 훨씬 더 유명한 이론 물리학자들도 그럴 것이었다. 파인먼은 그해 가을 디랙과 극명한 견해차가 있음을 잊지 않았다. 파인먼은 디랙이 과거로 역행했다는 것과 대안적인 접근법이 분명 가능할 것이라고 확신했다. 1947년 초, 파인먼은 친구 웰턴에게 자신의 계획이 얼마나 멋들어진 것인지 알려주었다. (웰턴은 당시에 오크리지[18]의 상설 공장에서 일하고 있었다. 그는 오랜 세월이 지나 이곳에서 경력을 마감했다. 웰턴은 전쟁으로 인한 엇갈린 진로 선택 때문에 경력이 발목잡혔다는 실망감을 끝내 떨쳐내지 못했다.) 파인먼은 재미있는 시간을 보내고 있는 것에 대해서는 아무 말도 하지 않았다. "난 현재 일반적인 연구 프로그램에 관여하고 있어. 단지 수학적인 방식만이 아니라 이론 물리학의 모든 분야에 대한 생각들을 이해하고 싶거든"이라고 파인먼은 썼다. "자네도 알다시피 난 요즘 디랙 방정식과 씨름하고 있지." 그는 베테에게 이야기했던 식당 접시의 축 흔들림axial wobble과 디랙이 전자에 성공적으로 도입했던 스핀이라는 추상적인 양자역학적 개념 사이를 연결 지었다.

오랜 세월 뒤에 파인먼과 디랙은 한 번 더 만났다. 이들은 어색하게 몇 마디를 주고받았다. 대화는 너무나 이상했다. 대화가 들리는 곳에 있던 한 물리학자가 핀터Pinter[19]의 작품을 연상시키는 듯한 이상한 이 대화를 곧바로 받아 적었다.

파인먼: 저는 파인먼입니다.

디랙: 디랙입니다. (침묵)

파인먼: 그 방정식을 발견하신 것은 멋진 일입니다.

디랙: 오래전 일이죠. (잠시 멈춤) 무슨 연구를 하시오?

파인먼: 중간자입니다.

디랙: 중간자에 관한 방정식을 찾으려고요? 아주 어렵네요.

파인먼: 누군가는 시도해야죠.

단지 디랙이 방정식을 발견했다는 것만으로도 다른 누구보다 존경받는 대상이 되었다. 마니아들에게 디랙 방정식은 마술 같은 해결책이라는 장점

---

18) 핵 개발 연구소와 핵 시설이 있던 곳이다.

19) 영국의 극작가, 시나리오 작가, 영화감독 및 배우. 2005년 노벨 문학상을 수상했다. 사뮤엘 베케트의 <고도를 기다리며>와 같은 부조리극의 영향을 받았다. 여기에서는 핀터의 연극이 처음에는 아무 문제가 없는 것처럼 시작하다가 점차 위협적이고 부조리한 상황으로 진행하는 흐름을 가리킨다.

을 결코 잃지 않았다. 이 방정식은 상대론적이었다. 게다가 빛에 가까운 속력을 다룰 때에도 변형없이 살아 남았다. 그리고 이 방정식은 스핀을 전자의 본래 특성으로 만들었다. 스핀을 이해한다는 것은 물리학의 새로운 언어 일부가 가진 믿기 어려운 비현실성을 이해한다는 의미였다. 그래도 스핀은 다음 입자의 특성 중 일부와 같이 기이하거나 추상적이지는 않았다. 이 특성들은 **색**color과 **맛**flavor이라 불리는, 입자들의 비현실성에 대해 반은 재치 있고 반은 체념하듯 인정한 특성이었다. 여전히 스핀을 문자 그대로 간신히 이해할 수는 있다. 전자를 작은 달처럼 보는 것이다. 하지만 전자가 또한 극히 작은 하나의 점이라면 고전적인 방식으로 회전할 수 없다. 게다가 전자가 또한 확률의 흔적이면서 동시에 속박된 공간 속에서 반향하는 파동이라면, 어떻게 이 물체가 '**회전**'한다 말할 수 있을까? 도대체 어떤 종류의 스핀이 (양자역학적 스핀이 그렇듯이) 기본 단위의 양 또는 절반 단위의 양으로 도입될 수 있을까? 물리학자들은 스핀이 일종의 회전이라기 보다 대칭성의 일종으로 생각하도록 배웠다. 그러니까 어느 시스템이 어떤 회전을 할 수 있다는 것을 수학적으로 진술하는 방식으로서 말이다.

스핀은 파인먼이 프린스턴에서 쓴 박사학위 논문에 남겨둔 것처럼 그의 이론이 해결해야 할 과제였다. 일상적인 역학에서 작용량은 그러한 특성을 포함하지 않았다. 게다가 파인먼의 이론이 회전하는 상대론적 전자(곧 디랙전자)에 적용될 수 없다면 쓸모없게 될 것이었다. 그의 연구를 가로막는 장애물 중 이 부분이 가장 힘든 점이었다. 예를 들어 식당에서 접시가 날아갈 때 파인먼이 흔들거리며 회전하는 접시에 주목했던 것은 어쩌면 당연한 일이었다. 그가 취한 조치는 독특하고 특징적이었다. 이 문제를 골격만 남겨 1차원 우주(혹은 공간과 시간의 2차원)로 축소시켰다. 이 우주는 단지 직선이며 입자는 여기에서 단 한 가지 종류의 경로, 즉 날뛰는 벌레처럼 앞뒤로만 이동할 수 있다. 파인먼의 목표는 프린스턴에 있을 때 고안했던 방법(한 입자가 취할 수 있는 가능한 모든 경로의 총합을 구하는 방법)으로 시작하는 것이었다. 그리고 1차원 세계에서 1차원 디랙 방정식을 유도할 수 있는지 알아보려 했다. 그는 다음과 같이 적었다.

디랙 방정식의 기하학적 구조. 1차원
확률=각 경로의 기여분에 대한 총합의 제곱.
경로는 광속으로 지그재그로 나아감.

여기에 그는 새로운 것, 곧 지그재그 경로를 파악하기 위해 순수하게 도식적인 도표를 추가했다. 수평 방향의 차원은 하나의 공간 차원에 해당하고, 수직 방향의 차원은 시간을 나타냈다. 그는 1차원 그림자 이론의 세부사항을 성공적으로 해결해냈다. 입자들의 스핀은 파동의 위상처럼 '위상'을 의미했다. 아울러 그는 한 입자가 지그재그로 나아갈 때마다 위상에 어떤 일이 일어나는지에 대해 임의의 가정을 했다. 위상은 경로들의 합을 구하는 수학에 결정적이었다. 왜냐하면 경로들은 이들의 위상들이 어떻게 겹치는지에 따라 서로 상쇄되거나 보강될 것이기 때문이었다. 파인먼은 이러한 진척에 흥분하면서도 이론의 일부를 발표하려고 시도하지는 않았다. 앞으로의 과제는 이 이론의 공간을 더 펼쳐 더 많은 차원으로 확장하는 일이었다. 그런데 그는 이 오래된 수학을 공부하기 위해 도서관에서 오랜 시간을 보냈지만 성공하지 못했다.

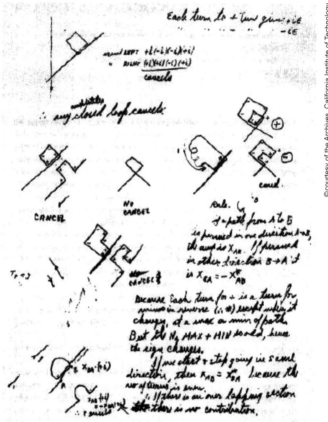

파인먼은 1차원 우주에서 한 입자가 취하는 경로를 고려했다. 한 입자는 직선 위에서 앞뒤로 제한된 운동을 하며 항상 광속으로 이동한다. 그는 입자의 왕복운동을 공간 차원은 수평 방향으로, 시간 차원은 수직 방향으로 가시화하여 그림으로 나타냈다. 따라서 시간의 경과는 페이지의 위쪽을 향하는 운동으로 표현된다. 이 장난감 모형에서 파인먼은 입자 하나가 취할 수 있는 가능한 모든 경로가 만들어낸 기여분을 더함으로써 양자역학의 주요한 방정식을 유도할 수 있음을 발견했다.

무한대 줄이기

전쟁이 끝난 첫 해에 파인먼이 느꼈던 좌절감은 저명한 이론 물리학자들 사이에 번지는 무력감, 패배감과 비슷했다. 처음에는 개인적이었지만 나중에 공유하게 된 이 감정은, 물리학계 밖으로 드러나지 않았다. 물리학자들이 누렸던 대중적인 영예와 심리적 내상의 괴리는 어느 것보다 더 컸다.

그 원인을 파악하기 어려웠다. 이 고민의 핵심은 한 방정식의 연이은 항들을 계산할 때 어떤 양이 발산하려는 수학적인 경향을 해결하기 어렵다는 점이었다. 연이은 항들은 중요성에 따라 사라져야 했지만 사라지지 않았다. 물리적으로 비유하면 전자에 가까이 다가갈수록 전자의 전하와 질량이 더 크게 나타나는 듯했다. 이는 파인먼이 프린스턴 시절 이후 줄곧 씨름해오던 무한대로 이어졌다. 마치 양자역학이 훌륭한 1차 근사를 도출했지만 뒤따라온 시시포스의 악몽과 유사했다. 물리학자가 몰아붙일수록 계산의 정확도는 더 떨어졌다. 곧 전자의 질량과 같은 양들은 이론을 극한까지 고려하자 값이 무한대가 되었다. 물리학자들은 이런 공포를 이해하기 어려웠고, 그 당시에는 이에 대한 어떤 낌새도 대중에 드러나지 않았다. 그러나 이는 이론적인 난제만은 아니었다. 실용주의를 표방하는 물리학자도 결국에는 이 문제에 직면해야 했다. 파인먼은 훗날 다음과 같이 말했다.

기하학적 구조를 이해한 상태에서 한 변의 길이가 1.5m인 정사각형에 대각선을 긋는다 상상해봅시다. 나는 대각선의 길이가 얼마나 되는지 알아내려고 합니다. 내가 능숙하지 않아 무한대 값을 얻습니다. 소용없는 일이죠…. 우리가 찾는 대상은 철학이 아니라 실제 사물의 움직임입니다. 그렇게 나는 절망한 채 대각선의 길이를 측정합니다. 하, 거의

2.1m군요. 무한대나 0이 아니고 말입니다. 그러므로 우리는 대상을 측정할 때 이렇게나 터무니없는 답을 내놓는 이론을 만들었습니다….

전자에 대한 실험적인 기준을 마련하기란 쉬운 일이 아니다. 이것은 1차 근사값이 실험실에서 지금까지 측정한 결과와 잘 일치했던 하이젠베르크, 슈뢰딩거, 디랙의 독창적인 이론 덕분이다. 어쨌든 더 좋은 결과가 도출되고 있었다.

한편 이론 물리학의 상황에 대해 심사숙고하던 과학자들은 우울감에 빠져들었다. 원자폭탄의 여파로 이들은 허탈감을 느끼는 듯했다.

"지난 18년의 시간(곧 양자역학의 탄생 이후의 기간)은 이번 세기에서 가장 무익한 시기였습니다." 1947년 봄, 라비는 동료들과 점심식사를 하며 말했다. 라비는 컬럼비아 대학에서 생산적인 집단의 책임자로서 명성을 누렸지만 말이다.

"이론가들은 명예롭지 못했습니다." 특히 조숙한 물리학도였던 머리 겔만에게는 그렇게 보였다.

빅토르 바이스코프는 "기본 입자들에 관한 이론은 막다른 길에 도달했습니다"라고 썼다. 그는 모든 이가 아무런 소득 없이 분투하고 있으며, 특히 전쟁 이후에 모두가 욱신거리는 이마를 똑같은 벽에 반복해서 찧고 있다 말했다.

수십 명의 사람들이 수학적 곤경에 빠진 듯했고 이론 물리학자들이 지금까지 겪은 가장 심각한 위기에 처한 듯했다. 모두에게 찾아온 위기였다. 바이스코프는 색다른 모임을 준비하고 있었다. 뉴욕 과학원New York Academy of Sciences의 전임 의장이었던 던컨 매킨스Duncan MacInnes는 현재의 학회가 통제하기 힘들 정도로 커지고 있다 생각했다. 학회에는 수백 명이 참석하곤 했다. 발표자는 일반적이고 회고적인 강연을 하여 산만한 청중을 만족시키곤 했다. 매킨스는 시험 삼아 20~30명 정도의 손님들만 초대하는 친밀한 학회를 제안했는데, 아늑한 시골 여관 같은 장소에서 개최하기 위함이었다. 1년 이상의 준비과정을 거쳐 그는 6월 초 '양자역학의 기본 과제들'이란 회의 주제에 부합하는 사람들을 엄선하여 램스헤드Ram's Head라 불리는 여관에 모였다. 이 여관은 뉴욕 주 롱아일랜드 동쪽 분기 지역 사이 셸터아일랜드Shelter Island에 있었고, 여름 휴가 시즌을 위해 막 문을 열었다.

바이스코프는 회의의 안건을 정하는 책임을 맡은 사람 중 하나였다. 다른 참가자들은 오펜하이머, 베테, 휠러, 라비, 텔러 그리고 줄리안 슈윙어 및 리처드 파인먼을 포함한 젊은 세대의 대표들이었다.

양복을 입은 수십 명의 물리학자들은 일요일 오후 뉴욕의 이스트 사이드에 모였다. 이들이 올라탄 낡은 버스는 롱아일랜드를 가로질렀다. 가는 길은 경찰 호위 차량이 사이렌을 울리며 이들을 엄호했다. 연회는 태평양에서 복무했던, 원자폭탄이 자신을 구했다고 믿는 지역 상공회의소 임원이 마련해주었다. 연락선은 이들을 셸터아일랜드로 실어 날랐다. 물리학자 몇몇에게 이곳은 온통 비현실적인 느낌을 주었다. 다음날 오전, 이들이 아침 식사를 하러 모였을 때 메뉴판에 "한정된 고객"이라는 문구를 발견하고는 재빨리 인원수를 세었다. 그리고 그들은 이 모임에 참가한 유대인이 이 식당이 지금까지 맞이했던 유대인보다 더 많다고 판단했다. 자리를 함께 한 뉴욕의 어느 기자는 《헤럴드 트리뷴》에 다음과 같이 보고했다. "이런 학회가 이전에 있었는지 알 수 없다…. 이들은 수학 방정식을 중얼거리며 복도를 배회하고, 기술적인 토론을 격렬히 하면서 식사를 한다…." 또 그는 다음과 같이 적었다.

섬 주민들은 과학자들이 갑자기 방문한 것에 대해 꽤나 혼란스러웠다. 주된 의견은 과학자들이 다른 종류의 원자폭탄을 만드느라 바쁘다는 것인데, 이는 전혀 사실이 아니다….

양자역학은 과학의 네버랜드이다. 이 세계는 물질과 에너지가 뒤섞이고 모든 일상생활의 진리가 무의미해지는 곳이다….

산들바람에도 민감하게 반응하는 이들에게 두 명의 젊은 학자, 특히 슈윙어와 파인먼은 새로운 생각을 구상하는 것처럼 보였다. 슈윙어는 3일간 자신의 생각을 알리지 않는 스타일이었고, 파인먼은 자신의 방법을 몇 사람에게 시험해보는 스타일이었다. 네덜란드의 젊은 물리학자 에이브러햄 페이스는 파인먼이 개략적인 그림을 사용하여 번개 같은 속도로 결과를 유도하는 것을 지켜보았으나 이해하지 못해 당황했다. 마지막날 오전에 오펜하이머가 몇 마디 언급한 후 파인먼에게 자신의 연구에 대해 모임 전체에 약식으로 설명해줄 것을 요청했다. 파인먼은 기꺼이 그렇게 했다. 사실 아무도 이해하지 못했다. 한 청중의 일기는 이를 이렇게 기록했다. "분명한 목소리, 거침없는 언변 그리고 설명적인 몸짓, 때때로 열정이 넘침."

그러나 학회에서는 실험가들, 특히 컬럼비아 대학교에서 라비가 불 지피던 화로를 다루던 실험가들로부터 나온 소식이 주목받았다. 컬럼비아 그룹은 빠르게 성장하는 입자가속기 시대에 수수하고 평범해 보이는 기술을 선호했다. 물론 이들 역시도 전쟁 중에 신설된 방사선 실험실과 마그네트론 및 마이크로파로부터 나온 신기술을 동원했다. 윌리스 램Willis Lamb[20]은 오븐이 내뿜는 뜨거운 수소원자 묶음에 마이크로파를 쬐었다. 그는 수소 원자 내 전자들의 에너지 준위를 정확하게 측정하려고 시도했고, 성공했다(분광학

---

20) 미국의 물리학자. 자기공명 원리를 이용하여 수소원자의 미세 구조를 발견(램 이동)한 업적으로 1955년 노벨 물리학상을 수상했다.

의 기술로는 이러한 정밀도를 얻은 적이 없다). 동일했던 두 에너지 준위 사이에 분명한 차이가 있음을 발견한 것이다. 다시 말해 수소원자 및 전자에 대해 가장 널리 쓰였던 디랙의 이론을 따르면 두 에너지 준위는 '**동일**'**해야 했다**. 이때가 4월이었다. 램은 잠자리에 들면서 손잡이며 자석 또는 검류계로부터 나오는 빛이 반사하는 지점, 그리고 자신의 실험과 디랙의 이론 사이에 분명히 존재하는 차이에 대해 생각했다.

다음 날 잠에서 깬 그는 **노벨상**을 떠올렸다(정확히 그렇게 되었다). 곧 램이동으로 불리게 될 현상에 대한 소식은 램이 학회 첫날 상세한 보고 자료를 만들기 전에 이미 셸터아일랜드의 참가자들 대부분의 귀에 전해졌다. 참석한 이론가들은 실험결과가 이론과 모순될 때 과학의 진보가 이루어진다는 뻔한 소리를 반복해서 말했다. 이렇게 흠 없는 사례를 본 사람은 거의 없었다(이론이야말로 이론과 더 자주 모순되었다). 이를 듣던 슈윙어에게는 양자전기역학의 문제가 무한대나 0인 것이 아니라, 이들 앞에 서 있는 유한하고 작은 숫자라는 것이 요점이었다. 로스앨러모스와 방사선 연구소 출신 연구자들은 이론 물리학의 역할이 이 숫자들의 타당성을 보이는 일이라는 점을 알고 있었다. 학회의 나머지 일정은 슈윙어를 포함한 모두에게 불안정한 도취감이 채웠다. "성스러운 디랙의 이론이 사방에서 무너지고 있다는 사실이 믿어지지 않았죠." 회의가 잠시 중단되었고 슈윙어는 오펜하이머와 함께 수상비행기로 학회장을 떠났다. 또 다른 물리학자는 양자 전기역학이 크게 실패했다고 말했다. 램의 정교한 실험을 제외하고 모든 실험에 충분히 정확했던 이론에게는 가혹한 평가였다. 하지만 결국 물리학자들은 이 이론이 무한대로 인해 치명상을 입었다는 것을 알았다. 실험은 물리학자들이 계산할 수 있는 실수들을 내놓았다. 디랙의 이론에 따른 세계가 그다지 정확하지 않다는 것을 정확히 보여주는 숫자들을 말이다.

다이슨

그해 가을, 프리먼 다이슨이 코넬 대학교에 왔다. 코넬의 몇몇 수학자들은 이 영국인의 연구를 들은 적이 있었다. 흔하지 않았던 이름인 데다 수학에서 그의 비범함도 꽤나 알려져 있었다. 하지만 수학자들은 물리학부에 합류하는 작은 키에 매부리코를 한 스물세 살의 남자가 설마 다이슨일 리 없다고 생각했다. 다른 대학원생들은 그가 상냥하지만 파악하기 어려운 사람이라 여겼다. 그는 늦게 잠들었고 《뉴욕타임스》를 사무실에 가져와 점심 때까지 읽었다. 그리고 책상에 다리를 올린 채, 어쩌면 눈도 감고서 오후 시간을 보냈다. 가끔 베테의 연구실을 방문하기도 했다. 그곳에서 무슨 일을 했는지는 아무도 몰랐다.

다이슨은 영국에서 가장 뛰어난 두세 명의 영재 중 한 명이었다. 그는 상당히 교양 있는 중산층 출신 자제였다. 늦게 결혼한 탓에 다이슨 부부는 중년의 나이에 아들 프리먼 다이슨을 얻었다. 아버지 조지George는 남부의 학교에서 작곡과 지휘를 하고 음악을 가르쳤다. 나중에 그는 영국 왕립음악대학Royal College of Music의 책임자가 되었다. 어머니 밀드레드Mildred는 개업하지 않았지만 변호사로 교육받았고 초서Geoffrey Chaucer[21]와 고대 그리스 및 로마의 시인 같은, 문학에 대한 깊은 애정을 다이슨에게 전해주었다. 여섯 살 때 그는 백과사전을 펼쳐 놓고 앉아 종이에 길고 집중을 요하는 계산을 하곤 했다. 그는 어릴 적부터 몹시 침착했다. 언젠가 그의 누나가 그를 가로막고 유모가 어디에 있는지를 묻자 다음과 같이 답했다. "난 유모가 확실히 다른 곳에 있을 거라 생각해." 그는 인기 있던 천문학 책 『장엄한 우주The

---

21) 영국 '시의 아버지'로 불리는 중세의 시인. 대표작은 「캔터베리 이야기」이다.

Splendour of the Heavens』를 읽었으며, 쥘 베른Jules Verne의 과학소설SF도 읽었다. 그가 여덟아홉 살 무렵에는 직접 『필립 로버츠 경의 소행성-달 충돌Sir Phillip Roberts's Erolunar Collision』이라는 SF소설을 쓰기도 했는데, 원숙하게 다듬어진 리듬감 있는 문장하며 어른스러운 문학적 흐름감을 지녔다. 다이슨의 소설 속 주인공은 계산과 우주선 설계 모두에 재주가 있는 과학자였다. 짧은 문장을 선호하지 않았던 프리먼은 대중의 찬사에 편안함을 느끼지만 연구할 때는 혼자 있기 좋아하는 과학자를 상상했다. 그의 소설은 다음과 같이 시작했다.

"나, 필립 로버츠 경과 내 친구 메이저 포브스는 방금 자연의 중대한 비밀을 해명했습니다. 이따금씩 지구에 근접하는 소행성인 에로스eros는 잘 알려져 있습니다. 에로스는 앞으로 10년 287일 후에 지구로부터 약 480만km 이내로 접근할 겁니다. 통상적으로 37년마다 2,100만km 이내로 접근하는 대신 말이죠. 그런 이유로 이 행성이 지구로 떨어질 가능성이 보다 커집니다. 따라서 저는 이 사건의 상세한 전말을 계산해야 한다 알리는 바입니다!"

(중략)

환호성이 멈추고 모두가 집으로 떠났을 때도 흥분상태는 사라지지 않았다. 아니, 오히려 더 진화했다. 모든 이가 되는 대로 계산을 하고 있었다. 몇몇은 합리적이었지만 다른 몇몇은 그렇지 않았다. 하지만 필립 경은 평소보다 더 침착하게 자신의 서재에서 글을 썼다. 아무도 그가 무슨 생각을 하고 있는지 알 수 없었다.

다이슨은 아인슈타인과 상대성이론에 관한 대중 서적을 읽었고, 학교에서 가르치는 수준 이상의 고급수학을 배울 필요가 있음을 깨닫고 과학도서 출판사에서 다른 책을 더 주문했다. 그의 어머니는 수학에 대한 아이의 관심이 집착으로 변하고 있음을 느꼈다. 열다섯 살 크리스마스 방학 동안 매일 아침 6시부터 밤 10시까지 피아지오H. T. H. Piaggio의 『미분방정식』에 수록된 700여 개의 문제 전부를 체계적으로 공부하며 시간을 보냈다. 같은 해 비노그라도프I. M. Vinogradov가 저술한 최고의 정수론 책이 러시아판만 있다는 것을 알고 좌절감을 느껴 러시아어를 독학한 다음, 책 전체를 세심한 손길로 번역했다. 크리스마스 방학이 끝났을 때, 어머니는 다이슨을 데리고 산책을 나가 라틴계 극작가 테렌티우스Terence [22]의 대사로 충고어린 이야기를 시작했다. "나는 인간이며, 그러므로 어떤 것도 나와 무관하지 않다." 그녀는 계속해서 아들에게 괴테의 『파우스트』 1, 2부의 이야기도 들려주었다. 파우스트 박사가 책읽기에 몰두하는 부분, 지식과 권력에 대한 파우스트의 갈망과 사랑할 가능성을 희생하는 파우스트를 연기해가면서 말이다. 이 기억은 너무나 강렬한 나머지 훗날 다이슨이 영화 〈시민 케인〉을 볼 때 어머니가 들려준 파우스트의 화신을 다시 떠올리고 눈물을 흘리기도 했다.

전쟁이 시작했을 무렵 다이슨은 케임브리지 대학교 트리니티 칼리지Trinity College에 입학했다. 케임브리지에서 그는 영국의 탁월한 수학자 하디Hardy, 리틀우드Littlewood, 베시코비치Besicovitch로부터 조예 깊은 수학 강의를 들었다. 당시 영국 물리학계는 디랙이 군림하고 있었다.

다이슨이 겪은 전쟁도 파인먼과 크게 다르지 않았다. 영국의 전시 편제 하에서 다이슨은 버킹엄셔 삼림 지역의 영국 공군 폭격사령부에 배치되어,

---

22) 기원전 2세기, 로마 공화정 시기의 극작가. 로마 원로원 의원인 테렌티우스 루카누스Terentius Lucanus의 노예였으나 글을 배운 후 재능을 인정받아 노예 신분에서 벗어났다. 다이슨의 어머니가 인용한 부분은 테렌티우스의 희곡 「자책하는 자Heauton Timorumenos」의 대사이다.

그의 재능이 크게 낭비되었다. 이곳에서 다이슨은 결국 실패한 통계 연구를 했는데, 연구 결과가 공무상의 통념에 반하면 무시되었기 때문이다. 무익한 연구의 기억은 다이슨에게 강하게 남았다. 작전 연구 부서에 있던 다이슨을 비롯한 연구원들은 폭격사령부의 신조와는 반대로 폭격 대원의 안전은 경험과 함께 향상되지 않았음을 알게 되었다. 게다가 탈출용 비상구는 너무 좁아 대원들이 비상시에 사용하기 힘들었고, 돌출된 회전식 포탑은 항공기의 속력을 늦추었을뿐만 아니라 적기보다 더 오래 살아남는 가능성을 증가시키지도 않은 채 승무원 수를 늘렸다. 그 결과 영국의 전략적인 폭격 작전 전체가 실패였다는 것을 깨달았다.

수학은 되풀이하여 입증되지 않은 경험이 거짓임을 보여준다. 특히 입증되지 않은 경험이 젊은이들을 계속 비행하도록 내모는 근거로 채색될 경우 그렇다. 다이슨은 임무수행 중 촬영된 사진들에서 무차별적인 폭격의 양상을 보았고, 민간인 거주지역의 잔해 속에서도 공장들을 계속 가동하던 독일의 능력을 목격했다. 아울러 1943년 함부르크부터 1945년 드레스덴에 이루어진 대공습에 이르기까지 2년간의 군 생활로 다이슨은 도덕적인 나락으로 빠져드는 기분을 느꼈다. 반면 로스앨러모스의 군사 관료체계는 독립적인 생각을 지닌 과학자들과 더불어 어느 때보다도 성공적으로 작동했다. 하지만 다이슨이 경험한 군사 관료체계는 사소하든 그렇지 않든 간에, 관례화된 부정직함을 보여주었고 폭격 사령부의 과학자들은 여기에 이의를 제기할 수 없었다.

이때는 과학기술이라 불리는 과학과 기계장치의 결합 분야가 암울한 시기를 지나던 중이었다. 발명에 적극적이었던 영국은 그만큼 불안해지기 쉬운 경향도 있었다. 기계는 전통적인 삶의 방식을 위협했다. 일터에서 사람들은 인간성을 상실해가는 것처럼 보였다. 세기의 전환기, 검은 매연 구름으로 둘러싸인 영국의 산업 도시를 낭만적으로 묘사하기란 지독하던 소작 농장의

구식 작업 환경보다 더 어려운 일이었다. 마찬가지로 미국도 나름의 러다이
트[23]를 겪었지만 라디오, 전화기, 자동차의 시대에 진보된 기술이 가져올 악
영향을 살폈던 사람은 거의 없었다. 20세기 말 미국인들 사이에 일었던 기
술에 대한 혐오감은 1945년 전쟁의 승리 끝에 태어난 두려움과 더불어 시작
되었다. 다이슨에게 큰 영향을 준 책 중에 1910년 이디스 네스빗Edith Nesbit
이 쓴 『마법의 도시The Magic City』라는 동화가 있다. 이 동화에는 기술에 대
한 달콤쌉쌀한 교훈이 있다. 필립이라는 남자아이는 마법의 도시에서 누군
가 기계를 하나 요구하면, 그는 이 기계를 영원토록 사용해야만 한다는 것을
깨닫는다. 말과 자전거 사이에 선택해야 할 때, 필립은 현명하게 말을 선택
한다. 당시 영국이나 미국에서는 말을 자전거나 자동차 또는 트랙터와 얼마
든지 교환할 수 있었다. 다이슨이 원자폭탄에 대해 알게 되었을 때 그는 『마
법의 도시』를 떠올렸다. 다시 말해 우리가 일단 신기술을 갖게 되면, 이 기술
은 언제나 우리와 함께한다는 사실을 말이다.

하지만 간단한 것은 없다. 다이슨은 책이며 의자, 병 및 철제 침대 틀과
같이 기계로 만든 모든 사물이 갖는 최소한의 순수성을 환영해마지않는 로
렌스D. H. Lawrence[24]의 말을 새기기 위해 다음 부분을 인용하기도 했다. "나
의 목적에 도움을 주는 대상에 대한 소망은 온전히 충족되었다…. 나는 이런
이유로 기계와 발명가에게 영광을 돌리는 바이다." 히로시마에 관한 소식
은 부분적으로 다이슨에게 구원이 되었다. 이 소식은 전쟁으로부터 그를 놓
아주었다. 그러나 그는 전략적인 폭격 행위가 원자폭탄보다 네 배나 더 많은
민간인 사망자를 낳은 것을 알았다. 수 년이 지나 다이슨은 참을 수 없는 악
몽에 시달려 잠에서 깨어나 한밤중에 어린 아들을 깨운 적이 있다. 꿈속에서
비행기 한 대가 땅으로 추락하여 화염에 휩싸였다. 근처에 있던 사람들 중
몇몇은 희생자를 구하기 위해 불길로 뛰어들었다. 다이슨은 몸을 움직일 수

가 없었다.

그는 때때로 사람들에게 내성적이거나 소심한 인상을 주었지만 영국에 있을 때 그의 은사들은 다이슨이 엄청나게 침착하다는 사실을 알았다. 고등학생 때 그는 분할이라고 알려진 순수 정수론 문제에 매달린 적이 있었다. 수의 분할이란 어떤 정수를 전체 수들의 합으로 다시 나누는 방법에 관한 것이다. 예를 들어 4의 분할에는 1+1+1+1, 1+1+2, 1+3, 2+2 그리고 4가 있다. 분할의 개수는 꽤 빠르게 증가하며(정수 14는 135개의 분할을 갖는다), 이 분할수의 증가가 얼마나 빠른지에 대한 문제는 고전적인 정수론의 전반적인 특징을 지닌다. 이는 진술하기 쉽다. 어린 아이도 처음 몇 가지 경우를 계산할 수 있다. 그리고 이에 대한 숙고로부터 종이접기의 복잡성과 아름다움을 지닌 장엄한 세계가 유발된다. 다이슨은 20세기 초 인도의 천재 스리니바사 라마누잔Srinivasa Ramanujan[25]이 밟았던 길을 따랐다. 다이슨은 케임브리지 대학 2학년에 이미 자신이 증명할 수 없었던 분할 문제에 대한 일련의 추측에 도달했다. 그는 이 문제들을 무시하는 대신 자신의 실패를 유익한 것으로 삼았다. 다이슨은 이 결과를 바로 두 번째 논문으로 펴냈다. 다이슨은 한 저명한 교수에 대해 다음과 같이 썼다. "리틀우드 교수가 대수적인 항등식을 사용할 때면 그는 언제나 이를 증명하는 번거로움을 회피하곤 한다. 대신 그는 항등식(항등식이 참이라고 할 때)을 검증할 필요를 느낄만큼 충분히 둔한 이들이라면 누구든 몇 줄에 이를 증명할 수 있다고 주장한다. 나의 목적은 이

---

23) 19세기 초, 영국에서 일어난 노동운동.
24) 영국의 작가이자 시인. 소설 『아들과 연인』, 『채털리 부인의 연인』, 『사랑에 빠진 여인들』, 『무지개』 등으로 잘 알려져 있다.
25) 인도의 수학자. 정식 수학교육을 받지 못했으나 독학으로 무한급수, 정수론 및 수학적 분석법 등을 연구하고 상당한 업적을 남겼다.

런 주장이 틀렸음을 입증하는 것이다….” 다이슨은 자신이 증명할 수 없었던 일련의 흥미로운 항등식을 분명히 밝히겠다고 단언했다. 또 다음과 같이 자랑삼아 언급하기도 했다. “나는 증명하거나 밝힐 수 없는 항등식의 존재와 관련된 더 모호한 추측들에 더 파고들 것이다. 말할 필요도 없이 나는 누락된 증명, 또는 심지어 누락된 항등식을 독자에게 제공할 것을 강력히 권장하는 바이다.” 판에 박힌 수학적 담론은 그에게 어울리지 않았다.

어느 날 디랙의 조교가 다이슨에게 말했다. “나는 물리학을 떠나 수학으로 갈 거야. 물리학은 조잡하고 엄밀하지 못한데다 파악하기 어렵거든.” 이에 다이슨이 대답했다. “나는 정확히 같은 이유로 수학을 떠나 물리학으로 왔습니다.” 그는 수학이 흥미로운 게임이긴 하지만 실제 세계만큼 흥미롭지는 않다고 여겼다. 당시 미국은 물리학을 연구할 만한 유일한 장소인 듯했다. 그는 코넬에 대해 전혀 들은 바가 없었으나, 전 세계에서 그가 같이 일하기에 가장 적합한 인물이 베테일 것이라는 조언을 받았고 베테는 코넬에 있었다.

그는 이곳의 식생과 가능하면 위험한 거주자들에 등장하길 간절히 원하는 탐험가의 태도로 낯선 땅에 갔다. 포커 게임도 처음 해보았다. 그는 “피크닉”이라는 미국식 소풍을 경험했는데 놀랍게도 야외 그릴에 스테이크를 굽기도 했다. 과감히 자동차 여행을 다니기도 했다. 그가 미국에 도착한 직후 부모님께 보낸 편지에는 다음과 같이 썼다. “우리는 황량한 시골을 통과합니다.” 이 경우 황량한 시골은 뉴욕 주의 이타카와 로체스터 사이에 뻗어 있는 교외 지역이었다. 그는 리처드 파인먼이라고 부르는 이론가와 여행했다.

파인먼은 토박이 미국인 과학자로 내가 처음 만난 희귀종의 사례입니다. 그는 양자론의 독자적인 형태를 개발했습니다…. 항상 새로운 생각으로 지글지글 소리가 나는 사람입니다. 대부분은 쓸모 있기보다 극적인 편이며 이 생각들은 새로운 생각으로 덧입혀지기 전까지는 그리 멀리 나아가지 않습니다…. 그에게 새로운 생각이 떠오르면 연구실로 들이닥쳐 화려한 음향 효과를 곁들이고 두 팔을 정신없이 흔들어가며 이를 자세히 설명합니다. 적어도 생활이 따분하진 않습니다.

다이슨은 대학원생에 불과했지만 베테는 그에게 첫 연구과제로 현재 관심을 끄는 문제를 건네주었다. 바로 셸터아일랜드에서 논의되었던 램 이동 문제였다. 베테 자신은 이미 램의 실험이 제기한 이론적인 문제에 첫발을 들여놓은 상태였다. 집으로 돌아오는 기차에서 종잇조각 위에다 이제 곧 동료들이 '내가 했더라면 좋았을 텐데'라고 말하게 될 빠르고 직관적인 계산을 했다. 기차가 스키넥터디에 도착했을 때 파인먼에게 전화하여 자신의 초안이 오펜하이머 수중에 있으며 다른 셸터아일랜드 학회 참석자들에게 일주일 이내에 전달될 것이라 전했다. 그 초안은 직설적인 로스앨러모스 스타일의 추산으로 상대론적 효과를 무시하고 임의로 끊어서 무한대를 피했다. 베테가 찾은 돌파구는 슈윙어의 연구에 포함되었다고 알려진 더 엄밀한 종류의 논의를 대체했다. 베테의 추산은 거의 정확한 값을 내놓았고, 제대로 된 양자전기역학은 새롭고 정밀한 실험을 설명해줄 것이라는 확신에 무게를 실어주었다.

기존의 이론은 원자의 서로 다른 에너지 준위의 존재를 '설명'했다. 이것은 물리학자들에게 에너지 준위들을 계산하는데 이용할 수 있는 유일한 수단이었다. 다른 에너지 값들은 필수적인 양자수들(핵 주위를 도는 전자의 각운동량 및 자체 회전하는 전자의 각운동량)의 다른 조합으로부터 발생했다. 방정식에 들어 있는 어떤 대칭성은, 결과 나타나는 에너지 준위의 쌍이 자연스럽게 정확히 일치하도록 만든다. 그러나 윌리스 램의 실험실에서 이 두 에너지 준위는 일치하지 않았다. 무언가가 누락된 것이 틀림없었다. 베테의 추측처럼 빠진 것은 이론가들의 오랜 골칫거리였던 전자의 자체 상호작용이었다.

이 여분의 에너지 또는 질량은 뱀이 자기 꼬리를 물듯 전자가 자체 자기장과 상호작용하여 만들어졌다. 이 양은 이론적으로 무한하고 실험적으로 무시할 수 있을 때는 귀찮긴 하지만 웬만해선 문제가 되지 않았다. 하지만 이제 이 양은 이론적으로 무한하지만 실험적으로는 실재하는 양이었다. 베테는 셸터아일랜드 학회에서 네덜란드 물리학자 헨드릭 크라머스Hendrik Kramers[26]가 했던 제안을 참고했다. 다시 말해 전자의 "관찰observed"된 질량 (이론가들이 기본량으로 생각하던 질량)은 두 가지 다른 양인 전자의 자체에너지 와 "고유intrinsic" 질량의 조합으로 생각해야 한다는 것이었다. 각각 "맨bare" 질량 및 "꾸민dressed" 질량으로 알려진 고유 질량과 관찰 질량은 특이한 쌍을 만들었다. 고유 질량은 결코 직접 측정될 수 없었으며, 관찰 질량은 제1원리[27]로부터 계산될 수 없었다. 크라머스는 이론가들이 실험 측정값에서 수를 뽑아 이를 수정하는 방법, 혹은 "재규격화"하는 방법을 제안했다. 베테는 투박하지만 효과적으로 이 방법을 시도했다. 질량을 이렇게 처리한 것처럼 전하도 비슷하게 해결했다. 따라서 예전에는 더 줄일 수 없었던 이 양 역시 재규격화 되어야 했다. 재규격화란 방정식의 항들을 조정하여 무한한 양을 유한한 양으로 바꾸는 과정이었다. 이것은 마치 거대한 물체를 렌즈로 관찰할 때 조절 손잡이를 돌려 이미지를 크기에 맞게 줄인 다음 렌즈의 조절 손

---

26) 네덜란드의 이론 물리학자. 전자기파가 물질과 상호작용하는 방식에 대해 많은 연구를 했다.
27) 철학에서는 기초적이고 근원적인 가정을 의미한다. 곧 다른 명제나 가정으로부터 연역될 수 없는 자명하고 토대가 되는 명제를 말하며, 아리스토텔레스가 처음 도입한 것으로 알려져 있다. 수학에서는 공리에 해당하며, 물리학에서는 경험적 수량, 곧 특정한 실험에 의존하는 인자들의 조정과정을 거치지 않고 이론적으로 계산 결과를 도출하는 것을 말한다.

잡이를 다시 한 번 돌려서 다른 물체들을 보는 것 같았다. 게다가 이 물체들 중 하나는 조절 손잡이 자체였다. 이 과정에는 상당한 주의가 필요했다.

한 가지 관점에서 보면 재규격화는 무한대로부터 무한대를 빼는 묵언 기도 같은 일이었다. 대개 이러한 연산 작업은 무의미할 수 있다. 다시 말해 **무한대**(정수 0, 1, 2, 3, …의 개수) 빼기 **무한대**(짝수 0, 2, 4, …의 개수)는 **무한대**(나머지 홀수 1, 3, 5, …의 개수)가 되며 이 세 그룹의 무한대는 분명히 더 큰 실수의 개수를 나타내는 무한대와 달리 모두 동일하다. 이론가들은 자신들이 무한대 - 무한대=0인 특징을 적을 때 기적적으로 한 번은 그렇게 되리라고 암암리에 희망했다. 그리고 이들의 희망이 받아들여졌다는 사실은 세계를 향해 중요한 메시지를 던진 것이다. 그것이 무엇인지는 분명하지 않았지만 말이다.

베테는 다이슨에게 골자만 남긴 램 이동 모형을 과제로 맡기며 스핀이 없는 전자에 대한 램 이동을 계산하도록 주문했다. 이러한 방식은 다이슨에게는 가장 시기적절하게 중요한 문제에 이르는 지름길을 찾도록 하고, 베테가 스스로를 재촉하는 방법이었다. 다이슨은 베테가 발표했던 계산은 어쩌다가 정확한 답을 내놓은 부실한 근사법이라는 것, 다시 말해 한편으론 사기이면서 동시에 천재의 작품임을 알아볼 수 있었다. 한편 다이슨은 점점 보다 분명한 관심의 대상이 된 파인먼과 더 많은 이야기를 나눴다. 다이슨은 베테의 집에서 함께한 저녁식사 자리에서 소란스럽고 열정적인 기운을 가진 이 미국인이 베테의 다섯 살배기 아들 헨리와 노는 모습을 지켜보았다. 파인먼은 아이들과 보기 드문 친화력을 지녔다. 그는 아이들과 횡설수설하거나, 저글링 마술을 부리기도 하고, 다이슨에게는 1인 타악기 밴드처럼 들리는 놀이를 하며 아이들을 즐겁게 해주곤 했다. 그는 단지 누군가의 안경을 빌려 천천히 쓰고 벗은 다음 다시 쓰기만 해도 아이들의 마음을 사로잡을 수 있었다. 아니면 아이들을 대화에 끌어들이기도 했다. 언젠가 파인먼은 베테의 아들 헨리에게 질문했다.

"너는 숫자들이 그 두 배만큼 많이 있다는 걸 알고 있니?"

"아니요, 그렇지 않아요!" 헨리가 말했다.

파인먼은 자신이 그렇다는 것을 증명할 수 있다고 말했다. "아무 숫자나 말해보렴."

"100만이요."

"200만" 파인먼이 말했다.

"27!"

"54" 파인먼은 대답했고, 헨리가 불현듯 요점을 알아차릴 때까지 아이가 언급한 수의 두 배가 되는 수로 계속 대응해주었다. 헨리가 처음 무한대와 실제로 마주한 경험이었다.

당분간 파인먼이나 다이슨은 연구를 본격적으로 진행하지는 않은 듯했다. 다이슨은 부모님에게 보내는 편지에서 파인먼이 "반은 천재이고 반은 익살꾼(다이슨은 나중에 이 표현을 유감스러워했다)"이라고 언급했다. 며칠 후 다이슨은 코넬을 방문 중이던 바이스코프로부터 하버드에 있던 슈윙어의 연구 진행 상황에 대해 듣게 되었다. 다이슨은 파인먼으로부터 들었던 상당히 이질적인 개념들과의 연관성을 감지했다. 그는 파인먼의 반짝임과 무모함 아래에 가려진 체계적인 면모를 보기 시작했다. 다이슨은 부모에게 보낸 편지에서 다음과 같이 언급했다.

"베테의 생각이 쉬운 반면, 파인먼의 생각들은 어려워서 가까워지기 어려운 사람입니다. 물론 이런 이유로 저는 지금까지 베테로부터 많이 배웠습니다. 다만 제가 이곳에 좀 더 오래 머물게 된다면 파인먼과 같이 연구할 기회를 마련해야 할 것 같습니다."

제멋대로 그림을 넣고 생각하여 시각화한 것

물리학자들 나름의 견해에 따르면 무한대, 발산, 다루기 힘든 형식들과 같은 수학적인 것이 장애물이라 한다. 하지만 또 다른 장애물이 배경에 깔려있다. 이 장애물은 출판되었든 그렇지 않았든 표준적인 미사여구에서는 표면에 거의 드러나지 않는다. 다시 말해 시각화가 불가능하다는 것이다. 빛을 방출하는 작용 속에서 어떻게 사람이 원자 또는 전자를 인지할까? 어떤 관념적인 이미지가 과학자를 이끌 수 있을까? 최초의 양자 역설은 물리학자들의 고전적인 직관을 산산조각 내버렸기에 1940년대까지 물리학자들은 시각화에 대해 거의 논의하지 않았다. 이 주제는 과학적 문제가 아닌 심리적인 문제인 것처럼 보였다.

태양계의 축소판인 닐스 보어의 원자는 난처하게도 거짓 이미지가 되어버렸다. 1923년, 보어가 창안한 개념을 기념하는 10주기에 독일의 양자 물리학자 막스 보른Max Born[28]은 이 개념을 다음과 같이 묘사했다. "대우주의 법칙들이 작게는 지상 세계를 반영한다는 생각은 분명히 인류의 정신에 강력한 마법을 발휘하고 있습니다." 하지만 이미 그와 동료들은 이 개념이 시대착오적인 것으로 희미해져감을 알아챌 수 있었다. 이 개념은 **각운동량**과 **스핀**과 같은 용어뿐만 아니라 고등학교 물리 및 화학 과목의 표준 교과과정에 아직 남아 있었다. 하지만 핵 주위를 도는 전자의 이미지는 어떤 개념도 더 타당해 보이지 않았다. 대신 여기에는 공명 모드mode가 있는 파동들, 확

---

28) 독일계 유대인 수학자이자 물리학자. 초기 양자역학 성립에 중요한 기여로 1954년 노벨 물리학상을 수상했다. 헤르만 민코프스키와 특수상대성 이론 연구, 하이젠베르크와 함께 행렬역학을 도입했다. 슈뢰딩거 방정식의 확률 밀도 함수 해석을 형식화하기도 했다. 1933년 나치 집권 이후 영국으로 망명했다.

률적으로 희미해진 입자들, 연산자 및 행렬들, 여분의 차원으로 확장 가능한 공간들, 그리고 시각화를 포기했던 물리학자들의 바람이 모두 함께 어우러져 있었다. 보어는 자신의 논조를 정했다. 자신의 원자 모델에 주어진 노벨상을 수락하면서, 일상적 비유를 통해 설명을 하려는 희망을 포기할 때라고 말했다. "그러므로 우리는 우리의 요구에 신중해져야 하고, 익숙해진 유형의 시각적인 그림을 준비하지 않는다는 의미에서 공식적인 개념들에 만족해야 할 의무가 있습니다." 이 과정에서 긴장이 전혀 없었던 것은 아니었다.

1926년 하이젠베르크는 파울리에게 "슈뢰딩거 이론의 물리적인 부분에 대해 생각하면 할수록 점점 더 역겨움을 느낀다"라며 자신의 견해를 밝혔다. "궤도를 도는 전자의 전하가 4차원 내지는 5차원 축을 갖는 공간 전체에 분포되어 있다고 상상해보세요. 슈뢰딩거가 자신의 이론을 시각화할 수 있다고 한 기록…. 저는 이게 쓸모없는 일이라고 생각합니다." 물리학자들은 직관이라고 부르는 개념화 기술의 가치를 높게 평가하면서 동시에 물리적인 이해와 공식적인 이해 사이의 차이에 대해서도 언급했다. 그런데도 물리학자들은 일상의 경험을 닮은, 아원자적 실체에 대해서는 어떤 이미지도 불신하도록 배웠다. 양자 이론가들에게 더 이상 야구공, 포탄, 혹은 소행성은 없다. 방치된 바퀴나 구불구불한 파동도 더 이상 필요 없다. 파인먼의 아버지는 아들에게 수차례 들은 이야기에서 되물은 적이 있다. "원자가 한 상태에서 다른 상태로 전이할 때 광자라고 불리는 빛의 입자를 방출한다는 건 이해되는데…. 원자에서 나온 광자는 이전에 있던 거니? 그러니까 광자는 어디서 오는 게냐? 이게 어떻게 나온다는 거지?" 아무도 이러한 빛의 복사, 전자기장과 물질의 상호작용(양자전기역학을 규정하는 사건)에 대한 관념적인 심상을 지니고 있지는 않았다.

이 심상이 존재했을 법한 곳에는 대신 빈 공간이 있었다. 새로운 물리학이라는, 동요하는 진공처럼 공허하면서 동시에 가능성으로 살아 있는 빈 공간 말이다. 물리학자들은 양자 사건들에 관한 일시적인 상황에도 생각을 고정할 수가 없어서 일부는 새로운 종류의 이론을 세우는 쪽으로 전환했다. 이런 이론은 역설적인 사고 실험들과 **실체, 의식, 인과율** 및 **측정**에 대한 논쟁으로 특징할 수 있다. 이런 논쟁들은 차츰 20세기 후반의 학술 전반에 필수적인 영역을 형성했다. 이 논쟁들은 연기와 부랑자들이 구름처럼 호송대를 따라가듯 물리학의 나머지 영역을 끌고 갔다. 논쟁들은 도발적이면서도 해결할 수 없는 것들이었다. 아인슈타인, 포돌스키, 로젠의 1935년 논문(슈윙어가 열일곱 살 때 라비 교수의 주목을 끌기 위해 선보였던 논문)은 오랫동안 논의되었다. 이 논문은 과거에 입자의 상호작용에 의해 연결되어 있었지만 현재는 멀리 떨어져 있는 두 양자계(아마도 원자들)에 관한 사례를 제시했다. 저자들은 이 원자 쌍 중 한 원자를 측정하는 단순한 행위가 측정할 수 있는 다른 원자에 영향을 미치며, 이 영향은 동시적이므로 빛보다 빠르다. 따라서 이를테면 소급 적용된다는 것을 보여 주었다. 아인슈타인은 이것이 양자역학 법칙에 대한 비판적인 논의라고 간주했다.

보어와 젊은 이론가들은 아인슈타인이 이미 **과거**와 **거리**의 개념이 불편함 없이 고전적인 확신을 가지고 이야기할 수 있는 범주를 넘어섰다 여긴다고 언급하며 낙관적인 태도를 견지했다. 유명한 슈뢰딩거의 고양이 역시 비슷한 맥락이다. 가상의 불쌍한 고양이 한 마리가 독가스가 담긴 유리병과 함께 탐지기가 부착된 상자 안에 있다. 고양이의 운명은 동일한 양자역학적 사건인 원자로부터 광자가 방출하는 사건과 연결되어 있다. 슈뢰딩거의 요점은 물리학자들이 아마도 절반은 일어났거나, 절반은 일어나지 않은 사건들을 확률로 그럴듯하게 계산했지만, 고양이가 살았는지 혹은 죽었는지를 여전히 시각화할 수 없다는 점이다.

물리학자들은 아주 작은 세계에서 일어나는 사건들에 대해 관념적인 모형을 구축해내지 못한 무능력과 소심한 타협을 한 셈이었다. 물리학자들은 **파동** 혹은 **입자**와 같은 용어를 사용할 때(그리고 두 용어 모두를 사용해야 할 때), 말없이 이를 부인하는 별표(*)를 붙이곤 했다. 마치 ***설마**not really라고 말하는 것처럼 말이다. 결국 물리학자들은 현실에 대한 자신의 직업관이 변한 것을 인정했다. 하나의 현실이 존재했다는 것과 인간의 정신은 현실에 이르는 합리적이고 명료한 접근 수단을 가졌다는 것, 그리고 과학자는 이 현실을 설명할 수 있다 상정했던 즐거움이 사라진 것이다. 다시 말해 과학자들에게는 연구 결과물(이론, 모델)이 언제나 잠정적인 방식으로 경험을 해석하고 이해했다는 것을 의미했다. 어두컴컴한 방을 가로지를 때 마음속에 떠올린 시각적인 기억에 의존하는 것처럼 과학자들도 그런 모델들에 극도로 의존했다. 그런데 이제 물리학자들은 자신들이 한 언어를 만들고 있다고 명쾌하게 말하기 시작했다. 마치 자신들이 연구자라기보다는 문학평론가인 양 말이다. 보어가 말했다. "물리학의 과제가 자연이 어떠한지를 알아내는 일이라 생각한다면 오산이다…. 물리학은 단지 우리가 자연에 대해 **말할** 수 있는 것만을 관심 대상으로 한다." 이 말은 언제나 진실이었다. 그럼에도 불구하고 자연은 물리학자들의 실수를 이처럼 날카롭게 들먹인 적은 없었다.

하지만 대부분의 물리학자들은 결국 시각화 작업을 피할 수 없었다. 그들은 형상화가 필요하다고 생각했다. 실용주의적이고 실무적인 어떤 부류의 이론가들은 보고 느끼는 종류의 감각에 근거하여 생각하는 방식을 중시했다. 이것이 바로 **물리적인 직관**의 진정한 의미다. 파인먼은 다이슨에게 아인슈타인의 위대한 업적이 물리적인 직관으로부터 비롯되었다는 것과, 아인슈타인이 직관을 만들어내는 일을 중단한 계기가 "아인슈타인이 구체적인 물리적 심상으로 사유하기를 멈추고 방정식을 조작하는 사람이 되었기 때문"

이라 말했다. 다이슨은 이 말에 동의했다. 직관은 단지 시각적인 것만이 아니라 청각적이고 운동감각적이기도 했다. 파인먼이 진지하게 열중하는 순간을 본 사람에게는 파인먼의 연구 과정이 강렬한데다 심지어 신체 감각을 교란시키는 것처럼 보였을 것이다. 마치 그의 두뇌가 사고기능을 멈추지 않았을 뿐만 아니라 몸의 모든 근육까지 확장된 것처럼 말이다. 코넬 대학교 기숙사의 한 이웃은 파인먼의 방문을 열었을 때 그가 어떤 문제를 고민하면서 침대 옆의 바닥 주위로 뒹구는 모습을 발견했다. 파인먼이 구르지 않을 때는 적어도 리듬감 있게 중얼거리거나 손가락으로 두드리고 있었다. 부분적으로 과학적 시각화 과정은 **자연 속에 자신을 들여놓는 과정**이다. 예컨대 상상하여 그려낸 빛줄기 속에 혹은 상대론적으로 움직이는 전자 속에 말이다. 과학사가 제럴드 홀턴Gerald Holton이 지적했듯이 "여기에 정신과 자연 법칙에 관한 이미지를 만드는 공동의 형상화 과정"이 있다. 파인먼에게 이 과정은 쉽게 자각할 수 있고, 다채로우며, 빠르게 떠는 리듬과 상호작용하는 요소들을 지닌 하나의 본성이었다.

파인먼은 이에 대해 직접 생각해보았다. 소설이나 시에는 관심이 없었지만, 언젠가 한번은 블라디미르 나보코프Vladimir Nabokov의 시 한 구절을 주의 깊게 필사해 두었다. "공간은 눈 속에서 벌떼처럼 들끓고, 시간은 귓속에서 윙윙거린다."[29]

"시각화, 이걸 계속 반복하는 겁니다." 파인먼은 자신을 인터뷰 했던 또 다른 역사학자 실반 슈웨버Silvan S. Schweber에게 말했다.

---

29) 소설 『창백한 불꽃』(김윤하 옮김, 문학동네, 50쪽)에 실린 번역을 인용했다. 이 싯구의 다음 문장은 "이 벌통 속에 내가 갇혀 있다"라는 문장으로 이어지므로, 시의 원문에 나온 '무리 짓다'라는 의미의 swarming를 '벌떼처럼 들끓고'라고 표현한 것으로 보인다. 여기에서는 파인먼이 시각화과정을 지각할 수 있는 자연의 감각적인 리듬을 상상하는 과정과 연결지어 설명했다.

"제가 정말 하려는 것은 무언가를 탄생시켜 명료하게 하는 일입니다. 그러니까 그림이 들어갔지만, 정말로 제멋대로 생각해낸 반反시각적인 어떤 것입니다. 저는 경로가 흔들거리는 모양이나 꿈틀거림을 보려고 합니다. 심지어 지금 제가 영향범함수에 대해 이야기할 때, 먼저 결합을 살펴본 다음, 하나씩 차례대로 시도해 봅니다. 마치 물건이 담긴 커다란 가방이 있는 것처럼 말이죠. 물건들을 다른 데로 모아보고, 밀쳐보기도 합니다. 이건 전부 시각적인 겁니다. 말로 설명하긴 어렵군요.

"어떤 점에서 답을 보신다는 말인가요?" 슈웨버가 물었다.

"물론 답의 특성입니다. 직관에 따라 묘사하는 한 가지 방법입니다. 제가 보기에는 말이죠. 대개 저는 이미지를 더 분명하게 얻으려고 합니다. 하지만 결국에는 수학이 이어받아야만 이미지에 대한 생각을 보다 효과적으로 전달할 수 있습니다.
제가 해결했던 어느 특정 문제의 경우 수학이 실제로 사용되기 전의 방법으로 이미지를 계속 발전시키는 일이 필요했습니다."

장field 자체가 궁극적인 시험대에 올랐다. 언젠가 파인먼은 학생들에게 이야기했다. "나는 이 전자기장에 대해 정확한 이미지를 갖고 있지 않습니다." 시각적으로 나타내기 힘든 대상을 분석하기 위해 시각화하는 나름의 방법을 찾는 과정에서 그는 색다른 교훈을 얻었다. 파인먼이 매일 사용했던 수학 기호들이 운동, 압력, 가속도 등에 관한 물리적 감각과 함께 얽힌 것이다. 아무튼 파인먼는 기호들이 어떻게 다루어질 수 있는지에 대한 자신의 지식을 적용해서 다듬어지지 않은 물리적 직관을 통제할 수 있을 때조차도 추상적인 기호들에 물리적인 의미를 부여했다.

"공간을 통해 이동하는 자기장을 말할 때, 저는 전기장과 자기장에 대해 언급하면서 제 팔을 흔듭니다. 그러면 여러분은 제가 이 팔을 볼 수 있다고 생각할 수 있겠죠. 제가 보는 것을 말해보겠습니다. 저는 일종의 모호하고, 어슴푸레한, 꾸불꾸불한 선들을 봅니다. 그리고 아마 이 선들 중 일부에는 화살표가 있겠죠. 여기, 저기에 화살표가 있는데 너무 가까이에서 볼 때는 사라집니다. 저는 대상들을 묘사하던 기호들과 대상들 자체 사이에 심각한 혼동을 겪습니다."

하지만 파인먼은 수학으로만 물러날 수는 없었다. 수학적으로 장이란 공간의 모든 점들과 관련된 숫자들의 배열이었다. 파인먼은 학생들에게 자신은 이것을 전혀 상상할 수 없다고 말했다.

시각화가 반드시 도표를 의미하는 것은 아니었다. 물리학에 대한 복잡하고, 반의식적이며 운동감각적인 직관이 반드시 막대그림의 형태로 해석될 필요는 없었다. 아울러 도표가 꼭 물리적인 이미지를 표현할 필요도 없었다. 단지 표 혹은 보조 기억 도구일 순 있다. 어쨌든 도표는 양자물리학 문헌에서 보기 드물었다. 한 가지 전형적인 예는 원자의 에너지 준위 개념을 표현하기 위해 수평선들로 이루어진 사다리를 사용한 것이었다.

하나의 준위에서 다른 준위로 내려가는 양자 도약은 광자의 방출을 (시제일치) 동반한다. 반대로 광자를 흡수하면 더 높은 준위로 도약한다. 이 도표에는 광자에 대한 묘사는 나오지 않는다. 다른 도표에서도 나오지 않으며, 동일한 과정에 대해 더 불편한 그림이 나올 뿐이다.

파인먼은 이러한 도표를 한번도 사용하지 않았다. 다만 프린스턴 시절 휠러 교수와 함께 했던 연구에 매우 중요한 특징이 되었던 시간-공간 경로를 떠오르게 하는 다른 종류의 그림들을 노트 면에 채우곤 했다. 파인먼은 전자들의 경로를 직선으로 그렸는데, 노트 면을 가로질러 선을 그려서 공간을 통해 나아가는 움직임을 표현하고, 위쪽으로 선을 그려서 시간의 경과를 표현했다. 그 역시 처음에는 광자의 방출을 그림에서 생략했다. 이 현상은 전자가 하나의 경로에서 다른 경로로 굴절하는 것처럼 나타났다. 광자의 부재는 여러 개의 풍경 중 그림에 선택된 하나의 장면이었던 것이다. 파인먼은 전자들이 입자 형태로 구체화된 광자로서 장과 상호작용 하기보다는, 주로 장의 형태로 전자기장과 상호작용하는 전자라고 줄곧 생각하고 있었다.

1947년 중반, 친구들은 파인먼을 설득하여(협박과 부추김이 필요했다) 그가 줄곧 설명해주던 이론적인 생각들을 책으로 펴내도록 했다. 마침내 파인먼이 책을 출간했을 때, 아무런 도표도 삽입되지 않았다. 책은 기본적으로 파인먼의 학위 논문을 재작업한 것이었지만, 양자전기역학의 여러 사안들에 대한 지식이 성숙해지고 넓어졌음을 보여주었다. 그는 자신이 통찰한 대상에 대한 원리를 주저하지 않고 명백하게 표현했다. 이 생각은 일부 물리학자들에게 파인먼이 지금까지 발표한 생각 가운데 가장 영향력 있는 것이 었다.

파인먼은 20여 년 전 슈뢰딩거와 하이젠베르크가 만든 한 쌍의 공식에 추가할 양자역학의 대안적인 설명을 개발했다고 말했다. 그는 **시공간 경로**

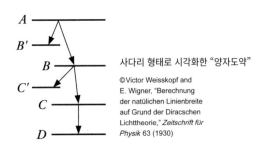

사다리 형태로 시각화한 "양자도약"

©Victor Weisskopf and
E. Wigner, "Berechnung
der natülichen Linienbreite
auf Grund der Diracschen
Lichttheorie," *Zeitschrift für
Physik* 63 (1930)

에 대한 **확률 진폭**이라는 개념을 정의했다. 고전적인 세계에서는 단순히 확률을 더할 수만 있었다. 예를 들어 한 타자의 출루율은 안타를 쳐서 나갈 확률 30퍼센트 더하기 볼넷으로 나갈 10퍼센트의 확률 더하기 실책으로 출루할 확률 5퍼센트를 더하는 식이다. 양자 세계의 확률은 복소수로 표현되었다. 복소수는 수량과 위상을 함께 갖는 수로서 이른바 **진폭** 값을 제곱하여 확률값을 얻는다. 이것은 입자 거동의 파동적인 측면을 포착하는데 필요한 수학적 절차였다. 파동들은 서로 간섭했다. 위상이 같거나 반대인 경우, 파동은 서로 보강하거나 상쇄할 수 있었다. 마치 호수의 물결이 서로 만나 두 배로 깊은 골과 높은 마루를 만들어낼 수 있는 것처럼, 빛은 빛과 결합하여 어둠을 만들고 밝은 띠들과 번갈아 나오게 할 수 있었다.

파인먼은 독자들이 이미 알고 있는, 소위 이중슬릿 실험이라고 하는 양자역학의 표준적 사고실험을 이용해 기술했다. 보어의 이 사고 실험은 파동-입자 이중성이라는 불가피한 역설을 설명해주었다. 예를 들어 전자 다발이 칸막이에 뚫린 두 개의 슬릿을 통과한다. 전자들은 멀리 뒤편에 있는 검출기에 기록된다. 검출기가 충분히 민감하다면 총알이 때리는 것처럼 개별적인 전자의 도착을 기록할 것이다. 검출기는 가이거 계수기의 소리처럼 딸깍하는 소리를 내도록 설계될 수 있다. 그런데 여기서 독특하게 공간적인 무늬가 드러난다. 다시 말해 전자가 다른 위치에 도달하는 확률이 분명히 회절과 같은 방식으로 변한다. 마치 파동이 슬릿을 통과하여 서로 간섭하는 것처럼 꼭 그렇게 말이다. 전자는 입자일까 아니면 파동일까? 양자역학적으로 이 역설을 확정하는 일은 피할 수 없는 결론에 이른다. 곧 각 전자가 두 개의 슬릿을 "보거나", 이에 대해 "알고 있거나" 아니면 어떻게든 두 개의 슬릿을 **통과한다**는 말이다. 고전적인 관점에서 하나의 입자는 하나의 슬릿 혹은 다른 슬릿만을 통과해야 한다. 그러나 이 실험에서 만약 슬릿이 번갈아가며 닫힌다면,

이중 슬릿 실험

양자역학의 주요 수수께끼(다른 모든 수수께끼들은 궁극적으로 이 문제로 환원된다)

  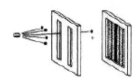 

©Robin Brickman

총에서 뿌려진 (고전적인 법칙을 따르는) 총알들이 목표물로 향한다. 우선 총알들은 두 개의 슬릿이 있는 칸막이를 통과해야 한다. 총알이 만드는 무늬는 이들의 도달 **확률**이 위치에 따라 어떻게 변화하는지 보여준다. 대개의 총알은 두 슬릿 중 하나의 슬릿으로 뒤를 곧바로 때릴 것이다. 목표물의 무늬는 고려되는 각 슬릿이 만드는 개별 무늬들의 단순한 합이 된다. 만약 절반의 총알들이 왼쪽 슬릿이 열린 상태에서 발사된 다음, 나머지 절반의 총알들이 오른쪽 슬릿이 열린 상태에서 발사되면 결과는 이 무늬와 동일하다.

반면 파동의 경우 **간섭**으로 인해 결과는 매우 달라진다. 만약 슬릿이 한 번에 하나씩 열려있는 경우, 총알들이 만드는 무늬는 두 개의 뚜렷한 봉우리가 있는 무늬와 닮을 것이다. 하지만 슬릿이 동시에 모두 열려있다면 파동은 동시에 두 개의 슬릿을 통과하여 서로 간섭한다. 파동의 위상이 같은 곳에서 서로 보강하고, 위상이 반대인 곳에서는 서로가 상쇄된다.

이제 양자역설의 차례다. 총알처럼 입자들은 목표물을 한 번에 하나씩 때린다. 그러나 입자들은 파동처럼 간섭무늬를 만든다. 만약 각 입자가 개별적으로 하나의 슬릿을 통과한다면, 이들은 무엇과 함께 "간섭"하는 것일까? 각 전자는 단일한 위치와 시각에 목표물에 도달한다고 해도, 각각의 입자는 두 슬릿을 동시에 통과한 것처럼(또는 두 슬릿의 존재를 어떻게든 감지한 것처럼) 보인다.

한 전자는 슬릿 A를 통과해야 하고 다음 전자는 슬릿 B를 통과해 간섭무늬는 사라진다. 만약 누군가가 한 슬릿 혹은 다른 슬릿을 통과하는 전자를 한 슬릿에 부착된 검출기를 통해 보려고 시도한다면, 검출기의 존재만으로도 이 무늬를 망가뜨린다는 사실을 깨닫게 된다.

확률 진폭은 통상 한 입자가 어떤 위치, 어떤 시각에 도달할 가능성과 관련이 있다. 파인먼은 확률 진폭을 한 입자의 움직임 전체(곧 입자의 경로)와 관련지어 생각했다고 말했다. 파인먼은 양자역학의 중심 원리를 다음과 같이 말했다. '**여러 가지 다른 방식으로 발생할 수 있는 한 사건의 확률은 각각의 방식에 해당하는 복소수 기여항들을 더한 총합의 절대 제곱이다.**' 이 복소수들, 즉 진폭값들은 고전적인 작용action의 측면에서 쓰였다. 곧 파인먼은 각 경로에 대한 작용을 특정한 적분으로 계산하는 방법을 보여주었다. 게다가 그는 이 독특한 접근법이 수학적으로 표준적인 슈뢰딩거의 파동함수와 대등하다는 것을 규명했다. 본래의 취지는 이렇게나 달랐다.

《피지컬리뷰》는 10년 전 학사 학위 논문 이후 파인먼의 논문을 한 번도 싣지 않았다. 파인먼에게는 실망스러운 일이지만 당시 편집자들은 이 논문의 수록을 거절했다. 파인먼은 베테의 도움을 받아 독자를 위해 기존의 것과 새로운 것을 명백히 구분하여 어떻게 설명할 수 있는지가 드러나도록 논문을 다듬었다. 이후 파인먼은 자신의 논문을 좀 더 회고적인 성격의 학술지 《리뷰스 오브 모던 피직스Reviews of Modern Physics》에 투고했고 그 다음해 봄, 「비상대론적 양자역학에 대한 시공간 접근방식」이라는 제목으로 게재되었다. 파인먼은 양자역학의 이러한 재공식화가 결과적으로 새로운 것이 없음을 솔직하게 인정했다. 게다가 자신이 생각하기에 이 논문의 가치가 어디에 있는지를 다음과 같이 숨김없이 서술했다. "기존의 것들을 새로운 관점에서 인식하는 즐거움이 있다. 한편 새로운 관점이 뚜렷한 장점을 제공하기도 한다." (예를 들어 두 개의 입자가 상호작용을 할 때, 힘들게 두 가지 다른 좌표 시스템을 기록하는 작업을 피할 수 있다.) 파인먼의 독자들(초기 독자들은 많지 않았다)은 복잡하고 화려한 수학이 아닌 단지 관점의 이동, 깔끔하고 고전적인 역학의 토대 위에 놓인 약간의 물리적 직관만을 발견했다.

몇 명은 파인먼의 통찰력이 지닌 영향력을 곧바로 알아보았다. 그 중 한 사람이 폴란드 수학자 마크 카츠Mark Kac[30]였다. 카츠는 파인먼이 코넬 대학교에서 경로적분에 대해 말하는 것을 듣고 확률론의 한 문제와 밀접한 관계가 있음을 곧바로 알아보았다. 카츠는 브라운 운동에 관한 노버트 위

---

30) 폴란드계 미국인 수학자. 주요 연구 분야는 확률론이다.

너Norbert Wiener[31]의 연구를 확장하려고 시도하고 있었다. 이는 파인먼이 로스앨러모스에서 진행했던 이론 연구 가운데 가장 두드러지는 특징인 확산 과정에서 무작위적이고 불규칙하게 움직이는 운동이었다. 위너 역시 한 입자가 취할 수 있는 가능한 수많은 경로들을 더하는 적분을 고안했다. 그러나 결정적인 차이는 시간을 취급하는 방식에 있었다. 파인먼의 강연 후 며칠 뒤, 카츠는 파인먼-카츠 공식Feynman-Kac Formula이라는 새로운 공식을 만들었다. 이 공식은 가장 흔히 존재하는 수학적 도구가 되어 확률과 양자역학의 응용을 연결해 주었다. 나중에 카츠는 자신의 경력 중에서 F-K 공식의 K로 더 잘 알려졌다고 생각했다.

다루기 어려운 철학적 함의를 지닌 이론적인 구성에 익숙한 물리학자들에게도 파인먼이 제안한 경로들의 합(경로적분)은 기이해 보였다. 이 경로적분은 모든 퍼텐셜을 고려하는 우주를 하나 그려냈다. 새로이 그려진 이 우주에서는 어느 것도 휴면상태가 아니고, 모든 것에 생기가 있으며, 모든 가능성이 결과에서 자체적으로 감지된다. 파인먼은 자신의 구상을 다이슨에게 다음과 같이 피력했다.

"전자는 어떤 것이든 원하는 대로 해. 전자는 어느 방향, 어떤 속도로도 이동하지. 시간이 흘러가는 대로든 아니면 시간을 거슬러 가든, 전자가 원하는 대로 말이야. 그리고 나서 자네가 진폭들을 모두 더하면 파동함수를 얻을 수 있다네."

다이슨은 그가 미쳤다고 유쾌하게 대꾸했다. 그래도 파인먼은 이중 슬릿 실험의 직관적인 본질을 포착하고 있었다. 이 실험에서 전자는 모든 가능성을 알고 있는 것처럼 보인다.

파인먼이 제안한 경로적분의 자연관, 다시 말해 "모든 이력에 대한 합"이라는 시각 덕분에 최소작용의 원리, 최소시간의 원리가 다시 태어난 셈이었다. 파인먼은 자신이 크리스티안 하위헌스Christiaan Huygens[32], 피에르 드 페르마, 조제프 루이 라그랑주가 몇 세기 전 발견한 역학 및 광학의 원리들과 버금가는 심오한 법칙을 드러내 보였다고 느꼈다. 내던져진 공이 작용을 최소화하는 특정한 호의 경로를 어떻게 알아낼 수 있을까? 또 광선은 시간을 최소화하는 경로를 어떻게 찾을까? 파인먼은 양자역학의 새로운 수수께끼뿐만 아니라 공부를 시작하는 물리학도들에게 제기된 기만적으로 무고한 연습문제에 도움이 되는 개념을 지닌 이러한 질문에 대답했다. 빛이 공기에서 물로 통과할 때 깔끔하게 굽은 각도로 나아가는 것처럼 보인다. 빛은 마치 당구공처럼 거울 표면에서 튀는 것 같이 보인다. 직선을 따라 나아가는 것 같다. 이런 경로들(최소시간의 경로들)은 특별하다. 왜냐하면 이 경로들은 인접한 경로들의 기여분이 존재하는 곳에서 대개는 위상이 가까운 경향이 있어서 대부분 서로 보강하기 때문이다. 최소시간의 경로로부터 먼 경우(예를 들어 거울의 먼 가장자리), 경로들은 서로 상쇄하는 경향이 있다. 하지만 파인먼은 빛이 가능한 모든 경로를 취한다는 것을 보여주었다. 겉으로 보기에 무관한 경로들은 언제나 배경 속에 잠재하고 있어서 각 경로는 나름의 기여를 하며, 이 경로들의 존재가 신기루나 회절격자 같은 현상으로 느껴지게끔 되어 있다.

---

31) 미국인 수학자, 철학자. MIT의 수학과 교수로 확률적, 수학적 노이즈 과정(브라운 운동도 한 가지 사례)의 초기 연구자이며, 사이버네틱스 개념의 창시자로 알려져 있다. 피드백이라는 개념을 형식화하여 현대의 인공지능(AI) 개념을 형성하는 데에도 영향을 주었다.
32) 네덜란드의 물리학자, 수학자, 천문학자, 발명가. 빛이 파동의 일종이라는 해석을 기반으로 하위헌스의 원리를 제안했고, 빛의 직진성과 굴절 현상을 설명하는 하위헌스-프레넬 원리에 기초를 다졌다.

광학도들은 빛이 물과 공기를 통과하여 물결치며 나아가듯 파동의 관점에서 이러한 현상에 대한 대안적인 설명을 배웠다. 파인먼은 최종적으로 파동적인 관점을 완전히 배제하려 했다. 파형은 작은 시계처럼 진폭이 전달하는 위상에 구축되어 있었다. 언젠가 파인먼은 휠러 교수와 더불어 장 자체를 생략하는 꿈을 꾸었다. 하지만 이 생각은 비현실적인 것으로 드러났다. 장은 물리학자들의 의식 속에 깊숙이 자리 잡았다. 장은 필수적이며 다양화된 중간자와 같은 새로운 입자였다. 이는 새로운 플라스틱 덮개와 같은 새로운 장을 의미했고, 이 입자는 양자화된 장의 발현이었다. 파인먼의 이론은 그 뼈대가 오래전에 버려졌지만, 원래 가지고 있던 골격의 흔적을 그대로 유지하고 있었다. 주인공은 여느 때보다도 더 분명히 입자들이었다. 구름 비적cloud trail[33], 명명법, 입자의 움직임에 의해 점점 더 지배받는 실험 세계에서 시각화에 도움을 구하는 물리학자들에게 파인먼의 이론은 더욱 매력적이었다.

슈윙어의 영예

파인먼의 경로적분은 정밀하지 못한 생각과 방법들의 조립용품 세트, 다시 말해 파인먼이 조립했지만 체계적으로 정리하지 않은 사적인 물리학인 셈이었다. 상당 부분은 어림짐작이거나 스스로 말했듯이 "반경험적인 사기"에 의지했다. 온통 뒤죽박죽이고 목적 중심인 면이 있었기에 파인

---

33) 수분을 포함한 과포화상태를 이루는 영역에 전기를 띤 입자가 지나가면 이동한 경로를 따라 이온화된 기체 분자 주위로 수증기가 응결하여 구름처럼 궤적이 남는다. 따라서 입자 검출기인 안개상자cloud chamber를 만들어 하전 입자의 궤적을 시각화할 수 있다. 안개상자는 우주 외부로부터 지구로 유입되는 우주선cosmic ray을 검출하기 위해 처음 만들어졌다.

먼은 이를 증명하기는커녕, 자신의 말을 가장 호의적으로 들어주는 베테와 다이슨에게도 경로적분에 대한 생각들을 거의 전달할 수 없었다. 1947년 가을, 베테가 램 이동에 대한 자신의 접근법에 관한 주제로 한 공식 강연에 파인먼이 참석했다. 베테가 이론을 한정하기 위한 좀 더 신뢰할만한 방법, 다시 말해 상대성이론의 필요조건을 충족하는 방법이 필요함을 강조하며 결론을 지었을 때, 파인먼은 자신이 필요한 보정계산을 할 수 있을 것이라 생각했다. 파인먼은 베테에게 다음 날 오전까지 답을 주겠노라 약속했다.

다음 날 아침, 파인먼은 자신의 계산이 물리학의 표준 언어로 표현하는 데 필요한 전자의 자체에너지에 대한 베테의 계산을 충분히 알지 못하고 있음을 깨달았다. 이들은 칠판 앞에 한참을 서서, 베테는 자신의 계산을 설명하고 파인먼은 자신의 기법을 다르게 설명하려 노력했다. 하지만 이들이 도달할 수 있었던 최상의 답은 베테가 얻은 결과처럼 얌전하지 않고 참혹할 정도로 발산해버렸다. 파인먼은 이 문제에 관해 물리적으로 고민하면서 결과가 절대로 발산해서는 안 된다고 확신했다.

이후 며칠간 파인먼은 자체에너지에 대해 처음부터 완전히 다시 공부했다. 그는 전자의 이론적인 "맨bare" 질량 대신, 관찰된 "꾸민dressed" 질량으로 자신의 방정식을 다시 표현하자 생각했던 것처럼 유한한 답으로 수렴하는 보정 결과를 얻었다. 그 사이 슈윙어의 진척에 관한 소식이 바이스코프와 베테를 통해 케임브리지에서 이타카로 도착했다. 그해 늦가을, 슈윙어가 전자의 자기모멘트magnetic moment(라비의 실험실에서 새롭게 발견된 사소하고 변칙적인 또 다른 실험적 결과)에 대한 계산을 해냈다는 소식을 들었을 때, 파인먼 역시 이 문제를 해결했다. 슈윙어가 공들여 계산한 부분은 이론이 또다시 앞으로 나아가고 있다는 확신을 최전선에 선 물리학자들에게 심어주었다. 라비는 베테에게 보내는 편지에서 짐짓 재미있어하며 "신은 위대하군!"이라고 썼고, 베테는 이에 다음과 같이 답장했다. "교수님의 이런 실험들은 어떻게 한 이론에 완전히 새로운 견해를 주었는지, 그리고 이 이론이 비교적 짧은 시간에 어떻게 꽃을 피웠는지를 보여주는 경이로운 사례입니다. 양자역학의 초창기 시절처럼 매우 흥미진진하군요."

파인먼은 슈윙어에게 경쟁심을 느낌과 동시에 갈수록 좌절감도 느꼈다. 그는 줄곧 자신이 제시한 양자전기역학이 있다고 믿었는데, 이제는 "슈윙어-바이스코프-베테 측"이 내놓은 또 다른 양자전기역학이 있다고 생각했다. 슈윙어는 1월 뉴욕에서 열린 미국 물리학회의 주역이었다. 그의 강연 계획은 완전하지는 않았지만, 재규격화에 대한 새로운 생각을 표준 양자역학에 통합해 유도된 인상적인 결과를 선보였다. 슈윙어는 램 이동처럼 비정상 자기모멘트가 어떻게 전자와 자체 장의 상호작용으로부터 결과하는지를 보여주었다. 그의 강연장은 청중으로 가득 찼다. 터져 나오는 박수갈채(그리고 슈윙어가 마침내 "이건 아주 명확합니다"라고 말했을 때 터졌던 어색한 웃음소리까지)를 보내는 너무나 많은 물리학자들이 강연장 밖 복도까지 가득했다. 이에 슈윙어가 당일 컬럼비아 대학 맥밀란 극장에서 반복할 수 있도록 추가 강연이 급하게 마련되었다. 다이슨도 참석했다. 오펜하이머는 눈에 띄게 맨 앞줄에서 파이프 담배를 피우고 있었다. 파인먼은 질의응답 시간에 일어나 자신도 이런 결과에 도달했으며 실은 약간의 보정도 제시할 수 있다고 말했다. 곧바로 그는 이렇게 말한 걸 후회했다. 파인먼은 마치 자신이 "나도 했어요, 아빠"라고 말하는 어린아이처럼 들렸을 것이라는 생각이 들었다. 그해 겨울 파인먼이 느꼈던 경쟁의식의 깊이를 알아차린 사람은 거의 없었다. 하지만 그는 어렴풋이나마 자신이 실망한 이유를 이해해줄 수 있는 여자 친구에게 억울해하며 편지를 썼다.

이에 그녀가 답장을 했다. "당신이 오래도록 일한 연구를 다른 사람이 거의 뺏어간 일은 참 안됐어요. 이 일로 얼마나 속이 답답할지 알겠어요. 하지만 경쟁이 없다면 어떤 삶이 얼마나 흥미로울 수 있을까요?" 그녀는 그와 경쟁자가 생각을 합쳐 함께 연구할 수는 없는지 그 이유가 궁금했다.

슈윙어와 파인먼이 램 이동과 전자의 자기모멘트가 당면한 실험에 필요한 계산(그리고 설명)에 도전한 유일한 이들은 아니었다. 다른 이론가들은 베테가 편지봉투 뒷면에 끄적거리며 계산했던 접근법이 제공한 실마리를 따랐다. 이들은 기존의 물리학에다 재규격화라는 기법을 덧대어 정확한 수들을 만들 수 있다면, 거창한 새 양자전기역학을 만들어낼 필요가 없다 생각했다. 두 쌍의 과학자들이 각각 이 과업에 성공했다. 이들은 상대론적 속력에서 질량이 늘어난 방식을 고려했다는 점에서 베테의 방법을 뛰어넘는 해답을 도출해내었다. 결과를 발표하기 전에 다른 팀이었던 바이스코프와 대학원생 브루스 프렌치는 슈윙어와 파인먼 모두에게 의견을 물음으로써 발표를 망설이는 치명적인 행동을 해버렸다. 좀 더 야심찬 계획에 열중하고 있던 슈윙어와 파인먼은 각각 바이스코프에게 작은 양만큼 오차가 있다고 말하며 발표하지 말라고 충고했다. 바이스코프는 재기에 넘치는 두 명의 젊은 대가들이 모두 틀릴 수 있다는 것은 믿기 어렵다고 판단하여 자신의 원고를 발표하지 않고 미루었다. 파인먼은 몇 달이 지난 뒤 전화하여 바이스코프의 답이 옳았다고 사과했다.

파인먼이 개발하던 이론의 경우 돌파구는 반물질이라는 다루기 힘든 영역과 마주쳤을 때 찾아왔다. 최초의 반입자인 음의 전자 혹은 양전자positron가 디랙 방정식에서 음의 부호(곧 양의 에너지와 음의 에너지 사이의 대칭성의 결과)로 탄생한 지 20년이 채 안 되던 때였다. 디랙은 이를 에너지의 바다에 난 구멍들로 생각할 수밖에 없어서, 1931년에 다음과 같이 언급했었다. "만일 구멍이 존재한다면 이것은 실험 물리학 분야에 알려지지 않은 새로운 종류의 입자일 것이다." 이후 몇 달간 알려지지 않았으나 캘테크에 있던 칼 앤더슨이 우주선을 검출하기 위해 만든 안개상자에서 양전자의 궤적 하나를 발견했다. 마치 전자처럼 보였지만 궤적이 자기장 속에서 아래 방향으로 나 있어야 하는 상황에서 위쪽으로 방향을 틀고 있었다. 이 선명한 궤적 사진들은 앤더슨의 의도와 달리 학술지 편집장이 붙인 의욕적인 이름과 더불어 이론가들이 무시하기 어려울 만한 타당성을 부여 받았다. 전자가 자신과 유사한 반물질과 충돌하면 감마선의 형태로 에너지를 방출했다. 디랙이 생각하던 진공의 이미지에는 활기 넘치는 바다에 이따금씩 구멍 혹은 방울들이 자리 잡고 있는데, 전자가 이 구멍에 떨어져 이를 채우면 구멍과 전자 모두 사라진다. 실험가들은 우주선을 기록한 사진들을 계속 연구하여 그 역과정 또한 알아내었다. 다시 말해 빛의 고주파, 즉 감마선이 입자들의 쌍인 전자 하나와 양전자 하나를 자발적으로 만들어 낼 수 있다는 사실이었다.

디랙이 생각하던 이미지에는 난관이 있었다. 그가 개발한 물리학의 다른 부분처럼 반갑지 않은 무한대가 생기는 문제였다. 진공을 가장 단순히 절대영도(0K) 상태의 텅 빈 공간으로 묘사하면 무한한 에너지와 무한한 전하가 필요해 보였다. 게다가 제대로 된 방정식을 쓰고자 하는 사람의 현실적인 관점에서 보면 당연하게 여겨지는 무수한 입자들은 터무니없이 복잡한 결과를 초래했다. 파인먼은 방법을 계속 찾으며 프린스턴에서 휠러 교수와 함께 했던 연구에서 시간의 순행 및 역행하는 설명에 다시 의지했다. 그는 다시 한 번 양전자가 시간에 역행하는 전자라는 시간-공간 이미지를 제안했다. 이런 시각의 기하학적 구조는 더 이상 단순할 순 없었다. 하지만 이 관점은 너무 낯설어서 파인먼은 다음과 같이 비유를 사용하려고 안간힘을 썼다.

"검은 실이 콜로디온[34]으로 이루어진 정육면체 안에 담겼다가 콜로디온이 굳었다고 가정해보자"라고 파인먼은 썼다. "실이 꼭 일직선이 아니라고

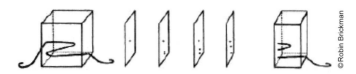

검은 실이 콜로디온으로 이루어진 정육면체 안에 담겼다가 콜로디온이 굳었다고 가정해보자. 실이 꼭 일직선이 아니라고 하더라도 위에서 아래로 이어지고 있다고 상상하자. 이 정육면체를 수평으로 잘라 얇은 정방형 층을 만들면, 이 층들은 모여 영화의 연이은 장면을 구성한다.

하더라도 위에서 아래로 이어지고 있다고 상상하자. 이제 이 정육면체를 수평으로 잘라 얇은 정방형 층을 만들면, 이 층들은 모여 영화의 연이은 장면을 구성한다." 잘린 각각의 단면에는 점 하나가 있는데, 이 점은 주위를 이동하여 순간순간 실의 경로를 밝혀준다. 이어서 파인먼이 말했다. 이제 이 실이 스스로 되돌아갔다고 가정해봅시다. "글자 N처럼 말이죠." 관찰자는 연이은 조각들을 보고 있지만 실 전체를 보고 있지는 않습니다. 그 결과 입자-반입자 쌍의 생성을 닮게 될 겁니다.

"처음에는 연이은 단면에 점 하나만 있지만, 실의 방향이 뒤바뀐 부분을 자른 층의 단면에서 갑자기 두 개의 새로운 점이 나타난다. 세 점 모두 한동안 주변을 맴돌다가 두 점이 모여 사라지고 마지막 틀에는 하나의 점만 남는다."

파인먼은 "시간 및 공간상에서 고려하던 것보다 더 구불구불한 경로"가 필요하긴 하지만 전자 운동에 대한 일반적인 방정식들로 이 모형을 다루었

---

34) 알코올과 에테르의 혼합액에 질소량이 10퍼센트인 니트로셀룰로스를 녹인 인화성 용액. 끈끈하고 증발하면 얇은 막을 남긴다. 상처를 덮거나 사진 원판, 필름 등에 바르는 액체로 사용한다.

다고 말했다. 그는 실의 비유에 만족하지 못하여, 경로들을 시간에 갇힌 조
각들로 보는 것과 경로들 전체를 보는 것 사이의 차이에 해당하는 본질을 포
착함으로써 자신의 관점을 표현할 수 있는 더욱 직관적인 방법을 찾았다. 전
시에 폭격수로 복무했던 한 코넬 대학교의 학생이 폭격수에 비유하자 제안
했다. 이 비유는 나중에 파인먼이 발표하여 유명해졌다.

"한 폭격수가 저공비행 하는 비행기의 폭격조준기를 통해 하나로 난 길
을 보고 있다가 갑자기 세 개의 길을 보게 되었다. 이러한 혼란은 두 개
의 길이 함께 움직여 사라질 때, 그리고 폭격수가 단일 도로의 기나긴
역행 커브를 지나쳤을 뿐임을 알아차릴 때에만 해소될 수 있다. 역전된
구획은 유사한 양전자를 나타내는데 처음에 양전자는 전자와 더불어 생
성되어 주변을 맴돌다가 또 다른 전자를 소멸시킨다."

이것이 전반적인 상황이었다. 파인먼의 경로적분법은 이 모델에 잘 들
어맞았다. 다시 말해 파인먼은 휠러 교수와 진행했던 예전의 연구에서 이웃
하는 경로에 대한 위상들의 합이 "음의 시간"에도 마찬가지로 적용된다는
사실을 알고 있었다. 또한 그는 파울리-배타원리 때문에 발생한 문제들을 해
결하는 지름길을 찾아냈다. 파울리-배타원리는 두 전자가 동일한 양자 상태
에 머무는 것을 허용하지 않는 양자역학의 근본적인 법칙이었다. 파인먼은
앞선 계산에서 두 입자가 보였지만 실제로는 입자 하나만 존재하기 때문에
시간의 한 단면을 통해 앞뒤로 지그재그 경로를 취한다는 점을 근거로, 배타
원리로부터 특이한 처리방식을 허용했다. "일반적인 이론에서는 허용되지
않는다. 그러면 시간 t_y 와 t_x 사이 시간에는 동일한 상태에 두 개의 전자가
머물 수 없기 때문이다"라고 파인먼은 노트에 적었다. "우리는 이것이 동일

한 전자라고 말한다. 따라서 파울리-배타원리는 영향을 미치지 않는다." 이 것은 시간여행(선뜻 받아들이도록 만들어진 개념이 전혀 아닌)을 다룬 공상 과학 소 설에서나 나올법한 소재처럼 들렸다. 파인먼은 자신이 상식적인 시간의 경험 으로부터 급진적인 출발을 하도록 제안하고 있음을 잘 알고 있었다. 그는 미 래가 아직 존재하지 않으며 과거는 이미 지나갔다는 일상의 직관을 깨뜨리고 있었다. 그가 말하고자 했던 것은 물리학의 시간은 이미 심리학의 시간으로 부터 출발했다는 것, 다시 말해 물리학의 미시적인 법칙 중에서 어느 것도 과 거와 미래 사이의 구별 짓기를 요구하지 않다는 것이며, 아인슈타인은 이미 관찰자와 무관하게 절대적인 시간이란 개념을 파괴해버렸다는 것이었다. 그 렇지만 아인슈타인은 경로를 역행하고 시간의 흐름을 거슬러 반대로 향하는 입자의 이력을 상상하지는 않았다. 따라서 파인먼은 유용함으로부터 도출된 논의에만 의지할 수 있었다. 그는 다음과 같이 썼다. "전체 시간 내에서 일어 나는 사건들을 한꺼번에 고려하는 것, 단지 매 순간 우리 뒤에 놓이는 사건들 을 인지할 뿐임을 상상하는 일이 물리학에서 유용한 것으로 드러날 수 있다."

제 기계장치는 너무나 먼 곳에서 왔습니다

슈윙어와 파인먼은 모두 엘리트들의 셸터아일랜드 회의에서 불 가피하게 일어날 일을 내다보고 있었다. 새로운 모임이 3월 말 펜실베니아 주의 포코노 산맥에 있는 리조트에서 계획되었다. 역시나 장소는 목가적이 었고 명단은 친숙했으며 안건은 깊이가 있었다. 이전 학회의 성공으로 중요 한 인사들의 초대자 명단을 늘렸다. 페르미, 베테, 라비, 텔러, 휠러, 그리고 폰 노이만과 함께 오펜하이머가 의장으로서 돌아왔다. 그리고 전쟁 전 물리학의 두 거인, 디랙과 보어가 합류할 것이었다.

이들은 1948년 3월 30일, 골프장을 포함 80km에 달하는 완만한 삼림 지역을 풍경으로 삼은 라운지 내 변색된 녹색 시계탑 아래에 모였다. 발표는 우주선 소나기와 버클리의 가속기에 남겨진 입자의 비적에 관한 최신 뉴스로 시작되었다. 약 4.9m 길이의 자석을 장착한 버클리의 싱크로트론은 그해 가을이면 양성자를 3억 5,000만 전자볼트(350MeV)까지 끌어올릴 수 있을 것으로 보였다. 이 에너지는 당시에 주요 화제 거리가 되고 있던 우주선 입자인 중간자라는 기본 입자(로 보였던)를 풍부하게 터뜨려 재생성해내기에 충분한 에너지였다. 실험가들은 우주의 샘플 입자들을 안개상자로 떨어지는 것을 기다리는 대신 마침내 스스로 입자들을 만들어낼 수 있게 되었다.

그동안의 우주선 데이터에는 문제가 있었다. 중간자들이 다른 입자들과 상호작용할 때 예상된 강도와 관찰한 강도 사이에 커다란 불일치가 존재했던 것이다. 셸터아일랜드에 참여했던 젊은 물리학자 로버트 마샥Robert Marshak은 1947년, 십여 년 후에나 필요하게 될 해답 대신 용기와 창의성이 더욱 요구되는 한 가지 해답을 제안했었다. 그 해답은 첫 번째 종의 입자들과 혼합된 두 번째 종의 입자들이 존재해야 한다는 것이었다. 하나가 아닌 두 개의 중간자라는 주장은 일단 누군가가 얼음을 과감히 깨부수고 나니 분명한 것처럼 보였다. 파인먼은 새 입자를 '마샥'으로 불러야겠다고 유쾌하게 말했다. 기술의 지원으로 명부에 등록된 기본입자들은 두 자리 수로 늘어나고 있었다. 포코노 학회가 열리자 실험가들은 점점 더 특징적인 유형의 사진들을 보여주며 청중에 활기를 더했다. 입자들은 닭의 발톱과 같은 인상적인 비적을 사진에 남겨놓았다. 어느 누구도 장이나 행렬, 혹은 연산자를 볼 수 없었지만 입자가 산란한 기하학적 구조는 이보다 더 생생할 수 없었다.

다음 날 오전 슈윙어가 강단에 섰다. 그는 처음으로 온전한 양자전기역학 이론을 발표하기 시작했다. 슈윙어는 강의의 서두에 자신의 이론이 "상대론적 불변성"과 "게이지 불변성"이라는 두 가지 기준을 모두 충족하고 있음을 강조했다. 다시 말해 이 이론의 계산은 입자들이 어떤 속도나 위상을 선택하든 동일했다. 이러한 불변성은 이 이론이 관찰자의 임의적인 관점에 의해 변하지 않을 것임을 보장해주었다. 마치 누군가가 서머타임에 맞추어 시계를 앞당겨 설정했더라도 일출에서부터 일몰까지의 시간이 변하지 않는 것과 같다. 이 이론은 계산 결과가 절대로 특정한 기준계 혹은 "게이지"에 얽매이지 않음을 분명히 해야 한다. 슈윙어는 청중들에게 자신이 "작은 부피를 지닌 각 공간을 이제 하나의 입자로 취급한 양자화 된 전자기장"을 고려할 것이라고 말했다. 이 입자는 이전의 입자들보다 좀 더 수학적인 영향력을 지닌 반면 시각적인 존재감은 덜한 입자였다. 슈윙어는 난해한 새 표기법을 도입하여 한 전자와 자체 장 사이의 상호작용과 같은 "용도"로 구체적인 결과들의 표본을 유도하기 시작했다.

저명한 청중들 역시 잘 이해하지 못하는 분위기일 때면 여느 청중들처럼 쉽게 주눅 들지 않고, 장애물에 걸린 이 급행열차를 멈추게 만들곤 했다. 보어가 직접 질문하며 끼어들었다. 슈윙어는 이런 상황을 싫어했기에 보어의 말을 무뚝뚝하게 잘랐다. 슈윙어는 진도를 이어가며 적절한 시점에 전체 내용이 분명해질 것이라고 약속했다. 늘 그렇듯 그는 노트 없이 강연을 했고, 거의 모든 발표는 일정한 양식을 갖춘 것이어서 한 방정식에 이어 다음 방정식을 차례로 유도하곤 했다. 슈윙어의 강연은 마라톤처럼 길게 지속되어 오후로 넘어갔다. 베테는 슈윙어가 사용한 공식적인 수학이 물리적인 생각을 간소하게 표현하려고 할 때만 질문을 던졌던 비판자들을 침묵하게 만들었다는 점에 주목했다. 베테는 파인먼에게 이 점을 이야기하며 파인먼 역시 발표에 수학적인 접근법을 취해보라고 제안했다. 유명한 동료들을 돌아보던 페르미는 한 명씩 관심이 멀어져가는 모습을 조금은 만족해하며 주위를 의식하고 있었다. 그는 자신과 베테만이 슈윙어의 강연을 끝까지 함께 했다고 생각했다.

다음은 파인먼의 차례였다. 그는 불안했다. 그가 보기에 슈윙어의 강연은 화려하긴 해도 제대로 진행되진 않은 것 같았다(하지만 파인먼이 틀렸다. 모든 참가자, 결정적으로 오펜하이머가 슈윙어의 강연에 깊은 인상을 받았다). 베테의 훈계는 파인먼이 계획했던 발표를 뒤집어엎은 셈이었다. 파인먼은 가능하면 물리적인 생각에 가깝게 머물고자 했다. 물론 그도 수학적인 형식론을 마련했지만 슈윙어의 수학적 형식론처럼 복잡하지 않고 보다 개인적인 형식을 띠었다. 따라서 자신의 규칙과 방법들을 형식론으로부터 어떻게 유도하는지 보여줄 수 있었던 반면, 수학 자체를 정당화할 수는 없었다. 그는 시행착오를 거쳐 결과에 도달했다. 이제까지 슈윙어의 모든 문제들을 포함하여 수많은 문제에 적용해보았고 효과가 있었기 때문에 자신의 방법론이 옳다는 것을 알고 있었다. 하지만 그는 자신의 방법이 제대로 기능하는지 증명할 수 없었고 이를 기존의 양자역학과 연결시킬 수 없었다. 어쨌든 파인먼은 베테의 충고에 따라 방정식으로 발표를 시작하며 말했다. "이건 여러분께 양자역학의 모든 결과를 산출하는 것을 보여드릴 수학적인 방법론입니다."

그는 친구들에게 일단 자신이 물리에 대해 말하기 시작하면 청중이 누구든 개의치 않는다고 으레 말하곤 했다. 자신이 좋아하던 이야기 중에는 보어에 관한 것도 있었다. 보어는 로스앨러모스에서 선임자들과 논쟁하는 것을 두려워하지 않는 젊은이로 파인먼을 지목했었다. 보어는 이곳에서 이따금 파인먼과 개인적으로 상의하거나, 아들 오워Aage Niels Bohr[35]를 통해 의논하곤 했다. 그런데도 보어는 지나치게 열심이고, 미국인인데다 노동자 계급 같았던 파인먼을 완전히 좋아했던 적은 없었다. 보어는 기나긴 하루의 끝에,

호락호락하지 않은 스물여섯 명의 청중들 속에서 파인먼의 강의를 기다리고 있었다. 파인먼은 프린스턴 시절 아인슈타인과 파울리 앞에서 강연할 이후로 자신의 과학에 이렇게 집중한 석학들 앞에 서본 적이 없었다. 그는 대체로 과거의 문헌을 거의 읽지 않고 새로운 양자역학을 만들었지만, 두 가지 예외가 있었다. 바로 디랙과 페르미의 연구로부터 교훈을 얻었다. 이 두 사람 모두 파인먼 앞에 앉아 있었다. 그의 은사들인 휠러와 베테도 있었고 원자폭탄을 만들었던 오펜하이머와 다음 폭탄을 만들던 텔러 또한 현장에 있었다. 이들은 파인먼을 유망하고 대담한 젊은 신예로 생각하고 있었다. 서른 번째 생일을 7주 남겨둔 시점이었다.

슈윙어는 이 자리에서 파인먼의 이론을 처음 들었다. 슈윙어가 직접 말하지는 않았지만 파인먼의 이론이 상당히 받아들이기 어렵다고 생각했다(이후 이 두 사람은 성심껏 서로의 기법을 비교하여 두 이론이 거의 완벽하게 일치한다는 것을 알아내었다). 슈윙어는 파인먼이 추측과 직관을 그러모은 잡동사니를 제안하고 있음을 알아챌 수 있었다. 그는 온통 I형 및 T형 대들보를 이야기하듯 공학적인 느낌을 받았다. 베테는 청중이 세부 사항으로 멍해져 버린 상황을 감지하고는 파인먼의 발표를 일단 중단시켜, 파인먼이 기본내용으로 되돌아가게끔 애를 썼다. 파인먼은 너무나 이질적인 발상이었던 자신의 경로적분에서 나아가 더욱 우려하게 만드는 양전자의 시간 역행을 설명했다. 텔러는 배타원리에 분명히 위배됨을 알아채고 엄밀하지 못한 파인먼의 정당화 논리를 받아들이지 않았다. 파인먼이 느끼기에 모든 사람들이 특히 좋아하는 원리나 정리가 있는데, 자신이 이것들을 모두 위반하고 있는 것처럼 느꼈다.

---

35) 덴마크의 핵물리학자이자 닐스 보어의 아들. 코펜하겐 대학에서 물리학을 공부했으며 핵 구조에 관한 이론 연구로 1975년 노벨 물리학상을 수상했다. 1922년 노벨 물리학상을 받은 아버지와 함께 물리학 분야에서 부자가 노벨상을 수상한 네 쌍 가운데 하나다.

디랙이 "이게 유니터리한가요?"라고 물었을 때, 파인먼은 그가 무엇을 의도했는지조차 알지 못했다. 이에 디랙은 과거에서 미래까지 유니터리한 특성을 지니는 행렬은 전체 확률에 대한 장부 기록을 정확히 유지해야만 한다고 설명해주었다. 하지만 파인먼에게 그런 행렬은 없었다. 파인먼의 접근법이 지닌 본질은 과거와 미래가 함께하고 있다는 관점으로, 마음대로 시간에 순행 또는 역행할 자유를 지닌 것이었다. 그는 이 토론에서 아무 것도 얻을 수 없었다. 파인먼이 칠판에 입자들의 도식적인 경로들을 스케치하고, 서로 다른 경로들에 대한 진폭을 적산하는 방법을 보이려고 했을 때, 보어가 일어서서 이의를 제기했다. 파인먼이 지난 20여 년간 양자역학이 가져다준 중심적인 가르침을 무시했던 것일까? 보어는 이런 경로들이 불확정성 원리에 분명히 위반된다고 말했다. 그는 칠판 앞으로 나서서 파인먼이 옆으로 나오도록 손짓한 다음 설명하기 시작했다. 필기를 하던 휠러는 재빨리 적었다. "보어는 이런 관점이 디랙의 이론과 동일한 물리적 내용을 포함하는지에 대해 의문을 제기했다. 하지만 이 관점은 물리적으로 잘 정의되지 않은 대상들을 이야기하고 있다는 점에서 다르다." 보어는 꽤 오랫동안 설명을 지속했다. 파인먼은 이때 자신이 실패했음을 알게 되었다. 괴로운 순간이었다. 훗날 그는 "욕심이 지나쳤던 거죠. 제 기계장치는 너무 먼 곳에서 왔던 겁니다"라고 간단히 소회했다.

또한 파인먼이 발표한 이론이 있었다…

휠러는 기술이 허용하는 가장 신속한 속도로 뉴스를 전했다. 프린스턴으로 돌아온 첫날부터 휠러는 대학원 학생들을 동원하여 자신의 노트를 옮겨적게 했다. 학생들은 휠러의 노트의 각 페이지를 등사판을 만들어 수십 부의 사본을 찍었고, 학생들의 팔뚝은 진홍색으로 물들었다. 이 지하 출판물은 수개월간 새로운 슈윙어식 공변 양자전기역학의 유일한 안내서로 활용되었다. 파인먼에게는 "대안적인 공식화 과정"과 특이한 도식이 담긴 몇 페이지만 할애되었다. 다이슨은 휠러의 노트를 탐독했다. 베테는 다이슨에게 포코노 학회 초대장을 마련해 주려고 했지만(다이슨은 언젠가 부모님에게 보낸 편지에 이렇게 썼다. "아시겠지만 저는 무척 기뻤고 우쭐하기까지 했습니다"), 오펜하이머는 학생 신분의 사람은 초대하려 하지 않았다.

파인먼은 물리학 분야에서 새로 창간된 학술지 《피직스 투데이Physics Today》에 포코노 학회에 대한 비기술적인 이야기를 써내는 일을 부여받았다(그는 익명이길 원했다). 그는 슈윙어 식의 재규격화를 설명하며 이렇게 결론지었다.

학회 일정의 대부분은 슈윙어의 연구 결과를 듣고 논의하는 데 할애되었다. (한 참석자가 덧붙였다. "우리는 몇 가지 물리학을 배우는 데 시간을 써야 했기에 충분히 논의할 시간이 없었다." 그는 바로 슈윙어의 연구를 언급하고 있었다.)

또한 파인먼이 발표한 이론이 있었다. 이 이론의 전기역학 방정식들은 인위적으로 변형되어 전자의 관성을 포함하는 모든 물리량들이 유한한 값이 된다. 이 이론의 결과는 슈윙어의 이론적 결과와 본질적으로 일치하지만 완전한 상태는 아니다.

파인먼은 2인자의 입장에서 국립과학원National Academy of Sciences이 "빛의 본성에 관한 탐구에 탁월하게 기여한 공로"로 수여하는 새로운 상의 수상자를 선정하도록 도와달라는 부탁을 받았다. 슈윙어가 심사위원 명단에 있는 파인먼의 이름을 발견하고 이 상이 자기 자신을 위한 것이라 정확히 추론했다. 양자전기역학이 여러 분야 중에 빛이 아니라면 무엇에 관한 이론이 겠는가?

슈윙어만큼 오펜하이머에게 깊은 인상을 준 사람은 없었다. 반면 파인먼은 오펜하이머에게 큰 인상을 주지 못했다. 오펜하이머가 프린스턴으로 돌아왔을 때 슈윙어의 이론을 확인해주는 깜짝 놀랄만한 서신이 기다리고 있었다. 이 편지는 일본인 이론가 도모나가 신이치로Shin'ichirō Tomonaga[36]가 보낸 것으로, 아래와 같은 말로 말문을 열며 이론에 기여한 공로에 대한 자신의 권리를 주장하고 있었다. "실례를 무릅쓰고 원장님께 몇 편의 논문과 노트 사본을 보냅니다…."

일본의 물리학자들은 1930년대 국제 물리학계에 중대한 기여를 하기 시작했다. 예를 들어 교토 대학의 유카와 히데키Hideki Yukawa[37]는 무겁고 수명이 짧은 미발견 입자가 원자 핵 내부의 양성자들을 서로 결합시켜주는 핵력의 "운반자"로서 기능할 수 있다는 것을 최초로 제안한 바 있었다. 게다가 이때는 전쟁이 이들을 완전히 격리시켰던 시기였다. 전쟁이 끝난 후에도 점령국 일본에 대한 통로는 더디게 열렸다. 교토와 도쿄에 램 이동에 관한 소식이 닿은 방식도 미국 물리학자들이나 학술지를 통해서가 아니라 시사 잡지에 실린 토막기사를 통해서였다.

도쿄 출신에 교토 대학 졸업생이었던 도모나가는 유카와의 동급생이

---

36) 일본의 이론 물리학자. 슈윙어와 독립적으로 재규격화 방법을 발견했으며, 램 이동과 같은 물리량을 계산해냈다. 이 공로로 파인먼, 슈윙어와 함께 1965년 노벨 물리학상을 받았다.
37) 일본의 이론 물리학자. 예견했던 입자인 파이 중간자가 1947년에 발견되어 그 공로로 1949년 노벨 물리학상을 수상했다.

자 친구였다. 도모나가는 디랙의 영향을 크게 받았다. 디랙의 유명한 교과서를 일본어로 번역했던 소모임에 속해 있었기 때문이었다. 1937년에 도모나가는 하이젠베르크와 연구하기 위해 독일로 건너갔다. 1939년에는 전쟁의 발발로 귀국하는 길에 잠시 뉴욕에 들러 세계박람회를 참관하였다. 그는 "초다시간super-many-time"이라고 불렀던 이론을 생각해냈다. 이 이론에서는 장field 안의 모든 점에 각각 나름의 시계가 있어서, 겉보기에는 무한히 많은 시간 변수들을 취급해야 하는 불합리한 점이 있었지만, 도모나가는 이 이론이 적용할 만한 것이라 여겼다. 물리학에 관한 도모나가의 생각을 보면 그는 유럽과 미국의 물리학자들이 다루었던 대부분의 영역을 면밀히 고찰하고 있었다. 하지만 훨씬 커다란 고독감과 마주하고 있었으며, 독일에서 보내던 시기에도 이 고독감은 거의 줄어들지 않았다. 그는 이따금 일기장에 자신의 암울한 기분을 이렇게 적어두었다.

저녁을 먹은 후 물리책을 다시 집어 들었지만, 결국 손에서 놓아버렸다. 정말 운이 없는 것인가! 최근 나는 아무런 이유 없이 슬픈 감정을 느꼈다. 그래서 기분전환 겸 영화를 보러 갔다. 집에 돌아와 다시 물리책을 읽었다. 잘 이해하지 못하겠다. 자연은 왜 더 분명하거나 좀 더 직접적으로 이해할 수 없을까? 계산을 계속해보니, 적분이 발산했다. 값이 무한대가 되었다. 점심을 먹고 산책을 나갔다. 공기는 살을 에는 듯이 차가웠다. 우리 모두는 미래가 보이지 않는 다이빙 라인에 서 있다. 우리는 예상과 동떨어진 결과가 나오더라도 지나치게 걱정할 필요는 없을 것 같다.

일본의 항복 후 수개월간 음식과 거주지 문제를 겪은 다른 일본인들의 암울함과 자신의 상황을 비교할 때면 이따금 찾아오는 비애감은 오히려 옅어지곤 했다. 도모나가는 도쿄 대학 부지에 있던 낡아빠진 격납고를 닮은 퀀셋식 막사를 집인 동시에 연구실로 삼았다. 바닥에는 매트를 깔아두었다.

오펜하이머는 도모나가의 개인적인 상황을 전혀 몰랐지만, 자신과 로스앨러모스 동료들을 일본으로 초래한 일은 알았다. 또한 오펜하이머는 미국이 느닷없이 주도권을 장악한 듯한 상황에서 물리학의 국제주의를 보존하길 원했다. 그는 도모나가가 보낸 편지를 제대로 인정하기에 더할 나위 없이 좋은 입장에 있었다. 이 편지는 일본 물리학자가 슈윙어가 한 연구의 핵심과 필적한 연구를 해냈을 뿐만 아니라 이를 예견했다는 분명한 증거였다. 도모나가는 자신의 연구를 발표하거나 슈윙어 식의 태피스트리를 만들진 않았지만, 그의 시도는 최초의 일이었다.

오펜하이머는 곧바로 포코노 학회의 참석자 개개인에게 보내는 편지에서 도모나가의 연구를 공식적으로 승인하며 다음과 같이 썼다. "우리가 마침 슈윙어의 훌륭한 연구 결과를 들었기에 독립적으로 수행된 이 연구를 더 잘 알아볼 수 있습니다." 포코노 학회이 영향으로 새로운 이론을 이해하느라 공을 들이던 다이슨에게 도모나가의 논문들이 보여준 내용은 순전한 아름다움으로 보였다. 다이슨은 슈윙어의 이론을 이제야 이해했으며 슈윙어가 말한 제반 사항들이 필수적인 것이 아님을 깨달았다. 포코노 학회의 노트를 열심히 들여다보던 대학원생들도 슈윙어의 이론에 찬사를 보내고 있었지만, 이미 다이슨이 깨달았던 것들을 의심하고 있었다. 나중에 다이슨은 다음과 같이 "불친절한 비평가"의 말을 인용한 적이 있다. "다른 이들은 어떻게 하는지 알려주기 위해 논문을 펴낸다면, 줄리안 슈윙어는 자신만이 할 수 있다는 것을 보여주기 위해 논문을 발표한다." 슈윙어는 방정식들과 글 사이의 특별한 비율을 얻기 위해 노력했던 것처럼 보였고, 그의 글은 《피지컬리뷰》의 식자공들에게 어려운 시험대가 되었다.

슈윙어는 사람들의 갈채를 받는 중에도 가끔씩 헐뜯는 말도 들었다. 예를 들면 슈윙어는 영혼 없는 파가니니다, 음악 대신 온통 허식과 기교뿐이다, 물리학자이기 보다는 수학자일 뿐이다, 그 역시 거친 모서리들을 매끄럽게 하는데 너무나 조심스럽게 접근한다, 같은 말들이었다. 훗날 슈윙어는 "정교하게 완성된 수학적 형식론이 이론의 구축에 이정표를 제공하는 모든 물리적 통찰이 제거된 채 제시되었다고 비난받은 것 같더군요"라고 말했다.

슈윙어는 이런 이정표들을 제거했다. 그는 강연할 때 청중에게 자신의 노트를 보이는 것만큼이나 완성되지 않은 자신의 사고 과정을 보여주는 것을 결코 좋아하지 않았다. 하지만 만일 슈윙어가 물리학자로서 직관이 부족했더라면 그의 수학적 능력을 총동원하더라도 상대성이론과 양자전기역학을 결합시킬 수 없었을 것이다. 이 수학적 형식론의 바탕에는 입자와 장의 본질에 대한 완전한, 그리고 역사적 이해가 담긴 확신이 놓여 있었다. 슈윙어에게 재규격화는 단지 수학적인 요령이 아니었다. 오히려 입자란 무엇인가에 대한 물리학자들의 이해에 가져올 변화를 보여주었다. 슈윙어의 주요한 물리적 직관을 대중 강연에서 들을 수 있는 쉬운 언어로 표현한다면 다음과 같다.

우리는 입자에 대해 이야기하고 있을까요, 아니면 파동에 대해 이야기하고 있을까요? 이제까지 모든 사람은 각각의 방정식들이 (수소 원자를 기술하는 디랙 방정식을 예로 들면) 물리적인 입자들을 직접적으로 나타낸다고 생각했습니다. 하지만 이제 장론field theory에서는 방정식들이 버금 준위sublevel와 관련이 있다고 인식합니다. 실험적으로 우린 입자들에 관심을 두지만 예전의 방정식들은 여전히 장을 기술하고 있습니다. 장에 대해 이야기할 때 대개 이를 묘사할 수 있으며, 매 순간 공간의 모든 점에서 정확히 무슨 일이 일어나는지를 어떻게든 경험할 수 있다고 간주합니다. 반면 입자에 대해 이야기할 때, 여러분은 가끔 어느 순간 측정하여 단지 장의 일부를 조사할 수 있습니다.

입자는 응집성을 가진 대상입니다. 우리는 시간이 흘러도 동일한 사물이 거기에 그대로 머무를 때 하나의 입자가 있음을 확신합니다. 따라서 이러한 입자의 언어가 시간 및 공간에 대한 연속성을 지닌 현상을 의미합니다. 하지만 여러분이 단절된 순간만 측정한다면 한 입자가 있다는 것을 어떻게 알까요? 실험은 장만을 조잡하게 살필 뿐입니다. 다시 말해 거대한 공간을 오랜 시간 동안 검토하는 것이죠.

재규격화의 본질은 한 수준에서 다음 수준의 기술로 이행하는 것입니다. 여러분이 장 방정식을 시작할 때, 입자들이 처음부터 그곳에 없는 단계에서 시작합니다. 여러분이 입자의 출현을 알게 되는 것은 바로 장 방정식을 풀었을 때입니다. 하지만 입자의 결과로 간주되는 특성들(질량 및 전하)은 원래의 방정식에 고유하게 내재된 것이 아닙니다."

사람들은 "아, 방정식들이 발산하니 이들을 상쇄해야겠군요"라고 말합니다. 이것은 형식일 뿐, 재규격화의 본질은 아닙니다. 본질은 맥스웰과 디랙의 이론들이 전자나 양전자 그리고 광자에 대한 이론이 아니라 더 깊은 수준에 대한 것임을 인식하는 데 있습니다.

프리먼 다이슨과 함께한 국토 횡단

파인먼은 학기말이 되면 교정하지 않은 논문들, 미채점 시험지들과 쓰지 않은 추천서 같은 공백을 남긴 채 사라지곤 했다. 베테는 가끔씩 파인먼이 수업에 관한 서류 작업에서 남긴 실수를 보완해 주기도 했다. 그래도 여전히 6월이면 학과장이던 로이드 스미스로부터 파인먼을 비난하는 서신을 받곤 했다.

교수님이 학점을 주지 않고 이타카를 갑자기 떠나시는 바람에, 졸업에 문제가 될 만한 졸업반 학생들을 포함해 저희 학과가 상당히 곤란한 상황에 처했습니다. 저는 대학 당국에 대한 의무와 책임과 관련하여 교수님께서 무관심해 보이는 태도가 다소 우려됩니다….

파인먼은 점수(어림하여 85점 이하의 점수)를 적고는, 방정식을 끼적거리곤 했다. 이번 해 6월에는 자신의 중고 올즈모빌을 타고 시속 100km 이상으로 국토를 가로질렀다. 조수석에는 프리먼 다이슨이 앉아 창밖의 풍경을 지켜보며 이따금 파인먼이 속도를 좀 줄였으면 생각했다. 파인먼은 다이슨이 품위 있는 친구라고 여겼다. 다이슨은 미국의 풍경을 관찰하는 외국인의 역할을 좋아했다. 66번 국도[38]라는 전망 좋은 위치에서 야생의 서부를 지켜보는 토크빌[39] 역할을 할 수 있는 기회였다. 미주리 주, 미시시피 강(강물은 다이슨이 상상했던 대로 탁하고 적갈색을 띠었다), 캔자스 주, 오클라호마 주(사실 어느 지역도 다이슨에게는 서부의 느낌을 주지는 않았다)를 지났다. 사실 풍경은 뉴욕 주의 시골구석의 모습과 별반 다르지 않아 보였다. 다이슨은 현대의 미국이 특

---

38) 미국 동부 일리노이주 시카고에서 서부 캘리포니아주 산타모니카까지 미국의 동서를 횡단하는 도로로 총 길이 3,940km에 달한다. 존 스타인벡이나 잭 케루악과 같은 문인 및 예술가들에게 영감을 준 도로다.
39) 프랑스의 외교관, 정치학자 겸 역사가. 미국을 여행한 후 『미국의 민주주의Democracy in America』를 출간했다. 프랑스 국내 정치에도 활발히 관여했으나 1848년 혁명 이후 나폴레옹 2세가 쿠데타로 정계에서 물러나 『앙시엥 레짐과 프랑스 혁명The Old Regime and the Revolution』 저술에 매진했다. 오늘날 토크빌은 사회학 및 정치학에 큰 영향을 미친 인물로 평가된다.

히 중산계급의 가정이나 여성들에게 공급된 비품들 위주로 주목해볼 때, 빅토리아 시대의 잉글랜드와 닮았다고 결론지었다. 다이슨의 목적지는 미시간 주 앤아버Ann Arbor였는데, 여기서 그는 슈윙어를 찾아 나설 계획이었다. 슈윙어는 여름학기에 강의를 하며, 자신의 연구를 발표할 예정이었다. 한편 파인먼은 로스앨러모스에서 사귀었던 한 여성과 얽힌 문제를 해결하기 위해 앨버커키로 향하고 있었다(그녀는 알린과 사별 후 만났던 비서 로즈 맥셰리였다. 당시 파인먼은 맥셰리를 "은막의 여왕"으로 부르며 그녀를 놀려대는 일을 즐겼다. 다이슨은 파인먼이 그녀와 결혼할 것이라 생각했다).

다이슨은 곧장 앤아버로 가는 것이 아님을 알아차렸지만, 파인먼과 시간을 보낼 기회가 생겨 더없이 좋아했다. 파인먼만큼 다이슨의 관심을 끄는 사람은 어느 누구도 없었다. 포코노 학회 이후 몇 달간 다이슨은 경쟁 이론인 난해한 새 양자전기역학 이론들을 통합하는 역할을 할 수 있다 스스로 생각하기 시작했다. 물론 학계 대립 구도는 한쪽으로 치우치긴 했지만 말이다. 그는 비공식적인 토론회에서 파인먼의 이론을 들었지만, 파인먼이 평범한 방식으로 방정식을 푸는 대신 단지 답만 쓰는 것 같아 여전히 애를 먹고 있었다. 다이슨은 좀 더 이해하기를 원했다.

이들은 가끔 히치하이커들을 태우려고 멈추긴 했지만 보통은 정해둔 속도를 유지했다. 파인먼은 성인이 되어 만난 어느 친구보다도 더 많은 자신의 이야기를 다이슨에게 털어놓았다. 그가 가진 미래에 대해 불길한 전망은 다이슨을 깜짝 놀라게 했다. 파인먼은 세계가 단지 핵전쟁의 서막을 보았을 뿐이라고 확신했다. 순전한 기쁨으로 충만했던 트리니티 테스트에 대한 기억이 뇌리에서 떠나지 않고 그를 괴롭혔다. 코넬 대학교 동문인 필립 모리슨은 맨해튼의 이스트 20번가에 원자폭탄이 떨어진 경우를 가정한, 경각심을 주는 글을 발표했다. 모리슨은 원자폭탄이 떨어진 히로시마를 방문하여 그 여파를 직접 목격하고 소름끼칠 정도의 생생한 과거 시제로 이를 묘사한 바 있었다. 그런 이유로 파인먼은 맨해튼 복판에 있는 식당에서 어머니를 만날 때면 이 파괴 반경에 대해 생각하지 않을 수 없었다. 그는 평범한 사람들이 자신의 저주받은 지식이 주는 부담감은 모른 채, 거인의 장화가 짓누르기 직전까지 굴을 파고 집을 짓는 개미처럼 비참한 환상 속에서 살고 있다는 감정을 떨칠 수가 없었다. 이건 전형적인 위험신호(유일하게 제정신인 사람, 진실을 아는 유일한 사람이라는 착각)였다. 하지만 다이슨은 불현듯 파인먼이 자신의 다른 지인들처럼 정신이 온전한 사람이라고 생각했다. 파인먼은 다이슨이 부모님께 보낸 편지에 적었던 그런 광대는 아니었다. 훗날 다이슨은 자신의 책에 다음과 같이 썼다. "우리가 클리블랜드와 세인트루이스를 지나 달리는 동안 파인먼은 그라운드 제로에서부터 치명적인 방사선 및 폭발, 그리고 화재 피해의 범위를 마음의 눈으로 측정했다. 나는 마치 소돔과 고모라에 나오는 롯[40]과 함께 달리고 있다 느꼈다."

앨버커키에 가까워지자 파인먼은 알린을 떠올렸다. 가끔 알린의 죽음이 덧없음을 자신에게 남겼다는 생각을 했다. 오클라호마 대초원지대에 발생한 봄철 홍수로 고속도로가 폐쇄되었다. 다이슨은 한치 앞도 보이지 않을 만큼 그렇게 퍼붓는 비를 겪은 적이 없었다. 이곳의 자연이 거침없이 떠들어대는 이 미국인처럼 원초적이라 생각했다. 차 라디오에서는 사람들이 차에 갇히고, 물에 빠지거나 수상구조대에 의해 구조되었다는 소식이 흘러나왔다. 이들은 고속도로에서 비니타라는 마을로 빠져나와 한 호텔에 숙소를 잡았다.

---

40) 구약성경에 나오는 인물. 천사의 경고를 받은 롯은 가족들과 함께 소돔과 고모라가 멸망하기 직전에 탈출한다. 이 일화에서 롯의 아내는 천사의 경고를 잊고 뒤를 돌아봤다가 소금기둥으로 변해버린다.

과거에 주말마다 파인먼이 알린을 만나러 가던 길에 묵었던 호텔과 비슷했다. 2층에 "사무실"이라고 적힌 간판이 있고 숙박비를 각각 50센트씩 내고 같이 쓰기로 한 방까지 이어지는 긴 복도에는 "이 호텔은 관리인이 바뀌어 취객은 받지 않습니다"라는 문구가 적힌 천이 걸려 있었다. 그날 밤 파인먼은 다이슨에게 알린에 대해 전보다 더 많은 이야기를 해주었다. 두 사람 모두 그날 밤을 잊지 않았다.

그들은 과학에 대한 각자의 포부도 이야기했다. 파인먼은 여전히 잡동사니 같은, 양자전기역학을 재규격화하는 이론 체계에 대해 관심이 훨씬 적었다. 파인먼을 사로잡았던 것은 바로 이력history들에 대한 총합을 구하는 자신의 물리학 이론이었다. 다이슨이 본 것처럼, 이 이론은 원대하고 통합적인 시각이었다(다이슨이 생각하기에 포부가 너무 컸다). 세상에 알려진 바대로 아인슈타인을 포함한 수많은 물리학자들이 이 거대한 목표를 향해 다가가다가 발을 헛디디곤 했다. 다이슨은 포코노 학회에서 파인먼의 발표에 누구보다도 열심히 귀를 기울였으며, 코넬에서 가끔 열리는 파인먼의 세미나에 누구보다도 열심히(심지어 베테보다 더 많이) 참석했기에, 파인먼이 얼마나 멀리 도달하려고 시도했는지 이해할 수 있었다. 다만 자신의 친구가 아인슈타인을 능가할 수 있다고 인정할 단계는 아니었다. 다이슨은 파인먼의 뻔뻔스러운 면과 원대한 꿈, 그리고 인간의 경험과 너무나 동떨어진 물리학의 영역들을 통합하려는 보이지 않는 노력들을 감탄하며 바라보았다. 가장 큰 범위인 태양계와 은하 성단의 규모에서는 중력이 지배했다. 가장 작은 범위에서는 아직 발견을 기다리는 입자들이 상상하기 힘들 정도의 강한 힘으로 원자의 핵을 구속하고 있었다. 다이슨은 이 양단 사이의 모든 대상을 아우르는 영역인 "중간지대"(일상을 채우는 모든 대상, 화학과 생물학의 기초가 되는 토대)에 머무르는 것도 충분하다고 생각했다. 이 중간지대는 양자론이 지배하는 영역으로서, 엄청나게 큰 망원경이나 거대한 입자가속기의 도움 없이도 보거나 연구할 수 있는 모든 현상으로 확장되었다. 하지만 파인먼은 그 이상을 원했다.

"파인먼의 관점에서 이론은 보편적이어야 한다는 점이 매우 중요했다. 이 관점은 자연에서 일어나는 모든 현상을 기술해야 한다. 이력에 대한 총합을 반영하는 이론이 자연의 일부에 대해선 참이고 다른 부분에서 참이 아닌 경우를 생각할 수는 없다. 다시 말해 전자에 적용할 때는 참이지만 중력에 적용할 경우 참이 아닌 이론을 상상할 수 없다는 말이다. 이 이론은 통합하는 원리이므로 모든 것을 설명하거나 그렇지 않다면 아무 것도 설명하지 못할 것이다."

오랜 세월이 지나 각자 비니타에서 보낸 밤을 회상했다. 다이슨은 자신의 친구를 아직도 얼마나 높이 평가하고 있는지 소회했고, 파인먼은 이야기를 어떻게 비밀스러운 방식으로 사용할 수 있는지 회고했다. 다이슨은 다음과 같이 기록했다.

"빗방울이 지저분한 창유리를 계속 두드리는 조그만 방에서 우리는 밤 늦도록 이야기를 나누었다. 딕은 사별한 부인에 대해, 부인을 간호하며 그녀의 마지막을 견딜 수 있게 해준 행복감에 대해 이야기했고, 로스앨러모스의 보안 요원을 골탕 먹이기 위해 그녀와 함께준비한 장난들, 그녀의 농담과 용기에 대해 이야기했다. 파인먼은 죽음이 가져다 준 최악의 상황을 겪으면서도 꺾이지 않은 영혼을 지니고 살았던 사람만이 보여주듯 편안하고 익숙한 태도로 죽음에 대해 이야기했다. 잉마르 베리만[41]은 영화 〈제7의 봉인The Seventh Seal〉에서 마술사 요프라는 인물을 만들었다. 요프는 언제나 우스갯소리를 하고 바보처럼 굴었으며, 아무도 믿지 않는 환영과 꿈을 목격하고, 죽음이 자신을 제외한 나머지를 데려갈 때 마지막까지 살아남는다. 딕과 요프는 공통점이 상당히 많았다."

그리고 파인먼이 기록했다.

"방은 꽤 청결했고, 세면대도 하나 있어서 형편없진 않았다. 우린 잘 준비를 했다."

다이슨이 말한다. "소변을 봐야겠어요."

"화장실은 복도 안쪽에 있어."

우리는 복도 밖에서 여자들이 왔다 갔다 하면서 킥킥거리고 웃는 소리를 들었다. 다이슨은 초조해하며 복도에 나가고 싶어 하지 않았다.

"괜찮아. 그냥 세면대에 눠." 내가 말했다.

"하지만 그건 비위생적이에요."

"아냐, 괜찮다니까. 물을 틀어 놓으면 되지."

"세면대에는 못하겠어요." 다이슨이 말했다.

우린 모두 피곤해서 침대에 누웠다. 날이 너무 더워 이불은 사용하지 않았다. 내 친구는 숙소의 소음 때문에 잠을 청할 수 없었다. 나는 잠시 잠이 들었다. 얼마 후 나는 주변 마루가 삐걱거리는 소리를 듣고, 한쪽 눈을 슬며시 떴다. 어둠 속에서 다이슨이 조용히 세면대를 밟고 올라서고 있었다.

다시 다이슨이 쓴 대목이다.

"폭풍우가 몰아치던 밤, 비니타의 작은 방에서 딕과 나는 머나먼 30년 앞을 내다보진 않았다. 난 어딘가에 숨은 딕의 생각들이 양자전기역학 이론을 완성하는데 줄리언 슈윙어의 복잡한 이론 구조보다 더 쉽고 필요한 물리적인 열쇠라는 것만 깨달을 수 있었다. 딕은 마음속에 슈윙어의 방정식을 깔끔하게 정리하는 것 이상의 더 큰 목표가 있음을 의식하고 있었다. 따라서 논의는 끝나지 않았다. 반면 우리는 이 논의를 통해 각자 자신의 방법대로 가게 되었다."

두 사람은 앨버커키에 도착했다. 다이슨은 믿어지지 않을 만큼 맑은 하늘과 눈 덮인 봉우리 아래에 펼쳐진 붉은 사막을 보았다. 파인먼은 시속 110km의 속력으로 마을을 향해 진입했고, 연이은 교통 법규 위반으로 즉시 체포되었다. 판사는 자신이 판결 내린 벌금이 개인 기록이라는 점을 공표했다. 두 사람은 이후 헤어졌다. 파인먼은 로즈 맥셰리를 찾아 떠났고(결혼은 불가능했다. 그녀가 독실한 천주교인이었으며 파인먼은 천주교인이 될 수 없었기 때문이었다), 다이슨은 앤아버에 있는 슈윙어에게로 가는 버스를 찾기 위해 떠났다.

---

41) 스웨덴의 연극 및 영화감독. 1957년에 발표한 영화 <제7의 봉인>은 삶과 죽음, 신의 존재, 인간의 본성 등을 탐구한 이야기로, 영화 제목은 일곱 번 봉인되어 있던 <요한계시록>에서 유래했다. 여기에서는 비밀스러운 것, 이해하기 어려운 것을 암시한다.

오펜하이머의 단념

다이슨은 1948년 가을, 베테의 허락을 얻어 프린스턴에 있는 고등과학원으로 자리를 옮겼다. 오펜하이머는 바로 전 해에 고등과학원장 자리를 이어받았다. 다이슨은 오펜하이머에게 좋은 인상을 주길 간절히 원했고, 자신만 그런 것이 아님을 곧바로 감지했다. 다이슨은 부모에게 보낸 편지에 "오펜하이머는 수요일에 돌아옵니다. 지난 며칠 간 연구소의 분위기는 대주교가 돌아오기를 기다리는 캔터베리 여성들이 등장하는 영화 〈대성당의 살인Murder in the Cathedral〉의 첫 장면 같습니다"라고 썼다.

하지만 다이슨은 오펜하이머의 승인을 기다리지 않고, 여름의 막바지 며칠간 자신의 연구를 쏟아내듯 기술한 원고를 《피지컬리뷰》에 발송했다. 그는 너무나 집중한 나머지 거의 죽을 지경이었다고 자랑스럽게 부모에게 말했다. 50시간 동안 동부의 프린스턴으로 오는 버스를 타는 중에 명쾌하게 영감이 떠올랐다며 동료들에게 말하기도 했다. (오펜하이머가 이 이야기를 들었을 때 그는 페르마의 마지막 정리에 얽힌 전설처럼, 마른 하늘에 치는 날벼락이라며 빈정대는 말투로 쏘아붙였다. "여백이 충분치 않아 증명을 적지 못했군.") 다이슨은 틀림없이 존재한다고 확신하는 수학적 공통의 기반을 발견했다. 그 역시 자신의 목적에 부합하도록 용어를 만들거나 고치기도 했다. 그의 주된 통찰은 소위 산란 행렬 혹은 S행렬이라고 부르는 대상에 초점이 맞추어져 있었다. 이 행렬은 초기 상태에서 주어진 마지막 지점에 이르는 각각 다른 경로들과 관련된 모든 확률을 그러모은 것이었다. 그는 이 행렬이 파인먼의 방법보다 더 신뢰할 만하고 슈윙어의 방법보다 더 적용하기 편하기에 "주제에 대한 통일된 전개"라고 알렸다. 그의 아버지는 파인먼-슈윙어-다이슨 세 사람의 구도가 아타나시오스 신조에 나오는 구절을 연상케 한다고 말했다. "성부가 무한하시고, 성자가 무한하시며, 성령이 무한하십니다. 그러나 셋으로서 무한하심이 아니라 오직 하나로서 무한하십니다."

다이슨은 이론을 창안한 사람에 의해 출판조차 되지 않은 채, 이를 설명하는 또 다른 출판물이 경쟁적이며 무모하게 게재되는 상황을 창안자들이 불쾌하게 느끼지 않을까 하는 생각이 들었다. 다이슨은 뉴욕의 컬럼비아 대학에 잠시 가 있던 베테를 찾아 해가 허드슨강 너머로 저무는 동안 리버사이드 파크에서 함께 긴 산책을 했다. 베테는 문제가 될 수 있다고 주의를 주었다. 다이슨은 슈윙어와 파인먼이 "적당히 이해될 수 있는 어떤 설명도" 발표하지 않은 것은 그들 잘못이라고 대꾸했다. 자신이 짐작하기에 슈윙어는 강박적으로 다듬고 있는 반면, 파인먼은 논문 작성을 신경 쓰지도 않았다. 무책임한 일이었다. 이들은 과학의 발전을 늦추고 있었다. 이들의 연구결과를 발표함으로써 자신이 인류에 대한 봉사를 실천하는 것이라고 주장했다. 다이슨과 베테는 결국 파인먼이라면 개의치 않겠지만 슈윙어는 신경을 쓸 수 있으므로 야심을 품은 젊은 물리학자가 슈윙어를 불쾌하게 하는 것은 좋지 못한 술책이라는 점에 동의했다. 다이슨은 부모에게 보내는 편지에 이렇게 썼다.

"그러니까 이 모든 과정의 결과로 저는 마크 안토니Mark Antony [42]의 전술을 뒤집어서 "나는 슈윙어의 연구를 가리려는 것이 아니라 그를 칭송하기 위해 왔노라"라고 제 논문 여러 군데에서 말하려 했습니다." 슈윙어가 이 상황을 알아채지 않기만 바랄뿐 입니다.

---

42) 마르쿠스 안토니우스Marcus Antonius의 영어식 이름. 카이사르가 독재에 반대하는 원로원의 반란자들에게 살해당하자 로마를 탈출한 뒤, 되돌아와 로마 시민들 앞에서 카이사르를 변호하는 연설을 해 여론을 반전시켰다.

그런데도 다이슨은 냉철하게 판단을 내렸다. 그가 도출해낸 차이점과 그가 부여한 특징들은 곧 학계에 널리 알려진 상식이 되었다. 다시 말해 슈윙어와 도모나가의 접근법은 동일했던 반면 파인먼의 접근법은 완전히 달랐다는 것, 나아가 슈윙어의 방법은 형식적이고 난해했던 반면, 파인먼의 방법은 독창적이고 직관적이라는 것을 말이다.

다이슨은 자신이 도구를 원하는 청중에게 손을 뻗고 있다는 것을 잘 알고 있었다. 그가 나뭇가지처럼 작게 나뉠 듯이 위협적인 교환자를 포함하는 슈윙어의 수식을 보여주고 "이를 계산하려면 장황하고 다소 어려운 분석이 필요하다"라고 언급했을 때, 다이슨은 자신이 어려움을 과장하고 있다고 독자들의 의심을 사지는 않을 것이라 확신했다. 사용하기 편하다는 것은 파인먼의 접근법이 갖는 장점이라고 강조했다. 그의 설명에 따르면 어떤 사건에 대한 "행렬 원소를 기록하기" 위해서는 단지 특정 조합의 곱을 취하여 이를 다른 방정식으로부터 얻은 행렬 원소의 합으로 대체하고, 다양한 항들을 특정 형태로 재조합한 다음, 어떤 형태의 대입을 시도한다. 그게 아니면 단순히 그래프 하나를 그리면 된다고 말했다.

가장 단순한 다이슨 그래프. ⓒDyson 1949a

그래프는 직선들로 연결된 점들의 연결망을 설명하는 수학자의 언어였다. 다이슨은 모든 행렬에 그래프가 존재하고, 모든 그래프에 행렬이 존재한다는 것을 보여주었다. 그래프가 제자리를 찾지 못하는 확률의 배열을 분류하는 수단을 제공했던 것이다. 이런 발상은 너무나 생경한 나머지 다이슨은 독자들이 각자의 마음속에 이 그래프를 그리도록 남겨둔 것처럼 보였다. 학술지 편집자들은 단 하나의 그림을 위한 지면을 만들었다. 다이슨은 방향이 표시된 실선들을 전자선electron line이라 불렀고, 방향이 없는 점들로 이루어진 선을 광자선photon line으로 불렀다. 파인먼은 단순히 행렬들에 관한 장부를 기록하는 것 이상(곧 물리적 과정에 대한 전반적인 상황)을 염두에 두고 있다고 말했다. 파인먼에게 그 점들은 실제로 일어나는 입자들의 생성 또는 소멸을 의미했다. 다시 말해 선들은 측정 가능한 실제 공간이 아니라 하나의 양자 사건에서 다른 사건에 이르는 이력을 통해 전자와 광자의 경로들을 나타낸 것이다.

오펜하이머가 반감에 가까운 냉정함을 내비치자 다이슨의 사기가 꺾였다. 뜻밖의 반응이었다. 패배주의적이고 무기력한 오펜하이머, 새로운 생각에 적대적이고 들으려고도 하지 않는 오펜하이머라니. 오펜하이머는 유럽에서 열린 두 번의 국제 학회에서 이 이론의 현주소에 대해 요점을 정리했다. 이건 "슈윙어의 이론"이고 "슈윙어의 종목"이다. "처음에는 대부분, 두 번째는 거의 전면적으로 슈윙어로 인해" 발전이 있었다고 말이다. 반면 지나가는 말로 "파인먼의 알고리즘"이 있다며 경멸적인 문구를 사용하기도 했다.

다이슨은 소심함에는 보상도 없다는 결단을 내리고, 과학원에 온 지 몇 주 만에 오펜하이머에게 연구소 내부 우편을 통해 공격적인 성명서를 보냈다. 그는 새로운 양자전기역학이 더 강력하고, 더욱 일관성이 지니며, 오펜하이머가 생각하는 것보다 더 폭넓게 적용 가능하다 주장했다. 그는 에둘러대지 않았다.

발신: F. J. 다이슨

오펜하이머 박사님께

박사님의 솔베이 보고서(말씀하신 부분보다는 말씀하시지 않은 부분이 담긴)에 표현된 관점에 매우 강경하게 반대합니다.

I. 파인먼 이론이 쓰기에도, 이해하고 가르치기에도 상당히 쉽다는 것을 확신합니다.

II. 따라서 정확한 이론이 현재의 생각과 근본적으로 다르다고 해도, 하이젠베르크-파울리의 생각보다 파인먼의 관점이 더 많은 것을 포함하리라 믿습니다.

(중략)

V. 파인먼의 방법이 전기역학보다 중간자 이론에 적용하기 적합하지 않다는 가정을 뒷받침하는 어떤 근거도 찾을 수 없습니다.

VI. 앞서 언급한 주장의 진실여부가 어떻든, 우리는 지금 실험 가능하고 비교할 수 있는 사항에 대해 전개할 수 있는 핵의 장론을 보유하고 있습니다. 그리고 이것은 열정으로 받아들여질 만한 도전입니다.

열정이 곧바로 보상으로 이어지진 않았다. 하지만 오펜하이머는 연이은 토론회를 열어 다이슨이 자신의 주장을 개진하도록 했다. 이 토론회는 적절한 기회가 되었다. 베테는 토론회에 참석하기 위해 뉴욕에서 내려와 정신적인 지지를 해주었다. 토론회가 진행되는 동안 오펜하이머는 극도로 신경을 곤두세운 모습을 내비쳤다. 그는 끊임없이 끼어들어 비판하고 톡톡 쏘아붙이거나 실수가 보이면 맹렬히 공격했다. 다이슨이 보기에 오펜하이머는 주체하지 못할 정도로 신경질적이었다. 의자에 앉아 끊임없이 줄담배를 피우고 안절부절못했다. 파인먼은 멀리서 자신의 연구를 계속해나가며 다이슨의 진척 상항을 지켜보고 있었다. 어느 주말 다이슨이 코넬에 있는 파인먼을 만났을 때, 파인먼이 두 가지 핵심적인 새로운 계산결과를 수 시간 만에 술술 풀어내는 것을 보고 깜짝 놀랐다. 얼마 지나지 않아 파인먼은 급하게 편지한 통을 썼다. "친애하는 프리만 군, 자네는 내가 퍼텐셜을 이용해서 빛의 산란을 얼마나 빨리 계산할 수 있었는지 떠벌리지 않기를 바라네. 왜냐하면 어제 밤에 계산 결과를 살펴보다가 전체 효과가 0이라는 걸 알아냈거든. 확신하건데 오펜하이머 같이 똑똑한 사람은 이런 걸 금방 알아챌테니."

결국 베테가 오펜하이머의 마음을 돌려놓았다. 베테는 명확하게 파인먼의 이론에 손을 들어 주고 다이슨이 추가로 할 말이 있는 것 같다고 청중에게 알려주었다. 베테는 개인적인 얘기를 하기 위해 오펜하이머를 한쪽으로 데려갔고, 분위기가 바뀌었다. 1월이 되어서야 경쟁에서 승리했다. 미국 물리학회에서 다이슨은 직전 해에 슈윙어가 그랬던 것처럼 거의 영웅이나 다름없었다. 다이슨이 청중석에서 파인먼과 나란히 앉았을 때, 발표자가 "파인먼-다이슨의 아름다운 이론"을 감탄하며 언급하는 것을 들었다. 파인먼은 큰 소리로 "그래, 박사. 자네 이름이 있어". 다이슨은 박사학위도 받지 않은 상태였다. 다이슨은 활발하게 강연 여행을 계속 했고, 부모님께는 자신이 공인된 주요 인사라고 말했다. 하지만 다이슨이 받은 최고의 보상은 가을이 끝나갈 무렵 편지함에 들어있던 편지였는데, 간결하게 쓰여 있었다. "불항쟁Nolo contendere [43]. 로버트 오펜하이머"

---

43) '나는 항쟁하기를 원하지 않는다'라는 의미의 라틴어 표현. 형사 소송에서는 피고가 유죄를 인정하지는 않지만 검사의 주장에 맞서 다투지도 않겠다고 답변할 때 쓴다.

다이슨 그래프, 파인먼 다이어그램

파인먼의 수학적 방법이 충분한 영향력 있다 스스로 느꼈던 계기는 바로 같은 1월 학회에서 있었던 케이스와 슬로트닉과 관련한 사건이었다. 그는 오전 발표 시간이 지나자 복도에서 부산스러운 소리를 들었다. 겉보기에 오펜하이머는 머리 슬로트닉Murray Slotnick이라는 물리학자에게 상당한 충격을 안겨주었던 것처럼 보였다. 머리는 중간자 동역학에 관한 논문을 발표했던 참이었다. 새로운 입자들의 집합, 새로운 장들의 집합에 관해서였다. 예컨대 새로운 재규격화 방법이 통할 것인가?

물리학자들은 핵을 결합하는 여러 힘들에 관련이 있음을 보여주는 고에너지 입자들의 내부를 들여다보고 있었다. 그리하여 중간자 이론은 부상하여 표면화되고 있었다. 중간자 이론의 구성 체계는 양자전기역학과 유사해 보였다. 하지만 중요한 차이점이 있다. 바로 대응물이 중간자였으나 중간자는 질량을 가졌다는 점이었다. 파인먼은 급성장하고 있는 이 분야에 대한 어떤 언어나 특수한 기법들을 배운 적이 없었다. 게다가 실험 영역에서는 중성자에 의한 전자의 산란에 관한 데이터를 산출하고 있었다. 무한대의 값들은 또 다시 타당해 보이는 여러 이론들을 괴롭히는 것 같았다. 슬로트닉은 두 종류의 이론을 연구했다. 하나는 "유사 스칼라 결합pseudoscalar coupling"이며 다른 하나는 "유사 벡터 결합pseudovector coupling"과 관련한 것이었다. 첫 번째는 유한한 답을 내었지만, 두 번째는 무한대로 발산했다.

슬로트닉은 이렇게 보고했다. 그가 발표를 끝내자 오펜하이머가 일어서서 질문했다. "케이스의 정리는 어떻습니까?" 슬로트닉은 케이스 정리에 대해 전혀 들은 바가 없었다. 아니 그럴 수가 없었다. 오펜하이머의 연구소에 있던 박사 후 연구원이던 케네스 케이스Kenneth Case가 이 정리를 아직 사람들에게 공개하지 않았기 때문이었다. 오펜하이머가 뒤늦게 밝히는 바에 따르면, 케이스의 정리는 이 두 종류의 결합이 같은 결과를 도출해야 함을 증명했다. 케이스는 이 정리를 다음날 발표할 예정이었다. 슬로트닉은 이 공격에 당연히 답할 수 없었다.

파인먼은 중간자 이론을 연구하진 않았지만 발표를 듣기 위해 서둘러 공부했고, 호텔 방으로 돌아와서는 계산을 하기 시작했다. 두 결합은 같지 않았다. 다음날 아침 파인먼은 자신의 답을 확인하기 위해 슬로트닉을 붙들고 이야기했다. 슬로트닉은 몹시 놀라 당황했다. 자신은 이 계산에 6개월을 공들였는데, 파인먼은 도대체 무슨 말을 하고 있는 거야? 파인먼은 수식이 적힌 종이 한 장을 꺼냈다.

"여기에 있는 Q는 뭐죠?" 슬로트닉이 물었다.

파인먼은 전자가 얼마나 크게 편향되는지 따라 변하는 양인 운동량 전달이라고 대답했다. 슬로트닉은 반년에 걸친 연구기간 동안 시도를 할 엄두조차 내지 못했던 문제가 여기에 담겨있었다는 점에 한 번 더 충격을 받았다. 편향이 없는 특수한 경우가 충분히 시도되었던 것이다.

Q는 아무런 문제가 없다고 파인먼이 말했다. 그는 Q를 0으로 놓아 방정식을 간단히 만든 다음, 지난밤에 했던 계산이 정말로 슬로트닉의 결과와 일치함을 알아내었다. 그는 겉으로 으스대지 않으려 하면서도, 열의에 불타올랐다. 파인먼은 수 시간 만에 다른 물리학자가 자신의 주요 경력 중 하나로 내걸었던 결과보다 더 우월한 형태를 완성했다. 파인먼은 이제 논문을 발표해야 한다는 것을 깨달았다. 그는 막대와 곤봉의 세계에서 석궁을 갖추게 되었다. 파인먼은 케이스의 강연장으로 자리를 옮겼다. 강연이 끝나고 그는 서둘러 자신이 준비한 질문을 던졌다. "슬로트닉의 계산은 어떤가요?"

한편 슈윙어는 세간의 주목이 점차 떠나가고 있음을 알게 되었다. 그의 기억에 다이슨은 지난 여름 무척이나 열의 넘치던 학생으로 기억됐지만, 그의 논문에는 가시가 있었다. 이제 다이슨-파인먼이라는 기이한 파도가 사람들의 주목을 받았다. 훗날 슈윙어는 더할 나위 없이 냉소적인 간접화법으로 다음과 같이 말했다. "대체로 어느 정도는 그리스의 논리학을 사용하여, 히브리의 신을 이교도들에게 데려온 열두 사도들의 선견지명과 유사한 방식으로 선포된 것들이 있었죠." 파인먼은 이제 자신의 목소리로 자신의 논리를 제시했다. 파인먼과 다이슨은 물리학자들의 세 번째이자 마지막 모임에 참여했다. 이번 학회는 2년 전 셸터아일랜드에서 시작했던 학회의 세 번째 모임으로, 뉴욕 주 올드스톤 온 더 허드슨 호텔에서 개최되었다. 파인먼은 차세대 물리학자들에게 새로운 시대의 시작을 밝혀준 일련의 확장된 논문들(3년에 걸쳐 10만 단어에 이르는 논문들)을 발표했다. 《피지컬리뷰》에는 「고전 전기역학의 상대론적 차단Relativistic Cut-Off for Classical Electrodynamics」, 「양자전기역학의 상대론적 차단Relativistic Cut-Off for Quantum Electrodynamics」, 「양전자 이론The Theory of Positrons」, 「양자전기역학에 대한 시공간 접근법Space-Time Approach to Quantum Electrodynamics」, 「전자기 상호작용의 양자론에 관한 수학적 공식화Mathematical Formulation of the Quantum Theory of Electromagnetic Interaction」, 「양자전기역학에 적용한 연산자 계산An Operator Calculus Having Applications in Quantum Electrodynamics」과 같은 논문이 줄줄이 게재됐다. 이러한 논문들이 발표되자 이를 집어삼킬 듯이 탐독하던 젊은 이론가들은 다이슨이 파인먼의 통찰을 최소한으로 요약한 것에 지나지 않았음을 알아차렸다. 이들은 (양전자 논문에서 잊을 수 없는 폭격수의 비유로 시작하는) 파인먼의 이미지와 다음과 같이 물리학적 원리를 가장 평이한 물리학적 언어로 서술하기를 고집하는 방식에 고무됨을 느꼈다.

"입자들이 갖는 정지 질량은 이 입자들이 생성된 후 이들이 서로 끌어

당기는 힘에 반하여 단순히 이들을 분리하기 위해 일어난 일이다…. 이동하는 현재를 통하여 미래가 점차 과거로 바뀌는 사람에게 이러한 경로는 어떻게 보일까? 이 사람은 무엇을 가장 먼저 보게 될까?"

장차 물리학자가 되려는 이들이 공간과 시간, 에너지가 무엇인가에 대해 생각하지 않고서는 이 논문들을 읽을 수 없었다.

파인먼은 물리학이 물리학의 열렬한 추종자들에게 했던 특별한 약속에 부응하도록 도움을 주었다. 다시 말해 초창기의 질문들과 더불어 이들이 학문의 근본과 대면하게끔 해준 것이다. 그러나 무엇보다 젊은 물리학자들에게는 이 다이어그램의 호소력이 가장 컸다.

파인먼은 다이슨에게 자신이 그의 논문을 읽는 일에 개의치 않는다고 약간은 날을 세운 채 말했다. 다이슨은 유쾌하게 집으로 편지를 썼다. "파인먼과 저는 정말로 서로를 이해하고 있습니다. 파인먼은 나의 논문에서 배울 것이 없는 유일한 사람임을 스스로 잘 알고 있습니다. 게다가 제게 거침없이 그렇게 말하기도 합니다." 하지만 파인먼의 학생들은 파인먼이 다이슨에 대

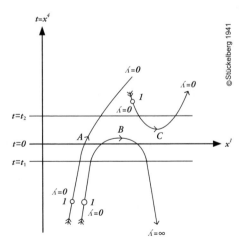

1941년 논문에서 인용한 잘 알려지지 않은 에른스트 슈투켈베르크의 다이어그램. 입자궤도 상에서 시간 역행 버전을 보여주고 있다.

해 이따금 날카로운 논평을 할 때 분노의 저류가 있는 것을 알아차렸다. 그는 다이슨의 그래프에 대해 듣기 시작했다. 거슬렸다. '왜 **그래프**지?' 다이슨에게 물었다. '자기가 본래 수학자라는 말인가, 거드름피우면서 말이지?'

공교롭게도 파인먼의 시공간 기법은 다이슨의 그래프 이외에도 전례가 있었다. 1943년 그레고르 벤첼Gregor Wentzel이 쓴 독일어 교과서는 베타 붕괴에서 일어나는 입자 교환 과정에 관해 유사한 서술을 담고 있었다. 벤첼의 학생이었던 스위스인 에른스트 슈티켈베르크Ernst Stückelberg는 심지어 시간 역행하는 양전자 개념을 포괄하는 도식적인 접근법을 개발한 바 있었다. 일부는 프랑스어로 발표되었으며, 일부는 출판 부적격으로 반송되었다. (벤첼 역시 깊은 인상을 받지 못한 심사위원이었다.) 이들이 개발한 다이어그램은 시각화하기에 대해 희미한 길을 보여주었고, 마침내 파인먼이 결실을 맺었다. 파인먼의 정식 버전은 1949년 늦은 봄, 그가 발송했던 논문에 마침내 등장했다. "기본 상호작용"(차세대 장론 이론가들field theorist의 머릿속에 깊이 새겨질 개념)은 두 개의 전자가 광자 하나를 교환하며 상호작용함을 보여주었다.

파인먼은 화살표가 있는 실선으로 전자들을 그렸다. 광자는 화살표가 없는 물결 모양의 선을 사용했다. 광자의 반입자는 광자 자신이므로 방향을 표시할 필요가 없었기 때문이다. "기본 상호작용"은 전자기 반발에 대한 기초적인 교과 과정을 재해석했다. 두 음전하, 즉 전자끼리는 반발한다. 역선line of force 또는 단지 서로 밀어내는 두 개의 공을 보여주는 일반적인 상황은 한 실체가 떨어져 있는 다른 대상의 힘을 어떻게 감지하는지에 대해 질문을 하게 만든다. 이것은 힘이 즉각적으로 전달될 수 있음을 의미한다. 파인먼 다이어그램이 필연적이면서 명백하게 밝혀주듯이, 힘을 나르는 매개체가 무엇이든 광속의 빠르기로만 이동할 수 있다. 전자기학의 경우 갑자기 생겨나 충분히 오랫동안 존재하면서 양자 이론가들이 자신들의 수지를 맞추는데

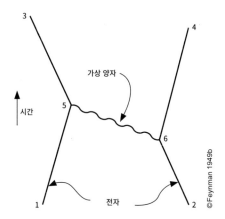

파인먼 다이어그램: "기본 상호작용" 이것은 시공간 도표이다. 시간의 진행은 지면의 위쪽으로 나타난다. 한 장의 종이로 이 도표를 가린 다음 종이를 위쪽으로 천천히 들어 올려보자.

*한 쌍의 전자들은(이들의 경로는 실선으로 나타난다) 서로를 향해 가까워진다.
*(6)번 지점에 이르면 가상 양자는 오른쪽 전자에 의해 방출되어(물결 모양의 선), 전자는 바깥으로 방향을 바꾼다.
*(5)번 지점에서 광자는 다른 전자에 의해 재흡수되어, 이 전자 역시 바깥방향으로 경로를 바꾼다.

따라서 이 도표는 두 전자 사이의 통상적인 반발력을 빛의 양자가 실어 나르는 힘으로 묘사하고 있다. 이것은 가상 입자이기 때문에, 단지 희미한 순간동안만 존재할 수 있으며 전체 시스템을 지배하는 법칙들(예를 들면 배타원리나 에너지 보존 법칙)을 일시적으로 위반할 수 있다. 나아가 파인먼은 광자가 한 곳에서 방출되고 다른 곳에서 흡수된다고 생각하는 것은 자의적 해석이라고 언급했다. 다시 말해 광자가 (5)번 지점에서 방출되고 시간을 거슬러 이동한 다음, (6)번 지점에서 (보다 일찍) 흡수되었다라고 정확히 말할 수도 있다.

이 도표는 시각화를 위한 보조 장치다. 그러나 물리학자들에게는 주로 부기용 도구로 쓰인다. 각 도표는 제시된 과정을 나타내는 확률을 얻기 위해 제곱하게 될 복소수 진폭과 관련이 있다.

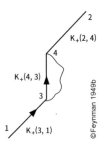

자체 상호작용. 수많은 파인먼 다이어그램에 해당하는 진폭을 합하는 과정(곧 하나의 사건이 일어날 수 있는 모든 방식에 대한 기여분을 더하는 것)이 필요하다. 갑자기 나타나고 사라지는 가상 입자들은 복잡성을 높인다. 이 도표에서는 전자 하나가 자신과 상호작용하고 있는데, 이것은 휠러 교수와 함께한 연구에서 처음 파인먼을 괴롭혔던 자체에너지 문제다. 전자는 자체의 가상 광자를 방출하고 흡수한다.

도움을 주는 것은, 바로 순간적으로 "가상의" 입자 형태를 띠는 빛이다.

이 시공간 도표들은 자연히 지면의 한쪽 방향으로 시간을 표현한다. 일반적으로 과거는 하부에 놓여 있고, 미래는 상부에 위치한다. 도표를 읽는 한 가지 방법은 한 장의 종이로 이를 가리고 종이를 서서히 위로 들어 올려 과거가 전개되는 것을 살펴보는 것이다. 하나의 전자가 하나의 광자를 방출할 때 경로를 바꾼다. 또 다른 전자가 이 광자를 흡수할 때 경로를 바꾼다. 하지만 먼저 언급한 사건이 **방출**이며, 나중에 언급한 사건이 **흡수**라는 개념조차도 시간에 관한 편견을 내포한다. 이 개념은 언어로 만들어진 것이었다. 파인먼은 자신의 접근법이 관례적인 직관으로부터 얼마나 자유로운지를 강조했다. 곧 이것은 교환 가능한 사건들이다.

실제로 각 도표는 지정된 시간과 장소가 있는 특정한 하나의 경로를 나타낸 것이 아니라, 이런 모든 경로들의 합을 상정했다. 또 다른 간단한 도표들도 있다. 파인먼은 전자의 자체에너지(전자 자체의 상호작용)를 광자 하나를 내놓았던 같은 전자로 되돌아가는 광자선photon line으로 표시하여 나타냈다. 허용 가능한 도표들에 관한 문법이 있었으며, 다이슨이 강조한 바에 따르면 이들은 허용되는 수학 연산에 상응하는 것이었다. 그럼에도 이 도표들은 복잡하고 순환적인 조직 체계 내에서 나타나고 사라지는, 임의적이고 복잡한 가상 입자들을 만들어낼 수 있었다.

파인먼이 상호작용하는 전자들을 나타내기 위해 처음 제시한 H형태의 도표는 단지 하나의 가상 광자를 포함한 도표였을 뿐이다. 두 개의 가상 광자로 가능한 모든 도표를 그리면 순열permutation이 얼마나 빨리 커지는지 보여주었다. 각각의 도표는 최종적인 계산에 기여했는데, 도표가 더 복잡해지면 계산이 어마어마하게 난해해졌다. 다행히 복잡한 정도가 커지면 확률은 작아지고, 따라서 해답에 미치는 영향도 줄었다. 그렇다 하더라도 물리학자들은 매듭에 관한 목록을 닮은 여러 쪽의 도표들을 보고 금세 고민할 것이었다. 하지만 물리학자들은 노력할만한 가치가 있음을 간파했다. 각각의 도표가 슈윙어식 대수의 유효 수명effective lifetime을 대신할 수 있었기 때문이다. 입자들을 묘사하는 것처럼 보이는 파인먼 다이어그램은 입자 중심의 시각화 방식에 초점을 맞춘 생각에서 비롯되었다. 하지만 이 도표들이 기반한 이론 (양자장론quantum field theory)은 핵심을 장field에 두었다. 도표들의 경로들과 경로 적분이 모두 합해진 경로들은 어떤 의미에서 장 그 자체의 경로들이었다.

파인먼은 자신의 이론이 인용되기를 기다리며 과거 어느 때보다 더 열심히 《피지컬리뷰》를 읽었다. 한동안은 슈윙어의 인용만 보였다. 그의 논문은 상형문자가 여러 쪽에 걸쳐 이어지다가 정돈된 표현으로 끝을 맺지만, 파인먼은 이런 표현을 단순히 출발점으로 삼았을 것이라고 생각했다. 그는 슈윙어의 방식이 오래가지 않을 것이라 확신했고, 실제로 오래가지 않았다. 파인먼의 방식, 파인먼의 규칙들이 이를 대체하기 시작했다. 1950년 여름, 첫 페이지에 "파인먼 다이어그램"과 함께 "파인먼이 도입한 단순화된 방식을 따라"라는 표현을 쓴 논문 한 편이 나타났다. 한 달 뒤 또 다른 논문이 등장했다. "파인먼에 의한 기법, 행렬 원소들의 계산은 파인먼-다이슨 방식을 적

©Cvitanović 1983

양자전기역학은 더욱 정밀한 계산결과를 도출하는 것으로
유명했다. 이를 위해 조합론 분야에서 만만찮은 훈련이 필요하다.

용하여 상당히 단순화될 수 있다." 이 도표들이 학생들의 손에서 엄청난 위
력을 발휘했고, 일부 원로들은 자신들이 이해하지 못하는 칼을 물리학자들
이 쥐고 흔들고 있다며 불만을 표출했다. 파인먼을 인용한 논문들이 쏟아지
자, 슈윙어는 자신이 후퇴된 것마냥 묘사 당하는 입장에 처했다. 슈윙어는
"근래의 실리콘 칩처럼 파인먼 다이어그램은 계산을 일반 대중hoi polloi들에
게 가져다주었다"라고 말했다. 훗날 일반 대중이라는 어조를 간과했던 사람
들은 슈윙어의 발언을 마치 파인먼에게 찬사를 표하려했던 것처럼 옮겼다.
하지만 슈윙어는 그럴 의도가 없었다.

　"이것(파인먼 다이어그램)은 교수법이지 물리학은 아니었다. 그렇다. 혹
　자는 경험을 위상 수학의 개별적인 조각으로 분석할 수 있다. 그러나 결
　국에는 이를 다시 종합해야만 한다. 그러고 나면 이런 단편적인 접근법

은 그 매력을 어느 정도 잃고 만다.”

하버드에 있던 슈윙어의 제자들은 경쟁에서 불리한 상황에 놓이게 되었다. 적어도 그의 제자들이 남몰래 파인먼 다이어그램을 사용하고 있을 것으로 의심했던 다른 곳의 동료들에게는 그렇게 보였다. 이러한 정황은 때론 사실이었다. 제자들은 슈윙어를 숭배했다. 그가 밤늦게 일하고 늦게 일어나긴 하지만, 그의 캐딜락과 흠잡을 데 없는 극적인 강의 실력을 우러러 보았다. 그들은 슈윙어가 “우린 …을 효과적으로 고려할 수 있습니다”와 같이 말하는 방식을 따라 하기도 했다. 그리고 완벽한 슈윙어식 문장을 구성하려고 노력했다. 제레미 번스타인이라는 한 대학원생은 “‘1’이 완전히 ‘0’이 아닐지라도 우리는 …을 효과적으로 고려할 수 있습니다”와 같이 시작하는 전형적인 슈윙어의 문장을 좋아하기도 했다. 또한 제자들은 점심 식사 자리에 슈윙어가 자기들 옆에 조용히 나타날 수 있음을 우려하여, 한 무리의 대학원생들은 대화할 때 **슈윙어**가 **파인먼**을 의미하고, **파인먼**이 **슈윙어**를 뜻하도록 약속해, 스스로를 보호하기도 했다.

머리 겔만은 훗날 케임브리지 시에 있던 슈윙어의 집에서 한 학기를 보낸 후 파인먼 다이어그램을 구석구석 찾아보았다고 말하길 좋아했다. 겔만은 하나도 찾지 못했다 말했지만 슈윙어 집의 방 하나는 굳게 잠겨 있었다.

머나먼 우화 속 나라로

베테는 파인먼이 코넬에서 보낸 4년 동안 점점 안절부절 못하는 모습을 걱정했다. 여기에는 여성들과 얽히고설킨 관계가 있었다. 파인먼은 여성을 쫓아다니고 관계를 끊기도 했으며, 꾸준히 치근거렸다. 이와 함께 공적인 대인관계는 점점 더 좌절을 겪었는데, 기숙사 벤치에서 장단을 맞추거나 자신의 올즈모빌 자가용 아래에 누워 기름투성이가 된 모습으로 발견되기도 했다. 파인먼을 가장 교수답지 않은 교수로 여기던 학부생에게 조차 파인먼의 대인관계는 어려워 보였다. 파인먼은 어느 주택이나 아파트에도 자리를 잡지 않았다. 학생용 주택에서 교수 투숙객으로 1년을 살았다. 때로는 기혼 친구들이 불편해 할 때까지 지인의 집에 며칠 혹은 몇 주를 머물곤 했다. 파인먼은 코넬이 물리학부를 제외하고는 과학에 대해 무관심하다 생각했다. 마치 고립된 마을에 갔았기에 너무 크면서도 한편으로 너무 작다고 여기곤 했다. 더욱이 한스 베테는 언제나 변함없이 이곳의 물리학 대가였다.

과거 로스앨러모스에서 알고 지냈던 로버트 베이커는 원자 에너지 위원회Atomic Energy Commission를 거쳐 캘테크Caltech로 자리를 옮겼다. 캘테크에서 그는 시대에 뒤처진 물리학 프로그램을 재건하는 임무를 맡았다. 바커가 미시간 주 북부에서 여름휴가를 보내며 어느 호수에서 수영하고 있을 때, 파인먼이란 이름이 머리에 떠올랐다. 그는 서둘러 뭍으로 돌아와 전화를 걸어 파인먼을 찾았고, 며칠 내로 자신을 찾아와달라 요청했다.

파인먼은 캘리포니아 남서부, 캘테크가 있는 패서디나를 고려하겠다고 말했지만 한편으로 훨씬 더 멀고 이국적이며 따뜻한 곳에서의 장래를 생각하고 있었다. 바로 남아메리카였다. 그는 심지어 스페인어를 공부하기도 했다. 팬아메리칸 항공이 남미로 가는 미국인 여행자들을 위한 항공편을 신설한 덕분에 뉴욕에서 리우데자네이루까지 배편으로 대략 2주가 걸리던 여정을 34시간 만에 가능해졌다. 게다가 대중 잡지들은 야자수와 농장, 유명한 해변과 화려한 밤과 같은 감각적인 이미지로 홍보했다. 카르멩 미란다[44]와 바나나는 여전히 여행기의 주를 이뤘다. 한편으로 파인먼을 괴롭히던 종말론적 공포라는 새로운 분위기도 있었다. 소비에트 연방이 1949년 9월 작동하는 원자폭탄을 공개했기 때문이다. 핵전쟁에 관한 우려가 전 국민의 의식 속에 스몄으며, 공황상태에 빠진 시민들은 민방위 운동에 박차를 가하게 되었다. 남미로의 이민은 기묘한 현상이 되었다. 파인먼의 한 여자친구는 남미가 더 안전하다고 진지하게 말하기도 했다. 존 휠러 교수는 파인먼이 열핵폭탄(수소폭탄) 연구에 동참하도록 간청하는 의미로 "9월까지 전쟁이 날 가능성이 적어도 40퍼센트"라고 추정한다고 말했다.

브라질 물리학자 제이미 티옴누Jayme Tiomno[45]가 프린스턴을 방문했을 때, 파인먼이 흥미삼아 스페인어를 배운다는 이야기를 듣고, 포르투갈어로 바꾸도록 제안하며 1949년 여름에 몇 주간 리우데자네이루에 신설된 브라질 물리학 연구 센터Centro Brasiliero de Pesquisas Fisicas에 파인먼을 초대하기도 했다. 파인먼은 제안을 수락하고 여권을 신청해 생애 처음으로 미국 대륙을 벗어났다. 그는 브라질의 모국어로 물리학자들을 가르치고, 여성들의 마음을 얻기 충분할 만큼 포르투갈어를 배웠다. (여름이 끝날 무렵 파인먼이 만난 여성들 중 한 명인 클로틸데라는 코파카바나 여인(그녀는 감미로운 포르투갈어로 파인먼을 뮈우 히카르딩요meu Ricardinho[46]라고 불렀다)을 설득하여 이타카에서 함께 살았다. 잠시였지만 말이다.)

다음 해 늦은 겨울, *파인먼은 브라질 연구 센터에 자신을 종신직으로 고용해달라고 충동적으로 요청하기도 했다. 그동안 파인먼은 바커와 진지하게 협상을 하고 있었다. 파인먼은 타이어에 체인을 감으며 눈이 녹은 차가운

---

44) 포르투갈 출생의 브라질 삼바 가수, 무용가, 브로드웨이 배우.
45) 브라질의 실험 및 이론 물리학자. 브라질 물리학 연구 센터를 설립하고 브라질 물리학회를 만든 초창기 멤버이다.
46) 포르투갈어로 '나의 리차드'란 뜻.

진창에 무릎을 꿇어야 하는, 너무나 많은 나날들을 견뎠다. 캘테크는 파인먼의 흥미를 끌었다. 캘테크는 과학기술에 익숙한 이들에게는 천국 같던 공과대학을 떠올리게 해주었다. 교양 중심의 종합대학에서 지낸 4년의 시간은 파인먼의 만족시키지 못했다. 그는 "조그만 도시에 대한 모든 자초지종과 나쁜 날씨"에 진절머리나 났다고 바커에게 편지를 쓰고는 "대학에서 수많은 인문학 과목들로부터 비롯되는 이론적인 확장은 이런 과목을 공부하는 사람들의 일반적인 몽매함과 가정학부에 의해 상쇄되고 있습니다"라고 덧붙였다. 그는 바커에게 자신의 약점 하나를 알려주었다. 대학원생을 두고 싶지 않다는 것을 말이다. 코넬의 "불쌍한 베테"는 결국 몇 번이고 파인먼을 대신하는 처지가 되었다.

"저는 학생에게 과제를 제안하고 해결을 위한 방법을 제시하고 싶지 않습니다. 게다가 학생의 부인이 아기를 낳을 때까지 제안 받은 과제를 해결하지 못해 직장을 구할 수 없는, 난처한 책임감을 느끼고 싶지 않습니다. 무슨 말인가 하면 효과 있는지 여부를 알지 못하는 상황에서는 어떤 방법도 제안하지 않을 것입니다. 제가 아는 효과가 있는 유일한 방법은 사전에 집에서 시도해보는 방법뿐 입니다. 따라서 저는 "박사학위 논문이란 특별히 견디기 어려운 상황에서 교수가 수행한 연구이다"라는 옛말이 제게는 절대적인 진실이라고 생각합니다."

파인먼에게 안식년이 다가오고 있었다. 그는 어떻게 해서든 탈출하려고 했다. 장론을 공부한 어느 부지런한 학생이 훗날 코펜하겐의 닐스 보어 연구소에서 이런 글을 남겼다.

옛날에(물론 어제는 아니었다) 아주 어린 두더지와 아주 어린 까마귀가 살았다. 이 둘은 큐피드Quefithe라고 불리는 우화 속 나라에 대해 듣고 여기에 가보기로 결심했다. 여행에 나서기 전에 이들은 지혜로운 올빼미에게 가 큐피드가 어떤 곳인지 물었다. 큐피드에 대한 올빼미의 묘사는 너무나 혼란스러웠다. 큐피드에서는 모든 것이 위이기도 하고 동시에 아래이기도 하다며 올빼미가 말했다.

물리학자들에게는 발상과 방법 그 이상이 필요하다. 이들은 또한 역사의 한 형태로서 지식의 파편들을 정리해둘 이야기 상자가 필요하다. 그러므로 물리학자들은 곧바로 탐색과 발견에 대한 전설을 창조해낸다. 말하자면 이들은 전해들은 말과 추정을 즉각적인 구전 지식으로 바꾸는 것이다. 물리학자들은 순수한 개념에 적어도 단편적인 이야기로 옷을 입히지 않고서는 이를 가르치기 어렵다는 것을 알고 있다. 예컨대 누가 이 개념을 발견했으며, 어떤 문제를 해결할 필요가 있었는지, 그리고 어떠한 경로를 통해 무지에서 앎으로 나아갔는지에 대한 이야기를 말이다. 어떤 물리학자들은 물리학자들의 역사와 같은 것이 필요하고 편리하긴 하지만 가끔은 실제 역사와 다르다는 것을 알게 된다.

큐피드Quefithe-quantum field theory의 우화는 슈윙어 두더지와 파인먼 까마귀, 보어를 닮은 올빼미를 비롯하여 다이슨 같이 생긴 여우가 함께 어우러져, 경로적분과 파인먼 다이어그램처럼 재빠르게 스스로 터득한 지식이라는 지역 사회의 상점에 입성하게 된 이야기를 다정하게 풍자해냈다. 예를 들면 이렇다.

만약에 너희가 어디에 있는지를 알고 있다면, 어디로 가고 있는지는 알

길이 없지. 반대로 너희가 어디로 가는지 알고 있다면, 너희들이 어디에 있는지 알 길이 없단다. (중략)

그들이 큐피드에 대해 무언가 알고자 했을 때 직접 이곳을 봐야 했다. 그래서 그들은 그렇게 했다. 몇 년이 지난 뒤 두더지가 돌아왔다. 두더지는 큐피드에 수많은 굴이 있다고 말했다. 한 구멍에 들어갔더니 굴들이 나뉘었다 합쳐지는 미로를 통해 다음 구멍을 발견할 때까지 헤매다가 빠져나왔다고 했다. 큐피드는 두더지만 좋아할 만한 장소처럼 들려서, 아무도 큐피드에 대해 듣고 싶어 하지 않았다.

얼마 지나지 않아 까마귀가 흥분하여 까악까악 떠들면서 날개를 퍼덕거리며 내려왔다. 까마귀는 큐피드가 굉장한 곳이라고 말했다. 그곳은 높은 산맥과 아슬아슬한 산길이 이어지고, 깊은 계곡이 어우러진 가장 아름다운 경관이 있는 곳이었다. 계곡 바닥에는 바퀴 자국이 깊이 파인 도로를 따라 허둥지둥 다니는 작은 두더지들로 가득했다. 까마귀의 말은 거품 목욕을 너무 많이 한 듯 들렸고, 대부분은 까마귀의 이야기를 듣고 고개를 가로저었다. 개구리들은 "이건 엄밀하지 않아, 엄밀하지 않다고!" 하며 줄곧 개골개골 울었다. 하지만 까마귀의 열정에는 전염성이 있는 무언가가 있었다.

이 모든 것 중 가장 곤혹스러운 점은 두더지가 묘사한 큐피드가 까마귀의 묘사처럼 들리지 않았다는 점이다. 심지어 어떤 이들은 두더지와 까마귀가 이 신화 속 나라에 가보기는 했는지 의심했다. 본래 호기심이 매우 강했던 여우만이 두더지와 까마귀 사이를 계속 오가며 질문을 해댔고, 마침내 여우는 이 둘을 이해했다고 확신했다. 오늘날에는 누구든지 (심지어 달팽이까지도) 큐피드에 갈 수 있다.

캘테크

1920년대 초반, 캘리포니아 공과대학(이하 캘테크)에는 공학관 한 동, 물리학관 한 동, 화학 실험실 한 동, 강당 한 동이 전부였다. 번영하던 패서디나 시 도심에서 동쪽으로 몇 분 떨어진 곳에는 먼지 날리고 관계시설도 부실한 약 3만 6,900평 규모의 오렌지 과수원이 있었다. 도시의 잉여 자금은 새로운 기념물을 찾고 있었다.

포르티코[1]가 있는 저택의 정원이 내뿜는 오렌지향과 장미향은 느긋한 스페인 혹은 이탈리아 양식의 일부와 융합하여 점차 캘리포니아 스타일을 만들었다. 건물의 벽은 연한 치장 벽토로, 지붕은 붉은색의 기와로 마감되었다. "패서디나는 로스앤젤레스로부터 롤스로이스로 달려서 10마일 거리다"라고 1932년에 말한 사람도 있다. 패서디나는 미국에서 가장 아름다운 도시 가운데 하나며 아마도 가장 부유한 곳이었다. 알베르트 아인슈타인은 이곳에서 세 번의 겨울을 보냈는데, 자전거를 타며 촬영을 위해 포즈를 취해주어 연구소 경영진들을 즐겁게 했다. 또 아인슈타인은 프린스턴이 자신에게 더 적합하다 결정하기 전, 윌 로저스[2]의 말을 빌려 "모든 오찬과 만찬 모임, 모든 영화 개봉식, 모든 결혼식과 이혼소송의 3분의 2에 참석했다"라고 말했다. 경제대공황이 패서디나 경제의 부침을 뒤바꾸기 시작했을 때조차도 캘테크는 과학 분야에서 모든 새로운 조류를 타며 승승장구했다. 갓 단장한 캘테크의 한 실험실은 팔로마산에 설치될 대형 망원경에 장착될 거대렌즈의 마무리 작업을 진행하기도 했다. 캘테크는 미국의 체계적인 지진학의 중심으로 자리 매김했는데, 젊은 대학원생이던 찰스 리히터가 자신의 이름을 딴 보편적인 측정 등급을 고안해낸 덕분이었다. 대학은 발 빠르게 항공학으로 발을 넓혔

---

1) 기둥을 받쳐 지붕을 얹은 현관.
2) 미국의 배우이자 코미디언, 신문 칼럼니스트. 유명인사로서의 아인슈타인을 빗대어 표현한 말이다.

다. 로즈 볼[3] 시즌에 언덕에서 로켓을 쏘아 올리던 대학의 열성적인 아마추어 모임은 1944년 제트 추진 연구소Jet Propulsion Laboratory가 되었다. 재단과 경영주들은 동부 해안지역의 흔한 지원 대상 이상의 것을 찾고자 간절히 원했다. 한 콘플레이크 제조업자는 캘테크의 한건물(현재의 켈로그 방사선 연구소)에 자금을 지원했다. 나아가 이 분야의 독보적인 전문가 찰스 로릿센Charles Lauritsen[4]을 필두로 이 연구소를 국가적인 기초 핵물리학 센터로 만들었다. 로릿센은 대강 끌어다 끼워 맞춘 장비를 무기삼아 에너지 준위와 스핀에 관한 세부 사실을 알려주는 경원소들(수소 및 중수소, 헬륨, 리튬에서 탄소를 포함해 그보다 무거운 원소들)의 핵 특성을 조사하며 1930년대의 대부분을 보냈다.

로릿센은 1951년 겨울, 단파통신 라디오를 통해 예언과도 같은 메시지가 퍼질 때에도 여전히 켈로그 연구소에서 연구하는 중이었다. 브라질의 한 낯선 무선기사가 캘테크의 한 학생과 매주 연결을 시도하곤 했다. 로릿센은 간결한 예측들을 제안 받곤 했다. **질소가 가장 낮은 에너지 상태에서 단일 준위가 아닌 아주 가까운 두 개의 준위를 가질 수 있을까?** 그는 이 내용들을 확인하곤 했고, 종종 이 내용들이 옳다는 것을 입증했다. 이 브라질 정보제공자는 분명히 나름의 이론을 갖고 있었다.

시카고의 페르미도 크리스마스 직전에 파인먼으로부터 소식을 받았다. 파인먼은 코파카바나[5]의 미라마 팰리스 호텔에서 "페르미 교수님께"로 시작하는 장문의 편지를 보냈다. 파인먼은 케이스와 슬로트닉의 이야기를 따라가며 중간자 이론을 연구하고 있었다. 이론은 엉망이었지만(군데군데 계산 결과가 발산했다), 파인먼은 뒤죽박죽이나마 결론에 이르렀다. 파인먼은 "국내에 있는 모든 분께는 뻔한 이야기일지 모르지만 몇 가지 언급을 하고자 합니다"라고 페르미에게 편지를 썼다. 중간자는 유사 스칼라이며, 유카와의 이론은 틀렸다고 말했다. 파인먼은 아마추어 무선 통신 연결을 통해 몇 가지 실험 소식을 듣고 있었다. "제가 브라질에서 아무것도 모르는 상태로 지내진 않습니다." 그는 몇 가지 예측들을 확인하길 원했다. 파인먼의 접근법은 원 자핵의 결합에 상당히 중요한 중간자에 대한 훨씬 더 추상적인 스핀의 변종 에 더 중점을 두었다. 곧 또 다른 양자수인 아이소스핀isotopic spin[6]을 의미했 다. 페르미의 접근법도 마찬가지였다. 파인먼은 시카고 쪽 연구의 일부를 되 풀이하고 있었다. 시카고 연구팀은 양자전기역학과 유사하지만 (마치 사자 조 련사가 애용하는 채찍과 같던) 재규격화, 섭동 이론을 고려하지 않는 이론을 평 가해보려던 참이었다. 파인먼은 "중간자 이론에서 파인먼 다이어그램을 사 용한 계산은 아무것도 믿지 마십시오!"라고 페르미에게 썼다.

한편 물리학자들이 원자 내부에 관한 연구를 더욱 가열차게 밀어붙이 다 보니, 전쟁 전에 형성된 입자에 대한 이해가 붕괴되는 것을 지켜보게 되 었다. 새로운 입자가 등장함에 따라 감당할 수 있는 기본 입자의 수에 대한 꿈은 점차 사라져갔다. 이렇게 끊임없이 세분화되는 세계에서 무엇이 순수 하게 기본적일까? 어떤 것은 또 무엇으로 이루어졌을까? 파인먼은 늘 지니 던 조그만 주소록에 "원칙들"이라고 썼다. "A가 B로 구성되었거나 그 역이 라 말할 수 없다. 모든 질량은 상호작용이다." 그럼에도 그들은 문제를 해결 하지 못했다. 안개상자 사진은 입자들이 지나간 궤적에서 새로운 종류의 분 기점과 꺾인 점들을 보여주었는데, 기존의 중간자를 이해하기 전에는 누구

---

3) 캘리포니아 주 로스앤젤레스 근교에서 매년 1월 1일에 열리는 대학 간 미식 축구 시합.
4) 덴마크 출생의 미국 물리학자. 1930년부터 양성자 및 헬륨 이온 등을 위한 가속기 제작에 X-ray 튜브를 이용하며 핵반응을 연구했다.
5) 브라질 리우데자네이루에 있는 모래톱 해안으로 유명한 휴양지다.
6) 핵 및 입자물리학 분야에서 강한 상호작용과 관련된 양자수를 말한다. 아이소스핀은 차원이 없 는 양으로 실제 스핀의 형태는 아니다. 양자역학적인 표현에서 양성자와 중성자가 결합하는 방 식이 수학적으로 각운동량의 경우와 유사하기에 붙여진 이름이다.

에게나 새로운 중간자들처럼 보였다. 페르미는 학술지 《피지컬리뷰》에 입자들이 급증하는 경향에 대해 일종의 선언을 했다.

최근에 발견된 몇 가지 새로운 입자들은 현재 "기본" 입자, 다시 말해 본질적으로 구조를 갖지 않은 입자로 여겨진다. 이러한 모든 입자들이 정말로 기본 입자일 확률은 입자 수가 늘어남에 따라 작아진다. 핵자 nucleon[7], 전자, 중성미자 모두가 기본 입자라는 것은 결코 확신해서는 안 된다.

파인먼은 패서디나에 도착하자마자 즉시 떠났다. 곧바로 안식년을 주겠다는 캘테크의 제안을 수락하고는 자신이 생각할 수 있는 가장 이국적인 장소로 도피했다. 캘리포니아 주 교육부서는 그의 급여를 보조했다. 파로커웨이 시절 이후 처음으로 파인먼은 해변에서 시간을 보냈다. 이곳에서 그는 샌들에 수영복 차림을 한 사람들을 살펴보거나 끊임없는 파도와 하늘을 바라보았다. 여태껏 산을 등지고 멋지게 펼쳐진 해변을 본 적이 없었다. 밤에는 세라 다 카리오카Serra da Carioca 봉우리가 달빛 아래 검은 돌출부로 보였다. 패서디나의 야자수보다 훨씬 큰 대왕야자수가 잘 꾸며진 전신주처럼 리우의 해안과 대로를 따라 늘어서 있었다. 파인먼은 영감을 얻기 위해 바다로 나갔다. 페르미는 "나도 코파카바나에서 수영이나 하면서 내 생각들을 새롭게 다듬었으면 좋겠네"라며 파인먼을 놀렸다. 파인먼은 브라질 물리학 연구 센터를 물리학의 새로운 중심지로 만드는 데 일조하고 있다는 생각을 좋아했다. 15년 전에는 브라질뿐만 아니라 남미 어디에서도 물리학은 거의 존재하지 않았다. 몇몇 소수의 독일과 이탈리아 물리학자들은 1930년대 중반에 물리학 분과를 개설했고, 10년이 채 지나지 않아 이들의 제자의 제자들은 산업 및 정부 기관의 지원과 더불어 새로운 시설들을 마련하고 있었다.

파인먼은 리우에 위치한 브라질 대학교에서 학생들에게 기초 전자기학을 가르쳤는데, 고분고분한 데다가 질문도 하지 않는 학생들에게 실망했다. 이들의 학습방식은 기계적인 암기, 자유분방한 미국인들을 그대로 따르는 보수적인 방식이었다. 교과과정의 구성은 유럽의 영향을 받았다. 대학원 과정에서는 자신감 넘치는 강사들의 자유로운 배합이라는 호사를 누리지는 못했다. 파인먼의 눈에 암기가 이해를 대신하는 것처럼 보였기에 파인먼은 브라질의 교육제도를 개조하기 시작했다. 그는 학생들이 명칭과 공식을 추상적으로 배웠다고 말했다. 브라질 학생들은 브루스터의 법칙을 암송할 수 있었다. "굴절율이 n인 물질에 부딪치는 빛은 탄젠트 값이 …인 경우, 입사 평면에 수직인 전기장으로 100퍼센트 편광된다." 그러나 파인먼은 이들이 편광필름 조각을 들고 만bay에서 반사되는 햇빛을 향해 필름을 이리저리 돌리면서 빛이 어떻게 될지 질문했을 때, 무표정한 시선만을 보았다. 학생들은 "마찰 발광"을 결정이 기계적인 압력을 받아 방출하는 빛이라 정의할 수 있었다.

이를 본 파인먼은 자신이 어렸을 때 그랬던 것처럼, 교수들이 학생들에게 집게 한 쌍과 각설탕 하나 또는 라이프 세이버[8] 한 알과 함께 암실로 들여보내 이들이 희미한 푸른 섬광을 보길 바랐다. "여러분은 과학을 이해한 걸까요? 아니죠! 여러분은 한 단어가 의미하는 바를 다른 단어들로 말했을 뿐입니다. 여러분은 **어떤** 결정체가 분쇄될 때 빛을 방출하고, **왜** 빛을 방출하는지와 같은 물성에 관해서는 아무것도 이야기한 바가 없습니다." 파인먼

---

7) 양성자와 중성자를 함께 가리키는 단어.
8) 당시 유행하던 산아 제한용 경구 피임약.

의 시험 문제는 다음과 같았다. "망원경의 네 가지 종류는 무엇입니까?" (뉴턴식, 카세그레인식…) 학생들은 대답할 수 있었다. 그러나 파인먼은 진짜 망원경은 놓쳤다고 말했다. 바로 과학혁명을 시작하는데 보탬이 되었고, 방대한 별들의 세계를 보여주어 인류에게 겸손함을 갖게 해주었던 케플러의 망원경 말이다.

말을 위한 말들. 파인먼은 이런 종류의 지식을 어느 때보다 맹렬히 경멸했다. 미국으로 복귀했을 때 파인먼은 이런 지식이 얼마나 많은 부분이 미국 교육을 차지했으며, 학생들의 습관뿐만 아니라 퀴즈쇼, 대중적인 상식 서적, 그리고 교과서 기획에서 보여주는 사고방식이 되었는지 다시금 깨닫게 되었다. 그는 지식에 접근하는 자신의 노력을 모든 이들과 공유하길 원했다. 파인먼이라면 하릴없이 카페 테이블에 앉아 설탕이 아이스티 표면에 닿을 때 내는 소리에 귀를 쫑긋 세우고 들을 것이다. 만약 누군가 이 현상을 뭐라고 부르는지 묻는다면 그는 버럭 화를 냈을 것이었다. 단지 설명만을 요구했다고 해도 말이다. 파인먼은 무지의 상태에서 제1원리에 의한 접근 방식만을 중요하게 여겼다. 설탕을 물이나 따뜻한 차에도 넣어보고, 설탕이 이미 포화 상태인 차에도 넣어본다. 이어서 소금으로 시도해보기도 하며, 휙 하는 소리가 쉬익 하며 변하는 순간을 지켜본다. 바로 이것이 시행착오와 발견, 자유분방한 탐구였다.

그는 단지 표준화된 지식이 주는 공허함에 분노했다. 암기 학습은 과학에서 자신이 소중하게 생각하는 모든 것들을 사라지게 했다. 바로 독창적인 정신과 일을 할 때 더 나은 방법을 찾으려는 습관과 같은 것을 말이다. 파인먼은 자신이 원하는 지식의 종류(시행착오를 통한 지식)가 "세상에 대한 안정감과 현실감을 주며, 숱한 두려움과 미신을 쫓아낸다"라고 말했다. 그는 이제 과학과 지식이 의미하는 바를 고민하고 있었다. 브라질 사람들에게는 다음과 같이 말했다.

"과학이란 알려지지 않은 대상이 어느 정도까지 **알려져 있는지**(절대적
으로 알려진 것은 없으므로), 곧 대상에 대해 어떻게 알게 되는지를 가
르치는 방법입니다. 나아가 의혹과 불확정성을 어떻게 다루고, 증거의
원칙은 무엇인지, 사물에 대해 어떻게 생각하고 판단을 내릴 수 있는지,
그리고 거짓과 가식으로부터 진실을 어떻게 구분하는지를 가르치는 방
식입니다."

뉴턴식이든 카세그레인식이든 망원경은 기기의 경이로운 역사와 함께
결함과 한계를 동반했다. 유능한 과학자라면 (이론가라고 하더라도) 사물의 양
면을 알 필요가 있었다.

코파카바나에서 온 사기꾼

파인먼은 음치로 태어났기 때문에 수학과 음악적 소질이 함께
따른다는 흔한 견해에 반발하여 대부분의 음악을 싫어한다고 사람들에게 이
야기했다. 유럽적인 전통에 기반한 클래식 음악은 그에게 따분할 뿐만 아니
라 심기가 불편해지는 음악이었다. 무엇보다 견디기 힘든 건 감상이라는 행
위 자체였다.

그렇긴 해도 수 년간 파인먼 곁에서 일했던 사람들은 그의 신경 말단에
서 끊임없이 솟아나는 무음조의 음악(사무실의 벽을 두들기고 달그락달그락거리는
소리)에 대해 알고 있었다. 파인먼은 계산할 때는 무의식적으로, 파티에서는

사람들의 시선을 끌기 위해 계속 두드리곤 했다. 코넬에서 같은 사무실을 사용했던 필립 모리슨은 '파인먼이 두드리기에 그토록 끌린 이유는 이 행위가 소란스럽고 스타카토처럼 짧게 끊어지는 움직임인 데다, 그가 긴 손가락을 지녔기 때문이고, 마술사 역할과 잘 어울리기 때문'이라고 농담 반 진담 반으로 이야기하곤 했다. 그러나 모리슨도 20세기에 이르러 서양의 클래식 음악이 어떤 면에서는 얼마나 괴상한 음악이 되었는지 주목했다. 모든 음악적 전통 중에서도 서양의 음악은 가장 단호하게 즉흥연주를 내팽개쳤다. 바흐 시대만 하더라도 건반 악기에 정통한다는 것은 한 사람이 작곡과 연주에 즉흥연주까지 아우르는 것을 의미했다. 한 세기가 지난 후에도 연주자들은 협주곡 중간에 카덴차를 즉흥 연주하며 자유롭게 실험했다. 19세기 말 무렵 프란츠 리스트는 피아니스트가 가능한 한 가장 빠르게 연주할 수 있는 지점을 구성한 음악을 들려주었고, 연주자 겸 작곡가가 틀린 음들과 막다른 골목으로부터 탈출하는 즉흥적인 변주곡과 장식음들을 음악회 단골들에게 들려주며 활기찬 긴장감을 선보이기도 했다. 곧 즉흥 연주는 들을 수도 있는 위험요소이자 틀린 음들을 의미했다. 현대의 음악은 한 시간에 대여섯 군데의 음정을 틀리게 연주하는 관현악단이나 현악 사중주단은 실력이 없는 것으로 여긴다.

파인먼은 공학도들을 위한 MIT식 서양 문화에 반감을 가지고 있었고, 코넬의 교양 과목 형태의 문화 역시 거부했다. 마침내 브라질에서 나름의 문화 적응을 시작할 수 있게 되었다. 물리학자들을 포함해 대부분의 미국인들은 여전히 유럽의 여러 수도를 우선하여 여행지로 삼았다. 하지만 파인먼은 서른두 살이 되어서야 학회에 참석하기 위해 유럽의 파리로 갔다. 리우의 거리에서 제3세계에 대한 취향을, 특히 음악과 속어 그리고 책에 등장하지 않거나 학교(적어도 미국 학교)에서 가르치지 않았던 예술에 대한 흥미를 발견했다. 파인먼은 여생 동안 라틴 아메리카와 아시아로 여행하길 좋아했다. 머지 않아 그는 미국 물리학자들 중에서 처음 일본을 여행한 사람이 되었으며, 일본에서도 대도시가 아닌 시골 지역으로 향했다.

파인먼은 리우에서 생명력을 지닌(리듬 중심에 즉흥적인데다 지극히 역동적인) 음악 전통을 발견했다. 『브리태니커 백과사전』의 어디에서도 찾을 수 없었던 **삼바**였지만 각종 금관 악기와 방울, 타악기가 어우러진 들썩들썩하는 소리가 해변 너머 창문을 통해 흘러들었다. 브라질 삼바는 아프리카, 라틴 빈민가와 무도회장 문화의 혼종으로 익살맞게 "패거리school"라 불리는 클럽 멤버들이 거리와 나이트클럽에서 연주하던 음악이었다. 파인먼은 삼바 댄서가 되었다. 파인먼은 대략 코파카바나의 광대들이라는 의미의 '오슈 파상테 드 코파카바나'라는 동네의 삼바패거리에 가입했는데, 파상테farçantes라는 단어를 사기꾼들fakers로 쓰길 더 좋아했다. 이곳에는 트럼펫과 우쿨렐레, 래스프raps[9]와 셰이커shaker, 스네어 드럼과 베이스 드럼이 있었다. 파인먼은 드럼의 다양한 리듬 위에 연주되는 탬버린인 판데이루pandeiro를 익혔다. 또 주요 삼바 리듬과, 주 선율의 주변부에서 가뿐하고 빠르게 달그락거리며 격정적인 추상 재즈에서 얌전치 못한 대중음악의 과도한 감상주의로 분위기를 전환시키는, 금속 판 악기 프리지데이라frigideiria를 연주하기로 했다. 처음에는 연주자들의 유연한 손목 비틀기를 배우느라 애를 먹었지만, 곧 돈을 받고 연주할 수 있을 만큼 충분히 능숙한 연주를 보여주었다. 파인먼은 자신이 이질적인 음조로 연주한 것이 다른 음악가들에게 비밀스럽고도 매력적으로 여겨졌을 것이라 생각했다. 그는 해변의 경연대회와 즉흥적으로 도로를 점거하는 거리 행진에서 연주했다. 매년 이루어지는 삼바 연주 일정의 누가 뭐라해도 2월에 열리는 리우 카니발이었다. 이 축제는 반나체 혹은 특별 의상을 입은

---

9) 빨래 강판과 같이 홈이 파진 본체에 나무 막대를 긁어 소리를 내는 악기.

리우 주민들이 밤거리를 가득 메우는 시끌벅적한 사육제였다. 1952년의 카니발에서는 《파리 마치》[10] 지역 판의 한 사진가가 장식용 주름 종이와 지나치게 큰 보석들로 둘러싸여, 삼바 리듬을 흉내 내며 벨소리를 토해내던 시내 전차를 즐기는 시민들 사이에서 메피스토펠레스[11]로 분장하고 흥청거리던 한 미국인 물리학자를 사진에 담은 바 있다.

리우에서의 삶에 기를 쓰고 자신을 던져 넣었지만, 파인먼은 점점 고립되었다. 아마추어 무선 연결은 급변하던 전후戰後 물리학의 첨단을 따라가기에 충분치 못했다. 아무에게서도, 심지어 베테로부터도 소식을 들을 수 없었다. 그해 겨울 파인먼은 (어느 날은 깜짝 놀라 영원히 술을 끊겠다고 맹세할 정도로) 과하게 술을 마시고 해변이나 나이트클럽에서 여성들을 꼬셨다. 그는 미라마 호텔의 야외 테라스 바에도 자주 드나들었다. 이곳에서는 시시각각 바뀌는 미국인 및 영국인 해외 거주자들 집단과 어울렸다. 파인먼은 비행 업무시간 사이에 미라마 호텔 4층에 머무르던 팬 아메리칸 항공의 여승무원들을 데리고 나가기도 했다. 또한 무분별한 자유분방함으로 코넬에서 사귀던 한 여성에게 편지를 보내 청혼하기도 했다.

아, 여인들의 사랑이란!

저명한 인류학자 마거릿 미드[12]는 최근 수많은 대중 잡지들이 이미 관심을 기울이던 주제에 대해 보고했다. 바로 미국 문화의 구혼의식이 혼란과 변화의 기운으로 들끓고 있다는 것이었다. 미드는 광고 게시판과 영화들을 조사하고 다음과 같이 소회했다.

과거의 오랜 확실성은 사라져버리고, 곳곳에 새로운 전통을 수립하려고 시도한 징후가 있다. 짝을 이루는 모든 연인들의 경우, 두 사람은 전통적인 성 역할을 더 이상 따르지 않는 발레ballet에서의 다음 단계가 무엇일지 궁금할 것이다. 이 발레에서 각 커플은 관계가 진척됨에 따라 자신들의 움직임을 만들어야 한다. 남자가 고집을 부리면, 여자는 양보해야 할까? 그러면 얼마만큼? 여자가 많은 것을 요구한다면, 남자는 반대해야 할까? 그럼 얼마나 단호하게?

이따금 파인먼은 자신이 여성들과 성적 관계를 맺는 습관을 이와 유사한 무심함으로 바라보곤 했다. 알린을 떠나보낸 후, 파인먼은 성적인 발레 행위와 관련한 공적인 (사적인 것이 아니라면) 양심의 가책을 대부분 무시하며 외곬으로 여성들을 쫓았다. 파인먼은 학부생들과 연애를 했고, 유곽의 매춘부에게 돈을 치렀으며, 술집에 드나드는 매춘부들의 계략에서 (본인이 이를 목격함에 따라) 이들을 어떻게 골탕 먹일 수 있는지 스스로 알아냈고, 물리학과 대학원생의 젊은 부인들과 잠자리를 같이 하기도 했다. 파인먼은 성도덕에 대해 대체로 모두에게 공정한 접근 방법을 취했다고 동료들에게 말했고, 자신은 여자들이 자신을 이용하려고 했을 때 되려 이들을 이용했다고 주장했다. 사랑이란 대개 신화(일종의 자기기만이나 합리화, 아니면 남편감을 찾는 여성들이 쓰던 술수)로 보였다. 그는 알린과 함께 느꼈던 감정들을 책장 어디엔가 치워

---

10) 1938년 《마치Mach》라는 이름으로 창간된 스포츠 뉴스 잡지로, 1940년에 폐간 되었다가 《파리 마치》라는 주간지로 1949년에 재창간되었다. 뉴스 및 유명 인사들의 사생활을 기사로 다루었다.
11) 괴테의 『파우스트』에 등장하는 악마.
12) 미국의 문화인류학자. 미국을 비롯한 서양 문화의 인류학 분야를 연구했다. 남태평양 및 동남아시아 전통 문화에서 성性에 관한 연구로 1960년대 성혁명에 영향을 주었다.

둔 것처럼 보였다.

여자들은 파인먼의 마음씨와 외모, 춤추는 방식뿐만 아니라 자신들의 이야기를 듣고 이해하려는 태도 때문에 사랑했다고 파인먼에게 말했다. 그들은 파인먼 주변의 지적인 친구들을 좋아했다. 여자들은 그에겐 일이 최우선이라는 것을 이해했으며, 그의 이러한 면을 사랑했다. 비록 양자전기역학 연구가 한창일 때 파인먼이 편지로 열렬히 구애했던 뉴멕시코 출신의 로즈 맥셰리가 포코노 학회에서 돌아온 파인먼이 쓴 "일은 언제나 나의 첫사랑"이라는 편지 내용에 분개했지만 말이다. 그녀는 남자의 노예가 되는 결혼은 하지는 않겠노라 말했다. 그녀는 파인먼이 그녀 때문에, 그리고 그녀를 위해 일한다고 느끼길 원했다. 많은 여자들이 파인먼의 뮤즈가 되길 원했다.

시시각각 변하는 규칙으로 파인먼의 연인들은 곤란한 처지가 되기도 했다. 통념을 벗어난 성관계에 대한 표현은 '먹튀'나 '화냥년'[13] 같은 어설픈 완곡어법과 구식 표현에 의존했는데, 연인들의 역할을 규정하고 이들을 불리한 상황에 놓이게 했다. 코넬에서 처음 맞은 여름, 파인먼이 스키넥터디에서 만난 한 여성은 자신이 임신했었고, 임신이 끝났다는 것을 가능한 한 간접적으로 파인먼에게 알렸다. "저는 꽤 아팠는데(제겐 이례적인 일이죠), 당신은 틀림없이 그 이유를 알 거라 생각해요"라고 그녀가 썼듯이, 그녀는 파인먼이 그의 "샤론의 장미"[14]와 다시 바람을 피는 것을 알게 되었다. 파인먼을 미워해야 했지만, 모든 남자들을 "비열한 인간"이라고 생각하고 싶지 않았다. 그녀는 자신이 파인먼을 "사랑"하지 않았음을 분명히 했다.

저는 부인이 세상을 떠나기 전에 당신이 누렸을 근사하고 지극한 행복이 부럽군요. 소수의 사람들에게 다가오는 그런 행복을 과연 살아생전에 만날 수 있을까요?

그녀는 파인먼이 바이런의 시구를 **틀림없이** 알아볼 수 있을 것이라며 비꼬는 투로 경고했다.

아, 여인들의 사랑이란!
사랑스럽고도 두려운 것이라 알려져있지….
여인들의 복수는 호랑이의 도약과도 같아서
치명적이고 재빠르며, 압도적이다.
그러나 진정한 고통은 여인들의 것.
자신이 느끼는 고통을 안겨주기에.
여인들은 옳다. 남자에게 그토록 자주 부당한 것은
여인들에게도 언제든 그러하기에….

그녀는 추신에서 파인먼이 실수한 자신의 이름 철자를 고쳐놓았다.
여성은 (전쟁으로 가속된 또 하나의 경향으로) 노동 인력 내에서 투쟁하도록 요구받았지만, 한편 가족적인 삶이라는 아늑하고 가정적인 환상의 중심부에 서 있기도 했다. 여성은 전문직 특히 과학 분야에서 후방에 있었다. 새로 창간된 잡지 《피직스 투데이Physics Today》는 브린마Bryn Mawr 대학[15]에서 10년 넘게 물리학을 가르친 사람이 겪은 애로사항들을 요약한 바 있다. 여기에 실린 짧은 노래의 일부는 다음과 같이 묻고 있다.

---

13) 각각 spooning과 jilting, heels, tramps의 표현을 우리말 속어로 바꾼 것이다. heels, tramps와 유사하게 남자가 여자를 성적으로 이용하는 은유적 표현이다. spooning은 절도 행위를 뜻하며, '애인을 차버리다'라는 의미가 있으므로 '먹튀'라 표현했다.
14) 로즈 맥셰리를 가리키는 것으로 보인다.
15) 1885년 퀘이커 재단에 의해 설립된 사립 여자 대학으로 펜실베이니아 주 브린마 시에 위치한다. 여자 대학 중 최초로 박사학위를 수여했다.

이 여학생들을 가르치는 일이 어떤지 말해주시겠습니까?

학생들이 조금의 지능이라도 있다고 생각하십니까?

학생들은 스스로를 진지하게 여기는지(물어봐도 된다면), 아니 당신은 어떻습니까?

편집자들은 편안한 어조를 유지하기로 결심했다. 저자는 일말의 공감을 보이며, 여성들이 물리학자로서 성공하는데 걸림돌이 되는 유일하고 가장 한탄할만한 것은 "우월한 남성들의 견해에 따르는 여성들의 기질"이라고 주장했다. 한편 고용주들은 여전히 여성들의 최우선 사항이 결혼과 아이들일 것이라고 여겼다. 《피지컬리뷰》에 여성이 저자로 나온 것은 거의 전무했다.

남성 중심의 물리학계에서 과학자들이 이성 관계에서 지적인 동반자를 구할 가능성은 다른 미국 남자들보다도 훨씬 적었다. 그래도 몇몇은 지적인 상대를 찾았다. 유럽 문화에서 교수 집단이란 문화적 기초 소양을 갖춘 특정한 사회 계급을 의미했고, 부인들은 남편의 계급과 문화를 공유하는 경향이 있었다. 예를 들면 한스 베테는 이론 물리학자의 딸과 결혼한 것 같은 경우다. 다양한 구성원이 뒤섞인 미국 사회에서 과학은 가난한 이민자 가족의 아이들에게 신분 상승의 길이 되었다. 부부가 공유할 수 있는 것이 무엇이든 간에 학계에 반드시 필요한 배경은 아니었다. 진행하던 대부분의 연구에서 멀어져 홀로 남게 된 파인먼은 누가 봐도 외모가 아름다운 여성들, 대개 금발이고, 때때로 진한 화장을 하고 도발적인 옷을 입은 여성들만 사귀거나, 만나본 적이 없던 부류의 여성들과 연애하는 것처럼 보였다. 쫓아 다니던 여성들과 직업적인 동료 관계를 맺을 수 있어도 파인먼은 여기에 관심이 거의 없는 듯했다. "날마다 물리학을 더 배우는 중이고, 배울 것이 더 많이 있다는 걸 깨닫고 있어요"라고 파인먼의 한 연인은 이렇게 썼다. "왜 그런지 몰라도 물리학 분야는 치명적인 매력이 있어요." 그럼에도 그녀는 파인먼의 마음이 이미 다른 이에게로 옮겨갔다는 의심이 들었다. 그녀와 그녀 이후의 모든 연인들은 극복하기 힘든 불리한 조건을 공유했는데, 이들 중 몇몇은 그 이유를 짐작할 수 있었다. 바로 자신이 파인먼의 줄리엣이자 완전한 사랑이었던 알린 그린바움이 아니라는 점이었다. 알린은 낭만적인 환상에 따분하고 길들여진 일상, 매일 혹은 매년 반복되는 현실이 덧칠되기 전에 세상을 떠나버렸다.

파인먼은 가끔씩 자신의 여자관계가 얼마나 합리적인지 정도를 따져보려는 욕구를 느끼곤 했다. 그는 규칙들을 파악하여 시스템을 이해하는 것을 좋아했다. 반면 약속을 속삭이거나 번지르르한 감언이설로 속이는 일에는 싫증을 냈다. 사과해야 하는 상황에는 질색했다. 파인먼은 알린이 특히 마음에 들어 하던 원칙을 새 목적으로 삼았다. 그는 감정적으로 골치 아팠던 어느 만남 이후 자신의 노트에 이렇게 적었다.

그 여자가 너를 안 좋게 생각하고 있는지를 분명히 하려면 애를 좀 먹겠군. 그 여자가 무슨 생각을 하든 뭔 상관이지? 그녀가 상처를 입을지 말지 관심을 갖는 건 좋아, 단지 최선을 다하라고. (굳이 원한다면) 상처를 주지 않도록 말이지. 그리고 그게 큰 문제가 아니라면 그 외에 따지려들거나 네가 괜찮은 사람이라고 그녀가 말하도록 하지 말고 내버려 두라고. 게다가 네가 이기적이고 육체적 쾌락만 기대한다면, 그녀에게 해명하거나 그렇지 않다고 납득시키려 하진 말라고.

파인먼이 즐겨하던 술집이야기에서 그는 술집에서 이루어지는 일련의 과정을 추론해내었다. 이를테면 여자들이 손님에게 추파를 던진다, 손님들은 여자들에게 술을 한 잔 사면 그 여자들이 본격적으로 작업을 건다. 파인먼은 "영리한 사내가 술집에 가면 어떻게 하나같이 빌어먹을 멍청이가 되는 것일까?"라고 말하곤 했다. 술집에서는 풋내기에 순진하고 실전 경험이 전무한 인류학자였기에 물과 함께 블랙앤화이트[16]를 주문하는 행위조차도 그의 관심을 계속 붙들었다. 그는 술집 여자들이 자신을 부추겨 샴페인 칵테일을 사도록 하는 것을 지켜보았다. 이에 대한 앙갚음으로 그는 일련의 새로운 절차를 정립했다. 주요 규칙은 여성들을 경멸로 대하라는 것이다. 심리전인 것이다. "넌 갈보만도 못해." 파인먼이 1.1달러짜리 샌드위치와 커피를 사주었던 여자에게 한 말이다. 그가 받은 대가는 그녀와 잠자리를 함께하고 샌드위치 값도 돌려받는 것이다. **모든 것이 공평하다.**

파인먼은 자신과 연애했던 여성들에게 이런 이야기들을 들려주었다. 너무나 그럴듯해서 의심스럽긴 하지만 이 이야기들은 설득력이 있는 데다 재미있었다. 그가 거짓말한 걸 아무도 알아채지 못했다. 이야기를 지어내는 것은 재능, 그래서 청중을 계속 붙들어 맬 수 있고 사람들의 시선을 한가득 받을 수 있음을 알게 된 사람들처럼, 파인먼은 자신의 레퍼토리를 가다듬었다. 전에 이야기를 들었던 사람이 청중 무리에 있건 없건 전혀 상관하지 않았다. 아울러 듣는 이들도 대부분 개의치 않았다. 파인먼이 하는 이야기들, 그의 웃음소리와 춤, 그리고 다른 사람과 함께 있을 때 자신의 주의를 극도로 집중해내는 능력을 지녔기에 파인먼은 여자들을 끌어당기는 강렬한 매력이 있었다. 중심에 지닌 그토록 철저한 냉정함까지도 지적 사색에 몰두하는 카사노바였다. 때때로 그의 여인들은 어마어마한 고통을 겪었다. 두 번째 여자는 파인먼에게 자신이 임신중절 수술을 받았다고 다음과 같이 완곡하게 말했다. "모든 게 끔찍하고, 고통스러운데다 비참한 기분이군요. 200만 명 중

---

16) 1890년대 런던에 유행한 블렌드 스카치 위스키.

한 명에게 일어나는 일이⋯. 당신은 이렇게 급작스러운 충동(충동의 '가장 짧은 배역'이라고 해두죠)의 결과로 어떤 해악이 따르는지 상상해본 적도 없을 테죠. 하지만 전에 내가 말한 대로 순진한 사람들은 대가를 지불해야 해요." 훗날 그녀는 자신이 못되게 말했던 것들에 대해 용서를 구했다.

그의 연인들은 거의 언제나 파인먼을 용서했다. 그녀들은 파인먼의 장점을 이야기하길 좋아했다. 다음은 한 여성이 종이에 적어둔 목록이다.

1. 잘생김 (아마도)
2. 영리함 (생각이 있는 사람)
3. 키가 큼 (매우)
4. 옷을 잘 입음 (늘씬함)
5. 춤을 출줄 안다 (멕시코시의 창녀로부터)
6. 드럼을 친다 (와우!)
7. 성격 좋음 (오 그렇지!)
8. 똑똑함 (가볍게 이야기하자면)
9. 대화하기 (괜찮음)
10. 다정함 (가끔)

파인먼은 해외출장 중에 꽤나 자주 여자들을 유혹했기에 그를 초대한 주최 측은 파인먼이 여자 소개를 기대한다는 것을 알게 되었다. 런던에서 파인먼은 폴린 혹은 베티를 만났고, 파리에서는 이사벨 또는 마리나를, 암스테르담에서는 마리카 아니면 제니를 만나곤 했다. 파인먼은 며칠간 한 여자를 만나고 나서 다른 것들과 함께 작별 편지를 그 여자에게 보내곤 했다.

"당신에 대한 내 사랑이 너무나 크기에 우리 모두 넘치는 행복을 분명히 느꼈을 거야. 언제나 기억해주길 바라. 당신 인생의 어느 날 저녁, 이 세상 어딘가에 내가 있고 내가 당신을 사랑한다는 걸. 나는 당신을 언제나 기억할 거야. 왜냐하면 당신은 함께 있을 때 완벽하게 편안하고 마음이 통한다고 느꼈던 유일한 사람이니까."

한 여성이 짧은 연애에 대해 취할 수 있는 태도는 다양했다. 그의 여인들은 너무 많은 이들의 가슴을 아프게 하지 말라고 유쾌하게 경고하거나, 파인먼의 모든 연애 계획이 "금발이거나 수학적이거나 아니면 물리적이길!"이라며 행운을 빌어주곤 했다. 그녀들은 파인먼의 집 문간에 나타날지도 모른다고 넌지시 경고하곤 했다. 마녀가 달과 별에 가는 길을 알지 못해도 미국을 찾을 수 있을 거라고 말이다. 혹은 "당신이 연구를 서둘러서 몇 시간 내에 유럽에서 캘리포니아로 날아갈 수 있는 원자력 빗자루를 만들 것"을 애타게 요청하기도 했다. 그녀들은 자기 자신을 더 좋아한다는 이유로 '정신의 나르키소스 콤플렉스' 파인먼을 비난했다. 그들은 가정을 꾸린다는 것이 파인먼에게 정말로 어떤 의미를 지니는지 궁금해 하며 중얼거리곤 했다. 어쨌든 조금은 외롭지 않을까?

물론 외로웠다. 파인먼의 친구들은 마침내 파인먼이 캔자스 주 니오데샤Neodesha 출신의 메리 루이즈 벨Mary Louise Bell과 함께 정착하기로 결정한 이유를 이해하려 들지 않았다. 코넬 대학교 구내식당에서 만난 그녀는 파인먼이 패서디나로 돌아오도록 설득했고(친구들은 신랄하게 말했다), 결국 파인먼이 리우데자네이루에서 편지로 보낸 청혼을 받아들였다. 파인먼의 친구들은 그녀가 소풍갈 때 흰색 하이힐과 딱 붙는 흰색 반바지를 입는 백금색 머리카락('셀로판 같은 머리카락을 한 여자'는 파인먼의 뒤에서 수근대던 심술궂은 별명이었다)

을 지닌 여자로 이해했다. 친구들은 벨이 파인먼보다 나이가 많다고 생각했다(실제로 나이 차는 몇 달에 불과했다). 그들은 결혼하기 전에도 실내 비품에 얼마를 써야할지, 그리고 파인먼이 낡은 옷을 입었을 때 어떻게 보이는지에 대해 편지로 말다툼을 했다. 그녀는 과학자들이 재미있다고 생각하지는 않는다는 점을 분명히 했다. 벨이 멕시코 회화 및 섬유 산업의 역사를 공부한 것은 파인먼의 관심을 끌기에 충분히 이국적이었다. 파인먼이 브라질에 있는 동안 그녀는 미시간 주립 대학교에서 가구 및 기관 실내장식의 역사에 관한 과목을 강의했는데, 이 수업은 주로 호텔이나 식당 경영과 관련한 직업을 찾는 남자들이 수강했다. 벨은 파인먼에게 "이 과목을 가르치는 여자는 대개 이쪽 기질을 가진 사람과 결혼하는 것이 보통이죠"라고 말했다.

두 사람은 1952년 6월, 파인먼이 브라질에서 돌아오자마자 결혼하고 멕시코와 과테말라로 신혼여행을 갔다. 이곳에서 두 사람은 마야 피라미드들을 오르내렸다. 파인먼은 벨을 웃게 해주었지만, 벨은 파인먼이 과격한 기질을 갖고 있다는 생각에 겁을 먹기도 했다. 멕시코 고속도로를 따라 달리고 있을 때 벨이 차의 햇빛 가리개가 성가시다고 불평하자 파인먼이 운전대에서 양손을 떼고 스크루드라이버를 꺼내 햇빛 가리개를 고치는 모습을 보고 놀라 아무런 생각도 할 수 없었다. 파인먼의 친구들은 벨이 대체로 파인먼의 면모를 잘 이해하지 못하고 있다는 인상을 받았다. 그녀는 파인먼이 더 잘 차려입기를 원했다. 파인먼의 친구들은 파인먼이 넥타이를 매고 있는지를 보고 벨이 주변에 있는지 없는지를 알 수 있었다. 친구들은 벨이 바가지를 긁어댄다고 생각했다. 벨은 파인먼이 음악을 감상하는 단계까지 '진화'하지는 않았고, 가끔은 자신이 박사학위를 가진 교양 없는 남자와 결혼한 것 같다고 사람들에게 이야기하길 좋아했다.

두 사람은 캠퍼스 근처에 있던 파인먼의 단층 아파트에서 패서디나 북쪽 경계 바로 건너편에 있는 앨터디너Altadena 시의 더 큰 집으로 이사했다. 메리 루이즈 벨은 다른 물리학자들과 어울리려 하지 않았다. 파인먼은 언젠가 패서디나를 방문한 닐스 보어를 만날 기회를 놓쳤다. 파인먼과 메리 루가 저녁을 먹고 있을 때, 그녀는 누군가 따분한 노인old bore이 두 사람을 저녁 식사에 초대했다는 것을 말했어야 했는데 그러지 못해 유감이라고 파인먼에게 말했다. 메리 루는 파인먼의 동료들 대부분과 달리 극보수주의자였다. 오펜하이머에 대한 안보청문회[17]가 열렸을 때, "아니 땐 굴뚝에 연기가 날까"라고 말하며 파인먼의 신경을 건드리기도 했다. 파인먼도 얼마 동안은 공화당에 투표를 했다. 이혼은 불가피했다. 파인먼은 두 사람 사이에 아이를 갖지 말아야 한다는 것을 일찍 깨닫고 여동생에게 이를 털어놓았는데, 부부가 최종적으로 헤어지기 거의 4년 전이었다. 파인먼은 합의에 따라 다음 사항을 자인했다.

극심한 학대가 고의적이고, 부당하게, 도발이나 정당화 혹은 어떠한 변명의 여지없이 자행되어 극심한 신체적, 정신적 고통을 안겨주었다. 따라서 원고는 현저한 물리적 고통과 극심한 정신적 고통을 겪었으며, 원고와 피고 사이의 결혼생활이 불가능할 정도로 신체의 정신적 충격을 겪었다.

파인먼은 다음 3년간 총 1만 달러의 제한적인 위자료를 주기로 합의했다. 메리 루는 1950년형 올즈모빌과 집안의 모든 가구를 가져갔다. 파인먼은 1951년형 링컨 코스모폴리탄과 자신의 과학서적, "모든 드럼과 타악기", 그리고 어머니가 준 접시 세트를 가지기로 했다. 이들의 이혼은 전국의 언론에 잠시 등장했는데, 파인먼이 유명인사여서가 아니라 칼럼니스트와 만화가들이 극심한 학대라는 이슈(봉고를 연주하는 교수, 잠자리에서 미적분을 계산하다)을 그냥 지나칠 수 없었기 때문이었다. 파인먼의 부인은 법정에서 다음과 같이 진술했다. "드럼소리는 끔찍했습니다. 그이는 잠에서 깨자마자 머릿속에 있던 미적분 문제를 풀기 시작합니다…. 그이는 운전하거나 거실에 앉아 있는 동안에도, 심지어 밤에는 침대에 누워서도 계산했습니다."

1954년 추수감사절이 머지않은 어느 날, 뚜렷한 계절 변화와 함께 남부 캘리포니아의 겨울이 가까워지자 로스앤젤레스에서 발생한 스모그가 패서디나를 감싸던 북쪽 언덕을 향해 모습을 드러냈다. 메리 루와 파인먼의 불만은 극에 달했다. 파인먼은 자신의 옛 직장을 돌려달라고 베테에게 간청하는 편지를 썼다. 그의 눈은 스모그 때문에 따끔거렸다. 반면 메리 루는 자신이 나무의 아름다운 색을 볼 수 없다고 불평했다. 파인먼은 급여가 얼마가 되든지 수락하겠노라 말했다. 그는 무조건적으로 항복했다.

얼마 후 누군가가 샌 가브리엘 산악지역 높은 곳에 위치한 윌슨산 천문대의 천문학자 발터 바데Walter Baade[18]의 소식을 가지고 파인먼에게 달려왔다. 발터 바데는 멀리 떨어진 우주의 별들이 이전에 밝혀진 것보다 몇 배 이상 오래되었음을 입증했다. 1950년대 캘테크는 우주론적 발견의 국제적인

---

17) 원자폭탄 투하 후, 오펜하이머는 로스앨러모스 연구소장을 사임하고 트루먼 대통령에게 미국이 직면할 위험을 호소했다. 나아가 원자력 에너지의 국제적인 통제를 주장하고 1949년에는 수소폭탄 개발에 강력히 반대, 정치권의 심기를 불편하게 했다. 1952년 아이젠하워 행정부가 들어서고 공화당이 백악관을 장악하자 오펜하이머는 정치세력의 공격 표적이 되었다. FBI는 오펜하이머가 1930년대 버클리 대학교 교수 시절 공산당 활동에 관여한 사실과 각종 도청기록, 조작한 거짓 자료를 방대하게 준비하여 안보청문회에서 오펜하이머를 공격했으며, 이 사건으로 오펜하이머는 각종 공직에서 물러나야 했다.
18) 독일의 천문학자. 초신성supernova이라는 용어를 도입했으며, 캘테크에서 스위스인 천문학자 프리츠 츠비키Fritz Zwicky와 함께 초신성supernova이 새로운 천체에 속한다는 것을 확인했다. 나아가 중성자별의 존재를 상정하고 초신성이 중성자별을 생성할 수 있음을 제안했다. 여기서 바데의 소식이란 두 종류의 세페이드 변광성 발견을 이용하여 이전에 알려진 우주의 크기를 다시 계산한 결과, 1929년에 허블이 계산했던 우주보다 더 크다고 내린 결론을 말한다.

중심이 되었다.

같은 날 어느 젊은 미생물학자는 자신의 새로운 발견을 파인먼에게 말해주었다. 세균이 반복하여 분열하더라도 DNA 분자는 근본적으로 더 이상 환원이 불가능하다는 것을 확증한 발견이었다. 캘테크는 라이너스 폴링[19]과 막스 델브뤽[20]과 같은 분자유전학 대가들을 필두로 하여 이 분야를 세상에 알리고 있었다. 그 사이 베테는 파인먼의 편지를 받고 전율하긴 했지만, 즉석에서 코넬이 제안할 수 있는 최선은 임시 직책이라고 말해야 했다.

파인먼은 다시 생각을 바꾸었다. 그해 가을 엔리코 페르미가 사망했고, 시카고 대학교는 파인먼을 고용하기 위해 필요한 모든 조치를 취하기로 결정했다. 물리과학부 학장 월터 바트키Walter Bartky[21]와 훗날 캘테크의 총장이 될 젊은 물리학자 마빈 골드버거Marvin Goldberger는 슈퍼치프Super Chief[22]에 올라(바트키는 비행기 타기를 두려워했다) 서부로 이동한 다음, 기차역에서 곧바로 택시를 타고 파인먼의 집으로 갔다. 파인먼은 두 사람의 제안을 고려하지 않겠다고 했고, 제안 액수를 입 밖에 꺼내지도 말아달라고 간청했다. 메리 루가 액수를 듣고 자리를 옮기라고 고집할까봐 걱정된다고 말했다. 파인먼은 캘테크에 남기로 결심했다.

---

19) 미국의 화학자, 생화학자이자 평화활동가. 양자화학과 분자생물학 분야의 개척자이다. 제2차 세계대전 당시 오펜하이머가 맨해튼 프로젝트의 화학분과를 맡아줄 것을 부탁했으나 거절했다. 화학결합의 특성 및 응용에 관한 업적으로 1954년 노벨 화학상을, 국제분쟁 해결을 위한 핵무기 사용 및 확산에 대한 반대 활동으로 1962년 노벨 평화상을 수상했다.
20) 독일 이민자 출신의 미국 과학자. 유전학을 물리학의 관점에서 발전시켰다. 바이러스의 유전적 구조와 복제 메커니즘을 발견한 공로로 1969년 알프레드 허쉬Alfred D. Hershey, 살바도르 루리아Salvador Luria와 함께 노벨 생리의학상을 수상했다.
21) 미국의 천문학자, 응용수학자. 1945년 7월, 일본에 원자폭탄 투하가 소련과의 핵무기 경쟁을 촉발할 수 있음을 알리는 질라르드 청원Szilard petition에 서명했다.
22) 시카고와 로스앤젤레스 구간을 운행하던 고급 여객 열차. 유명 인사가 많이 이용해 '별들의 기차'라는 별명이 붙었다.

물리학과 함께 미래로

새롭게 조명된 양자 세계에서 다음 목적지는 어디일까?

파인먼은 이론 물리학자들이 거대한 미해결의 과제(마치 무거운 매듭처럼 이걸 풀거나 잘라내기 전까진 대규모 사업이 거의 한 치 앞도 나갈 수 없는 과제)를 공유하던 시기에 이미 원숙한 경지에 도달했다. 양자전기역학의 문제는 해결되었기에 어떠한 단일한 과제도 전반적으로 흥미를 끌만큼 강렬해 보이진 않았다. 대부분의 이론 물리학자들은 새로운 입자들이 발견되는 보다 작은 원자 거리 혹은 더 작은 시간 영역으로 무리지어 향했다. 이들은 대개 지난 세기의 역사 논리에 이끌렸다. 다시 말해 원자핵의 내부로 향하는 새로운 단계마다 새로운 사실이 드러날 뿐만 아니라 단순화가 새롭게 이루어질 것이라는 논리였다. 원소 주기율표는 한때 원소 체계를 통합하는 강력한 수단으로 기능했다. 그런데 이제 주기율표는 그 자체가 원자 내부를 탐구하고 더 심오한 원리들이 통합된 분류학적 일람표에 더 가까워 보였다. 물리학자들과 기자들이 물리학에 관해 쓴 대중적인 글에는 **근본적인, 물질의 구성 성분, 자연의 구성 요소, 그리고 물질의 가장 내밀한 성소**聖所 같은 미사여구로 치장되었다. 문구는 매력적이었다. 자연의 법칙을 추구했던 다른 분야의 과학마저도 기본적인 구성단위에 대한 탐색을 우선하는 것처럼 보였다.

게다가 입자 물리학의 위세는 군사 지원이라는 밀물로 더욱 높아졌다. 무기 연구소가 번영을 누렸으며, 해군연구소Office of Naval Research과 같은 기관들은 특수한 군사 연구 프로젝트를 지원했다. 전자공학부터 암호학에 이르는 다수의 응용과학 분야는 군사 프로그램 담당 각료들의 구체적인 관심으로부터 혜택을 받았다. 대학에 소속된 과학자들은 군대가 연구의 방향을 좌지우지 하는 잠정적인 위험성을 곧바로 알아챌 수 있었다. 캘테크의 신임 총장 리 더브리지는 다음과 같이 말했다. "과학이 무기 개발 프로그램이라는 탁자에서 떨어지는 부스러기로 존재하도록 허용한다면, 과학은 '전시체제에 동원된 비밀주의'라는 숨막히는 대기 속으로 들어가 파멸을 맞을 것이다. 비록 이 부스러기들에 적절한 양분을 공급해준다 해도 말이다." 군부 역시 이를 인식했다. 맨해튼 프로젝트가 남긴 많은 유산 중 하나는 육해군 장성들이 이제는 과학자들의 신조를 믿게 되었다는 점이다. 즉 직관을 따르도록 연구자들을 놔두면 황금알을 낳는다는 것이다. 원자폭탄이 학계 대가들의 비밀스러운 공상으로부터 탄생했다는 점은 분명했다.

이제 **순수** 물리학자들은 원자폭탄을 작동시키는 원리보다 훨씬 낯선 힘과 입자들에 대한 **기초** 연구를 수행하길 바랐고, 국민들과 정부는 이들을 열광적으로 지원했다. 캘테크와 같은 학교에서의 이론적인 입자 물리학 연구 프로그램조차도 거액의 정부 보조금을 받으며 번영을 누렸다. 보조금은 급여, 대학원생들, 사무실 비용과 대학의 간접비로 사용되었다. 군대가 직접적으로 재정지원을 하지 않았을 때에도 거대한 사이클로트론, 베타트론, 싱크로트론 및 싱크로사이클로트론을 건설하도록 적극적으로 장려했고, 이중 어느 설비도 전쟁 전의 실험가들이 상상할 수 있었던 것보다 더 많은 철재와 전기가 투입됐다. 이러한 것들은 물리학이 기적을 일으킨다고 믿게 된 관료들로부터 나온 백지수표였기에 단순히 무기 개발 탁자에서 떨어진 빵부스러기는 아니었다. 불가능한 것이 있다고 누가 말할 수 있었을까? 자유에너지? 시간여행? 반중력? 1954년 육군성 장관은 파인먼을 육군 과학자문위원회의 유급 자문위원으로 초빙했다. 파인먼은 이에 동의하고 11월 며칠간 워싱턴으로 출장을 갔다. 한 차례 회의가 끝난 후 열린 칵테일 파티에서 어느 장군은 육군이 정말로 필요한 것은 모래를 연료로 사용할 수 있는 탱크라고 털어놓기도 했다.

같은 해 초에 파인먼은 패서디나에서 전화를 받았다. 원자력 에너지 위원회의 의장이자 해군 장성인 루이스 L. 스트라우스였다. 그는 파인먼이 1만 5,000달러의 상금과 금메달이 수여되는 알베르트 아인슈타인 상을 수상자로 선정됐다 말했다. 파인먼은 쿠르트 괴델[23]과 줄리언 슈윙어에 이어 세 번째 수상자였다. 스트라우스는 상금에 대해 알려 주었다(파인먼은 "핫도그!"라고 말하여 그를 즐겁게 해주었다). 프린스턴 고등연구소의 소장인 오펜하이머가 공식발표했다. 파인먼은 오펜하이머를 공적 생활에서 영구히 배제하는 과정을 주도한 사람이 바로 스트라우스라는 생각을 뒤늦게야 떠올렸다. 스트라우스는 J. 에드거 후버[24]에게 보낸 편지에서 당시의 유행대로 오펜하이머가 아마도 "간첩 역할"을 맡은 "강경한 공산주의자"라는 혐의를 제기하고, 오펜하이머의 비밀 정보 취급 허가를 박탈하라는 아이젠하워 대통령의 명령을 수행했다. 그해 4월 원자력 에너지 위원회는 4주간의 청문회를 시작했다. 많은 물리학자들이 지난 10년간 존경해 마지않던 이 남자를 변호했다. 하지만 텔러는 예외였다. 텔러는 오펜하이머가 자신의 수소폭탄 프로젝트를 지지하지 않았다고 불만을 토로했고, 말에 신중을 기하며 증언했다. "저는 잘 이해하고 따라서 더욱 신뢰하는, 국가의 중대한 관심사들을 확인해보고 싶다는 생각을 합니다." 이런 상황에서 파인먼은 스트라우스가 주는 상을 수락한다는 기대가 기쁘게 다가오지 않았다. 하지만 캘테크를 방문 중이던 라비는 파인먼에게 상을 수락하라고 조언했다. 파인먼은 라비가 다음과 같이 말한 것을 기억했다. "자네는 어떤 사람이 베푼 아량을 그 사람을 향한 칼로 바꾸어

---

23) 오스트리아-헝가리 제국 출생의 수학자이자 논리학자. 1934년에 발표한 불완전성 정리로 유명하다.
24) 1924년 FBI의 전신인 수사국 국장으로 시작하여 FBI의 창설(1935)을 지휘했으며 사망할 때까지 48년간 FBI에 재직했다. 스파이 색출 및 정치인 사찰뿐만 아니라 스페인 내전, 제2차 세계대전, 한국 전쟁, 베트남 전쟁에 관여했다. 트루먼 대통령과 정치적인 대립관계를 유지했다.

서는 결코 안 되네. 아무리 악덕한 사람이라도 그 사람의 어떤 미덕마저도 그와 맞서는 수단으로 사용되어서는 안 되지."

무시무시한 분위기에서 비밀 요원들은 원자 과학자들의 과거 행적을 살폈다. 이들은 친구들과 어린 시절의 이웃들에게 물었고, 뻔한 사실을 공들여 캐내며 누가 누구를 좋아하거나 원망했는지, 누가 누구에 관한 정보를 알려줄 만한지에 대한 소문에 귀를 기울였다. 파인먼에 관한 FBI의 파일은 부피가 커졌다. 로스앨러모스 시절의 동료 클라우스 푹스는 구소련의 스파이 활동으로 1950년에 수감되었다. 다행히 FBI는 푹스가 파인먼에게 자신의 차를 얼마나 자주 빌려주었는지 알아차리지 못했다. 파인먼은 한때 파로커웨이에 있는 유대교 회당 템플 이스라엘에서 연설을 했는데 "당시에 파인먼은 형제애에 대해 이야기했다"라고 기록되어 있었다. 파인먼은 수줍음이 많고, 사교성이 없으며 내향적인 유형의 개인으로 기술되어 있었다. 이웃들은 파인먼의 애국심을 보장했지만 수사중인 한 요원이 "투쟁적이고 친공산주의적인 학생 모임"으로 묘사한 고등학교 사회주의청년연맹에 파인먼이 참여했는지는 의심했다. 베테는 파인먼의 "애국심"과 관련한 정보를 요구하는 상무성의 한 관리에게 시달렸다. 결국 베테는 퉁명스럽게 대답했다. "파인먼 교수는 전 세계에서 가장 중요한 이론 물리학자들 중 한 명입니다. 국가에 대한 그의 애국심은 의심의 여지가 없습니다. 추가적인 설명은 파인먼 박사에게 모욕이 될 뿐입니다."

언젠가 FBI는 "**오펜하이머**가 한 '**파인맨**FINEMAN'(음성표기로)과 접촉한" 사실을 알아냈는데, "이 '**파인맨**'이 사실은 조사 대상인 **리처드 파인먼**"이라고 추정했다. 수사국 관리들은 파인먼을 오펜하이머에 대해 불리한 정보를 제공하는 비밀 제보자로 전환하는 가능성을 논의했다. 파인먼이 FBI가 요청한 면담을 거절하자, 관리들은 신중하게 접근하도록 허가하고 나서 파인먼을 "접촉 금지" 명단에 올려두었다. 수사관들은 파인먼의 로스앨러모스 동료들을 면담했는데, 동료들은 대개 파인먼을 "탁월한 인격"을 지닌 "영재"로 묘사했다. 하지만 파인먼이 4F 등급 판정을 받기 위해 선발 징병 담당 정신과 의사들을 한 수 앞서 속인 것을 가끔 자랑했다는 사실도 알려지게 되었다. 동료 한 명은 파인먼이 "괴짜"라고 여겼다. 또 다른 이는 "재즈"에 대한 파인먼의 관심이 물리학 교수로서의 처신에 어울리지 않는다고 생각했다. 하지만 정보 제공자에 따르면 파인먼은 아이젠하워에게 투표했고, 무소속 의사를 표명한 데다(무소속 진보 측과 혼동하지 말 것), "러시아인들에 대해 아무런 관심도 없었다". FBI는 파인먼의 이혼에 관한 신문기사를 주도면밀하게 전부 복사해두었다. 그리고 한 가지 특이한 점을 보고해야 했다.

> **파인먼**은 머리핀이나 짧은 철사 등으로 자물쇠 회전판이나 원통형 자물쇠를 여는 상당한 수준의 기술을 익혔다. (중략) 파인먼은 금고 자물쇠의 작동 방식을 알아내려고 노력했고 어떤 금고도 열 수 있다는 야심을 피력했다.

첫 번째 보고서에서 수사관은 "이 사실은 파인먼이 어떤 범죄 성향을 나타내는 것은 아니고, 단지 일반인에게 현실적으로 해결이 불가능해 보이는 장치에 수학적으로 뛰어난 지성이 도전한 노력의 일부일 뿐이다"라며 파인먼의 무고함을 증명하는 정보제공자의 소견을 애써 이해하려고 했다. 그렇지만 **원자력과 관련된 비밀문서가 담긴 금고를 열었던 일**과 **클라우스 푹스와 어울렸던 일**은 익명의 보고서 작성자들, 특별 조사 및 비밀스러운 공항 호텔이 하는 일에 영감을 주었고 이후 몇 년간 파인먼에 대한 조사 파일은 두툼해졌다.

FBI는 특별한 관심을 가지고 다른 한 사건을 감시했다. 소비에트 과학원The Soviet Academy of Sciences은 모스크바에서 열리는 어느 학회에 파인먼을 초청했는데, 파인먼은 이 학회에서 유명한 레프 란다우Lev Landau[25]와 다른 러시아 물리학자들을 만날 기회를 얻고자 했다. 핵물리학 분야는 특히 민감하다는 구실로 의제에 포함되지 않았다. 그럼에도 소비에트 물리학의 일류 학자들은 미국인들의 무기 개발을 재빨리 따라잡고 있었다. 그해 러시아인들은 시베리아 항공에서 고도의 이동식 열핵폭탄을 터뜨렸다. (훗날 반체제 인사가 되는, 이 폭탄의 주 설계자 안드레이 사하로프[26]는 폭탄이 터진 지점에서 수 마일 떨어진, 눈 덮인 스텝지대에 설치된 전망대에서 이를 지켜봤다. 블랙북[27]이라고 불린 미국의 기본지침서를 읽고 색안경을 벗어도 안전할 것이라고 결론을 내렸다.) 파인먼은 소비에트 과학원이 여행 경비를 지원한다 제안을 했기에, 이 초대에 열광하며 수락했다. 이내 파인먼은 다시 생각했다. 파인먼은 원자력 에너지 위원회에 편지를 보내 정부의 조언을 구했다. 파인먼은 다음과 같이 썼다. "정부 역시 이 사안에 관심이 있을 것이라 생각합니다. 왜냐하면 제가 전쟁 중에 로스앨러모스 프로젝트에 관여했었기 때문에, 제가 돌아오지 못할 수 있다는 위험이나 여론의 동향을 고려해야 할 것 같습니다." 며칠 후 위원회와 국무부의 관리들 모두 파인먼이 소비에트의 초청을 거절하라며 회신했다. 그는 "체제 선전 효과"를 위해 이용당할 수 있었다. 파인먼은 묵묵히 따랐다. 파인먼은 소비에트 과학원 원장에게 "개인적인 사정으로 참석하기 어렵습니다"라고 회신했다. 정부는 프리먼 다이슨에게도 맥캐런 이민법에 의해 미국으로의 복귀가 허락되지 않을 수도 있음을 경고하며 학회 초대를 거절하라고 압박을 가했다. 하지만 다이슨은 순순히 포기하진 않았다. 다이슨은 기자들에게 "이건 이민법이 잘못되었음을 드러낸 분명한 사례입니다"라고 말했다.

소련의 물리학자들은 무기를 제외한 기초 연구에서도 미국과 유럽을 열심히 쫓아가려 노력했다. 하지만 동서양 사이에 희미한 관점의 차이는 이미 드러나고 있었다. 원자폭탄의 승리는 미국이 전쟁에서 승리하도록 해주었으나, 소비에트 사람들의 정신에는 확고하게 스며들지는 않았다(그래도 정책 입안자들은 무기 경쟁에 집착하긴 했다). 국제적인 등급의 싱크로사이클로트론이 더 브노Dubno[28)]에 들어서긴 했지만, 당시 미국에서 건설 중인 것과 유사한 거대 입자가속기들에 필요한 자금을 곧바로 구할 수 없었다.

한편 소비에트 물리학계에서 가장 영향력 있는 인물은 란다우였다. 그는 이론 물리학이라고 불릴 수 있는 현상의 영역 전반을 포용하는 폭넓은 관심사로 유명했다. 란다우는 기본 입자들이 아닌 응집물질, 예컨대 유체역학, 물질의 상전이, 난류, 플라즈마, 소리의 분산 및 저온물리학 분야의 연구에 전념했다. 이런 주제들은 모두 기본적이었지만 미국에서 이런 분야의 입지는 입자 물리학의 화려함에 점점 빛을 잃고 있었다. 하지만 소련에서는 그렇지 않았고, 이곳의 물리학자들은 1955년에 파인먼을 특히 만나고 싶어 했다. 파인먼은 양자전기역학 이후 첫 번째 주요 연구 분야로 입자 물리학 대신 란다우의 관심사에 가까운 주제를 선택했다. 예를 들면 절대영도에 가깝게 냉각된 액체 헬륨의 무마찰 운동에 관한 초유동성 이론 같은 주제였다.

---

25) 소련의 이론 물리학자. 소련의 원자폭탄 및 수소폭탄 개발 프로젝트의 수학자 그룹을 이끌었다. 1962년 액체 헬륨의 저온 특성에 관해 초유체의 수학적 이론을 개발한 공로로 노벨 물리학상을 수상했다.
26) 모스크바 출신의 소련 핵물리학자. 소련 수소폭탄의 아버지라는 별명도 얻었으나 이후 반체제 활동을 통해 핵무기의 위험성을 지적하고 핵실험에 반대하는 활동을 전개하며 소련에서 오펜하이머와 같은 역할을 했다. 1970년대부터 소련의 인권 운동에 참여, 이 공로로 1975년 노벨 평화상을 수상했다.
27) 주로 군사 기밀을 기록한 서적 또는 FBI가 발행한 소련의 첩보 활동 조서를 가리킨다.
28) 우크라이나에 있는 도시로 행정중심지. 소비에트 연방 시절에는 더브노 공군기지를 비롯한 냉전 시대 시설들이 있었으며, 요새로 잘 알려져 있다.

양자액체

당시의 SF소설가들은 흥미로운 규칙을 한 가지 배웠다. 상상력을 과도하게 발휘하지 말라는 것이었다. 때로는 조심스러운 편이 나았다. 새롭고 기이한 세계를 창조하기 위해 작가들은 일상적인 현실 중에서 한두 가지 특징만을 바꿔 예기치 못한 상황들이 스스로 드러나게 해야 했다. 자연은 단일한 규칙을 조절할 수 있기에 가장 기이한 현상을 만들어낼 수 있었다.

초유체 헬륨은 액체가 마찰력이 0일 때 벌어지는 현상을 보여주었다. 일례로 이 액체가 비커에 담겨 있다면 얇은 막의 형태로 위로 미끄러져 비커의 벽을 타고 넘는다. 중력을 거스른다는 의미다. 액체 헬륨은 일반 기체도 통과하기 어려운 미세한 틈이나 구멍을 통과한다. 완벽하게 매끄러운 유리판이라도, 매끄러운 두 장의 유리판을 완전히 압착하여도, 초유체 헬륨은 유리판 사이를 자유롭게 흐른다. 이 책에 언급된 어느 일반적인 물질보다 훨씬 열을 잘 전도하고 아무리 냉각해도 고체로 얼어붙지 않는다.

파인먼은 유체의 흐름에 대해 이야기할 때면, 있는 그대로의 세상에 대해 아이처럼 근본적인 매력을 느끼던 순간으로 되돌아가고 있음을 느꼈다. 욕조에 있는 물이나 보도 위의 진흙 웅덩이를 관찰하고, 폭우가 쏟아진 뒤 길가에 만들어진 작은 물줄기를 막으려 하고, 폭포와 소용돌이 속의 움직임을 뚫어져라 바라보는 즐거움이야말로 아이들이 물리학자를 꿈꾸게 하는 것이라 생각했다. 초유동성을 이해하기 위해 파인먼은 또 다시 제1원리로부터 시작했다. 유체란 무엇인가? 액체나 기체처럼 층밀림 변형력shear stress을 버틸 수 없지만 힘을 받으면 움직이는 물질이다. 층밀림에 저항하는 유체의 경향은 유체의 점성, 곧 유체 내부의 마찰이다(꿀은 물보다 점성이 높고, 물은 공기보다 점성이 높다). 유체의 흐름에 대한 유효 방정식을 처음 창안한 19세기 물리학자들은 점성이 특히 골칫거리임을 알게 되었고, 그 결과는 계산이 불가능했다. 이들은 문제를 단순하게 만들기 위해 대개 점성을 무시한 모형을 만들었는데, 나중에 존 폰 노이만은 이를 두고 19세기 물리학자들을 조롱하기도 했다. 모형을 만드는 이들은 언제나 불필요하게 복잡한 요소들을 생략하려고 했는데, 점성이 바로 이런 요소였다. 하지만 고전 유체역학자들은 본질적인 의미를 규정하고 필수적인 특성으로 보이는 대상을 제외시켰다. 폰 노이만은 고전 유체학자들을 "메마른 물"에 관한 이론가들이라고 빈정거렸다. 파인먼은 초유체 헬륨이 불가능한 이상화로서 점성이 없는 유체와 유사하다고 말했다. 이것이야말로 메마른 물이었다.

초유동성에게는 마찬가지로 기이한 쌍둥이인 초전도성이 존재한다. 초전도성이란 전기가 소모나 저항 없이 흐르는 현상이다. 두 성질 모두 저온 실험 현상이었다. 초전도성은 1911년에 발견된 반면, 초유동성은 1938년이 되어서야 발견되었다. 그 이유는 과냉각된 저온 유지 장치 내부의 헤어핀의 머리 크기만 한 용기 속 액체의 움직임을 관찰하기란 어려운 일이기 때문이었다. 이러한 현상들은 난해했지만, 1950년대까지 이 한 쌍의 현상은 기본입자들에 관심을 두지 않는, 기타 이론 물리학 분과에서 주요한 주제가 되었다. 작동하는 듯 보이는 영구 운동 장치를 이해하는데 필요한 진전이 거의 이루어지지 않았다. 파인먼에게 이 두 현상은 마치 "포위 공격을 받는 두 도시, 다만 각각 고립되어 난공불락으로 남아 있는 각자의 도시, 즉 지식으로 완전히 둘러싸여 있는것"처럼 보였다. 란다우 외에 초유동성에 관한 이론을 세우는데 중요한 기여를 한 사람은 라스 온사거Lars Onsager[29]였다. 온사거는

---

29) 노르웨이 출생의 물리화학자, 이론 물리학자. 액체 헬륨의 초유체 특성에 대한 이론적인 설명을 제안했으며, 2년 후 파인먼이 독립적으로 액체 헬륨에 관해 동일한 이론을 제안했다. 1968년 열역학의 비가역 과정에서의 반비례 관계에 대한 발견으로 노벨 화학상을 수상했다.

예일 대학의 저명한 화학자로, 그가 가르치는 통계역학은 어려운 과목으로 악명이 높아 때때로 (온사거의 억양을 넌지시 가리켜) 노르웨이어 I 및 노르웨이어 II로 불리기도 했다.

자연은 양자물리학자들에게 익숙한, 또 다른 종류의 영구 운동을 보여주었다. 바로 원자 내부 에너지 준위에서의 전자 운동이었다. 마찰이나 소모로 전자의 운동이 느려지지 않았다. 수많은 원자들이 상호작용할 때만 마찰로 인한 에너지 소모가 발생했다. 이러한 초현상들은 고전적인 물질이 갖는 모순된 혼란을 어떻게든 피하는 것인가? 이것은 분명히 양자역학의 경우일까? 파동함수, 에너지 준위와 양자 상태라는 장치 전체가 그대로 거시적인 크기로 옮겨질 수 있을까? 이러한 초현상들이 사실은 대규모의 양자 작용이었음을 보여주는 가장 결정적인 단서는 헬륨이 어느 온도에서건 응결하여 단단한 결정으로 되지 않으려는 특성에서 나왔다. 고전적으로 절대영도는 흔히 모든 운동이 정지하는 온도로 묘사되었다. 양자역학적으로 그런 온도는 존재하지 않는다. 원자의 운동은 결코 멈추는 법이 없다. 따라서 절대영도는 불확정성 원리를 위반한다.

란다우와 다른 학자들은 액체 헬륨에 관한 몇 안 되는 유용한 개념들로 기초를 닦아놓았다. 영향력 있는 한 가지 생각은 모든 종류의 고체물리학에 큰 영향을 주었는데, 바로 새로운 실체("준입자quasiparticle" 또는 "기본 들뜸elementary excitation")에 대한 개념이었다. 이는 물질을 통과하여 이동하고 마치 입자처럼 또 다른 실체와 상호작용했던 집단 운동이었다. 지금은 포논phonon으로 불리는 양자 음파가 한 가지 사례였다. 또 하나의 유력한 생각은 액체 헬륨이 로톤roton이라고 명명된 회전 운동의 구성단위를 포함하는 것처럼 보인다는 점이다. 파인먼은 이런 개념들로부터 예상되는 결과를 계산해보려고 시도했다. 한편 파인먼은 액체 헬륨이 **마치** 공존하는 두 물질(정상 액체normal liquid와 순수 초유체pure superfluid)의 **혼합물인 것처럼 움직인다**는 개념도 탐구했다(다른 곳에서처럼 여기서 **혼합물이다**는 표현은 **마치 혼합물인 것처럼 움직인다** 같은 잠정적인 표현으로 대체되어야 했다).

액체 헬륨이 보이는 모든 특징들 중에서 가장 기이한 것은 이 혼합물이 작용하는 방식이다. 자전거 타이어 같은 원형 튜브에 가루를 가득 채운 다음 액체 헬륨을 붓는다. 이 튜브를 회전시킨 다음 갑자기 멈추도록 설정한다. 어느 정상 액체도 가루 때문에 흐름을 멈춘다. 하지만 액체 헬륨의 초유체 성분은 튜브 주위를 계속해서 흘러, 가루 사이의 미세한 틈을 통과한다. 정상 액체와 완전히 다른 방식으로 행동한다. 회전하는 자이로스포크가 옆으로 기울어진 압력에 저항하는 것처럼, 학생들은 타이어가 회전력torque에 저항하는 힘을 느낌으로써 흐름을 감지할 수 있다. 그리고 일단 움직이면 초흐름은 우주가 존재하는 한 지속된다.

1955년 뉴욕에서 열린 미국 물리학회에서 파인먼은, 회전하는 통으로 진행한 새로운 실험을 설명하던 예일 대학교 온사거 교수 연구팀을 놀라게 했다. (저온 물리학 분야에서 "통bucket"은 골무 크기의 유리관을 의미하곤 했다.) 파인먼은 초유체가 담긴 회전통은 특이한 소용돌이, 끈처럼 아래로 처진 소용돌이로 채워질 것이라 말했다. 발표자들은 파인먼의 이야기를 이해하지 못했다. 이렇게 독특한 개념은 파인먼이 액체 헬륨 원자들의 움직임을 시각화한 작업의 본질이었다. 파인먼은 개별적인 원자들이 유체 내에서 어떻게 같이 움직이는지 마음속에 그려보려 했다. 존 슬레이터 교수의 수업을 받았던 학부 연구 수업 시절까지 거슬러 올라가 가능한 한 직접적으로 원자들 사이의 힘들을 계산했다. 파인먼은 란다우의 제안처럼 회전 운동이 발생할 것이라고 보았다. 그리고 양자역학적 제한을 적용했기에 그러한 운동은 나눌 수 없는 구성단위가 도입되어야 했다. 한동안 파인먼은 초유체의 기본 들뜸에 잘 맞는 개념을 찾기 위해 분투했다. 그는 새장 속에서 진동하는 원자 하나를 떠올렸다. 상대 원자 주위로 공전하는 한 쌍의 원자들, 회전하는 원자들의 작은 고리를 생각했다. 도전 과제는 공식과 수학적인 추론 체계로 시작할 수 없는 양자역학의 다입자 문제에서 답을 얻기 위한 작업이었다. 이것은 순수한 시각화 작업에서 하나의 도전이었다.

파인먼은 어느 날 밤 잠이 들지 않은 상태로 누워 원자의 회전이 도대체 어떻게 발생할 수 있을지 상상해보았다. 얇고 불투과성인 가상의 막 한 장으로 나뉜 액체를 마음속으로 그렸다. 한 쪽 액체는 움직임이 없었고, 다른 쪽에선 흘렀다. 파인먼은 양쪽의 액체에 대해 구식 슈뢰딩거 파동함수를 기술하는 법을 알고 있었다. 그 다음 이 막이 사라지는 것을 상상했다. 이 가정을 파동함수와 어떻게 연결할 수 있을까? 파인먼은 서로 다른 위상phase들이 결합하는 상황을 생각했다. 막의 표면적에 비례하는 에너지인 일종의 표면 장력을 떠올렸다. 파인먼은 각각의 원자가 경계를 건너갈 때 무슨 일이 벌어질지 고려했다. 에너지 파동이 오르내리는 어느 지점에서 표면장력은 0으로 떨어질 것이고, 원자는 자유롭게 움직일 수 있을 것이었다.

파인먼은 원자들이 섞일 수 없는 곳에서는 가늘고 길게 고정된 조각들이 있는 표면과, 원자들이 위치를 바꿀 수 있는 곳에서 좁고 긴 다른 조각들로 있는 표면을 분리해서 생각하기 시작했다. 파인먼은 원자들이 다시 제자리로 돌아가도록 제지당할 때까지 파동함수를 뒤트는데 얼마나 적은 에너지가 필요한지를 계산했는데, 자유 운동을 하는 조각들이 단지 단일 원자 너비에 불과하다는 것을 깨달았다. 그 다음 파인먼은 원자들이 고리 형태로 주위를 도는 소용돌이선voltex line을 떠올렸다. 원자들이 이루는 고리들은 마치 미끄럼틀을 타려고 기다리는 아이들이 만드는 고리 같았다. 각각의 아이가 미끄럼틀을 내려올 때 (파동함수는 양에서 음으로 바뀌며) 다른 아이가 미끄럼틀 맨

위의 자리로 살며시 들어간다. 하지만 유체의 경우는 2차원 고리 이상의 고차원 문제다. 파인먼은 이 고리 역시 연기smoke 고리처럼 3차원을 통해 스스로 되감긴다고 결론을 내렸다. 파인먼이 고등학교 물리 클럽에서 연기 고리 역학에 관한 연구를 이끈 지 20년 후의 일이었다. 이러한 양자 연기 고리 혹은 소용돌이선은 상상할 수 있는 가장 작은, 단지 원자 하나 너비만한 구멍 주위를 빙빙 돌았다.

파인먼은 5년에 걸쳐 잇따라 발표한 논문들에서 에너지와 양자 유체 내 운동과의 상호 작용에 대한 생각을 담은 결과들을 계산했다. 소용돌이선은 해당 계에서 근본적인 구성단위, 곧 분리가 불가능한 양자quantum였다. 소용돌이선은 에너지가 유체 내에서 교환될 수 있는 방식에 한계를 설정했다. 관이 충분히 가늘거나 흐름이 충분히 느릴 경우, 소용돌이선은 형성될 수 없다. 그리고 이 흐름은 단지 변함없이, 에너지를 잃지 않고 저절로 지속되어, 이런 식으로 완전히 저항 없이 움직일 것이었다. 파인먼은 언제 소용돌이선이 발생하고 언제 사라지게 될지 보여주었다. 그는 소용돌이선이 언제 서로 얽히기 시작해 뒤범벅이 되는지도 제시했다.

이 과정은 아직 아무도 실험실에서 목격한 적이 없는, 또 다른 예기치 못한 현상을 만들어냈다. 바로 초유체 난류였다. 마침 캘테크는 저온 실험 전문가를 고용했고, 파인먼은 이들과 가까이 지내며 연구를 진행했다. 그는 증기압을 낮추어 냉각하는데 사용되는 진공 펌프, 단단하게 밀폐시키는 고무 오링과 같은 장치에 대해 세세히 배웠다. 오래지 않아 물리학자들에게 "전형적인 파인먼"이라는 인상을 준 실험에 대한 소문이 퍼져나갔다. 관 아래로 늘어뜨린 가느다란 석영 섬유에 작은 날개들이 부착되었다. 초유체는 수직으로 딸려 올라갔다. 정상 유체라면 작은 프로펠러처럼 날개들을 회전시켰을 테지만, 초유체는 뒤틀림 현상을 유발하지 않았다. 대신 초유체는 마찰 없이 살며시 지나갔다. 실험자들은 좀 더 가벼운 날개를 찾다가 마침내 주변에 있던 파리 몇 마리를 죽였고 (혹은 그렇게 했다고 주장했기에) 이 연구는 파리-날개 실험으로 알려지게 되었다.

응집 물질 분야에서 파인먼보다 오래 연구했던 (그리고 파인먼이 손을 뗀 후에도 이 분야에 남은) 물리학자들은 파인먼의 성공만큼이나 그의 독특한 방식에 강한 인상을 받았다. 파인먼은 유명한 파인먼 다이어그램이나 경로적분과 같은 기술적인 장치 중 어느 것도 사용하지 않았다. 대신 마음속에 그린 묘사로 시작했다. 예를 들면 이 전자가 저 전자를 한번 밀어내고, 이 이온이 스프링에 떨어진 공처럼 되튀는 모습을 상상하는 것이다. 파인먼은 동료들에게 서너 개 정도로 이루어진 최소한의 선으로 표정이 풍부한 사람의 얼굴 모습을 그려내는 예술가를 떠올리게 했다. 물론 파인먼도 항상 성공하진 못했다. 그가 초유동성 문제에 골몰했을 당시, 동시에 초전도성 문제에도 고심했다. 이번에는 여기서 실패했다. (하지만 거의 성공할 뻔했다. 언젠가 여행을 떠나기 직전, 다음과 같이 시작하는 한 쪽짜리 기록을 남겨놓았다. "아마도 난 초전도성의 주요 원인을 이해한 것 같다." 파인먼은 특정한 종류의 포논 상호작용phonon interaction과 초전도성의 실험적인 특징 중 하나인 비열에서의 물질 전이에 초점을 맞추고 있었다. 파인먼은 남겼던 메모처럼 "아직 감당할 수 없는 무언가가 조금" 있었지만, 이 난관을 헤쳐 나갈 수 있으리라 생각했다. 파인먼은 해당 페이지 끝에 이렇게 사인했다. "**돌아오지 못할 경우에**, R. P. 파인먼")

파인먼이라는 경쟁자의 존재를 몹시 의식하던 세 명의 젊은 물리학자들 (존 바딘John Bardeen[30], 레온 쿠퍼Leon Cooper[31], 로버트 슈리퍼Robert Schrieffer[32])은 1957년 성공적인 이론을 만들어냈다. 1956년 슈리퍼는 파인먼 자신이 해결한 문제와 실패했던 문제, 이 두 가지 현상에 관한 명쾌한 강연을 열중하여 귀담아 들어두었다. 슈리퍼는 한 과학자가 자신의 실패에 이르는 과정을 그토록 충실하고 자세히 설명해주는 것을 들어본 적이 없었다. 파인먼은 각각의 잘못된 단계, 각각의 결함 있는 근사값, 각각의 시각화 과정에서 결점이 있는 경우를 타협하지 않고 솔직하게 밝혔다. 파인먼은 어떤 속임수나 화려한 계산도 충분하지 않다고 말했다. 문제를 해결하는 유일한 방법은 해결책의 개요, 형태 및 특성을 알아내는 것이었다.

실험이 충분치 않다는 핑계는 통하지 않는다. 실험과는 아무런 상관이 없기 때문이다. 우리가 처한 상황은 인간의 정신조차도 그 원형이 무엇인지 파악해낼 수 있기에 아직 단서가 부족한, 가령 중간자 분야와는 다르다. 우리는 실험에 눈길을 주어서도 안 된다. (중략) 그건 마치 답을 보려고 책 뒷부분을 들춰보는 것과 같다. (중략) 초전도성에 대한 문제를 해결할 수 없는 유일한 이유는 우리가 상상력을 충분히 발휘하지 못했기 때문이다.

학술지 발행을 위해 파인먼의 강연을 기록하는 임무가 슈리퍼에게 주어졌다. 슈리퍼는 불완전한 문장들과 솔직한 고백들을 어떻게 쓸지 상당히 난감해했다. 그는 그렇게 분명하게 자신의 목소리를 내는 학술 논문을 읽은 적이 없었다. 그래서 슈리퍼는 이 원고를 편집했다. 하지만 파인먼은 이 원고

---

30) 미국의 물리학자이자 전기 공학자. 물리학에서 노벨상을 두 번(1956년 트랜지스터 발명, 1972년 초전도에 관한 기본 이론 정립) 수상한 유일한 인물이다.
31) 초전도 이론을 개발한 공로로 1972년 노벨 물리학상을 공동 수상했다. 페르미온인 두 개의 전자가 저온에서 특정한 방식으로 서로 묶여 있는 것을 쿠퍼쌍Cooper pair이라고 하는데, 처음 제안한 쿠퍼의 이름을 따 명명되었다. 전통적인 초전도체에서는 이러한 두 전자(쿠퍼쌍)의 끌림이 전자-포논 상호작용에 기인한 것으로 설명한다.
32) 1911년 초전도 현상이 발견된 이후 바딘, 쿠퍼, 슈리퍼가 제안한 초전도 이론은 이들의 이름 첫 글자를 따서 BCS이론이라 불린다. 이 이론은 초전도 현상이 쿠퍼쌍의 응축으로 야기된 미시적 효과의 결과라고 기술한다.

를 전부 원래대로 되돌려 놓도록 했다.

새로운 입자, 새로운 언어

새로운 양자전기역학이 대성공을 거둔지 불과 5년여 만에 고에너지 물리학의 성과는 몇 번이고 다시 만들어졌다. 사용되는 표현과 관심사, 일련의 절차는 매달 새로운 변화를 겪는 것처럼 보였다. 실험가들과 이론가들은 로체스터 학회(학회가 처음 개최된 로체스터 시의 이름을 땄다)라고 불리는 연례 학회에 모였다. 이미 전설처럼 내려오는 셸터-포코노-올드스톤 학회의 뒤를 잇는 사람들이 모였지만, 재정 상황이 좋아진 덕택으로 학회의 규모가 훨씬 커져 참가자가 수십 명에서 수백 명으로 늘어났다. 학회가 처음 열리던 1950년 말엽에 양자전기역학은 이미 유행이 지난 이론이었다. 이 이론은 실험적으로 너무나 완벽한데다 새로운 힘과 입자들의 미개척 분야로부터 너무나 멀리 떨어져 있었다. 1950년 일종의 획기적인 사건이 있었다. 새로운 입자가 우주선cosmic rays이 아닌 어느 실험가의 가속기 내에서 발견된 것이었다. 이 입자는 중성 파이중간자pi meson, 파이온pion이었다. "중성"은 입자가 전하를 띠지 않음을 뜻했다. 사실 실험가들은 중성 파이온의 모습이 아닌 곧바로 붕괴해버리는 감마선 쌍으로 이를 검출했다. 파이온의 짧은 수명 때문에 이 흥미진진한 미개척 분야는 탁자와 의자, 화학과 생물학 같은 일상적인 세계에서 관심을 받지 못했다. 이 입자는 일반적으로 10만분의 1초만에 사라졌기 때문이다. 이 시간은 그러던 중 1950년 기준으로 짧은 시간으로 간주되었다. 하지만 기준은 변하고 있었다. 수년 내에 순식간에 사라지는 이 실체는 **안정한 입자**의 범주에 오를 것이었다. 그동안 영국인이 주류를 이뤘

던 수많은 우주선 조사자들은 사진 건판[33])을 기구와 함께 하늘 위로 올려 보
냈는데, 기구가 떠오르는 만큼이나 이들의 전문성도 급격히 떨어져 가고 있
음을 알게 되었다. 조사팀을 이끌던 한 사람은 다음과 같이 선언했다. "여러
분 우린 점령당했습니다. 자 여기 가속기가 등장했군요."

물리학자들은 부득이하게 이미 영양이 풍부한 스튜에 또 하나의 입자
를 추가한다는 전망에 대해서는 초기의 까칠한 태도를 버렸다. 오히려 반대
로 새로운 입자의 생성과 발견 이상을 열망하는 일은 거의 찾을 수 없기도
했다. 이런 입자들을 측정이 의미하는 바는 전자가 주목을 받았던 시기 이래
극적으로 바뀌었다. 한 입자의 2차, 3차 붕괴 생성물로부터 안개상자 내부에
남겨진 활처럼 휜 흔적으로부터 입자의 질량을 추론하는 일은 그렇게 간단
하지 않았다. 엄청나게 다양한 실수를 겪어야 했다. 단지 입자들을 식별하여
명명하고, 어느 입자들이 다른 어떤 입자들로 붕괴할 수 있는지에 대한 규칙
을 기록하는 일은 만만찮지만 할 가치가 있는 지적 도전이었다. 이 규칙들은
간결해도 함축적인 새로운 방정식들이었다. 예를 들면 $\pi^- + p \rightarrow \pi^0 + n$ 같은
방정식이다. 음전하를 띤 파이온 1개와 양성자 1개는 중성의 파이온 1개와
중성자 1개를 산출한다. 질량을 평가하는 일은 신경 쓰지 마라. 연구 대상들
을 식별하는 것만 해도 충분히 어렵기 때문이다. 어떤 입자의 존재 혹은 비
존재를 공표하는 일은 야구 경기에서 우천으로 인한 연기를 선언하는 일 못
지않게 예측과 판단력으로 채워진 세심한 의식이 되었다.

이 과정은 실험가들의 기술이었지만, 가속기 시대가 시작되자 파인먼은
방법론과 빠지기 쉬운 함정에 특별한 관심을 두었다. 파인먼은 언제나 숫자
에 대한 자기만의 직관으로 자신의 이론에 입각하길 원했던 베테와 위대한

---

33) 우주선 관측에 사용하는 특수한 사진 건판. 고속 하전입자의 궤도를 표지할 수 있다.

실험가 및 이론가의 면모를 겸비한 이 분야의 마지막 물리학자 페르미의 영향을 받았다. 베테는 안개상자 사진에서 잘못 나온 여러 곡률에 대한 확률 공식을 계산하는데 시간을 들였다. 마르셀 쉐인이라는 한 실험가는 사이클로트론 실험에서 새로운 입자를 발견했다며 주의를 끌었다. 베테는 의심스러웠다. 쉐인이 기술한 종류의 입자를 생성해내기에는 사이클로트론의 에너지가 지나치게 낮은 것으로 보였다. 파인먼은 이 두 사람 사이의 대립을 오래도록 기억했다. 이들의 얼굴은 사진 건판을 보는데 사용하는 테이블로부터 나온 불빛처럼 무시무시하게 이글거렸다. 베테는 사진 건판 하나를 보고 안개상자의 기체가 소용돌이 쳐서 곡률을 왜곡하는 것처럼 보인다고 말했다. 다음 건판, 그리고 또 다음 건판에서 베테는 가능한 오류의 또 다른 근원을 제시했다. 마침내 그들은 깨끗해 보이는 사진을 보았는데, 베테는 통계적인 오류의 가능성을 거론했다. 쉐인은 베테의 공식이 5분의 1의 오류 가능성만을 예측할 수 있을 뿐이라고 말했다. 베테는 '그렇죠'라고 대답했고, 우리는 이미 다섯 개의 건판을 봤다고도 말했다. 이를 지켜보던 파인먼은 이 상황이 대표적인 자기기만처럼 보였다. 다시 말해 한 연구자가 자신이 찾고 있는 결과를 그대로 믿게 되어, 자신에게 유리한 증거를 지나치게 중시하고, 가능한 반증을 경시하는 것이다. 결국 쉐인은 불만스러워하며 말했다. '자네는 각각의 경우마다 다른 이론을 제시하고 있어. 반면에 나는 모든 경우를 한 번에 설명해주는 한 가지 가설을 갖고 있단 말이야.' 베테는 '그렇죠, 그리고 차이점은 매번 제가 설명할 때마다 맞고 선생님의 설명을 틀린다는 겁니다'라고 응수했다.

몇 년 후 파인먼은 UC 버클리의 실험가들이 반양성자를 발견했다며 흥분에 빠진 무렵 우연히 이곳을 방문 중이었다. 반양성자는 훨씬 더 높은 에너지에서 발견될 것이라 예상되었는데, 파인먼은 그해에 사용 가능한 수억 전자볼트만으로는 이 입자의 발견이 불가능하다 생각했다. 베테가 했듯이 파인먼은 암실에 들어가 사진을 조사했다. 10여 장의 이미지는 미심쩍었고, 한 장은 틀림없이 완벽해 보였다. 반입자라면 갖는, 뒤쪽으로 난 굽은 형적이 있기에 발견의 근거가 될 만한 것이었다.

파인먼은 진공실 내의 어디엔가 틀림없이 물질이 있다고 말했다. 실험가들은 파인먼에게 절대로 그렇지 않다고 말했다. 양쪽에 얇은 유리벽만 있을 뿐이라고 말이다. 파인먼은 위쪽과 아래쪽 건판을 고정하는 것이 무엇인지 물었다. 실험가들은 작은 볼트 네 개가 있다고 말했다. 파인먼은 자기장 사이로 곡선을 이루는 흰색 원호를 다시 살펴보았다. 그러고는 사진의 가장자리에서 몇 cm 떨어진 탁자 위의 한 지점에 연필을 찔러 넣었다. '바로 여기에 볼트 하나가 분명히 있을 겁니다'라고 말했다.

서류철에서 찾은 설계도를 사진 위에 펼치자 파인먼의 연필이 정확히 볼트가 있는 지점과 일치했다. 평범한 양성자 한 개가 볼트를 때리고 뒤쪽으로 산란되어 사진 쪽으로 들어왔다. 캘테크에 있는 실험가들은 파인먼의 존재가 자신들이 발견한 결과와 방법에 대해 일종의 도덕적인 압박을 행사했다고 생각했다. 파인먼은 인정사정도 없었고, 회의적이었다. 파인먼은 캘테크 최초의 위대한 물리학자 로버트 밀리컨의 유명한 기름방울 실험에 대해 이야기하길 좋아했다. 이 실험은 아주 작고 떠다니는 기름방울 속에 전자를 고립시켜 더 나눌 수 없는 전자의 단위 전하를 드러내 보였다. 실험은 제대로 되었지만 일부 숫자가 틀렸다. 그리고 뒤를 이은 실험가들의 기록[34]은 물

---

34) 이 부분은 데이터 선택에 관한 논쟁과 관련이 있다. 이 논의는 고에너지 실험 물리학자이자 과학철학자인 콜로라도 주립 대학의 앨런 프랭클린Allan Franklin이 제기한 문제다. 전자의 전하를 측정하는 두 번째 기름방울 실험에서 밀리컨은 산출된 결과를 사용할 때 특정 데이터를 배제하고 나머지 값들로 계산했다. 밀리컨이 선택한 데이터로 계산한 결과는 전하값 산출에 영양을 주지 않지만, 통계적인 오차를 상당히 줄여주었다고 앨런 교수는 주장한다. 이 과정을 통해 전자의 전하값의 오차는 0.5퍼센트보다 나은 결과를 산출했다.

리학에서 영구적으로 당혹감을 주는 존재로 남았다. 그들은 올바른 결과 주위에 무리를 지은 것이 아니라, 오히려 정확한 결과 다가가는 과정을 더디게 만들었다. 밀리컨의 실수는 실험가들의 관찰을 핵심에서 벗어나게 작용하는, 멀리 떨어진 자석처럼 심리학적인 견인력으로 작용했다. 만약 캘테크의 실험가들이 데이터를 정정하는 복잡한 과정을 거쳐 도달한 결과를 파인먼에게 말했다면, 파인먼은 그 실험가가 데이터 정정을 중단하는 일을 언제 어떻게 결정했는지 그리고 그 결정의 시점이 예상된 결과의 특정 효과를 알아보기 전에 이루어진 것인지 반드시 물어보았다. 답이 정확해 보일 때까지 수정하는 함정에 빠지기는 너무나 쉬웠다. 이 과정을 회피하는 일은 과학자의 경기 규칙에 정통한 지식을 요구했다. 물론 단순히 정직만이 아니라 정직함에는 노력이 필요하다는 의식도 필요했다.

하지만 입자의 시대가 펼쳐지자 상황은 정상급 이론가들에게 다른 요구를 해왔다. 그동안 이론가들은 계속 증가하고 있었다. 이론가들은 입자들 사이의 관계를 통해 이들을 분류하는 새로운 종류의 재주를 보여야 했다. 그들은 가속기로부터 도착하는 정보를 정리하는데 도움을 주는 추상적인 개념들을 고안하기 위해 경쟁했다. 아이소스핀isotopic spin과 같은 새로운 양자수(많은 종류의 상호작용을 거쳐도 보존되는 것으로 보이는 양)는 새롭게 드러난 대칭성을 시사했다. 이 개념은 점점 물리학자들의 담론을 차지했다. 물리학자들에게 대칭성이란 종이와 가위를 지닌 아이들이 생각하는 대칭성과 동떨어진 것이 아니었다. 다시 말해 대칭성은 어떤 것이 변화할 때 다른 어떤 것은 그대로 남는다는 개념이다. 거울 대칭은 왼쪽과 오른쪽의 반사 작용 이후 여전히 남아 있는 동일성이다. 회전 대칭은 어떤 계가 한 축을 중심으로 돌아갈 때 남는 동일성이다. 아이소스핀 대칭은 핵의 두 요소인 양성자와 중성자 사이에 때마침 존재했던 동일성이다. 이 두 입자의 관계는 묘하게 가까웠는데, 하나는 전하를 띠며 다른 하나는 중성이었고, 이 둘의 질량은 거의 동일했지만 정확히 같지는 않았다. 이 입자들을 이해하는 새로운 방식은 다음과 같았다. 이들은 핵자nucleon라 불리는 단일한 실체의 두 가지 상태였다. 이들이 갖고 있는 아이소스핀만 달랐다. 하나는 "위"였고, 다른 하나는 "아래"였다.

새로운 세대의 이론가들은 파인먼과 다이슨이 제시했던 양자전기역학을 숙달해야 했다. 그뿐만 아니라 새로운 영토에 적합한 방법에 관한 로코코식 레퍼토리로 스스로를 무장해야 했다. 물리학자들은 **공간**이라는 개념을 오랫동안 색다르게 변형해서 사용해왔다. 이 개념은 축들이 물리적인 거리 외의 양들을 표현할 수 있는 상상의 공간을 말한다. 예를 들어 "운동량 공간"은 물리학자들이 입자의 운동량을 또 하나의 공간 변수인 것처럼 그래프로 그리고, 이를 시각화할 수 있도록 해주었다. 한 변수가 이런 공간에 수월하게 사용된 덕분에 변수들을 추가할 수 있게 되었다. 아이소스핀 공간은 핵자들에 작용하는 강력을 이해하는데 반드시 필요했다.

다른 개념들 역시 지극히 자연스러운 것이 되어야 했다. 대칭성은 다양한 입자들이 집단으로 참여해야 한다는 것을 시사했다. 곧 쌍이나 삼중 상태triplet 혹은 (물리학자들이 언급하듯) 다중 상태multiplet로 말이다. 물리학자들은 "선택 규칙"을 가지고 실험했는데, 이 규칙은 예를 들어 전하와 같이 입자가 충돌할 때 보존되어야 하는 양, 즉 어떤 사건이 발생해야 하거나 발생하지 않아야 하는지에 대한 규칙이었다. 파인먼과 동년배 물리학자 에이브러햄 페이스는 "연관 생성"이라 불리는 규칙을 가정해냈다. 이것은 어떤 충돌 사건이 새로운 입자들을 집단으로 생성하며, 새로운 양자수quantum number로 추정되는 미지의 특성을 보존해야 한다는 규칙이었다. 파인먼은 브라질에 있을 때 이와 유사한 생각을 한 적이 있었지만, 애써 계속 추구할 만큼 이 생각을 좋아하진 않았다. 이후 수년간 연관 생성은 영향력 있는 유행어가 되었다. 실험가들은 사례나 반증이 될 만한 사례들을 찾았다. 좀 더 장기적인 관점에서 물리학에 끼친 주된 기여는 이 용어의 유행이 젊은 이론가 머리 겔만Murray Gel-Mann을 끊임없이 괴롭혔다는 점이었다. 머리 겔만은 페이스가 틀렸다고 생각했다.

머리 겔만

머리 겔만은 열네 살 때 뉴욕의 어퍼웨스트사이드에 있는 사립 학교 컬럼비아 그래머의 학급 친구들로부터 "가장 학구적"이고 "재능이 뛰어난 아이"라는 인정을 받았다. 그러나 이내 친구들은 머리를 만날 수 없었다. 머리는 이미 졸업반 학생이었고, 그 해 가을부터 예일 대학교에서 공부를 시작했기 때문이었다. 머리의 성은 발음하기에 미묘하게 어려운 구석이 있었다. 이름이 마치 Gel-Mann인 것처럼 두 번째 음절의 강세를 없애면 틀린 것이었다. 머리의 형 베네딕트는 철자가 좀 더 쉬운 Gelman를 선택했음에도 머리는 본래의 철자를 고수했다. 많은 사람들은 현학적이고 유럽식 발음 쪽으로 기울었다. 두 번째 음절에 강세를 두고, '아'의 억양을 좀 더 분명하도록 젤-만처럼 발음했다. 물론 이 발음도 틀렸다. 훗날 머리의 비서들은 악인들[35]을 비난하곤 했다. "아시다시피 그는 독일인이 아닙니다." 물론 젤gel이란 단어의 연음 'g'는 무의식적으로 발음하도록 끌리는 경향이 있었지만 'g'는 경음이었다. man과 mat의 'a'의 발음을 구분하는 뉴욕과 다른 지역 출신들

---

35) 겔만이 유대인인데다, 유대인의 학살에 책임이 있으며 미국의 적국이었던 나치 독일을 비난하는데 에둘러 표현한 것이다.

은 당연히 'a'를 강조하는 후자의 발음이 겔만에게 더 나을 것이라 여겼다. 두 음절을 거의 대등하게 강조하는 편이 가장 안전했다. 그때까지 겔만에 대해 조금이라도 알던 사람은 누구나 겔만이 어떤 언어로든 사람들의 이름을 직접 발음하면 나무랄 데 없다는 것을 알았다. 어쩌면 겔만은 스트라스부르Strasbourg나 파고파고Pago Pago에서 온 방문객들에게 이들의 알자스어 또는 사모아어의 방언의 미세한 차이점들에 대해 강의를 하곤 했을 것이다. 겔만은 콜롬비아Colombia와 컬럼비아Columbia의 발음을 구별하도록 고집했기에 동료들은 겔만이 대화에 국가에 대한 언급을 끌어들이려고 안간힘을 쓰고 있다고 의심했다. 처음부터 대부분의 물리학자들은 그를 단순히 머리Murray 라고 불렀다. 어느 머리를 가리키는지 의심의 여지는 전혀 없었다. 캘테크가 제작하는 〈남태평양〉이란 공연에서 한 부족의 족장으로 카메오 출연을 연습하던 파인먼은 사모아어의 몇 가지를 익히다 갑자기 한 친구에게 이렇게 말했다. "내 발음이 틀렸다는 것을 아는 유일한 사람이 머리야."

겔만은 전액 장학금을 받고 컬럼비아 그래머에 다녔다. 오스트리아 출생인 아버지는 외국인의 억양이 없는 완벽한 영어를 구사하는 법을 익혔기에, 1920년대 초에 이민자들을 위한 언어 학교를 시작하기로 결정했다. 아들이 보기에 아버지는 성공에 가장 가까이 다가갔었다. 학교는 여러 차례 이사를 했고(머리가 회상하기에 한번은 형이 건물 내의 누군가로부터 백일해에 옮을까 어머니가 걱정했기 때문이었다), 수 년 후에는 문을 닫았다.

머리에게 읽기와 언어, 과학 및 예술에 대한 기쁨을 가르쳐준 사람은 바로, 부모의 사랑을 듬뿍 받았던 아홉 살 위 그의 형이었다. 형 베네딕트는 자연이 실질적인 관심 분야가 되기 이전에 조류 관찰자이자 자연애호가였다. 하지만 베네딕트는 대공황의 절정기에 대학을 중퇴하여 부모를 망연자실하게 만들었고, 복잡하게 얽힌 인상을 남동생에게 남겼다.

머리는 다방면에 재능이 있었기에 처음부터 물리학이라는 진로를 정하진 않았다. 아이비리그의 여러 대학원에 지원했을 때, 머리는 상당히 실망했다. 예일은 수학과에서만 입학을 허용했고, 하버드는 수업료 전액을 자비로 다닐 경우에 한해 입학을 허가하겠다고 했으며, 프린스턴은 아예 그를 받지 않으려 했다. 그래서 머리는 MIT에 성의 없이 지원했는데, 들어본 적 없는 빅터 바이스코프Victor Weisskopt로부터 곧바로 연락을 받았다. 겔만은 바이스코프의 제안을 마지못해 받아들이기로 했다. MIT는 너무나 둔해보였다. 이후 겔만은 당시에 선택할 수 있던 두 가지가 교환되지 않았다는 농담을 자주 했다. MIT를 먼저 시도하고 실패하면 나중에 자살하는 것인데, 반면에 다른 순서는 작동하지 않을 것이었다. 겔만은 1948년 자신의 열아홉 번째 생일 무렵에 MIT와 인연을 맺었다. 이 시기는 마침 바이스코프 교수의 연구실 근처에 있던 한 연구실에서 달아오르던 양자전기역학의 치열한 경쟁을 지켜보기에 좋은 시점이었다. 바이스코프가 '미래는 파인먼에게 달려있다'고 겔만에게 충고했을 때, 겔만은 구할 수 있는 예비 논문들을 공부했다. 파인먼의 논문은 정확하지만 우둔하고 사적인 언어로 쓰였다는 인상을 겔만에게 주었고, 슈윙어의 논문은 공허하고 과시하는 듯한 인상을 주었으며, 다이슨의 논문은 조잡하고 엉성해 보였다. 겔만은 유명한 동료 물리학자들을 까다롭게 평가했지만, 당분간 이런 평가들을 대부분 비밀에 붙였다.

겔만 스스로에게는 자신의 연구가 기대치에 부합하지 못했지만, 마침내 다른 물리학자들에게 깊은 인상을 주기 시작했다. 프린스턴 고등과학원에서 1년을 보낸 후, 겔만은 시카고 대학교의 페르미 연구실에 합류했다. 그는 정확한 개념들, 올바른 정렬 원리와 다양한 새 입자들을 이해하는데 적절한 양자수들을 찾기 위한 움직임에 때맞춰 참여했던 것이다. 실험 결과는 복잡해 보였지만, 입자의 질량과 수명이 실험 결과표와 우연히 일치하는 규칙적인 패턴도 있었다. 존재하는 것처럼 보이는 중간자들과, 있어야 할 것 같았지만 보이지 않는 중간자들도 있었다. 심지어 V-입자라고 불리는 불가사의한 입자들도 있었다. 질량이 엄청나게 큰 입자들의 경우 입자가속기를 통해 상대적으로 쉽고 풍부하게 만들 수 있었지만, 그에 상응하는 결과로 붕괴하지 않았다. 이 입자들은 10억분의 1초만큼 오래 머물렀다. 연관 생성에 대한 에이브러햄 페이스의 접근방식은 설명이 필요한 몇 가지 규칙성의 핵심에 이르렀다. 그것은 또 다른 숨은 대칭성에 관한 결정적인 발상을 포함하고 있었다. 그리고 이 방식은 매우 인기를 끌었다. 1953년 여름, 페이스는 일본에서 열린 국제 학회에서 상당한 충격을 자아냈기에 《타임》은 호텔에 있던 그에게 전화를 걸었다. 마침 같은 방을 쓰던 파인먼이 전화를 받았다. 파인먼은 자신의 액체 헬륨에 관한 결과를 발표하기 위해 같은 학회에 참가하는 중이었다. 파인먼은 《타임》이 자신에게 흥미가 없음을 깨닫고 잠시 부러웠다. 시카고에 있던 겔만은 더욱 부러워 했는데, 특히 자신이 더욱 설득력 있는 답을 알고 있었기 때문이었다.

물리학자들은 네 가지 기본 힘들에 대해 수월하게 이야기하는 법을 터득했다. 네 가지 기본이 힘은 중력, 모든 화학적·전기적 과정을 지배하는 전자기력, 원자핵을 구속하는 강력, 그리고 느린 방사능 붕괴 과정에 관여하는 약력이었다. V-입자들이 순식간에 나타났다가 천천히 사라지는 현상은 이 입자들의 생성이 강력에 의존하며, 붕괴할 때는 약력이 작동하고 있음을 암시했다. 겔만은 새로운 기본량을 제안했는데 얼마 동안은 y라고 불렀다. y는 새로운 형태의 전하처럼 보였다. 전하는 입자의 반응 사건에서 보존되었다. 다시 말해 반응 전의 총 전하와 반응 후의 총 전하가 동일하다는 뜻이다. 겔만은 y 역시 보존된다고 생각했지만 언제나 그렇지는 않았다. 겔만이 구성한 대수 논리에 따르면 강한 상호작용은 y를 보존하고, 전자기 상호작용도 y를 보존하지만, 약한 상호작용은 y를 보존하지 않는다고 결정했다. 이런 조건은 대칭성을 깨뜨렸다. 따라서 강한 상호작용은 y가 서로를 상쇄(예를 들면 1과 -1)해야 하는 입자쌍을 생성할 것이다. 그런 입자는 생성된 형제 입자들로부터 떨어져 날아가 버려서 상쇄하는 y가 더 이상 없기 때문에 강한 상호작용을 통해 붕괴할 수 없었다. 이 결과 좀 더 느린 약한 상호작용이 대체할 시간을 벌어주었다. 겔만의 y는 인공적인 양이었지만 단순한 묘사가 아니라 설명으로 간주되었다. 그가 생각하던 뼈대는 체계를 세워주는 원리가 되었다. 이 원리는 겔만에게 입자 가족들을 바라보는 방식을 일러주었고, 그 논리는 상당히 설득력이 있었다.

입자 가족에는 빠진 식구들이 분명히 있었다. 겔만은 아직 발견되지 않은 새 입자들뿐만 아니라 발견될 수 없다고 주장한 입자들을 구체적으로 예측했다(1953년 8월에 발표하기 시작한 논문들에서 이를 예측했다). 시기는 완벽했다. 실험가들은 겔만이 발견될 것으로 예측한 각 사항이 옳음을 증명했다(동시에 발견되지 않을 것으로 예측한 사항을 반박하는데 실패했다). 하지만 이 사례는 겔만이 거둔 업적의 일부에 지나지 않았다. 그는 또한 자신을 사로잡았던 언어에 대한 재능 일부를 혼란에 빠진 물리학 용어 명명 업무에 발휘했다. 겔만은 이 양 y를 "기묘도strangeness"로, V-입자들과 같은 가계를 "기묘strange" 입자들로 부르기로 했다. 일본인 물리학자 니시지마 가즈히코Nishijima Kazuhiko[36]는 몇 개월 뒤에 동일한 체계를 독립적으로 생각해내며 여기에 친숙하지 않은 "η-전하"라는 이름을 붙였다. 주로 ~on로 끝나는 모든 입자들[37]과 그리

---

36) 일본의 이론 물리학자. 겔만-니시지마 공식과 기묘도strangeness 개념으로 잘 알려져 있다. 에타 중간자(η)의 이름을 따서 'η(eta)-전하'라는 이름을 붙인 인물이기도 하다. 1960년과 1961년 노벨 물리학상 후보로 거론되기도 했다.
37) 전자electron, 양전자positron, 양성자proton, 중성자neutron와 같은 입자들.

스 문자로 이름 붙은 입자들 가운데, 기묘입자는 변덕스럽고 비정통적으로 들렸다. 《피지컬리뷰》의 편집자들은 겔만의 논문 제목에 있는 "기묘입자들Strange Particles"이란 표현을 허용하지 않으려 했고, 대신 "불안정한 새 입자들New Unstable Particles"이란 표현을 고집했다. 페이스도 이 표현을 좋아하지 않았다. 페이스는 어느 로체스터 학회에서 청중들에게 "기묘"와 같이 의미가 왜곡된 용어들을 피하도록 호소했다. 관대한 이론가가 한 입자를 다른 입자보다 더 기이하다고 해야 할 이유가 뭘까? 이 단어의 유별난 특징은 거리두기 효과를 가져왔다는 점인데, 아마 이 새로운 생각이 전하만큼 실제적이진 않았기 때문이었다. 하지만 겔만의 언어 지식은 막을 수 없는 힘을 지녔다. 기묘도는 단지 시작일 뿐이었다.

1954년 겨울 크리스마스 직전, 페르미가 세상을 떠났다. 겔만은 자신이 생각하기에 철저하게 진실하고 허위란 없는 인물이자, 형식주의와 피상성을 숭배하지 않고 언제나 흥미롭고 현실적인 연구만 하던 한 물리학자에게 편지를 썼다. 파인먼의 몇몇 동료는 파인먼이 입자 물리학의 주류에서 벗어나 떠내려가 버렸다고 생각했다. 하지만 겔만의 눈에는 그렇게 보이지 않았다. 그와 반대로 겔만은 파인먼과 나눈 몇 번의 대화를 통해 파인먼이 아직 해결되지 않은 모든 문제들을 언제나 생각하고 있다는 것을 알게 되었다. 파인먼은 친절하게 답장했다. 겔만은 캘테크를 방문하여 자신이 현재 진행하고 있는 연구에 관해 발표했다. 두 사람은 따로 만나 몇 시간 동안 대화를 나눴다. 겔만은 자신이 파인먼의 양자전기역학을 확장하여 짧은 거리에서 적용하는 연구를 진행했다고 설명했다. 파인먼은 겔만의 연구를 알고 있고 여기에 상당히 감탄했다 전하며, 자신이 혼자서 해결하지 않았던 것으로 생각하는 유일한 연구라고 말했다. 파인먼은 겔만의 사고방식을 계속 발전시켜 이를 좀 더 일반화했으며(파인먼은 자신이 의도하는 바를 보여주었다), 겔만은 자신이 생각하기에 파인먼의 견해가 훌륭하다고 말했다.

이듬해 초 캘테크는 겔만에게 일자리를 제안했고, 겔만은 이를 받아들였다. 겔만은 파인먼의 연구실 바로 위층에 자리 잡았다. 당대의 가장 빛나한 두 지성이 캘테크의 한 건물에 모였다. 긴밀히 조직된 국제적인 물리학자들의 공동체에서(세상은 좁았다. 아무리 세상이 빠르게 커진다고 해도) 이 두 사람의 공동연구와 경쟁관계는 대서사적 특성을 얻게 되었다. 이 둘은 함께 연구하거나 때로는 반목하기도 했으며, 파인먼이 사망할 때까지 이들이 관심을 가지고 시도했던 모든 분야에 자신들의 흔적을 남겼다. 두 사람은 같은 현대이론 물리학자라는 탁월한 지성이 스스로를 드러내기 위해 선택할 수 있었던 길이 얼마나 다른지 동료들에게 보여주었다.

천재를 찾아서

1955년 봄, 가장 분명하고 보편적으로 **천재**라는 단어로 인정받은 남자가 프린스턴 병원에서 사망했다. 신체 대부분은 화장되었고, 재는 뿌려졌지만, 뇌는 아니었다. 병원의 병리학자였던 토마스 S. 하비 박사는 아인슈타인의 마지막 남은 신체를 분리하여 포름알데히드가 들어있는 병에 담았다.

하비는 무게를 달아보았다. 그저 평범한 1.2kg짜리 뇌였다. 뇌의 크기가 평범한 정신 능력과 비범한 정신 능력의 차이를 설명해줄 수 있다는 주장에 방해가 되는 또 하나의 부정적인 자료였다. 19세기 여러 연구자들이 여성보다 남성이, 흑인보다 백인이, 그리고 프랑스인보다 독일인이 우월하다는 것을 증명하려던 과정에서 내건 주장을 규명하려 헛되이 애를 썼다. 위대한 수학자 칼 프리드리히 가우스의 뇌 역시 이 부류의 과학자들을 실망시켰을 뿐이었다. 이제 연구자들은 손에 아인슈타인의 대뇌를 들고 천재의 비밀을 찾는 더욱 섬세한 방법을 제안했다. 바로 뇌 주변부 혈관의 밀도, 교세포의 백분율, 뉴런이 분기한 정도를 측정하는 것이었다. 수십 년이 지나 아인슈타인의 뇌는 현미경용 시료 박편과 사진 슬라이드 자료가 되어 해부학적인 관점으로 심리학을 연구하는, 신경심리학자라고 불리는 결속이 단단한 심리학자 집단 사이에서 회람되었다. 이들은 아인슈타인을 유명하게 만든, 재능을 탐지할 수 있는 어떤 징후가 이 단편적인 기념물 속에 남아있을 수 있다는 생각을 놓을 수가 없었다. 1980년대에 이르러 가장 유명한 이 뇌는 조그만 회색 조각들로 잘려 캔자스 주 위치타의 어느 은퇴한 병리학자의 사무실에 보관되었다. 이것은 천재성이라는 이해하기 어려운 자질을 보여주는, 흠뻑 젖은 증거물이었다.

결국 연구는 결론에 이르지 못했지만, 출판에 부적합하다는 의미는 아니었다. (어느 연구자는 브로드만 영역[38] 39라 불리는 뇌의 두정골 구역[39]에서 상당히 많은 수의 잉여 분기 세포들을 보았다.) 천재의 신체적인 근거를 찾으려는 시도는 연구를 뒷받침 하기에 충분한 자료가 거의 없었다. 어느 신경심리학 도서의 편집자들은 "재능에 대한 신경학적 기질이 존재하는가?"라고 물었다. "물론 우리는 신경심리학자로서 그런 기질이 틀림없이 존재한다는 가설을 제기하고 있고, 재능을 '정신'으로 격하시키는 일은 거의 생각하기 어렵다. 현존하는 어떤 증거가 아인슈타인의 뇌를 밝힐 근거가 될지…." 이 뇌는 뉴턴을 넘

---

38) 독일의 신경학자 코비니안 브로드만Korbinian Brodmann이 제안한 것으로 뇌 세포의 특징적인 구조와 배열에 따라 52개의 기능적인 영역으로 나누어 정의된 뇌의 영역을 말한다.

39) 중심열, 외측열과 두정-후두구에 의해 구분되는 뇌의 상층 부위. 뇌질질 바깥쪽 표면과 안쪽 표면에 걸쳐 있고 감각신경이 들어 있다. 사고 및 인식 기능, 특히 수학이나 물리학에서 필요한 입체, 공간적 사고와 인식 기능, 계산 및 연산 기능 등을 수행하며, 외부에서 들어온 정보나 문자를 조합하는 역할을 하여 의미나 생각을 만드는 곳으로 파악하고 있다.

어선 우주를 창조했고, 절대 공간과 시간이 묶은 핀을 뽑아버렸으며, 인공적인 네 번째 차원을 (뇌의 두정엽에서) 시각화하고, 에테르[40]를 몰아냈으며, 주사위 놀이를 하는 신의 존재를 거부하며 프린스턴의 그늘진 거리 주위에 서성이는, 다정하고 건망증이 있던 형상의 뇌였다. 아인슈타인은 한 명뿐이었다. 학교에 다니는 아이들이나 신경심리학자들에게나 누구에게든 아인슈타인은 탁월한 지적 능력의 우상으로 자리매김했다. 그는 소위 지능의 종형 곡선bell-curve에 있는 단순 통계상의 극값이 아니라, 드물고 뚜렷이 다른 자질을 가진 천재성의 본질을 보유한 것처럼 보였다(하지만 이게 사실일까?). 천재성은 수수께끼였다. 천재는 정말로 특별했을까? 아니면 정도의 문제였을까? 1마일에 4분 10초가 아니라 3분 50초에 달리는 사람처럼? (종형 곡선이 이동하는 경우도 마찬가지다. 어제 신기록을 세운 사람이 오늘은 낙오자가 되는 것처럼 말이다.) 그동안 아무도 닐스 보어, 폴 A. M. 디랙, 엔리코 페르미, 지그문트 프로이트, 파블로 피카소, 버지니아 울프, 야샤 하이페츠Jascha Heifetz[41], 이사도라 던컨, 베이브 루스[42], 혹은 천재라는 단어가 그렇게 흔하고 불확실하게 적용된 또 다른 특출하고 창조적이며 직관적인 정신을 지닌 인물 중 어느 누구라도 뇌를 해부할 생각을 하지는 못했다.

천재성이라는 용어에 맞춰 이를 정의하고, 분석하고, 분류하며, 합리화하고 구체화하며 자라난 연구 문헌은 얼마나 기이하고 혼란스러운가. 평론가들은 천재성을 (단순한) 재능이나 지능, 상상력, 독창성, 근면함, 정신의 폭, 그리고 고상한 품격과 같은 자질들과 대조했다. 또는 이런 자질들의 다양한 조합으로 만들어진 천재성을 선보였다. 심리학자와 철학자, 음악학자, 그리고 예술비평가, 과학사가 및 과학자 등, 다수의 사람들이 이 거대한 수렁에 발을 들여놓았다. 이들은 수 세기에 걸친 수고에도 필수적인 질문들 어느 것에도 합의점을 이끌어내지 못했다. 과연 천재성이라는 자질이 존재하는가? 그렇다면 천재성은 어디에서 나올까? (브로드만 영역 39에 있는 잉여 신경교세포일까?

지적 야망을 쏟아 부으며 애지중지 자녀를 양육하면서도, 스스로는 소심하고 성공하지 못

한 아버지에게서? 한 형제의 안타까운 죽음과 같이 끔찍하고 때 이른 조우의 경험으로부

터?) 냉철한 과학자들이 천재를 마술사나 마법사 혹은 초인에 빗대어 이야기

하는 것처럼 단순히 문학적인 상상의 나래를 펼치고 있는 것일까? 사람들이

천재성과 광기 사이의 경계를 이야기할 때, 이들이 의미하는 바는 무엇일까?

그리고 거의 제기된 적이 없는 질문 하나가 있다(4할대 타자들은 어디에 있는가

와 같은 질문이다). 전 세계 인구가 1억 명에서 10억, 50억 명까지 증가했음에도

셰익스피어, 뉴턴, 모차르트, 아인슈타인과 같은 천재들이 등장하지 않고, 마

치 천재성 자체가 과거의 전유물처럼 보이게 된 이유는 무엇일까?

 200여 년 전 윌리엄 더프William Duff[43]는 "무언가에 정통하며, 꿰뚫어

보고, 지적 수용력이 큰 정신"이라고 적으며 호메로스Homer, 퀸틸리아누

스Quintilian[44], 미켈란젤로 같은 인물을 예로 들어가며 **천재**Genius라는 단어

에 현대적이고 새로운 의미를 부여했다. 이전에는 천재가 영혼, 지니와 같은

신비한 요정, 때로는 국가의 정령을 의미했다. 더프와 그의 동시대인들은 창

---

40) '맑고 깨끗한 공기'라는 의미를 지니는 이 단어는 전자기 파동으로서의 빛을 전파한다고 여겨졌
    던 가상의 매질이다. 빛의 파동설을 지지했던 네덜란드의 물리학자 하위헌스Huygens가 이 에
    테르의 존재를 상정했다. 마이켈슨과 몰리가 수행한 간섭계 실험을 통해 에테르의 존재가 부정
    되었고, 아인슈타인의 상대성이론으로 에테르의 존재가 이론적으로도 배제되었다.
41) 리투아니아 태생의 유대계 바이올린 연주자. 20세기의 위대한 바이올린 주자로 손꼽힌다.
42) 미국의 프로 야구선수. 1914년부터 1935년까지 22시즌에 걸쳐 메이저리그에서 활약했다. 보
    스턴 레드삭스에서는 유명한 왼손투수로, 뉴욕 양키즈에서는 맹타자로 전설적인 기록을 남긴
    선수다.
43) 스코틀랜드 장로교 목사이자 작가. 「독창적인 천재성에 관한 에세이An Essay on Original
    Genius」에서 천재성과 독창성의 본질을 인간 심리의 특성으로 처음 분석했다. 그는 천재성의
    요건을 상상력, 판단력, 취향의 세 가지로 상정했으며, 천재성에 상상력이 가장 중요한 특성이
    라고 강조했다.
44) 로마의 수사학자이자 웅변가로, Quintilian는 영어식 이름이다.

안해내고, 창조하며, 이전에는 결코 없었던 것을 만들어내는 신과 같은 능력을 천재성이라 인지하길 바랐다. 그리고 이를 위해 그들은 상상력에 관련된 심리학을 창조해야 했다. 이것은 **"사방으로 뻗어나가며 변하기 쉬운 능력"**을 지닌 상상력이며, **"끊임없이 날아오르려 시도하고, 오류의 미로들로 빠져들기 쉬운"** 상상력을 말한다.

상상력은 그 나름의 작용을 나타내는 정신적 능력일 뿐만 아니라, 감각의 연결통로를 통해 인식활동에 전달된 다양한 생각들을 기억의 저장소에 간직하고, 수시로 이런 생각들을 조합하거나 분리하는 능력을 말한다. 나아가 상상력은 생각들의 연관성을 새롭게 발명하고 이 생각들을 무한한 다양성으로 결합하는 유연한 능력이다. 이를 통해 생각 자체의 창조 과정을 제시하며 자연에 한 번도 존재한 적이 없던 장면과 대상들을 볼 수 있게 해준다.

이러한 특질들은 두 세기가 지난 후 창조성을 이해하려는 인지과학자들의 노력에 핵심과제로 자리잡았다. 이 창조성은 자기 성찰, 자기 언급, 자기 이해를 위한 정신의 능력이자, 적극적이고 유동적으로 개념과 연관성을 창조해내는 능력이다. 천재성에 관해 매우 진지하게 글을 썼던 초기 평론가들은 (자신들도 인정했듯이) 설명할 수 없는 느낌을 지닌 현상을 단순화하거나 체계를 세우려고 시도했지만, 천재성이란 어떤 무모함이나 심지어 기교의 부족마저 용납한다고 보았다. 천재성은 자연발생적이고 배움을 통하지 않으며 가꾸어지지 않은 것처럼 보였다. 셰익스피어는 (알렉산더 제라드Alexander Gerard[45]가 1774년에 "천재성의 관점에서"를 썼듯이) 시의 세부 사항을 다루는데 "결점"이 있긴 해도 밀턴[46]보다 우월한 인물이었다. 당시에 천재성에 대해 빗발치듯 등장했던 분석법과 논증법은 문학의 순위를 매기고 서로 비교하는 도구로 사용되었다. 호메로스vs버질[47], 밀턴vs버질, 셰익스피어vs밀턴. 결과는 (천재 리그의 사다리식 토너먼트 경기처럼) 시간이 지남에 따라 점점 퇴색되었다. 뉴턴 vs베이컨은 어떨까? 제라드의 관점에서 뉴턴의 발견은 더욱 깊이 있는 창조 성으로 "어떤 도움도 없이, 전체 설계의 개요를 설명했던" 베이컨이 개발한 뼈대를 메우는 작업에 해당했다. 그런데도 뉴턴의 수학에는 고려할만한 점 들이 일부 남아있었다. 깊이 생각한 후에 제라드는 "두 사람 중 누가 더 위대 한 천재성을 지녔는지, 답하기 매우 어려운 이 문제"를 후대를 위해 남겨두 기로 했다.

제라드와 그의 동시대 평론가들은 목적의식이 있었다. 천재성을 이해하 고, 합리화하며, 이를 기념하는 동시에 천재성의 메커니즘을 파악함으로써 발견 및 발명의 과정에서 우연성을 덜어낼 수 있었다. 후대에도 이러한 동기 는 사라지지 않았다. 어느 때보다도 분명하게, 천재성(과학적 발견의 원동력으로 서의 천재성)의 본질은 국가의 경제적 부와 결부된 사안이 되었다. 대학과 기 업연구소, 그리고 국립과학재단으로 이루어진 새롭고 방대한 연결망 가운데 가장 재정지원이 잘되고, 가장 체계적인 대규모 연구 사업들이 세계를 뒤바

---

45) 스코틀랜드의 목사이자 작가. 1756년 소논문 「취향에 관한 에세이Essay on Taste」로 에딘버러 협회상을 받았으며, 이어서 「천재성에 관한 에세이Essay on Genius」를 발표하여 명성을 얻었다.
46) 셰익스피어에 버금가는 대시인으로 평가받는 영국의 청교도 작가이자 서사시인. 「그리스도 탄 생하신 날 아침에」(1629) 등으로 시인으로서의 기반을 닦았다. 언론자유사상의 경전으로 불리 는 『아레오파기티카』를 저술했다. 만년에는 『실낙원』과 『복낙원』, 『투사 삼손』 등 3대 대서사시 를 남겼다.
47) 라틴 이름은 푸블리우스 베르길리우스 마로. 영어식으로 흔히 버질로 불리며 고대 로마의 가 장 위대한 시인으로 여겨진다. 우리에게는 베르길리우스로 잘 알려져 있다. 라틴 문학에서 가 장 유명한 시 「에클로가에Eclogues」, 7년에 걸쳐 완성한 「농경시Georgics」 그리고 장편 서사시 「아이네이스Aeneid」 세 편이 있다.

꾸는 독창성을 낳는 방법을 배우지도 않고, 이를 인식조차 못하고 있다는 자각이 생겨났다.

제라드는 1774년에 다음과 같이 요약했다. "천재성은 가장 중요한 주제라는 것이 입증되었다. 천재성에 관한 지식 없이 발명의 표준적인 방법이 확립될 수는 없다. 유용한 발견들이 지금까지는 대개 우연히 이루어졌기에, 이러한 발견들은 계속되어야 한다." 지금도 다를 바 없다. 우리 시대에도 제라드는 순전히 말로 표현할 수 없어 낙담한 과학사가들 사이에서 여전히 회자된다. 하지만 과학사가들은 경외감을 이해로 대체하려고 계속 시도하고 있다. J. D. 버낼J. D. Bernal[48]은 1939년에 다음과 같이 말했다.

"우리가 과거의 발견을 신중하게 분석하여, 순수한 행운의 결과와 훌륭하게 조직해낸 결과를 구분하고, 맹목적인 우연보다는 계획된 위험요소에 따라 운영할 수 있다는 것이 바로 과학이라는 학문이 지닌 한 가지 희망이다."

하지만 천재의 영감처럼 순식간에 사라지고, 사고를 잘 치는 자질을 어떻게 그럴듯하게 설명할 수 있을까. 아르키메데스와 욕조나 뉴턴과 사과는 어떨까? 사람들은 인간의 이해를 넘어선 자질을 소유한, 외계의 영웅같은 천재들에 관한 이야기를 사랑한다. 그리고 과학자들은 아마도 세계에서 이런 이야기들을 소비하는 가장 행복한 집단일지 모른다. 근래의 사례를 보자.

---

48) 분자생물학 분야에 X선 결정학을 적용한 아일랜드 과학자. 과학사, 과학과 사회에 관한 대중서를 저술했으며, 그 중 『과학의 역사』가 유명하다. 캐번디시 연구소 부소장을 지냈다. 제2차 세계대전 이후 분자생물학 연구소를 설립했으며, DNA 결정구조에 기여한 로절린드 프랭클린 Rosalind Franklin도 이 연구소에서 바이러스를 연구했다.

표준 교과서를 구하기 어렵던 1950년대, 캘테크에서 머리 겔만과 함께 양자장론을 공부하던 어느 물리학도가 지하 출판물 형태로 돌아다니는 리처드 파인먼의 미출간 강연 노트를 발견한다. 그는 겔만에게 이 노트를 보여 달라고 요청한다. 겔만은 '안돼, 딕의 방법은 여기 사용된 방법과 같지 않거든'이라 말한다. 학생은 '그럼 파인먼의 방법이란 뭔가요?'라고 묻는다. 겔만은 칠판에 수줍게 기대어 말한다. '딕의 방법은 이거야. 문제를 여기에 적고, 골똘히 생각하는 거지. (겔만은 눈을 감고 흉내내듯 손가락 마디로 이마를 누른다.) 그리고 답을 적는 거야.'

같은 이야기가 반복해서 언급되었다. 이건 오래된 장르였다. 1851년에 발표된 「천재성과 근면성Genius and Industry」이라는 제목의 소논문을 보자.

(케임브리지 대학의 어느 교수가 맨체스터에서 말단 점원으로 일하는 수학 천재에게 답을 요구하고 있다.) "기하학에서 대수까지, 그리고 미분학과 적분학까지, 그리고 거기에서 다시 전혀 무관하고 난해한 문제들까지. 마침내 문제 하나가 가련한 점원에게 주어졌는데, 푸는데 몇 주가 필요했던 문제였다. 쪽지를 받자마자 답을 적었다. 교수가 말했다. '어떻게 이걸 풀었죠? 해법을 알려주시죠. 음…, 답은 맞지만 다른 방법으로 답을 얻었군요.'
점원이 말했다. '제 머릿속에 있는 방식으로 풀었어요. 법칙을 보여드릴수는 없네요. 저도 본 적이 없거든요. 법칙이 제 머릿속에 있어서요.'
교수가 말했다. '아! 당신 머릿속에 있는 법칙 이야기라면 됐습니다. 당신을 이해할 수 없기 때문입니다.'

다시 마술사 이야기로 돌아오자. 마크 카츠는 다음과 같이 말했다. "천재들의 정신이 작용하는 방식은 어떤 의도나 목적을 갖고 보아도 이해하기 힘들다. 심지어 천재들이 해낸 일을 이해한 후에도 그 과정은 완전히 비밀에 가려있다." 이 관념은 몇몇 개인을 이들의 공동체 주변부로 밀어낸다. 이 가장자리는 비현실적이다. 과학자의 자산은 한 전문가로부터 다음 전문가로 **전달될 수 있는 방법**이기 때문이다.

만약 대부분의 저명한 물리학자와 수학자들이 천재를 마술사라고 믿는다면, 이는 어느 정도 심리적으로 보호받기 위함이다. 뛰어난 과학자라면 그가 자신의 연구에 대해 파인먼과 토론하는 경우, 불쾌한 충격을 받을 수 있다. 이런 일은 되풀이되었다. 물리학자들은 몇 주 혹은 몇 달 동안 매달려 얻은 연구 결과에 대해 파인먼의 의견을 구하고자 기다리곤 했다. 보통 파인먼은 이들이 완전히 설명하도록 내버려두지 않았다. 파인먼은 그런 경우 재미를 망친다고 말했다. 파인먼은 그들이 단지 문제의 개요만 설명하도록 하고는 벌떡 일어나 "아, 이거 알겠습니다"라고 말하고, 칠판에 방문자의 연구 결과 A가 아니라 더 발전되고 일반적인 정리 X를 휘갈겨 쓰곤 했다. 그러면 (아마도 학술지 《피지컬리뷰》에 투고할) 방문자의 연구 결과 A는 그저 특수한 경우가 되어버렸다. 이런 과정은 고통을 안겨줄 수 있었다. 이따금 전광석화처럼 재빠른 파인먼의 답변이 즉각적인 계산에서 나온 것인지 아니면 이전에 연구했지만 발표하지 않은 지식의 보고에서 나온 것인지는 분명하지 않았다. 천체물리학자 윌리 파울러Willy Fowler [49]는 1960년대에 캘테크에서 열린 한 세미나에서 퀘이사(맹렬히 빛을 내는 신비한 방사선원으로 머나먼 하늘에서 최근에 발견된)가 초대질량성supermassive star이라고 제안하자, 파인먼은 곧바로 그런 천체는 중력으로 인해 불안정할 것이라는 놀랄만한 이야기를 했다. 그뿐만 아니라 파인먼은 이 불안정성이 일반 상대론의 결과로 나왔다고 말했다. 이 주장은 별의 힘과 상대론적 중력의 미묘한 상쇄 효과에 대한 계산을 필요로 했다. 파울러는 파인먼이 엉터리 이야기를 늘어놓는다고 생각했다. 나중에 동료 하나가 파인먼이 수 년 전에 이 문제에 관해 100쪽에 달하는 연구를 해놓았다는 것을 알아냈다. 시카고의 천체물리학자 수브라마니안 찬드라세카르Subrahmanyan Chandrasekhar[50]는 파인먼과 동일한 연구 결과를 독립적으로 내놓았다. 이 연구는 20년 후 그에게 노벨상을 안겨주었다. 파인먼 자신은 애써 논문을 내지 않았다. 새로운 생각을 가진 사람이라면 "파인먼이 이미 방명록에 서명하고 떠났어"라는 누군가의 말처럼 언제든 위험을 감수해야 했다.

논문 발표에 애쓰지 않는, 방대한 지식이 축적된 위대한 물리학자는 동료들에게 진정 위협적일 수 있다. 누군가에게 잠재적으로 출세할만한 발견이 만약 파인먼에게는 출판할 가치가 없는 수준 이하임을 알게 되면 힘 빠지기 마련이다. 최악의 경우 알려진 지식과 알려지지 않은 지식의 지형에서 자신감의 토대를 깎아내리는 일이었다. 이런 관습으로 유발된 이야기에는 우려할만한 숨은 의미가 있었다. 예를 들어 라스 온사거에 대해 회자되는 이야기가 있다. 어느 방문자가 온사거에게 자신의 새로운 연구 결과에 대한 견해를 물었다. 온사거는 연구실 의자에 앉아 **"그게 옳다고 생각하네"**라고 말한 다음, 소심하게 앞으로 몸을 숙여 서랍 속 해묵은 노트를 꺼내 곁눈질로 보고는 **"맞아, 나도 그렇게 생각해. 그게 옳아"**라고 말했다는 일화다. 이런 말은 방문자가 절대 듣고 싶지 않은 말이다.

---

49) 미국의 천문학자. 수브라마니안 찬드라세카르와 함께 별 내부의 핵반응과 원소들이 발생하는 에너지에 관한 이론적, 실험적 연구로 1983년 노벨 물리학상을 수상했다.
50) 인도 태생의 미국 천체물리학자, 수학자. 1983년 별의 구조와 진화 과정에 관한 이론 연구 공로로 윌리엄 파울러와 노벨 물리학상을 공동수상했다. '라만 효과'를 발견한 1930년 노벨 물리학상 수상자 찬드라세카라 벵카타 라만Chandrashekhara Venkata Raman이 그의 삼촌이다.

쓰이지 않은 지식의 비밀 창고를 가진 사람은 마법사다. 자연의 숨겨진 비밀로 애태우는 능력을 지닌 사람 역시 마법사다. 과학자가 바로 그런 사람이었다. 현대 과학자의 탐색이라는 관점은 고대의 유대교 신비주의적인 어떤 것을 떠올리게 했다. 예컨대 눈에 보이는 표면 바로 아래에 숨겨진 법칙과 규칙, 대칭성과 같은 것들을 말이다. 때때로 지식 탐구에 대한 이런 관점은 질식될 듯이 압도적이었다. 존 메이너드 케인즈[51]는 사망하기 몇 년 전, 케임브리지 대학의 어두운 교실에 있던 소규모 청중 앞에서 뉴턴에 대해 다음과 같이 말했다. "악마의 유혹을 받은 이 이상한 영혼은 자신이 순수한 정신의 능력으로 신과 자연의 **모든** 비밀에 이를 수 있다고 믿었습니다. 코페르니쿠스와 파우스트가 하나로 합쳐진 정신처럼 말입니다."

"제가 왜 뉴턴을 마술사라고 부를까요? 왜냐하면 그는 전 우주를 지켜보고 이 모든 것이 **수수께끼**로서 그 안에 존재한다고 보았기 때문입니다. 이 수수께끼란 철학자가 이 난해한 형제애에 대해 일종의 보물찾기를 하도록 신이 세상에 놓아둔 어떤 증거, 어떤 신비한 단서들에 순수한 사유를 적용하여 판독해낼 수 있는 비밀입니다. 뉴턴은 **분명** 천상의 수수께끼를 판독했습니다. 그리고 뉴턴은 동일한 자신의 성찰적인 상상력을 통해 하느님의 수수께끼, 신의 힘으로 미리 운명 지어진 과거와 미래의 사건들에 관한 수수께끼, 원소와 이들의 구조에 대한 수수께끼를 판독하리라 믿었습니다."

냉기와 어둠, 그리고 강연자의 피곤해 보이는 기색을 의식하며, 청중 사이에 열심히 그의 말에 귀를 기울이는 젊은 프리먼 다이슨이 있었다. 다이슨은 케인즈의 천재에 대한 견해 대부분을 받아들이면서 신비주의로 보이는 것들을 가려내고 있었다. 다이슨은 가장 침착하고 이성적인 방식으로 마술사라는 시각을 옹호하는 입장에 섰다. "마술적인 주문은 안 된다"라고 썼다. "과학자로서 탁월하게 위대한 인물이라면 어떤 의미에선 일반인들이 초인적이라고 여길만 한 개성 또한 지닌다는 뜻이다." 가장 위대한 과학자는 전달자이자 파괴자라고 다이슨은 말했다. 물론 이런 믿음은 신화다. 하지만 신화는 과학 사업이라는 현실의 일부이다.

케인즈가 케임브리지의 어둠 속에서 뉴턴을 마법사로 묘사했을 때, 사실 그는 천재성에 관한 온건한 시각으로 퇴각하고 있었다. 18세기의 진지한 소논문들 이후 이런 시각은 급격한 방향전환을 겪었기 때문이다. 천재성에 대해 처음 글을 썼던 작가들이 호메로스와 셰익스피어의 작품이 운율 체계의 세부 사항을 무시한 점을 용납될 만하다고 인식했다면, 19세기 말의 낭만주의자들은 신과 관습을 거부하며 족쇄를 던져 해방시키는 강력한 영웅들을 보았다. 그들은 충분히 병적인 상태로 변할 수 있는 정신의 기질 또한 보았다. 천재성은 **정신 이상**과 관련이 있었다. 신성한 영감이라는 그 느낌, 겉으로 보기에는 외부에서 온 계시의 숨결은 실제로 내부에서 왔으며, 우울과 광기는 뇌를 비틀어버렸다. 이런 생각의 뿌리는 오래되었다. 드니 디드로Denis Diderot[52]는 "아! 천재성과 광기는 얼마나 가까운가! 인간은 천재성과 광기를 가두고 사슬로 묶어두거나 아니면 이들에 조각상을 세운다"라고 썼다. 신 중심에서 인간 중심으로 초점이 변한 것에 따른 부작용이었다. 계시하는 사람 없이 계시를 드러낸다는 이 관념은 특히 이를 경험한 사람들에게 불안을 안

---

51) 영국 케임브리지 출생의 경제학자. '케인즈 경제학'이라는 현대 거시경제학의 창시자이다.
52) 18세기 프랑스 철학자, 계몽주의 사상가. 32세에 『백과전서』의 편집을 맡게 되어, 달랑베르와 함께 180여 명의 집필자를 동원하여 18세기의 계몽철학, 사상을 집대성했다.

겨주었다. 프리드리히 니체Friedrich Nietzsche[53]는 다음과 같이 썼다. "완전히 급격하고 충격적인 무언가가 느닷없이 형용하기 어려운 명료함과 정확성으로 보고 들을 수 있게 된다. 계시를 받는 자는 듣는다. 구하는 것이 아니다. 아울러 그는 받아들일 뿐, 누가 주었는지 묻지 않는다. 다시 말해 어떤 생각이 번개처럼 번득이는 것이다." 천재성은 이제 정상 궤도를 벗어나 샤를 피에르 보들레르Charles-Pierre Baudelaire[54]나 루트비히 반 베토벤을 암시했다. 윌리엄 블레이크William Blake[55]는 **굽은 길**을 언급했다. "개선은 가로지르는 길을 만들지만, 개선 없는 굽은 길이야말로 천재의 길이다."

체사레 롬브로소Cesare Lombroso[56]는 1891년에 쓴 천재성에 관한 소논문에서 천재성과 관련한 몇 가지 징후를 언급했다. **신체의 변성, 구루병, 창백함, 수척함, 왼손잡이.** 격동하는 가마솥으로서 정신의 감각은, 전적으로 프로이트의 천재성이 체계와 논리 정연한 용어를 규정해주길 기다리며 종종 모순된 심리 용어와 뒤죽박죽 버무러진 채 유럽 문화에서 모습을 드러내고 있었다. 그러는 동안 **보수주의, 방랑벽, 무의식**과 같은 징후도 있다. 천재성에 대해 더욱 당연하게 여기는 특징은 **감각 과민, 기억상실, 창조성, 특정 단어에 대한 애착**이다. 롬브로소는 다음과 같이 결론을 내렸다. "따라서 천재의 생리학과 미치광이의 병리학 사이에 일치하는 점이 많다." 혼란스러운

---

53) 니체의 미학 이론에서 천재성은 두 가지 예술 충동(아폴론적 충동과 디오니소스적 충동)과 관련이 있다. 아폴론적 충동은 명징성과 유쾌함, 지식의 빛과 자아 인식의 인간적 구현과 관련이 있는 충동이라면, 디오니소스적 충동은 바쿠스적 소동과 춤, 어두운 심연, 사랑의 도취에서 생긴 자아 망각을 대표한다. 니체에게 예술, 그리고 천재성은 이 두 예술 충동이 만난 결과였다.
54) 프랑스의 비평가이자 시인.
55) 영국 낭만주의 문학의 대표적인 시인이자 화가. 제프리 초서의 『캔터베리 이야기』, 단테의 『신곡』, 밀턴의 『복낙원』 등에 그린 삽화가 유명하다. 여기에서는 그의 시 「지옥의 잠언Proverbs of Hell」가운데 한 구절을 인용했다.
56) 이탈리아의 범죄학자, 법의학자.

상태인 천재는 보통 사람들이 피하는 실수를 하고 잘못된 길로 접어든다. 그럼에도 이 미치광이들은 "차분하고 신중한 사람을 낙담하게 만든 장애물을 경멸하고 극복하며 진리의 발견을 수세기 앞당긴다".

이런 관념은 결코 사라지지 않았다. 실제로는 의미가 완화되어 진부한 표현처럼 쓰였다. 천재들은 때로 편집광과 유사한 부인할 수 없는 강박을 드러낸다. 어떤 종류의 천재들(수학자, 체스 선수, 컴퓨터 프로그래머)은 미치지 않았다면 적어도 온전한 정신과 더불어 사교성이 부족해 보인다. 그럼에도 미치광이 천재 마법사는 휘트먼Whitman[57]과 멜빌Melville[58]과 같이 상대적으로 자유로운 작가들의 사례가 있긴 하지만, 미국에서는 효력을 발휘하지 못했다. 이유가 있었다. 19세기 끝 무렵, 미국의 천재들은 분주하게 문화를 만들고, 말로 장난을 치며 음악이나 미술 작품을 만들거나, 그렇지 않으면 학계에 깊은 인상을 남기지 않았다. 알렉산더 그레이엄 벨Alexander Graham Bell[59]이 천재였고, 엘리 휘트니Eli Whitney[60]와 새뮤얼 모스Samuel Morse[61] 역시 천재였다. 유럽의 낭만주의자들은 호색가 영웅(돈 후안Don Juan) 혹은 순교자로서의 천재(베르테르Werther)를 찬양했다. 이 낭만주의자들은 감정에 이르는 보다 더

---

57) 미국에서 가장 영향력 시인으로 여겨지며, 자유시의 아버지로도 불린다. 초월주의와 사실주의 과도기에 있었기에 작품의 시각에 반영되었다. 대표작으로 당대에 노골적인 선정성으로 논쟁을 불러왔던 시집 『풀잎Leaves of grass』 있다.
58) 미국의 르네상스 시대를 대표하는 소설가, 시인. 『모비 딕』, 『필경사 바틀비』, 『타이피』, 『빌리 버드』 등으로 잘 알려져 있다. 특히 『모비 딕』은 당대 비평가들에게 주목받지 못했지만, 현재 미국에서 가장 위대한 소설 가운데 하나로 인정받는다.
59) 스코틀랜드 출신의 미국 발명가, 과학자, 공학자. 최초의 실용 전화기를 발명하고 특허를 획득했다. 미국 전신전화국AT&T의 공동 설립자이며, 후년에 진행한 연구는 광통신분야, 수중익선, 항공학 분야에 큰 영향을 주었다.
60) 면화에서 솜과 씨를 분리하는 조면기를 발명했다. 조면기는 미국의 산업혁명과 남북전쟁 이전 남부의 경제를 형성하는데 크게 기여했다.
61) 미국의 화가이자 발명가. 초상화가로 명성을 얻었으며, 유럽식 전신에 기반한 단선 전화 발명에 기여했다. 모스 부호를 개발하여 전신의 상용화에 중요한 역할을 했다.

직접적인 경로를 간직한 채, 모차르트를 계승한 천재 작곡가를 포용하도록 자신들의 정의를 바꾸었다. 미국에서는 이미 신문기사에서 일컬었던 기계시대가 진행 중이었다. 완성된 천재, 다음 세대를 위한 단어를 정의했던 천재는 바로 토마스 앨바 에디슨Thomas Alva Edison이었다.

에디슨 스스로는 '멘로 파크의 마법사'를 마법사라 생각하지 않았다. 에디슨에 대해 무엇이든 아는 사람이라면 누구나 그의 천재성은 99퍼센트의 영감이었다는 것을 알고 있었다. 에디슨의 스타일을 규정했던 이야기들은 뉴턴의 사과와 같은 방식의 영감이 아니었다. 사람들은 철저하고 고된 시행착오에 대해 이야기했다. 사람의 머리카락에서 대나무 섬유까지 램프용 필라멘트로 생각해 볼 수 있는 모든 것을 시도했다는 말이다. "저는 과장 없이 말합니다. 제가 전등과 관련하여 3,000개의 다른 이론을 작성했다 말했다면 각각의 이론은 타당하며 명백히 사실인 양 보입니다"라고 에디슨은 선언했다(분명히 과장했다). 에디슨은 자신이 실험으로 이 이론 중에서 2,998개가 틀렸음을 입증했다고 덧붙였다. 그는 특정 유형의 배터리에 대해 5만 번의 개별적인 실험을 수행했다고 주장했다. 에디슨은 미시간 주 공립학교에서 3개월 간 교육 받은 것이 전부였다. 에디슨의 창조성은 축음기, 진동, 그리고 1,000가지 이상의 특허 발명을 이끌었지만, 그의 창조성은 전설을 만들고 이를 받아들였던 사람들에 의해 계획적으로 폄하되었다. 아마 당연히 그랬을 것이다. 이론적으로 설명하는 과학은 수 세기에 걸쳐 체계적으로 세상에서 마법을 비워냈기에, 에디슨을 비롯한 다른 영웅들이 기계 공작실에서 이룬 발명들은 이제 깜짝 놀라게 할 만큼 변혁을 일으키는 위력과 더불어 마법을 잃어가고 있었기 때문이다. 이 마법은 주택의 벽 속에 숨어들었거나 허공에 투명한 빛을 발산했다.

1917년에 출간된 전기에는 "에디슨 씨는 마법사가 아니다"라고 썼다.

문명사회에 막대하게 도움을 주었던 모든 인물들처럼, 에디슨이 거친 과정은 분명하고 논리적이었으며 전형적이었다.

마법은 초인이 가진 재능의 표출이며 일반적인 의미에서 그건 불가능한 일이다.

그렇지만 에디슨 씨는 죽은 자의 목소리가 말하도록 하고, 무덤에 묻힌 사람들이 우리 눈앞으로 지나가도록 할 수 있다.

1933년 어느 잡지의 기사에서도 "에디슨은 마법사가 아니다"라고 전했다. "만일 에디슨이 의심스러운 마법의 손길과 같은 것을 지녔다면, 그건 그가 환경과 뚜렷하게 조화를 이루었기 때문이다." 에디슨식 천재에 대한 해석은 거의 막을 내렸다. 남은 일이라고는 깊은 밤 불가능한 질문들을 **가정**하며 던지는 일이다. 예컨대 만약 에디슨이 태어나지 않았다면? 만약 홍수가 나기 시작했을 때 새로운 장치, 방법, 과정의 이미지를 상상하는 요령을 익히고 이를 단련하고자 하는 지칠 줄 모르는 마음이 없었다면 어땠을까? 이 질문은 그 자체로 답을 하고 있다. 에디슨이 올라탔던 것은 바로 이 홍수였다. 전기는 단순히 기계적인 독창성의 한계에 다다른 세계에 갑자기 등장했다. 전자의 흐름을 이해하고 제어하는 능력은 새로운 기계들에 관한 방대한 분류체계를 돌연히 가능하도록 해주었다. 새로운 기계들이란 전신, 발전기, 전등, 전화기, 전동기, 난방기, 바느질하기, 갈기, 톱질하기, 굽기, 다림질하기나 먼지를 빨아들이는 장치들로서 모두 잠재력의 가장자리에서 기다리고 있었다. 1820년 한스 크리스티안 외르스테드Hans Christian Oersted[62]가 전

---

62) 덴마크의 물리학자, 화학자. 자기장을 발생시키는 전류를 처음 발견하여 전기와 자기 현상을 연결하는데 처음 토대를 제공한 인물이다. 이 현상을 외르스테드의 법칙이라 부른다.

류는 나침반의 바늘을 움직일 수 있다는 사실을 알아내자마자 발명가들(새뮤얼 모스 뿐만 아니라 앙드레 마리 앙페르André-Marie Ampère[63] 및 대여섯의 다른 발명가들)은 전신에 대한 생각을 하게 되었다. 심지어 더 많은 사람들이 발전기를 발명했고, 텔레비전을 만들 수 있을 정도로 기술이 충분히 축적된 시기의 어느 발명가도 에디슨처럼 그럴듯하게 기여를 할 수 있는 사람은 없었다.

발명가들의 시대에 천재성에 대한 해명은 진자pendulum가 더욱 신비하고 직관적이며 두드러지게 실용적이지는 못한 아인슈타인의 이미지를 향해 다시 흔들리던 바로 그 순간에도 과학문화를 형성하여, 직설적인 실증주의와 실험 중심의 기술학교들과 함께 1920~1930년대에 파인먼과 동시대 인물들을 육성했다. 에디슨이 결국 세상을 바꾸어 놓았을지 모른다. 하지만 아인슈타인은 단일하고 이해하기 어려운 시각화 행위의 도움으로 세상 전체를 다시 발명한 것처럼 보였다. 아인슈타인은 우주가 어떠해야 하는지를 알아보았고, 그렇다고 선언했다. 뉴턴 이후 그런 인물은 없었다.

그때까지 과학자라는 직업은 빠르게 증가하여 수백 명이 아니라 수만 명의 종사자가 있었다. 분명히 이들이 수행한 업무와 과학의 대부분은 프리먼 다이슨이 언급한 것처럼 평범했다. "성실한 장인", "기초 단단한 업무", "신뢰할만한 공동의 노력이 독창적인 것보다 더 중요한" 사업으로서 말이다. 현대에는 토마스 쿤Thomas S. Kuhn[64]을 떠올리지 않고는 과학적 변화의 과정에 대해 이야기하는 것이 거의 불가능해졌다. 그의 『과학 혁명의 구조』는 과학사가들의 담론을 전적으로 변화시켜 놓았다. 쿤은 정상과학(문제해결, 기존 체계를 구체화하기, 사실상 모든 현장 연구자들을 점유하고 있는 대수롭지 않은 기교)과 혁명, 곧 지식이 영락없이 휘청거리며 나아가는 불안정한 지적 대변동을 구별 지었다. 쿤의 체계에서는 어느 것도 개별적인 천재가 혁명의 손잡이를 돌리도록 요구하지 않았다. 혁명의 손잡이란 아인슈타인의 상대성이론, 하이젠베르크의 불확정성 원리, 베게너의 대륙이동설 같은 것이었다. 혁명에 관한 새로운 신화는 표준 방법을 거부하고 세계를 새롭게 바라보는 시각으로서 천재에 관한 오랜 신화와 매끄럽게 들어맞았다.

다이슨 같은 유형의 천재는 파괴하고 새로 산출하는 것으로 천재성을 표출했다. 슈윙어와 파인먼의 양자전기역학은 수학적으로 동일했지만, 한 사람은 보수적이었고 다른 한 사람은 혁명적이었다. 한 사람은 기존의 사고 방식을 확장했고 다른 한 사람은 대상이 되는 청중을 어리둥절하게 만들기 충분할만큼 단호히 과거와 결별했다. 한 사람은 필연적으로 과도해지는 운명을 맞게 된 수학적 방식으로 결말을 대변했지만 다른 사람은 시각화라는 새로운 방식으로 기꺼이 파인먼을 따르고자 한 이들에게 마중물으로써 역할을 했다. 파인먼의 방식은 대담했고 심지어 과대망상적이기까지 했다. 훗날 다이슨이 지난 일을 회상했을 때 자신의 목표가 슈윙어처럼 보수적이었다고 생각했고("나는 정통적인 시각을 받아들였다. 나는 정돈된 일련의 방정식들을 찾고 있었다"), 파인먼의 목표를 공상적인 것으로 보았다("그는 충분히 융통성이 있어서 우주의 어느 것에도 적용할 수 있는 일반 원리들을 찾고 있었다").

과학적 창조성의 원천을 찾는 다른 방법들이 등장했다. 발견에 영감을 주는 방법론적 관점에서부터 **마음**mind에 대해 언급하기를 거부하고 **기질**substrate을 찾으려는 신경과학자들의 관점으로 가는 길은 까마득한 것처럼 보였다. **마음**이란 단어는 신경과학자들에게 왜 그토록 멸시를 받았을까? 신경과학자들은 이 용어를 설명이 궁한 과학자를 위한 데우스 엑스 마키나deus

---

63) 프랑스의 물리학자, 수학자. 전기역학electrodynamics 또는 고전 전자기학의 기초를 다졌다. 전류의 단위 암페어(A)는 그의 이름을 딴 것이다.
64) 미국 과학철학자. 1962년에 출간한 『과학 혁명의 구조』는 '패러다임 전환'이란 용어를 도입하며 전 세계 학계와 대중에게 큰 영향을 미쳤다.

ex machina, 즉 안이한 탈주로로 보았기 때문이다. 파인먼 자신은 신경세포에 대해 배웠고, 색채 시각을 이해하기 위해 뇌 구조 일부를 독학했다. 하지만 대개 파인먼은 **마음**을 공부할 가치가 있는 수준으로 여겼다. 마음은 기질과 무관하게 기질 위에서 떠도는 것처럼 신경학적인 기질에 기반을 둔 것이 아니라, 일종의 역학적인 패턴임이 틀림없었다. 파인먼이 말했다.

그럼 우리가 지닌 이 마음이란 무엇일까요? 의식을 지닌 이 원자들의 정체는 뭘까요? 지난주에 먹은 감자를 생각해봅시다! 이 감자들은 1년 전 내 마음 속에서 일어나던 것들을 **기억**할 수 있는데, 이 마음은 오래전에 대체된 것입니다. 이 원자들은 내 뇌 속으로 들어와 춤을 추고는 빠져 나갑니다. 여기에는 언제나 새로운 원자들이 있지만, 항상 같은 춤을 추고, 어제 추었던 춤을 기억합니다.

천재란 단어는 파인먼이 자주 쓰는 어휘는 아니었다. 많은 물리학자들처럼 생존하는 동료에 대해 **천재**라는 단어를 사용하는 것은 일종의 양식 위반이자 무엇이든 쉽게 믿어버리는 풋내기를 떠올리게 하는 무례한 일이었다. 흔하게 사용되는 바람에 이 단어의 가치가 떨어졌던 것이다. 거의 모든 이들이 잡지 기사가 실린 기간 내내 천재가 될 수 있었다. 영국의 우주론자 스티븐 호킹Stephen Hawking은 동료 과학자들에 의해 존중 받았지만 숭배를 받은 것은 아니었다. 다만 그는 비과학자들 사이에서 아인슈타인의 계승자로서 그 역할에 대한 명성을 키워나갔다. 진행 중인 퇴행성 근육 질환으로 고통을 받으며 앉던 시들어가는 신체 내부에서 스스로를 표현하기 위해 분투하는 모습은, 호킹의 천재 이미지에 드라마를 덧입혔다. 그럼에도 날것의 총명함과 혹독한 성취라는 면에서 보면, 그의 일부 동료학자들은 호킹이 자신들처럼 천재는 아니었다고 느꼈다.

부분적으로 과학자들은 이 단어를 회피했다. 이들은 그 개념을 믿지 않았기 때문이다. 또 어느 정도는 같은 과학자들이 야훼라는 이름을 말하기 두려워했던 유대인들처럼 모두 너무나 잘 믿었기 때문에 이 단어를 피했다. 아인슈타인만이 천재였다고 말하는 것이 일반적으로 안전했다. 그리고 아인슈타인 이후에는 아마도 양자역학의 형성기 동안 이를 인도하는 아버지 같은 인물로서 역할을 했던 보어가, 보어 이후엔 아마도 디랙이, 아마도 페르미, 어쩌면 베테…. 이 모든 이들은 천재라고 불릴 자격이 있었다. 하지만 베테는 주제넘게 어색해하거나 겸손한 척하지 않고 '베테의 천재성은 파인먼의 천재성과 대조적으로 "평범"했다'라며 마크 카츠가 소심하게 내린 모순된 평가를 인용하곤 했다. "평범한 천재란 우리가 단지 몇 배 탁월한 경우, 당신과 나는 단지 그만큼만 괜찮은 동료라는 것이다." 당신과 내가 같은 정도로 괜찮다. 천재성으로 통하는 많은 부분은 단지 탁월함에 불과한데, 정도의 차이가 있다. 페르미의 한 동료는 다음과 같이 말했다. "페르미가 무엇을 할 수 있는지 아는 일은 나를 겸허하게 만들지는 않았다. 당신은 그저 어떤 사람이 당신보다 더 똑똑하다는 것을 깨닫게 될 것인데, 그게 전부다. 당신은 어떤 사람들처럼 빠르게 달릴 수 없거나 페르미처럼 빠르게 계산할 수 없을 뿐이다."

구조주의와 해체주의의 매력에 빠졌던 비평의 영역에서는 천재성에 관한 이런 평범한 견해는 의심을 받았다. 문학과 음악 이론, 그리고 과학사까지도 스포츠팬 같은 구식의 접근법(호메로스 대 베르길리우스)뿐만 아니라 어떤 역사적 인물이 지니는 자질로서의 천재성이라는 개념 자체에 흥미를 잃었다. 아마도 천재성은 영웅 숭배라는 특정 형태의 징후이자 문화 심리의 소산이었다. 위대함이라는 명성은 잠시 왔다가 사라지는데, 결국에는 권한을 위임받은 지역 사회 부문의 사회정치적인 필요에 의해 지원을 받은 다음 역사적인 맥락을 조정함으로써 내쳐지게 된다. 모차르트의 음악은 천재의 증거로서 어떤 이에게 강렬한 인상을 준다. 하지만 언제나 그랬던 것은 아니고(다른 시대의 비평가들은 모차르트의 음악을 까다롭고 권위적이라고 여겼다), 앞으로도 언제든 그렇지 않을 것이다. 현대적인 방식에서는 모차르트의 천재성에 대해 묻는 일은 그릇된 질문을 하는 것이다. 예를 들어 모차르트가 안토니오 살리에리Antonio Salieri보다 더 "뛰어난" 이유를 묻는 일조차 세련되지 못한 실수인 것이다. 현대의 음악 이론가라면 모차르트에 대해 해체이론으로 분석되지 않은 희망의 빛을 남몰래 지니고 있거나, 지독히도 표현할 길 없이 오래된 황홀감을 느낄 수 있다. 하지만 여전히 이 이론가는 **천재성**이 유행에 뒤떨어진 낭만주의의 유물이라고 여긴다. 모차르트의 음악 감상자들은 관찰자가 양자역학 방정식의 일부인 것처럼 마법과 뒤얽힌 일부인 것이다. 이 감상자들의 관심과 바람은 이것이 없다면 음악이란 단지 음들의 추상적인 연쇄에 지나지 않는다는 맥락을 만드는데 도움을 준다. 그렇지 않으면 이렇게 논의가 이루어진다. 모차르트의 천재성이 조금이라도 존재했다면 그건 물질이나 마음의 특징이 아니라, 문화적 맥락 내에서 주고받는, 부차적 사건이라는 점이다.

그러니 침착하고 이성적인 이 과학자들이 천재성뿐만 아니라 천재들을 결코 믿지 않고, 영웅들의 정신적인 신전을 지키지 않으며, 마크 카츠와 프리먼 다이슨과 함께 마법사들 앞에 고개를 숙이지 않는 진지한 학자들이었다니 얼마나 기이한 일인가.

"천재성은 스스로 빛을 발하는 불이다"라고 누군가 말했다. 독창성, 상상력, 이 능력은 스스로 주도하여 전통이라는 낡고 닳은 경로로부터 사람의 정신을 자유롭게 한다. 파인먼을 평가해보려고 시도했던 이들은 언제나 독창성으로 돌아왔다. "파인먼은 그 세대에서 가장 독창적인 정신의 소유자였다"라고 다이슨은 단언했다. 파인먼의 다음 세대는 상황을 다 알고 있는 유리한 입장임에도 여전히 파인먼이 생각하는 궤도에서 예측 가능한 것을 전혀 발견하지 못했다. 오히려 파인먼은 삐딱하고 위태롭게 표준 방법을 무시하기로 작정한 것 같았다. 1950년대에 캘테크에서 처음 파인먼을 알게 된 이론 물리학자 시드니 콜맨Sidney Coleman은 다음과 같이 말했다.

만약 파인먼이 그토록 이해가 빠르지 않았다면 사람들은 그를 뛰어난 괴짜쯤으로 취급했을 겁니다. 왜냐하면 파인먼은 막다른 길로 드러난 문제에 천착하는데 상당한 시간을 들였기 때문이죠. 자신이 얻는 이익에 비해 지나치게 독창적인 사람들이 있습니다. 파인먼이 실제로 그만큼 똑똑하지 않았다면, 제가 보기에 파인먼은 자신의 이익에 견주어 지나치게 독창적이었던 것이라 생각합니다. 파인먼의 성격에는 언제나 과시하는 요소가 있었죠. 그는 마치 몽블랑 산을 맨발로 오를 수 있음을 보여주려고 산을 오르는 사내 같았습니다. 파인먼이 했던 많은 일들은 단지 보여주기 위함이었습니다. 여러분은 그런 방식으로 할 필요가 없고, 다른 방식으로 할 수 있습니다. 그리고 사실 다른 방식은 첫 번째 방식처럼 좋진 않겠지만 파인먼은 달랐다는 것을 보여줄 수 있겠죠.

파인먼은 최신 문헌을 읽으려고 하지 않았다. 그리고 이미 이루어 놓은 결과물을 확인함으로써 평범한 방식으로 어떤 문제에 대한 연구를 시작하려는 대학원생들을 꾸짖었다. 파인먼은 학생들에게 이런 방식으로는 학생들이 독창적인 어떤 것을 발견할 기회를 포기하게 될 것이라고 가르쳤다. 콜맨이 말했다.

저는 아인슈타인이 이와 유사한 특징을 지녔는지 의심스럽습니다. 저는 딕이 이런 특징을 마치 고상한 하나의 미덕으로 여겼다 확신합니다. 파인먼은 그렇다고 생각하진 않지만, 제 생각에 그건 자기기만입니다. 다른 친구들이 모두 바보들만 모여 있는 건 아니거든요. 가끔은 사람들이 만들어낸 새로운 수단을 취하는 것이 더 낫습니다. 바퀴를 새로 발명하는 것처럼 이런 수단은 재구성하는 것이 아닙니다.

저는 사실 아주 독창적이지만 괴짜는 아닌 사람들을 알고 있습니다. 하지만 그들이 이룰 수 있는 최정점의 연구를 산출해내지는 않았습니다. 왜냐하면 이들은 어떤 시점에서 자신의 연구가 옳은지보다 독창적인지를 더 걱정했기 때문이에요. 딕의 경우는 그가 정말이지 너무 똑똑했기 때문에 잘해낼 수 있었습니다. 파인먼은 정말 맨발로 몽블랑을 **오를 수** 있었던 거죠.

콜맨은 파인먼과 함께 연구하지 않기로 결심했다. 파인먼이 연구하는 것을 지켜보는 일은 마치 중국 경극을 보는 것 같았다고 콜맨은 말했다.

파인먼이 연구를 할 때면 그는 그저 이해력을 절대적으로 벗어난 방식으로 연구를 수행했습니다. 다른 이들은 연구가 어디로 진행되고 있는지, 지금까지 온 곳은 어딘지, 어디로 연구를 밀어붙일지, 다음 단계는 무엇인지 알지 못했습니다. 딕에게 다음 단계란 어쩌면 신의 계시로부터 나오는 것이었죠.

그래서 파인먼을 목격한 많은 이들은 그의 생각이 전적으로 자유롭게 날아다닌다고 말했지만, 파인먼은 자신의 방법에 대해 이야기할 때 오히려 자유가 아니라 제약을 강조했다. 파인먼은 빈 종이, 빈 오선지 또는 빈 캔버스 위에 완전히 새롭고 자유로운 것으로 채우는 상상이란 과학자의 상상력이 아니라고 주장했다. 상상력은 어떤 심리학자들이 시도하듯이 그림 하나를 보여주고 다음에 어떤 일이 벌어질지를 물음으로써 측정할 수 있는 것도 아니었다. 과학적 상상력의 본질은 파인먼에게 강력하고도 고통스러운 규칙이었다. 과학자들이 창조하는 것은 현실과 맞아떨어져야 한다. 이미 알려진 것과 일치해야 하는 것이다. 파인먼은 과학적인 창조성이라는 것은 구속복속의 상상력이라고 말했다. "과학에서 상상력에 대한 질문을 두고 종종 다른 학문 분야의 사람들이 오해를 하곤 합니다"라고 파인먼이 말했다. "그들은 과학에서 상상하도록 **허용된** 것이면 어떤 것이든 **우리가 알고 있는 그 밖의 모든 것과 일치해야 한다**는 사실을 간과하고 있습니다." 이것은 보수적인 원칙으로, 기존의 과학 체계가 근본적으로 타당하며 이미 현실을 공평하게 반영하는 것임을 시사한다. 과학자들은 좀 더 자유로워 보이는 예술처럼 혁신해야 한다는 부담을 느낀다. 하지만 과학이 새로운 것을 만들어내는 행위는 역설의 씨앗을 품고 있다. 혁신은 대담하게 발을 내딛는다고 해서 미지의 공간에 들어가는 것이 아니다.

혁신은 우리가 바라는 대로 자유롭게 떠올린 만족스러운 생각들뿐만 아니라, 우리가 알고 있는 모든 물리학 법칙과 일치되어야 한다는 발상들에 의해 이루어집니다. 우리는 알려진 자연의 법칙과 명백히 모순되는 대상을 우리가 진지하게 상상하도록 놔둘 수는 없습니다. 그러니까 물리학자가 떠올리는 상상력이란 꽤나 어려운 게임입니다.

창조적인 현대의 예술가들은 참신함이라는 엄청난 부담을 안고 작업했다. 모차르트의 동시대인들은 모차르트가 관습의 굴레를 깨뜨리는 것이 아니라 확고하고 공유된 체계 내에서 창작할 것을 기대했다. 소나타, 교향곡, 그리고 오페라의 표준 형식은 그가 태어나기 전에 확립되어 그의 생애 동안 거의 변하지 않았다. 화음 진행 규칙은 소네트가 셰익스피어에게 그랬던 것처럼 견고한 새장을 만들어 놓았다. 규칙이 엄격해지거나 자유로워짐에 따라, 훗날 비평가들은 구조와 자유로움, 그리고 엄격함과 창의성이라는 대위법 속에서 창조자들의 천재성을 찾아내었다.

엄격해 보이는 제약을 밀어붙이고, 여기서 막대를 교묘하게 구부리거나 저기서 잠금 장치를 풀어주는 식으로 발명을 했던 전통적인 창조적 지성에게 과학은 최후의 도피처가 되었다. 과학 업무의 형식과 제약들은 실험의 기초 지식뿐만 아니라 예술가 공동체보다 더 동질적이고 규칙에 얽매인 공동체의 관습들에 의해서 고정되어 있다. 과학자들은 양자 시대에도 여전히 실재reality에 대해, 객관적인 진실에 대해, 인간의 해석과 무관한 세계에 대해 뻔뻔하게 이야기한다. 과학자들은 때때로 우주에서 결코 그럴 것 같지 않은 구성원들처럼 보인다. 현실은 과학자들의 상상력을 방해한다. 정리들, 기술, 실험실의 결과들, 그리고 알려진 과학의 본체를 구성하는 수학적 형식주의와 같이 늘 복잡한 집합체 역시 상상력을 방해한다. 그렇다면 어떻게 천재가 혁명을 일으킬 수 있을까? 파인먼이 말했다. "과학자들의 상상력은 소설에서처럼 거기에 실제로 존재하지 않는 대상을 상상하기 위함이 아니라, 그곳에 **존재하는** 대상들을 단지 이해하기 위해 생각을 가능한 한 최대로 펼치는 것입니다."

이 문제는 파인먼이 1946년 가장 암울했던 시절에 직면했던 문제였다. 이때 파인먼은 진흙탕이 되어버린 양자역학으로부터 자신만의 방식을 찾으려 시도하던 시기였다. 파인먼은 친구인 웰턴에게 편지를 썼다. "우린 많은 것을 알고 있어. 그리고 이 지식에 단 몇 개의 방정식에 포함시켜서 (이 방정식들을 제외하고는) 우리가 아는 것은 거의 없다고 말할 수도 있어. 그러면 우리는 이 방정식을 해석하기 위한 **바로 그 물리적인 그림**을 얻었다고 생각하지." 그때 파인먼이 얻은 자유는 방정식으로부터 나온 자유가 아니라 물리적인 그림으로부터 나온 자유였다. 파인먼은 수학의 형식이 시각화된 어느 하나의 길로 고정되는 상황을 거부했다. "방정식이 단 몇 개뿐이라서 나는 많은 물리적 그림이 똑같은 방정식을 내놓을 수 있다는 걸 알게 됐어. 그래서 나는 알려진 것들 중에서 내가 취할 수 있는 새로운 관점들이 얼마나 많은지 알아보느라 서재에서 시간을 보내는 중이야." 그때까지 웰턴은 점차 표준으로 자리잡은 장론field theory을 완전히 익혔기에, 자신의 오랜 친구가 그렇게 하지 않았다는 것을 듣고는 깜짝 놀랐다. 파인먼은 무지無知라고 하는 그늘진 웅덩이를 간직하고 있는 듯했고, 잠에서 깨어난 사람이 꿈의 잔상이 날아가 버리지 않도록 눈을 감는 것처럼 빛으로부터 자신을 보호하고 있는 것처럼 보였다. 훗날 파인먼이 말했다. "아마 그게 젊은이들이 성공하는 이유일 겁니다. 젊은이들은 충분히 알고 있지 않지요. 왜냐하면 충분하게 안 상태에서 떠올린 모든 발상이 좋지 않다는 것은 분명한 사실이기 때문입니다." 만약 파인먼이 더 많이 알았더라면 그렇게 혁신을 잘 해낼 수 없었으리라는 점에는 웰턴 역시 수긍하고 있었다.

"내가 고대인들이 쓴 진부한 표현이 아니라, 반복 없이 사용되지 않은 새로운 언어와 낯선 표현, 알려지지 않았던 구절을 알고 있었다면." 호메로스보다 천 년도 더 이전, 기록 시대의 여명기에 이집트의 한 서기는 이 말을 석판에 새겼다. 현대의 비평가들은 과거에 대한 부담, 영향력에 대한 불안을 이야기한다. 혁신하려는 욕구는 아주 오래전부터 예술가 정신psyche을 이루는 요소였다. 하지만 참신함이 20세기의 예술가에게만큼 중요했던 적이 전에는 없었다. 새로운 형식 혹은 장르의 유용한 수명이 이토록 짧았던 적이 없었다. 예술가들이 이전에는 새로운 전통을 위반하도록 이렇게 심한 압박을 느껴본 적이 그전에는 결코 없었던 것이다.

그동안 세계는 예술가들의 눈앞에서 구시대에 우뚝 솟은 천재를 중심으로 지나치게 방대하고 다양하게 팽창했다. 예술가들은 파도 위로 머리를 내놓기 위해 허우적거리고 있었다. 노먼 메일러Norman Mailer[65]는 이전에 구체화된 포부에 미치지는 못할 또 하나의 소설을 출간하면서 다음과 같이 지적했다. "사람들이 더 이상 많지 않다. 나는 최근에 피카소를 연구해왔고, 그와 동시대 인물이 누군지 보고 있다. 바로 프로이트와 아인슈타인이다." 메일러는 평생에 걸쳐 이에 대한 이해 없이 변화만을 목격했다. (천재를 찾고자 했던 소수만이 천재가 어디로 가버렸는지 이해했다.) 메일러는 너무나 좁은 문학계에 등장했기에 제임스 존스James Jones[66]같은 작가들이 처음 쓴 평범한 소설도 포크너와 헤밍웨이를 그럴듯하게 계승한 것처럼 보였다. 그는 비슷한 재능을 가진, 독창적이며 정력적인 수백 명의 소설가들이 엉켜있는 덤불 속으로 서서히 가라앉았다. 각각의 소설가들은 새로 나타난 천재라는 꼬리표를 달 만한 이들이었다. 아미스Armis, 베케트Beckett, 치버Cheever, 드라블Drabble, 엘리슨Ellison, 푸엔테스Fuentes, 그라스Grass, 헬러Heller, 이시구로Ishiguro, 존스Jones, 카잔차키스Kazantzakis, 레싱Lessing, 나보코프Nabokov, 오츠Oates, 핌Pym, 쿠에노Queneau, 로스Roth, 솔제니친Solzhenitsyn, 서루Theroux, 업다이크Updike, 바르가스 료사Vargas Llosa, 워그Waugh, 수에Xue, 예이츠Yates, 그리고 조셴코Zoshchenko (또는 다른 이십여 명의 소설가들)와 같은 작가들이 결코 태어나지 않은 세계에서라면, 메일러 및 다른 가능성 있는 천재는 두각을 나타내기에 더 좋은 기회를 누렸을 것이다. 좀 덜 붐비는 분야, 좀 더 짧은 척도 범위 내에서, 어느 한 소설가가 더 커 보이지는 않았을 것 같다. 그렇기 때문에 메일러는 더 커보였을 것이다. 생태학적으로 적당한 환경에서 경쟁하는 종species처럼 그는 탐색하고 점유할 만한 더 넓고 비옥한 공간을 가졌을 것이다. 대신 이 거인들은 서로를 지적 풍경이라는 특수한 모퉁이로 몰아 넣는다. 이들은 가정, 교외, 시골, 도시, 화류계, 제3세계, 사실주의자, 후기사실주의자postrealist, 반사실주의자semirealist, 반사실주의자antirealist, 초현실주의자surrealist, 데카탕파decadent, 극단론자ultraist, 표현주의자expressionist, 인상파impressionist, 자연주의자naturalist, 실존주의자existentialist, 형이상학metaphysics, 로맨스romance, 낭만주의자romanticist, 신낭만주의자neoromanticist, 마르크스주의자Marxist, 악한 소설picaresque, 탐정 소설detective, 코믹, 풍자, 그밖에 셀 수 없이 많은 소설 기법 가운데 선택했다. 이것은 마치 멍게, 먹장어, 해파리, 상어, 고래, 굴, 게, 바닷가재, 그리고 무수히 많은 해양 생물 종의 무리들이 한때 수십억 년 동안 남조류가 꽤 만족스럽게 군림했던 바다의 생명 유지 가능성을 세분화하는 것과 같다.

진화론자 스티븐 제이 굴드Stephen Jay Gould[67]는 인습타파적인 1983년의 한 소논문에서 다음과 같이 썼다. "대가들이 평범한 사람들에게 능력을 넘겨준 것이 아니었다. 오히려 경계는 제한되었고, 가장자리는 반듯해졌다." 굴드는 조류algae나 예술가 혹은 고생물학자들이 아니라 야구선수들에 대해 이야기하고 있었다. 4할 타자들은 어디로 가버렸을까? 기교나 신체훈련 및

---

65) 미국의 소설가, 수필가, 극작가, 영화제작자, 배우, 기자, 사회 활동가. 트루먼 카포티, 톰 울프 등과 함께 '창의적 논픽션' 또는 '뉴 저널리즘'이라고 불리는 글쓰기의 혁신을 일으킨 인물이다. 1968년에 출간한 논픽션 소설 『밤의 군대들』로 논픽션 부문 퓰리처상을 수상했다.
66) 미국의 소설가. 제2차 세계대전과 그 이후의 세계에 대한 탐구를 주제로 삼았다. 첫 소설 『지상에서 영원으로』로 내셔널 북 어워드를 수상했다.
67) 미국의 고생물학자, 진화생물학자, 과학사가. 영향력 있고 널리 읽힌 대중과학서를 저술했다. 대부분의 진화가 오랜 기간의 안정기 사이에 짧은 기간 동안 드물게 종 분화가 일어난다는 '단속평형설'을 제시했다.

야구 경기를 조직했던 사람 등 이 모든 것이 개선되었을 때에도, 4할 타자들은 왜 신화 속 과거로 사라지게 되었을까? 굴드의 대답은 이렇다. 야구의 대가들이 점점 줄어 더 획일적인 풍경 속으로 들어갔기 때문이다. 수준은 올라갔다. 가장 우수한 타자들과 가장 형편없는 타자들 사이 그리고 가장 우수한 투수와 가장 형편없는 투수 사이의 차이가 감소했다. 굴드는 통계분석을 통해 4할 타자의 소멸이 단지 극단이 완화되는 일반적인 현상 중에서 좀 더 눈에 잘 보이는 부분이라 제시했다. 마찬가지로 1할 타자도 서서히 사라졌다. 실력이 가장 우수한 선수들과 가장 형편없는 선수들 모두 평균에 좀 더 가까워졌다. 몇몇 야구팬들은 테드 윌리엄스Ted Williams[68]가 현대의 메이저리그에서는 평균으로 물러나게 될지, 또는 과체중에 술고래였던 베이브 루스가 훗날 과학적으로 체격을 갖춘 경쟁자들보다 압도적으로 우위를 점하는데 실패할지, 혹은 오늘날 수십 명의 무명 도루자가 타이 콥Ty Cobb[69]보다 더 빨리 달릴 수 있을지 상상해보길 좋아했으므로, 이런 가정은 불가피하다. 열렬한 육상 경기 팬이라면 야구팬이 갖는 향수를 느낄 수 없다. 육상 경기의 통계는 선수vs선수 대신 선수vs체력을 평가하기 때문에 10년 이전과 10년 이내의 차이는 분명히 구별된다. 향상이라는 것이 존재한다. 향수는 과거의 천재들을 신비화하면서 동시에 이런 기록 향상에 대해서는 감춘다. 향수에 젖은 음악 애호가는 라우리츠 멜키오르Lauritz Melchior[70]의 지직거리는 78회전 음반을 틀고 이제는 더 이상 바그너 풍의 테너가 없다고 한숨을 지을 것이다. 하지만 사실 음악가들 역시 다른 분야와 매한가지일 것이다.

천재가 과거에 속하는 것처럼 보이게 하는 것은 비단 향수뿐일까? 셰익스피어, 뉴턴, 미켈란젤로, 디마지오DiMaggion 같은 거인들은 대지를 누볐다. 이들의 그늘 속에서 오늘날의 시인, 과학자, 예술가 및 야구선수들은 피그미족처럼 자세를 낮춘다. 다시는 누구도 『리어 왕』을 써내거나 56경기 연속 안타 기록을 만들어내지 못할 것이라 예단한다. 하지만 천재성이라는 원자재(타고난 재능과 문화적 기회가 어떻게 결합되든)는 사라질 리가 없다. 50억 인구[71]가 살고 있는 행성에서 아인슈타인과 같은 잠재력을 보유한 유전자 꾸러미는 이따금씩은 반드시 나타날 것이고, 아마 전보다도 더 자주 그럴 것이다. 이 유전자 꾸러미 일부는 전보다 더 풍요롭고 더욱 훌륭한 교육을 제공하는 세계에서 아인슈타인의 유전자 꾸러미처럼 훌륭한 보살핌을 받게 될 것이다. 물론 천재성은 극히 예외적이고 통계로 설명이 불가능하다. 그럼에도 현대의 모차르트가 되길 원하는 이들은 어떤 통계 자료에 맞서게 될 것이다. 예컨대 18세기에 비엔나에서 온전히 교육받은 사람의 수는 뉴욕의 대형 아파트 단지의 인구와 꼭 들어맞는 것, 혹은 한 해 동안 미국 저작권 사무소에는 광고 문구에서 서사적인 어조의 시에 이르기까지 20만 가지에 가까운 공연 예술 작품이 등록된다는 통계 말이다. 작곡가와 화가들은 이제 무한한 장르의 우주를 자각하며 이로부터 선택하거나 여기에 대항한다. 모차르트는 청중이나 어떤 양식을 고를 필요가 없었다. 그가 속한 지역사회는 제자리에 있었다. 현대판 모차르트는 태어나지 않는 것일까, 아니면 사방에서 어깨를 부딪혀 가며 문화적 폐기물들 긁어모아, 새로운 것보다 더 참신한 것을 찾아 몸부림치는 이들의 위상이 불가피하게 계속 줄어드는 것일까?

올림픽 경기에서 우승하는(피라미드 꼭대기를 잠시 차지하는) 장거리 육상

---

68) 메이저리그 역사상 최고의 타자로 꼽힌다. 보스턴 레드삭스 역대 최고의 선수이자 야구 역사상 최고의 좌익수로 여겨진다.
69) 메이저리그 외야수. 높은 타율과 도루 성공률로 유명하다.
70) 덴마크계 미국인 오페라 가수. 1920년대에서 1940년대 사이 가장 탁월한 바그너풍의 테너 가수였다.
71) 저자가 이 책을 출간(1992)하기 전인 1987년 7월 공식적으로 세계 인구가 50억 명을 돌파했다.

선수들은 바로 뒤를 따르는 수천 명의 경쟁자들보다 불과 몇 초 앞설 뿐이다. 1위와 2위 사이, 또는 1위와 10위 사이의 격차는 무척이나 작기에, 한바탕 이는 바람이나 운동화의 차이도 승리의 차이를 해명할 수 있을지도 모른다. 평가 등급이 다차원적이고 비선형적으로 되는 곳에서 인간의 기량은 곧바로 미끄러져 등급을 벗어난다. 추론하고, 계산하고, 상징과 논리규칙들을 다루는 능력, 이 부자연스러운 재능 역시 가장자리 끝에 놓여야 하는데, 이 가장자리에서는 본래 지닌 재능의 근소한 차이가 결정적 결과를 낳는다. 그리고 이 가장자리에서는 단지 괜찮은 물리학자라도 다이슨 앞에서 틀림없이 경외심을 품을 것이며, 다이슨도 결국 파인먼을 경외하게 될 것이다. 단지 158을 192로 나누는 계산도 대개 인간의 정신을 노력의 한계치까지 압박한다. 현대의 입자 물리학자들에겐 필수인 군론group theory과 흐름 대수current algebra, 섭동 전개perturbation expansions와 비非아벨 게이지 이론, 스핀 통계학과 양-밀스Yang-Mills 이론과 같은 절차를 완전히 익히는 일은 사람의 마음속에 강철 같지만 동시에 무너지기 쉬운 카드로 집을 짓는 기이한 일이다. 이 체계를 다루고 그 안에서 혁신해내는 일은 천성이 과거 몇 세기 동안 과학자들에게 요구하지도 않았던 정신 능력을 필요로 한다. 여느 때보다 많은 물리학자들이 들불처럼 일어나 이 지적인 도전에 응하고 있다. 그럼에도 물리학자들 중 일부는 아인슈타인이나 파인먼 같은 이들이 어디에도 보이지 않는다고 우려하면서, 천재들이 미생물학이나 컴퓨터 과학 분야로 달아나 버린 것은 아닌지 의심한다. 이들이 만나는 대부분의 미생물학자들과 컴퓨터 과학자들이 전반적으로 물리학자나 수학자들보다 더 똑똑해 보이지 않는다는 점을 잊은 채 말이다.

천재는 역사를 바꾼다. 이것은 천재 신화의 일부이다. 그리고 이는 아마도 뛰어난 물리학자들이 뒤에 남긴 일화와 동료들이 보인 감탄의 흔적보다 더 믿을 만한 최후의 시금석이다. 하지만 과학사는 개별적인 발견이 아니라 우연하고 서로 중복된 다수의 발견에 관한 역사다. 모든 연구자들은 이 사실을 마음속으로 알고 있다. 이런 이유 때문에 연구자들은 경쟁자가 크게 뒤쳐져 있지 않다는 것을 의식하고는 새로운 연구 결과를 서둘러 발표한다. 사회학자 로버트 머튼Robert K. Merton[72]이 알아낸 것처럼, 과학 문헌은 천재가 되었을지도 모르는 사람이 좌절하거나 아니면 선수를 친 상태로 뿌려진다. "이 무수히 많은 각주들은 억울함과 더불어 선언한다. '이 실험을 마친 후, 필자는 우드워스(혹은 경우에 따라 벨 또는 마이넛)가 작년에 같은 결론에 도달했고, 존스는 무려 60년 전에 이미 동일한 결론을 얻었음을 알게 되었다.'" 머튼이 제안하듯이 천재의 능력은 수십 명이 필요했을 일을 한 사람이 해내는 능력인지도 모른다. 아니면 아마도 천재의 능력이 (특히 폭발하듯 다채롭고 정보가 풍부한 이 시대에) 뉴턴이 그랬던 것처럼 과학 전체를 바라보고, 방대한 지식을 통합하여 태피스트리를 짜는 한 사람의 능력이라 여긴다. 40대에 들어선 파인먼은 물리학에 관해 알려진 모든 것을 모아 다르게 표현하는 과업에 착수하기 시작했다.

과학자들은 여전히 가정하는 질문을 던진다. 만약 에디슨이 전등을 발명하지 않았다면, 얼마나 더 오래 걸렸을까? 만약 하이젠베르크가 S행렬[73]을 창안하지 않았더라면? 만약 플레밍이 페니실린을 발견하지 않았다면?

---

72) 현대 사회학의 창시자로 여겨진다. 특히 범죄학의 하위분야에 크게 기여했다. "롤모델", "자기충족예언"과 같은 용어를 처음 사용한 것으로 알려져 있다.

73) 산란행렬scattering matrix라고도 한다. 자유입자들이 서로 접근하고 상호작용하여 새로운 입자를 생성한 후 다시 멀어지는 과정을 기술하는 행렬. 각 행렬의 요소는 파인먼 다이어그램과 연관된다. 제임스 글릭은 S행렬을 하이젠베르크가 창안한 것처럼 설명하고 있으나 이 개념은 파인먼의 박사학위 지도교수인 존 휠러가 자신의 1937년 논문에 처음 도입했다고 알려져 있다. 하이젠베르크는 이 개념을 독립적으로 개발하여 1943년에 구체화했다.

혹은 (이런 질문들 중 가장 강력한데) 만약 아인슈타인이 일반상대론을 만들지 않았다면? 파인먼은 이런 질문을 제기했던 편지 발신자에게 썼다. "저는 항상 이와 같은 질문이 이상하다고 생각합니다." 과학은 필요할 때 창조되곤 한다.

"우린 서로가 상대방보다 월등히 똑똑한 건 아니거든요." 파인먼이 말했다.

약한 상호작용

1950년대 말과 1960년대 초 무렵 새로운 입자가 더 흔히 발견되자, 물리학자들은 가능한 것과 불가능한 것을 추측하는 일이 더욱 어렵다고 생각하게 되었다. **동물원**zoo[74])이란 단어가 물리학자들의 어휘 목록에 들어왔고, 이들의 과학적 직관은 때때로 일종의 심미적인 메스꺼움으로 덧칠해진 것처럼 보였다. 바이스코프는 어느 학회에서 누구든 이중 전하를 갖는 입자를 발견한다면 수치스러운 일이 될 것이라고 공공연하게 말했다. 오펜하이머는 자신이 개인적으로 ½보다 큰 스핀값을 갖고 강하게 상호작용하는 입자를 보긴 싫을 것이라 덧붙였다. 두 사람 모두 곧 실망했다. 자연은 그렇게까지 까다롭게 굴지 않았던 것이다.

수 년 전에 장론이라는 표어 아래 제시된 (무한대가 여전히 골칫거리임에도 입자 상호작용을 직접 계산하는) 방법들은 많은 이들의 지지를 얻지 못했다. 양자전기역학의 성공은 다른 입자 영역으로 쉽게 확대되지 않았다. 네 가지 기본 힘들(전자기력, 중력, 원자핵을 묶어주는 강력, 방사성 베타 붕괴와 기묘입자 붕괴에 작용하는 약력) 중에서 재규격화는 전자기력에만 통하는 것처럼 보였다. 전자기력의 경우 가장 단순한 최초의 파인먼 다이어그램으로도 대부분 설명이 되었다. 수학적으로 전자기력이 상대적으로 약한 정도는 좀 더 복잡한 다이어그램들의 중요도가 감소하는 방식으로 표현되었다. (1+n+n²+... 같은 급수에서 만일 n이 1/100일 때, 뒤에 나오는 항들이 사라지는 것과 같은 이유다). 강력의 경우 파인먼 다이어그램으로 이루어진 숲은 어느 계산에도 무한히 큰 값을 만들었다. 이것으로 실제 계산을 하기는 불가능했다. 따라서 더욱 난해한 힘들이 관련된 부분에서는 역학적으로 놀랄 만큼 정확하게 예측하는 데 있어 양자전기역학의 성공에 필적하기란 불가능해 보였다. 그 대신 대칭성, 보존 법칙, 그리고 양자수는 물리학자들이 실험가들의 데이터를 정리할 수 있는 추상적인 원리를 규정해주었다. 물리학자들은 패턴, 체계적인 분류법을 찾고, 공백을 메웠다. 수리물리학자들 중 일부 분과는 계속해서 장론을 추구했지만, 대부분의 이론가들은 이제 입자 데이터[75](어마어마한 양의 데이터)를 면밀히 조사하는 것이 일반 원리를 찾는데 더 유익하다고 생각했다. 대칭성을 찾는다는 것은 스스로 입자 거동에 관한 미시적인 역학에 얽매이지 않는다는 것을 의미했다. 어느 이론가가 특정 역학이나 척도를 끄적거린다면 그건 부도덕하거나 하다 못해 어리석은 것처럼 보이게 되었다.

대칭성에 대해 이해하는 일은 대칭성의 불완전함을 이해하는 일이기도 했다. 그 이유는 대칭성 법칙이 큰 영향을 미치기 시작하면서 이 법칙들이 깨지기 시작했기 때문이다. 모든 대칭성 중에서 가장 명백한 것이 선두가 되었다. 바로 좌우 대칭성이다. 인간은 일반적으로 대칭적인 듯하지만 완벽하게

---

74) 새로 발견되는 입자들의 집합을 지칭한다.
75) 가속기에서 입자를 가속시켜 얻은 고에너지 입자들을 충돌시킬 때, 검출기에는 어마어마한 양의 데이터가 순식간에 쏟아져 나온다. 오늘날의 '빅데이터' 기술은 이미 가속기에서 나온 엄청난 양의 데이터 처리 기술에 힘입은 바 크다.

그렇진 않다. 현대 물리학자의 말처럼 대칭은 신체의 중심에서 비껴 난 심장과 간, 그리고 미묘하거나 피상적인 차이에 의해 "깨져"있다. 우리는 왼쪽과 오른쪽 사이의 차이에 대한 인식을 내면화함으로써 스스로 대칭성을 깨는 법을 배운다. 물론 쉽지 않다. 파인먼은 자신이 왼쪽과 오른쪽을 확실히 구분하고 싶을 때, 아직까지도 왼쪽 손등에 있는 점을 찾아야 했다고 캘테크 실험실의 커피포트 주위로 모인 사람들에게 털어놓기도 했다. 파인먼은 일찍이 MIT 동아리 활동 시절에 거울 대칭에 관한 대표적인 난제를 두고 골똘히 생각해본 적이 있었다. 왜 거울은 좌우를 뒤바꾸지만 위아래는 바꾸지 않을까? 말하자면 왜 책의 글자들은 뒷걸음질하지만 위아래는 그대로일까? 그리고 거울 뒤에 생긴 파인먼의 상은 오른손에 점이 있는 것처럼 보이는 이유는 뭘까? 거울이 하는 역할에 대해 **대칭적인** (곧 위-아래를 좌우와 다르지 않게 다루는) 설명을 하는 것이 가능할까? (파인먼은 질문하기 좋아했다.) 많은 논리학자들과 과학자들이 이 수수께끼를 놓고 논쟁했다. 수많은 해명이 오갔고, 그중 일부는 옳았다. 파인먼의 설명은 명료함을 보여주는 훌륭한 사례였다.

　'거울 앞에 서서 한 손은 동쪽으로 다른 손은 서쪽으로 향하도록 하고 있다고 상상해봅시다' 파인먼이 제안했다. '동쪽 손을 흔듭니다. 거울상은 동쪽 손을 흔듭니다. 거울상의 머리는 위에 있습니다. 서쪽 손은 서쪽에 놓여 있고 다리는 아래에 있죠. "전혀 문제는 없습니다" 파인먼이 말했다. 문제는 거울을 **통과해** 가로지르는 축에 있습니다. 여러분의 코와 머리 뒤통수는 뒤바뀌어 있습니다. 다시 말해 여러분의 코가 북쪽을 향하고 있다면, 거울상의 코는 남쪽을 향하고 있죠. 이제 문제는 심리적인 것입니다. 우린 우리의 거울상을 또 다른 사람으로 여깁니다. 우린 자신을 "찌부러뜨려" 뒤쪽이 앞쪽으로 나오도록 상상할 수 없기 때문에, 마치 우리가 판유리 주위를 걸어가 얼굴을 다른 방향으로 향하도록 한 것처럼 우리 자신이 좌우를 바꾸었다고 상상하는 것입니다. 좌우가 바뀌어 있다는 것은 바로 이런 심리적인 반전 내에 있는 것이죠. 책의 경우도 마찬가지입니다. 만약 글자의 좌우가 뒤바뀌어 있다면, 우리가 거울을 마주하는 수직축 주위로 책을 회전시켰기 때문입니다. 우리는 대신 책의 아래에서 위를 쉽게 바꿀 수 있는데, 이 경우 글자들이 거꾸로 보일 겁니다.'

우리 몸의 비대칭(우리의 점, 심장, 잘 쓰는 손과 같이)은 복잡한 유기체를 만들어내는 과정에서 자연이 정하는 우발적인 선택으로부터 발생한다. 생물학에서 오른쪽 또는 왼쪽에 대한 선호는 유기 분자 수준으로 쭉 내려가도 나타나는데, 이 분자들은 오른손잡이 또는 왼손잡이처럼 될 수 있다. 설탕 분자[76]는 이처럼 고유한 (나사 모양의) 코르크 마개뽑이 특성을 갖는다. 화학자들은 이 설탕 분자들을 어느 쪽 손잡이형handedness[77]으로든 만들 수 있지만, 박테리아는 "오른손잡이형" 설탕만 소화시키며 이것이 사탕무가 만들어내는 설탕(수크로스)이다. 사탕무의 진화는 달리 말하자면 산업 혁명이 오른나사 대신 왼나사로 결정할 수 있었던 것처럼, 마찬가지로 왼손잡이 경로를 선택했을 수도 있었던 것과 같은 맥락이다.

훨씬 작은 척도인 기본 입자 상호작용의 수준에서 물리학자들은 자연이 오른쪽과 왼쪽을 구별하지 않는다고 가정했다. 물리 법칙이 다른 장소 혹은 다른 시간에서 실험이 이루어질 때 변하는 것은 더 말할 것 없이, 거울 반사

---

76) 단당류인 과당(프락토스)과 포도당(글루코스)사이에서 물분자(H_2O) 하나가 빠지며 산소와 탄소(C-O-C)로 이어지는 결합(글리코시드 결합)에 의해 형성된 이당류를 말한다. 화학식은 $C_{12}H_{22}O_{11}$이다. 과당과 포도당은 각각 두 가지의 거울상 광학 이성질체를 갖는데, 이 중에서 한 종류의 이성질체만 서로 결합하여 설탕 분자를 이룬다.
77) 한국물리학회는 이 용어를 손지기, 나(사)선성으로 정해두었다. 이 책에서는 파인먼이 거울에 비친 손을 이야기하므로 보다 직관적인 표현인 '손잡이형'을 사용했다.

와 함께 물리 법칙이 변한다는 것 역시 상상도 할 수 없는 듯했다. 입자처럼 특징이 전혀 없는 존재가 어떻게 마개뽑이나 골프채의 손잡이를 구현할 수 있었을까? 좌-우 대칭성은 반전성parity이라고 부르는 양의 형태로 양자역학에 둥지를 틀었다. 대개의 물리학자가 의식하든 그렇지 않든, 반전성이 보존되어야 한다고 가정하고 주어진 사건이 반전성을 보존했다면 그 결과는 좌우 방향에 달려 있지 않았다. 반대로 만일 자연이 그 내부에 특정 유형의 손잡이형를 지녔다면, 실험자는 반전성을 보존하지 않은 사건을 발견할 수 있었을 것이다. 머리 겔만이 MIT 대학원생일 때 수학적인 논리를 적용하여 왼손 좌표left-handed coordinate에서 오른손 좌표right-handed coordinate로 변환함으로써 반전성 보존을 유도하는 문제를 수업 시간에 보았다. 겔만은 주말 내내 좌표를 앞뒤로 변환해봤지만 아무것도 증명해낼 수 없었다. 겔만은 강사에게 그 문제가 틀렸다고 말했던 것을 기억했다. 곧 반전성 보존은 어떤 불가피한 수학적 진실에 따르는 것이 아니라, 특정 이론의 구조에 의존하는 물리적인 사실이라는 것이다.

반전성 문제는 이론가들이 곤혹스러워하는 가운데, 1956년 가속기에서 나온 실험 문제가 활기를 띤 쟁점이 되었다. 곧 (겔만 생각에 기이한) 두 개의 기묘입자strange particle, 세타theta와 타우tau 문제였다. 이 문제는 뒤죽박죽 섞여 있는 가속기 데이터를 분류학적으로 이해할 때 물리학자들이 늘 겪는 어려움이었다. 세타가 붕괴할 때 한 쌍의 파이온pion이 나타났다. 타우가 붕괴하면 세 개의 파이온으로 되었다. 하지만 다른 한편으로 타우와 세타는 의심스러울 정도로 서로 유사하게 보이기 시작했다. 우주선에서 얻은 데이터와 가속기가 만들어낸 질량 및 수명은 구분이 되지 않는 것 같았다. 1953년에 어느 실험자는 13개의 점 데이터를 그래프에 표시했다. 로체스터 학회가 열렸던 1956년까지 이 실험자는 600개 이상의 점 데이터를 얻었고, 이론가들은 이 명백한 현상을 직시하고자 했다. 다시 말해 타우와 세타가 하나이며 동일하다는 것이었다. 문제는 반전성이었다. 한 쌍의 파이온은 짝반전성even parity을 가졌다. 세 개의 파이온은 홀반전성odd parity을 지녔다. 가령 한 입자의 붕괴가 반전성을 보존했다고 한다면, 물리학자는 타우와 세타가 다르다고 믿어야 했다. 직관은 엄격한 시험대에 올랐다. 로체스터 학회가 끝난 후 언젠가 에이브러햄 페이스는 다음과 같은 메모를 남겼다. "로체스터에서 뉴욕으로 돌아가는 기차에 올라 여기 적는다. 양Yang 교수와 나는 휠러 교수와 1달러 내기를 했다. 휠러는 세타 및 타우 중간자가 별개의 입자에 걸었다. 휠러 교수는 후에 2달러를 벌었다."

모두가 내기를 했다. 한 실험자는 상상도 할 수 없는 반전성 깨짐parity violation을 검증하는 실험에 얼마를 걸겠냐고 파인먼에게 물었고, 파인먼은 단지 50 대 1을 제안했다고 훗날 자랑스러워했다. 실제로 파인먼은 로체스터 학회에서 자신과 같은 숙소에 머물고 있던 마틴 블록이란 실험학자가 반전성이 왜 깨질 수 없는지 의아해 했다며 질문을 제기했다. (나중에 겔만은 파인먼이 자신의 이름으로 질문하지 않고 가명을 쓴 것에 대해 가차 없이 놀려댔다.) 누군가는 열린 마음으로 무모한 가능성마저 고려하는 것에 대해 신경질적으로 농담했고, 학회의 공식 서기는 다음과 같이 기록했다.

열린 자세로 접근해나가는 파인먼은 블록이 제기한 의문을 꺼내들었다. 이 [세타]와 [타우]가 명확한 반전성을 갖지 않은 동일한 입자의 다른 반전성 상태일 수 있을까? 다시 말해 반전성이 보존되는가 하는 점이다. 말하자면 자연은 오른손잡이 혹은 왼손잡이를 유례없이 정의하는 방법을 갖고 있는가?

두 명의 젊은 물리학자 양전닝Chen Ning Yang[78]과 리정다오Tsung Dao Lee[79]는 이 문제를 조사하기 시작했지만 확실한 결론에 도달하지 못했다고 말했다. 학회 참가자들은 반전성 깨짐[80]에 관한 생각을 지독히도 싫어한 나머지, 어느 과학자는 아직 알려지지 않은 또 다른 입자를 제안했다. 이번에는 질량, 전하, 운동량 없이 이 현장을 벗어나 버린 입자를 말이다. 이것은 쓰레기를 운반하는 환경미화원처럼 단지 어떤 기이한 시공간 변환 특성들만을 획득하는 입자였다. 겔만은 일어나서 보다 급진적이지 않은 다른 해결책에 주의를 기울여야 한다고 의견을 제시했다. 회의의 서기가 썼던 것처럼 "의장(오펜하이머)은 우리가 마음을 닫을 때다라고 생각할" 때까지 토론을 멈추지 않았다.

하지만 파인먼의 질문에서 답이 모습을 드러냈다. 리와 양은 증거 조사에 착수했다. 전자기 및 강한 상호작용의 경우, 반전성 보존 규칙은 실재하는 실험적·이론적인 토대였다. 반전성 보존이 없다면, 공고하게 잘 자리잡은 체계는 무너질 것이었다. 그런데 이 규칙은 약한 상호작용의 경우에 적용되지는 않는 것 같았다. 두 사람은 베타 붕괴에 관한 권위 있는 연구서를 검토하여 공식들을 다시 계산했다. 이들은 기묘입자들에 관한 최신의 실험 문헌을 조사했다. 1956년 여름에 이르러 두 사람은 약력weak force에 관해서라면 반전성 보존은 어느 실험 결과나 어떤 이론적 근거에도 구속받지 않고 자유롭게 유동하는 가정이었음을 간파했다. 그뿐만 아니라 이들은 기묘함에 관한 겔만의 개념이 선례를 제공했다는 점을 떠올렸다. 다시 말해 강력의 경우

---

78) 중국계 미국인 이론 물리학자. 1956년 리정다오와 함께 약한 상호작용에 의한 홀짝성의 비보존 이론을 제안하고, 곧바로 우젠슝이 실험으로 입증했다. 1957년 리정다오와 공동으로 노벨 물리학상을 수상했다.
79) 중국계 미국인 이론 물리학자. 엔리코 페르미 교수의 지도로 1950년 박사학위 취득 후 1953년 컬럼비아 대학교 교수가 되었다. 양전닝과 함께 1957년 노벨 물리학상을 수상했다.
80) 홀짝성 깨짐이라고도 한다.

유효했지만 약력의 경우 적용되지 않았던 대칭성처럼 말이다. 두 사람은 재빨리 논문을 발표하여 반전성이 약한 상호작용에서 보존되지 않을 가능성을 공식적으로 제기하고, 동시에 이 문제를 검증할 실험들을 제안했다. 그해 말 컬럼비아 대학교의 동료 우젠슝Chien Shiung Wu [81] 교수의 연구팀은 이 실험들 중 하나인, 절대영도에 가까운 온도에서 자기장 내에 있는 코발트의 방사성 동위원소 붕괴를 관찰하는 정교한 작업을 준비했다. 자기 코일의 정렬선[82] 에 의해 정의된 **위**와 **아래** 방향이 주어지면, 붕괴하는 코발트는 좌우 대칭적으로 전자를 방출하거나 아니면 선호도를 드러낼 것이었다. 유럽에서는 결과를 기다리는 동안 파울리Pauli도 도박사들의 대열에 합류했다. "난 하느님이 **서투른 왼손잡이라는 걸 믿지 않아.** 그러니까 그 실험에서 대칭적인 결과가 나올 것이라는 데 아주 많은 액수를 걸 준비가 돼 있다네." 파울리는 바이스코프에게 보낸 편지에 썼다. 열흘이 지나지 않아 파울리는 자신이 틀렸음을 알게 됐다. 그리고 1년도 채 되기 전에 양과 리는 지금까지 수여된 노벨상 수상자들 중에서 가장 빨리 상을 받았다. 물리학계는 여전히 이 발견을 이해하지 못했지만, 자연이 깊은 내부에서 좌우를 구별했다는 발견의 의미는 제대로 알아보았다.

다른 대칭들이 즉시 얽히게 되었다. 그건 물질과 반물질 사이의 대응관계와 시간의 가역성reversibility 같은 대칭성들이었다. (예를 들어 만일 어느 실험에 관한 영화를 되돌린다면, 이 영화는 오른쪽이 왼쪽이 되고 왼쪽이 오른쪽이 된다는 것만

---

81) 중국계 미국인 실험 물리학자. 1944년 맨해튼 프로젝트에 참여하여 우라늄 분리 공정 개발에 참여했고, 반전성 깨짐 가설을 실험적으로 증명했다. 반전성 깨짐 실험은 표준 모형의 개발과 입자 물리학에 지대한 공헌을 했다. 1978년에 제정된 울프상(물리학)의 최초 수상자가 되었다.
82) 이 실험에서 자기장의 역할은 극저온 상태의 코발트 시료 쪽으로 일정하고 균일한 자기장을 걸어주는 것이다. 코발트 시료 내 원자핵들의 스핀이 자기장과 같은 방향으로 정렬하도록 만든다.

제외하면 물리적으로 정확하게 보인다.) 한 과학자는 이렇게 말했다. "우린 더 이상 어둠 속에서 두꺼운 장갑을 끼고 나사를 집으려고 하지 않습니다. 우리는 상자에 가지런히 정리된 나사들을 취급하고 있습니다. 각각의 상자에는 미리 방향을 알려주는 조그만 탐조등이 있죠."

파인먼은 고에너지 물리학자 모임에서 특이한 존재였다. 겔만 세대의 총명한 과학자들보다 나이가 많았고, 오펜하이머 세대와 같이 노벨상에 영향력을 행사하는 원로들보다는 젊었다. 파인먼은 토론에서 물러나 있지도, 토론 상대방 위에 군림하지도 않았다. 파인먼은 화제가 되는 쟁점들(그가 반전성에 대한 질문을 처음 던졌던 때처럼)에 통찰력 있는 관심을 보였지만, 겔만과 대조적으로 최신의 견해들과 거리를 둔 채 젊은 물리학자들에게 영감을 주었다. 1957년 로체스터 학회의 한 참가자는 양과 리에게 알짜배기 연구를 넘겨주는 대신, 파인먼이 1년 전에 제기했던 문제에 대해 파인먼이 직접 이론적인 재능을 발휘해야 한다고 생각했다. 그 참석자는 이론가들과 실험가들 사이에 껴 있는 수정주의자들의 고난에 주목했다. 다시 말해 디랙부터 겔만에 이르는 이론가들은 "개인적으로 반전성이 딱히 특별한 대상이라고는 전혀 생각해보지 않았음을 설명하느라 분주"했고, 실험가들은 우 교수의 실험 같이 실험을 항상 고려하고자 했음을 기억해냈다. 사람들 앞에 선 파인먼은 예전처럼 차분했다. 개인적으로는 올바른 문제를 찾지 못하는 자신의 무능에 괴로워했다. 파인먼은 집단으로부터 떨어져 있길 원했다.

파인먼은 겔만의 연구를 비롯한 다른 고에너지 물리학자들의 출판물조차도 읽지 않았다. 파인먼은 매일 책상에 도착하는 학술지나 견본 인쇄물 앞에 앉거나 선반에 쌓아둔 채, 단순히 이를 **읽는** 일을 견딜 수 없었다. 도착하는 모든 논문은 마지막 장이 맨 처음 인쇄된 탐정소설 같았다. 파인먼은 문제를 이해하기 충분할 만큼만 읽고는 자기 나름의 방식으로 이 문제를 해결했다. 같은 이유로 물리학자들 중에서 거의 유일하게 학술지 논문 심사를 거절했다. 처음부터 끝까지 다른 누군가가 지나간 길을 따라가며 문제를 재고하는 일을 견디지 못했기 때문이었다. (파인먼은 학술지 심사위원을 하지 않겠다는 자신의 규칙을 깼을 때 자신이 무척이나 잔인해질 수 있다는 점을 인지했다. 파인먼은 한 원고를 다음과 같이 요약했다. "비어드 씨는 다른 서적들에 대한 참고 문헌을 거리낌 없이 이렇게나 많이 달아두시다니 매우 용감하시더군요. 왜냐하면 만일 어느 학생이 다른 책을 살펴보기라도 했다면, 저는 그 학생이 비어드 씨의 논문으로 되돌아가지는 않을 것이라 믿기 때문입니다." 그러고는 편집자에게 자신의 논평을 비밀로 해달라고 요구했다. "제가 비어드 씨와 좋은 친구이기 때문입니다.")

다른 사람들의 연구에 대해 파인먼이 고집스럽게 취했던 인습타파적인 접근 방식은 그가 칭찬하고자 했던 이론가들의 기분도 상하게 했다. 파인먼은 이론가들의 지엽적인 발견이라고 여긴 것들을 칭찬하거나 혹은 이들에게 삐딱하거나 기괴하고 대안적인 관점이라는 인상을 주었던 사항들을 요구하곤 했다. 몇몇 이론가들은 앞다투어 동료들과 공동 작업을 하거나 전체 그룹을 위한 논조와 의제를 설정하고자 했다. 겔만이 이런 유형이었다. 파인먼에게 이런 야망은 없어보였다. 지금 세대의 물리학자들은 숨쉬듯 자연스럽게 파인먼 다이어그램을 사용하는데도 말이다. 그럼에도 파인먼은 좌절감을 느꼈다.

파인먼은 시라큐스 대학교에서 고체 물리학 분야로 박사학위를 받고 막 연구를 시작한 누이동생 조앤에게 속마음을 털어놓기도 했다. 파인먼은 학회참석차 로체스터에 갔을 때 그때까지도 시라큐스에 지냈던 누이동생 조앤을 만났다. 파인먼은 연구가 잘 안 된다며 동생에게 불만을 터뜨렸다. 조앤은 최근 오빠가 자신에게 알려준 모든 생각들, 그리고 그가 논문을 쓸 만큼 충분히 오래 물고 늘어지지 않았던 사실을 상기시켜주었다. 조앤이 대꾸했다. **"오빠는 했던 일을 하고 또 하잖아. 블록Block이 옳을 수도 있다고도 했**

고. 그런데 오빠는 이 일에 손가락 하나 까닥 안 해. 오빠는 논문을 써야 해. 이런 일이 있으면 목소리 크게 소리 좀 내보라고." 조앤은 파인먼이 (베타 붕괴와 약력에 기반한 기묘입자 붕괴를 함께 묶어주는) 약한 상호작용의 일반 이론에 대한 생각을 말했다고 다시 알려주기도 했고, 이 생각이 어디로 연결이 될지 살펴보라며 끈질기게 오빠를 설득했다.

전형적인 형태로 베타 붕괴는 중성자를 양성자로 변화시키며, 전자 하나와 중성미자neutrino를 내놓는다. 중성미자는 질량과 전하를 지니지 않아 검출하기 어려웠다. 전하는 보존된다. 중성자는 전하를 띠지 않고 양성자는 +1, 전자는 -1 만큼의 전하를 띤다. 유사한 중간자 가족 중에서 파이온은 붕괴하여 뮤온(무거운 전자처럼)과 중성미자가 되었다. 괜찮은 이론이라면 이런 과정에서 붕괴율뿐만 아니라 밖으로 방출되는 입자들의 에너지 값을 예측할 수 있을 것이었다. 여기에 곤란한 문제들이 있었다. 입자들의 스핀이 문제없이 조화되어야 했고, 특히 질량이 없는 중성미자의 경우 적절한 스핀을 계산하는데 손잡이형 문제가 생겼던 것이다. 따라서 반전성 깨짐을 새롭게 이해하는 작업은 파인먼이나 겔만, 그리고 다른 사람들에게도 약한 상호작용의 지형을 즉시 변화시키는 일이었다.

다양한 종류의 입자 상호작용을 구분하면서 이론가들은 한 파동함수에서 다른 파동함수에 이르는 다섯 개의 변환transformation을 갖춘 분류 체계를 만들었다. 어떤 의미로 이 체계는 특성 있는 대수 기법들을 분류한 것이고, 다른 의미로 입자들이 가질 수 있는 스핀과 반전성에 따라 상호작용에서 생겨난 가상 입자의 종류를 분류한 것이다. 물리학자들은 **스칼라**scalar, **텐서**tensor, **벡터**vector, **축벡터**axial vector, **유사 스칼라**pseudoscalar를 간결하게 각각 S, T, V, A 및 P라고 표시했다. 다른 종류의 약한 상호작용이 분명한 유사성을 지니고 있지만, 이 분류 체계는 한 가지 문제를 제기했다. 리 교수가 1957년 로체스터 학회에서 지적했듯이, 베타 붕괴에 관한 대부분의 실험은 S와 T 상호작용을 입증한 반면, 새로운 반전성 깨짐 실험은 중간자 붕괴가 V와 A 상호작용을 수반했음을 암시하는 경향이 있었다. 이런 사정으로 같은 물리 법칙이 거의 작용할 수 없었다.

학회용으로 나온 리와 양의 견본 인쇄 논문을 읽다가 파인먼은 반전성 깨짐을 체계적으로 나타내는 대안적인 방법을 알아보았다(이번만은 조앤이 파인먼에게 학생처럼 앉아 이 논문을 차근차근 살펴볼 것을 주문했다). 리와 양은 중성미자의 스핀에 관한 제약을 기술했다. 파인먼은 이 발상이 꽤 마음에 들어 다른 발표자의 양해를 구하고 5분간 학회 청중석에서 이 문제를 거론했다. 파인먼은 양자역학의 기원으로까지 거슬러 올라가, 디랙 방정식 자체뿐만 아니라 더 나아가 자신과 웰턴이 MIT 학부생이었을 때 만들었던 클라인-고든Klein-Gordon 방정식에까지 나아갔다. 경로적분을 사용하여 파인먼은 다시 앞으로 나아갔고, 디랙 방정식과 조금 다른 방정식을 유도(또는 발견) 했다. 이 방정식은 더 간결했다. 디랙의 방정식은 네 개의 성분으로 이루어진 반면, 파인먼의 방정식은 성분이 두 개였다. "이제 저는 이 질문을 했습니다." 파인먼이 말했다.

역사적으로 (제 방정식이) 디랙 방정식보다 먼저 발견되었다고 가정해볼까요? 이 방정식은 디랙 방정식과 전적으로 동일한 결과를 갖습니다. 도표와 함께 같은 방식으로 사용될 수 있습니다.

물론 베타 붕괴를 나타내는 도표에는 전자장electron field과 상호작용하는 중성미자장neutrino field이 추가되었다. 파인먼이 자신의 방정식에 필요한 변화를 주었을 때, 다음을 발견했다.

물론 저는 이 항이 반전성 비대칭이기 때문에 수정할 수 없습니다. 하지만 베타 붕괴는 반전성 대칭이 아니므로, 다음 수행이 가능합니다.

여기에는 어려운 점이 두 가지 있었다. 하나는 파인먼이 반대 부호를 갖는 스핀값을 얻었다는 것. 파인먼의 중성미자는 리와 양의 예측과 반대 방향으로 회전해야 했다. 다른 하나는 파인먼의 수식 체계에서 결합coupling이 모든 사람이 알고 있던 S와 T의 상호작용이 옳다는 사실 대신, V와 A 상호작용이 되어야 한다는 점이었다.

그동안 겔만 역시 약한 상호작용 이론을 만들어내는 문제에 대해 생각했다. 파인먼이나 겔만뿐만 아니라 1947년 셸터아일랜드 학회에서 원래의 두 중간자 안을 제기했던 로버트 마샥Robert Marshak[83] 역시 더 젊은 인도 출신 물리학자 수다샨E.C.G. Sudarshan와 함께 V와 A로 기울고 있던 중이었다. 그 해 여름, 브라질에서 여행하던 파인먼과 함께 마샥과 수다샨은 캘리포니아에서 겔만과 만나 자신들의 접근법을 설명했다.

파인먼은 여름이 끝날 무렵 돌아와 이번에는 실험 상황을 따라잡고, 자신의 약한 상호작용 발상을 끝까지 좇아보겠다고 결심했다. 파인먼은 컬럼비아 대학의 우 교수 실험실을 방문했고, 캘테크의 실험가들에게 최신 결과를 알려달라고 요청했다. 데이터는 갈피를 잡지 못하는 듯했다. 온통 모순투성이었다. 캘테크의 어느 물리학자는 겔만조차 결정적인 결합이 S가 아니라 V일 수 있겠다고 생각했음을 말했다. 나중에 파인먼이 자주 회상했듯이,

---

83) 미국의 물리학자. 1947년에는 셸터아일랜드 학회에서 파이온(파이 중간자)에 관한 '두 개의 중간자 가설'을 제안했고, 곧이어 실험으로 입증되었다. 1957년에 제자 수다샨과 함께 약한 상호작용에 V-A 라그랑지안 이론을 제안했다. 마샥과 수다샨의 이론은 이탈리아 학회에서만 발표되었고, 6개월 후 파인먼과 겔만이 주류 과학 저널에 이 이론을 정식으로 발표했다.

이 상황은 그의 마음속에 어떤 계기를 불러 일으켰다.

전 그순간 의자에서 뛰쳐나와 말했습니다. "그렇다면 난 전부 이해해. 전부 이해하니까 내일 아침 자네에게 설명해주겠어."
제가 그 말을 했을 때 동료들은 제가 농담한다고 생각했죠. 그런데 그건 농담이 아니었습니다. 제가 필요했던 건 단지 그 결합이 S와 T라고 생각하는 구속으로부터 벗어나는 것이었습니다. 왜냐하면 제겐 만일 V와 A가 가능하다면 V와 A가 옳다는 이론이 있었고, 그것이 깔끔하고 보기 좋았기 때문입니다.

불과 며칠만에 파인먼은 논문 초고를 완성했다. 하지만 겔만도 논문을 써야 한다고 결심했다. 겔만에게도 V와 A에 주력해야 할 나름의 이유가 있었다. 겔만은 보편적인 이론을 원했다. 전자기electromagnetism는 벡터 결합vector coupling에 의존했고, 기묘입자들은 V와 A를 뒷받침했다. 겔만은 파인먼이 자신의 생각을 경솔하게 일축해버리는 듯하는 것이 불만족스러웠다.
두 사람 사이에 긴장이 고조되기 전에 학과장 로버트 베이커가 개입해서 공동논문을 쓰도록 요청했다. 베이커는 캘테크 물리학 그룹에서 나온 동일한 발견을 두고 경쟁하는 논문을 보고 싶지 않았다. 동료들은 복도나 식당 테이블에서 파인먼과 겔만이 함께 하는 연구 몰두해 나누는 이야기를 우연히 듣고자 안간힘을 썼다. 두 사람은 각자 사용하는 언어에 성격 차이가 있었음에도 서로에게 자극이 되었다. 예를 들면 파인먼이 '자네가 이걸 취하면 그건 여기에서 없어지고, 자네가 나오는 이걸 이렇게 모으라고' 하는 식으로 제안하면, 겔만은 '여기 여기에 대입하고, 그렇게 적분하시면…' 하고 대꾸했다. 두 사람의 논문은 마샥이 같은 해 9월 이탈리아 파두아에서 열린 학회에서 자신의 이론을 발표하고, 수다샨이 비슷한 이론을 발표하기 며칠 전 《피지컬리뷰》에 도착했다. 파인먼과 겔만의 이론은 몇 가지 영향력 있는 측면에서 더 멀리 나아갔다. 이 이론은 베타 붕괴를 넘어 다른 종류의 입자 상호작용들까지 이르는 근본적인 원리를 과감하게 연장시켰다. 이 이론은 실험이 완전히 따라잡기까지 몇 년이 더 걸릴 것이었고 이는 두 사람이 얼마나 선견지명이 있었는지를 보여준다. 또 이 이론은 (전하 흐름의 척도인 전류와 유사하게) 새로운 종류의 흐름이 보존되어야 한다는 생각을 소개했는데, 흐름이란 개념을 새롭게 확장한 것은 고에너지 물리학의 중요한 도구가 되었다.

파인먼은 두 사람이 논문을 함께 썼던 일을 떠올리곤 했다. 겔만은 때때로 이 사실을 무시하고, 이성분two-component 형식에 대해 특히 불평했다. 겔만이 느끼기에 이성분 형식은 끔찍한 표기 방식이었다. 이 형식에는 파인먼의 흔적이 배어 있었다. 파인먼은 1948년 경로적분에 관한 자신의 첫 논문까지 거슬러 가서 양자전기역학의 공식 표현을 적용하고 있었다. 겔만은 파인먼이 애정을 담아 "단 한 명의 저자만 언제나 이 방정식을 매우 좋아했다"라고 언급한 것을 허락했다. 하지만 반전성 깨짐에 대한 접근법이 "얼마간의 이론적 존재 이유를 갖는다"라고 쓴 사람은 파인먼이 아니었다. 이론을 통합하고 가능한 한 진보적으로 만들려던 것은 겔만의 의도임이 분명했다.

이 발견은 현대 물리학의 다른 이정표들에 비해 더 비밀스러웠다. 만일 파인먼, 겔만, 마샥 또는 수다샨이 1957년에 성공하지 못했다면, 다른 이들이 곧 해냈을 것이다. 하지만 파인먼에게 이 발견은 자신의 경력 중에서도 어느 것 못지않게 순수한 성취였으며, 이는 자연 법칙을 밝혀내는 일이었다. 파인먼의 본보기는 언제나 디랙의 마법 같은 발견, 곧 전자에 관한 방정식이었다. 어떤 의미에서 파인먼은 중성미자를 위한 방정식을 발견한 것이었다. **"자연이 어떻게 작동하는지를 알았던 순간이 있었습니다."** 파인먼이 말했다. **"자연은 우아함과 아름다움을 지녔습니다. 이 괘씸한 녀석이 반짝반짝 빛나고 있었죠."** 여섯 쪽에 불과한 「페르미 상호작용에 관한 이론Theory of the Fermi Interaction」이란 논문은 다른 물리학자들에게 문헌 속에서 횃불처럼 빛을 비춰주었다. 이 논문은 두 명의 위대하고 상호보완적인 지성들 사이에서 강력한 공동 연구의 시작을 알리는 것처럼 보였다. 두 사람은 보편성, 단순성, 대칭의 보존, 미래의 폭넓은 응용에 대해 되풀이하며 이야기하면서 독특한 유형의 이론적인 우위를 점했다. 이들은 특정한 역학 계산 보다는 일반 원리들로부터 개입했다. 두 사람은 새로운 종류의 입자 붕괴에 대해 확실한 예측을 했다. 이들은 자신의 이론과 모순된 특정 실험을 열거하며 그 실험들이 그러므로 분명히 잘못되었다고 선언했던 것이다. 이론가들의 우위를 이보다 더 두드러지게 선언했던 적은 한 번도 없었다.

가정적인 삶으로

1940~1950년대 원자폭탄 및 수소폭탄으로 파괴된 태평양의 작은 환상 산호섬의 이름을 딴 "비키니" 수영복은 1958년에만 해도 아직 미국 해변에 등장하지 않았다. 그래서인지 파인먼은 주네브-플라주Genève-Plage의 백사장에서 파란색 비키니를 입은 여인을 보고, 근처에 비치타월을 내려놓았다. 파인먼은 원자력 에너지의 평화적 사용에 관한 UN 회의 참석차 제네바를 방문 중이었다. 파인먼은 자신과 겔만의 이름으로 약식 발표를 준비했다. 파인먼은 회의에서 다음과 같이 말했다.

우리는 우리가 현재 지닌 지식의 허약함과 불완전함, 추측에 근거한 가능성의 다양성을 제대로 자각하고 있습니다. 서로 밀접히 관계를 맺고 있는 이 모든 대칭성, 부분대칭성, 그리고 비대칭성 이면이 갖는 의미 또는 패턴이란 무엇이겠습니까?

매년 열리는 로체스터 학회는 매번 장소를 변경했다. 파인먼은 약한 상호작용 이론에 대해 논의하며 적당한 스핀과 손잡이형을 보여줄 때 사용하던 몸짓으로 청중에게 깊은 인상을 남겼다. 파인먼은 이제 막 마흔이 되었다. 때는 봄이었는데 파란색 비키니를 입은 젊은 여성은 제네바 호수가 차다고 먼저 말을 건넸다. "영어 할 줄 아시네요!" 파인먼이 말했다. 그녀는 궤네스 하워스Gweneth Howarth로 영국 요크셔의 어느 마을 출신이었다. 궤네스는 임시 가정부로 일하며 유럽을 다녀보고자 고향을 떠나 있었다. 그날 저녁 파인먼은 그녀를 나이트클럽에 데려갔다.

반전성 깨짐에 관한 기사는 신문과 잡지에 잠시 등장했다. 우주의 본질을 전반적으로 이해하기 위해 과학에 기대를 걸었던 독자들에게, 좌우대칭성의 붕괴는 극히 짧은 어떤 입자 상호작용의 영역에 제한되긴 했지만 고에너지 물리학에서 나온 진정으로 의미 있는 최후의 가르침일지도 모른다. 1년만에 약한 상호작용에 관한 보편적인 이론이 이론가 및 실험가들의 관심을 온통 앗아가 버렸음에도, 그에 반해 S와 T가 V와 A로 대체된 것은 문화적 의식에 어떤 파문도 일으키지 못했다. 그때까지 미국의 대중은 1950년대의 가장 충격적인 과학 발전이자 과학이 힘이라는 뻔한 문구를 또다시 대중의 의식 속에 자리 잡게 하는 뉴스거리를 소화해 내느라 분주했다.

스푸트니크Sputnik라고 불린 비치볼 크기의 알루미늄 구체가 1957년 10월 4일, 지구 주위를 돌기 시작했다. 머리 위에 떠 있는 예기치 못한 존재와 미국 라디오 및 텔레비전 방송에서 반복적으로 삑-삑-삑 거리며 흘러나오는 무심한 소리가 이처럼 근심의 물결을 일으킨 적은 원자폭탄 이래로 없었다. (파인먼은 이날 저녁 생물학자 막스 델브뤽Max Delbrück의 집 뒷마당에서 열리던 식사 자리에 참석했다. 여기에 델브뤽이 만든 것처럼 보이는 회색의 소형 라디오 수신기가 있었다. 그는 연장선을 가져오게 하여 수신기 주파수를 재빨리 맞추었고, 손가락을 들어 조용히 해 달라고 했다. 그러고는 삑 소리가 사람들 사이에서 들려나올 때 싱긋 웃었다.)

주간지 《타임》은 "미국 상공의 붉은 달"이라고 언급하며, 곧이어 "역사상 새로운 시대" 그리고 "냉전의 암울한 신기원"이라고 선언했다. 《뉴스위크》는 이 사건을 "붉은 정복"이라 부르며 "이 사건은 지구상에서 일어나는 인간사에서 최대의 지배력을 시사한다"라고 덧붙였다. 미국은 왜 이에 상응하는 우주 프로그램을 수립하지 못했던가? 아이젠하워 대통령은 근심어린 얼굴로 기자회견에서 "자, 분명히 말씀드리겠습니다. 저는 과학자가 아닙니다"라고 말했다. 미국 물리학회American Institute of Physics의 회장은 발언 기회를 얻어 "조국의 과학 교육이 소련을 따라잡지 못한다면 우리의 삶은 불행한 운명을 맞이할 겁니다"라고 호소했다. 사람들은 이 성명을 귀담아 들었다. 스푸트니크는 과학을 가르치는 일에 신속하고 새로운 책무를 낳았다. 각종 잡지들은 새로운 관심을 미국물리학자들에 집중했다. 젊은 세대 중에서 《타임》은 파인먼을 지목했다.

곱슬머리에 준수한 외모를 갖춘 파인먼은 넥타이 착용과 양복 상의를 피하는, 대단히 열정적인 모험가이다. 삼바 리듬에 매료되었고, 봉고를 연주하며, 암호를 풀고, 자물쇠를 해체한다.

그리고 겔만을 선택했다.

겔만은 기묘 이론을 체계적으로 세웠다. 다시 말해 새로 발견된 입자들의 행동에 대한 물리적인 의미를 부여했다. 캘테크에서 겔만은 약한 상호작용에 대해 파인먼과 함께 긴밀히 연구를 수행하고 있다. 칠판에는 숫돌이 부딪히며 만드는 불꽃처럼 두 사람의 아이디어가 터져나갈 듯 빼곡한데, 상대방의 간결한 설명에 이들은 번갈아가며 자신의 이마를 치고, 세세한 부분에서 옥신각신 한다.

하지만 그해 가을 대중의 관심을 가장 많이 받은 물리학자는 에드워드 텔러였다. 그는 냉전 시대에 잘 맞는 사람이었다. 스푸트니크 사건으로 텔러는 (반대의 증거가 있었음에도) "과학 및 기술의 지도력은 우리의 손에서 사라져 가고 있습니다"라고 선언했다. 소련은 미합중국에 직접적인 타격이 가능했다. 하지만 텔러는 이보다 훨씬 큰 위협을 보았다. "저는 이 사건이 소비에트가 우리를 이기는 가장 유망한 방식이라고 생각하지는 않습니다"라고 말했다. 텔러는 소련이 자유세계에 대해 광범위한 기술적 우위를 점하게 될 것이라고 예측했다. "그들은 과학 분야에서 매우 빠르게 나아갈 것이고, 우리를 훨씬 앞서게 되어 이들이 일을 진행하는 방식은 유일한 길이 될 겁니다. 그러면 우리가 달리 취할 수 있는 방법이 없을 겁니다."

아직 흥분이 가라앉지 않은 그 해 겨울, 《리더스 다이제스트》는 "히스테리를 위한 시간은 없다"라는 제목의 기사로 당시에 불던 바람에 반향을 일으키려 했다) 한 국무부 관계자는 국무부가 학회에 참석할 것으로 예상되는 소련의 과학자들과 균형을 이루도록 파인먼과 겔만이 제네바 학회에서 발표하게 되어 감사하다고 캘테크에 일방적으로 통지했다. 파인먼은 정치 선전과 과학이 뒤섞여 혼란스러웠지만 이를 묵인했다.

파인먼은 국무부가 예약해주는 호텔을 거절했다. 대신 영어로 호텔 시티라 불리는 시설에 엘리베이터가 없는 숙소의 방 하나를 찾아냈다. 이 숙소는 앨버커키와 프리먼 다이슨과 대륙 횡단 여행을 할 때 묵었던 방을 생각나게 해주었다. 그는 1년 가까이 산발적으로 열렬하게 연애해온 한 여인을 데려오고 싶어 했다. 한 연구원의 아내였다. 그녀는 지난 여름 자신이 약한 상호작용에 관해 연구하고 있을 때 다녀왔던 여행에 동행했다. 지금 그녀는 영국에서라면 파인먼과 만나겠다고 했지만 제네바로 오는 것은 거절했다. 대신 파인먼은 해변에서 궤네스 하워스를 만났다.

궤네스는 세계 여기저기를 다니는 중이라고 파인먼에게 말했다. 스물네 살의 그녀는 리판든Ripponden이라 불리는 마을의 보석상집 딸이었다. 그녀는 요크셔 촌구석 생활이 무료해지기 전까지 주급 3파운드를 받으며 사서로 일했고, 방적 공장에서 방적사 검사원으로 일했다. 궤네스는 현재 남자친구들이 있다고 파인먼에게 알려주었다. 한 명은 프로나 다름없는 육상선수인데 취리히에서 왔고 언제나 훈련 중이었으며, 다른 한 명은 자르브뤼켄Saarbrücken 출신의 독일 안경사였다. 파인먼은 곧바로 궤네스를 캘리포니아로 와서 자기 밑에서 일하라고 초대했다. 파인먼은 가정부가 필요하다고 말했다. 그는 출입국 관련 절차에 그녀의 보증인이 되고, 주당 20달러를 지급하겠다고 했다. 궤네스가 보기에 파인먼은 마흔 살처럼 행동하지 않았고, 자신이 만나봤던 여느 미국인 같지도 않았다. 하워스는 생각해보겠다고 말했고, 일반적이지 않은 교제가 시작되었다.

"전 여기 그냥 머물기로 했어요." 궤네스는 같은 해 가을 파인먼에게 편지를 썼다. 남자친구 중 한 명인 요한은 궤네스와 결혼하기로 마음먹었다. (질투심 때문이라고 그녀는 의심했다.)

그러니 당신이 저를 어떻게 대해주셨는지 아시겠죠? 우린 몇 시간이나 이야기하며 함께하는 인생을 계획했었죠. 우린 아마 단칸방에서 결혼생활을 시작하겠네요. 제가 정말 오길 기대하셨어요? 당신은 단지 재혼하거나, 아니면 남들이 수군대지 않게 친절하고 믿음직한 가정부를 찾으면 되겠네요.

그러는 동안 파인먼의 연애는 점점 어긋나고 있었다. 같은 주에 다른 여자가 보낸 편지가 도착했다. 자신들의 관계가 끝났음을 분명히 하는 내용이었다. 여자는 500달러를 요구했다. "솔직하게 말하면 당신이 1년 내에 상황을 전부 되돌릴 가능성은 전혀 없다고 봐요." 그녀는 전에도 낙태에 필요하다고 말하며 돈을 요구했었다. 하지만 말을 바꿔 그 일은 꾸민 것이라 말했다. 파인먼의 돈은 사실 가구를 들이고 집을 칠하는 데 들어갔다.

"당신은 너무나 심한 바람둥이였어. 당신 여자 친구들이 당신한테 전화를 걸었을 때, 내 앞에서 다른 모습을 보이는 당신을 보면 당황스럽기도, 호기심이 들기도 하더군요. 가끔 전화기를 내려놓고 몸을 흔들거나 입에서 거품을 물기도 하고요. 전 당신의 천박함을 보았어요. 그리고 당신에 대한 제 사랑과 애정이 싸구려 취급을 당했다는데 경악했죠. 전 끔찍한 기분에 대한 보상을 받아야겠어요."

그녀는 파인먼이 이혼한 뒤 만났던 여자들에 대해 너무 많이 알고 있었다. 그녀는 그 여자들 중 네 명의 이름을 대고, 주소란에 "거주인"이라 적힌 채 도착한 익명의 편지를 언급했다.

비열한 딕, 이 망할 놈의 추잡한 파인먼과 사귀는군요. 그놈은 당신과 절대로 결혼하지 않을 겁니다. 그 자식한테 당신이 임신했다고 말하세요. 금방 300~500달러가 생길 테니까요.

그녀는 추잡한 물리학자라는 파인먼과 그의 여자들이 엮인 "매독"에 관해 떠도는 소문을 듣고 큰 충격을 받았다. 그녀는 파인먼이 결혼해야 한다고 말했다.

당신이 하는 말의 천박함은 당신이 결혼하지 않았기 때문이에요. 당신은 쇼를 보러 극장에 가거나 나이트클럽 등에 가서 자신의 욕구를 날려버리려고 해요. 이건 건전한 이들에게는 재미지만, 욕구불만인 사람들에게는 도피일 뿐이죠. 전 이걸 알아요. 왜냐하면 작년에 당신은 리오에 만족했었잖아요. 그 결과 베타 붕괴를 얻었기 때문이죠.
진정한 동반자를 찾아요. 당신이 정말 사랑하고 존중할 수 있는 누군가를 말이에요. 그리고 사랑이 새롭고 자발적일 때 그걸 붙들어요.

언젠가 그녀는 파인먼이 아인슈타인 상으로 받은 금메달을 가지고 떠난 적이 있었다. 그녀는 아직 그 메달을 갖고 있다고 파인먼에게 알려주었다.
파인먼은 궤네스 하워스에게 다시 생각해보라며 애원했다. 11월 때마침 궤네스와 요한이 더 이상 만남을 이어가지 않게 되자, 취리히에 있는 미국 영사관을 통해 입국 서류 준비를 시작했다. 파인먼의 변호사는 비도덕적인 목적으로 여성들을 데려오는 것은 위험한 일이라고 경고하고, 제3의 고용자를 찾으라고 충고했다. 이에 캘테크의 친구인 매튜 샌즈Matthew Sands[84]는 구

---

84) 미국의 물리학자이자 교육자. 『파인만의 물리학 강의』의 공저자로 잘 알려져 있다.

비 서류에 자신의 이름을 빌려주기로 합의했다. 파인먼은 교통비를 계산해 보았다. (궤네스는 요크서의 사서 연봉보다 많다는 것을 알아차렸다) 로스앤젤레스까지 394.10달러, 뉴욕까지 290.10달러, 그리고 뉴욕에서 로스앤젤레스까지 버스로 세금 포함 79.04달러였다.

궤네스는 신이 났지만 확신이 없었다. "당신이 재혼하기로 결정한 건지, 아니면 제가 가서는 안 될 이유가 있는지 편지로 알려 주실래요?" 궤네스는 자신이 다른 가능성이 있다는 점을 파인먼이 알아차리길 원했다. 그녀가 스키를 타러 갔을 때 만난 아르만도라는 어학 수업 시간에 자신을 지켜보던 동년배("제가 집에 오는 길에 잠시 그 사람과 같이 걸어와요. 전 이게 순수한 우정이길 바라지만, 그 사람은 그런 상황을 바라지 않는 것 같아요.")가 있었다. 그래도 여기에는 파인먼이 언제나 그토록 원했던 장래의 가정에 대한 암시가 있었다. 궤네스는 "지금 예쁜 아기를 돌보고 있는데, 전 당신과 꼭 닮은 아이를 갖고 싶어요." 새 남자친구인 엥겔베르트는 그녀에게 스키를 사주었다. 그동안 궤네스는 이제 꿩, 닭, 거위, 그리고 토끼를 적절한 소스와 함께 요리할 수 있게 되었다. ("점점 나아지고 있어요, 그렇지 않나요?") 파인먼은 다른 여자한테서도 계속 소식을 들었다. 그녀는 자신과 파인먼이 캘리포니아를 떠나 동해안으로 갔었다고 남편에게 모든 것을 털어놓았다. 그녀는 돈을 더 원했고, 파인먼은 이용당했다고 느꼈다. 파인먼은 자신이 얼마나 화가 났는지 그녀에게 알려주었다. 그녀는 파인먼에게 대꾸했다. "당신은 전문 분야에서 똑똑할지 몰라도 인간관계는 까막눈이에요." 그녀는 파인먼의 아인슈타인상 메달뿐만 아니라 오마르 카이얌Omar Khayyám[85]의 「루바이야트Rubáiyát」 복사본 역시 안전하다고 장담했다. 이 복사본은 오래전 알린이 색색으로 칠한 그림이 함께 있던 것이었다.

파인먼은 다시 자신을 만나달라고 그녀에게 간청했다. "난 단지 당신이 요구한 걸 약속하기가 왜 힘든지 설명하려고 내 안의 복수심 등을 이야기 했을 뿐이야"라고 파인먼은 편지에 썼다. 파인먼은 여전히 그녀와 결혼하고 싶어 했다.

난 올바른 길이 어디 있는지 알아. 하지만 분노나 증오, 앙갚음 같은 감 정들은 통 안의 뱀들과 같지. 뚜껑처럼 이성과 선한 마음은 무섭고 불확 실하지. 그래도 시도해 볼 만 하다고.

그녀는 거절했다. 애틋했던 기억들을 이제 다시 떠올렸음에도 불구하 고. 해변에서 어린아이들에 둘러싸여 모래성을 쌓던 일, 조슈아 트리 국립공 원의 별빛 아래에서 야영할 때, 파인먼이 신이 나 희미하게 빛을 내던 초록 색 콜먼 난로를 손보던 기억이 되살아났다. 비 오는 어느 일요일 밤 파인먼 은 낡은 여행 가방에 담긴 알린의 모든 편지와 사진들을 그녀에게 보여주었 다. 언젠가 갑자기 화를 내며, 파인먼은 그녀에게 창녀라고 한 적이 있다. 이 말은 파인먼이 전에도 사용하던 잔인하고 수사적인 무기였다. 그녀는 편지 에 다음과 같이 썼다. "그리고 전 두목과 제 임무가 정말 즐거웠어요."
그녀에게 남편의 기억은 그다지 애틋하지 않았다. 어느 파티에서 그는 누군가 파인먼에 대해 하는 이야기를 듣고 자기는 더 나은 사람을 알고 있 다고 불쑥 말했다가 그만두었다. 며칠 후 그는 정식 편지를 파인먼에게 보내 보상을 요구했다. 그는 이렇게 썼다. "당신은 당신의 지위와 급여를 무기로

---

85) 페르시아의 수학자, 천문학자, 철학자, 시인. 「루바이야트」는 카이얌이 지은 4행 연시이며, 에드 워드 피츠제럴드의 영어번역을 거쳐 「오마르 카이얌의 루바이야트Rubáiyát of Omar Khayyám」 라는 제목으로 영어권 국가에 널리 알려졌다.

태연하고 부도덕하게 무고한 여성을 유혹한 다음 남편을 떠나게 했습니다." 왜 파인먼은 처음 결혼했을 때 겪었던 어려움들을 떠올리지 못했을까? "당신은 내 아내의 애정을 멀어지게 했소. 당신은 관심과 선물로 그녀를 현혹시켰지. 당신은 신나는 휴가를 위해 은밀한 계획도 세웠고 말이오. 나는 당신이 이기적인 쾌락을 충족시킨 것에 대한 대가를 지불해야 한다고 생각하고 말고." 그는 1,250달러를 요구했다. 파인먼은 거절했다.

궤네스 하워스는 엥겔베르트가 자신의 스물다섯 번째 생일을 축하해주기 위해 꼬냑과 초콜릿을 가져왔다고 말하며, 자신의 속기 및 타자 치기 실력을 향상시키기로 결심했다고 덧붙였다. ("당신을 돌봐줄 사람이 필요하지 않은가요?") 파인먼은 취리히에 있는 영사관에 그녀를 위해 필요한 재정적인 후원을 약속하겠다는 진술서(그녀는 훌륭한 인격을 갖춘 총명한 여성이며 탁월한 요리사이자 가정부입니다)를 써서 보냈다. 궤네스는 파인먼에게 감사를 표하며, 멋지고 예의 바른 한 아랍 청년을 만났는데 자신에게 작업을 걸기 시작했다고 언급했다. 그녀는 엥겔베르트를 멀리해야 했는데 왜냐하면 목에 키스할 때 생긴 자국을 숨길 수 없었기 때문이었다. 궤네스는 입국 서류 절차를 진행하고 있었다. 서류에는 몇 페이지에 걸쳐 자신이 공산주의자가 아님을 보장하도록 계획된 질문들, 그리고 자신이 성과 관련하여 훌륭한 품성을 지닌 여성인지를 묻는 질문들(그녀를 격분하게 했다)이 있었다. 미국 정부는 어떤 고결한 도덕적 근거로(그리고 어떤 관료적 논리로) 궤네스에게 자신이 창녀도 간통녀도 아님을 맹세하도록 요구했을까?

그사이 파인먼은 전 애인의 남편을 달래려고 애를 썼다. "아내를 용서하고 행복하게 해주시기 바랍니다. 당신의 사랑은 용서함으로써 더욱 깊어지고 커질 겁니다. 왜냐하면 두 분은 각자 서로가 얼마나 고통 받았는지 알기 때문입니다."

"그거 좋은 생각이군." 남편이 대꾸했다. "그런데 그 생각을 당신 자신에게 적용해보면 어떨까. 당신은 내 아내와 그토록 오래 즐겼으니까. 나한테 당신 부모님의 가르침이나 사회 등에 대한 헛소리를 늘어놓지 말라고. 난 흥미 없으니까." 그는 변호사를 고용해서 자신을 대신해 협박 편지를 보냈다. 하지만 파인먼의 변호사는 그 문제는 알아서 사그라들 것이라고 추측하면서 합의하지는 말라고 충고했다. 편지의 마지막 부분은 파인먼과 애인에게 덧붙인 말이었다.

당신 가정부와 행복하길 바라오. 이제 당신은 성욕을 언제든 충족시킬 수 있게 되었군. 당신이 말한 "좋은 관계"란 게 무슨 뜻인지 이해하기 시작한 것 같으니까. 하지만 당신이 결혼을 왜 그렇게 두려워하는지 모르겠군. 결혼이 너무 따분한 거요? 난 사랑이 없는 성관계는 그렇게 만족스럽지 ~~못했고~~ 못하고, 제약 없이 완전한 믿음과 진실, 사랑 속에서 허용되기만 한다면, 만족감은 오로지 상대의 행복을 바라는 두 사람에 의해 다가온다고 ~~생각했는~~ 생각하는데. 이 중에서 어느 것도 부족하다면, 내 생각에 그건 욕정이나 짐승들처럼 교미하는 일이 될 뿐이지. 아마 그게 당신이 여자들을 그렇게 자주 바꾸는 이유일 거요.

반년 후 그 부인은 파인먼의 메달을 결국 돌려주었다.

파인먼은 궤네스의 비자가 마침내 영사관의 심사를 통과했다는 소식을 듣고 신이 나서 그녀가 깜짝 놀랄만 한 표현을 했다. "좋아, 마침내!" 파인먼이 편지를 썼다.

당신이 드디어 온다는 소식을 들으니 미칠 듯이 기뻤어. 난 어느 때보다 당신이 필요해. 난 훨씬 더 행복해지길 고대하고 있어. 내가 당신 역시 돌봐야 한다는 걸 당신도 알지. 여기에 도착하자마자 당신이 행복하고 불안해하지 않도록 하는 일은 내 책임이라고.

파인먼은 미니멀리스트로 되돌아갔다. 일상에서 가사 부분을 축소해서 자신의 의식이 고갈되는 일을 최소한으로 줄이려고 노력했다. 1959년 여름 마침내 궤네스 하워스가 도착했을 때, 그녀는 파인먼이 다섯 켤레의 구두와 짙은 파란색의 서지 양복 한 벌, 그리고 목을 잠그지 않고 입었던 흰색 셔츠만을 입는 남자임을 알게 되었다. (하워스는 신중하게 단계적으로 색이 들어간 셔츠를 슬그머니 들여 놓았는데, 가장 옅은 파스텔 색부터 시작했다.) 파인먼은 라디오나 텔레비전도 가지고 있지 않았다. 그는 셔츠 주머니에 바로 넣고 뺄 수 있도록 펜을 지니고 다녔다. 파인먼은 열쇠, 표, 잔돈을 항상 같은 주머니에 넣어 버릇하여, 이 물건들에 대해 잠시도 생각할 필요가 없도록 해두었다.

처음에 파인먼은 궤네스의 존재를 몇몇 가까운 동료들을 제외하고 비밀로 했다. 궤네스는 약속대로 가사 일을 떠맡았다. 파인먼은 매력적인 영국인 가정부와 시끌벅적하게 즐겼다. 파인먼은 궤네스에게 운전하는 법을 가르쳐주었고, 자신이 뒷 좌석에 앉아 있는 동안 궤네스가 운전기사처럼 운전해보도록 하기도 했다. 궤네스는 파인먼이 자신을 경박한 여자로 여기지 않을까 걱정했다. 실제로 파인먼은 궤네스가 멋지고 독립적인 여자라는 것을 알게 되었다. 궤네스는 사귈 남자들을 애써 찾았지만 (비벌리 힐스의 증권 중개인이 독일 안경사를 대체했다), 파인먼의 친구들은 두 사람의 모습이 점차 애정이 담긴 관계로 변해가는 것을 알아챘다. 두 사람은 파티에 함께 나타났다가, 각자 다른 곳으로 가는 것처럼 따로 떠나는 연출을 하곤 했다.

이듬해 봄 언젠가 파인먼은 자신이 얼마나 만족스러운지 깨달았다. 하지만 그 다음 결정을 어떻게 해야 할지 확신이 서지 않았다. 그는 몇 주 앞서 달력의 날짜에 표시를 하고는 이 날까지 자신의 감정이 변하지 않는다면 궤네스에게 청혼하기로 다짐했다. 그날이 다가오자 파인먼은 거의 기다릴 수 없을 지경이었다. 전날 저녁, 궤네스에게는 이유를 말하지 않고 자정까지 깨어 있도록 했다. 그리고 자정이 된 직후 청혼했다. 두 사람은 1960년 9월 24일 패서디나의 으리으리한 헌팅턴 호텔에서 결혼식을 올렸다. 파인먼은 자신의 차를 숨겨서 아무도 차의 뒷 범퍼에 빈 깡통을 묶어두지 못하도록 했다. 피로연이 끝나자마자 떠났던 신혼여행 길에 패서디나 고속도로에서 기름이 떨어졌다. 파인먼은 궤네스에게 명랑하게 말했다. '그러니까 이게 우리가 인생을 시작하는 방식이야.' 머리 겔만은 몇 년 전 고등과학원에서 만난 영국여자와 결혼했는데, 파인먼이 따라하기 놀이를 하고 있다고 생각했다. 이제 파인먼도 영국인 부인과 작은 갈색 강아지를 얻게 되었으니 말이다.

파인먼과 겔만은 대학 북쪽의 도시 앨터디너에 서로 멀지 않은 곳에 집을 샀다. 도시는 로스앤젤레스에서 올라오는 스모그가 감싸는 높은 구릉지에 자리 했다. 파인먼은 강아지 키위에게 점점 더 복잡한 묘기를 가르치느라 오랜 시간을 들였다. 패서디나의 아들 곁으로 이사 온 어머니가 그러다가 강아지가 대들겠다며 우스개소리를 할 정도였다. 궤네스는 고향 요크셔의 겨울에서는 결코 살아남지 못했을 감귤향과 이국적인 색을 갖춘 정원을 꾸미기 시작했다. 1962년에는 아들 칼Carl이 태어났고, 6년 후에는 딸 미셸Michelle을 입양했다. 파인먼이 얼마나 아이들을 원했는지는 친구들은 알수 있었다. 머리와 그의 부인 마거릿Margaret은 이따금 파인먼을 방문했고, 이들의 우정은 어느 때보다 돈독해졌다. 겔만의 기억 속에 박혀있던 파인먼의 모습 하나는, 파인먼이 불쏘시개용 신문지 뭉치를 벽난로에 하나씩 던져

넣으면서 평범한 갖가지 몸짓으로 놀이를 하듯 신문지로 활기 넘치게 장난치던 모습이었다. 강아지는 파인먼의 명령에 이곳 저곳을 뛰어다녔고, 파인먼은 궤네스와 기분 좋게 큰 소리로 떠들었다. 머리는 파인먼과 있을 때 즐거움을 느꼈다.

양자전기역학에서 유전학으로

"안녕, 여보. 머리와 나는 토론을 하느라 더는 버티기 힘들 때까지 깨어 있었어. 잠에서 깨보니 그린란드 위를 날고 있었지."

머리와 파인먼은 학회 참석차 브뤼셀로 함께 갔다. 이제는 향수를 불러일으키는 "양자전기역학의 현재 상태"에 관한 학회였다. 디랙이 참석했고, 파인먼은 자신의 옛 영웅과 다시 한 번 이야기를 나누었다. 디랙은 자신의 옛 이론을 괴롭혔던 무한대를 피하기 위한 재규격화 과정을 전적으로 받아들이지 못했다. 재규격화는 조잡한 수법인데다, 제멋대로이고 자신의 방정식에 있는 불편한 숫자들을 버리기 위한 비물리적인 장치에 불과한 것 같았다. 대부분의 물리학자들에게 디랙이 보인 거리낌은 새로운 발상 앞에 선 노인의 과민반응처럼 들렸다. 이 발상들은 디랙의 이론이 실패한 자리의 뒤를 이었던 것들이었다. 디랙은 물리학자들에게 아인슈타인을 생각나게 했다. 아인슈타인은 양자역학을 받아들이려 하지 않고 짜증을 낸 것으로 유명한데다, 아인슈타인처럼 디랙 역시 무시할 수 없는 존재였기 때문이었다. 디랙의 거리낌은 궁극적으로 세대가 지나면서 직관이 굳어버린 탓으로 보긴 했지만, 솔직한 물리학자들은 적어도 디랙의 거리낌을 이해했다. 나이는 물리학자의 친구가 아니었다. 지혜는 아무 쓸모가 없었다. 파인먼은 가끔 디랙의 것으로 보이는 짧은 노래 속에 표현된 진실을 절실하고 고통스럽게 자각하고 있었다. 이 노래는 여러 해 동안 때때로 캘테크의 연구실 문에 나타났다.

나이는, 물론, 열병을 꺼뜨리는 존재다.
모든 물리학자가 어김없이 두려워하는 것.
계속 사느니 죽는 것이 낫겠지.
일단 서른 해를 넘긴 이라면

파인먼도 현대적인 방법론을 함께 고안해낸 어느 누구보다도 더 재규격화에 대한 디랙의 거리낌에 공감했다. 양자전기역학은 이론 물리학에서 보기 드문 성공을 거두었다. 파인먼과 슈윙어가 첫 번째와 두 번째 근사법으로 몇 시간 혹은 몇 주에 걸쳐 완수한 계산들은 전자 컴퓨터와 작업을 체계화하기 위한 수백 개의 파인먼 다이어그램을 사용하여 이제 훨씬 더 높은 수준의 정확도로 확장될 수 있었다. 몇몇 이론가들과 대학원생들은 이 계산에 몇 년을 보냈다. 이들은 수백 개의 항들을 더하거나 빼면서 무한급수로 더욱 깊이 파고들었다. 몇 명에게는 이 과정이 유별나게 만족스럽지 못하다는 인상을 주었다. 어떤 항들은 양의 값이든 음의 값이든 최종 결과에 비해 엄청나게 컸다. 하지만 아마도 이 값들은 결국 서로 상쇄되어 작고 유한한 수를 남길 것이었다. 이런 계산에 대한 수학적인 상태는 어수선하게 남아 있었다. 계산 결과가 수렴될 것이라는 점은 수학적으로 확실하지 않았다. 하지만 양자전기역학에서 실제적인 계산의 경우, 그 결과는 언제나 수렴하는 것처럼 보였다. 점점 더 정확한 결과가 더욱 민감한 실험의 결과들과 비교할 때도 그 결과들은 서로 일치했다. 실험과 이론이 얼마나 "정교하게" 일치하는지에 대한 비유로 파인먼은 뉴욕에서 로스앤젤레스까지의 거리를 머리카락 한 가닥

두께 이내의 정확도로 측정하는 것과 같다고 말하곤 했다. 그래도 파인먼은 계산과정의 비물리적인 특징으로 애를 먹었다. 다음 보정값이 커야 할지 아니면 작아야 할지에 대한 감 없이 몇 번이고 보정을 계속해야 했다. 파인먼은 브뤼셀에서 발표한 기조 강연에서 이렇게 말했다. "우린 새로운 방을 더듬어보는 장님처럼 항들을 계산했습니다."

그동안 다른 이론가들은 "재규격화 가능성renormalizability"이라는 개념을 양자전기역학이 적용되지 않았던 비밀스러운 입자들에 적용 가능한 이론인지 구별하는 수단으로 사용하기 시작했다. 다이슨은 판단의 기준으로 재규격화 가능성을 이런 방식으로 생각해보면 생산적일 수 있을 것이라 처음 생각했다. 재규격화가 가능한 이론이란 현실적으로 말하면 계산이 이루어질 수 있는 이론이다. "제 기능을 하는 이성의 정교함을 주목해 보라"라고 물리학자이자 역사가인 실반 S. 슈웨버Silvan S. Schweber[86]가 말했다. "이전에는 재앙과도 같은 골칫거리로 여겨졌던 발산이 이제는 소중한 자산이 되었다." 겔만과 젊은 이론가들은 이 개념을 아주 성공적으로 적용했다. "우리는 생각할 수 있는 무한히 다양한 양자장론들로부터 실제 세계의 양자장론이, 즉 우리가 고를 수 있도록 도와주는 재규격화 가능성과 같은 안내 원리가 몹시 필요합니다." 스티븐 와인버그Steven Weinberg[87]는 몇 년 후 자신이 '왜?'라는 질문을 회피하고 있다는 것을 인식하며 이렇게 말했다. 올바른 이론들이 계산가능 한 이론이 되어야 할 이유가 있을까? 자연이 인간인 물리학자들에게 쉬운 문제를 만들어 놓아야 할 이유가 있을까? 파인먼은 거의 디랙만큼이나 여전히 불편했다. 파인먼은 줄곧 재규격화가 "어리석고", "도박[88]"인데다 "말장난"이라고 말했다.

1960년대 파인먼은 고에너지 물리학의 가장 비밀스러운 첨단 영역에서 물러나는 것처럼 보였다. 양자전기역학은 해결된 문제라는 위상을 얻었다.

실용적인 이론으로서 양자전기역학은 전기공학 같은 응용, 고체 분야에 적용되었는데, 예를 들면 양자역학은 결맞는coherent 강한 복사 광선을 생성하는 메이저maser를, 그리고 그 뒤를 이어 레이저laser를 낳았다. 파인먼은 어쩌다보니 이 토대 일부를 마련가기 위해 경로적분법을 사용해 한동안 메이저 이론을 연구했다. 또 파인먼은 이른바 폴라론polaron이라는 또 다른 고체 상태 문제를 고집스럽게 연구했다. 폴라론은 결정격자를 통과해 이동하는 전자다. 이 전자는 격자를 일그러뜨려서 뒤틀린 전자구름 자체와 상호작용하는데, 파인먼은 입자가 입자 자체의 장field과 상호작용 하는 과정을 조사하는 데 필요한 일종의 사례 연구를 만들었다. 파인먼 다이어그램과 경로적분은 다시 비옥한 토양을 찾게 되었다. 하지만 이건 가벼운 연구였지, 이미 전설로 여겨지는 사람이 특별히 결과를 쏟아낼 만한 연구는 아니었다(그럼에도 매년 가을, 파인먼보다 더 젊은 사람들이 노벨상을 받는 듯했다).

파인먼은 연구하기에 적당한 과제를 찾을 수 없었다. 캘테크에서 받는 연봉은 2만 달러를 넘겨, 교수들 가운데 가장 높았다. 파인먼은 이론 물리학에 지급되기에는 지나치게 많은 돈이라며 사람들에게 유쾌하게 이야기하기 시작했다. 이제는 현실적인 연구를 할 때였다. 안식년이 다가오고 있었다. 여행을 하고 싶진 않았다. 물리학자였다가 유전학으로 전향한 파인먼의 친구 막스 델브뤽은 흥미로운 문제들은 분자생물학에 있다고 말하며, 캘테크

---

86) 프랑스 출신의 미국 이론 물리학자, 과학사가. 1961년 『상대론적 양자장론』을 출간하고 1981년부터 하버드 대학교의 과학사학과 교수로 지냈다.

87) 미국의 이론 물리학자. 1979년에 압두스 살람, 셸든 글래쇼와 함께 기본 입자 사이의 약력과 전자기력 상호작용을 통합한 이론을 세운 공로로 노벨 물리학상을 수상했다. 『최초의 3분』, 『아원자입자의 발견』, 『최종 이론의 꿈』과 같은 책으로 잘 알려져 있다.

88) 원문에 사용된 표현 shell game은 엎어 놓은 컵 세 개 중 하나의 컵 안에 구슬 같은 작은 물건을 숨기고 요리조리 섞은 후 구슬이 있는 곳을 맞히는 도박 게임을 뜻한다.

에 있는 자신의 연구 그룹에 물리학자들을 끌어들이려고 줄곧 노력했다. 파인먼은 다른 나라 대신 다른 분야를 찾아야겠다고 혼자 되뇌었다.

생물학 분야에서 이론가들과 실험 작업자들은 아직 대체로 한 그룹이었다. 1960년 여름 파인먼은 페트리 접시에 여러 종류의 박테리아를 어떻게 배양하는지, 피펫에 용액 몇 방울을 어떻게 빨아들이는지, 박테리오파지 (박테리아를 감염시키는 바이러스)의 수는 어떻게 세는지, 그리고 돌연변이를 어떻게 검출하는지를 배우면서 연구를 시작했다. 파인먼은 기법들을 익히려고 처음에 몇 가지 실험을 계획했다. 델브뤽의 실험실은 '작고 효율적인 DNA 복제 기계'인 미생물 유전학 연구에 상당한 노력을 쏟았다. 파인먼이 처치 홀Church Hall의 지하실 상층에 도착했을 때 당시 가장 인기 있던 바이러스는 T4라고 불리는 박테리오파지로, 대장균E. coli과 같은 박테리아 공통종에서 배양되었다.

제임스 왓슨James Watson[89]과 프랜시스 크릭Francis Crick[90]이 유전 암호를 나르는 분자인 DNA의 구조를 해명한 지 채 10년이 지나지 않은 때였다. **암호**는 정보를 저장하기 위한 하나의 단어였다. 유전학자들은 이 암호를 지도와 청사진, 인쇄된 글과 녹음테이프와 같은 형태로도 생각했는데, 그 기능적인 구조는 분명하지 않았다. 돌연변이는 DNA 서열의 변화로 알려져 있었지만, 발생하는 유기체가 변화된 지도 혹은 테이프를 실제로 어떻게 "읽는지" 이해한 사람은 아무도 없었다. 생물학적인 복제, 이어붙임, 접힘 과정이 존

---

89) 미국의 분자생물학자, 유전학자. 1953년 프랜시스 크릭과 함께 DNA의 이중나선 구조를 발견한 공로로 1962년 노벨 생리의학상을 수상했다. 이후 인간 게놈 프로젝트의 시작을 함께 했다. 저서 『이중나선The Double Helix』이 유명하다.
90) 영국의 생물학자. 대학에서 물리학을 전공했으나, 제2차 대전 이후 생물학 연구에 집중하기 시작했다. 1953년에 왓슨과 함께 DNA 이중나선의 구조에 관한 논문을 발표하고, 1962년에 제임스 왓슨, 모리스 윌킨스와 함께 노벨 생리의학상을 수상했다.

재할까? 파인먼은 지하 실험실이 편안하게 느껴지기 시작했다. 파인먼은 주위의 모든 것이 물질로 만들어져 있다는 것을 인지하자 마음이 놓였다. 파인먼은 실험을 평가하는 핵심을 잘 알고 있다고 느꼈는데, 자신이 했던 말처럼 "대상이 정말로 잘 알려져 있을 때와 그렇지 않을 때를 이해하는 일"이었기 때문이다. 그는 곧바로 원심분리기가 어떻게 작동하고, 자외선 흡수로 어떻게 시험관에 남아있는 DNA의 양을 보여주는지 알 수 있었다. 생물학은 더 골치가 아팠다. 대상은 자라나고 꿈틀댔으며, 자신이 바라는 대로 정확하게 실험을 반복하기 어렵다는 것을 알게 됐다.

파인먼은 rII라 불리는 T4 바이러스의 특정 돌연변이에 집중했다. 이 돌연변이체는 대장균 박테리아의 한 변종인 품종 B에서 풍부하게 배양되는 특성을 지닌 반면, 품종 K 박테리아에서는 전혀 배양되지 않았다. 따라서 연구자는 품종 K 박테리아를 돌연변이체로 오염시켜 T4의 징후를 지켜볼 수 있었다. 어떤 징후라도 나타난다면 그건 rII 돌연변이체에 무언가 일어났다는 것(아마도 원래의 형태로 되돌아갔다는 것)을 틀림없이 의미한다. 이러한 "복귀돌연변이"는 상대적으로 드물었지만, 이것이 발생되었다면 이 바이러스에게 K 박테리아 내부에서 다시 배양될 능력이 생겨 10억 개체 중 한 개체만큼 극도로 높은 민감도로 검출될 수 있었다. 파인먼은 T4 복귀돌연변이를 찾는 일을 중국에서 코끼리 같은 큰 귀와 자주색 반점이 있고, 왼쪽 다리가 없는 한 사람을 찾는 일에 비교했다. 파인먼은 이 돌연변이들을 수집하고 분리했으며 품종 B 박테리아에 다시 주입하여 이들이 어떻게 배양되는지 관찰했다.

괴상하게 보이는 반점들이 나타났다. 정상적이고 복귀돌연변이가 발현된 T4 중에서 파인먼은 배양됐어야 했지만 그렇지 못한 박테리오파지를 살펴보기 시작했다. 파인먼은 이들을 "멍청이 r"이라 불렀다. 파인먼은 멍청이 r을 만들기 위해 DNA 자체의 수준에서 벌어질 수 있는 일을 추측했다. 파인먼은 두 가지 가능성을 보았다. 하나는 DNA 가닥에 있는 rII 돌연변이 자리에서 두 번째 추가 돌연변이를 겪었을 수 있다는 점이었다. 아니면 두 번째 돌연변이가 다른 자리에서 발생하여, 어떻게든 첫 번째 돌연변이의 영향을 부분적으로 상쇄하도록 작용했다는 것이다.

유전자 서열을 글자 한 자씩, 염기쌍 하나하나 직접 조사하는 도구는 존재하지 않았다. 하지만 멍청이 r을 원래의 바이러스와 공들여 교차시킴으로써, 파인먼은 자신의 두 번째 추측이 옳았음을 증명할 수 있었다. 곧 유전자에서 서로 가까이 자리 잡은 두 가지 돌연변이가 상호작용을 하고 있다는 의미였다. 그뿐만 아니라 두 번째 돌연변이가 처음 돌연변이와 형질이 같다는 것도 증명했다. 이 두 번째 돌연변이는 또 다른 rII 돌연변이였던 것이다. 파인먼은 돌연변이가 같은 유전자 내에서 서로를 억제하는 새로운 현상을 발견했다. 실험실의 동료들은 이 돌연변이를 "파인트론Feyntron"으로 불렀고, 논문을 쓰도록 그를 설득했다. 다른 곳에서 독립적으로 발견된 이 현상은 유전자 내 억제로 불리게 되었다. 파인먼은 이 현상을 설명할 수 없었다. 캘테크의 생물학자들은 유전 암호가 어떻게 읽히는지, DNA에 암호화된 정보가 실제로 어떻게 스스로 기능하는 단백질과 더 복잡한 유기체로 변형되는지를 설명하는 명료한 모형을 갖고 있지 않았다. 이때 유전학자로서 파인먼의 시간이 끝났다. 파인먼은 물리학으로 몹시 돌아가고 싶었다. 마이크로솜을 갈아내고 있지 않을 때, 파인먼은 양자중력이론 연구에 점점 더 열중했다.

스스로 알아차리지 못했지만, 파인먼은 현대 유전학 분야가 겪을 커다란 돌파구의 순간을 이끌었다. 전문가들이 결국 이득을 보았다. 1년 후, 영국 케임브리지에 있던 프랜시스 크릭의 연구팀은 유전자 내 억제 현상의 발견을 유전 암호가 어떻게 읽히는지를 설명하는 시금석으로 사용했던 것이다. 이들은 돌연변이가 실제로 DNA의 한 단위를 더하거나 삭제했고, 이렇게 해서 전달암호message를 앞 또는 뒤로 이동시킨다는 사실을 정확하게 알아맞혔다. 하나의 돌연변이는 유전 정보를 내보내 일시적으로 위상이 어긋났다가, 그 다음 돌연변이는 이 유전 암호가 위상이 맞도록 되돌렸다. 이 해석은 유전 암호 해독에 관한 가장 단순하지만, 가장 낯선 기계식 모형 중 하나를 제안했다(어쩌면 크릭이 이미 염두에 두었던 것이다). 다시 말해 유전자는 시작에서 끝까지, 한 개의 염기쌍이 차례차례 선형적인 방식으로 읽힌다는 것이다. 1966년에 이르러 크릭은 다음과 같이 선언했다. "유전 정보에 관한 이야기는 이제 본질적으로 완성되었다."

허깨비와 벌레

중력에 관한 문제는 가장 섬세한 족보를 지니고 있는데(이 문제는 아인슈타인의 위대한 연구로부터 직접 유래해 들어온 것이다), 1960년대 초에는 고에너지 이론 물리학의 주류 밖에 있었다. 일반 상대성이론이 50주년이 다가옴에 따라 일부 상대론자 및 수리물리학자들은 다른 힘들과 관련된 장field이 양자화되었던 것처럼 (중력장을 양자화하는) 양자중력이론을 만드는 당연한 문제와 계속해서 씨름했다. 지난하고 복잡한 작업이었다. 겔만에 따르면 아인슈타인의 중력에 관한 양자장론은 "시공간이 양자역학적으로 희미해지는 것" 자체를 의미했다. 어떤 실험증거도 중력이 양자화되도록 요구하진 않았다. 하지만 물리학자들은 일부 장들은 양자역학 법칙을 따르고 다른 장들은 따르지 않는 세계를 상상하고 싶진 않았다.

실험가의 관점에서 볼 때, 중력이 다른 힘들에 비해 너무 미약하다는 것이 곤란했다. 한 줌 정도의 전자들은 감지할 만큼의 전자기력을 발생시킬 수 있지만, 중력이 나뭇잎을 끌어당기려면 지구만큼의 큰 질량이 필요하다. 이 힘을 구분하는 자릿수의 차이는 이론가들이 이들을 조화시키려고 할 때 상상력의 한계에 이르게 하고, 수학적으로 엄청난 문제를 일으킨다. 자릿수의 차이는 10^{42}으로, 파인먼의 능력으로도 설명에 도움이 될 만한 비유를 찾기 어려웠다. 파인먼은 어느 학회에서 자신이 연구한 중력의 양자화 문제를 소개하며 말했다. "중력은 미약합니다. 사실 지독하게 약하죠." 그순간 확성기 하나가 귀신에 홀린 듯 천장에서 떨어졌다. 파인먼은 거의 주저하지 않고 말을 이었다. "약하지만 무시해도 될 정도는 아닙니다."

파인먼은 전기역학에서 했던 것처럼 아인슈타인이 시작한 이 이론을 간단히 계산하기를 시도했다. 파인먼은 독창적인 방식으로 문제의 각각 다른 모퉁이를 향해 자신을 밀고 나아갔다. 1950년대 후반은 상대성이론 전문가들에게 중력 복사의 본질은 혼란스럽고, 이들이 요구했던 높은 수준의 수학적 엄밀함으로 제대로 된 근사법approximation이 방해받았던 시기였다. 파인먼에게 중력파가 실재한다는 사실은 당연해 보였다. 다시 한 번 그는 분명해 보이는 물리적 직관으로 시작해 앞으로 나아갔다. 파인먼은 상대론 연구자들이 논의했던 문제들에 대한 답(그는 결정적인 답이라고 믿었다)을 알아냈다. 중력파는 에너지를 전달할까? (그렇다. 파인먼이 제시했다.) 중력파는 파장 길이 이내의 미세-규모 측정으로 검출될 수 있을까? (파인먼은 그렇지 않다고 주장했다. 파인먼은 옛 친구 빅터 바이스코프가 자신의 중력 연구에 관심 있어 한다는 소식을 들었을 때, 다음과 같이 썼다. "파장 길이보다 클 경우에만 파장의 존재를 분명히 알아낼 수 있습니다. 제정신이 아닌 사람을 빼고는, 그런 실험을 하겠다는 계획은 본적도 없습니다.") 파인먼은 최소한 논쟁을 위해서라도 중력이 조금도 양자화될 수 없다는 가능성을 완전히 버리지 않았다. "어쩌면 중력은 양자역학이 큰 거리에서 실패하는 상황일 겁니다. 우리 시대에 산다는 것, 그리고 연구할만한 그런 멋진 수수께끼가 있다는 게 흥미롭지 않은가요?" 그는 파인먼 다이어그램을 적고, 적분을 계산하니 자신이 틀린 답을 산출하고 있음을 알 수 있었다. 확률값이 더해서 1이 되지 않았다. 그래도 파인먼은 (물리적 직관 및 도표상의 직관을 결합해) 장치 하나를 쓴다면 이 부족한 부분을 한번에 해결할 수 있다는 걸 알아차렸다. 파인먼은 파인먼 다이어그램 주위로 돌아가는 "가상의" 허구적인 입자들을 더했어야 했다. 이 입자들은 고리를 형성할 만큼 충분히 오래 등장했다가 수학적인 망각 상태로 한 번 더 사라지는 듯했다. 이것은 특이한 발상이었지만 효과가 있었기에, 1962년 7월 폴란드 바르샤바에서 열린 중력에 관한 학회에서 이를 발표했다.

이 주제는 부활하기 직전에 있었다. 이때는 천체물리학의 발견들과 상대론자들의 이론이 블랙홀, 백색 왜성, 퀘이사 및 기타 우주론에서 중요한 대상들의 세례 속에 한데 모이게 될 것이었다. 파인먼은 몇 년간 중력연구를 계속 해나갔다. 양-밀Yang-Mills로 알려진 게이지-대칭 이론체계를 적용했다. 파인먼은 온전한 논문을 발표할 만큼 충분히 완전한 이론에 이르지 않았지만 상당한 기여를 했다. 하지만 잠시 외면하고 있던 고에너지 물리학에 관한 비밀회의에서보다 상대론자들의 모임에서 더 즐거움을 느끼진 못했다. 발표자 한 명이 진지하게 말문을 열었다. "1916년 이래로 우리는 느리지만, 도리어 철저한 기술적 개선 사항을 힘겹게 축적해 왔습니다. 이런 철저한 개선 사항들을 지속해서 얻어내려는 시도는 수리물리학 분야에서 합리적이고 상당히 흥미로운 부분을 이루고 있다고 생각합니다. 정말 흥미진진한 대상이 나타나면 좋겠습니다." 미국 물리학자들은 러시아 물리학자들과 불편한 상태로 어울렸다. 그들은 도청용 마이크를 찾으려고 방을 뒤지는 걸 두고 서로 놀려댔다. 실제로 파인먼은 그랜드 호텔에 있는 자신의 전화기를 뜯어보았고, 전화기에 도청장치가 없다면 폴란드 사람들은 전선을 낭비하고 있다고 판단했다. 쉬는 시간에 누군가는 파인먼이 러시아 학자 한 명을 집적대는 걸 우연히 듣게 되었다.

"이바넨코 씨, 물리학에서 대체 어떤 일을 하신 겁니까?"

"소폴로프와 책을 썼소."

"그쪽이 집필에 기여한 바를 제가 어떻게 알겠습니까? 이바넨코 씨, e^{x^2} 을 음의 무한대에서 양의 무한대까지 적분한 값은 뭔가요?" 침묵. "이바넨코 씨, 1+1은요?" 파인먼은 학회에 제출된 연구 결과에 실망했다. 파인먼의 발표는 즉각적인 이목을 끌지는 못했다. 훗날 다른 이론가가 자신의 "허깨비" 개념을 확장해서 현대 이론에 상당히 중요한 자리를 차지했음에도 불구하고 말이다. "하나도 배운 게 없어." 파인먼은 불만스러워하며 집에 편지를 보냈는데, 허세부리는 과학에 대해 가차 없이 분류한 항목을 궤네스에게 건넸다.

"연구"라는 건 언제나 (1) 완전히 이해하기 어렵고 (2) 애매모호하고 막연해. (3) 정확한 연구는 분명하고 자명한데, 오랫동안 까다로운 분석을 통해 이루어졌고 중요한 발견으로 제시되었어. 그렇지 않으면 (4) 일부 분명하고 정확한 사실이 수 년간 받아들여지고 확인되어, 저자의 어리석음에 기반한 주장이 사실은 틀린 것이거나(이게 최악인 경우인데, 어떤 논의도 이 멍청이에게 확신을 주지 못하거든) (5) 아마도 불가능한 뭔가를 해보려는 시도는 분명히 쓸모가 없어. 마지막에 가서는 결국 실패로 드러나거나 아니면 (6) 순전히 틀린 거지. 요즘에는 "해당 분야의 활동"이 상당히 활발하지만, 이 "활동"이라는 것이 주로 다른 누군가가 이전에 했던 "활동"이 틀리거나, 쓸모가 없던지, 아니면 뭔가 조짐이 보인다는 걸 보여주는 일이야.

파인먼은 과학 단체를 결코 좋아하지 않았다. "그건 마치 수많은 벌레가 병 밖으로 나가려고 서로 짓밟고 기어오르는 것 같거든."

바르샤바 학회가 만족스럽지는 못했지만, 파인먼의 발표는 우주론의 가장 심오한 주제에 이르는 근본적인 접근법의 자리에 파인먼의 경로적분을 올려놓았다. 1950년대 후반까지만 해도 고에너지 물리학에서는 파인먼뿐만 아니라 다른 어떤 이론가도 이 견해에 의지하지 않았다. 하지만 한참 후 몇몇의 물리학자들이 경로적분을 바로 시공간 구조에 적용했다. 이들은 어떤 의미에서 우주들을 더해 상상할 수 있는 위상들을 통합하고자 탐색했다. 겔만 자신은 파인먼의 경로적분이 하나의 방법론 이상이며, 기존의 것과 대등하며 대안적인 공식화 이상일 수 있음을 숙고했다. 다시 말해 "양자역학과 물리 이론의 진정한 토대"라고 말이다.

밑바닥 공간

현대 물리학이 크기size의 세계에 기여한 것은 거의 없었다. 고에너지 물리학 이론가들은 크기의 사다리 저 아래로 건너뛰어, 단숨에 현미경적 영역을 지나 상상하기도 힘들만큼 작고 수명이 짧은 영역으로 들어갔다. "소형화"는 당시의 유행어였지만 작음은 입자 물리학자보다는 공학자 및 제작자들이 좀 더 자주 쓰는 표현이었다. 트랜지스터는 벨 전화 연구소에서 발명된 후 10년 만에 필수품이 되어갔다. 트랜지스터는 깨지기 쉬운 플라스틱 케이스, 한 손에 들어갈 만큼 충분히 작고 전지로 작동하는 라디오를 의미했다. 연구자들은 테이프 녹음기처럼 여행가방만한 장치를 더욱 줄이는 방법을 고려하기 시작했다. 커다란 방을 가득 채우던 전자 계산기들은 이

제 자동차보다 조금 큰 진열실에 밀어 넣을 수 있을만큼 작아졌다. 공학자들이 이러한 가능성을 상상하는 일을 거의 시작도 안 했다는 생각이 파인먼에게 들었다. 파인먼은 1959년 말 미국 물리학회가 캘테크에서 개최했던 연례 학회에서 이렇게 말했다. "시중에 장치 하나가 있다고 사람들이 말해주더군요. 헤어핀 머리 부분에 주기도문을 쓸 수 있는 장치요. 하지만 그건 아무것도 아닙니다." 점차 원자로 나아가며 파인먼은 청중들을 몰아갔다. "그 아래에는 믿기 힘들만큼 작은 세계가 있습니다."

헤어핀 머리만한 크기의 저장장치에 24권 분량의 『브리태니커 백과사전』을 모든 방향으로 2만 5,000배 축소해 사진과 그 밖의 내용을 모두 담을 수 있었다. 적당히 축소해 중간 명암의 사진 제판을 구성하는, 눈에 간신히 보이는 점에는 여전히 대략 1,000개 정도의 원자들이 포함될 것이었다. 이 소형 『브리태니커』를 기록하고 읽기 위해서 파인먼은 현행 기술의 한계 내에서 가능한 공학 기법들을 제안했다. 예를 들면 전자 현미경의 렌즈를 뒤집어서 이온 빔을 작은 점에 모으는 방법이었다. 이 정도 크기에는 세상에 나온 모든 책의 지식을 작은 책자 하나에 넣어 다닐 수 있었다. 하지만 직접적인 방식은 세련되지 못하다고 파인먼은 말을 이었다. 전화기와 컴퓨터는 정보에 관해 새롭게 생각하도록 해주었고, (글자 당 6~7비트bit, 그리고 비트 마다 넉넉히 100개의 원자를 허용하는) 원시정보의 측면에서 세계의 모든 책들이 먼지보다 크지 않은 정육면체 한 점에 기록될 수 있었다. 파인먼은 미국 물리학회에서 청중들의 마음을 사로잡았다. "마이크로필름 이야기는 하지도 마십시오." 파인먼이 분명히 말했다.

파인먼이 원자 세계의 역학을 생각하는 근거가 몇 가지 있었다. 일부러 이야기하진 않았지만 파인먼은 열역학 제2법칙 및 엔트로피와 정보 사이의 관계를 숙고하고 있었다. 원자의 규모에서는 자신의 계산과 사고실험이 이루어지는 한계점에 도달했다. 새로운 유전학 역시 이런 문제들을 표면으로 끌어올렸다. 파인먼은 (정보 비트 당 50개의 원자들인) DNA에 대해, 그리고 소형 기계를 만들기 위해 살아 있는 유기체의 용량(단지 정보 저장뿐만 아니라 조작과 제작을 위한)에 대해 언급했다. 컴퓨터에 대해서도 이야기했다. 성능이 수백만 배 더 좋아진다면, 컴퓨터는 더 빠르게 계산할 뿐 아니라 판단하는 능력과 같은 질적으로 다른 능력을 드러내 보일 것이라고 말이다. "컴퓨터 부품들이 현재보다 엄청나게 작아질 수 없다고 이야기하는 물리법칙을 보진 못했습니다." 파인먼이 말했다. 그는 마찰 감소에 관한 문제를 언급했고, 양자역학 법칙이 중요해지는 영역에 대해 이야기했다.

파인먼은 더 작은 기계를 만들고, 각각의 기계가 마찬가지로 더 작은 기계를 만드는 기계를 상상했다. "보시다시피 이건 재료비가 전혀 들지 않습니다. 따라서 저는 엄청난 수의 작은 공장들, 서로 모형이 되는 것들 등등을 만들고 싶습니다." 파인먼은 각각 1,000달러 상금을 건 두 가지의 내기를 제안하며 강연을 마무리했다. 하나는 각 방향으로 2만 5,000배 줄여 현미경으로 읽을 수 있는 최초의 책을 만든 이에게, 0.4mm보다 작은 정육면체 크기의 작동하는 전기 모터를 만든 이에게 상금을 주겠다 제안했다.

캘테크의 학보 《공학과 과학》은 파인먼의 강연을 실었고, 널리 퍼져나갔다. (월간지 《파퓰러 사이언스Popular Science》는 "점보다 작은 자동차를 만드는 방법"으로 제목을 바꾸었다.) 20년 후 파인먼이 고안해내려고 했던 분야에 나노기술이라는 이름이 붙었다. 나노기술자들은 부분적으로 영감을 받기도 하고 어느 정도는 광기를 보이며, 정성을 기울여 소형 실리콘 기어를 만들어 이를 현미경 앞에 자랑스럽게 내보였다. 또 사람의 동맥 속을 헤엄치며 스스로 재생하는 소형 로봇 의사를 상상했다. 이들은 파인먼을 자신들의 정신적 아버지로 생각했다. 파인먼 자신은 이 주제로 되돌아가지 않았음에도 말이다. 미숙한 기계 감각으로 볼 때, 소형 기계는 1959년에 그랬던 것처럼 아득히 먼 미래의 일인 것 같았다. 물리학의 역학 법칙은 마찰, 점성 및 전기력이 파인먼이 상상했던 수많은 소형 공장들처럼 깔끔하게 크기가 줄어들지 않을 것이라 설명했다. 바퀴와 기어, 그리고 레버들은 서로 들러붙는 경향이 있었다. 개발된 소형 기계들은 파인먼이 예상했던 것보다 훨씬 더 능률적으로 정보를 저장하고 처리했다. 하지만 소형 기계들은 기계식이 아닌 전자식이었으며, 양자역학과 겨루는 것이 아니라 이를 이용하고 있었다. 1985년이 되어서야 파인먼은 소형 기록물에 1,000달러를 지불했다. 스탠포드 대학교의 대학원생이던 토머스 뉴먼Thomas H. Newman은 『두 도시 이야기』의 첫 페이지를 축소해 한 달 동안 파인먼이 대강 말했던 기법대로 거의 정확히 실리콘 위에 기록했다.

소형 모터는 그렇게 오래 걸리지 않았다. 파인먼은 현행 기술을 과소평가 했다. 현지의 공학자였던 윌리엄 맥렐런William McLellan은 2월에 학보《공학과 과학》의 기사를 읽었다. 6월까지 아무런 소식을 듣지 못하자, 그는 이 모터를 스스로 만드는 것이 낫겠다고 결정했다. 여가 시간에 작업하여 두 달이 걸렸는데, 시계 제작자용 선반과 미세 드릴 압축기를 사용하여 눈에 보이지 않는 구멍을 뚫고 약 12.7μm)굵기의 구리선을 감았다. 핀셋은 사용하기에 너무나 둔했다. 맥렐런은 뾰족하게 깎은 이쑤시개를 사용했다. 결과물은 100만분의 1마력짜리 모터였다.

11월 어느 날 맥렐런은 캘테크의 한 실험실에서 혼자 연구하던 파인먼을 찾아갔다. 맥렐런은 자신의 장치를 커다란 나무 상자 속에 넣어왔다. 파인먼의 눈이 게슴츠레해지는 것을 보았다. 왜냐하면 너무나 많은 괴짜들이 나타나 대개는 손바닥에 올려놓을 만한 장난감 자동차 엔진을 가져왔던 것이다. 맥렐런은 상자를 열고 현미경을 꺼냈다.

"우와" 파인먼이 입을 열어 감탄했다. 파인먼은 상금을 위한 자금 준비를 잊고 있었다. 파인먼은 맥렐런에게 개인수표를 써줬다.

파인먼의 온갖 지식

파인먼은 단순한 질문들을 놓아버릴 수 없었다. 파인먼은 세계가 어떻게 돌아가는지, 원자와 힘이 결합해 어떻게 얼음 결정과 무지개를 만드는지 같은 그림을 짜 맞추는데 대부분의 일상을 보냈다. 소형 기계로 이루어진 세상을 불러내면서, 파인먼은 수명이 짧은 기묘입자가 아니라 수명이 긴 분자 수준에서의 가능성들을 끊임없이 생각해냈다. 파인먼은 스스로 이론 물리학계의 일원임을 자청했고, 이들의 목표와 수사법을 받아들였다. 이를테면 파인먼은 미국 물리학회에게 소형화는 "기본 물리학('기묘입자란 무엇인가?'라는 의미에서 볼 때)"이 아니라고 변명하듯 말했다. 사실 파인먼이 속한 이론 물리학계는 입자가 충돌하는 찰나의 순간 일어나는 불꽃에서만 관찰될 수 있는 현상에 일종의 지적 우선권을 부여했다. 하지만 파인먼의 가슴 한편에서는 여전히 **기본**의 정의를 다르게 내리길 더 좋아했다. "우리가 이야기하는 것은 실재하고 가까이에 있습니다. 바로 자연이죠." 파인먼은 자신이 생각하기에 이해하기 어려운 현상에 대해 읽느라 너무 많은 시간을 들였던 인도의 어느 편지 발송인에게 이렇게 답장을 썼다.

단순한 대상을 다른 발상으로 이해하려고 해보면서 배워보세요. 언제나 정직하고 직접적으로 말이죠. 구름은 무엇 때문에 하늘에 떠 있는지, 낮에 별을 볼 수 없는 이유는 무엇인지, 왜 기름 덮인 물 위에 색이 나타나는지, 주전자에서 물을 부을 때 표면에 선들이 생기는 이유는 무엇인지, 왜 매달린 등은 앞뒤로 흔들리는지, 그리고 주변 어디에서든 만나게 되는 작고 수많은 대상들 모두에 대해 말이죠. 그 다음에 실제로 어떻게 설명하는지 알게 되었을 때, 그때에는 계속해서 좀 더 세밀한 질문들로 나아갈 수 있습니다.

필수로 들어야 하는 2년짜리 기초 물리학 수업은 캘테크의 학부 교육에서 첫째 원칙이었다. 1960년대에 이르자 대학은 한 가지 문제점을 인지했다. 이 과목이 식상해진 것이다. 구식 교수법이 너무 많이 남아 있었다. 전국의 고등학교에서 모인 똑똑하고 젊은 신입생들은 이미 상대성이론과 기묘입자의 수수께끼와 씨름할 준비가 되었고, (파인먼이 표현한대로) "스티로폼 공pith ball과 경사면[91]"에 대한 공부에 뛰어들었다. 전임 강사는 없었기에 여러 개로 나뉜 과목을 대학원생들이 가르쳤다. 1961년 대학은 교과 과정을 전면 개편하기로 결정하고 파인먼에게 이 과목을 맡아줄 것을 요청했다. 파인먼은 일주일에 두 번 강의를 하기로 했다.

물리학 역시 예외는 아니었다. 대부분의 대학 강의 계획서가 확고하게 굳어지는 동안, 현대 과학의 변화 속도는 점점 빨라졌다. 한 세대 전에도 그랬던 것처럼 물리학 또는 생물학 분야가 당면한 미개척 분야를 중심으로 학부생들을 키우는 것은 더 이상 불가능했다. 동시에 양자역학 또는 분자유전학이 학부 교육에서 누락된다면, 과학은 역사 과목이 될 위험에 처한 것 역시 마찬가지였다. 1학년 물리학 과정은 대체로 역사로 시작했다. 예컨대 고

---

91) 원문의 pith ball은 스티로폼 재질의 공에 전도성 페인트를 표면에 칠한 것으로 정전기 실험에 흔히 사용된다. 경사면은 기초 물리학의 역학 관련 문제에 자주 나오는 조건을 대표한다. 따라서 '스티로폼 공과 경사면'은 기초 물리학 중 전기학과 일반 역학과 같은 관례화된 전공 교양 과목으로 이해할 수 있다.

대 그리스의 물리학, 이집트의 피라미드와 수메르인들의 달력, 중세의 물리학에서 19세기 물리학까지. 대부분 일종의 역학으로 시작했다. 전형적인 교과는 다음과 같다.

1. 물리과학의 역사적 발전
2. 물리과학의 현황
3. 운동학Kinematics: 운동에 관한 학문
4. 동역학 법칙
5. 운동 법칙의 응용: 운동량과 에너지
6. 탄성과 단조화운동
7. 강체rigid body의 동역학
8. 강체의 정역학

등이며, 마지막 즈음에야 수업은

26. 원자와 분자

에 이르고, 시간에 쫓기듯 핵물리학과 천체물리학을 간단히 다룬다. 캘테크는 여전히 로버트 밀리칸이라는 권위자가 직접 만든, 한 세대가 지난 교과서를 사용하고 있었다. 즉 18~19세기 물리학에 온전히 매몰되어 있었다.

파인먼은 원자부터 시작했다. 왜냐하면 원자야말로 세계에 대한 인간의 이해가 시작하는 지점이었기 때문이다. 양자역학의 세계는 마치 구름이 떠다니고 기름기 있는 물에서 색채가 어른거리는 세계였다. 1961년 가을, 200명 가까운 신입생들이 강의실 강단 위에서 활짝 웃으며 앞뒤로 성큼성큼 걷는 물리학자로부터 이런 말을 들었다.

과연 세계의 전반적인 모습이란 무엇일까요?

만약 대재앙이 닥쳐서 모든 과학지식이 소멸되고, 다음 세대에 단 하나의 문장만 남길 수 있다면 최소한의 단어로 최대의 정보를 담을 만한 한마디는 무엇일까요? 저는 **만물은 원자로 구성되어 있다.**는 원자 가설(또는 **원자적 사실**, 아니면 여러분이 뭐라고 부르든)이라고 생각합니다. **적당히 떨어져 있을 때는 서로 끌어당기지만, 압축되듯 가까워지면 서로 밀어내면서 끊임없이 주변을 돌아다니는 작은 입자들** 말이죠. 여러분이 약간의 상상력과 사고력을 발휘한다면 이 한 문장 안에 세계에 대해 어마어마하게 많은 정보가 있다는 것을 알 수 있습니다.

"물방울 하나를 상상해 봅시다." 파인먼이 말했다. 파인먼은 길이 비율을 통해 학생들을 미시세계 속 여행으로 데려갔다. 물방울을 지름이 12m가 될 때까지 확대하고, 그 다음 24km로, 그리고 바글거리는 분자들이 눈에 들어올 때까지 250배 계속 확대했다. 확대된 물방울 속 각각의 분자는 한 쌍의 수소 원자가 더 큰 산소 원자 하나에 마치 양 팔을 두른 것처럼 달라붙어 있었다. 파인먼은 분자들을 붙드는 힘과, 분자들을 떼어놓는 서로 상반된 힘들에 대해 이야기했다. 파인먼은 열, 압력, 팽창, 증기를 움직이는 원자로 설명했다. 얼음은 분자들이 고정된 결정 배열 속에 붙들려 있는 상태로 묘사했다. 파인먼은 공기 중에 있는 물 표면이 산소와 질소를 흡수하고 증기를 내보내고 있다고 말했는데, 곧바로 평형과 비평형이라는 주제를 제기했다. 아리스토텔레스와 갈릴레오, 지렛대와 발사체 대신 파인먼은 어떻게 원자가 우리 주위의 물질을 만들고, 물질이 왜 그렇게 반응하는지에 대해 손끝에서 느낄 만한 감을 만들어나갔다. 용해와 침전, 불과 냄새로 계속 나아가며 원자 가설을 환원적인 종착점이 아니라 복잡성으로 나아가는 길로서 보여주었다.

만약 물이 (단지 작은 물방울에 불과하지만, 수 마일에 걸쳐 대지 위에 똑같이 있는) 파도와 거품을 일으키고, 시멘트를 칠 때 철썩 소리를 내고 이상한 무늬를 만들 수 있다면, 그리고 만약 이 모든 물줄기의 모습이 단지 원자들의 더미일 뿐이라면. **얼마나 더 많은 가능성이 있을까요?** 여러분 앞에서 앞뒤로 걸어 다니며 말하는 이 생물체가 아주 복잡한 배열을 이루는 원자 덩어리라는 것이 가능한 일일까요? 우리가 원자의 더미라고 말할 때는 **단지** 원자들이 쌓인 존재임을 의미하는 것이 아닙니다. 왜냐하면 하나의 원자에서 다른 원자로 반복되지 않은 원자들의 더미는 거울에 비친 여러분의 모습을 볼 가능성이 없기 때문입니다.

파인먼은 원자폭탄 프로젝트 이후 어느 때보다 더 열심히 일하고 있다는 사실을 깨달았다. 가르치는 일은 자신이 세운 목표 중 하나일 뿐이었다. 또 파인먼은 자신이 받아들인 물리학의 모든 지식을 정리하길 원하고 있다는 점도 깨달았다. 미진하게 남겨두었다 생각했던 모든 상호 연관성을 찾을 수 있을 때까지 자신의 지식들을 끝까지 뒤집어 보길 원했다. 마치 지도를 그리는 것처럼 느꼈다. 사실 한동안 파인먼은 지도 하나를 실제로 그리려고 생각했는데, 그가 표현한 바로 "당황한 이들을 위한 안내서"라는 이름의 도표였다.

캘테크의 물리학과 교수 및 대학원생으로 이루어진 팀은 당황한 이들을 위한 파인먼의 안내서가 형태를 갖추어 감에 따라, 계속해서 문제집과 보충 자료를 고안하며 재빨리 보조를 맞췄다. 팀원들은 파인먼의 강의가 끝난 후 점심시간에 만나 수수께끼 같은 쪽지 한 장에 적힌 내용들을 짜 맞췄다. 파인먼의 목소리에는 소박한 감상이 담겨 있었음에도, 기법보다는 발상에 역점을 두었다. 파인먼은 수업을 빠르게 진행했다. 따라서 동료 물리학자들은 파인먼이 멀리 앞서나가면 이에 뒤처지지 않기 위해 노력해야 했다.

모든 물리학 과목이 해당 학문의 역사를 개괄하듯, 파인먼도 그렇게 했다. 하지만 수메르나 그리스의 역사를 살펴보는 대신 파인먼은 (두 번째 강의에서) "1920년 이전의 물리학"으로 압축해서 설명하기로 했다. 30분도 채 지나지 않아 파인먼은 빠르게 양자물리학으로 여행하고 있었고, 그런 다음 겔만과 니시지마의 이론에 따른 핵과 기묘입자들로 나아갔다. 이것이야말로 많은 학생들이 듣고 싶어 하던 수업이었다. 하지만 파인먼은 학생들에게 쉽다는 느낌을 남겨주길 원하지 않았기에, 미시 수준에서 가장 기본적인 법칙들이나 해결하지 못한 문제들을 곁들였다. 파인먼은 과학 분야를 나누는 인위적인 경계를 가로지르는 또 다른 문제를 제시했다.

"이것은 새로운 기본입자를 찾는 일이 아닙니다. 오래전부터 해결되지 않은 채 남겨진 문제입니다." 바로 **순환류나 난류**turbulent fluid를 분석하는 일입니다. 별의 진화 과정을 살펴볼 때, 대류가 시작되려 하는 지점을 추론할 수 있고 그 이후 어떤 일이 발생할지 더 이상 짐작해볼 수 없는 시점도 찾아옵니다. 우린 날씨를 분석하지 못합니다. 지구 내부에 존재하는 움직임의 패턴도 알지 못합니다.

아무도 이런 혼돈을 원자력의 제1원리나 유체의 흐름으로부터 도출해내지 못했다. 파인먼은 신입생들에게 단순한 유체 문제는 교과서용일 뿐이라고 말했다.

우리가 정말로 할 수 없는 작업은 실제로 배관 속을 흐르는 축축한 물을 다루는 일입니다. 바로 이게 우리가 언젠가 해결해야 할 가장 중요한 문제입니다.

파인먼은 강의를 완성된 드라마처럼 기획했다. "자, 시간이 다 됐습니다. 다음 시간에 이어서 이야기 하겠습니다." 이렇게 말하면서 수업을 끝내고 싶진 않았다. 파인먼은 도표와 방정식들이 미닫이형 2단 칠판에 가득 차도록 너무나 정확히 시간을 맞췄다. 마치 판서를 마친 모습을 처음부터 자신의 머릿속에 담고 있었던 것 같았다. 촉수가 달린 큰 주제들은 과학의 구석구석으로 촉수를 펼쳐 나갔다. 에너지 보존, 시간과 거리, 확률…. 한 달이 채 안 되어 파인먼은 물리 법칙의 대칭성에 관한 깊은 주제를 적시에 소개하는 데까지 나아갔다. 에너지 보존에 대한 접근 방식은 흥미로운 사실을 보여주었다. 이 원리는 현재 연구 중인 이론 물리학자의 의식과 결코 동떨어진 것은 아니었지만, 대부분의 교과서는 이 원리를 역학적 에너지나 열역학의 마지막 부분까지 미루고 있었다. 우선 대부분의 교과서는 마찰로 에너지가 불가피하게 유출되기 때문에 **에너지가 보존되지 않는다**고 언급한다. 아인슈타인의 물질과 에너지 등가가 원리로 완전히 제 역할을 할 때까지는 말이다.

파인먼은 대개 에너지 보존을 출발점으로 삼아 보존 법칙을 논의했다. (결과적으로 강의 계획서는 속력, 거리 및 가속도와 같은 주제에 이르기 몇 주 전에 전하, 중입자baryon 및 렙톤의 보존을 배운다고 언급했다.) 파인먼은 천진난만한 비유를 들었다. '스물여덟 개의 블록을 가진 아이를 상상해봅시다.' 파인먼이 말했다. "매일 하루가 끝날 무렵 아이 엄마는 블록 수를 셉니다. 엄마는 블록 수의 보존이라는 기본적인 법칙을 발견합니다. 블록은 언제나 스물여덟 개인 거죠. 어느 날 엄마는 스물일곱 개의 블록만을 발견했지만 세심하게 조사해보니 양탄자 아래에 하나가 있습니다. 또 다른 날 스물여섯 개의 블록만 찾았지만, 창문은 열려 있고 두 개가 밖에 떨어져 있었습니다. 그 다음 스물다섯 개를 찾았지만 방에 있던 상자와 각각의 블록 무게를 달아보고는 상자 안에 블록이 세 개 있을 것이라고 추측합니다. 모험은 계속됩니다. 블록은 욕조의 탁한 물 바닥에 가라 앉아 있을 수도 있습니다. 수위의 변화로 블록 수를 추론하려면 계산이 더 필요합니다. 엄마가 경험하는 세계의 복잡성이 점점 증가하면 그녀는 들여다볼 수 없는 장소에 블록이 몇 개 있는지 계산하는 방법을 기술하는 일련의 항 전체를 알아낼 수 있습니다." 파인먼이 말했다. "한 가지 차이점이 있습니다." 파인먼이 강조하며 말했다. "에너지의 경우, 블록은 없습니다. 단지 한 세트의 추상적이며 점점 더 복잡해지는 공식만 있을 뿐입니다. 결국 이 공식들로 물리학자들은 언제나 출발점으로 되돌아가야 하는 것이죠."

생생한 비유와 폭넓은 주제와 더불어 계산도 즉시 이루어졌다. 에너지 보존을 이야기한 1시간짜리 수업에서 파인먼은 학생들이 중력장에서의 위치에너지와 운동에너지를 계산하게 했다. 일주일 후, 양자역학의 불확정성 원리를 소개하며 파인먼은 자연을 기술할 때 나타나는 "본질적인 모호함"이라는 철학적인 드라마를 전달했을 뿐만 아니라 교란되지 않은undisturbed 수소 원자[92]의 확률 밀도에 대한 계산도 함께 가르쳤다. 파인먼은 아직 속력, 거리 및 가속도의 기초에 이르지도 않았다.

파인먼의 동료들은 연습문제를 만들면서 신경이 곤두설 수밖에 없었다. 반년이 채 지나지 않아 파인먼은 상대론적 시공간의 기하학에 대한 수업을 진행하면서 입자 도표, 기하 변환 및 4차원 벡터 대수학까지 모두 내포된 내용을 설명했다. 이 내용은 대학 신입생에게 어려웠다. 파인먼은 수학과 함께 거울 속으로 뛰어든 앨리스처럼 자신의 "두뇌"를 도표들 속에 배치하면서 이런 문제들을 어떻게 시각화했는지에 대한 감각을 전해주고자 했다. 파인먼은 학생들에게 물체의 겉보기 너비와 겉보기 깊이를 상상해보라며 설명을 시작했다.

물체의 **겉보기 크기**는 우리가 **어떻게** 바라보느냐에 달려 있습니다. 따라서 우리가 새로운 위치로 이동할 때, 뇌는 즉시 너비와 깊이를 다시 계산합니다. 하지만 빠른 속력으로 움직일 때 좌표와 시간을 곧바로 재계산하지는 않습니다. 그 이유는 우리가 광속에 가깝게 이동해본 경험이 없으므로, 시간과 공간이 마찬가지로 동일한 본성을 지닌다는 사실을 제대로 인식할 수 없기 때문입니다.

학생들은 이따금 겁을 먹었다. 반면 파인먼은 물리학 입문 과목의 일반적인 수업 방식으로 되돌아가기도 했다. 파인먼이 질량 중심과 회전하는 자이로스코프gyroscope[93]를 설명할 때, 경험 많은 물리학자들은 파인먼이 학생들에게 수학적 기법뿐만 아니라 독창적인 물리학의 이해도 전달하려 한다는 것을 알아차렸다. 팽이가 손끝에서 똑바로 서 있다가 중력이 팽이 축을 아래로 당김에 따라 서서히 원을 그리는 이유는 뭘까? 물리학자들조차 자이로스코프가 보이지 않을 정도의 작은 거리를 "낙하"함으로써 시작했다는 파인먼의 설명을 듣고서야 그 이유를 처음 배웠다고 여겼다. (파인먼은 학생들이 자이로스코프를 기적 같은 일이라고 생각하도록 놔두고 싶지 않았다. "이건 **분명히** 경이로운 현상이지만 기적은 아닙니다.")

---

92) 외부의 장과 상호작용이 없는 안정한 상태의 수소 원자.
93) 회전할 수 있는 바퀴 또는 원반으로 만든 장치. 방향을 측정 또는 유지하거나 각속도를 측정하는데 흔히 사용된다. 바퀴를 회전시키면 각운동량 보존 원리에 따라 회전축이 처음 회전하기 시작한 방향을 유지한다. 이런 특성은 비행체의 관성항법 장치에도 활용된다.

과학의 어느 영역도 금지되지 않았다. 다른 분야의 전문가들과 상의한 후, 파인먼은 눈의 생리학과 색각color vision의 생리화학에 대해 두 번의 강의를 진행하여 심리학과 물리학 사이의 깊은 관련성을 만들었다. 파인먼은 대학원 시절 휠러 교수와 함께 연구했던 주제인 앞선 퍼텐셜과 뒤처진 퍼텐셜에 기인하는 시간 및 장에 관한 관점을 설명했다. 파인먼은 최소작용의 원리에 대한 특강을 진행했는데, 고등학교 시절 베이더 선생님에 대한 기억(공이 어떤 경로를 따를지 어떻게 알까?)으로 시작해 양자역학에서의 최소작용으로 끝맺었다. 파인먼은 시계태엽이 풀리지 않게 방지하는 가장 단순한 기계 장치인 래칫과 멈춤쇠에 강의 시간 전체를 할애했다. 하지만 이 강의는 가역성과 비가역성, 무질서와 엔트로피에 대한 수업이었다. 파인먼은 수업을 끝내기 전에 래칫과 멈춤쇠의 거시적인 움직임을 구성 원자의 수준에서 발생하는 사건들과 관련지었다. 래칫 한 개의 역사는 우주의 열역학적 역사이기도 했다. 파인먼이 다음을 제시했다.

래칫과 멈춤쇠는 한쪽 방향으로만 작동합니다. 그 이유는 이 장치가 우주의 나머지 부분과 궁극적으로 접촉하고 있기 때문이죠. 왜냐하면 지구에서 우리는 냉각되고 태양으로부터 열을 얻기 때문에, 우리가 만드는 래칫과 멈춤쇠는 한쪽 방향으로 회전할 수 있습니다. 우주 역사의 시작에 대한 신비가 추측에서 과학적인 이해로 훨씬 더 나아갈 때까지는 완전히 이해할 수 없습니다.

그의 강의는 대단한 업적이었다. 학기가 끝나기도 전에 과학계에 강의에 대한 소문이 퍼졌다. 하지만 신입생을 위한 것은 아니었다. 몇 달 후 파인먼은 시험 결과에 충격을 받고 의욕이 꺾였다. 그럼에도 한 해가 지난 후 대학에서는 2학년이 되는 같은 학생들을 계속 가르쳐 달라고 파인먼에게 부탁했다. 파인먼은 그렇게 했다. 마침내 양자역학의 보충강의를 상세하게 가르치려 했다. 그는 또다시 일반적인 순서를 뒤집었다. 캘테크의 다른 물리학자 데이비드 굿스타인David Goodstein[94]은 훗날 이렇게 말했다. "최근에 당시 학생이었던 이들과 이야기를 해보니 흐릿한 기억을 떠올리면서 모두가 파인먼 교수로부터 직접 배운 2년간의 물리학 수업은 일생일대의 경험이었다고 제게 말하더군요." 하지만 현실은 달랐다.

수업이 진행될수록 강의에 참석하는 학생 수가 놀랄만큼 줄기 시작했다. 하지만 동시에 점점 더 많은 교수들과 대학원생들이 참석해 교실은 여전히 꽉 찼다. 그렇기에 파인먼은 자신이 의도한 청중을 잃고 있다는 것을 전혀 알지 못했다.

이것은 파인먼의 기준에 맞추어진 세계였다. 뉴턴 이래 어느 과학자도 그렇게 관습에 얽매이지 않고 야심차게 세계에 대한 지식, 곧 자신의 지식과 과학계의 지식을 방대하게 적지 않았다. 강의는 로버트 B. 레이턴Robert B. Leighton[95]과 매튜 샌즈를 비롯한 다른 물리학자들에 의해 유명한 "빨간책", 세 권짜리 『파인만의 물리학 강의』로 출판되었다.

전 세계의 대학들이 이 책을 교과서로 채택하려고 했다. 하지만 좀 더

---

94) 미국 물리학자이자 교육자. 굿스타인은 역사학을 전공한 부인 주디스 굿스타인과 함께 파인먼이 1964년 3월 '태양 주위의 행성 운동에 관하여'라는 주제로 강의한 내용을 『파인만 강의』로 펴냈다. 수 년간 강의 자료가 분실되어 『파인만의 물리학 강의』에 포함되지 못한 자료가 정리되어 있다.

95) 미국의 실험 물리학자이자 천체물리학자. 58년간 캘테크에서 학생부터 교수까지 거치며 고체 물리학, 우주선 물리학, 입자물리학, 태양과 행성을 포함한 전파 천문학 분야를 연구했다.

강의하기 쉽고 덜 급진적인 대안을 찾아 이를 불가피하게 포기했다. 하지만 실제 교과서와 달리 파인먼의 강의록은 한 세대 후에도 꾸준히 판매되었다.

강의록 각 권에는 와이셔츠를 입고 신나게 봉고 드럼을 치는 파인먼의 사진을 넣었다. 파인먼은 이를 후회했다. 봉고 연주자로 또다시 소개되자 이렇게 말했다. "이상한 일이죠. 제가 드물게 공식적인 자리에서 봉고를 연주해달라는 요청을 받을 때마다, 사회자는 제가 이론 물리학 연구도 한다는 걸 말할 필요를 못 느끼는 것 같거든요. 아마 사람들이 과학보다 예술을 더 존중하기 때문이라 생각합니다." 그런데 또 다른 사람("이론 물리학이 설명하는 어려운 문제를 제시하는데 인간적으로 접근하길" 원했던 스웨덴의 어느 백과사전 발행인)이 해당 사진의 사본을 요청하자 파인먼은 폭발했다. 파인먼은 휘갈겨 썼다.

담당자께

제가 드럼을 치는 것과 이론 물리학은 아무런 관련이 없습니다. 이론 물리학은 인간적인 노력이고, 인간이란 존재가 한 단계 더 높이 성장한 모습입니다. 그러니까 이론 물리학을 하는 사람이 소수의 다른 사람들이 하는 것(봉고를 연주하는 것처럼)도 한다는 걸 보여줌으로써 인간적이라는 것을 끊임없이 입증하려는 요구는 저를 모욕하는 일입니다.

저는 당신이 지옥에나 가라고 말할 정도로 이미 충분히 인간적입니다.

탐험가와 관광객

"설명이란, 실제로 어떤 것을 배웠다면 좀 더 세밀한 질문들로 나아갈 수 있는 것입니다." 파인먼이 말했다.

느릿느릿 진행하는 철학. 설명이란 무엇인가? 과학과 과학자들은 설명을 실행하는 일을 독차지했지만, 이론을 주로 철학자에게 넘겼다. 그 **질문**이라는 것은 철학자들의 영역에 속하는 것처럼 보였다. "이 질문과 더불어 철학이 출발했고 이 질문과 함께 철학은 끝날 겁니다. 이 질문이 무기력한 쇠퇴 속에서 끝나는 것이 아니라 위대함으로 끝난다면 말입니다." 마르틴 하이데거Martin Heidegger의 말이다. 철학자들을 지지했던 다수의 학자들 사이에서, 무기력한 쇠퇴가 어김없이 진행 중이라고 믿었던 파인먼은 설명을 이루는 것이 무엇인지, 설명을 정당화하는 것은 무엇이며, 어느 현상이 설명을 요구하고 요구하지 않는지에 대한 견해를 자신이 개발해야 한다는 점을 깨달았다.

비록 **설명항**과 **피설명항**이라는 용어가 그에게는 생경한 언어였음에도 파인먼이 이해하는 설명이란 용어의 의미는 현대 철학의 주류로부터 멀리 벗어나 있지 않았다. 대부분의 철학자들처럼 파인먼도 근본적이고 일반화하는 "법칙"을 요구할 때 설명이 가장 만족스럽다는 것을 알게 되었다. 어떤 대상이 그러한 것은 비슷한 종류의 다른 대상들이 모두 그런 방식이기 때문이다. '화성이 태양 주위를 타원으로 도는 이유는 뭘까요?' 파인먼은 1964년 코넬 대학교에서 주최한 연속 초청 강연에서 질문했다(그리고 철학의 영역으로 깊이 나아갔다). 파인먼은 표면적으로 중력 법칙을 이야기하며 시작했다. 하지만 강연의 주제는 '설명' 그 자체였다.

모든 위성은 타원궤도를 돌고 있습니다. 왜일까요? 그 이유는 물체가 단독으로 떠났을 때 직선으로 이동하려는 경향(관성의 법칙)이 있고, 이 변하지 않는 운동과 중력의 중심(중력 법칙에 의해)으로 작용하는 힘의 결합이 타원을 만들기 때문입니다. 중력 법칙을 입증하는 것은 무엇일까요?

파인먼은 실용적인 것과 미적인 것의 혼합인 과학자의 현대적인 관점을 설파했다. 그렇게 아름다운 법칙이라도 일시적이라고 충고했다. 뉴턴의 중력법칙은 아인슈타인의 법칙에게 자리를 내주었고, 필요한 양자 수정quantum modification은 지금까지도 물리학자들이 이해하지 못했다.

우리가 아는 다른 모든 법칙들도 마찬가지로 정확하지 않습니다. 언제나 신비의 가장자리가 있고, 아직 우리가 서성이며 일할 곳은 어디나 있습니다. 이런 모습이 자연의 특성일 수도 혹은 아닐 수도 있지만, 이건 오늘날 우리가 아는 것처럼 틀림없이 모든 법칙에 공통입니다.

하지만 미완성의 형태로도 중력의 법칙은 아주 많은 것을 설명했다. 중력의 법칙은 열성적인 과학자들이 사실이라 입증했다. 이 작은 수학 꾸러미는 16세기 티코 브라헤Tycho Brahe[96])가 매일 밤 행성들을 관찰한 결과를 **설명**했고, 갈릴레오가 경사면을 따라 내려오는 공을 자신의 맥박으로 시간을 재어 측정한 결과를 **설명**했다. '행성들은 낙하하고 있다'라고 뉴턴은 추론했다. 다시 말해 달은 지상의 발사체와 같은 힘을 받고 있으며, 이 힘은 거리의 제곱에 따라 약해진다는 것이었다. 법칙은 **원인**이 아니다. 철학자들은 여전히 이 둘을 구분하느라 씨름했지만, 법칙은 단순한 서술 이상의 것이다. 법칙은 설명되는 대상에 선행하지만, 시간이 아니라 보편성이나 이해의 깊이에 있어서 선행한다. 동일한 중력의 법칙은 달의 방향 및 반대방향을 향해 발생하는 밀물과 썰물이 대칭적으로 발생하는 현상을 설명하고, 새롭게 측정한 목성의 달 궤도를 설명했다. 이런 법칙들은 새롭게 예측하여 과학자들이 실험실에 정교하게 매달린 공에 대한 실험이나, 100조 배 더 큰 회전은하의 관찰에 대한 사실 또는 거짓을 입증할 수 있다. "정확히 동일한 법칙이"

파인먼은 적절한 표현을 찾으려고 애를 쓰며 말을 덧붙였다.

자연은 가장 긴 실만 사용해서 자연의 무늬를 짜기 때문에, 각각의 작은 천 조각은 완성된 직물의 구조를 드러내 보입니다.

'한편 운동하는 물체가 영원히 직선으로 이동하는 경향을 보이는 **이유**는 뭘까요? 그건 아무도 모릅니다'라고 파인먼이 말했다. 어느 정도 깊이 들어간 단계에서 설명은 마무리되었다.

"과학은 철학을 배척한다." 앨프리드 노스 화이트헤드Alfred North Whitehead[97]가 말했다. "다시 말해 과학은 과학의 진리를 정당화하거나 그 의미를 설명하는데 결코 주의를 기울인 적이 없다." 파인먼의 동료들은 이 무뚝뚝하고 거침없이 말하는 실용주의 용사를, 정당성을 입증하려 하기보다는 **행동하는** 완벽한 반反철학자라 평가하길 좋아했다. 파인먼의 수사법은 동료들에게 힘을 실어주었다. 파인먼은 양자역학의 역설에서 생겨나는 '**실재란 무엇인가?**'와 같이 모두가 언급하는 고찰에 대한 인내심이 부족했다. 하지만 파인먼은 철학을 물리칠 수 없었다. 파인먼은 자신과 동료들이 찾던 진리의 타당성을 보여줄 방법을 찾아야 했기 때문이다.

현대 물리학은 원인에 대한 결과를 명료하게 연결하는 법칙 체계나, 완

---

96) 덴마크 귀족출신의 천문학자 및 작가. 육안으로 달, 목성, 토성의 움직임을 관찰하고 혜성과 초신성을 관측하고 기록했다. 정밀하고 방대한 천체 운동의 관측 자료는 브라헤의 사망 후 조수였던 케플러가 이어받아 세 가지 행성법칙을 발견하는데 밑바탕이 되었다.

97) 영국의 수학자이자 철학자. 과학과 다른 철학 고유의 역할과 과제를 간파하여, 과학에서 유효한 사고방식이나 방법을 철학에 그대로 적용하는 것이 아니라 철학 나름의 적합한 방법을 발전시켜야 한다는 입장을 취했다. 수학자겸 철학자였던 제자 버트런드 러셀과 함께 수학적 논리학에 관한 기초적인 저작 『수학의 원리Principia Mathematica』를 펴냈다.

벽한 논리적 일관성과 결합하고 추론된 법칙 체계, 또는 사람들이 보고 느끼는 대상에 뿌리내린 법칙 체계를 발견할 어떤 가능성도 쫓아내버렸다. 철학자들에게 앞서 언급한 상황은 전부 설명에 도움이 되는 타당한 법칙의 표시였다. 하지만 이제는 입자가 붕괴할 수도 그렇지 않을 수도 있었고, 전자가 칸막이에 있는 슬릿을 통과하거나 아니면 통과하지 않을 수도 있었다. 최소 작용의 원리와 같은 최소한의 원리는 힘과 운동에 관한 법칙에서 유도되거나, 이런 법칙들이 최소 작용 원리에 의지했다. 그런데 누가 논리적인 확실성으로 말할 수 있었을까? 그리고 과학의 기본 소재는 거침없이 더욱 추상화되었다. 물리학자 데이비드 파크David Park의 말이다. "오늘날 근본적인 물리 이론에 등장하는 존재들은 어느 것도 감각으로 파악되지 않는다. 게다가 실험실이 규정한 시간과 공간에서 움직이는 대상들, 심지어 눈에 보이지 않는 대상들에 대해서 명백히 **아무런** 설명도 할 수 없는 현상이 존재한다."

이 모든 전통적인 덕목들이 제거된 (더 비관적으로 말하자면 여전히 부분적으로 필요하지만 부분적으로 제거된) 상황에서 설명의 본질에 대한 새로운 이해를 구축하는 일은 과학의 몫으로 남게 되었다. 적어도 파인먼은 그렇게 주장했다. 예컨대 파인먼은 탐험가가 떠난 뒤에 찾아오는 관광객들처럼 철학자들은 언제나 한 박자 늦다고 말했다.

과학자들도 나름의 무분별함을 지니고 있었다. 이론을 검증하는 유일하고 정확한 방법은 타당한 숫자들, 실험 결과와 일치하는 숫자를 산출하는 능력이라는 것이라고 양자역학 시대에 흔히 이야기되었다(파인먼의 말이다). 20세기 초 미국의 실용주의는 MIT에 있던 슬레이터 교수와 같은 견해를 낳았다. 예컨대 "실험 결과를 정확하게 예측하는 능력에 영향을 주지 않는 이론을 향한 의문들은 말 트집 잡는 것처럼 보인다." 그렇지만 파인먼은 이론이 과학자에게 무엇을 의미하는지에 대해 순수하게 기능적인 관점에서 공허감을 느꼈다. 파인먼은 이론이 사실 철학이라고 일컫는 정신적인 짐을 가득 싣고 있다고 인정했다. 파인먼은 다음을 정의하는데 애를 먹었다. 이를 테면 "법칙의 이해", 혹은 "사람이 손에 법칙을 담는 방식"과 같은 것들 말이다. 실용주의적인 과학자의 제안처럼 철학이 손쉽게 폐기되어서는 안됐다.

'마야의 천문학자를 생각해 봅시다'하고 파인먼이 제안했다. (파인먼은 멕시코의 아주 오래된 고문서를 해독하는 일에 점점 관심을 갖게 되었다. 이 고문서는 막대와 점들로 이루어진 긴 표에 해, 달, 및 행성의 움직임에 대한 복잡한 지식을 기록했던 상형문자 필사본이다. 부호와 수학 그리고 천문학, 결국 파인먼은 캘테크에서 마야의 상형문자 해독에 대한 강의를 했다. 후에 머리 겔만이 세계의 언어에 관한 6회 연속 강의로 "대응했다"라고 파인먼은 언급했다.) 마야인들은 자신들의 관찰 결과를 설명하고 먼 미래까지 예측하는 천문학 이론을 만들었다. 현대의 실용주의적인 정신에서 볼 때 이는 하나의 **이론**이었다. 이 일련의 규칙은 지극히 기계적이어서 제대로 따랐을 때 정확한 결과를 낳기 때문이다. 하지만 이 규칙은 일종의 이해가 부족한 것처럼 보였다. "마야인들은 어떤 수를 세고 몇 개의 숫자를 빼는 등" 파인먼이 말했다. "달이 무엇인지에 대한 논의는 없었습니다. 머리에서 맴돌았던 발상에 대해서도 논의는 없었던 거죠. 이제 한 '젊은이'가 새로운 생각을 품고 천문학자에게 접근합니다. 만약 저 멀리서 돌멩이를 땅으로 잡아당기는 힘과 같은 힘의 영향을 받으며 움직이는 돌멩이가 있다면 어떻게 될까요? 아마도 천체의 움직임을 계산하는 다른 방법을 제시해줄지도 모릅니다. (파인먼은 새롭고 절반쯤 형태를 갖춘 물리적 직관을 지닌 채 윗사람에게 맞섰던 한 젊은이에 대한 기억을 틀림없이 갖고 있었다.)

천문학자가 대답합니다. "그래요, 그럼 일식과 월식을 얼마나 정확하게 예측할 수 있죠?" 젊은이가 말합니다. "아직 이론을 그렇게 많이 개발하진 못했습니다." 그러자 천문학자가 말하죠, "좋습니다, 우리는 젊은이 혼자 모형을 가지고 계산할 수 있는 것보다 더 정확하게 일식과 월식을 계산할 수 있습니다. 그러니까 젊은이는 자신의 발상에 주의를 기울여서는 안 됩니다. 그 이유는 수학 체계가 분명히 더 낫기 때문이죠."

대안 이론들이 동일한 관찰을 그럴듯하게 설명할 수 있다는 관념은 과학자들의 기본 철학에 중심적인 위치를 차지하게 되었다. 철학자들이 이 개념을 따라잡기 시작하면서 이를 경험동등성empirical equivalence이라 부르게 되었다. 최근의 양자역학 역사는 하이젠베르크와 슈뢰딩거 해석의 경험동등성을 중심으로 삼았다. 상당히 달라 보이는 이론에 대한 경험동등성은 다이슨이 파인먼과 슈윙어의 양자전기역학을 다루었던 것처럼 수학적으로 입증될 수 있었다. 과학자들은 대개 숙고하지 않고도 경험적으로 동등한 이론들이 수학과 논리에도 불구하고 다른 결과를 낼 수 있다는 것을 알고 있었다.

특히 파인먼에게 대안 이론들 사이의 긴장은 창의력이자 새로운 지식을 만들어내는 원동력으로 기여했다. 파인먼은 어느 모형이 어떤 원리로부터 유도될 수 있는지, 어느 모형이 서로 간에 유도될 수 있는지를 파악하는 일에 현존하는 어느 물리학자보다도 더욱 특별한 능력을 보였다. 1948년 어느 날 파인먼이 칠판 앞에 서서 양자전기역학에 관한 열띤 토론을 가로막고는 다이슨에게 색다른 내용을 설명했다. 파인먼은 빠르게 개요를 설명하며 19세기의 맥스웰 장 방정식(전기와 자기에 관한 고전적인 이해를 담은)들을 새로운 양자역학으로부터 거꾸로 유도했다. 아인슈타인은 맥스웰 방정식으로 시작해 관찰자의 관점을 이동하여 자신의 상대성 이론에 도착했던 반면, 파인먼은 갑자기 역사에 반하는 삐딱한 성미가 도져 반대로 거슬러 갔던 것이다. 파인먼은 장이나 파동, 상대성뿐만 아니라 심지어 빛 자체에 대한 개념조차

없이 양자역학의 기이한 규칙을 따르는 단일 입자만 있는 진공에서부터 시작했다. 다이슨의 눈 앞에서 파인먼은 불확정성과 측정불가능성이라는 수수께끼를 지닌 새로운 물리학에서 편안함을 주는 이전 세기의 정확성까지 수학적으로 거슬러 나아갔다. 파인먼은 맥스웰의 장 방정식이 기초가 아니라 새로운 양자역학의 결과임을 보여주었다. 몹시 놀란 데다 깊은 인상을 받은 다이슨은 파인먼에게 논문으로 발표하라 재촉했다. 파인먼은 단지 웃고는 "아, 아니지, 그 정도는 아냐"라고 말했다. 다이슨이 나중에 이해했던 것처럼, 파인먼은 "기존의 물리학이라는 틀을 벗어난" 새로운 이론을 만들어내려고 애를 쓰고 있었다.

파인먼의 동기는 새로운 이론을 발견하는 것이지, 이전의 이론을 재발명하는 것이 아니었다. 파인먼의 목적은 입자 동역학의 우주를 가능한 한 폭넓게 탐구해보는 것이었다. 파인먼은 가능한 한 최소한의 가정을 원했다.

머릿속에 있는 다른 이론들을 마음대로 부릴 수 있는 이론가는 이론이 바뀔 때가 되면 창조적인 이점을 지닌다고 파인먼은 주장했다. 경로적분으로 양자역학을 체계화하는 일은 다른 체계화 방식과 경험적으로 동등했고, 거기에 더해 (결코 모든 것을 알지 못하는, 신이 아닌 인간 물리학자임을 고려하면) 아직 탐구되지 않은 과학의 영역을 좀 더 자연스럽게 적용할 수 있었다. 파인먼은 다른 이론들이 물리학자에게 "답을 알아내는 다른 발상"을 주는 경향이 있다고 말했다. 더구나 20세기의 역사는 뉴턴의 이론처럼 우아하고 순수한 이론조차도 교체될 때에는 약간의 수정만으로는 충분하지 않을 수 있음을 보여주었다.

약간 다른 결과를 도출해낼 대상을 얻으려면 완전히 달라져야 합니다. 새로운 법칙을 진술할 때 완벽한 대상에 대해 불완전할 수는 없습니다. 그러니까 또 다른 완벽한 대상을 만들어야 합니다.

파인먼은 외과 의사가 수술용 칼을 이해하는 것처럼 설명에 대해 파악하길 원했다. 파인먼은 실용적인 검사법으로 개발한 학습법이 있었기에 물리학에서 새로운 발상을 판단할 때면 이를 적용했다. 예컨대 이 발상이 원래의 문제와 무관한 대상을 설명했는지를 판단하는 것이다. 파인먼은 젊은 이론가에 도전하곤 했다. 이를테면 '자네가 설명하려고 나서지 않았던 상황을 뭐라고 설명할 수 있을까?' 같이 말이다. 파인먼은 '왜?'라는 질문은 끝이 없으며 대상에 대한 우리의 지식은 우리가 사용하는 언어와 분리될 수 없다는 것을 알고 있었다. 설명을 만들며 적용하는 단어와 비유들은 이미 설명된 대상과 어쩔 도리 없이 연결되어 있다. 결국 **설명항**과 **피설명항**은 분리될 수 없다. BBC의 인터뷰 진행자, 크리스토퍼 사이크스는 언젠가 파인먼에게 자석을 설명해달라고 요청했다. "자석 두 개를 쥐고 밀면 자석 사이에서 밀어내는 것을 느낄 수 있습니다. 자 그럼 이게 뭘까요? 이 두 자석 사이에서 느낄 수 있는 것 말입니다."

"무슨 뜻이죠, 그 느낌이란 뭔가요?" 파인먼은 투덜거리듯 말했다. 회색 물결을 이루며 멋지게 빗질된 파인먼의 머리카락은 서서히 탈모가 진행되고 있었다. 어느 때보다 더 장난스럽게 곱슬곱슬한 한 쌍의 짙은 눈썹 위로 넓은 이마가 보였다. 옅은 청색 셔츠의 단추를 푼 채로 두었다. 펜 하나와 안경집은 늘 그렇듯 앞주머니에 꽂혀 있었다. 카메라 촬영을 멈춘 상태에서, 방어적인 어조가 진행자의 목소리에 실렸다.

"글쎄요, 거기에 뭔가 있습니다. 그렇지 않은가요? 이 감각은 이 자석

두 개를 서로 밀 때, **거기**에 뭔가 있다는 겁니다."

"제 질문을 들어보세요", 파인먼이 말했다. "**느낌**이 있다고 말하는 건 어떤 의미인가요? 물론 그걸 느끼시겠죠. 자 그럼 뭘 알고 싶으신 겁니까?"

"제가 알고 싶은 것은 이 두 금속 조각 사이에 무슨 일이 벌어지고 있는가 입니다."

"자석이 서로 밀어내고 있군요."

"하지만 이게 무엇을 **의미**할까요? 혹은 이 두 자석이 **왜** 서로 밀어낼까요? 아니면 **어떻게** 이런 움직임을 보일까요?" 파인먼은 안락의자에서 자세를 바꾸었고, 진행자는 덧붙였다. "제 생각엔 이게 묻기에 지극히 합당한 질문이라는 걸 말씀드려야겠습니다."

"물론입니다, 그건 합당한데다 탁월한 질문입니다. 아시겠죠?" 머뭇거리다가 파인먼은 형이상학으로 이야기를 하기 시작했다. 입자 이론가들은 "신발끈" 모형으로 단순화해 탐구하는 중이었다. 이 모형에서는 어느 입자도 가장 깊은 수준에는 있지 않지만 모두가 상호의존적인 복합물이다. **신발끈**이란 명칭은 각각의 기본 입자가 다른 모든 입자로부터 구성되어야 한다는 역설적인 순환성에 경의를 표한 것이었다. 파인먼은 설명 자체에 명료하게 입장을 밝히고 있는 것처럼, 일종의 신발끈 모형을 신뢰했다.

아시다시피 어떤 일이 왜 발생하는지 물을 때, 어떤 일이 발생하는 이유를 어떻게 답하면 될까요?

예를 들어 미니 아주머니는 병원에 입원했습니다. 왜? 그 이유는 아주머니가 외출했다가 얼음 위에서 미끄러져 엉덩이뼈를 다쳤기 때문입니다. 이 설명은 사람들을 납득시켰습니다. 하지만 다른 행성에서 왔기 때문에 상황을 전혀 파악하지 못하는 누군가에게는 확신을 주지 못할 겁니다. **이유**를 설명할 때 당신은 무언가를 사실로 받아들였던 어떤 틀 속에 머물러야만 합니다. 그렇지 않으면 그 이유를 **영원히** 묻게 됩니다. 다양한 방향으로 점점 더 깊이 파고들게 되는 것이죠.

그녀가 왜 얼음 위에서 미끄러졌냐고요? 글쎄요, 얼음은 미끄러우니까요. 누구나 알고 있습니다. 문제될 게 없죠. 그런데 당신은 얼음이 **왜** 미끄럽냐고 묻습니다. 당신은 무언가와 연관되어 있는데, 그 이유는 얼음처럼 미끄러운 물체가 많지 않기 때문입니다. 얼음은 왜 미끄러운 고체일까요?

왜냐하면 얼음은 그 위에 설 때 순간적으로 생긴 압력이 얼음을 약간 녹이고 곧바로 수면을 형성해 미끌미끌해지기 때문입니다. 그렇다면 왜 얼음 위에서는 미끄럽지만 다른 물체 위에서는 그렇지 않을까요? 그 이유는 물이 얼 때 팽창하기 때문입니다. 그러니까 압력은 물이 팽창하려는 걸 방해하고 얼음을 녹입니다.

저는 당신의 질문에 대답하고 있지 않습니다. 하지만 저는 **왜**라는 질문이 얼마나 어려운 것인지 말하고 있습니다. 당신은 이해 가능한 것이 무엇인지 알아야만 합니다. 그리고 무엇이 그렇지 않은지도요.

당신은 이 사례에서 제가 이유를 더 꼬치꼬치 묻는다면 더욱 흥미로워진다는 점에 주목할 겁니다. 이게 제 생각입니다. 대상을 더 깊이 들여다보면, 더욱 흥미로워지는 거죠.

당신이 두 자석이 서로 밀어내는 이유를 물을 때 매우 다양한 수준이 존재합니다. 당신이 물리학도인지 아니면 아무 것도 모르는 일반인지에 따라 다릅니다.

당신이 전혀 아는 것이 없다면, 제가 드릴 수 있는 대답은 두 자석을 밀어내는 자기력이 존재한다 입니다. 당신은 그 힘을 느끼는 거죠. 당신은 그게 아주 이상하다고 말합니다. 왜냐하면 다른 상황에서는 이와 같은 힘을 느끼지 않기 때문이죠. 당신은 의자에 손을 올릴 때 의자가 당신을 밀고 있다는 사실에 전혀 당황하지 않습니다. 하지만 우리는 이게 같은 힘이라는 것을 들여다보고 알아낸 겁니다. 저는 자기력과 전기력으로 이런 현상을 설명하고 싶습니다. 이 힘은 더 심오한 것이어서 이 힘으로 시작해 여러 다른 현상들을 설명할 수 있습니다.

만일 자석이 고무줄로 연결된 것처럼 끌어당긴다고 말했다면 당신을 속이는 일이겠죠. 왜냐하면 자석들은 고무줄로 연결되어 있지 않으니까요. 만약 당신이 충분히 호기심이 많아서 고무줄은 왜 서로 다시 당기는 경향이 있는지를 제게 묻는다면, 저는 전기력의 측면에서 **이 경향**을 설명할 겁니다. 이 전기력은 바로 제가 고무줄로 설명하려던 것입니다. 그러니까 저는 아주 심하게 속인 셈이죠. 아시겠죠?

그러니까 저는 자석이 왜 끌어당기는지 답을 드리지 못할 겁니다. 자석끼리는 끌어당긴다고 말하는 것 말고는요.

당신에게 익숙한 대상으로 전자기력을 정말 잘 (혹은 전혀) 설명해낼 수 없습니다. 그 이유는 당신이 좀 더 익숙한 그 밖의 다른 것으로는 제가 전자기력을 **이해하지** 못하기 때문입니다.

파인먼은 뒤로 기대앉으며 활짝 웃었다.

전문가들에게 파인먼의 사색은 철학이 아니라 그럴듯하지만 순진한 세상 사람들의 지혜에 불과했다. 그는 시대에 뒤처져 있으면서 동시에 앞선 인물이었다. 학술적인 인식론은 여전히 인식불가능성을 해결하려고 애쓰고 있었다. 과학적 상대성과 불확정성을 고려할 때 전문가들은 어떤 선택을 했던가. 엄격한 인과율을 폐기하고 언제든 자격을 갖춘 확률을 퍼뜨린 것?

더 이상의 확실성은 없고, 더 이상의 절대성도 없다. 하버드 대학교의 철학자 W.V. 콰인Willard Van Orman Quine은 사색에 잠겨 이렇게 혼잣말을 했다. "내 생각에 과학이나 철학적 목적을 위해서 우리가 할 수 있는 최선은 지식이 좋지 않은 일이라는 생각을 포기하는 것이다." 모른다는 것은 즐거움이라는 역설을 지니고 있었다. 물리학자 존 지만John Ziman의 언급처럼 철학자들에게 이것은 "과학 지식(이론들/사실/데이터/가설들) 특유의 실재성(비실재성)을, 이것이 (아마도) 기반으로 삼은 논의를 분석(해체)함으로써 입증(반증)하는 것이 매우 중요한 것이라 여겼던 후기 스콜라 시대의 철학"이었다. 지식 사업에서 과학자는 이런 식의 담론을 필요로 하지 않았다. 결과로 판단했기 때문에 자연에 대한 과학자들의 이해는 양자역설에도 불구하고, 더욱 풍부해지고 어느 때보다 더 효과적인 것처럼 보였다. 과학자들은 결국 불확실성으로부터 지식을 구해냈다. "과학자는 무지와 의문, 그리고 불확실성에 대한 경험이 풍부합니다. 우리는 확신하지 못한다는 것이 전혀 모순이 없다는 것, 곧 살아가면서 **알지 못하는** 것이 가능하다는 걸 당연하게 여깁니다. 하지만 모든 사람이 이게 맞다고 받아들일지는 모르겠습니다"라고 파인먼이 말했다.

파인먼이 동료들에게 선사한 것은 신조였다. 파인먼의 신조는 시간이 흐르면서 점점 커졌다. 1965년에 나온 『물리법칙의 특성』과 같은 책이나 강연에서도, 그리고 너무 자연스러워서 철학이 될 수 없는 것처럼 보였던 입장이나 태도에서도 공식적이든 비공식적이든 상관없이 등장했다.

파인먼은 아는 능력에 대해 결함이 아닌 앎의 정수로서 의심의 탁월함을 신뢰했다. 불확실성에 대한 대안은 바로 과학이 수 세기 동안 싸워왔던 권위이다. 파인먼은 어느 날 노트 한 면에 적었다. "무지에 대해 만족할 만한 철학의 중대한 가치는, 의심이 두려워할 대상이 아니라 얼마나 환영할 만한 것인지 가르치는 일이다."

파인먼은 과학과 종교가 타고난 적수라고 믿었다. 아인슈타인은 "종교 없는 과학은 절름발이인 반면, 과학 없는 종교는 장님이다"라고 말했다. 파인먼은 이런 식의 타협을 참을 수 없었다. 파인먼은 전통적인 신을 거부했다. 이 신은 "일종의 인격적인 신으로 서양 종교의 특징이고, 사람들이 기도하는 대상이며, 우주를 창조하고 사람들을 도덕으로 인도하는 존재와 관련 있는 신"이었다. 일부 신학자들은 신을 계획적이고, 백발에 남성인 일종의 초인(아버지이자 왕인)으로 보는 신념에서 벗어났다. 인간사에 관심을 가질만한 어떤 신도 파인먼 앞에서는 지나치게 인간화되었기에, 과학에 의해 발견된 인간중심적인 시각에서 더욱 벗어난 우주에서는 믿기 어려운 존재였다. 많은 과학자들이 여기에 동의했다. 하지만 이런 견해는 좀처럼 표현된 적이 없었기에, 1959년 지역의 텔레비전 방송국인 KNXT는 파인먼의 인터뷰를 내보내지 말아야 한다고 여겼다.

저에게는 이 기막히게 놀라운 우주, 이처럼 광활하게 뻗은 시간 및 공간과 다른 종류의 동물들, 다른 모든 행성들과 저마다 운동하는 이 모든 원자 등, 이 모든 복잡한 존재가 그저 무대에 불과하며, (종교가 가진 관점인) 신이 선과 악을 위해 인간을 지켜볼 수 있다고 보지는 않습니다. 신의 드라마라기에는 이 무대는 지나치게 넓습니다.

종교는 미신을 의미했다. 이를테면 환생, 기적, 처녀 잉태와 같은 것들이다. 종교는 확신과 믿음으로 무지와 의심을 대신했다. 반면 파인먼은 기꺼이 무지와 의심을 끌어 안았다.

어느 과학자도 교회의 주일학교 이야기의 신이나 "빈틈의 신"(설명할 수 없는 대상을 설명하려는 마지막 수단이자 현재의 지식에 나 있는 구멍을 메우도록 대대로 요청된)을 좋아하지 않았다. 과학에 대한 보완으로 믿음에 의지했던 사람들은 더 원대하고 덜 밋밋한 신을 선호했다. 이를테면 성공회 신부가 된 고에너지 물리학자 존 폴킹혼John Polkinghorne[98]은 다음과 같이 말했다. "이 모든 것의 바탕은 (과학자의 타고난 소질인) 속속들이 이해를 추구하는 사람들이 이름을 밝히든 그렇지 않든 간에 신을 찾는다는 점이다." 이런 사람들의 신은 진화론이나 천체물리학의 특정한 빈틈(우주는 어떻게 시작했는가?)이라는 측면에서 공백을 메우지 않고, 이를테면 윤리학, 미학, 형이상학과 같은 지식의 전 영역 위를 맴돈다. 파인먼은 과학의 범위 밖에 참된 지식이 존재한다는 것에 수긍했다. 또 과학이 답할 수 없는 물음들이 존재한다는 점도 인정했다. 하지만 마뜩하지 않았다. 이를테면 파인먼은 종교가 그랬던 것처럼 도덕적인 지침을 받아들이기 어려운 신화와 엮어버리는 위험성을 알아보았다. 게다가 과학이 인정사정없이 해명하고 설명하기에 미美의 정서적인 효용은 장애물이라는 통념에 분개했다. "시인은 과학이 별의 아름다움을 (단지 기체 원자의 덩어리일 뿐이라며) 앗아가 버린다고 말한다." 파인먼이 유명한 주석에 썼던 말이다.

나 역시 사막의 밤하늘에 뜬 별을 보고 느낄 수 있다. 하지만 내가 보다 더 혹은 덜 보고 느끼는 것일까? 광막한 하늘로 내 상상력은 나래를 편다. 회전목마와 한 몸이 되어 내 작은 눈은 100만 년 된 빛을 목격한다. 광대한 유형pattern, 그 일부인 나…. 유형이란 무엇이며 의미, 혹은 그 **이유**는 무엇일까? 이를 조금 안다고 해서 신비를 훼손하지 않는다. 진리

---

98) 영국의 이론 물리학자, 신학자, 영국 성공회의 성직자. 케임브리지 대학의 수리물리학 교수를 사임하고 신학공부를 시작해 영국 성공회 사제가 되었다. 과학과 종교 사이의 관계를 설명하는 저서들을 집필했다.

는 과거의 어느 예술가가 상상했던 것보다 훨씬 더 경이롭기 때문이다. 현재의 시인들은 왜 이걸 이야기하지 않을까? 목성이 마치 사람인 것처럼 이야기하는 시인들, 그러나 목성이 메탄과 암모니아로 이루어진 엄청난 회전 구체라는 사실에 침묵하는 시인들이란 어떤 사람들일까?

파인먼은 또한 도덕적 신념이 우주의 조직에 대한 어느 특정 이론과도 독립적이라 믿었다. 빈틈없이 지켜보거나 복수심에 불타는 신에 대한 믿음에 의존하는 윤리 체계는 필요 이상으로 취약해, 의심이 믿음을 약화시키기 시작하면 붕괴되기 쉬웠다.

파인먼은 사람들이 옳고 그름에 대한 판단을 내리는 권한을 부여하는 것은 확실성이 아니라 확실성으로부터의 자유라고 믿었다. 이를테면 사람들이 단지 잠정적으로만 옳다는 것, 하지만 그렇더라도 행동을 취할 수 있음을 아는 것이다.

불확실성을 이해함으로써 사람들은 쏟아지는 다양한 종류의 기만적인 지식을 평가하는 법을 배울 수 있었다. 이런 지식을 예로 들면 마음을 읽거나 염력으로 숟가락을 휜다는 주장, 외계 방문자들을 태운 비행접시에 대한 믿음 같은 것이다. 과학이 신의 존재를 부정할 수 없는 것처럼 이러한 주장들도 틀렸음을 결코 입증할 수 없다. 과학은 상식적인 확실성을 얻을 때까지 실험을 고안해내고 대안적인 설명을 살펴볼 뿐이다. 파인먼은 언젠가 말했다. "저는 비행접시에 대해 많은 이들과 논의했습니다. 저는 다음과 같은 관심을 갖게 되었습니다. 예를 들어 사람들은 줄곧 비행접시의 존재가 가능하다고 주장합니다. 그리고 사실입니다. 가능하지요. 하지만 사람들은 비행접시의 존재 가능 여부를 입증하는 것이 아니라, 진짜 핵심은 이 일이 벌어지고 있는지 아닌지를 입증하는 것임을 제대로 식별하지 않습니다."

사람들은 기적 치료법이나 점성술에 의한 예측, 또는 룰렛 게임에서 염력으로 승리한다는 사례를 어떻게 평가할 수 있을까? 이를 과학적 방법에 따라 반박 가능하다. 기도하지 **않고** 백혈병에서 회복된 사람을 찾는다. 영매와 룰렛 테이블 사이에 유리 몇 장을 놓는다. "만일 이것이 기적이 아니라면, 과학적 방법은 이를 무너뜨릴 겁니다." 파인먼이 말했다. 우연의 일치와 확률을 이해하는 일은 매우 중요했다. 비행접시 설화가 생물체보다 더 다양한 이야기로 재편되어 퍼져나가는 점을 주목할 만했다. "오렌지색 빛 덩어리, 파란 구들이 바닥에서 튀어 오르고, 회색 안개가 사라지며 거미줄 같은 흐름은 공기 속으로 증발하며, 얇고, 둥글납작한 것들이 인간을 닮은 기이한 모습으로 나타납니다." 인간과 닮은 외계의 방문자들이 우주여행의 가능성을 발견한 바로 지금 나타나는 것은 전혀 근거 없는 일이 아니라고 파인먼은 언급했다.

파인먼은 과학과 근접 과학near-science의 다른 형태들을 동일한 정밀조사 대상으로 삼았다. 심리학자들이 시행한 검사나 여론에 대한 통계적 표본 추출 같은 것들 말이다. 파인먼은 실험자들이 회의적인 입장을 보다 덜 엄격하게 취하거나, 우연의 일치가 지닌 위력을 알아차리기 실패했을 때 발생한 편차가 분명하게 드러나는 방법들을 마련했다. 파인먼은 흔한 경험을 예로 들었다. 한 실험자가 수많은 시도 끝에 얻은 특이한 결과에 주목한다. 예를 들면 쥐가 어리둥절해하며 좌우를 서로 번갈아 몸을 돌린다. 실험자는 매우 보기 드문 상황에 대한 가능성을 계산하고 우연일리 없다는 결론을 내린다. 파인먼은 이렇게 말했다. "저는 놀랄만한 경험을 했습니다. 여기에 오는 동안 ANZ 912라는 자동차 번호판을 봤습니다. 모든 번호판 중에서 이 번호일 가능성을 계산해 주시기 바랍니다." 그러고는 MIT 시절 남학생 클럽에서 겪었던 의외의 결말을 지닌 이야기를 했다.

저는 위층에서 철학에 관한 어떤 주제로 타자를 치고 있었습니다. 완전히 몰두해 있어서 주제 말고는 어느 것도 생각하지 않았습니다. 그때 갑자기 너무나 기이한 방식으로 할머니가 돌아가셨다는 생각이 뇌리를 스쳤습니다. 지금 물론 제가 약간 과장했습니다. 여러분이 이런 이야기들에서 으레 하듯이 말입니다. 뭐랄까 그저 잠깐 그런 생각이 들었을 뿐이죠. 곧이어 아래층에서 전화가 울렸습니다. 저는 이 상황을 여러분이 듣게 될 이유 때문에 분명히 기억하고 있습니다. 그건 다른 사람에게 걸려온 전화였습니다. 할머니는 완전히 건강하셨고 아무 일도 아니었습니다. 이제 우리가 해야 할 일은 이런 사례를 많이 모아서 이런 일이 발생한 몇 가지 경우들과 겨루어 보는 겁니다.

파인먼은 물리학과 수학을 제외한 모든 과목에서 낮은 점수를 받아 한때 프린스턴 대학교의 입학 위원회를 깜짝 놀라게 한 적이 있었다. 파인먼은 정말로 지식의 모든 영역 중에서 과학이 최고라고 생각했다. 그는 시나 그림, 또는 종교가 다른 종류의 진리에 도달할 수 있다는 것을 인정하지 않았다. 다르지만 동등한 가치를 지닌 진리 형태라는 생각은 파인먼에게 불확실성에 대한 또 하나의 오해, 위선적인 표현의 현대적인 형태에 불과하다는 인상을 주었다. 어느 특정 지식(예컨대 양자역학)이 잠정적이고 불완전할 것이라는 표현은 경쟁이론들이 더 좋거나 더 나쁘다고 판단될 수 없음을 의미하지 않는다. 파인먼은 철학자들이 말하던 실재론자는 아니었다. 이를테면 한 가지 정의, 가령 전자의 존재를 주장하면서 "책상을 두드리고 발을 구르며 '실제로'"를 외치는 그런 인물은 아닌 것이다. 전자는 실재하는 것처럼 보였지만 파인먼과 다른 물리학자들은 전자가 결코 완전하지 않고 끊임없이 변하는 발판의 일부라고 인식했다. 전자는 **실제로** 시간을 거슬러 이동할까? 나노초 공명은 **실제** 입자들일까? 입자들은 정말로 회전할까? 입자들은 정말 기묘도와 맵시를 지니고 있을까? 많은 과학자들은 단도직입적인 실재성을 믿었다. 파인먼을 포함한 다른 과학자들은 20세기 말에 최종적으로 **그렇다**라고 답하는 것이 불필요하거나 불가능하다고 여겼다. 나름의 모형을 마음속에 조용히 담은 채, 대안적인 관점을 따져가며 가정들을 이곳저곳에 살며시 넣어보는 것이 더 나았다.

하지만 물리학자들에게 이 발판이 **전부**는 아니었다. 이 발판은 그 안에서 인간이 끊임없이 분투하며 추구할 수 있는 진리를 시사했다. 아무리 불완전하더라도 말이다. 많은 철학자들이 그랬던 것처럼 과학이 으레 갖는 경향처럼 보이는, 이제는 유명해진 "개념 혁명" 혹은 "패러다임 전환"(예컨대 뉴턴의 동역학을 대체하는 아인슈타인의 상대론)이 마치 매년 길었다 짧아졌다 하는 치마 길이처럼, 다른 유행에 의해 이미 사회적으로 자리 잡은 유행을 대체하는데 이르렀음을 파인먼은 믿지 않았다. 파인먼은 철학자 아서 파인Arthur Fine이 "20세기 분석철학과 대륙철학에서 얻은 중대한 교훈 즉, 그런 것들을 결정하기 위한 일반적인 방법론적 혹은 철학적 수단은 **사실** 없다"라고 한정한 직분에 머물 수 없었다. 과학자들은 실제로 방법을 갖추고 있다. 과학자들의 이론은 잠정적이지만 임의적이거나 한낱 사회적 해석에 불과한 것이 아니다. 어느 진리도 다른 진리처럼 타당할 수 있다고 인정하는 것을 거부하는 독특한 책략으로 과학자들은 어느 진리도 다른 진리만큼 타당해지는 것을 성공적으로 막는다. 지식에 이르는 과학자들의 접근법은 이들의 목표가 매력적인 실체들을 모아 놓는 것이 결코 아니라는 점에서 다른 모든 지식 분야(종교, 예술, 문학 평론)와는 다르다. 과학자들의 목표는 의견 일치다. 아무리 여기에 다가가려 해도 과학자들 앞에서 늘 멀어지는 목표이긴 하지만.

스웨덴에서 주는 상

아인슈타인이 1921년 노벨상을 수상했을 때 큰 소동이 발생하지는 않았다. 아인슈타인은 대중 강연을 하는 것만으로도 《뉴욕타임스》의 첫 페이지를 장식할 수 있었지만, 노벨상의 세부 내용은 신문에 적힌 한 문장까지만 이해할 수 있었다. 보다 이름이 덜 알려진 다음 해 수상자인 물리학자와 함께 언급되었는데, 이 물리학자의 이름마저 틀렸다.

노벨 위원회는 1921년 노벨 물리학상을 상대성이론을 확인한 독일의 알베르트 아인슈타인 교수에게 수여했으며, 1922년 노벨 물리학상은 코펜하겐의 나일스 보어Neils Bohr 교수에게 돌아갔다.

노벨상의 위상은 점점 높아졌다. 오래 지속된 것도 도움이 되었다. 다른 상도 있었지만 보다 앞서 장래를 내다본 다이너마이트 발명가 알프레드 노벨이 일찍이 이 상을 만든 덕분이었다. 과학자들의 특별한 공헌을 전문 지식이 없는 대중에게 어필하기 점점 더 어려워졌기 때문에, 이런 유명한 국제적 영예를 받는 일은 유용한 기준점을 제시했다. 20세기 후반에 물리학자의 부고는 거의 어김없이 "노벨상을 수상한" 또는 "원자폭탄을 연구한", 아니면 둘 다로 시작하곤 했다. 노벨 위원회는 수상자를 신중하게 결정했는데 종종 실수를 하기도 했으며, 가끔은 심각한 실수를 했다. 하지만 대개는 많은 나라의 일류 과학자들의 조심스러운 의견을 모아 반영했다. 과학자들은 내색하지 않으면서도 그만큼 열렬하게 상을 탐내기 시작했다. 노벨상에 대해 논의하거나 논의하지 않은 행동 방식에서 과학자들의 관심이 느낄 수 있었다. 수상 가능성이 있는 사람은 누구나 그 이름을 언급하길 극히 꺼렸다. 노벨상을 수상할 뻔했던 저명한 과학자들은 자신과 상 사이를 가로 막았던 사소한 실수를 남은 생애 동안 허망하게 반복하곤 했다. 이를테면 망설이다가 결정적으로 중요한 몇 달 동안 논문 작업을 미루거나, 소심한 나머지 너무도 가능성 있는 실험을 착수한 연구팀에 합류하지 못하는 것이다.

노벨상 수상자들조차도 그들의 사소한 버릇을 통해 얼마나 이 문제를 상관했는지 보여주었다. 예를 들어 겔만이 눈을 깜빡이며 사용한 완곡어법, 그중에서도 "스웨덴에서 주는 상"과 같은 표현이 있다. 수상자들은 엘리트 집단을 형성했다. 하지만 **엘리트**는 너무 의미가 빈약한 단어였다. 노벨상의 위상을 평가하던 한 사회학자는 최상급 표현을 배가시켜야 한다고 주장했다. "이를테면 과학에서는 영예의 **정점**으로서 노벨상은 수상자를 단지 과학 엘리트로 격상시킬뿐만 아니라, 과학의 최고 엘리트 중에서도 최상위 계급으로 올려놓는다. 이를테면 특별히 커다란 영향력과 권위 혹은 권력을 발휘하며, 더불어 새로 조직될 일류 집단 내에서도 가장 높은 명망을 지닌 계층화된 계급의 정상에 있는 엘리트들로 이루어진 극소수 층으로 수상자들을 올려놓는다." 물리학자들은 자신의 동료 중에서 누가 상을 받았고, 받지 않았는지 늘 자각하고 있었다.

아인슈타인 이후 노벨상보다 큰 영향력을 발휘하는 과학자들, 다시 말해 상이 이들에게 주어진 위상만큼 가치를 더할 수 있었던 사람은 설령 있다고 해도 매우 적었다. 1965년에는 분명히 장래의 수상자가 될 것으로 보이는 활동적인 물리학자들이 몇몇 있었다. 이들의 뚜렷한 성취 때문이기도 하지만 학계에서 이들이 차지한 우월적인 위치 때문이기도 했다. 파인먼, 슈윙어, 겔만 그리고 베테가 그중에서 가장 돋보였다. 노벨 위원회는 관례적으로 가장 훌륭하고 뚜렷한 성취를 정확히 집어내는 것보다 훌륭한 후보들을 찾아내는 것이 더 수월하다는 것을 알고 있었다. 가장 유명한 사례로 아인슈타인은 광전효과에 관한 연구로 노벨상을 수상했지, 상대성이론으로 수상한 것이 아니었다. 1967년에 베테가 마침내 노벨상을 수상했을 때, 위원회는 별 내부의 열핵반응을 설명해낸 연구를 선정했다. 중요한 연구이긴 했지만 이 주제는 베테가 쌓아온 수십 년에 걸친 광범위하고 영향력 있는 연구 중에서 임의로 선택한 것이었다. 파인먼은 액체 헬륨 연구가 유일한 성과라 하더라도, 이 주제로 그럴듯하게 수상했을 법하다. 매년 가을, 수상자 발표가 가까워 오면 파인먼은 가능성을 의식하고 있었다. 파인먼과 겔만은 약한 상호작용 이론으로 수상할 수도 있었다. 그렇지만 겔만은 이미 고에너지 입자 물리학에서 좀 더 광범위한 모형으로 연구 주제를 옮겼다. 위원회는 특정 실험이나 발견들을 보상하는 것이 더 수월하다고 여겼기에 실험가들은 이론가들보다 훨씬 더 일찍 수상하는 경향이 있었다. 상대론과 같은 전반적인 이론적 개념은 가장 수상하기 어려웠다. 그렇다 하더라도 노벨 위원회가 거의 20년 전 양자전기역학과 재규격화로 도달한 이론적 분수령을 아직 인정하지 않았다는 것은 이상한 일이었다. 실험가 윌리스 램과 폴리카프 쿠시Polykarp Kusch[99]는 이미 1955년에 양자전기역학에 대한 기여로 인정을 받았다.

노벨상은 세 명 이상이 공동 수상할 수 없다. 양자전기역학의 경우 이 규칙에 문제가 있었다. 파인먼과 슈윙어 두 명에, 도모나가는 이론이 그렇게 개괄적이진 않아도 슈윙어 이론의 본질에 필적하거나 앞섰다. 다이슨이 문제였다. 다이슨이 기여한 부분은 대개 수학적인 면이었는데, 노벨 위원회는 수학에 질색했다. 몇몇 물리학자들은 다이슨이 단지 다른 학자들이 창안한 연구를 분석하고 홍보한 것에 지나지 않았다는 점을 강렬하게 의식했다.

---

99) 독일계 미국인 실험물리학자. 1955년 수소 원자 스펙트럼 연구를 진행한 윌리스 램과 함께 노벨 물리학상을 수상했다. 전자의 자기 모멘트 측정값이 이론보다 큰 값을 갖는다는 것을 정밀하게 측정해 양자전기역학으로 이어지는 계기를 마련했다.

프린스턴 고등과학원에 정착했던 다이슨은 이론 물리학계에서 떠나 있었다. 복잡한 입자 물리학에는 흥미가 없었다. 다이슨은 공상적인 여러 연구 프로젝트에 참여해 우주여행에 대한 평생의 열정을 마음껏 불태웠다. 다이슨은 핵무기에 대한 국제 정치와 생명의 기원에 마음이 끌리게 되었다. 영향력 있는 물리학자들(이 중에는 과거에 다이슨의 연적이였던 오펜하이머도 있었다)의 노벨상 추천 항목에서 다이슨이 빠졌을 수도 있다. 하지만 이 분야에 정통한 소수집단에게는 현대 양자전기역학이 떠들썩하게 탄생하던 시기에 다이슨보다 더 폭넓게 이 문제를 이해하거나 물리학계에 더 깊이 영향을 준 사람은 없는 것처럼 보였다.

웨스턴 유니언의 "텔레팩스"가 1965년 10월 21일 오전 9시에 도착했다. "기본 입자 물리학에 대해 깊이 일구어낸 결과로 양자전기역학 분야에서 수행한 근본적인 연구"로 파인먼, 슈윙어, 그리고 도모나가의 이름이 적혀 있었다. 그때까지 파인먼은 5시간 이상을 깨어 있었다. 첫 번째 전화는 스톡홀름에서 발표 직후인 오전 4시 ABC(American Broadcasting Corporation)의 한 특파원으로부터 걸려왔다. 파인먼은 몸을 돌려 궤네스에게 말했다. 처음에 그녀는 파인먼이 농담한다고 생각했다. 전화는 수화기를 옆에 내려놓을 때까지 계속 울려댔다. 두 사람은 다시 잠자리에 들 수 없었다. 파인먼은 자신의 삶이 전과 같지 않으리라는 것을 알게 되었다. 연합 통신Associated Press, AP과 지역 신문사의 사진기자들은 해가 뜨기 전에 이미 집 앞에 몰려들었다. 파인먼은 집 밖의 어둠 속에서 졸음에 겨운 세 살짜리 아들 칼Carl과 함께 자세를 취했고, 칼은 카메라 플래시가 터지는 동안 용감하게 수화기를 귀에 대고 있었다.

언론은 양자전기역학에 관한 설명을 해야 했기에, 파인먼은 같은 의미를 갖는 여러 질문들의 변형에 대처하는 법을 서둘러 익혔다. 이를테면 "어떤 업적으로 수상하시게 된 것인지 말씀해주시겠습니까, 저희에게 말씀하진 마시고요! 저희는 이해 못할 테니까요." 몇몇 질문들은 답변이 불가능했다. "이 논문은 컴퓨터 산업에서 어떻게 적용될 수 있을까요?" "교수님의 연구가 기묘입자들에 대한 실험 데이터를 다루기 어려운 수학적 사실로 전환하는 일이라는 진술에 대해서도 교수님께 한 말씀 여쭤보겠습니다." 그래도 파인먼이 **답할 수 있었던** 질문이 하나 있었다. "언제 수상 소식을 들으셨습니까?"

《타임》기자 한 명은 파인먼의 마음에 쏙 드는 제안 하나를 했다. 이를테면 파인먼이 "이봐요, 기자양반 내 연구를 1분 내에 말할 수 있었다면, 그 연구는 노벨상을 받을만한 가치가 없었을 겁니다"라고 말하는 것이다. 파인먼은 물질과 복사의 상호작용에 대한 상투적인 표현을 부각시킬 수 있다는 것을 알았지만 그건 사기라고 여겼다. 파인먼은 실제로 재규격화에 대한 자신의 내밀한 느낌을 나타내는 진지한 발언을 했다(그리고 하루종일 반복했다). 문제는 계산에서 무한대를 없애는 일이었으며, "저희는 이 무한대를 쓸어서 깔개 밑으로 넣는 방법을 고안했던 겁니다"라고 파인먼은 말했다.

줄리안 슈윙어가 전화를 걸어, 두 사람은 기쁜 순간을 나누었다. 여전히 하버드에 있었던 슈윙어는 이론 물리학 분야에서 늘 외로운 길을 추구했다. 하지만 파인먼과 달리 고에너지 물리학의 최첨단에 있는 문제들을 연구하는 탁월한 대학원생들을 줄줄이 배출했다. 10여 년 전, 파인먼이 아인슈타인상을 수상했을 때 어머니에게 보낸 편지에 이렇게 썼다. "제가 마침내 슈윙어를 제쳤다며 어머니께서 기뻐하실 거라 생각했어요. 그런데 슈윙어는 이 상을 3년 전에 받았네요. 물론 슈윙어는 메달 절반만 받았으니까, 어쨌든 어머닌 기뻐하실 거라 생각합니다. 저를 늘 슈윙어와 비교하시잖아요." 마침내 두 사람의 경쟁은 끝이 났다. 파인먼은 일본에 있는 도모나가와 노벨상 수상 발표일에 나누었던 통화 내용을 만화처럼 요약해 학생기자에게 전해주었다.

> **파인먼**: 축하합니다.
>
> **도모나가**: 저도 축하드립니다.
>
> **파인먼**: 노벨상 수상자가 되신 기분이 어떻습니까?
>
> **도모나가**: 교수님께서 잘 아시겠지요.
>
> **파인먼**: 어떤 연구로 상을 수상하신 건지 쉬운 용어로 설명해주시겠습니까?
>
> **도모나가**: 전 아주 졸리네요.

오후가 되자 학생들은 스룹 홀Throop Hall의 반구형 지붕을 가로질러 "큰 승리, RF"라고 쓰인 거대한 현수막을 걸었다.

몇 주간 수백 통의 편지와 전보가 도착했다. 거의 40년 간 소식을 듣지 못했던 어린 시절 친구들로부터 연락을 받기도 했다. 배에서 보낸 전보도 있었고, 통화품질이 나빠 수신음이 끊기는 전화가 멕시코에서 오기도 했다. 파인먼은 상금 5만 5,000달러 중 자신이 받을 3분의 1의 금액을 세금을 내는 데 쓸 계획이라고 기자들에게 말했다(실제로 파인먼은 멕시코의 해변에 있는 별장을 구입하는 데 사용했다). 파인먼은 스트레스를 느꼈다. 명예는 의심해야 한다는 점을 늘 의식했다. 파인먼은 겉치레를 조롱하고, 제복을 제대로 보라고 가르쳤던 제복 판매원 아버지에 대해 이야기하길 좋아했다. 이제 파인먼은 스웨덴으로 날아가 왕 앞에 서게 될 것이었다. 턱시도를 입는다는 생각만으로도 긴장되었다. 외국의 세력가 앞에서 절하고 싶지도 않았다. 몇 주 동안은 왕에게 등을 돌리는 것이 금지되어 상을 받은 다음 죽 이어진 계단을 뒷걸음질로 가야한다는 특이한 환상에 점점 사로잡히기도 했다. 파인먼은 두 발로 한 번에 뛰어 뒤로 계단을 오르는 연습을 했다. 전에 아무도 사용한 적이 없는 방법을 고안해 내기로 결심했기 때문이었다. 파인먼은 미리 실제 계단을 조사해서 예행연습을 하기로 계획했다. 한 친구는 장난삼아 자동차의 사이드미러를 보내기도 했다. 그러자 파인먼은 다른 사람들이 왕 앞에서의 행동규칙을 이미 알고 있다는 증거로 받아들였다. 스웨덴 대사가 예방했을 때, 파인먼은 고민을 털어놓았다. 대사는 파인먼이 어느 방향을 선택해도 된다고 안심시켜 주었다. 아무도 계단을 뒤로 오르지 않을 거라고 말이다.

수상식에서 파인먼은 흰색 넥타이에 연미복을 입고, 머리도 말끔하게 정돈했다. 안경을 쓴 국왕 구스타프 아돌프 6세로부터 상을 받을 때는 활짝 웃었다. 수상자들은 화려하게 장식된 궁전 같은 도시의 건물들에서 각종 만찬과 무도회, 공식 축배 행사와 즉흥 연설로 한 주를 분주하게 보냈다. 스톡홀름에서 웁살라까지 왕복하며, 어느 술집에선 학생들과 어울리기도 대사와 공주들과 대화를 나누기도 했다. 수상자들은 각자 메달과 수상 증서, 은행 수표를 수령했다. 그리고 노벨상 강연을 예정되어 있었다. 파인먼은 어느 누구의 노벨 강연을 읽어본 적이 없다는 사실을 알아차렸다. 특히 과학자들의 강연은 두말할 것 없이 이해하기 어려운 것처럼 보였다. 친구들은 1950년에 윌리엄 포크너William Faulkner[100]의 연설(저는 인간이 단순히 오래 지속되기만 하는 것이 아니라 승리할 것이라 믿습니다)에 대해 알려주었다. 파인먼은 그렇게 거창한 말을 만들어낼 수는 없다고 생각했다. 다만 무언가 기억할 만한 말을 하고 싶었는데, 다른 동료 수상자들도 할 수 있는 양자전기역학에 대한 요약은

---

100) 미국 작가. 소설과 희곡을 비롯하여 시와 수필, 시나리오 등 다양한 장르의 작품을 남겼다. 1949년 노벨 문학상을 수상했다.

하고 싶진 않았다.

파인먼은 역사가, 기자 및 과학자 모두 공식적인 결과물보다는 '과정으로서 과학의 의미', '기초적인 진실을 모호하게 만드는 과학'에 대해 글을 쓰고 있다 믿었다. 진정한 과학은 혼란과 의문이고, 야망과 갈망이며, 안개 속을 지나는 행진이었다. 나중에 알게 되었지만, 잘 다듬어진 역사는 논증과 발견의 순서에 사후 논리를 부과하는 경향이 있었다. 과학 문헌에 등장한 어떤 발상과 동일한 발상이 학계를 통해 주고받은 실제 내용은 첨예하게 다를 수 있다는 점을 파인먼은 알고 있었다. 파인먼은 양자전기역학의 시공간이라는 관점에 이르는 길을 개인적이고 일화적이며 (파인먼의 주장에 따라) 다듬지 않은 형태로 제시하기로 결정했다. "우리는 학술지에 발표되는 논문을 쓸 때, 지나온 모든 과정을 덮고 막다른 골목에 대해 걱정하지 않기 위해, 아니면 잘못된 발상을 처음에 어떻게 하게 되었는지 설명하려고 연구를 가능한 한 완성된 형태로 쓰는 습관이 있습니다"라고 파인먼은 말문을 열었다.

파인먼은 전자의 자체 상호작용에서 무한대에 얽힌 역사적 곤경에 대해 설명했다. 대학원생으로서 전하들 사이의 직접적인 작용에 대한 이론을 만들고자 장field을 완전히 제거하려는 욕심을 남몰래 품었다고 시인했다. 파인먼은 휠러 교수와의 공동연구로 이야기를 이어갔다. "제가 어리석었기 때문에 휠러 교수님은 훨씬 더 그만큼 현명하셔야 했습니다." 파인먼은 새로운 철학적 태도(아인슈타인 이후 시대의 물리학자가 "아니, 어떻게 그럴 수 있죠?"라고 말하길 멈추지 않고 역설들을 기꺼이 수용하려는 태도)처럼 보였던 감각을 청중들에게 전달하려고 노력했다. 그리고 자신의 물리적 관점이 발전해온 방식에 대해 자신이 기억하던 것들을 제시했다. 파인먼은 재규격화에 대한 자신의 관점을 거듭 말했다. "저는 재규격화 이론이 그야말로 전기역학의 발산에 대한 난제들을 쓸어서 깔개 밑으로 밀어넣는 일이라고 생각합니다. 물론 이 이론을 확신하지는 않습니다."

파인먼은 예상을 벗어난 이야기는 놀랄 만한 결말을 맞았다. 노벨상을 안겨준 연구로 이르는 길에 품었던 수 많은 발상들에 마주했던 결함을 스스로 드러냈다. 전하가 그 자체에 작용해서는 안 된다는 최초의 개념이나, 절반은 앞서고 절반은 더딘 휠러-파인먼 전기역학 전체가 그런 결함이었다. 심지어 자신의 경로적분과 전자가 시간에 역행한다는 견해조차 추측하기에 도움을 주는 수단일 뿐, 이론의 필수적인 부분은 아니라고 말했다.

그러므로 물리학적 측면에서 여기에 사용된 논증 방법은 극도로 비효율적인 듯합니다. 지난 연구를 회고해볼 때, 저는 엄청난 양의 물리학적 논증과 수학적인 재표현한 것에 대해서는 유감만 느낄 뿐입니다.

하지만 파인먼은 비효율성, 방정식 추측하기, 대체 가능한 물리학적 관점들을 효율적으로 조직하는 일은 새로운 법칙을 발견하는 열쇠라는 점도 믿었다. 파인먼은 학생들에게 조언하며 마무리 지었다.

진리는 유행을 따르는 방향에 놓여 있을 가능성이 높습니다. 하지만 가능성이 희박한 또 다른 방향(장론에 대해 유행에 따르지 않는 관점에서 보기에 명백한 방향)에서는 누가 이 진실을 발견할까요? 독특하고 유행을 따르지 않는 관점에서 자신을 희생하며 양자전기역학을 독학한 사람이거나 아니면 스스로 이를 고안해야 하는 사람뿐 입니다.

파인먼은 스톡홀름을 떠나 제네바로 향했다. 유럽의 신설 대형 가속기 센터인 유럽 입자 물리 연구소(CERN)에서 기쁨에 넘친 경건한 청중 앞에서 이 강연을 되풀이했다. 새 예복을 입고 청중 앞에 서서 파인먼은 새로운 수상자들이 정상 상태로 복귀할 수 있을지에 대해 이야기 했었다고 말했다. 생리의학상을 공동 수상한 자크 모노Jacques Monod[101]는 유기체가 경험으로 변한다는 것은 생물학적인 사실이라고 단언했다. "제가 어려운 일 하나를 알아냈습니다." 파인먼은 심술궂게 활짝 웃으며 말했다. "저는 강의할 때 늘 상의를 벗었는데, 지금은 벗고 싶진 않네요." 파인먼이 계속해서 "전 변했습니다! 변했다니까요!"라고 말하자, 청중은 웃음을 터뜨리고 야유를 보냈다. 파인먼은 상의를 벗었다.

파인먼은 한 번 더 젊은 과학자들에게 무리에서 벗어날 것을 권고한다고 말했다. 고에너지 물리학의 모든 실험실이 그랬던 것처럼 CERN 역시 몸집이 빠르게 몸집을 키우고 있었다. 모든 실험은 엄청나게 큰 팀을 필요로 했다. 《피지컬리뷰》에 실린 논문의 저자 목록은 우습게도 지면의 큰 부분을 차지하곤 했다. "독창적인 방식으로 무엇을 생각하든 여러분에게 아무런 해가 되지 않을 겁니다." 파인먼이 말했다. 그는 확률론적인 논거를 제시했다.

여러분의 이론이 옳을 가능성과 모든 사람이 공을 들이는 일반적인 사항이 틀릴 가능성은 사실 낮습니다. 하지만 어린 슈미트[102]인 여러분은 어떤 것을 이해하는 사람이 될 가능성이 더 적은 것은 **아닙니다.** 우리가 모두 동일한 방식을 따르지 않는다는 것이 매우 중요합니다. 왜냐하면 답이 저기, 겔만이 연구하는 곳에 90퍼센트 확실하게 놓여있다 하더라도, 만약 10퍼센트의 확률로 그렇지 않다면 어떻게 될까요?

파인먼이 덧붙였다.

만일 여러분이 혜성의 머리를 따르는 사람 수만 늘리는데 이론 물리학에 예산을 더 쓴다면 이로울 것이 아무것도 없습니다. 다양성의 수를 늘리는 일이 필요합니다. 이를 위한 유일한 방법은 다시는 알아내지 못할 것이라는 각오로 위험을 감수하고, 미지의 영역에서 출발해, 뭔가를 밝혀내달라 간청하는 일입니다.

대부분의 과학자들은 노벨상 수상이 생산적인 연구 경력의 끝임을 상징하는, 그다지 달갑지 않은 법칙을 너머의 법칙을 알고 있었다. 물론 많은 수상자들에게 그 끝은 이미 오래전에 찾아왔다. 명성과 탁월함은 이따금 시간이 많이 걸리고 광적인 집중력이 필요한 창조적인 연구를 할 과학자의 능력을 빠르게 감소시키는 경향이 있다. 몇몇 수상자들은 이에 강력히 맞섰다. 프랜시스 크릭은 다음과 같은 무뚝뚝한 형식의 편지를 고안했다.

크릭 박사는 귀하의 편지에 감사드리며 아래와 같은 귀하의 친절한 초청을 수락할 수 없음을 유감스럽게 생각합니다.

서명 보내기   귀하의 프로젝트를 돕기
사진 제공하기   귀하의 원고 읽기

---

101) 프랑스의 생화학자, 분자생물학자. 1965년 '효소와 바이러스 합성의 유전적 조절에 관한 연구'로 프랑수아 자코브, 앙드레 르보프와 함께 노벨 생리의학상을 수상했다. 모노의 유명한 책 『우연과 필연』에서 '인간은 우주에서 우연의 산물'이라는 주장을 했다.
102) 여기에 언급된 인물은 독일의 광학기술자 베른하르트 슈미트Bernhard Woldemar Schmidt인 듯하다. 베른하르트는 어렸을 때부터 호기심이 매우 강하고 독창적인데다 상상력이 풍부했던 것으로 알려졌다. 15세 때 화약으로 실험을 하다가 폭발로 오른손을 잃었으나, 회복된 후 다시 실험과 발명에 몰두했다. 베른하르트의 호기심과 경험적인 앎의 방식은 파인먼의 주목을 받았음직하다.

귀하의 질병 치료하기	강연하기
면담하기	학회참석하기
라디오에서 대담하기	의장으로 활동하기
TV에 출연하기	편집위원 되기
만찬 행사 후 연설하기	책 쓰기
추천서 써주기	명예학위 받기

이와 유사한 요청이 파인먼의 우편함을 채웠다(편지를 보낸 사람들이 **내 병을 고쳐달라**는 내용보다 **우주에 관한 내 이론을 들어달라**는 경향을 보인다는 사실을 제외하고 말이다). 원숙한 과학자들은 연구소 소장이나 학과장, 재단의 이사, 기관의 책임자가 되었다. 노벨상을 가까스로 받지 못했던 빅터 바이스코프는 CERN의 책임자가 되었는데, 그는 파인먼도 좋든 싫든 관리직으로 내몰릴 것이라 생각했다. 바이스코프는 파인먼을 들들볶아 내기를 받아들이도록 하고, 증인들 앞에서 서명하도록 했다. "파인먼 씨는 만일 앞으로 10년(1975년 12월 30일까지)동안 앞서 말한 파인먼 씨가 언제든 '책임 있는 자리'를 맡을 경우 바이스코프씨에게 총액 10달러를 지불하기로 한다." 두 사람은 문구가 의미하는 바에 대해 의견 충돌은 없었다.

앞서 언급한 **내기**의 "책임 있는 자리"라는 용어는, 이 용어의 성격상 책임 소지자가 다른 이들에게 지시사항을 발부해, 책임 소지자가 상기의 사람들이 소임을 다하도록 지시하는 어떤 사항에도 이해가 없다는 사실에도 불구하고, 어떤 행위를 이행하도록 강제하는 자리를 의미하는 것으로 한다.

파인먼은 1976년 10달러를 받았다.

파인먼은 예전부터 스트레스를 피하려고 시도했다. 모든 초청이나 명예, 전문 회원 자격, 아니면 문을 두드리는 일이 자신의 창조적인 중심 주위를 마치 덩굴이 둘러싸고 있는 것처럼 말이다. 노벨상을 탄 그해까지 파인먼은 직전 5년 간 국립과학원을 탈퇴하려고 했다. 이 간단한 과제가 그의 삶을 갉아먹고 있었다. 파인먼은 회비 청구서에 메모를 휘갈겨 쓰기 시작했다. 40달러를 냈지만 탈퇴했다. 1년쯤 지난 후 파인먼은 과학원 원장인 생물학자 데틀레프 W. 브롱크(파인먼이 프린스턴의 대학원생일 때 단일 신경 자극에 관한 그의 독창적인 논문을 읽었다)로부터 개인적인 편지를 받았다. 파인먼은 정중하게 설명해야 할 의무가 있다고 느꼈다.

탈퇴하려는 제 바람은 순전히 개인적인 것입니다. 어떤 종류의 항의를 의도한 것은 아닙니다. 제 나름의 사정은 이렇습니다. 저는 사람들의 "가치"를 판단하는 것이 심리적으로 아주 불편하기 때문입니다. 그러므로 저는 회원 선출이라는 주요 활동에 참여할 수 없습니다. 이 자부심 강한 모임에서 회원이 될 만하다고 여겨지는 다른 사람들을 선택하는 일이 회원의 중요한 활동이기에 여간 신경 쓰이는 일입니다.
제 뜻이 제대로 전달되진 못했더라도, 자동으로 연임되는 명예 학회의 회원이 되는 것이 달갑지 않다는 점을 말씀드리는 것으로 충분할 것 같습니다.

편지를 쓴 때는 1961년이었다. 브롱크는 파인먼의 편지를 몇 달간 방치했다. 그런 다음 고의적으로 딱딱하게 답장을 했다.

학술원 회원을 계속 유지해주셔서 감사합니다. 저는 선정의 "명예"에 대한 주안점을 줄이기 위해 최선을 다했습니다. 적어도 제가 원장으로 보내는 마지막 해에 회원 자격을 유지해주신다니 감사합니다.

8년 뒤에도 파인먼은 같은 시도를 했다. 다시 탈퇴를 요청했다. 탈무드처럼 오랜 숙고를 마친 원장 당선자 필립 핸들러Philip Handler가 답장을 보냈다. "저희는 분명히 학술원이 귀하의 요청을 충실히 지켜야 한다는 점에서 정말로 대안은 없는 것 같습니다." 그러고는 교묘하게 파인먼의 탈퇴를 가정법으로 살며시 넘겨버렸다.

저는 귀하의 탈퇴를 진심으로 가장 애석한 일이라 여기고 있습니다. 귀하께서 재고해주시기를 바라며 편지를 씁니다. 저는 그런 조치에 승인하길 망설입니다. 귀하의 요청을 처리하기 전에 내무부 장관실이 어떤 방식으로 마련해 둔 신뢰할 만한 절차가 있으니, 추가적으로 저희에게 귀하의 의견을 들려주시길 간절히 바랍니다.

파인먼은 가능한 한 분명하게 다시 편지를 썼다. 핸들러가 답장했다.

귀하의 아리송한 편지를 받았습니다만, 저희는 학술원의 유의미한 역할을 증대하고자 합니다. 이러한 노력에 함께 해주시겠습니까?

1970년이 되어서야 마침내 파인먼의 탈퇴를 학술원에서 인정했다. 파인먼은 여전히 그 이유를 설명할지를 궁금해하던 과학자들로부터 지속적으로 이야기와 소문을 듣고 이를 확인시켜 주었다.

파인먼은 시카고와 컬럼비아 대학교에서 제안한 명예 학위 역시 고사했다. 프린스턴에서 박사학위를 받은 날 스스로에게 했던 약속을 결국 지켰다. 파인먼은 수백 건의 다른 제안들을 딱 잘라 거절하여 파인먼을 보호하고자 했던 비서에게도 깊은 인상을 주었다. 파인먼에게 "신선한 기운을 지닌 원고를 다소 답답한 분야에 도입할 것"을 요청했던 어느 출판사에 파인먼은 이렇게 답했다. "그렇지 않습니다. 이 분야는 이미 너무 지나치게 과열되어 숨이 막힐 것 같군요." 파인먼은 탄원서나 신문 광고에 서명하는 것도 거절했다. 당시 많은 과학자들이 베트남 전쟁 반대를 외치고 있었지만, 파인먼은 공개적으로 이 대열에 합류하려 하진 않았다. 또 노벨상 수상자라도 잡지 구독을 취소하는 일에 온전한 서신 왕래가 필요하다는 것을 알게 되었다. "파인먼 교수님께"로 시작하는 장문의 편지가 《피직스 투데이》의 편집장으로부터 왔다. 이 잡지는 1948년 포코노 학회에 대한 파인먼의 기사를 제2호에 실었다.

5월호의 설문지와 함께 회신해주셨던 언급("저는 귀사의 잡지를 전혀 읽은 적이 없습니다. 왜 그 논문이 왜 출판되었는지 모르겠군요. 수신자 명단에서 저를 빼주시기 바랍니다. 잡지를 받고 싶지 않습니다.")을 보니 저희의 관심을 끄는 몇 가지 질문들이 있습니다.

400단어를 더 쓴 후에도 편집장은 포기하지 않았다.

교수님의 시간을 더 빼앗아 죄송합니다만, 《피직스 투데이》 저희 모두는 교수님께서 일전에 언급하신 부분에 대한 부연 설명을 들을 수 있다면 대단히 감사하겠습니다.

그래서 파인먼은 더 자세히 설명했다.

담당자께,
저는 "물리학자들"이 아니라 단지 저일 뿐입니다. 저는 귀사의 잡지를 읽지 않기에 어떤 내용이 있는지 모릅니다. 아마도 좋은 내용이겠지요. 저는 잘 모릅니다. 단지 잡지를 제게 보내지만 말아주세요. 요청한 대로 수신자 명단에서 제 이름을 삭제해주시기 바랍니다. 다른 물리학자들이 필요하든 그렇지 않든, 원하든 원하지 않든, 저와는 아무런 상관이 없습니다. 귀사의 잡지에 대한 편집장님의 확신을 흔들어 놓는 것이 제 의도는 아니었습니다(발행을 중단할 것을 제안하는 것도 아닙니다). 단지 잡지를 보내는 것만 중단해주시기 바랍니다. 그렇게 해주시겠습니까?

파인먼은 자신의 껍질을 단단하게 굳히고 있었다. 자신이 냉정하게 보일 수 있다는 것도 알았다. 비서였던 헬렌 턱은 파인먼을 보호했는데, 때때로 파인먼이 문 뒤에 숨는 동안 방문자들을 돌려 보내기도 했다. 혹은 파인먼은 연구 중이니 돌아가라고 기대하던 학생들에게 바로 소리칠 때도 있었다. 파인먼은 캘테크에서 학부 관련 업무에는 거의 참여하지 않았다. 이를테면 종신 재직권 결정이나 보조금 신청, 아니면 대부분의 과학자들이 시간상 공동 경비로 여기는 다른 행정 잡무들 어느 것에도 말이다. 캘테크의 학부들은 다른 미국 대학의 이학부들처럼 대개는 에너지부, 국방부 그리고 다른 정부 기관 등에 복잡한 신청 절차를 거쳐 재정지원을 받았다. 공동 신청 방식과 개별 신청 방식이 있어서 급여, 학생들, 장비 및 보조금을 지원받았다. 예를 들어 공군에서 자신의 급여 일부를 지급해주도록 주선할 수 있었던 캘테크의 어느 고참 교수는 출장비용이나 컴퓨터를 구입하고, 아니면 대학원생을 지원할 수 있도록 재량껏 각출하여 사용하곤 했다. 캘테크, 사실상 물리학과에서 유일하게 파인먼만이 이런 과정에 참여하는 걸 거절했다. 몇몇 동료들 눈에 파인먼은 이기적으로 보였다. 반면 과학사가 제럴드 홀튼에게는 파인먼이 일종의 불편함을 감수했다는 생각이 들었다. "그런 식으로 살기는 매우 어려웠겠죠." 홀튼이 말했다. "순응하지 않겠다는 의식적인 결정은 결코 쉬운 일이 아닙니다. 관례는 아주 매력적이거든요. 파인먼은 대도시의 로빈슨 크루소였습니다. 그리고 이건 쉬운 일이 아니죠." I. I. 라비는 언젠가 물리학자들은 인류의 피터팬이라고 말한 적이 있다. 파인먼은 무책임하고 철없는 모습을 단단히 붙들고 있었던 것이다.

파인먼은 "탐구에 관한 성스러운 호기심"에 대해 쓴 아인슈타인의 인용문을 파일에 간직하고 있었다. 그 문장은 "연약하고 자그마한 이 식물은 격려 외에도 주로 자유를 필요로 한다. 자유가 없다면 어김없이 고통받고, 파괴된다"였다. 파인먼은 자유를 강풍에 꺼져가는 촛불처럼 보호했다. 친구들에게 상처를 줄 수 있는 위험도 기꺼이 감수했다. 파인먼이 노벨상을 받은 다음 해, 파인먼은 한스 베테의 예순을 기념하는 관례적인 논문집에 들어갈 기고청탁도 거절했다.

파인먼은 두려웠다. 노벨상을 받은 후 수 년간 그는 창조적이지 못하다고 느꼈다. 1967년 초 캘테크 동료 데이비드 굿스타인은 파인먼과 함께 시카고 대학교로 출장을 갔다. 학부생들을 위한 파인먼의 강연이 예정되어 있었다. 굿스타인은 파인먼이 우울하고 근심어린 듯해 보인다고 생각했다. 굿스타인이 교수회관에서 아침 식사를 하러 갔을 때, 파인먼은 이미 그곳에 와서 누군가와 이야기하고 있었다. 굿스타인은 그 누군가가 DNA의 공동 발견자 제임스 왓슨이었음을 금세 알아차렸다. 왓슨은 『솔직한 짐Honest Jim』이라는 가제를 단 원고를 파인먼에게 건넸다. 글은 평범한 회고록이었지만, 훗날 『이중나선『The Double Helix』라는 제목으로 출판되었을 때 엄청난 인기를 끌었다. 왓슨은 동료들을 깜짝 놀라게 한 솔직함으로 실제 과학자들의 야망, 경쟁심, 큰 실수들, 소통 문제와 날것 그대로의 흥분감을 그려내었다. 파인먼은 시카고 대학교 교수회관에 있던 숙소에서 자신을 환영하는 칵테일파티도 거르며 원고를 읽었다. 감동한 파인먼은 나중에 왓슨에게 이렇게 편지를 보냈다.

끝까지 읽지 않은 사람은 이 책을 비난하면 안 됩니다. 눈에 보이는 작은 결점들과 사소한 가십풍의 사건들이 의미심장하게 제자리에 맞아 들어가더군요. "이건 과학을 하는 방식이 아니야"라고 말하는 사람들은 틀렸습니다. 교수님의 머릿속에서 일어난 생각들을 진실로 증명될 때 비로소 실체를 완전히 파악할 수 있습니다. 교수님은 과학이 어떻게 이루어지는지를 설명하고 계시네요. 저도 마찬가지로 근사하고 소름끼치는 경험을 해봤기에 알고 있습니다.

시카고 일정 중 어느 늦은 밤, 파인먼은 굿스타인에게 이 책을 읽어야 한다고 말하면서 책을 굿스타인의 손에 쥐어주자 굿스타인은 깜짝 놀랐다. 굿스타인은 이 책을 읽길 바란다고 말했다. 다시 파인먼이 말했다. '바로 지금' 읽어야 해. 굿스타인은 읽기 시작하여 새벽까지 책장을 넘겼고, 그동안 파인먼은 옆에서 서성거리거나 앉아서 종이에 뭔가를 끼적거렸다. 어느 시점에서 굿스타인이 한마디 했다. "있잖아요, 왓슨 교수가 같은 분야의 모두가 하던 것과 꽤 동떨어져 있었음에도 큰 발견을 했다니 놀랍네요."

파인먼은 적던 종이를 들어보였다. 낙서와 장식들 가운데에 파인먼이 새기듯이 쓴 한 단어는 '**무시하다**DISREGARD'였다.

"이게 내가 잊고 있던 거야." 파인먼이 말했다.

퀴크와 쪽입자

1983년 머리 겔만은 이제는 역사가 된 셸터아일랜드 학회 이래로 입자 물리학의 발전을 되돌아보았다. 논란의 여지 없이 자신과 동료들이 "제대로 들어맞는" 이론을 개발했다고 말했다. 겔만은 이를 복잡한 모양으로 공들여 쓴("모든 사물은 원자들로 이루어져 있다" 보다 좀 더 세련된) 한 문장으로 요약했다.

이것은 물론 양-밀스 이론[103]으로, 색 SU(3)과 전기·약 작용 SU(2)×U(1)[104]에 기반하며, 스핀 ½을 갖는 렙톤과 퀴크, 이들의 반입자들, 그리고 약작용 아이소스핀의 이중항doublet 및 반이중항antidoublet의 형태로 전기·약 작용 군group을 나누어 전자기의 U_1으로 줄여주는 스핀 없는 힉스 보손 일부의 세 가족을 거느린다.

청중들은 "물론"에서부터 겔만 고유의 면모를 알아보았다. 그에게 열광하던 사람들에게 전문 용어로 이루어진 시가 있었는데, 대개는 겔만이 개인적으로 지어낸 것들이었다. 겔만은 무엇보다도 언어를 좋아했다. 여느 때처럼 겔만은 다음 시간 동안 물리학 이야기 중간에 여담으로 난해하고 명명법

---

103) 최초의 비가환 게이지 이론이자 두 번째의 게이지 이론이다. 양전닝과 밀스는 양자전기역학을 일반화하려는 시도로, 양자전기역학이 바탕을 둔 U(1) 군을 SU(n)으로 치환했다. 하지만 강한 상호작용의 아이소스핀을 설명하려고 도입했으나 이는 실험과 맞지 않았고, 이러한 결함 때문에 잊혀졌다. 1960년에 자발 대칭 깨짐의 발견으로 이 문제를 없앨 수 있다는 사실이 밝혀졌고, 곧 강한 상호작용의 색전하와 약한 상호작용의 설명에 도입돼, 표준 모형의 일부를 이루었다.
104) SU(n)은 행렬식이 1인 유니터리 행렬의 리 군Lie group(미분가능한 다양체 군)이다. U(1)은 유니터리 행렬의 리 군이다.

을 사용한 말장난을 한바탕 풀어내곤 했다. 이를테면 "그런데 말이죠 몇 사람은 히글릿higglet[105]을 또 다른 이름으로 불렀습니다. (액시온Axion[106]이라는 세탁용 세제 박스를 들어올리며) 이 경우에는 어느 슈퍼마켓에서나 아주 쉽게 찾을 수 있죠." 혹은 "많은 물리학자들, 예를 들면 디모포울로스Dimopoulos[107], 나노포울로스Nanopoulos[108], 일리오포울로스Iliopoulos[109]가 있고, 제 프랑스 친구들을 위해 저는 라스토포포울로스Rastopopoulos[110]를 추가하겠습니다"라고 하거나 "오우래퍼티O'Raifertaigh[111]가 있죠. (그런데 그의 이름은 간소화된 방식으로 쓰여 있는데, 'f'는 실제로 'thbh'가 되어야 합니다.)" 같은 식이었다.

몇몇 사람들은 겔만의 방식이 거슬렸지만(이들 중에는 겔만이 자신의 이름을 바로잡으려고 했던 사람도 있었다) 이건 중요하지 않은 세부 사항이었다. 겔만은 어느 물리학자보다도 더 1960년대와 1970년대 물리학의 주류를 규정했던 인물이었다. 파인먼은 이러한 대세를 **무시하도록** 스스로 상기했다. 여러 면에서 과학계의 두 우상은 반대쪽 극처럼 보였다. 이론 물리학계의 아돌프 멘주Adolphe Menjou[112]와 월터 매사우Walter Matthau[113]처럼 말이다. 겔만은 사물의 이름을 알고 이를 정확히 발음하는 것을 좋아했다. 워낙 정확히 발

---

105) 겔만을 비롯한 언어유희를 좋아하는 물리학자들이 만든 용어로 보인다. 여기서는 기본 입자들 혹은 이 입자들의 구성이나 힘을 매개하는 것으로 추정되지만 실험으로 검증이 어려운 일련의 입자 모임을 지칭한다. 그 예가 겔만이 뒤이어 언급하는 액시온이다.

106) 원자를 구성하는 쿼크 수준에서 이들의 힘을 기술하는 양자색역학(QCD)의 대칭성 문제를 해결하기 위해 제안된 새로운 기본 입자. 실험적인 검출이 매우 어려워 존재가 확인되지 않았다. 반면 겔만은 액시온이라는 상품명을 지닌 세탁용 세제 박스를 두고 쉽게 찾을 수 있다고 농담했다.

107) 사바스 디모포울로스. 터키 이스탄불 출신의 그리스인 입자이론 물리학자이다.

108) 디미트리 나노포울로스는 그리스 아테네 출신의 이론 물리학자로 대통일 이론Grand Unified Theory 용어를 도입했다.

109) 존 일리오포울로스는 그리스의 입자이론 물리학자로 표준 모형을 처음 제안했다. 셸던 글래쇼 Sheldon Lee Glashow와 루치아노 마이아니Luciano Maiani와 함께 맵시 쿼크charm quark를 예견한 것으로 잘 알려져 있다.

음하기에 겔만이 몬트리올Montreal처럼 아주 간단한 이름을 발음할 때면 파인먼은 오해하거나 잘못 알아들은 척하곤 했다. 겔만의 대화 상대자들은 그가 알아듣기 힘든 발음으로 문화적인 암시를 들먹이는 것이 자신들을 불리한 입장에 놓이도록 의도된 것이 아니었을까 자주 의심했다. 파인먼은 포푸리popourri를 "포퍼라이pot-por-eye"로, 인터레스팅interesting을 마치 네 개의 음절인 것처럼 발음했으며, 모든 종류의 명명법을 경멸했다. 겔만은 열렬하고 뛰어난 탐조가였다. 그런데 파인먼과 그의 아버지의 일화는 새의 이름이 중요한 게 아니라는 교훈을 준다. 겔만 역시 이 이야기의 요점을 거의 잃지 않았다.

물리학자들은 두 사람의 차이를 설명하는 새로운 방법들을 계속 찾아냈다. 이들은 머리가 얼마나 비범한 인물인지 강조하는 반면에 딕은 사람같지 않은, 상대방의 감정을 상하지 않도록 인간인 척하는 더 진보한 생물체라는 식으로 말하곤 했다. 머리는 거의 모든 분야에 관심을 가졌다. 하지만 고에너지 물리학 외의 과학 분야는 그렇지 않았고, 드러내놓고 이 분야를 업신여겼다. 딕은 모든 과학을 자신의 영역(자신의 책임)으로 여겼는데 그 밖의 모든 분야에는 뻔뻔스러울 정도로 무지했다. 잘 알려진 몇몇의 물리학자들은 파인먼이 소중히 여겼던 무책임함 때문에 파인먼에게 분개했다. 그건 결국 파

---

110) 벨기에 만화가 에르제Hergé가 연재한 만화 <땡땡의 모험Les Aventures de Tintin>에 등장하는 캐릭터로 주로 범죄 조직의 대장으로 나온다.

111) 아일랜드 더블린 출신의 이론 물리학자 라클린 오우래퍼티Lochlainn O'Raifeartaigh를 의미한다. 겔만은 이름에서 철자 하나를 일부러 빠뜨렸다. 통일 이론의 결과인 오우래퍼티 정리와 초대칭 깨짐에 대한 오우래퍼티 모형으로 잘 알려져 있다.

112) 미국의 배우. 무성 영화와 유성 영화에 걸쳐 진지하고 무게감 있는 역할을 맡아 옷을 잘 입는 신사 같은 이미지로 영화에 많이 등장했다. 멘주는 겔만에 비유된다.

113) 미국의 배우, 코미디언이자 가수. 희극적인 배역을 많이 맡았다. 매사우는 파인먼에 비유된다.

인먼이 자신의 학문적인 동료들에게 무책임했음을 의미한다. 더 많은 이들이 오만함과 신랄한 말투 때문에 겔만을 싫어했다.

두 사람의 차이는 또 있다. 딕은 와이셔츠만 입은 반면, 머리는 트위드 정장을 입었다. 머리는 아테나이움Atheneum이라는 이름의 교수회관에서 식사를 했던 반면, 딕은 "더 그리시the Greasy"라는 학생식당에서 밥을 먹었다. (이건 일부만 사실이었다. 두 사람 다 가끔씩 두 장소 중 어느 곳이든 눈에 띄곤 했기 때문이다. 아테나이움에서 넥타이와 상의를 갖추도록 요구했을 때에도 파인먼은 여전히 셔츠 차림으로 나타나서는 비상용으로 쓰는 유독 화려하고 몸에 맞지도 않는 여분의 상의를 요구하곤 했다.) 파인먼은 양손으로(사실 온몸으로) 이야기를 했던 반면, 물리학자이자 과학저술가 마이클 리오던Michael Riordan이 관찰한 바에 따르면 겔만은 "플러시 천을 덮은 푸른 회전의자에 차분히 앉아 책상 위에 손을 포갠 상태를 유지했다. 손을 들어 올려 몸짓을 전혀 하지 않았다. 정보는 손과 그림이 아닌 말과 수로만 교환된다." 리오던이 덧붙였다.

두 사람의 개인적인 성격은 각자의 연구 스타일에도 흘러넘치고 있다. 겔만은 자신의 모든 연구에 수학적인 엄밀함을 요구하여, 가끔은 이해할 수 있는 여지를 희생하면서까지 고집한다. 겔만은 옳은 답으로 향하는 길을 가리키는 모호하고 발견적인 모형을 무시한반면, 파인먼은 이런 방식의 모형을 마음껏 활용하며 즐긴다. 파인먼은 어느 정도의 부정확함과 모호함은 의사소통에 **필수적**이라고 믿고 있다.

그렇지만 물리학에 대한 두 사람의 접근방식이 그렇게 다르지는 않았다. 두 사람을 물리학자로서 잘 아는 사람들은 겔만 역시 파인먼만큼이나 수식 뒤로 숨거나 수학을 물리적 이해를 위한 대역으로 사용하지는 않는다고 느꼈다. 겔만이 언어와 자질구레한 문화 상식들을 두고 허세를 부린다고 여겼던 이들도 물리학에 관한 한, 겔만도 파인먼처럼 솔직하고 단도직입적이라고 생각했다. 오랜 경력을 통틀어 겔만은 자신의 통찰을 이해할 수 있는 것뿐만 아니라 거부할 수 없는 것으로 만들어 놓았다. 두 사람 모두 새로운 생각을 집요하게 좇았으며, 완전히 집중할 수 있었고, 무엇이든 기꺼이 시도했다. 예민한 동료 몇 사람들에게 두 사람은 가면을 쓴 것처럼 보였다. "머리의 가면은 상당한 교양을 갖춘 사람의 것이었다"라고 시드니 콜맨이 말했다. "딕의 가면은 그저 자연스러운 사람의 것이다. 도시 사람이라면 볼 수 없는 것들을 꿰뚫어 보는 시골 소년처럼 말이다." 두 사람은 실체와 기교를 분리하는 것이 불가능해질 때까지 자신들의 가면의 역할을 수행했다.

박물학자, 수집가, 그리고 분류가로서 겔만은 1960년대에 폭발하는 입자 우주를 해석하기에 준비가 잘 되어 있었다. 마치 커다란 캔버스 가방이 엎질러 열어 놓은 것 같은 가속기 신기술(액체 수소 거품 상자와 충돌 궤적 분석을 자동화해주는 컴퓨터들)에서는 100개에 가까운 서로 다른 입자들이 튀어 나왔다. 겔만과 이스라엘의 이론 물리학자 유발 니만Yuval Ne'eman은 1961년에 독립적으로 스핀과 기묘도에 대한 다양한 대칭성을 하나의 체계로 정리하는 방법을 알아냈다. 이것은 세상에 대한 수학자들의 감각으로 볼 때, SU(3)으로 알려진 군group이었다. 하지만 겔만은 곧바로 여기에 팔정도Eightfold Way라는 장난스러운 별명을 붙였다. 이것은 빛에 놓았을 때 여덟 개 아니면 열 개 혹은 어쩌면 스물일곱 개의 입자로 구성된 가족을 보여주는 복잡하고 반투명한 물체 같았다. 이 입자들은 겹치긴 해도 어느 방향에서 보기로 선택하는지에 따라 다른 가족이 될 것이었다. 팔정도는 새로운 주기율표였다. 주기율표는 분류하여 비슷한 수의 이질적인 "원소"에 숨은 규칙성을 찾은 지난 세기의 큰 업적이었다. 하지만 팔정도는 더 동적인 대상이었다. 군론group theory

의 연산은 카드 한 벌을 특별하게 뒤섞거나 루빅 큐브Rubik cube를 돌려 섞는 작업 같았다.

SU(3)가 지닌 위력은 고에너지 이론가의 연구 방식에 점점 더 중요해지는 개념을 구체화하는 방식에서 나왔다. 이를테면 부정확한 대칭, 거의 대칭almost symmetry, 근대칭near symmetry 아니면 (결국 살아남은 용어인) **깨진 대칭**이라는 개념이었다. 입자 세계는 입자의 대칭성에 있어서 오류로 가득했다. 곤란한 문제였다. 이 문제는 예상된 관계가 서로 어울리지 못할 때마다 임시 탈출로를 내주는 것처럼 보였기 때문이었다. **깨진 대칭성**은 하나의 과정, 상태의 변화를 암시했다. 물이 얼 때 대칭성은 깨진다. 얼음으로 이루어진 계system는 모든 방향에서 동일해 보이지 않기 때문이다. 자석은 깨진 대칭성을 구체적으로 표현한다. 자석은 일종의 방향을 선택하기 때문이다. 입자 물리학의 깨진 대칭 현상의 상당수는 우주가 뜨거운 혼돈 상태에서 더 서늘한 상태로 응축했을 때 뚜렷하고 비대칭적인 수많은 돌발 사건들과 더불어 급증한다. 즉, 우주가 선택한 사항처럼 보인다.

나아가 겔만은 자신이 세운 체계가 깨진 대칭성의 결과로 그때까지 발견되지 않은 입자를 예측하기에 충분하다고 확신했다. 이 입자 오메가 마이너스는 때를 맞춰 1964년에 나타났고(33명의 실험자들로 구성된 팀이 300km 이상의 길이에 달하는 사진들을 검토해야 했다) 5년 후 겔만에게 노벨상이 뒤따랐다.

또 다른 겔만의 유명한 발명은 팔정도를 성공적으로 묘사함으로 해석상의 이해를 늘리려는 노력에서 왔다. SU(3)는 각양각색의 입자 여덟 개 가족과 입자 열 개인 가족, 그리고 다른 가족들과 함께 가장 기본적인 세 개의 입자로 이루어진 가족이어야 했다. 여기에는 무언가 묘하게 누락된 것 같이 보였다. 하지만 이 군의 규칙은 이 세 입자 가족이 ⅔과 -⅓과 같이 분수로 된 전하를 지녀야 한다는 것이었다. 지금까지는 입자가 한 개의 단위를 갖는 전하 이외에 어느 것과도 나타난 적이 없었기 때문에 이 규칙은 현대적인 기준으로도 타당해 보이지 않았다. 그렇기는 해도 1963년 겔만과 러시아 출신 젊은 이론가 캘테크의 조지 즈와이그George Zweig는 이 규칙을 제안했다. 즈와이그는 자신의 입자들을 '에이스ace'라고 이름 지었다. 겔만은 또 다시 언어 싸움에서 승리했다. 겔만의 선택은 켁켁거리는 소리를 내는 무의미한 단어, 쿼크였다. (이후 겔만이 『피네간의 경야』[114]에서 이 구절 "마크 대왕을 위한 세 개의 쿼크Three quarks for Muster Mark"[115]를 발견하고는 문학적인 내력을 덧붙였다. 하지만 이 물리학자의 쿼크는 운을 맞추기 위해 처음부터 '코크cork'로 발음되었다.)

겔만과 다른 이론가들은 쿼크가 효과를 내는데 필요한 모든 교묘한 장치들을 몇 년에 걸쳐 만들었다. 한 가지 장치는 **색**color이라고 명명한 새로운 특성이었다. 이것은 일상적인 색과 관련이 없는 순전히 인위적인 특성이었다. 또 다른 특성은 **맛**flavor이었다. 겔만은 쿼크의 맛을 **위**up, **아래**down, 그리고 **기묘**strange라 부르기로 결정했다. 반쿼크antiquark와 반맛anticolor도 있어야 했다. **글루온**gluon이라는 새로운 매개 입자는 한 쿼크에서 다른 쿼크로 맛을 옮겨야 했다. 이 모든 상황이 물리학자들에게 회의적인 태도를 부추겼다. 줄리안 슈윙어는 겔만이 짹짹, 켁켁 같은 소리로 이 입자들을 검출할 수 있다고 본 것이라고 썼다. 겔만 보다는 훨씬 더 취약한 입장에 있던 즈와이그는 자신의 경력이 훼손되었다고 느꼈다. 쿼크 이론가들은 자신의 입자들이 결코 아무 데서나 나타나지 않는다는 사실과 씨름해야 했다. 비록 사람들이 입자가속기와 이른바 해저 진흙의 우주선 퇴적물에서 헌신적인 탐색을 시작했

---

114) 아일랜드의 작가 제임스 조이스James Joyce가 1939년 발표한 소설. 영어로 쓰인 가장 어려운 소설로 평가되며 실험적인 양식으로 유명하다.
115) 『복원된 피네간의 경야』(제임스 조이스 지음, 김종건 편역, 어문학사)의 II부 4장 「신부선과 갈매기」(383쪽)에 번역된 문장을 참조했다.

음에도 말이다.

실재성 문제도 있었다. 이 문제는 전자처럼 더 친숙한 실재물에 의해 제기된 것보다 분명히 더 심각한 문제였다. 즈와이그는 쿼크에 대한 구체적이고 동적인 견해를 갖고 있었다. 다만 하이젠베르크까지 되돌아가 **관측가능량**observable에만 주목하도록 배운 물리학계가 보기에 지나치게 기계론적이었다. 겔만이 즈와이그에 건넨 논평은 다음과 같다. "구체적인 쿼크 모형이라니, 그건 돌대가리들을 위한 거야." 겔만은 철학적인 문제뿐 아니라 쿼크가 실재하는 것에 대해 어느 쪽의 주장이든 이것으로 야기되는 사회학적인 문제에도 신중을 기했다. 겔만에게 쿼크는 처음에는 단순한 장난감 장론을 만드는 방법이었다. 따라서 이론의 특성을 조사하고 적절한 일반 원리들을 추출한 다음, 그 이론을 버리려 했다.

"쿼크가 (무한한 질량이라는 한계에 놓이게 되므로 순수하게 수학적인 실체라고 하는 대신) 유한한 질량을 지닌 물리적인 입자라고 가정하고 쿼크가 움직이는 방식을 깊이 생각해보는 일은 재미있다."라고 겔만은 썼다. 쿼크가 **마치 물리적인 입자였다가** 이내 다시 수학을 위한 **편의인 것처럼** 접근했다. 겔만은 "안정한 쿼크를 향한 탐색"을 권장했다. 하지만 한 번 더 비틀어서 이 탐색이 "실제 쿼크는 존재하지 않는다는 것을 재확인해줄 것"이라 덧붙였다. 겔만이 초기에 던진 경고는 논평자들이 뒤이은 몇 년 간 되풀이해서 인용했다. 한 물리학자가 내린 대표적으로 야박한 해석은 이런 식이다. "나는 늘 이 말이 암호로 적힌 메시지라고 여겼다. 꼭 이렇게 말하는 것 같았다. '만약 쿼크가 발견되지 않으면 난 쿼크가 존재한다고 결코 말한 적이 없음을 명심해라. 쿼크가 발견된다면 내가 쿼크를 처음 생각해냈음에 상기하라.'" 이 말은 겔만이 오래도록 신랄해지게끔 만든 원인이 되었다.

그동안 파인먼은 지난 10년간의 고에너지 물리학 대부분을 외면했기에, 이를 따라잡을 장기적인 계획을 세워야 했다. 파인먼은 이론가들의 방법론이나 언어보다는 실험적인 데이터에 더 주목하려 했다. 늘 그랬듯이 파인먼은 쟁점을 이해할 때까지만 논문을 읽고 스스로 문제를 해결해보려고 했다. "저는 언제나 자연의 규칙성을 설명해야 한다는 태도를 취해왔습니다. 제 동료들의 방법론까지 설명할 필요는 없는 거죠"라고 파인먼이 어느 역사가에게 말했다. 파인먼은 몇몇 일시적인 유행을 어떻게든 피하려 했었다. 표류한 후에는 다시 물리학계로 되돌아와서 뒤늦게 공유되던 방법들을 배워야 했다. 하지만 외부자로서 이렇게 점점 더 전문화되고 만만치 않은 문제들에 접근하는 일은 더 이상 불가능했다. 파인먼은 고에너지 물리학을 가르치길 관두었다가 1960년대 후반에서야 다시 가르치기 시작했다. 처음 강의계획서에는 쿼크를 포함시키지 않았다.

1970년대 초, 캘리포니아 북쪽 스탠퍼드 대학교 근처 구릉지에 자리를 잡은 신형 가속기가 쿼크 탐색에 아주 중요한, 강한 상호작용 실험에서 주도적인 역할을 해내고 있었다. 스탠퍼드 선형 가속기 센터(SLAC)는 풀로 덮인 벌판 아래에 3.2km를 직선으로 파냈다. 지상에는 소들이 풀을 뜯었고, 청바지와 셔츠 차림의 (거의 100명에 가까운) 젊은 물리학자들은 피크닉용 탁자에 앉아 있거나 센터의 여러 건물들에 들락날락하며 걸어 다녔다. 지하에서는 직선으로 곧게 뻗은 진공 상태의 구리관 내에서 전자빔이 양성자 과녁을 향해 흐르고 있었다. 전자들은 이론가들이 지금까지 다루었던 것보다 훨씬 더 큰 에너지에 도달했다. 전자들은 거대한 비행기 격납고 같은 종착역 안에 있는 과녁을 때린 다음, 운이 좋으면 콘크리트 보호시설 안에 있는 검출기로 들어갔다. 이 보호시설은 내부에 납 벽돌을 대고 있었고, 철로 위에 얹힌 상태로 위쪽 천장을 향해 기울어져 있었다. 때때로 고속 영화 촬영기가 결과를 기록했다. 조사자들로 구성된 실험팀은 (한 달간 계속되는 특정 실험에서) 촬영된 수억 장의 영상으로부터 입자 궤적을 읽어낼 수 있는 자동 디지털화 장치를 개발했다. 입자 빔의 끝에 위치한 한 개의 거품 상자에서는 5년 반의 사용 기간 동안 열일곱 개의 새로운 입자가 발견되었다.

거품 상자는 이른바 강력을 탐구하는 도구였다. 그 이유는 핵의 영역 내 아주 짧은 거리에서의 강력은 전자기 반발력보다 두드러지게 우세하여 양성자와 중성자를 붙들어주기 때문이다(**강입자**hadron가 강력에 영향을 받는 입자에 대한 일반적인 용어였다). 파인먼은 강입자와 다른 강입자의 충돌에서 강력의 작용을 어떻게 이해할지 생각하고 있었다. 이 경우는 복잡하다. 짧은 거리에서의 작용을 연구하는데 개발된 이용 가능한 높은 에너지에서 강입자-강입자 충돌은 파편들로 뒤범벅이 된 분무를 찬란할 정도로 만들어 냈기 때문이다. 강입자 자체는 단순하지도, 점 같지도 않았다. 이 입자들은 크기를 지녔고, 내부의 구성 요소(구성 요소들이 가득한 동물원 전체)를 갖는 것처럼 보였다. 파인먼이 말한 것처럼 강입자-강입자 연구는 손목시계 두 개를 서로 충돌시켜서 날아가는 부품들을 지켜봄으로써 손목시계를 이해하려고 하는 것과 다를 바 없었다. 하지만 파인먼은 1968년 여름에 SLAC를 정기적으로 방문하기 시작했고 전자-양성자 충돌(전자는 총알처럼 양성자를 뚫고 지나간다)에 의해 나타난 상호작용이 얼마나 더 간단한지 이해했다.

파인먼은 여동생의 집에서 머물렀다. 여동생이 연구소에서 일하기 위해 스탠퍼드 근처로 이사했기 때문이다. 여동생의 집은 가속기 센터에서 샌드 힐 로드 바로 건너에 있었다. 그해 여름 파인먼의 이야기를 듣고자 야외 테라스에 모인 물리학자들은 파인먼이 떠오른 생각을 활기 넘치게 설명하며 양 손바닥을 힘껏 마주치던 모습을 보곤 했다. 파인먼은 "팬케이크(속에 단단한 물체가 파묻혀 있는 납작한 입자 팬케이크)"를 이야기했다.

캘테크와의 관계는 SLAC에 있는 실험자들에게 중요했다. 1960년대 후

반까지 이 관계는 파인먼 보다는 겔만에게 훨씬 더 의미가 있었다. 겔만은 흐름 대수, 곧 자신이 내놓은 쿼크를 포괄하는 수학적인 틀을 만들었다. 그리고 SLAC의 이론가들은 이 연장들을 더욱 짧은 거리, 더 높은 에너지 영역으로 일반화하려는 시도라고 자평했다. SLAC와 같은 가속기에서는 대부분의 생각이 가장 단순한 충돌(두 입자가 들어가고 두 입자가 나오는 충돌)에 초점을 맞추었다. 반면 실제 충돌의 대부분은 더욱 많은 입자들로 이루어진 엄청난 섬광을 낳았다. 실험자들은 가능한 한 가장 정밀한 데이터를 원했는데, 이렇게 파편들이 터져 나오는 경우 정밀성은 불가능한 요구였다. 파인먼은 다른 관점을 취했다. 파인먼이 도입한 형식으로는 20개 혹은 50개, 아니면 더 많은 입자들의 분포를 살펴볼 수 있었다. 각 입자의 운동량을 측정하는 방법은 아니었다. 반면 모든 가능성에 대해 총합을 구할 수 있었다. 스탠포드의 이론 물리학자 제임스 D. 뵤켄James D. Bjorken은 비슷한 계보에 따라 생각하고 있었다. 전자 하나가 양성자 하나를 때리면, 측정 불가능한 파편들이 터지면서 전자 하나가 나온다. 새로 생겨나는 전자는 공통 인자였다. 뵤켄은 여러 종류의 분무를 따로 확보하여 새로 만들어지는 전자들의 에너지와 각도값을 여러 충돌 사건들에 대해 평균과 그 분포를 단순화시켜 그래프로 그려보기로 했다.

뵤켄은 데이터에서 뚜렷한 규칙성을 분리했는데, **눈금바꿈**scaling이라고 불리는 현상이었다. 이 데이터는 다른 에너지 척도에서 똑같은 것으로 보였다. 뵤켄은 이 데이터를 어떻게 해석해야 할지 몰랐다. 여러 가지로 추론해 봤고, 대개는 흐름대수의 언어로 된 틀에 맞추려 했다. 파인먼이 도착했을 때, 뵤켄은 마침 자리를 비워 파인먼은 데이터의 원천에 대한 명확한 설명을 듣지 못한 채 그래프를 보게 되었다. 하지만 파인먼은 불현듯 이 그래프를 알아보았고, 저녁이 될 때까지 한참을 계산했다. 이 데이터는 파인먼이 혼자 여름 내내 여러모로 생각해오던 팬케이크 이론을 나타내는 그래프 같았다.

파인먼은 쪽입자parton라고 부른 미지의 새로운 구성 요소를 상정해서 수많은 양성자들로 뒤섞인 무리를 가로질러 파악해보기로 결정했다. 이 요소의 이름은 촌스럽게 쪽part이라는 단어에서 따왔다. (결국 파인먼이 만든 용어가 『옥스퍼드 영어사전』에 실렸다.) 파인먼은 두 가지 사항을 제외하고는 쪽입자에 대해 거의 가정을 하지 않았다. 파인먼의 가정은 쪽입자는 점 같은 형태이며, 또 다른 쪽입자와 유효하게 상호작용을 하지 않지만 양성자 내부에서는 자유롭게 떠다닌다는 것이었다. 이 입자는 추상적 개념(물리학자들이 의지하고 싶어 하지 않았던 바로 그런 종류의 관찰 불가능한 실체)이었지만 마음속에서는 감질나게 눈에 아른거렸다. 이 입자들은 파동함수와 계산할 수 있는 확률 진폭을 함께 다룰 수 있을 만한 유형의 오래된 장론field theory을 매달아 걸 수 있는 못이나 다름없었다. 유추에 의하면 양자전기역학 역시 나름의 쪽입자를 갖는데, 바로 맨 전자bare electron와 광자였다.

파인먼은 양성자 내에 있는 이 딱딱한 덩어리들과의 충돌은, 부풀어 있는 듯한 양성자 전체와의 충돌과는 다르게 자연스러운 방식으로 눈금바꿈 관계를 만들어낼 것임을 보여주었다. 파인먼은 이 입자들이 어떤 양자수를 지녔을지 아니면 지니지 않았을지를 정하지 않기로 했고, 자신의 쪽입자가 겔만과 즈와이그의 분수 전하를 띤 쿼크인지 아닌지에 대해서도 어느 쪽이든 걱정하지 않겠다고 단호하게 결심했다.

뵤켄이 돌아왔을 때 이론 연구팀이 한창 쪽입자 이야기를 하는 것을 보았다. 파인먼은 뵤켄을 붙들고 한참 이야기를 했다. 뵤켄은 스탠포드에서 구식의 양자전기역학 과목을 수강한 이후 줄곧 파인먼을 숭배했었다. "파인먼 다이어그램이 나타났을 때 구름 사이로 햇살이 비치기 시작했었습니다. 무지개와 더불어 완벽했습니다. 금광이었어요. 기가막혔습니다! 물리적인데다 심오했으니까요!"라고 뵤켄이 말했었다. 그랬던 그가 눈앞에서 자신의 이론을 새로운 언어와 새로운 시각 이미지로 자신에게 설명하고 있었다. 뵤켄이 곧바로 알아본 것처럼, 파인먼은 자신의 본질적인 통찰력을 발휘해 스스로를 한 번 더 전자 **속에** 위치시켜 광속의 전자가 무엇을 볼 수 있는지 생각하려 했다. 파인먼은 양성자들이 순간적으로 자기를 향해 나타나는 것을 보려 애썼다. 그 결과 양성자들은 상대론적으로 납작해져 팬케이크 형태가 되었다. 상대론 역시 실제로 내부 시계를 늦추었고, 전자의 관점에서 상대론은 쪽입자를 얼어붙게 하여 움직이지 못하게 했다. 파인먼의 체계는 하나의 전자가 다른 입자들의 안개와 지저분하게 상호작용하는 상황을 전자 하나가 안개로부터 나오는 점 같은 단일한 쪽입자와 훨씬 간단하게 상호작용하는 상황으로 줄여놓았다. 뵤펜의 눈금바꿈 방식은 이런 상황의 물리학과 자연스럽게 연결되었다. 실험가들은 이 상황을 곧바로 파악했다.

쪽입자 모형은 지나치게 단순화되었다. 뵤켄의 설명이 보다 덜 근본적으로 보였지만 뵤켄이 설명할 수 없었던 것을 이 모형이 설명해주지는 않았다. 쪽입자는 상당한 토론 및 논증 과정을 필요로 했다. 하지만 물리학자들은 쪽입자를 구명보트처럼 꽉 붙들었다. 파인먼은 3년 후 공식 논문 하나를 발표했고, 쪽입자가 최종적으로 물리학자들의 명확한 이해 속에 쿼크와 섞이기까지는 더 많은 세월이 흘러야 했다.

즈와이그의 에이스, 겔만의 쿼크, 그리고 파인먼의 쪽입자는 동일한 목적지에 이르는 세 개의 길이 되었다. 물질을 구성하는 이 성분들은 새로운 장의 양자quanta로서 기능했기에, 마침내 강력에 관한 장론을 구성하는 일이 가능해졌다. 쿼크는 더 오래된 입자들처럼 직접적인 방식으로 보이거나 검출되지는 않았다. 그렇긴 해도 쿼크는 실재했다. 파인먼은 1970년에 두 명의 학생들과 함께 연구 프로젝트를 하나 맡아, 간단한 쿼크 모형이 입자 전체의 기초가 될 수 있는지를 판단하기 위한 노력으로 방대한 입자 데이터 목록을 모았다. 파인먼은 한 번 더 관례에 따르지 않는 모형을 선택했다. 대부분의 이론가들이 주목했던 강입자 충돌 데이터 대신, 가장 마지막 세대에 해당하는 전자기 장론의 관점에서 사고하는 것을 돕는 데이터를 사용했다.

파인먼은 어느 한 모형이든 잠정적이라고 계속 강조하면서도, 어떤 이유에선지 결국엔 납득하게 되었다(파인먼은 쿼크 지지자로 개종했다고 말했다). "쿼크에 대한 서술은 궁극적으로 강입자 물리학 분야 전체에 전파될 수 있다"라고 파인먼의 논문은 결론을 내렸다. "쿼크 모형의 역설에 관해서는 특이한 모형이 신비롭게 잘 들어맞는다는 것을 제시하고자 한다. 이러한 역설들이 더욱 정곡을 찌른다는 것을 제외하면, 우리가 덧붙일 말은 없다." 더 젊은 이론가들은 중력과 전자기력과 같은 힘들과는 대조적인, 거리가 멀어짐에 따라 빠르게 커지는 힘의 관점에서 속박(쿼크가 자유입자로 나타날 수 없는 상태)을 설명하는 법을 배웠다. 쿼크는 **실재**하게 되었다. 이후 수행된 기발한 실험들은 이 입자를 보는 간접적인 방법을 제공했다. 그뿐만 아니라 이론가들이 생각하지 않았던 모형으로 일관성 있는 모형을 구성하는 일이 점점 더 어려워졌기 때문에라도 쿼크는 실재는 증명되었다. 쿼크가 너무나 실재적인 것이 된 나머지 이 입자의 창안자 겔만은 쿼크의 존재를 충분히 믿지 않았다는 사후 비판을 감내해야 했다. 겔만은 파인먼이 왜 자기 나름의 대안적인 쿼크를 만들었고, 결국 점차 사라져버린 구별을 왜 유지했는지 결코 이해하지 못했다. 겔만은 파인먼의 입자들을 "겉입자$_{\text{put-ons}}$"[116]라고 부를 기회도 놓치지 않았다. 몇 년 전 슈윙어가 그랬던 것처럼 겔만은 자신이 생각하기에 지나치게 단순화된 서술에 대해 요란스럽게 과시하는 일이 싫었다. 누구나 사용할 수 있었기 때문이다.

쿼크는 **실재**했다. 적어도 20세기 말에 활동했던 물리학자들에게는 말이다. 쪽입자는 결국 그렇진 않았다. **정말로** 실재한다는 것은 무엇일까? 파인먼은 이 질문이 뒷전으로 사라져버리지 않도록 노력했다. 파인먼은 자신의 강의를 모은 책 『광자-강입자 상호작용 Photon-Hadron Interactions』에서 다음과 같이 결론을 내렸다.

우리는 다른 카드 위에 카드 하나를 올리듯이 근거가 약한 추측이 많은 카드로 아주 높게 집을 지었다. 우리가 만든 카드집이 무너지지 않고 옳은 것으로 입증되더라도 이것으로 우리가 쪽입자의 존재를 증명한 것은 아니었다. 한편으로 쪽입자는 심리적으로 유용한 안내서였다. 아울러 쪽입자가 계속 이런 방식으로 활용되어 타당한 다른 기대치를 만들어냈다면 쪽입자도 물론 "실재"하기 시작했을 것이다. 자연을 설명하도록 고안된 다른 어느 이론적 구조물처럼 말이다.

파인먼은 또 다시 현대 이론 물리학의 중심에 섰다. 파인먼의 언어, 파인먼의 체계는 몇 년 동안 고에너지 물리학자들의 대화에 영향력을 행사했다. 파인먼은 다시 다른 주제로 넘어가길 원했다고 스스로에게 말했다. 파인먼은 첫 번째 쪽입자 논문을 발표한 직후 어느 역사가에게 "약간 좌절감을 느낍니다"라고 말했다.

같은 걸 생각하는 일은 싫증이 납니다. 뭔가 다른 것을 생각할 필요가 있습니다. 길이 막혔기 때문인데요, 그렇지만 이 상태로 계속 가더라도

---

116) 쪽입자partons의 발음과 유사하면서 '속임수, 겉치레 또는 장난, 농담'이라는 의미를 가진 단어 put-on로 비틀어 사용했다. 여기서는 '겉입자'로 번역했다.

문제될 건 없습니다. 하지만 새로운 결과는 어느 것도 얻기 힘듭니다. 이 쪽입자 연구는 꽤 성공적이어서 유행하게 되었습니다. 이제 저는 유행하지 않는 대상을 찾아야 합니다.

파인먼은 동료들을 노벨상 후보로 추천하는 일을 거부했다. 하지만 1977년에 (겔만이 이미 노벨상을 한 번 받은 이후에) 규칙을 깨고, 쿼크의 발명으로 겔만과 즈와이그를 조용히 지명했다.

다음 세대를 위한 교육

리처드: [혼자 콧노래를 부드럽게 부르며] 지-지-지-주-주. 지-지-지-주-주. [파인먼은 일하고 있다. 아침 식탁에서 접시가 치워지고 있다. 테이프 녹음기가 엿듣는 동안 희미하게 윙윙거리는 소리를 낸다. 한 친구가 파인먼의 과거에 대한 이야기를 담겠다는 희망을 안고 녹음기를 틀어 놓았다.] 지-지-지-주-주. [갑자기 멈춘다.] 여기서 실수한 바보가 있네. 어떤 천치 바보가 여기에서 실수했어.

미셸: 아빠가.

리처드: 아빠? 무슨 뜻인지, 아빠라고? [잠시 멈춤] 어떤 멍청이가 실수를 했지. [노래한다] 실수한 멍청이가 여기 있네.

미셸: 응, 아빠!

리처드: 미셸, 얘야, 조심해서 말해야지. 어쨌든 아빠는 좋은 친구니까 이런 문제 만들고 싶지 않거든. [잠시 멈춤] 아빠가 실-슈 했어. 알지, 실-슈 하잖아. 그렇지. 너도 아빠가 나쁜 사람 되는 거 싫지. [손가락으

로 갑자기 둥둥 두드린다.] 이건 당연히 틀렸고말고! 어떤 바보라도 알아볼 수 있으니까.

파인먼의 자녀들은 아버지가 다른 아버지들과 달랐다는 것을 알아차리기까지는 몇 년이 걸렸다. 파인먼은 보통 때 산만해 보였다. 강아지가 물어뜯은 안락의자에 느긋하게 앉아 있거나 바닥에 누워서 노트에 뭔가를 쓰면서 콧노래를 흥얼거리며 한창 집중해 있는 동안에는 이를 방해하기 어려웠다. 파인먼은 자녀들을 애지중지 했다. 그는 환상적이고 상상력이 넘치는 이야기들을 아이들에게 들려주었다. 파인먼이 들려주는 모험 이야기에서 아이들은 거인 가족 세계의 작은 주민이 되었다. 파인먼은 이파리가 없는 갈색 나무가 아이들 주위에서 솟아오르는 숲을 묘사하곤 했다. 하도 자주 이야기한 나머지 아이들은 나무가 양탄자의 섬유는 아닐까 의심하곤 했다. 또 자신의 무릎에 앉혀놓고 이렇게 물었다. "뭘 알고 있지? 콘크리트에 대해 알고, 고무를 알지. 그리고 유리에 대해서도 알고…." 파인먼은 아이들에게 경제학의 기초라고 여기던 것도 가르쳤다. 이를테면 가격이 오르면 사람들은 덜 사게 된다는 것, 제조회사는 이윤을 최대로 늘리도록 가격을 정한다는 것, 경제학자들이 아는 건 별로 없다는 것 등이다. 아이들은 아버지가 신문으로 자신들 머리를 때리는 시늉을 하거나 엉터리 이탈리아어로 식당 종업원에게 이야기할 때면 사람들 앞에서 자신들을 난처하게 만들기 위해 이 땅에 태어난 사람이라고 생각했던 시절도 있었다. 미셸이 보기에 파인먼은 늘 혼자 노랫말을 흥얼거리거나 휘파람을 불면서 아슬아슬한 활기를 내뿜는 인물이었다. 파인먼은 집주변을 걸을 때 속삭이며 운을 만들어 내곤 했다. ("내 신발을 집을 거야. 그게 내가 할 일이야.") 그리고 좀 더 복잡한 운을 시도했을 때, 방금 한 말을 반복하지 못하기도 했다. 아이들은 백과사전에서 자기네 아버지를 찾아볼 수 있는 게 흔한 일이 아니라는 점을 뒤늦게 이해하기 시작했다. 어머니 앞에서 파인먼은 아이로 되돌아가는 듯했다. 어머니 루실은 이렇게 말하곤 했다. "리처드, 엄마는 추운데 스웨터 좀 입지 그러니?" 어느 날 월간지 《옴니Omni》에서 파인먼을 세계에서 가장 똑똑한 사람이라고 선정했을 때, 루실이 혼잣말했다. "저 녀석이 세계에서 가장 똑똑한 사람이라면 하느님께서 우릴 보살펴주시길."

아들 칼이 일찍이 과학에 재능을 보이자 파인먼은 뛸 듯이 기뻤다. 칼이 열두 살 때, 파인먼은 어느 캐나다 실험실에서 집으로 가져온 괴상하게 보이는 사진을 칼에게 보여준 적이 있었다. 칼은 이 사진이 "아마도 규칙적인 형태의 네모난 구멍들을 통과한 레이저에서 나온 회절 무늬"라는 것을 (정확하게) 알아맞혔을 땐 친구에게 자랑하지 않을 수 없었다. "대견해서 미칠뻔 했다니까. 여기에 사용된 렌즈의 초점 거리가 얼마인지 묻기 두렵더라고!" 파인먼은 너무 서투르게 몰아붙이지 않으려고 했고, 아이들이 어떤 직업을 선택하든 ("트럼펫 연주-사회복지사-우표수집연구가-아니면 뭐든지 간에"라고 파인먼은 칼에게 편지를 썼다.) 아이들이 행복하고 하는 일을 하기만 하면 기쁠 거라고 자신에게 말했다. 하지만 칼이 대학에 진학한 후 진로에 대해 파인먼에게 이야기했을 때 파인먼은 평정심을 잃고 말았다. "그래, 이해하려고 많이 노력해보니 철학자가 되겠다는 네 결정이 조금씩 수긍되기 시작하더구나"라고 파인먼은 답장했다. 하지만 이를 받아들이지 못했다. 파인먼은 자녀가 시인이 되길 원하는 기업 경영자처럼 배신당하고 기만당한 것처럼 느꼈다.

이 아빠는 자문해 본다. "네가 어떻게 좋은 철학자가 될 수 있을까?" 아빠가 이해하는 바로는, 경제관념이 없는 시인 아들처럼(왜냐하면 아들은 애비가 내주길 기대하고 있으니까), 너도 상식을 넘어 훨씬 높고 더 아름다운 지성으로 날아오를 수 있다는 확신으로 철학을 선택했겠지 (그리고 네 애비도 냉철하게 계속 생각하고 있단다).

"글쎄, 그걸 해낸다면 아주 멋지겠구나"라고 파인먼은 냉소적으로 덧붙였다.

아이들을 교육하는 일은 가르침의 기본 원리와 자신의 아버지가 가르쳤던 교훈에 대해 다시 생각하게 해주었다. 칼이 네 살이 되었을 무렵, 파인먼은 캘리포니아 주 초등학교의 1학년 과학책을 내용을 반대하는 운동에 활발히 참여했다. 이 책은 기계식 태엽 강아지, 진짜 강아지, 그리고 오토바이 사진으로 시작했는데, 각 그림에는 동일한 질문이 있었다. "무엇으로 움직일까요?" 제시된 답 "에너지로 움직인다"에 파인먼은 격분했다.

파인먼은 이 답이 동의어 반복이라고 주장했다. 무의미한 정의라고 말이다. **에너지**라는 심오한 추상적 개념을 이해하는 일에 경력을 쌓아온 파인먼은 장난감 강아지를 분해함으로써 기어와 톱니바퀴의 영리함을 보여주는 것이 더 나은 과학수업이라고 말했다. 파인먼은 1학년 학생에게 "에너지로 움직인다"라고 말해주는 것은 "신이 움직이게 한다"라거나 "가동성이 움직이게 한다"라고 말하는 것과 그다지 다르지 않다고 말했다. 파인먼은 발상을 가르치는지 아니면 단순한 정의를 가르치는지를 알아보기 위한 단순한 검사를 제안했다.

이렇게 말하는 겁니다. "지금 배운 새 단어를 사용하지 않고, 여러분이 방금 배운 것을 여러분의 말로 다르게 말하도록 노력해보세요. **에너지**라는 단어를 사용하지 않고, 강아지의 운동에 대해 여러분이 알고 있는 걸 말해보세요."

다른 일반적인 설명도 마찬가지로 무의미했다. 예를 들면 '물체는 중력 때문에 떨어진다'나 '물체는 마찰력으로 닳는다' 같은 문장이다. 파인먼은 캘테크의 신입생에게 기초적인 지식을 전달해주려고 노력하면서 마찬가지로 초등학교 1학년 학생들에게도 실제 지식을 가르치는 일이 가능하다고 믿었다. "신발 가죽은 닳아 없어진다. 그 이유는 가죽이 보도에 문질러지고, 보도의 작은 홈과 튀어나온 부분에 가죽 조각들이 걸리거나 떨어져 나오기도 하기 때문이다." 이것이 지식이다. "'그건 마찰 때문이다'라는 간단한 말은 소용 없습니다. 이건 과학이 아니기 때문입니다."

파인먼은 캘테크에서 근무하는 동안 34개의 정규 과목을 가르쳤다. 1년에 대략 한 과목의 강의였다. 대부분은 고급 양자역학이나 이론 물리학의 연구 주제라고 불린 대학원 세미나 수업이었다. 이런 수업은 보통 파인먼의 연구 관심사를 주제로 했다. 예를 들어 대학원생들은 알아차리진 못한 채, 다른 물리학자가 발표하려고 했던 연구의 처음과 마지막 보고서에 대해 종종 듣곤 했다. 파인먼은 거의 20년 동안 강의 목록에는 없는, 물리학 X로 알려진 강의도 했다. 이 강의는 일주일에 한 번씩 오후에 학부생들은 모여서 어떤 과학 질문이든 원하는 질문을 제기했고, 파인먼은 즉흥적으로 수업을 진행했다.

파인먼이 학생들에게 준 영향은 어마어마했다. 학생들은 흔히 속세의 모든 것을 알고 있는 현인과 연결된 사적인 정보 루트를 갖게 되었다고 느끼며 로릿센 연구소를 떠났다. 파인먼은 진정한 이해라는 것이 (자신의 연구 주제는 비록 점점 더 난해해지고는 있지만) 일종의 명확성을 의미한다고 믿었다. 언젠가 어느 물리학자가 파인먼에게 일반적인 정설 중 한 항목인, 왜 스핀이 ½인 입자들이 페르미-디랙 통계를 따르는지를 간단한 용어로 설명해달라고 부탁했다. 파인먼은 이 문제에 대해 신입생 강의를 준비하겠다고 약속했다.

파인먼은 이 약속을 지키지 못했다. "신입생 수준으로 낮출 수 없었네"라고 며칠 후에 말하며 덧붙였다. "이건 우리가 이 주제를 정말로 이해하지 못하고 있다는 의미라네."

하지만 교육에 대한 파인먼의 태도 중에서 많은 부분을 구체화시킨 대상은 바로 파인먼의 아이들이었다. 1964년 파인먼은 캘리포니아주의 초등학교를 위해 수학 교과서를 선정하는 공공 위원회의 위원으로 활동했다. 전통적으로 이 자리는 교과서 출판사들로부터 뇌물이나 챙기던 한직이었다. 파인먼의 예상대로 후보에 오른 교과서를 읽은 위원은 거의 없었다. 하지만 파인먼은 이 교과서들을 모두 읽기로 결정하고는 수많은 책을 집으로 배송시켰다. 이때는 아이들 교육에서 이른바 새로운 수학이 유행했던 시대였다. 이를테면 집합론과 비非십진법 체계와 같은 높은 수준의 개념을 도입함으로써 수학 교수법을 현대화하겠다는 숱한 논란이 있었던 시기였다. 새로운 수학교육법은 《뉴요커》의 만화가 비평했던 부모의 우려에도 불구하고 놀랄 만큼 빠르게 전국의 학교를 휩쓸었다. 이를테면 어린 소녀가 설명한다. "보세요, 아빠. 이 집합이 아빠가 번 돈 전체와 같아요. 그리고 아빠의 경비는 이 안의 부분집합이구요. **이 부분집합의 부분집합이 아빠의 공제액**이에요."

파인먼은 현대화 지지자들의 반대편에 섰다. 칼날을 새 수학의 거품에 찔러 넣었다. 파인먼은 개혁론자의 교과서에 나와 있는 것처럼 집합이 가장 형식에 얽매이고 조용하면서 해를 끼치는 사례라고 동료 위원들에게 주장했다. 이건 정의를 위한 새로운 정의, 곧 발상을 소개하지 않고 단어들을 소개하는 완벽한 사례라고 말이다. 추천 받은 입문서에는 1학년 학생들에게 이런 문제를 냈다. "막대 사탕의 집합과 소녀들의 집합의 수가 같은지 파악하시오." 파인먼은 이를 병폐라 묘사했다. 이 문제는 "소녀들에게 단지 충분한 막대 사탕이 있는지 알아내시오" 같은 평범한 문장에 아무런 정밀함도 보태지 않고 명료함을 제거해버렸다. 파인먼은 전문적인 표현이 필요할 때까지 미뤄져야 하고, 집합론에 관한 특별한 표현은 **결코 필요하지** 않다고 말했다. 파인먼은 집합론이 정의를 넘어선 내용에 도움이 되기 시작하는 영역에 새 교과서들이 도달하지 못했다고 생각했다. 예를 들면 '무한대의 정도가 다르다'에 대한 이해가 여기에 해당한다.

이것은 단어의 사용, 새로운 단어의 새로운 정의에 관한 사례입니다. 하지만 이 특정한 경우가 가장 극단적인 사례인 이유는 **어떤 사실도 주어지지 않았기** 때문입니다. 이 교과서를 접한 사람들은 합집합이나 교집합을 나타내는 기호 U과 ∩을 발견하고 아마 놀랐을 겁니다. 이 책에 쓰인 모든 정교한 집합용 표기 대부분은 이론 물리학이나 공학, 경영학, 산술, 컴퓨터 설계 혹은 수학이 사용되는 다른 영역의 어떤 글에서도 결코 쓰인 적이 없습니다.

파인먼은 철학을 의식하지 않고서는 자신의 진정한 주장을 밝힐 수 없었다. 파인먼은 **명확한** 언어와 **정확한** 언어를 구별하는 일은 매우 중요하다고 주장했다. 이 교과서는 정확한 언어에 새롭게 역점을 두고 있었다. 예컨대 "수"를 "숫자"와 구별하기, 현대의 비판적인 방식으로 기호를 실제 대상과 분리하기가 파인먼에게는 초등학생들을 위한 법리 논쟁과 다름없이 보였다. 파인먼은 공과 공 그림 사이의 차이를 가르치려던 책, 이를테면 이 책은 "이 공그림을 빨간색으로 칠하시오"와 같은 표현을 고집했던 책에 반대했다.

"저는 어느 아이든 이렇게 특정한 방향으로 실수를 할 것이라는데 의문을 갖습니다"라고 파인먼은 무미건조하게 말했다.

사실 정확하기란 불가능합니다. 전에는 어려움이 없었습니다. 이 공 그림에는 원과 배경이 포함되어 있습니다. 우리가 공 그림이 온통 빨갛게 보이도록 사각형 전체를 칠해야만 할까요? 정확성은 원래 생각에 의혹이 없거나 어려움이 없을 때, 현학적이고 세세한 것에 얽매이며 특정한 한 방향으로 증가해 왔을 뿐입니다.

파인먼은 또 한 번 절대적인 정확성이 실제 세계에서 결코 닿을 수 없는 관념이라고 지적했다. 정밀한 구별은 의혹이 생겨날 때를 대비해 남겨두어야 했다.

파인먼은 아이들에게 수학을 가르치는 방법을 개혁하기 위한 나름의 견해를 가지고 있었다. 파인먼은 자신이 복잡한 적분을 계산하던 방식과 다름없이 초등학교 1학년 학생들 더하기와 빼기를 배우도록 제안했다. 다시 말해 당면한 문제에 적절해 보이는 어느 방법이든 자유롭게 선택하는 것이다. 현대적으로 들리는 개념이란 '**올바른 방법을 사용하기만 한다면 답이 중요한 것은 아니다**'가 된다. 파인먼이 보기에 이보다 더 잘못된 교육철학은 없었다. 해답이야말로 가장 중요한 것이라고 파인먼은 말했다. 파인먼은 셀 수 있는 상태에서 더할 수 있는 상태로 옮겨가는 아이들이 이용할 수 있는 몇 가지 기법들을 열거해두었다. 아이는 두 집단을 하나로 결합해서 간단히 합쳐진 집단을 셀 수 있었다. 이를테면 오리 다섯 마리에 오리 세 마리를 더하기 위해, 아이는 오리 여덟 마리를 세는 것이다. 아이는 손가락을 사용하거나 속으로 6, 7, 8 이렇게 셀 수 있다. 표준적인 조합을 기억할 수도 있다. 큰 수는 더미를 만들고(예를 들면 1센트 동전들을 다섯 개의 더미로 나누어), 이 더미들을 셈하여 처리될 수 있다. 아이는 선 위에 수를 표시하고 공간들의 수를 확인할 수 있다. 이 방법은 측정과 분수를 이해할 때 유용해질 수 있다고 파인먼은 언급했다. 아이들은 세로열에 큰 수들을 쓰고 10보다 큰 합계를 다룰 수 있다. 파인먼이 보기에 표준적인 본문은 너무 융통성이 없어 보였다. 29+3은 3학년 문제로 분류되었다. 이 계산은 상급 기법이 필요하기 때문이었다. 하지만 파인먼은 1학년생이 30, 31, 32 이렇게 생각함으로써 이 문제를 풀 수 있다고 지적했다. 왜 아이들에게 간단한 대수 문제(2 곱하기 얼마 더하기 3은 7이 될까?)를 주고는 시행착오를 거쳐 이 문제를 풀도록 격려하지 않았을까? 이것이 실제 과학자들이 연구하는 방식임에도 말이다.

우리는 사고의 경직성을 제거해야 합니다. 우리는 문제를 풀려고 시도하면서 여기저기 배회하는 정신을 위해 자유를 남겨두어야 합니다. 수학을 성공적으로 사용하는 사람은 주어진 상황에서 답을 구하는 새로운 방법을 발명하는 사람입니다. 이 방법이 잘 알려져 있다고 하더라도 대개는 자기 나름의 방법(새로운 방법이든 기존의 방법이든)을 고안하는 것이 알려진 방법을 찾아보고 이를 알아내려고 시도하는 것보다 훨씬 더 쉬운 일입니다.

전통적인 방법 한 가지보다 여러 요령들이 뒤섞인 가방이 더 낫다. 이것이 파인먼이 자신의 아이들이 숙제할 때 가르쳤던 방식이었다. 미셸은 아버지가 1,000가지 지름길을 알고 있음을 깨닫게 되었고, 아울러 이 방법들을 산수 선생님 앞에서 사용하면 자신이 곤란해질 것도 알게 되었다.

영원히 지속될 수 있다고 생각하세요?

파인먼은 운동을 좋아한 적이 없었지만, 건강을 유지하려고 노력했다. 도로 경계석 위로 넘어지면서 무릎 뼈가 부러진 이후에는 조깅을 시작했다. 파인먼은 거의 매일 앨터디너 언덕에 있는 집 위로 난 가파른 길을 오르내렸다. 노벨상 상금으로 구입한 멕시코 해변가의 별장에서 잠수복을 입고 가끔 바다 수영을 했다. (파인먼과 궤네스가 이 집을 처음 봤을 때 매우 지저분했다. 파인먼은 아내에게 이 집을 원하지 않는다고 말했다. 궤네스는 북회귀선에서 올라오는 난류를 향해 난 유리창을 보며 대답했다. "물론이죠. 우린 이 집을 원해요.")

1977년 여름, 스위스 알프스 산맥을 여행하는 도중 파인먼이 갑자기 객실 화장실로 달려가 구토를 해서 궤네스를 깜짝 놀라게 했다. 파인먼이 성인된 이후 하지 않았던 행동이었다. 같은 날 케이블카에서 의식을 잃었다. 파인먼의 담당 의사는 두 번이나 "원인 불명의 발열"로 진단했다. 1978년 10월, 뒤늦게 암이 발견되었다. 복부 뒤편에서 멜론 크기까지 자란 무게가 2.7kg정도 크기의 종양이었다. 파인먼이 똑바로 서면 허리선에서 툭 튀어나온 종양이 보였다. 너무 오랫동안 증상을 무시했다. 파인먼에겐 다른 근심거리가 있었기 때문이었다. 몇 달 전에 궤네스가 암 수술을 받았던 것이다. 파인먼의 종양은 내장을 옆으로 밀어내고 왼쪽 신장과 부신, 그리고 비장을 망가뜨렸다. 종양은 연지방과 결합조직에 생기는 희귀암으로, 점액모양지방육종이었다. 힘든 수술을 마치고 파인먼은 수척한 얼굴로 퇴원해서 의학문헌을 찾기 시작했다. 이 문헌들에는 확률적인 추산이 충분히 쓰여 있었다. 자신의 종양은 잘 분리되었던 것처럼 보였지만, 종양의 재발률은 높았다. 파인먼은 개별적인 사례 연구를 연이어 읽었는데, 어느 종양도 자신의 것만큼 크지 않았다. 한 학술지는 다음과 같이 요약하며 언급했다. "5년 생존율은 0퍼

센트에서 11퍼센트로 보고되었으며 한 보고서에서는 41퍼센트였다." 10년
간 생존한 사람이 거의 없었다. 파인먼은 직장에 복귀했다. "나이가 드셨군
요, 파인먼 어르신" 한 젊은 친구가 놀리듯이 시 몇 소절을 썼다.

"그리고 스승님의 머리카락은 분명히 하얗게 새어버렸고요;
그래도 여전히 떠오르는 생각을 주고받으시네요-
어르신의 연세엔, 수치스러운 구경거리죠!

"내가 젊을 땐"이라고 대가는 자신의 긴 머리를 흔들며 말했죠.
"스케치하기를 아주 즐겼단 말이야,
도표를 많이 그렸고, 대개는 심오하다고 여겨졌지.
다른 것들은 간신히 팔린다고 생각되지만 말이야."

"예, 잘 압니다" 현자의 말을 가로막으며 젊은이가 말했다.
"스승님이 한때는 끔찍하게 똑똑하셨다는 것을요,
그런데 이제는 색소chrome [117]를 곁들인 쿼크 소시지의 시대입니다.
스승님의 시대가 영원히 지속될 수 있다고 생각하세요?"

겔만을 포함한 더 젊은 물리학자들은 연구의 최전선에서 물러나 있었지
만, 파인먼은 양자색역학quantum chromodynamics, QCD의 문제들로 방향을 바
꾸었다. 양자색역학은 장론들을 통합한 최신 이론으로, 쿼크 색깔이 중심적
인 역할을 하기 때문에 붙여진 이름이다. 파인먼은 박사 후 과정 연수생 리
처드 필드Richard Field와 함께 아주 에너지가 높은 쿼크 제트quark jet의 세부
사항들을 연구했다. 다른 이론가들은 쿼크가 결코 자유롭게 모습을 드러내

지 않은 이유가 물리학에서 익숙하지 않은 다른 힘에 의해 속박되어 있기 때문이라는 것을 알게 되었다. 대부분의 힘은 거리가 증가하면 약해졌다. 예를 들어 중력과 자기력처럼 말이다. 이 힘도 분명히 그래야 할 것으로 보였지만 쿼크의 경우에는 정반대였다. 쿼크들이 가까울 때 이들 사이의 힘은 무시해도 될 정도였다. 반면 이 입자들을 떼어놓았을 때, 힘은 지극히 강해졌다. 파인먼과 필드가 이해한 바에 따르면 제트는 부산물이었다. 고에너지 충돌로 쿼크 하나가 깨져 결합이 사라지기 전에 이 힘은 대단히 커져서 새로운 입자를 만들어 내는데, 이 입자들은 진공으로부터 터져 나올 때 생성되며 같은 방향으로 이동한다. 바로 이것이 제트다.

처음에 필드는 일주일에 한 번 파인먼과 만났다. 파인먼은 필드가 이 회의를 준비하느라 깨어 있는 시간을 거의 전부를 쓰고 있다는 것을 알아차리지 못했다. 두 사람의 연구는 실험자들에게 잘 맞는 언어로 예측하는 형태를 취했다. 난해한 이론이 아니라 실험자들이 얻을 결과에 대한 현실적인 지침이었다. 파인먼은 아직 수행되지 않은 실험들만을 계산해야 한다고 고집했다. 그렇지 않으면 실험자들이 스스로를 신뢰할 수 없을 것이라 말했다. 점차 두 사람은 실험을 몇 달 앞서 나가며 유용한 틀을 제공할 수 있겠다고 생각했다. 가속기가 더 높은 에너지에 도달함에 따라, 파인먼과 필드가 설명했던 종류의 제트가 나타났다.

그동안 이론가들은 쿼크 속박quark confinement을 이해하려고 계속 씨름했다. 이를테면 쿼크가 모든 상황에서 항상 속박되어야 하는지, 그리고 속박은 이론으로부터 자연스럽게 유도될 수 있을지와 같은 문제였다. 빅터 바이

---

117) 겔만을 비롯한 이론 물리학자들이 발전시킨 양자색역학에서 쿼크의 특성을 추상적인 개념인 맛flavor과 색color으로 비유한 것을 이용한 언어유희다.

스코프는 문헌에서 있는 건 죄다 형식적인 수학뿐이라면서 파인먼에게 이 문제도 연구해보라고 재촉했다. "난 여기서 물리학이라곤 찾을 수가 없네. 이 문제를 시도해보는 것이 어떤가? 자네가 적임자야. 자네라면 왜 QCD가 쿼크를 가두는지 본질적인 물리적 근거를 찾아낼 거야." 파인먼은 1981년에 이 문제를 분석적으로 풀기 위해 2차원 장난감 모형으로 독창적인 노력을 기울였다. 파인먼이 언급처럼 양자색역학은 최고 성능을 지닌 슈퍼컴퓨터조차 실험 결과와 비교하기 위한 구체적인 예측을 할 수 없을 정도로 내부 복잡성을 띤 이론이었다. "QCD 장론은 여섯 개의 맛flavor에 해당하는 쿼크들이 세 가지 색color을 갖다. 각각의 쿼크는 여덟 개의 4차원 벡터 글루온gluon들과 함께 네 개의 성분으로 된 디랙 스피너Dirac spinor로 표현된다. 이 이론은 시간 및 공간 속의 각 점에서 각각의 배치 형태가 104가지인 진폭들에 대한 양자론인 셈이다"라고 파인먼은 썼다. "이 모두를 정성적으로 시각화하기란 매우 어렵다." 그래서 파인먼은 차원 하나를 제거하고자 했다. 쿼크 속박이 결론이 난 후에도 파인먼의 신선한 접근법은 몇몇 이론가들에게 오랫동안 연구 항목에 남았지만, 이 방법은 결국 막다른 골목이었음이 밝혀졌다.

1981년 9월 종양이 재발했다. 이번에는 파인먼의 장을 휘감았다. 의사들은 항종양성 항생제인 독소루비신과 방사선 치료 및 열 요법을 병행해가며 치료했다. 큰 수술을 또 받았다. 방사선 치료로 파인먼의 조직은 스펀지처럼 부드러워졌다. 수술은 14시간 30분 동안 이루어졌는데, 의료진들이 "혈관 사고(대동맥 파열을 완곡하게 표현했다)"라고 묘사한 상황이 포함되었다. 수혈을 위한 응급 요청이 캘테크와 제트 추진 연구소Jet Propulsion Laboratory, JPL에 전달되었고, 헌혈자들이 줄을 섰다. 파인먼은 혈액 37L가 필요했다. 수술 후 캘테크의 총장 마빈 골드버거가 파인먼의 병실에 들어왔을 때, 파인먼은 "총장님이 계신 곳보다는 제가 있는 자리가 나아 보입니다"라고 말하며 자신은 여전히 골드버거 총장이 요청한 어떤 것도 하지 않을 것이라고 덧붙였다. 고통스러운 기색이 분명한데도 파인먼은 새로운 이야기로 병문안 온 사람들을 즐겁게 해주었다. 수술 전 UCLA 병원의 외과의사인 도널드 모턴이 레지던트와 간호사들을 데리고 찾아왔다. 파인먼은 자신의 생존가능성이 얼마나 될지 물었다. "단일 사건의 확률에 대해 이야기하는 건 불가능하지만," 파인먼은 의사가 말하듯 상세히 이야기하며 답했다. "한 교수에서 또 다른 교수까지, 미래의 사건이라면 가능하지요."

물리학에서 캘테크의 영향력은 줄어들었다. 대학은 똑똑하고, 천진난만하며 비범한 학부생들을 잘 선발했고, 이들은 모두 3학년이 되면 대학원 과목의 수강을 당연하게 여겼다. 하지만 가장 우수한 학생들은 졸업 후 다른 학교로 가버렸다. 파인먼의 물리학 세미나는 여전히 명물이었다. 파인먼은 대개 맨 앞줄에 자석처럼 앉아서 모든 강연을 좌지우지했는데, 발표하러 온 방문자들은 분위기가 유쾌할지 아니면 무자비할지를 예상할 수 없었다. 파인먼은 부주의한 발표자가 눈물을 쏙 빼놓게 몰아넣을 수 있었다. 파인먼은 연장자였던 베르너 하이젠베르크의 살점을 떼어내듯 난도질하여 동료들에게 충격을 주었고, 젊은 상대론자 킵 손Kip Thorne[118]은 병이 날 정도로 몰아붙였다. 더 윗세대 물리학자들에겐 파울리("완전히 틀렸어")를 떠올리게 했다. 인공지능 분야의 선구자 더글라스 호프스태터Douglas Hofstadter[119]는 애매한

---

118) 미국의 중력물리학 및 천체물리학자. 아인슈타인의 일반상대론의 천체물리학적 의미를 연구 과제로 삼는다. <인터스텔라>에 자문으로 참여했다. 2017년 중력파 관찰에 결정적인 기여를 한 공로로 노벨 물리학상을 수상했다.

119) 인지과학, 물리학, 비교 문학 등 광범위한 관심사를 가진 학자이다. 1961년 노벨 물리학상 수상자인 로버트 호프스태터의 아들이다. 1975년 물리학 박사학위 연구로 자기장 속 블로흐 전자 Bloch electron의 에너지 준위와 관련된 호프스태터 나비Hofstadter Butterfly로 알려진 프랙탈을 발견했다. 저서 『괴델, 에셔, 바흐』로 퓰리처상을 수상했다.

비유의 사용에 대해 특이한 강연을 했다. 호프스태터는 청중에게 마거릿 대처Margaret Thatcher나 엘리자베스 여왕 아니면 남편 데니스 대처Denis Thatcher와 같은 답을 기대하며, 영국의 퍼스트레이디의 이름을 말해보라고 물으며 강연을 시작했다. "제 아내죠" 앞줄에서 외치는 소리가 들렸다. "왜죠?" "왜냐하면 제 아내는 영국인이고 멋지니까요." 나머지 강연을 하는 동안 호프스태터가 보기에 파인먼은 동네에 있는 백치가 하듯이 계속해서 집적대는 것 같았다.

파인먼은 여전히 유명세를 떨쳤지만 기본 입자 물리학의 무게 중심은 다시 동쪽의 하버드와 프린스턴 및 다른 대학들로 이동해갔다. 전자기학과 약한 상호작용을 통합한 이론은 동일한 양자색역학적 엄호 아래 강한 상호작용을 한데 묶는 게이지 이론gauge theory으로 이어졌다. 양자론의 부활로 파인먼의 경로적분 역시 새롭게 평가 받을 기회도 주어졌다. 그 이유는 경로적분이 게이지 이론을 양자화하는데 매우 중요한 것으로 드러났기 때문이었다. 파인먼의 발견은 유용한 도구일 뿐만 아니라 자연의 가장 깊은 수준에서 체계화하는 원리인 것처럼 보였다. 하지만 파인먼은 경로적분의 새로운 의미를 직접 추적하진 않았다. 선두에 있던 사람들은 스티븐 와인버그, 압두스 살람Abdus Salam[120]이나 셸던 글래쇼Sheldon Glashow[121] 그리고 한때 자석처럼 붙어 다녔던 파인먼과 겔만을 본 적도 없는 젊은 이론가들이었다. 학과의 탁월한 위상이 빛을 잃어가는 것을 우려하던 캘테크 물리학자들은 때때로 파인먼이 채용에 충분히 관여하지 않는 것과, 겔만은 지나치게 관여하는 것을 비난했다.

파인먼은 자신의 쪽입자 모형과 함께 고에너지 물리학으로 되돌아온 이후 줄곧 배후 인물, 원로 정치인의 지위라는 유혹에 대항하여 싸웠다. 1974년에 파인먼은 학과의 일반적인 조사에 귀찮다는 듯이 한 문장짜리 메모를 써서 답했다. "올해는 연구라고 할 만한 것이 아무것도 없습니다!" 2년 후, 친구 시드니 콜맨이 베르너 에르하르트Werner Erhard[122]의 에스트est 재단의 후원을 받은 양자장론 학회 참가자 명단에 파인먼의 이름을 올려놓았을 때, 파인먼은 자신의 내부자와 외부자 자격에 대한 양가 감정을 그라우초 막스[123] 식으로 설명했다.

도대체 왜 파인먼을 초청한 거야? 이 사람은 다른 사람들에 비할 바도 안 되고, 내가 아는 한 아무 것도 안 하는데 말이야. 자네가 초대 명단을 노동자들로 한정한다면, 내가 참석할 생각을 해볼 수 있겠네.

콜맨은 절차에 따라 명단에서 파인먼의 이름을 제외했고, 파인먼은 참석했다.

파인먼은 에스트 재단의 자기계발 세미나를 불편해 하지는 않았다. 이 세미나는 대개 파인먼이 경멸했던 유사 과학적 용어를 지지하고 있었음에도 널리 유행했다. 콜맨은 이렇게 말했다. "우리가 어리석음의 황금시대에 살고

---

120) 파키스탄 출신의 이론 물리학자. 1979년에 파키스탄인 최초로 노벨 물리학상을 수상했다. 파키스탄의 평화적인 핵에너지 사용을 위한 개발에 자문을 맡았다. 전기·약 작용 이론 이외에 중성미자, 중성자별 및 블랙홀, 양자역학 및 양자장론을 현대화하는데 크게 기여했다.
121) 1979년 스티븐 와인버그, 압두스 살람과 함께 노벨 물리학상 수상했다. 1964년에는 제임스 뵤켄과 함께 네 번째 쿼크인 맵시 쿼크charm quark를 예견하기도 했다.
122) 미국의 작가이자 강연자. 에스트 재단을 설립하여 개개인의 삶을 질적으로 변화시키기 위한 주제로 2주간 60시간짜리 세미나를 진행했다. 1977년에는 유엔의 승인을 받아 기아 종식을 위한 비영리기구 "기아 프로젝트the Hunger Project"를 설립해 400만 명 이상의 참여를 이끌어내기도 했다.
123) 미국의 코미디언, 배우, 작가. 임기응변과 재치가 뛰어나 미국의 위대한 코미디언 중 한 명으로 여겨진다. 안경과 코, 눈썹과 콧수염이 하나로 붙은 장난끼어린 가면을 두고 그의 인상을 본떠 그라우초 안경이라 부른다.

있다는 또 다른 증거"라고 말이다. 에르하르트의 단체와 1960년대 이후의 여러 기관들은 양자론에 끌렸다. 그 이유는 자신들이 생각하기에 양자론이 (오해의 소지가 있지만) 현실에 대한 신비주의적인 관점을 취하는 것처럼 보여서 동방의 종교들을 생각나게 했고, 사물이 대략 보이는 모습과 다를 바 없다고 본 구식의 관점보다는 더 흥미로워 보였기 때문이었다. 1960년대로부터 벗어나려고 몸부림치던 기존의 기관들은 존경할만한 점들을 제공해줄 수 있는 양자물리학자들에게 끌렸다.

그동안 파인먼은 에르하르트와 다른 "괴짜들"(궤네스가 파인먼의 새 친구들을 언급한 것처럼)에 이끌렸다. 이것은 부분적으로 호기심과 관행을 따르지 않는 것이 파인먼 자신의 오랜 습성이었기 때문이다. 1960년대의 청년 운동은 파인먼을 숭배했다. 청년들은 파인먼 나름의 스타일을 유행에 끌어들였다. 이를테면 파인먼이 넥타이를 매지 않는 것, 허세 없는 인생관, 파인먼과 아들 칼이 개인적으로 "공격 중독"이라고 말했던 페르소나와 같은 것들이다. 파인먼은 백발을 긴 갈기처럼 길렀다. 파인먼은 실험 과학의 형식과 방법을 애매모호하게 사용한다고 여겼기 때문에 체계적인 심리학을 매도했었지만, 자기 성찰적이고 스스로 진단하는 유형의 심리학은 좋아했다.

파인먼은 베르너 에르하르트뿐만 아니라 돌고래와 감각 박탈 탱크의 애호가인 존 릴리John Lilly[124]도 친구로 삼았다. 파인먼은 릴리의 탱크를 "신비스러운 속임수"라고 부르며 무시하려 했지만, 40년 전 자신의 꿈 상태를 관찰해보려고 애를 썼던 것처럼 환각을 느껴보기를 바라면서 자진해서 릴리의 탱크 속에 들어가기도 했다. 죽음이 자신의 생각과 동떨어져 있던 것은 아니었다. 파인먼은 마음속에서 떠올릴 수 있는 가장 이른 어린 시절의 기억을 되찾았다. 마리화나와 LDS(이걸 더 난처하게 여겼다)도 시도해봤다. 파인먼은 컬트적인 책 『지금 여기 있으라Be Here Now』의 작가 바바 람 다스Baba Ram

Das[125]가 유체이탈 체험out-of-body experience에 어떻게 이를 수 있는지를 알려줄 때 참을성 있게 들었다. 파인먼은 이 방법(지금 용어로 OBE)을 연습했다. 신비적인 도구 어느 것이든 기꺼이 믿어보려던 의도는 아니었다. 자신의 외부에서, 방 바깥에서, 그리고 자신을 그토록 괴롭히는 예순 다섯의 몸뚱이 바깥에서 여기저기 떠도는 자아를 상상해보는 것이 즐겁고 흥미로웠기 때문이었다.

물리학자는 타고난 히피가 아니다. 그럼에도 이들은 반문화 자체가 일으킨 문화에 대항해 기술을 숭배하고 핵 그림자가 드리워진 문화를 만들어내는데 큰 역할을 담당하기도 했다. 파인먼이 맨해튼 프로젝트에서의 경험을 이야기할 때면 자신이 금고를 따거나 검열관들의 화를 돋우던 일을 어느 때보다 더 강조했다. 파인먼은 야심 있고 실질적인 집단의 지도자라기보다 오히려 반항아였다. 1975년 산타바바라에서 한 강연에서 파인먼은 다른 사람들 "지위가 높은 사람들은 결정을 합니다"라고 말문을 열었다. "저는 큰 결정에 대해 걱정하지 않았습니다. 언제나 지하에서 여기저기 날아다녔죠." 파인먼은 기술의 적이 결코 아니었다. 과학의 관료주의를 혐오했지만 이제는 군산복합체라고 불리는 대상의 적도 아니었다. 파인먼은 대학의 물리학과들을 지원하는 보조금 신청서에 자신의 이름을 덧붙이는 일을 언제나 거절했다. 파인먼은 여전히 릴리의 감각 박탈 탱크에서 나와 샤워를 하며 엡손

---

124) 의사, 신경과학자, 정신분석가, 철학자, 작가, 발명가. 에르하르트와 더불어 미국의 반문화 과학자, 사상가 세대에 속한다. 제2차 세계대전 중에는 높은 고도에서 비행할 때 사람들에게 미치는 생리학적 영향에 대한 연구를 했다. 이후 1953년에는 신경생리학 연구를 시작하며 뇌를 외부자극으로부터 차단하는 감각 박탈(격리) 탱크를 만들어 실험했다. 돌고래와의 의사소통에 대한 연구를 진행하기도 했다.

125) 미국의 심리학자, 작가. 동방의 영성과 요가를 서양의 베이비부머 세대에 대중화하는데 기여했다. 1960년대에는 하버드 대학교에서 티모시 리어리Timothy Leary 교류하기도 했다. 본명은 리처드 앨퍼트Richard Alpert이다.

소금[126)]을 씻어내고, 옷을 입은 다음 군수품 계약업체인 휴스 항공사로 차를 몰고 가서 물리학 강의를 하곤 했다.

파인먼은 과거에 그랬던 것처럼 자신의 시간에 주의를 기울이진 않았다. 이따금씩 휴스나 몇몇 다른 회사의 자문 위원으로 일했다. 이를테면 국방부의 후원을 받은 휴스의 신경망 프로젝트에 자문을 했고, 비선형 광학 물질에 관해 3M사의 엔지니어들과 상담하기도 했다. 4시간이 채 안 되는 대화로 1,500달러를 벌었다. 이런 일들은 간간이 특별한 고려 없이 하던 일거리였다. 파인먼의 동료들은 자문을 하는 일을 더 신중하게 주선하여 훨씬 더 많은 돈을 벌었다. 흔히 파인먼의 의뢰인들은 파인먼이 어느 특정한 기술적 도움을 주는 것보다 파인먼을 만난다는 황홀감으로 더 고마워하는 것 같았다. 파인먼은 자신이 사업가가 아님을 알고 있었다. 파인먼은 겔만과 더불어 캘테크에서 연봉이 가장 높은 교수였다. 하지만 캘테크는 『파인만의 물리학 강의』에서 나오는 인세를 모두 가져갔다. 오랜 친구인 필립 모리슨이 타임-라이프 영화사에서 나온 "두 명의 물리학 거장이 참여한 17편의 탁월한 강의들" 광고를 파인먼에게 보내면서 어떤 저작권 사용료라도 받았는지 궁금해 했다. "난 못 받았죠." 파인먼이 말했다. "물리학 거장이라는 우리가 사업으로는 난쟁이 아닌가요?"

파인먼이 1980년대 초에 가장 좋아하던 본업 외의 고객은 캘리포니아 해변의 빅 서Big Sur에 위치한 에살렌Esalen 연구소였다. 이곳은 롤핑 요법, 게슈탈트 심리 요법, 요가와 명상과 같은 다양한 자아실현, 자기강화, 자기충족 활동을 위한 중심지였다. 태평양이 내려다보이는 절벽 위의 거대한 나무 아래에는 천연 유황 온천수로 공급한 멋진 온수 욕조가 있었다. 에살렌은 고객들에게 값비싼 휴식을 제공했다. 톰 울프[127)]는 언젠가 이를 두고 "정신을 위한 윤활 작업"이라 말했다. 파인먼은 에살렌을 "신비주의, 확장된 자각, 새로운 유형의 의식, ESP 등"과 같은 반과학의 온상이라고 묘사했다. 파인먼은 정기적으로 방문했다. 파인먼은 온수 욕조에 몸을 푹 담갔고, 나체로 일광욕을 하는 젊은 여자들을 유쾌하게 바라보기도 했으며, 마사지하는 법을 배웠다. 파인먼은 교양 강의를 했는데 청중의 수준에 맞도록 조정했다. 맨발에 카키색 반바지를 입고 마른 다리가 삐죽 나온 모습으로 "아주 작은 기계들"에 관한 강연을 시작했다.

얼마나 작은 기계들을 만들 수 있을지에 대한 질문과 관계가 있습니다. 아시겠죠? 이게 바로 주제입니다. 왜냐하면 저는 욕조에서 주변 사람들이 "아주 작은 기계라고? 저 사람이 무슨 소리를 하는 거지?"라고 말하는 걸 들었기 때문입니다. 그래서 제가 사람들에게 말했죠. "있잖아요, 정말 아주 작은 **기계들** 말이에요." [엄지와 검지 사이에 보이지 않는 작은 기계를 집으면서] 그런데 소용없더군요. [잠시 멈춤] 저는 아주 작은 기계에 대해 이야기하고 있습니다. 아시겠죠?

그리고 계속해서 강의를 이어갔고, 때때로 청중석에서 "좋아요!"라고 외치는 소리가 들려왔다. 질문 시간에 대화의 주제는 예외 없이 반중력 장치, 반물질, 그리고 초광속 여행으로 바뀌곤 했다. 물리학자들의 세계에서가 아니라면 정신적인 세계에서 이루어진 대화였다. 파인먼은 언제나 침착하

---

126) 황산마그네슘으로 알려진 무기염으로 여러 질병에 대중적인 치료용품으로 사용되었다. 특히 근육통이나 스트레스 완화에 도움이 알려졌다.
127) 예일 대학교에서 미국학으로 박사학위를 받고 1956년부터 기자 생활을 시작했다. 뉴저널리즘의 영향력 있는 주창자였다. 국내에는 미술을 대상으로 한 사회비평서 『현대미술의 상실』과 소설 『허영의 불꽃』이 소개되어 있다.

게 초광속 여행은 불가능하며, 반물질은 일상적이고, 반중력 장치는 "여러분의 뒤와 아래에 있는 베개와 바닥이 여러분을 오랫동안 효과적으로 지탱해 줄 것"이라고 말하며, 이 점을 제외하면 가능할 것 같지 않다고 설명하며 답했다. 몇 년간 파인먼은 "남다르게 생각하기"로 연수회를 진행했다. 에살렌의 안내 목록은 "마음의 평화와 삶의 모순들을 누리는" 길을 약속하며 덧붙였다. "리듬 악기를 가져오세요. 여러분을 초대합니다."

1984년 늦은 봄, 파인먼은 패서디나에서 IBM이 처음 출시한 개인용 컴퓨터를 받으러 가는 길이었다. 들뜬 마음에 차 밖으로 뛰어내렸는데, 포장한 도로에 걸려 넘어지면서 건물 면에 머리를 부딪쳤다. 행인이 파인먼에게 상처가 깊어 피가 흥건하니 병원에 가서 바늘로 꿰매라고 말했다. 며칠간 어지러움을 느꼈지만 문제없다고 스스로에게 말했다.

며칠이 더 지났다. 궤네스가 보기에 남편이 이상하게 행동하는 것 같았다. 파인먼은 밤에 깨어나 딸 미셸의 방을 헤매고 있었다. 어느 날은 집 밖에 주차해둔 자신의 차를 45분 동안 지켜보고 있었다. 파인먼은 자신이 그림을 그리던 어느 집에서 갑자기 옷을 벗고 잠을 자려고 했다. 그녀는 걱정스럽게 여기는 파인먼의 집이 아니라고 말해주었다. 마침내 어느 강의실 수업을 시작한 후, 파인먼은 자신이 앞뒤가 맞지 않는 말을 하고 있다는 것을 불현듯 깨달았다. 파인먼은 강의를 멈추고, 사과하고는 강의실을 떠났다.

뇌 정밀 검사 결과 과다 경막하혈종으로 드러났다. 두개골 내부에서 천천히 진행되는 출혈이 뇌 조직에 강한 압력을 가하고 있었다. 의사들은 파인먼을 곧바로 수술실로 보냈다. 수술실에서의 표준적인 절차는 지체없이 이루어진다. 이를테면 두개골에 두 개의 구멍을 뚫어 액체를 빼내는 것이다. 다음날 아침 이른 시간이 돼서야 궤네스는 파인먼이 앉아서 정상적으로 이야기하는 모습을 발견하고 안도했다. 파인먼은 정신을 놓은 3주간의 기억이 전혀 나지 않았다. 정밀 검사를 했던 전문의는 재발되지 않도록 검사를 반복했다. 전문의는 둘둘 말린 회색 조직과 심경 섬유로 감싸인 꾸러미처럼 보이는 두드러지게 상세한 파인먼의 뇌 이미지를 면밀히 조사해보는 일을 멈출 수 없었다("그래도 내가 무슨 생각을 하는지 알 수 없어요." 파인먼이 전문의에게 말했다). 전문의는 자신이 검사한 다른 65세 검사자들의 뇌와 비교하며 무언가 다른 징후를 찾으려고 했다. 혈관이 더 클까? 의사는 알지 못했다.

농담도 잘하시네!

파인먼은 노벨상 수상하던 즈음 삶을 회고하기 시작했다. 역사가들은 파인먼을 방문해서 파인먼이 회상하는 것을 기록했고, 파인먼의 노트는 상자에 쌓아놓거나 파인먼이 지하에 만든 사무실의 책장에 방치하기에는 너무나 중요한 유물처럼 취급했다. 이곳에 유년 시절의 유물인 『실용파를 위한 산수』가 있었다. 초기의 양자역학을 재발명하는 과정에서 T. A. 웰턴과 주고받던 젊은 시절의 공책도 여전히 보관하고 있었다. 인터뷰 진행자들은 테이프 녹음기들을 준비해 지난 수십 년 동안 파인먼이 친구들을 즐겁게 해주었던 똑같은 이야기들을 놓치지 않고 모두 담았다.

MIT의 역사가 찰스 와이너는 파인먼이 했던 인터뷰 중에서 가장 철저하고 진지한 자세로 임해달라 파인먼을 설득했다. 한동안 파인먼은 전기에 대해 와이너와 공동연구를 고려했다. 두 사람은 아들 칼이 근처 나무집에서 놀고 있는 동안 집 뒤의 칸막이를 친 테라스에 앉았다. 파인먼은 자신의 이야기를 들려주었을 뿐만 아니라 이를 실제로 시연해보기도 했다. "좋습니다. 시간을 재기 시작하세요"라고 와이너에게 말했다. 그런 다음 두 사람이 8분

42초 동안 대화한 뒤, 파인먼은 중단하고 말했다. "8분 42초 됐습니다." 몇 시간이 지나자 대화는 가끔씩 사적으로 나아갔다. 박스 하나를 이리저리 뒤지더니 파인먼은 알린의 사진 한 장을 꺼냈다. 반투명한 속옷만을 입은 채, 거의 나체로 비스듬히 기대어 있는 알린의 모습이었다. 파인먼은 거의 울 뻔했다. 두 사람은 녹음기를 끄고 잠시 침묵했다. 파인먼은 그때까지도 이런 기억들 대부분을 간직하고 있었다.

파인먼은 언젠가부터 자신의 연구 노트에 날짜를 적기 시작했다. 전에는 결코 해본 적이 없는 일이었다. 언젠가 와이너가 파인먼의 새로운 쪽입자에 대한 메모들이 "매일 매일 이루어진 연구 기록"을 표현하고 있다고 무심코 말했는데 파인먼은 날카롭게 응수했다.

"저는 실제로 종이에다 연구를 했다고요"라고 파인먼이 말했다.

"그래요, 연구는 교수님 머릿속에서 하신 거지만, 그 기록은 여전히 여기 있다는 말이죠." 와이너가 말했다.

"아니죠, 이건 **기록**이 아닙니다. 정말 아니에요. **이게 바로 연구라고요.** 종이에 연구를 해야 합니다. 그리고 이게 바로 그 종이입니다, 아시겠죠?" 파인먼이 연구할 때 믿기 힘들 정도의 분량을 썼다는 것은 사실이었다. 기나긴 일련의 생각이 담긴 노트는 즉시 강의록으로 써도 충분해보였다.

파인먼은 와이너에게 자신이 좋아한 과학자의 전기를 읽은 적이 전혀 없다고 말했다. 파인먼은 자신이 무정한 지식인 아니면 봉고를 연주하는 광대로 묘사될 것이라고 생각했다. 파인먼은 망설였지만 결국 이 생각을 그만두었다. 그래도 파인먼은 파로커웨이와 로스앨러모스 이야기에 관심을 가진 역사가들과 회담을 했고, 창조성에 관심을 가진 심리학자들을 위해 설문지에 답을 했다. ("다음 중 귀하의 과학적 문제 해결에 수반되는 능력은 무엇입니까?" 파인먼은 **시각적 이미지, 운동감각적 느낌,** 그리고 **정서적 느낌**에 표시를 하고 여기에 추가했다. "(1) 청각적 이미지, (2) 혼자 말하기". 그리고 "주요 질병"란에는 "열거하기에 너무 많음. 유일한 부작용은 회복기간 동안의 게으름"이라고 썼다.

수년 동안 파인먼은 랄프 레이턴Ralph Leighton[128]과 함께 정기적으로 드럼을 연주했다. 레이턴은 자신들의 연주를 테이프에 담기 시작했는데, 파인먼이 해주는 이야기도 녹음하기 시작했다. 레이턴은 파인먼을 대장이라고 부르고 같은 이야기들을 되풀이해서 들려달라고 조르면서 파인먼을 늘 재촉했다. 파인먼은 사람들에게 이야기를 들려주었다. 자신이 라디오를 고친 소년으로 파로커웨이에서 어떻게 유명해졌는지, 어떻게 해서 프린스턴의 사서에게 고양이 지도를 요청하게 되었는지, 아버지께 서커스의 독심술사의 속임수를 간파한 방법을 배운 일이며, 자신이 어떻게 페인트공이나 수학자, 철학자 그리고 정신과 의사들을 속여 넘겼는지를 말이다. 레이턴은 잠자코 들었고 파인먼은 그저 장황하게 이야기했다. "오늘 내가 헌팅턴 의학 도서관에 갔는데 말야" 파인먼이 어느 날 말했다. 나머지 신장에도 문제가 나타나던 때였다. "그런데 이거 정말 흥미롭다니까. 신장이 어떻게 기능하는지, 그리고 그밖에 모든 것들 말야. 재미있는 이야기 해줄까? 이 빌어먹을 신장이 세상에서 제일 이상한 녀석이라고!"

점차 원고가 형태를 갖추기 시작했다. 레이턴은 테이프를 받아 적고 편집을 위해 파인먼에게 보여 주었다. 파인먼은 각 이야기 구조에 확고한 견해를 가지고 있었다. 레이턴은 파인먼이 모든 웃음에 대해 순서 및 속도감을 알고 있는 즉흥 연기의 틀을 개발해두었음을 알아차렸던 것이다. 두 사람은

---

128) 미국의 전기 작가, 영화 제작자. 캘테크의 물리학자 로버트 레이턴의 아들이었으며, 파인먼과는 친구로 지냈다. 파인먼의 삶과 관련된 이야기들을 기록하고 일부 녹취록을 공개하기도 했다. 파인먼과의 인터뷰는 책 『남이야 뭐라 하건!』, 『파인만 씨, 농담도 잘하시네!』, 『투바, 리처드 파인만의 마지막 여행』의 기초 자료가 되었다.

두 사람은

의식적으로 핵심 주제에 공을 들였다. 파인먼은 알린이 '자기야, 사랑해! -푸치'라고 새긴 연필 한 박스로 자신을 난처하게 만든 일에 대해 이야기 했다.

> **리처드:** 그러니까 다음 날 아침에, 알겠나? 다음 날 아침, 우편물에 이 편지가 있었어, 그래, 이 엽서가. 이렇게 시작하지. "연필에서 이름을 잘 라내려고 한 이유가 뭐야?"
>
> **랄프:** [웃음] 아, 이런! [웃음]
>
> **리처드:** "남이야 뭐라 생각하건 무슨 상관이야?"
>
> **랄프:** 아 이거, 그렇죠, 이거 좋은 주제네요.
>
> **리처드:** 음?
>
> **랄프:** 이거 좋은 주제라고요, 여기에 주제 하나가 있으니까요. 그러니까 다른 사람들이 무슨 생각을 하든….

두 사람은 시대에 놀랄 만큼 중요한 한 인물이 과학에서 자신의 성취가 아니라(이건 이면에 깊숙이 남아 있었다) 가짜와 겉치레를 간파해내고 일상생활을 능숙하게 해내는 능력에 더 자부심을 느낀다고 확신했다. 파인먼은 과장된 겸손함으로 이러한 자질들을 강조했다. 그러고는 성인들을 아무개 씨라고 부르며 예의 바르면서도 위태로운 질문들을 던지는 소년의 말투를 취했다. 파인먼은 홀든 콜필드[129]였다. 왜 그렇게 많은 사람들이 위선자들인지 알아내려고 노력하며 솔직하고 어김없는, 나이 지긋한 사수였던 것이다.

"거만한 바보들 (바보면서 이걸 가리고는 이 모든 속임수로 자신들이 얼마나 대단한지 사람들에게 깊은 인상을 주려고하는 녀석들이지) **이건 내가 못 참아!**" 파인먼이 말했다. "평범한 바보는 사기꾼이 아니야. 정직한 바보는 괜찮아. 그런데 정직하지 않은 바보는 끔찍하다고!" 이런 이야기들이 등장하는 세계에서 파인먼이 가장 좋아하는 종류의 승리감은 일상에서 영리함을 발휘한 영역에 있었다. 파인먼이 노스캐롤라이나 공항에 도착했을 때처럼 말이다. 상대론자들이 모이는 학회에 하루 늦게 도착했다. 파인먼은 택시 운행 관리원으로부터 도움을 받는 방법을 생각해냈다.

"저기요" 내가 그 관리원한테 말했지. "본 학회는 어제 시작했으니까 어제 여기 도착해서 학회 장소로 가는 사람이 아주 많았을 겁니다. 어떤 사람들인지 설명해볼게요. 이 사람들은 약간 우쭐대면서 서로 이야기를 했을 텐데, 어디로 가는지 신경도 안 쓰고 '쥐-뮤-뉴, 쥐-뮤-뉴'[130]와 같은 말만 서로 이야기했을 겁니다."
관리원의 얼굴이 밝아졌다. "아, 네, 채플힐 말씀이시군요!" 관리원이 대답했다.

파인먼은 프린스턴의 첫 다과회에서 파인먼이 크림과 레몬을 모두 달라고 했을 때 아이젠하트 여사가 내뱉은 특이한 구절("설마…. 파인먼 군, 농담도 잘하시네!")을 제목으로 삼았다. 이 말은 파인먼의 뇌리에 40년 동안 남아 있었으며, 사람들이 태도와 문화를 사용해하여 어떻게 자신을 주눅 들게 했는지 일깨워 주던 말이었다. 이제 파인먼은 되갚아주고 있었다. W. W. 노턴 앤드 컴퍼니는 선인세 1,500달러에 원고를 사들였다. 일반적으로 적은 액수였다. 출판사 직원은 파인먼의 제목을 전혀 좋아하지 않았다. 이들은 '나는 세

---

129) 제롬 데이비드 샐린저의 『호밀밭의 파수꾼』에 나오는 10대 소년 주인공. 사람들의 허세와 세상의 가식을 경멸한다.
130) 아인슈타인의 일반상대성 이론에 등장하는 아인슈타인 텐서 $G_{\mu\nu}$를 가리킨다.

계를 이해해야만 해. 그렇지 않으면 내게 생각이 있지'를 제안했다("브루클린식 울림이 괜찮고 약간의 이중 의미도 있죠"라고 편집자가 말했다). 하지만 파인먼은 꼼짝도 하지 않았다. 노턴 출판사는 1985년 초 『파인만 씨, 농담도 잘하시네!Surely You're Joking, Mr. Feynman!』의 초판을 소량만 인쇄하여 출간했다. 책은 순식간에 품절되었고, 몇 주 내에 출판사는 베스트셀러 판권을 갖게 되었다.

불만스러워 했던 독자 중 머리 겔만도 있었다. 겔만은 파인먼이 1957년에 약한 상호작용의 "새로운 법칙"을 발견하는 기쁨을 묘사한 대목에 주목했다. "다른 사람이 알지 못했던 자연의 법칙을 내가 알고 있었던 것은 내 연구 경력에서 이때가 처음이자 유일한 때였다." 겔만의 분노가 로릿센 연구소 복도를 통해 들리는 듯했다. 겔만은 고소하겠다고 다른 물리학자들에게 말했다. 파인먼은 후에 출간된 문고판에 자신의 표현을 부인하는 진술을 덧붙였다. "물론 이것은 사실이 아니다. 하지만 적어도 머리 겔만, 그리고 수다샨과 마샥 역시 같은 이론을 생각했다는 사실을 후에 알게 된 것 때문에 내 즐거움을 망치진 않았다."

『파인만 씨, 농담도 잘하시네!』는 다른 방식으로도 화를 돋우었다. 파인먼은 자신이 늘 "날씬한 금발에 완벽하게 균형 잡힌 여자" 아니면 "통통한, 약간, 상당히 뚱뚱해 보이는 여자"와 사귀었던 것처럼 여성들에 대해 이야기했다. 이들은 추파를 던질 대상으로, 자기가 그리는 그림의 누드모델로, 아니면 속임수를 써서 잠자리를 할 "술집 여자들"의 모습으로 나타났다. 파인먼은 자신의 어휘 선택이 흠이 없다고 여기지는 않았다. 예전에도 성과 관련된 정치문제가 파인먼의 발목을 잡은 일이 있었다. 샌프란시스코에서 열린 1972년 미국 물리학회에서였다. 여기서 파인먼은 물리학 교육에 기여한 공로로 외르스테드 메달을 받았다. 파인먼의 사생활은 쟁점이 아니었다. 캘테크의 남자들 세계에서 학생들이 부러워한 파인먼의 화려한 명성 일부가 여자들에 대한 파인먼의 장악력에서 왔다고 할지라도 말이다. 파인먼은 파티에서 계속 젊은 여자들을 희롱했고, 돈 후안 같은 소문을 부추겼다. 파인먼은 캘리포니아 주 최초의 토플리스 바 중 하나인 지아노니에 자주 드나들었고(장식무늬가 있는 식탁용 종이 깔개에 방정식들을 줄줄이 채워 넣었다), 1968년에 지아노니를 대신해 법정에서 증언하여 지역 신문사를 즐겁게 해주기도 했다. 남자 대학원생들의 영웅 숭배에는 순전한 남자다움의 과시가 있었다.

파인먼은 지난 가을에 자신이 사용한 표현 일부가 "많은 '성차별주의자' 혹은 '남성 우월주의자' 관념을 강화하는" 경향이 있다는 것을 지적하는 편지 한 통을 받았다. 발송자는 "핵반응이 별 내부에서 일어나야 한다는 것을 깨달은 다음, 밤에 여자 친구와 데이트하러 나간" 어느 과학자에 대한 일화를 언급했다.

여자가 말했다. "별이 얼마나 예쁘게 빛나는지 보세요!" 남자가 대답했다. "그래. 그리고 지금 내가 이 세상에서 별들이 빛나는 **이유**를 아는 유일한 남자라고."

편지를 쓴 E. V. 로스스타인E. V. Rothstein은 "여성 운전자"에 관한 일화를 하나 더 인용하고는 제발 과학에서 여성에 대한 차별에 기여하지 말아줄 것을 당부했다. 답장을 보내며 파인먼은 자신의 민감한 점을 강조하지 않기로 결정했다.

로스스타인 씨께,
나 좀 그만 괴롭히시게, 이 사람아!
　　　　　　　　　　　　　　　　- R. P. 파인먼

그 결과 미국 물리학회에서 어느 버클리 연구팀에서 조직한 시위로 나타났다. 여자들은 "항의한다PR우TEST"라는 표어와 "리처드 P.(돼지Pig의 P?) 파인먼 앞"이라고 적힌 표지판을 들고, 전단지를 나누어주며 시위했다.

1960년대 여성 운동이 시작됐지만 과학은 미사여구와 인구 통계 속에는 무서우리만치 남자들이 남아 있었다. 물리학 분야의 미국 대학원 학위 중에서 겨우 2퍼센트가 여성들에게 수여되었다. 캘테크는 1969년에야 처음 여성 교수를 채용했는데, 이 교수는 1976년에 법원에서 빠른 집행 결정을 강요했을 때 비로소 종신 재직권을 얻었다. (파인먼은 자신의 인문학과 동료들 일부가 놀라기도 하고 불쾌하다 표현했음에도 그 여자 교수 편을 들었다. 게다가 파인먼은 이 교수의 연구실에서 시어도어 레트키Theodore Roethke의 "한 여인을 알았네I Knew a Woman"와 같은 시들을 소리 내어 읽으며 이를테면 "나는 몸의 흔들림으로 시간을 측정한다…" 몇 시간이나 즐겁게 보냈다.) 물리학 분야에서 대부분의 남자들처럼 파인먼은 직업적인 동료로서 몇 명의 여성들을 알고 있었고, 파인먼은 이들을 각각 동등하게 대했다고 믿었다. 이들도 대체로 동의했다. 파인먼은 반문했다. 누가 이보다 더 바랄 수 있었을까?

버클리의 시위자들은 파인먼의 여성 운전자 일화를 발견했지만 파인먼이 습관적으로 과학은 남성이고 자연은 (비밀들이 간파되기를 기다리는) 여성이라는 식으로 이야기하는 다른 예시들을 보지 못했다. 자신의 노벨상 수상 강연에서 파인먼은 자신의 이론과 사랑에 빠지게 된 일을 기억해냈다. "그리고 여성과 사랑에 빠지는 일처럼 이론에 대해 잘 알지 못할 때라야 이론을 사랑하는 일이 가능합니다. 그러면 이론의 결점들을 볼 수 없습니다." 그리고 이렇게 끝을 맺었다.

그러면 제가 젊었을 때 사랑에 빠졌던 오랜 이론들은 어떻게 되었을까요? 글쎄요, 저는 매력이 거의 남아 있지 않게 된 노부인이 되었다고 말하겠습니다. 현재의 젊은이들은 이 옛 이론을 볼 때 가슴이 더 이상 두근거리지 않을 겁니다. 하지만 우린 어느 노부인에게도 우리가 할 수 있는 최고의 말을 건넬 수 있습니다. 그녀는 훌륭한 어머니였으며 몇몇의 아주 훌륭한 자녀를 낳았다고 말입니다.

1965년에 많은 남녀 청중들은 이러한 말을 듣고 불쾌하게 여기거나 정치적으로 격양되어 숨은 메시지로 받아들이지 않았다. 1972년에 파인먼이 강단에 섰을 때 이렇게 선언하며 손쉽게 시위를 진정시킬 수 있었다. "오늘날 물리학의 세계에는 여성들에 대해 커다란 편견이 있습니다. 이건 터무니없는 일이고, 여기에는 어떤 의미도 없기에 중단되어야 합니다. 저는 물리학이라는 주제를 사랑하며, 남자든 여자든 능력이 되는 어느 지성인들과도 물리학을 이해하는 기쁨을 나누고자 하는 것이 늘 저의 바람이었습니다." 시위참가자들이 박수를 보냈다. 1985년에 몇몇 여성주의자들에게 파인먼은 또다시 물리학에서의 남성 우월의 상징인 것처럼 보였다. 실제 생활은 복잡했다. 이를테면 강단있는 캘테크의 어느 여성 전문가는 낯선 사람에게 파인먼은 60대임에도 자신이 알고 있는 가장 매력적인 남자라고 털어놓기도 했다. 반면 동료들의 부인들은 남편들이 파인먼을 무비판적으로 좋아한다며 남편들을 원망했다. 그동안 물리학 직종에서 여성들의 지위는 거의 달라지지 않았다.

자기도 모르게 파인먼은 『파인만 씨, 농담도 잘하시네!』에 대해 이따금씩 들리는 비난으로 기분이 상하곤 했다. 마찬가지로 오래 알고 지낸 몇몇 물리학자들이 파인먼 스스로 만든 자화상(과학자이기보다는 익살꾼 같은 모습)에 실망했다는 것도 알고 있었다. 한스 베테 세대의 나이 지긋한 친구들은 파인면의 목소리가 자신들의 뇌에 이식되어 자신들의 기억에서 나온 것처럼, 세세하게 자신들이 등장하는 파인먼의 이야기를 즐기며 되풀이하면서도 자주 고통스러워하거나 충격을 받기도 했다. 다른 이들은 자신들이 파인먼에게서 좋아했던 면을 본질을 간파하기도 했다.

《사이언티픽 아메리칸Scientific American》의 필립 모리슨은 다음과 같이 썼다. "대체로 파인먼 선생은 농담을 하지 않습니다. 대신 농담을 하는 사람들은 우리들입니다. 의례적인 연기와 위선적인 기준을 앞세우고, 관심과 이해를 가장하는 바로 우리들인 겁니다. 이 책은 누구보다도 솔직하고 진실을 말하는데 주저하지 않는 강렬한 정신에 대한 책입니다." 그렇더라도 파인먼은 이 책을 자서전이라고 평가했던 사람들을 비난했다. 파인먼은 현대의 입자 물리학에 대한 어느 과학 저술가의 원고 여백에 다음과 같이 써두었다. "자서전이 아님. 전혀 아님. 단지 일화 모음집임." 그리고 로스앨러모스에 관한 부분에서 "호기심 가득한 슬픈 익살꾼"으로 자신을 묘사한 문장을 우연히 발견했을 때, 분노에 차서 휘갈겨 썼다. "이런 상황에 있던 실제 내 모습은 당신이 이해할 만한 모습보다 훨씬 심각했다고."

기술이 불러온 참사

1958년, 스푸트니크 사건 이후 넉 달 동안 미국인들은 숨 가쁘게 플로리다 주 케이프 커내버럴에서 계속 이어질 익스플로러 위성들 중 첫 번째를 궤도로 보내면서 우주 경쟁에 돌입했다. 익스플로러 1호는 작은 여행용 가방을 가득 채운 정도의 무게였다. 1월 31일 하늘 위로 내던지듯 날아간 4단 주피터-C 로켓은 이륙 직후 폭발해버렸던 해군의 뱅가드 로켓보다 더 신뢰할 만한 로켓이었다. 주피터 로켓은 스푸트니크처럼 전파 신호를 보냈다.

5주 후, 익스플로러 2호는 14.5kg까지 무게를 늘린 우주선 검출기를 싣고 하늘 높이 날아올라 구름 속으로 사라졌다. 독일 페너뮌더Peenemünde[131]에서 나치 로켓 프로그램에 참여했던 쾌활한 성격의 베르너 폰 브라운Wernher von Braun[132]이 지휘하는 가운데 육군 팀이 이 광경을 지켜보았다. 이들은 로켓의 우르릉거리는 소리가 희미해지고, 스피커로 전송된 전파 신호가 커지는 것을 들었다. 모든 것이 문제없는 듯했다. 발사 후 30분이 지나자 육군 팀은 확신에 찬 기자회견을 열었다.

대륙을 가로질러 로켓 연구에서 육군의 주요 공동 연구기관으로 참여하고 있던 패서디나의 제트 추진 연구소(JPL)에서 한 연구팀이 위성의 경로를 추적하는 임무와 씨름하고 있었다. 이들은 방 크기만 한 IBM 704 디지털 컴퓨터를 사용했다. 이 컴퓨터는 변덕스러웠다. 연구팀은 육군의 로켓이 앞으로 내뱉은 금속통을 추적하는데 이용할 수 있는 원시적이고 빈약한 데이터를 입력했다. 이를테면 비행 중에 속도가 변할 때 도플러 방식으로 변하는 전파 신호의 주파수나 케이프 커내버럴[133]에서 지켜보는 사람들의 시야에서 사라진 시간, 그리고 다른 추적 기지에서 보내온 관측정보들이었다. JPL 팀은 컴퓨터에 입력하는 값의 작은 변화가 출력에 커다란 변화를 초래한다는

---

131) 독일 북부 발틱 해안에 있는 항구도시. 제2차 세계 대전 당시 세계 최초의 액체추진 로켓과 V-2로켓이 개발되었다.
132) 독일계 미국 우주 공학자. 제2차 세계 대전 당시 페너뮌더에서 V-2로켓 설계 및 개발에 참여했다. 전쟁 후 1,600여 명의 다른 독일 과학자, 공학자, 기술자들과 함께 미국으로 비밀리에 이주했다. 미 육군에서 중거리 탄도미사일 계획에 참여했으며, 미국의 첫 우주 위성 익스플로러 1호를 올려보낸 추진체를 개발했다. 1960년 NASA에 합류했고, 당시 새로 설립된 마샬 우주 비행 센터의 소장이 되었다. 달 유인 우주선인 아폴로 우주선의 추진체 새턴 V호의 주 설계자로도 활약하며 미국 로켓 및 우주 기술의 선구자가 되었다.
133) 미국 플로리다 주의 곶, 케네디 우주 센터가 있다.

것을 알고 있었다. 젊은 연구 책임자였던 앨버트 힙스는 일전에 자신의 캘테크 학위 논문 지도교수에게 이런 작업의 어려움을 토로했다. 파인먼이었다.

파인먼은 자신이 컴퓨터와 같은 속도로 데이터를 받는다면 컴퓨터보다 더 빨리 계산할 수 있다고 장담했다. 익스플로러 2호가 오후 1시 28분에 발사대를 떠났을 때, 파인먼은 컴퓨터용 데이터를 분주하게 분류하던 직원들에 둘러싸여 JPL 회의실에 앉아 있었다. 한때 캘테크 총장인 리 더브릿지Lee DuBridge가 회의실에 들어갔을 때, "**들어오지 마세요, 바쁩니다**"라고 딱 잘라 내뱉는 파인먼을 보고 놀랐다. 30분 후 파인먼은 일어나서 끝났다고 말했다. 파인먼의 계산에 따르면 로켓은 대서양에 추락했다는 것이다. 로켓을 추적하던 팀원들이 확실한 답을 얻으려고 컴퓨터를 계속해서 달래는 동안, 파인먼은 라스베이거스로 떠났다. 캘리포니아주의 안티구아Antigua와 인요컨Inyokern에 있던 추적 기지국은 배경소음으로부터 궤도를 도는 위성 소리를 잡아냈다고 스스로 믿었으며 플로리다에 있던 "달 관측"팀은 하늘을 바라보며 밤을 새웠다. 하지만 파인먼이 옳았다. 육군은 최종적으로 다음날 오후 5시에 익스플로러 2호가 궤도 진입에 실패했다고 발표했다.

우주왕복선 **챌린저호**는 28년 후인 1986년 1월 28일, 발사대를 떠나 구름 한 점 없는 하늘로 날아올랐다. 발사 0.5초 후, 눈에는 보이지 않았지만 검은 연기 한 줄기가 왕복선의 두 고체 연료 로켓 중 한 쪽 측면에서 뿜어져 나왔다. 네 번이나 연기되었던 발사였다. 늘 그렇듯 선실 내부의 높은 중력 가속도가 승무원들을 앉아 있는 좌석 뒤로 내리 눌렀다. 승무원들은 선장 프랜시스 스코비Francis Scobee, 조종사 마이클 스미스Michael Smith, 비행 임무 전임 엘리슨 오니주카Ellison Onizuka, 주디스 레스닉Judith Resnick, 로널드 맥네어Ronald McNair, 휴즈 항공사 소속 공학자 그레고리 자비스Gregory Jarvis, 그리고 뉴잉글랜드주 교사 크리스타 맥올리프Christa McAuliffe였다. 맥올리프는 아이들과 국회의원들의 관심을 높이고자 기획된 NASA의 홍보 프로그램에서 우승해 "우주에 갈 선생님"으로 선정되었다. 우주왕복선의 화물실(1950년대의 주피터-C 로켓을 실을 정도로 컸다)에는 한 쌍의 인공위성, 유체역학 실험 및 방사선 감시를 위한 장비가 실려 있었다. 밤사이 얼음이 쌓였고, 얼음 조사 팀은 얼음이 녹는 시간을 확인하기 위해 발사 연기 명령이 또다시 내려졌었다. 이륙 7초 후 왕복선은 독특한 방식으로 돌아갔고, 거대한 폐기용 연료 탱크 뒤에 매달려 대서양 상공 동쪽으로 향하는 것처럼 보였다. 선체의 충격으로부터 나는 울림은 수백km 밖에서도 들을 수 있었다. 산들바람 정도로는 연기 기둥이 거의 휘어지지 않았다. 1분이 표시되자 (고체 연료 로켓의 짧은 기대 수명의 절반 즈음 지난 시점에서) 제자리가 아닌 오른쪽 로켓의 외부에 있던 연결부에서 불빛이 깜빡거렸다. 주 엔진들은 최대 출력에 도달했고, 스코비는 "알았다. 연료 조절 올려"라고 무선 연락을 취했다. 발사 72초에는 두 개의 로켓이 다른 방향으로 당겨지기 시작했다. 73초에 연료 탱크가 터지며 액체 수소가 공중으로 방출되었고, 폭발했다. 왕복선은 돌연 어마어마한 추진력을 받았다. 화염과 연기로 된 구름이 선체를 감쌌다. 몇 초 후 파편들이 모습을 드러냈다. 하늘을 가로지르는 삼각돛처럼 왼쪽 날개가, 여전히 불타오르는 엔진들이, 그리고 어딘가에서 여섯 명의 남자와 한 명의 여자를 태운 온전한 상태의 관이 곤두박질치고 있었다. 이전의 왕복선이 상공에 올려놓은 위성들에 힘입은 텔레비전 기술은 앞으로 두고두고 회자될 이 사건을 중계했다.

기계 통제 불능. 미 우주국은 스스로를 기술력의 상징인 것처럼 만들어, 달에 사람들을 올려놓은 다음 일상적 우주여행이이라는 환상을 조성했다. 이러한 환상은 바로 **왕복선**이라는 이름에 구현되었다. 펜실바니아 주 스리마일 섬의 핵발전 사고와 인도 보팔Bhopal 시의 화학 대참사 이후, 우주왕복선 폭발 사고는 기술이 인간의 통제력을 벗어난 최종 증거처럼 보였다. 기술은 인류의 손을 벗어난 것일까? 파인먼이 어린 시절의 미국을 뒤흔들었던 기술에 대한 꿈은 기술이 평범한 범죄자가 아니라 형편없는 범죄자라는 감각으로 대체되었다. 한때 고갈되지 않는 동력을 제공한다며 천진난만한 약속을 하던 핵발전소는 위협적인 풍경의 상징이 되었다. 자동차, 컴퓨터, 단순한 가전제품들 혹은 거대한 산업기계 모두 예측 불가능하고 위험하며 신뢰할 수 없는 것처럼 보였다. 파인먼이 어렸을 적 미국에서 그토록 희망적이었던 공학자들의 사회는 오만하고 지나치게 자신만만한 기술주의에 자리를 내주었고, 스스로 복잡하게 뒤얽힌 장치들의 무게로 무너지고 말았다. 이것이 이날 수백만 대의 텔레비전 화면에서 재연된 영상(산산이 부서지는 연기구름, 로마 폭죽처럼 방향을 바꾸며 떨어져 나오는 쌍둥이 로켓) 속에서 사람들이 읽었던 메시지였다.

로널드 레이건 대통령은 곧바로 우주왕복선 프로그램을 계속하겠다는 결정을 발표하고 우주국에 대한 지지를 표명했다. 정부 관례에 따라 대통령은 몇 번이고 독립적이라고 설명하게 될 조사위원회를 임명했다(백악관은 공식적으로 조사위원회가 "전문가들, 편향된 견해를 가지지 않은 저명한 미국인들로 구성된 외부 집단"이라고 공표했다). 하지만 실제로 위원회는 대부분 내부자들과 상징적인 가치로 선정된 인물들로 구성되었다. 이를테면 위원장 윌리엄 P. 로저스William P. Rogers는 공화당 행정부에서 법무장관과 국무장관을 지냈다. 도널드 커티나Donald J. Kutyna 소장은 국방부에서 왕복선 프로젝트를 이끌었던 인물이었다. 여기에 몇 명의 NASA 자문위원들과 항공사업 계약자의 임원들이 있었다. 그리고 최초의 미국 여성 우주인 샐리 라이드Sally Ride와 최초로 달에 간 닐 암스트롱Neil Armstrong도 있었다. 또 유명한 전직 시험 비행 조종사 척 예거Chuck Yeager, 그리고 마지막에 선정된 교수 리처드 파인먼이 있었다. 다음날 신문 기사는 파인먼에게 "노벨상 수상자"라는 꼬리표를 달았다. 암스트롱은 자신이 임명된 날 독립적인 위원회가 왜 필요한지 이해되지 않는다고 인터뷰했다. 심지어 로저스는 더 노골적으로 말했다. "우리는 NASA에 불공평하게 비판적인 방식으로 이번 조사를 수행하지는 않을 걸세. 왜냐하면 우리는 (나는 확신하건데) NASA가 탁월하게 임무를 수행해왔다고 생각하기 때문이지. 그리고 난 미국인들도 그렇게 생각한다고 여기네."

백악관은 로저스를 지명했고 위원회의 나머지를 우주국의 대리 책임자 윌리엄 R. 그레이엄William R. Graham이 제공한 명단에서 선정했다. 공교롭게도 그레이엄은 30년 전에 캘테크에 다녔고, 물리학 X 수업을 자주 들었다. 이 수업은 그레이엄이 캘테크에서 받은 최고의 수업으로 기억하고 있었다. 훗날 휴스 항공사에서 열렸던 파인먼의 강의에도 참석했다. 하지만 그레이엄은 휴스 강의에 몇 번 동행했던 아내가 파인먼의 이름을 제안하기 전까진 조사위원회 명단에 파인먼을 떠올리지 않았다. 그레이엄이 전화했을 때, 파인먼이 이렇게 말했다. "자네는 날 망치고 있군." 나중에서야 그레이엄은 그 말이 무슨 의미였는지 깨달았다. "**자네는 조금 남은 내 시간을 다 써버리고 있다네**"라는 의미였다. 파인먼은 당시에 두 번째로 희귀한 형태의 암으로 골수와 연관된 발덴스트룀 거대글로불린혈증Waldenström's macroglobulinemia을 앓고 있었다. 이 암은 B 림프구의 한 형태인 백혈구 세포가 비정상적으로 되며 단백질을 다량으로 생성하여 혈액을 끈적끈적하고 걸쭉한 상태로 만든다. 혈액이 응고되면 위험해지는데, 신체의 일부에 혈액이 불충분하게 흐르게 된다. 과거에 파인먼이 신장에 문제가 생긴 것은 이로 인한 합병증 때문이었다. 파인먼은 창백하고 지쳐보였다. 담당 의사가 제안해볼 수 있는 여지가 별로 없었다. 의사들은 이렇게 흔치 않은 암 두 가지를 앓고 있다는 사실을 설명할 수 없었다. 파인먼은 애써 이 암의 원인이 40년 전 과거에 원자폭탄 프로젝트에 있을 수 있다는 짐작을 하지 않으려 했다.

파인먼은 곧바로 패서디나의 제트추진연구소에 있던 친구들과 상황설명회를 준비했다. 임명 발표가 난 다음날 파인먼은 중앙 공학동에 있는 작은 방에 앉아 공학자들과 차례차례 만났다. 첨단 영상 처리 시설을 갖춘 실험실은 왕복선이 하늘로 날아오를 때 장거리 촬영 카메라로 찍은 수천 장의 사진 원판을 이미 준비하고 있었다.

파인먼은 기술 도면들을 조사했고 초기 설계 연구, 고체 로켓 추진체, 그리고 엔진부에 일했던 공학자들로부터 이야기를 들었다. 파인먼은 왕복선의 공학자들이 NASA의 다양한 부서와 하도급업체를 나누고 있는 행정적인 경계를 가로질러 하나의 공동체를 형성하고 있는데, 매번 발사할 때마다 위험이 따른다는 지식을 공유하고 있었다는 점을 알게 되었다. 엔진 기술의 최첨단에 있는 왕복선의 엔진에서 터빈 날개에 갈라짐이 반복해서 나타났다. 위원회 활동 첫 날인 2월 4일, 파인먼은 기다란 고체 연료 로켓의 부분들 사이의 연결부를 밀폐시키는 고무 오링에 알려진 문제가 있었다는 점에 주목했다. 이 오링들은 일상적인 공학이 왕복선을 위한 첨단 기술에 쓰일 수 있음을 상징적으로 보여주었다. 이 오링은 일반적인 고무링이었으며, 연필보다 가늘지만 길이는 로켓의 둘레인 11.3m에 달했다. 이 링들은 뜨거운 기체의 압력을 받아 금속 연결부를 단단히 조임으로써 밀폐가 되게끔 한다. "U자형 고리 점검 시 오링에서 그을음이 보인다…." 파인먼은 나이가 들어 떨리는 손으로 적었다. "일단 타들어 간 작은 구멍은 순식간에 큰 구멍을 낸다! 몇 초 만에 파멸적인 고장으로 이어진다." 그날 밤 파인먼은 워싱턴으로 날아갔다.

위원회는 공식적이고 느린 속도로 조사를 시작했다. 로저스는 NASA 관계자들이 협력하고 있으며 위원회는 우주국 자체 조사에 크게 의존하고 있

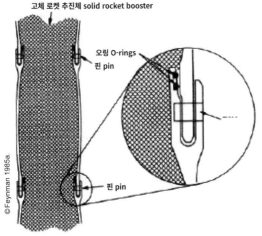

고체 로켓 추진체 solid rocket booster

오링 O-rings
핀 pin

핀 pin

©Feynman 1985a.

왕복선의 고체 로켓 추진체는 여러 부분으로 이루어져 있다. 발사대에서는 하나의 추진체 위에 다른 추진체가 조립되었다. 이 부분을 함께 붙잡아주는 연결 부위는 로켓 내부로부터 뜨거운 기체가 누출되지 않도록 밀폐되어야 한다. 두께가 6.35mm인 오링은 추진체 주위로 11.3m 길이로 걸쳐 있다. 내부 기체의 압력이 높아지면 이 연결부위는 단단히 밀착해 추진체 내부를 밀폐한다.

다고 발표하며 첫 공청회를 열었다. 공청회는 NASA의 우주비행 최고책임자 제시 무어Jesse Moore의 회견으로 시작했다. 예기치 않게 제시 무어는 파인먼과 다른 조사 위원 몇 명으로부터 날카롭고 구체적인 질문을 받아 진행이 잠시 중단되기도 했다. 사람들은 날씨에 초점을 맞추었다. 매우 추워서 발사대 도처에 있는 장비에 얼음이 생겼기 때문이다. 질문을 받은 무어는 추위 때문에 문제가 발생할 수 있다는 어떠한 경고라도 받은 일이 있었다는 사실을 부인했다.

하지만 당일 오후 앨라배마주의 마샬 우주 비행 센터에 있는 또 다른 우주국 책임자 저드슨 A. 러빙굿Judson A. Lovingood은 NASA와 고체 로켓 제조사 모턴 티오콜Morton Thiokol의 감독관들이 발사 전날 밤 전화 회의를 열었다고 증언했다. 러빙굿의 말에 따르면 "낮은 온도에 관해 티오콜이 우려하는 바"를 논의했다는 것이다. 논의는 오링에 초점을 맞추어 졌으며 티오콜은 발사를 진행하도록 권고했다고도 말했다. 또한 "블로우바이(가스 누출)"의 증거도 거론했다. 그을음은 뜨거운 기체의 누출을 방지하도록 되어 있는 밀폐부를 통해 뜨거운 기체가 연소되었음을 보여주었다는 것이다.

하지만 러빙굿은 오링이 쌍으로 사용되기 때문에 2차 오링이 언제든 잘 유지하고 있는 것처럼 보였다고 강조했다. "이게 우려할만한 원인이긴 한 겁니까?" 커티나 장군이 물었다.

"네, 물론입니다, 이건 이상 증상입니다." 러빙굿이 답변했다.

다음날인 2월 7일, 언론은 추운 날씨라는 쟁점에 초점을 맞추었고 NASA는 공격적인 질문 공세로 기습당한 상황에 주목했다. 무어가 위원회를 다시 대면했을 때 파인먼은 곧바로 새로운 질문들을 쏟아내기 시작했다. 위원장은 파인먼에게 질문을 나중으로 연기해달라고 두 번이나 요청했다. 하지만 질의는 곧바로 밀폐부로 되돌아왔다. NASA의 또 다른 증인은 영상에서 검은 연기 한 줄기가 점화 후 0.6초 만에 오른쪽 고체 로켓의 측면에서 새어나오는 것이 보인다고 진술했다. "이것이 우리가 이상 증상이라고 부르는 것입니까?" 파인먼이 물었다. 증인으로 나온 아놀드 앨드리치Arnold Aldrich는 조심스럽게 답변했다. "이건 이와 같은 증상을 보이는 영상을 찾지 못하는 한 이상 증상에 해당합니다." 다른 위원이 압박을 가하자 이렇게 대답했다. "이 밀폐부의 검정에 관해 제가 아는 모든 것은…. 이 연결부에 진행된 검정 시험은 이 밀폐부가 약간 더 뻣뻣하지만 범위 내의 어느 온도에서나 밀폐 기능에는 완전히 적절하다는 것을 보여주고 있습니다. 시스템이 결빙 조건에서 발사될 수 없다는 의미는 결코 아니었습니다."

위원장은 앨드리치에게 방어적으로 견해를 밝혔다. "우리가 질의할 때 계속해서 질문할 때 말이죠, 우리는 손가락질을 하려고 하는 것이 아닙니다." 그리고 무어에게는 이렇게 말했다. "저는 오늘 아침 신문에서 (물론 저는 당신이 이 말을 정말 했다고 생각하진 않습니다만) 당신이 날씨가 어느 영향이든 미칠 수 있는 가능성을 배제했다고 언론들이 언급한 것은 다소 유감스러운 일이라 생각합니다. 당신이 처음에 이점을 배제했던 것처럼 보인다면, 특히 분명히 록웰에서 전화를 걸어 당신이 고려했던 경고 사항을 당신에게 알려주고는 진행해도 좋다고 결정했기 때문에, 그러니까 판단이 잘못되었다고 가정해봅시다. 아무도 누군가를 탓하지 않을 겁니다. 제 말은, 누군가는 이런 결정을 해야만 하는 거죠."

하지만 파인먼은 2차 오링이 받치고 있기 때문에 오링의 가스 누출이 허용될 수 있다는 견해에 대해 즉시 무어에게 이의를 제기했다.

"우리가 다른 오링에서는 이 문제를 예상하지 않는다고 말씀하셨죠", 파인먼이 말했다. "반면에 당신은 1차 오링에서 가스 누출을 예상하지 않았고요. 만일 1차 오링에 누출이 되고 있을 때 2차 오링에 약간의 누출이 생긴다면, 이건 훨씬 더 심각한 상황인 겁니다. 왜냐하면 가스 누출이 시작된 것이니까요." 공군 장성인 커티나는 위원회의 첫 기자회견 당시 파인먼과 함께 앉았을 때 파인먼의 친구가 되었다. ("부조종사가 조종사께." 커티나는 파인먼이 눈에 띄는 제복을 입은 장성 옆에서 초조해하며 긴장하지 않도록 이런 공손한 표현을 골라서 조용히 말했다. "머리 빗으시죠." 그리고 깜짝 놀란 파인먼은 화난 듯 으르렁거리며 커티나에게 빗을 달라고 했다.) 이제 커티나가 거들었다. "제가 추가로 말씀드리겠습니다. 일단 기체가 경로를 확보하게 되면 누출 기체는 아세틸렌 횃불처럼 타오르게 됩니다."

파인먼이 말했다. "여기 이 밀폐부의 단면 그림이 있습니다. 보시고 싶은 분이 있다면요." 아무 반응이 없었다.

파인먼과 로저스, 그리고 그레이엄에게 언론 및 NASA 관계자들에게 2월 8일 주말은 뜻밖의 놀라운 소식을 가져다주었다.

집을 떠나 있던 파인먼은 시급한 집단 기술 연구 과제를 위한 본보기로 로스앨러모스의 경험을 생각하면서, 토요일과 일요일도 쉬려고 하지 않았다. 그레이엄을 통해 파인먼은 토요일에 NASA의 워싱턴 본부에서 연이은 비공개 상황 보고를 준비하도록 했다. 파인먼은 엔진, 궤도선 및 밀폐부에 대해 좀 더 배웠다. 우주국 공학자들이 오링과 관련한 문제를 오랫동안 이해하고 있었다는 것을 다시 알아냈고, 11.3m짜리 고리에서 5cm 또는 8cm 정도의 부분이 반복적으로 불에 타 부식되었다는 것, 중대한 쟁점은 이 고무가 금속의 틈을 1,000분의 1초 단위로 눌러야만 하는 속력이라는 점, 그리고 우주국은 문제를 이해함과 동시에 문제를 무시하는 관료주의적인 수단을 찾아냈다는 것을 알게 되었다. 파인먼은 특히 지난 8월 티오콜과 NASA 책임자들 사이에 있었던 회의 개요서에서 기가 막혀버렸다. 이 개요서의 권고 사항들은 양립이 불가능해 보였다.

- 현장 접합 시 유효한 2차 밀폐 상태의 부실 문제가 가장 중대하며, 연결부 회전을 줄이기 위한 방안들이 가능한 한 빨리 위험성을 줄이도록 구현되어야 한다.
- 기존 자료의 분석 결과는 비행을 지속해도 안전을 보장할 수 있다 적시한다.

당일 NASA 본부의 다른 장소에서 그레이엄은 폭풍이 시작되려 한다는 것을 알게 되었다. 《뉴욕타임스》가 적어도 4년 이상 NASA 내에서 오링 문제에 대한 긴급한 경고 내용이 있었음을 보여주는 문건을 입수했기 때문이었다. 그레이엄은 관리책임자였던 제임스 벡스James Beggs가 NASA와는 무관한 사기 혐의로 기소된 이후, 최근에야 우주국 운영을 책임지게 되었다. 그는 즉시 로저스에게 전화했다.

기사는 일요일에 났다. 공학자들이 파인먼에게 보여주었던 경고 내용보다 훨씬 더 심각한 내용을 담고 있었다. 이를테면 밀폐부의 고장은 "금속 부식으로 인한 우주선, 임무 및 승무원 손실, 그리고 화염이나 폭발적인 연소로 이어지는 파열의 가능성"을 유발할 수 있다는 것이었다. 그리고

> 비행 안전이 밀폐부의 잠재적인 고장으로 위태로웠으며 지금도 그러하다는 것, 그리고 발사 과정 중의 고장은 분명히 재앙이 될 수 있다고 인정된다는 점에 의문의 여지가 거의 없다.

당일 아침 그레이엄은 자신이 직접 파인먼을 스미스소니언 협회의 국립항공우주박물관으로 데려갔다. 여기에서 파인먼은 동굴 같은 영화관에 앉아 대형 화면으로 우주왕복선에 대한 영감어린 영상을 봤다. 자신이 얼마나 감동했는지 알아채고는 적잖이 놀랐다.

오후에 커티나가 호텔에 있던 파인먼에게 전화를 걸었다. 군대의 왕복선 계획 책임자였기에 커티나는 다른 어느 위원보다 더 상세히 왕복선을 알고 있었다. 게다가 기술 위원회를 어떻게 운영할지도 알았다. 왜냐하면 한해 전에 타이탄 로켓 폭발 사고에 대한 공군 자체 조사를 책임졌기 때문이었다. 그리고 공학자들과 우주비행사들 중에 나름의 정보 제공자들이 있었다. 이들 중 한 명은 주말에 커티나에게 티오콜 측이 고무 오링이 차가울 때 탄력을 잃게 될 가능성에 대해 알고 있었다고 일러 주었다. 커티나는 이 정보 제공자를 위태롭게 하지 않고 밝히길 원했다. 커티나는 일요일 저녁에 파인먼을 집으로 초대하여 식사를 했다. 저녁을 먹은 후 두 사람은 차고로 나갔다. 커티나는 취미로 고물차를 수집했고, 당시에는 낡은 오펠 GT에 공을 들이고 있었다. 우연히 작업대에 차의 기화기가 놓여 있었다. 커티나는 파인먼에게 말했다. '그러니까 이런 것들은 차가우면 새곤 하는데, 추위 때문에 왕복선의 오링에도 비슷한 영향이 있을 거라 생각하세요?'

로저스는 《뉴욕타임스》의 폭로기사에 대응해서 비공개 월요 회의를 소집했다. 로저스는 이 기사가 조사 절차에 혼란을 주었다고 분명히 말했다. "저는 이 《뉴욕타임스》 기사를 비롯한 다른 기사들이 불쾌하고 불행한 상황을 조장했다는 걸 말할 필요도 없다고 봅니다. 과거에 얽매일 필요가 없는 거죠." NASA 대표자들이 답하도록 요구받았다. "여기 그 사람이 이 문제가 재앙이 될 수 있다고 말하는 진술은 과장된 것 같습니다"라고 누군가 말했다. 그러고는 로저스가 입을 열었다. "글쎄요. 그럴 수 있겠죠." 고체 로켓 기획 책임자 로렌스 멀로이Lawrence Mulloy는 오링의 고무는 섭씨 영하 34도에서 영상 260도에 이르는 상당히 넓은 온도 범위에서 운용되도록 요구된다고 증언했다. 하지만 저온에서 오링의 실제 탄성에 대한 시험 결과는 어디에도 없었다.

멀로이는 다음 날 아침 다시 와서 위원들에게 상황 보고를 했다. 이건 커티나가 생각하기에 "사람들이 이 문제에 대해 잘 모르기 때문에 왕복선의 어느 부분이 뾰족한 끝인지 말하는 것"처럼 여겨지는 또 다른 유형에 불과했다. 멀로이는 12장 이상의 도표와 그림들을 들고 와서 공학 용어로 화려한 맛을 더했다. (접합부 밑동이 위로 가고 U자형 고리 끝이 아래로, 그릿 블라스트, 착수 하중과 공동 붕괴 하중, 랜돌프[134] 식 크롬산 아연 성분의 석면이 채워진 퍼티[135]가 가는 형태로 칠해지고…) 이 용어들 모두 위원들 아니면 듣고 있던 기자들에게는 방해가 되었다. "이 물질들은 어떻습니까, 이 퍼티와 고무가 극심한 온도에 영향을 받는다는 말씀인가요?" 한 위원이 질문했다.

---

134) 제2차 세계 대전 당시 태평양 전장에서 작전을 수행하던 항공모함 USS 랜돌프 호의 이름. 당시 배에 탔던 승무원 중에 엔진과 보일러, 펌프, 밸브 등이 있던 공간에서 특히 석면 성분으로 만든 마감재에서 석면이 노출되었던 사례가 있었다.
135) 유리창을 창틀에 고정시킬 때 흔히 사용되는 접착제.

멀로이: 네, 그렇습니다. 특성에 변화가 있습니다. 탄성중합체가 냉각되면 탄성이 감소하고, 반응력도….

파인먼: 탄성중합체란 뭔가요?

멀로이: 바이턴 오링을 말합니다.

파인먼: 고무요?

파인먼은 탄성이 중대한 이유에 대해 멀로이를 압박했다. 이를테면 납처럼 무른 금속이 틈새 사이로 밀려들어가면 진공과 압력이 변하는 가운데 밀폐부위를 유지할 수 없게 된다. 파인먼이 물었다. "이 물질이 가령 1초나 2초 동안 탄력이 없다면, 아주 위험한 상황이 되기에 충분한 거 아닙니까?"

파인먼은 멀로이를 함정에 빠뜨리고 있었다. 결론에 이르지 못하고 어쩌면 회피하는 증언으로 좌절감을 느끼고 있던 차였다. 그레이엄을 통해서는 검사 결과에 대한 공식적인 요청을 했지만 상관없는 문서를 받았다. 고무가 1,000분의 1초 단위가 아니라 몇 시간에 걸쳐 어떻게 반응하는지를 보여주는 자료였던 것이다. 우주국은 왜 이렇게 단순한 질문에 답할 수 없었을까? 월요일 저녁 식사 때, 파인먼의 시선은 얼음물이 담긴 유리잔으로 향했고, 어쩌면 너무나 쉽고 거만하게 보일 수 있겠다는 생각이 들었다. 얼음물은 안정한 0도이며 발사 시점에서 발사대의 온도와 거의 정확히 일치했다.

화요일 아침 파인먼은 일찍 일어나 택시를 불렀다. 철물점을 찾아 워싱턴 관공서 지역 주변을 돌았고, 마침내 소형 C형 죔쇠와 집게들을 간신히 구매했다. 청문회가 시작하자 파인먼은 얼음물을 가져오게 했고, 부관이 전체 위원회를 위해 주전자와 컵들을 가지고 돌아왔다. 실제 크기로 만든 연결부의 단면 모형이 위원들이 조사해보도록 차례로 건네지는 동안, 커티나는 파인먼이 주머니에서 죔쇠와 집게를 꺼내고 모형에서 오링 고무 조각을 빼내는 모습을 보았다. 파인먼이 무엇을 하려는지 이해했다. 파인먼이 자신의 마이크에 있는 빨간 단추로 손을 뻗었을 때, 커티나가 파인먼을 붙들었다. 텔레비전 카메라가 다른 곳을 비추고 있었기 때문이었다. 로저스는 잠시 휴회를 선언했고, 남자 화장실에서는 닐 암스트롱 옆에 서서 "파인먼이 점점 골칫덩이가 되는구만"이라고 말하는 것을 누군가가 우연히 들었다. 청문회가 재개되자 마침내 중요한 순간이 왔다.

> **로저스 위원장**: 파인먼 박사님이 한두 마디 발언하시겠습니다. 파인먼 박사님.
> **파인먼**: 이건 멀로이 씨께 드리는 말씀입니다. 저는 이 물건을 보여주신 모형의 밀폐부에서 얻었고, 이걸 얼음물에 넣었습니다. 그리고 잠시 여기에 압력을 가하고 놓았을 때, 원래대로 늘어나지 않는다는 걸 발견했습니다. 같은 크기를 유지하고 있습니다. 달리 말하면 적어도 몇 초 동안, 그리고 이보다 몇 초 더 이 특정 물질이 섭씨 0도에 있을 때 탄성이 없다는 것입니다.
> 저는 이 점이 우리가 안고 있는 문제에 상당히 중요하다 생각합니다.

멀로이가 말을 꺼내기 전에 로저스는 다음 증인으로 《타임》 기사의 근거를 제공한 보고서를 작성했던 예산 분석가 한 명을 불렀다. 이 분석가는 리처드 쿡Richard Cook으로 다달이 "예산 위협" 목록에서 오링 문제를 알아보고, 상관에게 이 점을 강조했다. 그래서 참사가 벌어졌을 때 이것이 원인이었음을 분명히 감지했다. 위원장은 왕복선 청문회 기간 동안 처음이자 마지막으로 아침부터 오후까지, 마치 검사인 양 냉혹하고 잔인하게 증인을 반대 심문했다.

로저스: 제가 보기에 증인은 예산 문제와 안전성 문제를 따져 보려고 시도하진 않은 것 같습니다. 그렇습니까?

쿡: 네, 아닙니다.

로저스: 결정 권한이 없었나요?

쿡: 네, 없었습니다.

로저스: 증인에게 이런 문제들을 따지는 사람들이 이 일을 할 자격이 없다고 생각할 이유는 없었습니까? 증인은 우주 계획으로 이루어져야 하는 일에 대해서 이런 결정을 내리거나 아니면 그런 위치에 있다고 느끼지 않았습니까?

쿡: 그렇습니다.

로저스: 그리고 상당한 주목을 받게 된 그 기록은 증인이 사실상 그런 위치에 있지 않았을 때, 그런 판단을 내리는데 충분히 자격을 갖춘 사람들에게 이의를 제기하고 있었다는 것을 어느 정도 시사하는 겁니까? 증인은 사건 당시의 긴장 속에서 기록을 남겼습니다. 추측이지만 증인은 이 나라의 다른 누구와 마찬가지로 이 사건으로 몹시 불안하고 혼란스러우며, 이 보고서를 썼을 때는 이러한 정신 상태에 있거나 그런 시점에 있었다고 보입니다. 증인은 대중의 소비를 위해 증인의 직장 동료나 주변 사람들을 비난할 의도는 실제로 없었습니다, 그렇습니까?

그래도 그때까지는 쿡이 이 문제를 정확하게 묘사했다는 것은 분명했다. 파인먼의 실험은 당일 저녁과 다음 날 아침 텔레비전과 신문 보도에서 가장 중요한 뉴스거리가 되었다. 추가적인 질의를 받은 멀로이는 비록 파인먼의 방식처럼 간단한 검사를 시행한 적은 없었지만, 추위가 밀폐 부위의 효과를 약화시킨다는 것과 우주국이 이 사실을 알고 있었다는 것을 처음으로 분명히 시인했다. 이러한 검사가 최종적으로 4월에 위원회를 대신해서 수행되었을 때, 검사 결과는 차가운 밀폐부의 고장은 사실상 불가피했다는 것을 보여주었다. 즉 뜻밖에 일어난 사고가 아니라, 파인먼이 실험으로 보여주었던 것처럼 평범한 재료의 물리학에 따른 결과였다. 프리먼 다이슨은 나중에 이렇게 말했다. "대중은 과학이 어떻게 이루어지며, 위대한 과학자는 자신의 손으로 어떻게 생각하는지, 그리고 과학자가 명확한 질문을 할 때 자연은 분명한 답을 어떻게 내어주는지를 직접 두 눈으로 목격했다."

파인먼이 워싱턴으로 날아가는 밤 비행기에 오른 이후 한 주가 지났다. 위원회의 조사 업무 기간은 넉 달이나 남았지만, 참사의 물리적인 원인에 이미 도달했다.

1970년대에 들어서고 마지막 달 착륙이 다가오자 NASA는 명확한 임무를 잃은 기관으로 전락했다. 하지만 이미 자리 잡은 거대한 관료 체제와 나라에서 가장 큰 항공기 제조업체들(이를테면 록히드, 그루먼, 록웰 인터내셔널, 마틴 마리에타, 모턴 티오콜, 그리고 수백 개의 작은 기업들)의 상호접속망은 유지되었다. 모두 공식적으로는 우주 수송 시스템으로 알려진 우주왕복선 계획의 계약계약을 따냈다. 처음에는 재사용가능하고 경제적인 화물 수송선단으로 만들어 과거에 사용하던 일회용 로켓을 대체하려고 했다.

10년이 채 안 되어 왕복선은 자체의 복잡성으로 좌절된 기술의 상징이 되었고, 왕복선 계획은 정부의 경영부실의 상징이 되었다. 모든 주요 부품은 거듭 재설계되고 재조립된 까닭에 의회에 제출된 비용 견적마다 몇 배 이상씩 초과되었다. 비공개 회계 감사에서는 사기와 수십억 달러에 달하는 남용이 적발되었다. 왕복선은 피로스 왕[136]과 같은 재사용 가능성을 얻게 되었다. 곧 매번 비행 후 재정비하는 비용이 일반 로켓 비용을 훨씬 초과했던 것이다. 왕복선은 간신히 낮은 궤도에 도달할 수 있었던 반면 높은 궤도는 불가능했다. 비행이 이루어진 임무는 계획된 임무의 극히 일부에 지나지 않았고, (NASA의 공개적인 주장에 반하긴 하지만) 왕복선에서 나온 과학적, 기술적 결과물은 미미했다. 우주국은 비용과 이득에 대해 조직적으로 의회와 대중을 오도했다. 파인먼이 진술한 것처럼, 우주국은 관료주의적인 자기 보호라는 점에서 "과장하는 일"이 필요하다고 여겼다. 다시 말해 "왕복선이 얼마나 경제적인지 과장하고, 비행은 얼마나 자주 할 수 있으며, 왕복선이 얼마나 안전한지, 발견될 과학적 사실들이 얼마나 대단할지 과장하는 일"이 필요했던 것이다. **챌린저호** 대참사 이후 왕복선 계획은 내부적으로 붕괴되기 시작했다. 그해 말에는 예비 부품의 부족과 과부하가 걸린 승무원 훈련 계획으로 비행 일정이 중단되기도 했다.

하지만 1월 6일 발행된 대통령 위원회의 보고서는 이 사고로 "역사상 가장 생산적인 공학 및 과학 그리고 탐사 계획 중 하나"가 중단되었다고 표명하면서 시작했다. 보고서는 "우주왕복선 계획을 강화하는 것은 대중이 내린 결단"이라 마무리했다.

나중에 파인먼이 자신의 역할에 대해 이야기했을 때, 자신의 시골뜨기 소년의 모습에 기댔다. "제게는 가공할만한 힘을 지닌, 거대한 신비의 세계가 있습니다. 조심해야 했죠." 정치나 관료제에 대해선 아는 바가 없다고 주장했다. 이런 것들은 과학기술에 종사하는 사람의 이해를 넘어서는 문제였다. 하지만 파인먼은 위원들 중에서 유일하게 의사 결정이나 의사소통, 우주국 내에서의 위험 평가와 같은 사안들처럼 자신의 소관이 아니었던 분야를 정확히 포함하도록 조사 범위를 확장하며 활동했다. 커티나는 파인먼이 정

---

136) 기원전 3세기에 살았던 고대 그리스 에피로스의 왕이다. 로마와 두 번에 걸친 전쟁에서 많은 희생을 치르고 모두 승리했지만 전력을 크게 상실해 결국 패망했다. 피로스 왕의 승리는 보통 큰 희생과 대가를 치르고 얻은 무의미한 승리를 가리킨다.

치적인 유착이 없던 유일한 위원이었다고 그에게 말해주었다. 로저스가 불만스러워 했지만 파인먼은 고집스레 자기 나름의 조사 체계로 활동했고, 플로리다의 케네디 우주 센터나 앨라배마의 마샬 우주 비행 센터, 휴스턴의 존슨 우주 센터, 그리고 몇 군데 계약업체의 본부의 공학자들과 면담하기 위해 혼자 여행했다.

그 사이 파인먼의 혈액 검사 결과는 신장이 점점 악화되고 있음을 표지했다. 그 때문에 약을 타기 위해 워싱턴 병원을 거듭 방문했다. 캘리포니아에서 워싱턴까지 장거리로 약을 처방하는 일이 어렵다고 불평하던 자신의 담당의사와 전화 통화를 하기도 했다. "난 무슨 일이 벌어졌는지 알아내는 일을 하기로 결심했소. 결과가 어찌되든 말야!" 파인먼은 자랑스럽게 궤네스에게 편지를 썼다. 흥분되었지만 자신이 이용되고 있는지를 조심스럽게 의심했다. "하지만 그게 먹혀들진 않을 거야. 왜냐하면 (1) 내가 그 친구들이 상상한 것보다 훨씬 더 빨리 기술 정보를 주고받고 이해하기 때문이고," (어쨌거나 파인먼은 로스앨러모스와 MIT 기계작업장에 있었던 전문가였다) "(2) 난 잊혀지지 않는 어떤 이상한 냄새를 맡았기 때문이지."

파인먼은 자신의 고지식함을 이용하고자 했다. 로저스가 파인먼에게 우주국을 야단스레 칭찬하는 최종 추천장 초안을 보여주었다.

위원회는 NASA가 정부와 국가로부터 지속적으로 지원 받기를 강력하게 권고한다. 우주국은 국가의 재원을 구성하며, 우주 탐사 및 개발에 핵심적인 역할을 담당한다. 또한 우주국은 국가적 자부심과 기술적인 지도력의 표상을 제시한다. 위원회는 과거에 NASA가 이룩한 눈부신 업적에 갈채를 보내고 앞으로 다가올 인상적인 성취를 기대한다.

파인먼은 자신이 이러한 정책 문제들에 전문성이 부족하다고 말하며 완강히 거부했고, 보고서에서 자신의 서명을 빼겠노라 강변했다.

파인먼의 항의는 효력이 없었다. 표현은 사실상 변하지 않았고, 추천의 의미는 퇴색되고 보다는 위원회의 "최종적인 의견"으로 봉합되었다. 위원회는 오링에서 기인하는 중대한 위험성을 알고 있던 공학자들의 분명한 반대에도 발사 결정이 이루어지긴 했지만, 최종 보고서는 이 결정에 대해 우주국 고위 관리자에게 책임을 묻는 시도는 하지 않았다. 증거는 1985년 8월, 오링 문제의 역사가 관리책임자 벡스를 포함해, 고위 관리자들에게 상세히 보고된 정황을 보여주면서 그 모습을 드러냈다. 하지만 위원회는 이 관리자들을 심문하지 않기로 결정했다. 파인먼이 직접 조사한 결과들은 위원회의 결과보다 상당히 가혹해서, 최종 보고서의 부록에 수록되었다.

파인먼은 컴퓨터 시스템을 분석했다. 25만 줄에 달하는 코드로 구동되는 구식 장비였다. 왕복선의 주 엔진을 세세히 공부하기도 하고, 필수적인 터빈 날개에 금이 생기는 방식을 포함하여, 고체 로켓 추진체 문제에 필적하는 심각한 결함들을 알아냈다. 전반적으로 파인먼은 엔진과 부품이 예상 수명의 10분의 1 이하로 운용되고 있다고 추정했다. 그리고 엔진이 안전함을 보증하는데 사용되는 기준이 임시변통으로 하향 조정된 내력을 문서로 기록해 놓았다. 이를테면 갈라짐은 터빈의 수명에 비해 점점 더 일찍 발견되면서, 인증 규정들은 엔진이 비행을 계속할 수 있도록 되풀이되어 조정되었던 것이다.

참사 사건을 이해하는데 파인먼이 가장 중요하게 기여한 부분은 위험 요인과 확률 영역이었다. 파인먼은 우주국과 계약업체들이 (의사 결정의 본질이 불확정성을 따져 보는 과정에 있다고 해도) 통계 과학을 전적으로 무시했다는 점, 그리고 충격적일 만큼 애매한 위험성 평가 방식을 적용했다는 점을 보여주었다. 위원회의 공식적인 조사 결과는 청문회 동안 의사 결정이 다음과 같이 되어버렸다는 파인먼의 논평을 인용하는 것보다 더 나을 것이 없었다.

일종의 러시안 룰렛입니다…. [왕복선이] 비행하고 [오링의 부식과 함께] 아무 일이 발생하지 않습니다. 그러면 그런 이유로 다음 비행에는 위험성이 더 이상 그렇게 높지 않다는 암시를 줍니다. 우린 지난번에 문제를 겪지 않았으니까 기준을 좀 더 낮출 수 있다고 말이죠. 이 문제는 잘 넘어갔지만, 이렇게 반복해서는 안 됩니다.

과학은 이런 문제들을 위한 도구를 갖추고 있다. NASA는 이 도구들을 사용하지 않았다. 분산된 점들(예를 들어 오링에 발생한 부식의 깊이를 표시한 점들)은 지나치게 단순하고 선형적인 경험 법칙으로 환원되는 경향이 있었다. 하지만 물리적인 현상, 곧 뜨거운 기체가 분출하면서 고무에 누출 경로를 만드는 것은 고도로 비선형적인 현상이라고 파인먼은 언급했다. 분산된 자료의 범위를 평가하는 방법은 확률 분포를 통해서이지 단 하나의 수를 통해서가 아니다. "이건 확률적이고 혼란스러우며 복잡한 상황으로 이해해야 합니다"라고 파인먼이 언급했다. "이건 제 기능을 했는지 하지 않았는지의 문제보다는, 증가하고 감소하는 확률의 문제입니다."

오링의 안전성에 온도가 미치는 영향에 대한 중대한 문제에서 NASA는 통계적으로 누가 봐도 분명한 실수를 저질렀다. 일곱 번의 비행에서 손상의 증거가 나왔다. 손상이 가장 심한 경우는 가장 추운 날(여전히 온화한 섭씨 11.7도에서)에 이루어진 비행에서 발생했다. 하지만 온도와 손상 사이에 어떤 일반적인 상관관계도 발견할 수 없었다. 예를 들어 심각한 손상은 섭씨 23.9도에서도 발행했기 때문이다.

실수는 온도와 손상이 무관하다는 자료를 토대로 손상이 발생하지 않았던 비행을 무시한 일이었다. 이 결과들을 그래프로 나타내면 (섭씨 18.9도에서 27.2도 사이의 온도에서 이루어진 17번의 비행으로부터) 온도가 미치는 영향이 불현듯 분명하게 눈에 띄었다. 손상은 추위와 매우 밀접하게 관련이 있었다. 이건 마치 캘리포니아주의 도시들이 미국에서 가장 서쪽에 존재하는 경향이 있다는 명제를 따져보기 위해 누군가가 경향성을 분명히 하려고 캘리포니주에 있지 않은 도시들을 제외한 캘리포니아 지도를 만드는 것과 다를 바 없었다. 위원회 보고서를 더 조사해보기 위해 국립연구위원회가 구성한 통계 전문가 팀은 같은 자료를 분석하여 섭씨 영하 0.6도에서 대재앙을 초래할만한 오링 고장에 대해 "도박 확률"을 14퍼센트로 추산했다. 파인먼은 몇몇 공학자들이 관련된 확률에 대해 상대적으로 현실적인 견해를 지녔음을 알아챘다. 예를 들어 대참사가 200번의 비행 중 1번꼴로 발생할 수 있다고 추측한 것이다. 하지만 관리자들은 대략 10만 번에 한 번 꼴로 추산한 기상천외한 값을 취했다. 파인먼은 이들 공학자들이 스스로를 속이고 있다고 말했다. 관리자들은 터무니없는 추정치들을 곱해서 이런 숫자들을 대강 만들어 냈던 것이다. 예를 들면 터빈 배관이 파열할 가능성이 1,000만 번에 한 번 꼴이라는 결과 따위의 것 말이다.

파인먼은 "성공적인 기술이 되려면 진실성이 홍보 활동보다 우선되어야만 합니다. 자연은 속일 수 없기 때문입니다"라고 말하며 자신이 작성한 보고서를 마무리 지었다. 파인먼은 동료 위원들과 함께 백악관의 로즈 가든에서 열린 한 의전 행사에 참석했다. 이후 집에 돌아와 마치 알고 있었다는 듯, 죽음을 맞았다.

머리 겔만이 지켜보는 동안
한 학생과 대화하는 파인먼: "머리의
얼굴은 상당한 교양을 갖춘 사람의
얼굴이었다. 딕의 얼굴은 꾸밈없는
모습이다. 세련된 도시 사람들이
보지 못하는 것들을 간파해 내는
시골 소년 같았다."

파인먼의 영웅, 디랙Paul
A. M. Dirac과 함께,
1962년 바르샤바

세 살이던 아들 칼 파인먼Carl
Feynman과 함께, 노벨상 수상자 발표가
있던 날 오전에 사진기자들을 마주보며:
"이봐요, 기자양반, 내가 연구한 걸
1분 내에 말할 수 있었다면 노벨상을
받을만한 가치는 없었을 겁니다."

©courtesy Gweneth Feynman

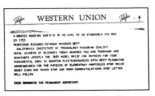

©courtesy Michelle Feynman

슈윙어와 함께: 파인먼은 어느 상을 수상한 후 어머니에게 보낸 편지에 다음과 같이 썼다.
"제가 드디어 슈윙어를 제치게 되어 어머니가 기뻐하실 줄 알았어요. 그런데 슈윙어는
3년 전에 이 상을 받았더군요. 물론 그 친구는 메달의 절반만 받았으니까, 어머니는 기쁘실
겁니다. 항상 저를 슈윙어와 비교하시잖아요."

노벨상 축하연에서 스웨덴 공주(위)와 부인 궤네스 파인먼Gweneth Feynman(아래)와 함께, 1965년 스톡홀름

아들 칼, 딸 미셸과 함께(위), 사막 캠핑 여행에서(아래)

캘테크의 칠판 앞에서(좌),
학생들이 제작한 공연 <남태평양>에서
족장을 연기하며(우).

도모나가 신이치로는 고립된 일본에서
파인먼과 슈윙어의 새 이론과 필적하는
연구를 진행했다. "왜 자연은
더 분명하고 더 직접적으로 이해할 수
없는 것일까?"

1986년 2월 10일, 우주왕복선 사고에 관한 대통령 자문위원회의 공청회에서:
"저는 밀폐 부위에서 꺼낸 이 물건을 얼음물에 넣었습니다. 이 물건에 잠시 약간의 압력을
주고 나서 놓았을 때, 다시 펴지지 않는다는 것을 알아냈습니다. 이건 같은 크기로 머물러
있습니다. 달리 말하면 적어도 몇 초 동안, 그리고 그보다 몇 초 더, 이 특정한 물질의 온도가
0도일 때는 회복력이 없다는 것입니다.저는 이 점이 우리가 안고 있는 문제에 어느 정도
중요한 의미를 갖는다고 생각합니다."

에필로그

신은 세상의 양식에 대해
우리가 상상한 꿈을
드러내지 못하게 하셨다.
- 프랜시스 베이컨

어느 것도 확실하지 않다. 베르너 하이젠베르크는 20세기를 관통한 메시지를 한 문장으로 요약했다. 수학자 쿠르트 괴델의 어떤 논리적인 체계도 일관되거나 완전하지 않다는 유명한 증명이 이 메시지의 맥을 이었다. 진정한 지식이라는 목적지는 점점 희미해지는 듯했다.

하이젠베르크는 불확정성 원리를 설명하면서 이 이론을 과학에 한정했다. 한 입자는 명확한 위치와 명확한 운동량을 모두 지닐 수 없다고 말이다. 하지만 철학자들은 계속 주목했다. 이 표현이 마치 원자와 그 내부를 넘어 더 넓은 영역을 다루고 있다 암시하는 것 같았다. 하지만 파인먼은 물리학 법칙을 다음과 같이 말하면서 확대해석한 철학자들("이 사람들을 난처하게 하는 대신, 우리는 이들을 그저 '칵테일파티 철학자들'이라고 부를 겁니다")을 경멸했다. 예를 들면

> '모든 것이 상대적이라는 것'이 아인슈타인의 결론입니다. 이 이론은 우리 생각에 엄청난 영향을 주었습니다. 게다가 이 사람들은 "현상이 기준계에 따라 달라진다는 것이 물리학에서 입증되었습니다"라고 말합니다. 우리는 이런 말을 수도 없이 듣지만 이 말이 진정 의미하는 바를 알기란 어렵습니다. 게다가 현상이 누군가의 관점에 따라 달라진다는 생각은 너무나 단순해서, 이 생각을 알아내기 위해 물리학의 상대성 이론이라는 골칫거리까지 나아갈 필요도 없습니다.

아인슈타인의 상대론은 인간의 가치를 논하지 않았다. 그럼에도 광속으로 움직이는 물체의 물리학과는 관계 없이, 상대론은 가치들을 상대적이다 또는 상대적이지 않다 판단했다. 전문 과학 분야에서 비유를 빌리는 일은 위험한 시도일 수 있다. 그렇다면 불확정성 원리가 자연을 묘사할 때 모호한 특

성을 불가피하게 부과한 것일까? 그럴지도 모른다. 하지만 파인먼은 대부분의 동료들과 의견을 달리 했다. 대개는 날씨가 예측 불가능하거나 인간의 행동이 비결정적인 것 같이 일상적인 인체 크기의 세계에서 발생하는 수많은 종류의 예측 불가능성을 설명하는 수단으로 양자 불확정성에 기대를 걸었다. 이들 중 일부는 아마도 양자의 예측 불가능성이 인간의 자유의지, 인간의 의식이 우주에 들어갈 때 통과했던 미세한 구멍이라고 생각했을 것이다.

스티븐 호킹은 다음과 같이 썼다. "불확정성 원리는 우주의 모형이 완전히 결정론적이라는, 라플라스가 꿈꾸었던 과학 이론에 종지부를 찍었다. 그러므로 양자역학은 예측 불가능성이나 무작위성randomness 같은 불가피한 요소를 과학에 들여온 셈이다." 파인먼의 견해는 달랐다. 심지어 파인먼은 1990년대 연구에서 드러난 혼돈 현상에 관대한 해석 '예측 불가능성은 이미 고전 세계의 특징이었다'를 1960년대에 이미 예상했다. 파인먼은 우주에 양자 불확정성 원리가 없다면 (행성의 폭풍 및 인간의 뇌 정도 규모에서) 우리 못지않게 변덕스럽고 거리낌 없이 행동할 것이라 믿었다.

흔히 미래를 예측할 수 없다는 비결정성indeterminacy은 양자역학적이어서, 마음의 작용이나 자유의지에 관한 느낌 등을 설명한다고 여겨집니다. 하지만 만약 세계가 **고전적**이라면(고전역학 법칙만 따른다면) 사람들이 공유하는 감정의 유사성 역시 의심해봐야 합니다.

왜 그럴까? 그 이유는 작은 오류들, 지식에 존재하는 자그마한 틈이 복잡계의 상호작용에 의해 증폭되기 때문이다.

물이 댐에서 떨어지면, 물은 튑니다. 우리가 근처에 서 있으면 때때로 물방울이 코에 닿을 겁니다. 완전히 무작위적인 것처럼 보입니다. 물이 떨어질 때 생긴 최소한의 불규칙성이 확대되어, 완전한 무작위성을 얻습니다.

더 엄밀히 말하면 임의의 정확성을 고려했을 때 아무리 정밀하더라도 우리 중 누군가는 확실한 예측을 할 수는 없을 만큼 충분히 긴 시간을 확보할 수 있습니다. 여기서 요점은 이 시간의 길이가 그렇게 길지 않다는 점입니다. 즉, 아주 짧은 시간 사이에 모든 정보를 잃어버리게 된다는 겁니다. 그러면 무슨 일이 일어날지 더 이상 예측할 수 없게 되죠! 그러니까 외견상 인간의 마음이 자유롭고 비결정적이기에 고전적인 "결정론적" 물리학이 발생할 일을 항상 알 수는 없습니다. 따라서 양자역학을 "완전히 기계론적"인 우주로부터 해방된 존재로 맞이해야 한다는 것을 납득해야 한다 같은 주장은 타당하지 않습니다.

이러한 신념의 차이(호킹의 의견처럼 보다 표준적인 견해를 지닌 물리학자들과의 미묘한 의견 차이)는 사소한 트집잡기가 아니었다. 결국 이 차이는 20세기가 끝날 무렵 형성된 미래에 대한 기존 의견 사이의 간격과, 20세기 물리학의 성취를 만드는 주축이 되었다.

입자 물리학자들은 자신들의 만든 이론의 효력에 경외감을 품었다. 이들은 "대통일 이론grand unified theory"이라는 미사여구를 채택했는데, 머리글자를 따 GUT라 이름을 붙였다. 오랫동안 과학에서의 진보는 과거에 별개로 취급되던 현상의 **통합**을 의미했다. 이를테면 맥스웰의 전기역학은 전기와 빛을 통합했다. 스티븐 와인버그와 압두스 살람은 자신들이 이른바 전기·약한 상호작용 이론electroweak theory으로 전자기와 약한 상호작용의 영역을 통합했다. 하지만 전기·약한 상호작용 이론처럼 멀리 떨어진 두 영역의 통합은 각 영역이 동전의 양면이었다 입증했다기 보다 오히려 수학적인 역작으로 보였다.

양자색역학Quantum chromodynamics, QCD은 강한 상호작용도 포함하려는 시도를 했다. 하지만 실험적 뒷받침은 요원한 일 같았다. 물리학자들은 통합을 더욱 확장했다. 마치 모든 것을 다루겠다는 의지로 물리학이 과업을 완성하겠다는 의지를 보였다. 가게의 문을 닫는 시간까지 유추하며 이야기했다. 이들은 "우주의 궁극적인 이론", "우리가 사는 우주에 대한 그야말로 완벽한 설명", "모든 것에 관한 완전한 통일 이론"을 (거의 손에 닿을 듯이) 상상하곤 했다. 이런 과장된 미사여구는 물리학자들의 정치적 위상이 역전되는 상황과 함께했다. 원자폭탄 프로젝트의 성공에 뒤따른 열기는 점차 시들해졌다. 점점 더 큰 규모의 고에너지 실험을 수행하기 위해 물리학자들은 천문학적 비용이 들어가는 기계장치를 필요로 했고, 이러한 프로젝트에 자금을 대는 문제는 과학자들 사이에 정치적 분열을 초래했다.

파인먼이 사망한 해, 두 명의 실험 물리학자가 책에서 다음과 같은 소박한 선언이 담긴 글을 썼다. "50년에 이르는 입자물리학 연구는 아핵subnuclear 수준에서 입자 상호작용에 대한 우아하고 간결한 이론을 내놓았다." 입자물리학의 주변인들은 그만큼 후한 점수를 줄 순 없었다. 우아하고 간결하다고? 그렇다면 그렇게나 많은 입자 질량 값과 여러 가지 특정한 매개변수들이 반영되어야 하는 이유는 무엇일까? 적합한 데이터를 얻기 위해 수없이 많은 장field을 겹쳐야 하고, 깨진(혹은 깨져 보이는) 대칭이 그렇게 많이 필요한 이유는 무엇일까? 색color과 맵시charm와 같은 양자수들은 우아하게 단순화된 결과이거나 혹은 느슨해진 스프링의 연결부위에 임시변통으로 끼운 고무줄일 수도 있었다. 만일 이론가들이 스스로는 결코 존재할 수 없는 입자를 정당화하면서 쿼크 속박quark confinement을 설명했다면, 그들은 분명히 어느 것이든 설명할 수 있었다. 한 평론가의 지적처럼, 성급히 마련된 이 이론은 "경험에 대한 이해를 일관성 있게 표현하기보다는 억지로 꾸민 지적 구조물, 나아가 설명을 위한 성공적인 속임수 및 장치들의 집합"이 아니었을까? 이론의 각 부분이 실험에 반하는 결과가 나왔을지 몰라도, 전체 이론(이론 구성 방식)은 반증에 저항했다. 새로운 대칭 깨짐, 새로운 양자수, 혹은 몇 가지 추가적인 공간 차원으로 설명될 수 없는 현상을 상상하기란 어려운 일이었다. 아마도 현대 물리학의 예비 부품 부서에는 정교한 장치들이 아주 잘 갖추어져 있어서, 쓸만한 엔진은 입자가속기가 내내놓는 어떤 데이터도 처리할 수 있게 고안할 수 있었다.

혹독한 비판이었지만, 파인먼이 한 말은 아니었다. 나중에 파인먼은 자연의 기본 법칙 탐색에 대해 언급했다. 이 이상 언급하지도 않았다.

사람들이 제게 "궁극적인 물리법칙을 찾고 계신가요?"라고 묻습니다. 아니요, 그렇지 않습니다. 만일 모든 것을 설명해줄 간결하고 궁극적인 법칙이 있다는 것이 밝혀진다면, 좋아요 그런 법칙을 발견하면 멋질 겁니다. 만약 이 법칙이 수백만 겹으로 싸인 양파 같은 모습으로 나타났다면, 그건 원래 그렇기 때문이죠.

파인먼은 별개의 이론들을 어설프게 통합하는 일에서 동료들이 자신이 이룬 것보다 과장해서 성공을 주장하고 있다고 보았다. 호킹이 "자연의 궁극 법칙에 대한 탐색이 막바지에 이르렀을지도 모른다"라고 말했을 때 많은 입자물리학자들이 여기에 동의했다. 하지만 파인먼은 이 생각에 동의하지 않았다. "그런 말은 평생 들었죠." 언젠가 그는 이렇게 말했다.

저는 답이 가까이 있다고 믿는 사람들을 평생 봐왔습니다. 하지만 그때마다 어김없이 실패했습니다. 에딩턴은 전자 이론과 양자역학으로 모든 것이 간단해질 것이라 생각했어요. 아인슈타인은 통일 이론이 거의 완성되었다고 생각했지만, 핵에 대해선 아무것도 알지 못했습니다. 당연히 핵에 관해서 알아낼 수가 없었습니다. 사람들은 대개 답에 아주 가까이 왔다고 생각하지만 저는 그렇게 생각하지 않습니다.

자연이 궁극적이고 간결하며 통일되고 아름다운 형태를 지니는지는 아직 해결되지 않은 문제입니다. 전 어느 쪽이 옳다고 말하고 싶지 않습니다.

1980년대에는 통합을 위한 연구에서 수학적으로는 강력하지만 실험적으로 검증이 불가능한 끈이론string theory이 등장했다. 수많은 차원으로 둘러싸인 끈 모양의 개체를 기본 요소로 사용하는 이론이었다. 여분의 차원은 축소화compactification라는 명칭이 주어진 일종의 대칭 깨짐 과정에서 스스로 포개져 있다 가정했다. 끈이론은 파인먼이 제안했던 '이력의 합sum-over-histories' 방법을 근본 원리로 사용한다. 이 이론은 입자의 사건을 위상 표면topological surface으로 보고, 가능한 모든 표면을 더함으로써 확률 진폭을 계산한다. 파인먼은 이와 거리를 둔 채, 종종 자신이 새로 유행하는 방식을 제대로 알아보기에는 너무 나이가 든 건지 모르겠다고 말했다. 끈이론은 실험과 너무나 동떨어져 보였다. 파인먼은 끈이론가들이 자체적으로 검증하는 데 충분히 노력을 기울이려 하지 않는다고 의심했다. 그동안 파인먼은 대통일 이론GUT이 표방하는 미사여구를 전혀 사용하지 않았다. 그런 미사여구는 그를 불편하게 했다. 파인먼은 단지 함께 따라오는 문제들을 해결할 뿐이라며 한 발 물러섰다.

입자물리학 분야의 어느 역사가가 파인먼의 캘테크 연구실에서 통합 작업에 관한 문제에 질문을 던졌을 때, 파인먼이 이에 대답했다.

"교수님의 연구 경력은 표준 모형을 구축하던 시기에 걸쳐 있습니다."

"표준 모형이요…," 파인먼은 미심쩍어 하며 재차 말했다.

"$SU(3) \times SU(2) \times U(1)$ 말입니다. 재규격화부터 양자 전기역학까지 그리고 현재에 이르는 이론 아닌가요?"

"표준 모형, 표준 모형이라…." 파인먼이 말했다. "표준 모형이라면 전기역학, 약한 상호작용과 강한 상호작용을 담고 있다고 말하는 모형을 말씀하시는 거죠? 그렇다면 맞습니다."

인터뷰 진행자가 말했다. "이 연구는 대단한 업적이었습니다. 여러 이론을 하나로 통합한 것이지요."

"그건 통합이 아닙니다."

"하나의 이론적인 꾸러미로 서로 연결된 것 아닌가요?"

"아니죠."

인터뷰 진행자는 자신의 질문을 화제로 되돌리는데 애를 먹었다.

"그럼 $SU(3) \times SU(2) \times U(1)$를 뭐라고 부르십니까?"

"세 가지 이론이죠." 파인먼이 답했다. "강한 상호작용, 약한 상호작용, 그리고 전자기 상호작용. 이 이론들은 유사한 특성을 보유하고 있는 듯 보이기 때문에 연결되어 있습니다. 이게 함께 어디로 향하겠습니까? 우리가 모르는 것을 추가할 뿐인데 말입니다. 현재 $SU(3) \times SU(2) \times U(1)$를 담고 있는 이론은 어디에도 없습니다. 도대체 그것이 무엇이든 간에 우리가 알기에 옳고, 어떤 실험적 검증을 거친 이론말입니다. 사람들은 이 모든 걸 합치려고 노력하죠. '노력하고 있다' 말입니다. 하지만 아직까지 해내진 못했습니다. 아시겠습니까?"

파인먼 역시 입자 물리학자 그룹에 속했다. 그룹의 다른 과학자들은 파인먼을 숭배했으며, 그의 전설을 널리 알렸고, 그에게 커다란 명망을 안겨준 엘리트들이었다. 파인먼은 좀처럼 표준적인 정론을 공개적으로 반대하진 않았다. 지난 20여 년간 파인먼은 입자 물리학의 문제에 노력을 기울였다. 이 문제들을 '무시하려고' 노력했더라도, 파인먼은 결국 이들이 협의한 내용을 받아들였다.

"그럼 우리는 아인슈타인의 시대보다 통합에 조금이라도 더 가까이 가지 못한 건가요?" 역사가는 물었다.

파인먼은 화를 냈다. "이건 말도 안 되는 질문이군요! 우린 분명히 더 다가갔단 말입니다. 우린 더 많이 알고 있고요. 밝혀질 것이 유한하다면 우린 분명히 지식을 얻는 데 틀림없이 더 가까이 간 겁니다. 아시겠어요? 이걸 어떻게 상식적인 질문이라 할 수 있는지 모르겠군요. 다 바보 같은 짓이네요. 이런 인터뷰는 언제나 쓸모없군요."

파인먼은 책상에서 일어나 문밖으로 걸어 나가 벽을 손가락으로 두드리면서 복도를 내려갔다. 역사가는 파인먼이 사라지기 직전에 그가 소리치는 걸 들었다. "빌어먹을 이딴 걸로 이야기하는 건 쓸데없는 짓이야! 완전히 시간 낭비라고! 이따위 역사는 허튼소리야! 당신은 단순하고 아름다운 걸 복잡하고 어렵게 만들고 있어."

복도 건너편에서 머리 겔만이 사무실에서 나와 말했다. "딕을 만나셨나 보군요."

파인먼이 '기초가 되는 연구'를 할 때면 늘 기준을 높게 설정했다. 그에게 액체 헬륨 및 기타 고체 상태의 문제는 가장 작은 규모의 입자 상호작용처럼 본질적인 문제로 보였다. 아름다움이나 지성처럼 근본성fundamentalness은 다차원적인 특성이라고 여겼다. 파인먼은 난류와 양자 중력도 이해하고

자 했다. 연구 경력 내내 적절한 문제를 찾아낼 수 없을 때면 불안으로 고통스러운 시기를 보냈다. 훗날 그와 동료들은 북적이던 자신들의 분야의 연구자들이 준 것을 목격했다. 자기 나름의 방식으로 본질적인 문제를 찾던 총명하고 젊은 학생들이 생물학, 계산학 혹은 혼돈 및 복잡성과 관련한 새로운 연구로 전향했던 것이다.

아들 칼Carl은 잠시 관심을 가졌던 철학에서 손을 떼고 컴퓨터 과학으로 분야를 정했다. 오래전 파인먼은 로스앨러모스에서 이 분야를 개척하는데 도움을 주었다. 아들의 영향으로 이 분야를 다시 들여다보았다. 그는 캘테크에서 존 합필드John Hopfield, 카버 미드Carver Mead 두 학교와 함께 계산학에 관련된 두뇌 유사체 및 패턴 인식에서부터 오류 수정 및 계산불가능성에 이르는 관련 쟁점에 관한 강좌를 구성했다. 몇 해 동안은 여름마다 MIT 근처의 씽킹 머신즈 코퍼레이션Thinking Machines Corporation의 설립자들과 협업하며 병렬처리에 대한 급진적인 접근법을 연구했다. 이곳에서는 상임 기술자로 일하면서 미분방정식을 회로도에 적용했고, 이따금 젊은 사업가에게 현명한 조언자의 역할을 했다. "그 '국소값' 같은 건 다 무시하게. 그냥 결정 속에 기포가 있어서 이걸 흔들어서 빼내야 한다고 말하라고."

그는 계산과 물리학의 교차점에서 개성이 뚜렷한 연구를 수행하기 시작했다. 이를테면 컴퓨터가 얼마만큼 작아질 수 있는지, 계산 과정에서의 엔트로피와 불확정성 원리, 양자물리학과 확률적 거동의 모의실험, 논리 회로를 통해 탄도처럼 앞뒤로 돌아다니는 스핀 파동 묶음으로 양자컴퓨터를 만들 가능성 같은 연구들이다.

파인먼이 속한 공동체는 처음 그를 물리학으로 빠지게 만든 문제들을 상당히 남겨 놓았다. 아원자 입자 우주와 (자연이 아이들에게 선보이는 마법인) 일상적인 현상의 영역 사이의 지적인 간격이 점점 커졌다. 『파인만의 물리학 강의』에서 파인먼은 무지개의 아름다움에 대해 우의적으로 언급했다. 과학자가 무지개를 볼 수 없는 세상을 상상해보자. 이들이 무지개를 발견할 수는 있지만, 아름다움을 느낄 수 있을까? 사물의 본질이 언제나 미시적인 세부 사항에 있는 것은 아니다. 무지개를 처음 본 과학자들이 몇 가지 날씨로부터 하늘의 특정 방향으로 파장에 따른 복사선의 세기를 그래프로 그려서 여기에 툭 튀어나온 지점이 있고, 이 지점이 장비의 각도를 바꾸었을 때 한 파장에서 다른 파장으로 옮겨간다는 것을 알아냈다고 파인먼은 가정했다. "그 다음 어느 날 이 눈먼 사람들은 물리적인 관점에서 '특정 날씨 조건에서 각도의 함수에 따른 복사선의 세기'라는 제목의 기술 논문을 발표할 수 있을 겁니다"라고 파인먼은 말했다. 파인먼은 빛의 복사 현상이란 현실에 투영된 인간의 정서, 우리 인간의 환영을 두고 아름답다라고 말하는 것에 불만이 없었다.

스티븐 와인버그는 "오늘날 우리는 모두 환원주의자입니다"라고 말했다. 이 말은 우리가 일상적인 물질의 토대를 이루는 소립자에서 가장 깊은 설명적 원리를 찾는다는 의미다. 와인버그는 (파인먼을 제외한) 많은 입자 물리학자들을 대변했다. 체계의 가장 낮은 수준, 가장 작은 길이 척도에서 원리를 이해하는 일과 자연을 이해하는 일은 다르다. 어떤 의미에서는 소립자로 '환원될 수 있다고' 해도, 가속기 영역 밖에는 그만큼 많은 것들이 있다. 이를테면 혼돈성 난류 같은 것은 복잡계에서 발현하는 거대 규모의 구조다. 그리고 생명 그 자체. 파인먼은 "그렇게 단순한 원리로부터 생성될 수 있는 현상의 무한한 다양성과 새로움"에 대해 말하고, 이 현상이 "방정식에 있지만 우린 단지 이를 이끌어낼 방도를 찾지 못한 겁니다"라고 언급했다.

과학의 시험대는 예측하는 능력입니다. 지구를 단 한 번도 방문하지 않고서 뇌우나 화산, 바다의 파도, 오로라, 그리고 다채로운 일몰을 예견할 수 있을까요?

미래에는 좀 더 발전한 인간의 지성이 방정식의 정성적인 내용을 이해할 방법을 만들어낼 겁니다. 지금 우리는 할 수 없죠. 오늘날 우리는 이발소 간판처럼 회전하는 원통의 난류 같은, 물 흐름 방정식을 알 수 없습니다. 현재 우리는 슈뢰딩거 방정식이 개구리나 작곡가, 혹은 도덕률을 포함하는지, 그렇지 않은지 역시도 알 수 없습니다.

물리학자의 모형은 지도와 같다. 지도가 현실을 표현할 만큼 크고 복잡해질 때까지는 결코 최종적이거나 완전할 수 없다. 아인슈타인은 물리학을 닫혀 있는 시계의 내부 메커니즘을 파악하여 조립하는 일에 비유했다. 직접 열어보지 않고서는 규칙적인 시계 소리와 시곗바늘의 움직임을 구현하는 그럴듯한 모형을 만들어낼 수 있지만, 결코 확신할 수 없다. "그러므로 지식에 이상적인 한계가 존재한다는 것, 그리고 여기에 인간의 마음이 관여한다는 것을 알 수 있습니다"라고 아인슈타인은 말했다. "이 이상적인 한계를 객관적인 진실이라 부를 수 있겠지요." 아인슈타인 시대는 과학이 보다 단순했던 시절이었다. 파인먼 시대에 지식은 진전되었지만, 객관적인 진실이라는 이상은 과학의 시야를 벗어나 안개 속으로 더 깊숙이 물러나버렸다. 양자론은 불가능한 문제 하나를 공중에 매달아 놓았다. 한 물리학자는 파인먼의 말을 인용하며 이 문제에 답하려고 했다. "나는 실례를 무릅쓰고 우리 시대의 가장 위대한 철학자가 품은 물질에 대한 관점을 시의 형식으로 인용하겠다. 분명히 시나 다를 바 없다."

우리는 양자역학이 제시하는

세계관을 이해하는데

언제나 상당한 어려움을 겪는다.

적어도 내겐 그렇다.

이런 주제가 내게 분명해지는 지점에

닿지 못할 만큼

내 나이가 들었기 때문이리라.

그래, 난 아직도 이 문제로 초조하다….

당신은 이것이 늘 무엇인지 알고 있지.

새로운 생각 모두가,

분명해져서 현실적인 문제가

남지 않을 때까지

한두 세대는 지나야 한다….

난 현실적인 문제를 규정할 수 없다.

따라서 현실적인 문제가 없다는 말이 의심스럽다.

그런데 난 현실적인 문제가 없다는 말이

무엇인지 잘 모르겠다.

1987년 10월, 또 다른 복부 종양이 발견됐다. 파인먼의 주치의는 외과적으로 암의 진행을 멈추게 하려는 마지막 시도를 했다. 《로스앤젤레스 타임스》가 자신의 부고 기사문을 미리 보내왔을 때, 파인먼은 필자에게 감사를 표하면서도 이렇게 덧붙였다. "저는 죽기 전에 당사자가 이걸 읽는 것이 별로 좋은 생각이 아니라는 판단이 드는군요. 저에게서 놀라게 할 만한 요소를 가져가 버리거든요." 파인먼은 자신이 회복되지 않으리라는 걸 알았다. 그는 이미 69세였다. 한 쪽 다리에서 지독한 고통을 느꼈다. 그는 몹시 지쳤고, 식욕도 없었다. 다음해 1월 식은땀과 오한으로 잠에서 깨곤 했다. 먼지가 쌓인 연구실 칠판 한 구석에는 그의 좌우명 한 쌍이 쓰여 있었다. "내가 만들지 못하면, 이해하지 못하는 것이다." "해결된 모든 문제를 어떻게 푸는지 알아둘 것." 그 옆에는 "배울 것"이란 제목 아래 실행 목록 "베테 가설 문제, 2차원 홀Hall"이 있었다. 물리학은 변했다.

파인먼은 언젠가 로스앨러모스 시절의 오랜 친구 스타니스와프 울람Stanislaw Ulam과 이 상황에 대해 이야기를 나눈 적이 있었다. 울람은 뉴멕시코 주의 푸른 하늘에서 흰 구름 몇 점이 구르듯 지나는 광경을 보았다. 파인먼은 그의 생각을 알아차린 듯 말했다. "물리학은 마치 구름모양 같아. 사람들이 보고 있으면 변하지 않는 것 같은데, 1분 후에 다시 보면 모양이 아주 다르거든."

파인먼은 평소 미니멀리스트였다. 벽 옷걸이에 걸린 유고슬라비아 학생들이 보내준 손으로 뜬 스카프, 미셸이 첼로를 들고 있는 사진 한 장, 북극광을 담은 흑백사진 몇 장, 긴 가죽 안락의자, 자신이 그린 디랙의 스케치, 짙은 갈색 페인트로 파인먼 다이어그램을 칠한 밴 정도가 그가 가진 물건의 전부였다. 2월 3일, 파인먼은 UCLA 메디컬 센터에 다시 입원했다.

중환자실의 의사들이 십이지장 궤양 파열을 발견했다. 의료진은 항생제를 투여했다. 하지만 그의 하나 남은 신장의 기능이 멈춰버렸다. 투석을 한 번 시행했지만 효과는 거의 없었다. 파인먼은 몇 주 혹은 몇 달 수명을 연장해줄 수도 있는 추가적인 투석을 거부했다. 파인먼은 침착하게 미셸에게 이야기했다. "아빠 이제 죽을 거야." 굳은 결심을 한 말투로 말했다. 곁에는 파인먼을 오랫동안 사랑한 세 여인, 궤네스, 조앤, 그리고 사촌 프랜시스 르원Frances Lewine이 그를 지켜보고 간호했다. 프랜시스 르윈은 파로커웨이의 집에서 파인먼과 함께 지내고 있었다. 통증 완화를 위한 모르핀과 산소 공급 튜브는 이들이 해줄 수 있는 마지막 처치였다. 의사들은 대략 닷새 정도 남았을 거라 말했다. 파인먼은 오래전 한 사람의 죽음을 지켜본 적이 있었다. 과학자의 태도를 유지하려 애쓰면서 사람이 혼수상태에 빠지고 산발적으로 호흡하는 걸 지켜보았고, 산소가 결핍되었을 때 두뇌의 판단 기능이 흐려지는 것을 상상하기도 했다. 파인먼은 자신의 죽음을 예상해 본 적이 있었다. 어두운 감각 박탈 수조 속에서 의식을 놓아버리는 장난을 치고, 자신이 알고 있는 좋은 것들 대부분을 사람들에게 가르쳐 주었다고 한 친구에게 말하며, 헤아릴 수 없는 자연과 화해하면서 말이다.

있잖아요, 중요한 것 한 가지는 제가 의문과 불확실성 그리고 무지와 함께 살아갈 수 있다는 겁니다. 틀릴 수 있는 답을 얻는 것보다는 무지한 상태로 사는 것이 훨씬 더 흥미롭습니다. 저는 여러 대상에 대해 대략적인 답과 가능성 있는 믿음, 그리고 정도가 다른 확실성을 갖고 있습니다. 하지만 어떤 것도 절대적으로 확신하지 않고, 전혀 모르는 것도 많이 있습니다. 우리가 여기 존재하는 이유를 묻는 것이 어떤 의미를 지니는지와 같은 것 말이죠….

답을 알 필요는 없습니다. 사물에 대해 알지 못하기 때문에, 어떤 목적도 없이 불가사의한 우주에서 길을 잃는 것 때문에 두렵진 않습니다. 실제로 제가 아는 한 우주는 원래 그러니까요. 이것 때문에 겁먹지는 않습니다.

파인먼은 점점 의식 불명 상태로 들어갔다. 눈빛이 흐려졌다. 말하기 힘겨워졌다. 궤네스는 남편이 한 마디를 하려고 기운을 모아 내뱉는 것을 지켜보았다. "두 번 죽는 건 싫어, 너무 지루하거든." 이 말을 한 뒤 파인먼은 머리를 움직이거나 잡고 있던 손을 꽉 쥐어 의사소통을 하려고 했다. 1988년 2월 15일 자정이 되기 직전, 파인먼의 신체는 숨쉬기를 힘겨워하며 부르르 떨렸다. 튜브는 산소를 제공하는 것을 멈추었다. 이승에서의 그의 공간이 닫혔다. 한 사람의 흔적이 남았다. 그가 무엇을 알았고, 어떻게 알았는지를 말이다.

감사의 말

나는 파인먼을 만난 적이 없다. 이 글을 쓰기 위해 출판물(그리고 부분적으로 출판된 출판물)에 의존했다. 이를테면 파인먼이 모아두었던 개인적인 편지들, 노트 및 부인 궤네스 하워스 파인먼이 1988년에 나에게 공개한 다른 서류 같은 것들이다. 그밖에 다른 가족 및 친구들과 나눈 편지들과 캘테크의 기록보관소에 보관된 파인먼의 연구실 문서들과 기타 서류를 그러 모았다. 또 미국 물리학회의 닐스 보어 도서관에 소장된 초기 자료들도 참조했다. 로스앨러모스 국립연구소의 기록보관소에 있다가 기밀 해제된 공책과 논문들도 원고를 준비하며 입수했다. 기타 자료는 다음 기관들의 도서관 및 소장 원고들로부터 나왔다. 미국 물리학회(H. D. Smyth와 J. A. 휠러의 논문), 브루클린 역사학회, 코넬 대학교(H. A. 베테의 논문), 파로커웨이 고등학교, 하버드 대학교, 의회 도서관(J. R. 오펜하이머의 논문), MIT, 프린스턴 대학교, 록펠러 대학교, 스탠포드 선형 가속기 센터(SLAC)에서 얻었다.

이 책에서 큰 역할을 담당했던 중요한 물리학자들(한스 베테, 프리먼 다이슨, 머리 겔만, 줄리안 슈윙어, 빅터 바이스코프, 존 아치볼드 휠러, 로버트 R. 윌슨)은 인터뷰를 하는 동안 각자의 추억을 흔쾌히 제공해주었다. 때로는 인터뷰가 수차례 연장되기도 했었다.

파인먼 본인의 목소리는 그의 출판물은 물론 그가 어디를 가든 녹음기와 비디오 카메라가 돌아갔기에, 생애 말년에 이르기까지 남아 있다. 그 중에서도 역사가들과 다른 몇 사람이 파인먼을 인터뷰한 몇 가지 자료는 특히 소중하다. 깊이 있고 포괄적인 인터뷰는 **파인먼을 연구하는 이들에게 가장 중요한 자료다.** 미국 물리학회의 주관으로 찰스 와이너Charles Weiner는 1966년과 1973년 인터뷰를 진행했다. 이 인터뷰는 수백 페이지에 달하는 구술사 자료를 남겼다. 나는 파인먼이 소장했던 이 기록물을 참고했으며, 여기에는 파인먼이 수정한 내용과 언급이 쓰여 있었다. 아울러 베테, 다이슨, 윌리엄 파울러William A. Fowler, 베르너 하이젠베르크, 필립 모리슨Philip Morrison 및 그 외 사람들의 인터뷰가 담긴 구술사 자료를 참고했다. 물리학자이자 역사가인 실반 슈웨버Silvan S. Schweber는 친절하게도 양자전기역학 및 파인먼의 시각화 스타일을 보여주는 1980년 인터뷰 테이프를 공유해주었다. 릴리언 호드슨Lillian Hoddeson은 로스앨러모스의 기술사에 대해 파인먼과 유용한 인터뷰를 진행했다. 로버트 크리스Robert Crease는 찰스 만Charles Mann과의 공동 저작 『제2의 창조The Second Creation』를 위해 진행한 인터뷰 원고를 나에게 보여주었다. 크리스토퍼 사이크스Christopher Sykes는 1981년 BBC-TV 채널 〈발견하는 즐거움The Pleasure of Finding Things Out〉의 제작을 위해 진행한 무삭제 인터뷰 기록을 이용할 수 있도록 했다. 살리 안 크리스만Sali Ann Kriegsman은 파인먼이 파로커웨이를 회상할 때 기록한 자료를 내게 주었다.

파인먼으로부터 추억담을 끌어내어 『파인만 씨, 농담도 잘하시네!』와 『남이야 뭐라 하건!』을 함께 쓴 랄프 레이턴Ralph Leighton은 거의 10년에 걸친 인터뷰 기록물의 원본을 아낌없이 제공했다. 이 기록물은 파인먼이 일생 동안 다시 언급하고 다듬어 놓은 이야기들이기 때문에 대개는 정확하지만, 상당히 여과가 된 자료였다. 따라서 난 이 자료에 너무 의존하지 않으려 했는데, 파인먼이 나의 책에서 스스로 모습을 드러내길 바랐기 때문이다.

나는 파인먼의 가족들 궤네스, 조앤, 칼, 미셸과 프랜시스 르윈과도 오래 이야기를 나누었다. 수년간 파인먼의 비서였던 헬렌 턱도 귀중한 기억과 통찰력 있는 논평을 공유해주었다.

그밖에 내게 인터뷰 자료나 기록해 둔 추억담(또 어떤 경우는 편지 사본이나 일기장 몇 페이지)을 제공해서 도움을 준 파인먼의 동료, 학생, 친구 및 파인먼을 지켜보았던 이들은 다음과 같다. 얀 안비요른, 로버트 베이커, 미셸 배린저, 배리 배리시, 헨리 H. 바셜, 메리 루이즈 벨, 로즈 베테, 제리 비숍, 제임스 뵤켄, 피터 A. 캐러더스, 로버트 F. 크리스티, 마이클 코헨, 시드니 콜먼, 모나크 L. 커틀러, 프리드랙 세비타노비치, 세실 디윗-모레테, 러셀 J. 도널리, 시드니 드렐, 레너드 아이젠버드, 티모시 페리스, 리처드 D. 필드, 마이클 E. 피셔, 에벌린 프랭크, 스티븐 프라우치, 에드워드 프레드킨, 셸던 글래쇼, 마빈 골드버거, 데이비드 굿스타인, 프랜시스 R. (로즈 맥셰리) 그레이엄, 윌리엄 R. 그레이엄, 쥘 그린바움, 브루스 그레고리, W. 코니어스 헤링, 시미언 허트너, 앨버트 힙스, 더글러스 R. 호프스태터, 제럴드 홀턴, 존 L. 조지프, 다니엘 케블스, 산도르 J. 코박스, 도널드 J. 커티나, 제니조이 라 벨, 레오 라바텔리, 랄프 레이턴, 찰스 라이퍼, 라이트 로페스, 에드워드 마이셀, 앤 틸먼 윌슨 막스, 로버트 E. 마샥, 레너드 모트너, 로버트 M. 메이, 윌리엄 H. 맥럴런, 카버 미드, 니콜라스 메트로폴리스, 모리스 A. 마이어, 필립 모리슨, 마사코 오누키, 폴 올럼, 에이브러햄 페이스, 데이비드 파크, 존 폴킹혼, 버턴 릭터, 존 S. 릭든, 마이클 리오딘, 다니엘 로빈스, 매튜 샌즈, 데이비드 생어, J. 로버트 슈리퍼, 시어도어 슐츠, 앨 세클, 배리 사이먼, 시릴 스탠리 스미스, 노리스 파커 스미스, 노베라 H. 스펙터, 밀러드 서스먼, 킵 S. 손, 융수 차이, 존 튜키, 톰 밴 샌트, 도로시 워커, 로버트 L. 워커, 스티븐 와인버그, 찰스 와이너, 시어도어 A. 웰턴, 아서 S. 와이트먼, 제인 윌슨, 스티븐 울프럼, 조지 즈와이그.

20세기 물리학사에 있어서 없어서는 안 될 두 편의 저작물은 대니얼 케블스Daniel Kevles의 『물리학자들The Physicists』과 에이브러햄 페이스의 『내부 속으로Inward Bound』이다. 이 두 저작물도 참고했다.

물리학 문제들에 관해 날카로운 통찰과 인내심으로 안내를 해준 미첼 파이겐바움과 실반 슈웨버에게 특별히 고마움을 전한다. 무엇보다 출간 예정인 양자전기역학에 관한 역사서 『양자전기역학: 1946-1950: 미국의 성공담 QED: 1946-1950: An American Success Story』의 집필 원고를 읽을 수 있게 해준 슈웨버에게 감사하다. 또 큐피드Quefithe에 관한 우화를 인용할 수 있게 허락해준 프리드랙 세비타노비치Predrag Cvitanović에게도 고마움을 전한다. 클라우스 푹스의 전기 작가 로버트 채드웰 윌리엄스는 내게 맨해튼 프로젝트와 관련된 기록 보관소의 자료를 산더미같이 보내주어 유용했다. 조셉 스트라우스와 휴 울프와는 천재성, 음악과 음악이론에 관한 논의로 도움을 주었다.

셰릴 콜버트는 명석하고 재기 넘치는 도움을 주었다. 에밀리오 밀란은 자신이 오려둔 기사와 수집한 다른 문서 파일을 공유하여 유익했다.

이 책은 편집자 다니엘 프랭크와 대리인 마이클 칼라일의 노련한 솜씨에 커다란 빚을 지고 있다.

언제나 그렇듯 신시아 크로센에게는 말로 다할 수 없는 신세를 졌다. 언제나 집에 붙어 있는 이 별난 영혼을 그토록 오래 인내해주었다.

제임스 글릭
뉴욕 브루클린에서
1992년 7월 8일

파인먼 문헌 목록 FEYNMAN BIBLIOGRAPHY

• Because almost all Feynman's work originated with the spoken word, and because its publication took so many shapes, formal and informal, no final bibliography will ever be compiled. Neither Feynman nor the Caltech libraries maintained more than a partial listing. Some lectures were published repeatedly, in journals and collections, in versions that vary slightly or not at all. Others exist only in the form of Feynman's notes before the fact, a student's handwritten notes after the fact, a university preprint, a typed transcript, an edited or unedited conference proceeding, a file on a computer disk, or a video- or audiotape. Some manuscripts are virtually intact and publishable; others are no more than notes on a placemat; and in between is an unbroken continuum. The following is a guide to work of Feynman's that can be construed as published in any form; major unpublished work; and other important manuscripts and papers The Calculus: Scribble-In Book." Notebook. 미국 물리학회.

• **1935.** "The Calculus of Finite Differences." *The f(x)*. Far Rockaway High School Mathematics Club. January, 1. 캘테크 기록보관소

• Feynman and Welton, T. A. 1936–37. Notebook. 미국 물리학회.

• **1939.** "Forces and Stresses in Molecules." Thesis submitted in partial fulfillment of the requirements for the degree of bachelor of science in physics. 미국 물리학회.

• "Forces in Molecules." Physical Review 56:340.

• Vallarta, M. S., and Feynman. 1939. "The Scattering of Cosmic Rays by the Stars of a Galaxy." *Physical Review* 55:506.

• **1940.** "Notebook of Things I Don't Know About." Notebook. 캘테크 기록보관소.

• **1941.** "The Interaction Theory of Radiation." Typescript. 미국 물리학회.

• "Particles Interacting thru an Intermediate Oscillator." Draft pages toward Ph.D. thesis. 저자 입수.

• Feynman and Wheeler, John Archibald. 1941. "Reaction of the Absorber as the Mechanism of Radiative Damping. Abstract." *Physical Review* 59: 682.

• **1942.** Ph.D. thesis manuscript. 캘테크 기록보관소.

• "The Principle of Least Action in Quantum Mechanics." Ph.D. thesis, Princeton University.

• *Effects of Space Charge; Use of Sine Waves*. Isotron Report no. 2, 5 January. H. D. Smyth, 미국 철학회.

• *Kinematics of the Separator*. Isotron Report no. 7, 14 April. H. D. Smyth, 미국 철학회.

• *The Design of the Buncher and Analyzer*. Isotron Report no. 17, 26 August. H. D. Smyth, 미국 철학회.

• *A Note on the Cascade Operation of Isotrons*. Isotron Report no. 20, 8 September. H. D. Smyth, 미국 철학회.

• Wheeler, John Archibald, and Feynman. "Action at a Distance in Classical Physics: Reaction of the Absorber as the Mechanism of Radiative Damping." Typescript. 미국 물리학회.

• 1943 *The Operation of Isotrons in Cascade*. Isotron Report no. 29, 27 January. H. D. Smyth,

미국 철학회.

- *Factors Which Influence the Separation*. Isotron Report no. 35, 22 February. H. D. Smyth, 미국 철학회.

- **1944**. "Theoretical Department." Unsigned draft typescript for H. D. Smyth, 1945. 로스앨러모스 국립 연구소 기록보관소. Ashkin, J.; Ehrlich, R.; and Feynman. 1944. "First Report on the Hydride." Typescript, 31 January. 로스앨러모스 국립 연구소 기록보관소.

- **1945**. "A New Approximate Method for Rapid Calculation of Critical Amounts of X." Typescript. 로스앨러모스 국립 연구소 기록보관소.

- Wheeler, John Archibald, and Feynman. 1945. "Interaction with the Absorber as the Mechanism of Radiation." *Reviews of Modern Physics* 17:157.

- **1946**. *Amplifier Response*. Los Alamos Reports, LA-593. 로스앨러모스 국립 연구소 기록보관소.

- **1946**. A Theorem and Its Application to Finite Tam저자 입수. Los Alamos Reports, LA- 608, Series B. 로스앨러모스 국립 연구소 기록보관소.

- Feynman and Bethe, Hans A. 1946. Abstract for New York Meeting of the American Physical Society, 19–21 September. Typescript. 캘테크 기록보관소.

- **1947**. "Theory of Positrons." Notes. 캘테크 기록보관소.

- Feynman and Welton, T. A. 1947. *The Calculation of Critical Masses Including the Effects of the Distribution of Neutron Energies*. Los Alamos Reports, Series B, LA-524. 로스앨러모스 국립 연구소 기록보관소.

- **1948**. "Space-Time Approach to Non-Relativistic Quantum Mechanics." *Reviews of Modern Physics* 20:367.

- **1948**. "A Relativistic Cut-Off for Classical Electrodynamics," *Physical Review* 74:939.

- **1948**. "Relativistic Cut-Off for Quantum Electrodynamics." *Physical Review* 74: 1430.

- **1948** "Pocono Conference." *Physics Today*, June, 8.

- **1948** "Pocono Conference." Typescript. 의회 도서관.

- **1948** Paper T5: "Theory of Positrons." Talk prepared for American Physical Society meeting in January 1949. 캘테크 기록보관소.

- **1949**. "The Theory of Positrons." *Physical Review* 76:749.

- **1949**. "Space-Time Approach to Quantum Electrodynamics." *Physical Review* 76:769. Feynman; Metropolis, Nicholas; and Teller, Edward. 1949. "Equations of State of Elements Based on the Generalized Fermi-Thomas Theory." *Physical Review* 75:1561.

- Wheeler, John Archibald, and Feynman. 1949. "Classical Electrodynamics in Terms of Direct Interparticle Action." *Reviews of Modern Physics* 21:425.

- **1950**. "Mathematical Formulation of the Quantum Theory of Electromagnetic Interaction." *Physical Review* 80:440.

- **1951**. "An Operator Calculus Having Applications in Quantum Electrodynamics." *Physical Review* 84:108.

- **1951**. "The Concept of Probability in Quantum Mechanics." Second Berkeley Symposium on Mathematical Statistics and Probability, UC Berkeley, 1950:533.

- Brown, Laurie M., and Feynman. 1952. "Radiative Corrections to Compton Scattering." *Physical Review* 85:231.

- Lopes, J. Leite, and Feynman. 1952. "On the Pseudoscalar Meson Theory of the Deuteron." Symposium on New Research Techniques in Physics, 15–29 July.

- **1953**. "The Lambda Transition in Liquid

Helium." *Physical Review* 90:1116.

• **1953**. "Atomic Theory of Lambda Transition in Helium." *Physical Review* 91:1291.

• **1953**. "Atomic Theory of Liquid Helium near Absolute Zero." *Physical Review* 91:1301.

• **1953**. "Atomic Theory of Liquid Helium." Talk at the Theoretical Physics Conference in Tokyo, September 1953. In *Notas de Físicas* 12.

• **1954**. "Atomic Theory of the Two-Fluid Model of Liquid Helium." *Physical Review* 94:262.

• **1954**. "The Present Situation in Fundamental Theoretical Physics." *Academia Brasileira de Ciencias* 26:51.

• Feynman; Baranger, Michel; and Bethe, Hans A. 1954. "Relativistic Correction to the Lamb Shift." *Physical Review* 92:482.

• Feynman and Speisman, G. 1954. "Proton-Neutron Mass Difference." *Physical Review* 94:50.

• **1955**. "Slow Electrons in a Polar Crystal." *Physical Review* 97:660.

• **1955**. "Application of Quantum Mechanics to Liquid Helium." In *Progress in Low Temperature Physics*. Edited by C. J. Goiter. Amsterdam: North Holland.

• **1955**. "The Value of Science." Transcript of address at the autumn 1955 meeting of the National Academy of Sciences. In *Engineering and Science*, June, 3.

• Feynman and Cohen, Michael. 1955. "The Character of the Roton State in Liquid Helium." *Progress in Theoretical Physics* 14:261.

• **1956**. "The Relation of Science and Religion." Engineering and Science, June, 20.

• **1956**. "Dr. Feynman Replies to Mr. Sohler's 'New Hypothesis.'" Engineering and Science, October, 52.

• Feynman and Cohen, Michael. 1956.

"Energy Spectrum of the Excitations in Liquid Helium." *Physical Review* 102:1189.

• Feynman; de Hoffmann, Frederic; and Serber, Robert.

• **1956.** "Dispersion of the Neutron Emission in U-235 Fission." *Journal of Nuclear Energy* 3:64.

• **1957**. "Superfluidity and Superconductivity." *Reviews of Modern Physics* 29:205.

• **1957**. "Alternative to the Two-Component Neutrino Theory." Remarks at the Seventh Annual Rochester Conference on High-Energy Physics, 15–19 April. In Ascoli et al. 1957, IX-42.

• **1957**. "The Role of Science in the World Today." *Proceedings of the Institute of World Affairs* 33:17.

• Feynman; Vernon, F. L.; and Hellwarth, Robert W. 1957. "Geometric Representation of the Schrodinger Equation for Solving Maser Problems." *Journal of Applied Physics* 28:49.

• Cohen, Michael, and Feynman. 1957. "Theory of Inelastic Scattering of Cold Neutrons from Liquid Helium." *Physical Review* 107:13.

• **1958**. "Excitations in Liquid Helium." *Physica* 24:18.

• **1958**. "A Model of Strong and Weak Couplings." Typescript. 캘테크 기록보관소.

• **1958**. "Forbidding of 우 –β Decay." Talk at Annual International Conference on High Energy Physics at CERN, Geneva, 30 June-5 July. In Ferretti 1958.

• Feynman and Gell-Mann, Murray. 1958a. "Theory of the Fermi Interaction." *Physical Review* 109:193.

• Feynman and Gell-Mann, Murray, 1958b. "Theoretical Ideas Used in Analyzing Strange Particles." Manuscript for Geneva Conference on the Peaceful Uses of Atomic Energy. 캘테크 기록보관소.

• Feynman and Gell-Mann, Murray. 1958c.

"Problems of the Strange Particles." *Proceedings of the Second Geneva Conference on the Peaceful Uses of Atomic Energy.*

• **1960**. "There's Plenty of Room at the Bottom: An Invitation to Enter a New Field of Physics." Talk at the annual meeting of the American Physical Society, 29 December 1959. In *Engineering and Science*, February, 22.

• **1960**. "The Status of the Conserved Vector Current Hypothesis." In Sudarshan et al. 1960, 501.

• **1961**. "The Present Status of Quantum Electrodynamics." Talk for 1961 Solvay Conference. Typescript. 캘테크 기록보관소. In *Extrait des Rapports et Discussions, Solvay.* Institut International de Physique, October.

• **1961**. "Theory of Gravitation." Faraday Lecture, 13 April. Transcript. 저자 입수.

• **1961**. *Quantum Electrodynamics.* New York: W. A. Benjamin.

• **1961**. *Theory of Fundamental Processes.* New York: W. A. Benjamin. Edgar, R. S.; Feynman; Klein, S.; Lielausis, I.; and Steinberg, C. M. 1961. "Mapping Experiments with rMutants of Bacteriophage T4D." *Genetics* 47:179.

• Feynman; Hellwarth, R. W.; Iddings, C. K.; and Platzman, P. M. 1962. "Mobility of Slow Electrons in a Polar Crystal." *Physical Review* 127:1004.

• **1963**. "The Problem of Teaching Physics in Latin America." Transcript of keynote speech given at the First Inter-American Conference on Physics Education in Rio de Janeiro. In *Engineering and Science*, November, 21.

• **1963**. "The Quantum Theory of Gravitation." *Acta Physica Polonica* 24:697.

• **1963**. "This Unscientific Age." John Danz Lectures. Transcript. 캘테크 기록보관소.

• Feynman; Leighton, Robert B.; and Sands, Matthew. 1963. *The Feynman Lectures on Physics.* Reading, Mass.: Addison-Wesley.

• Feynman and Vernon, F. L. 1963. "The Theory of a General Quantum System Interacting with a Linear Dissipative System." *Annals of Physics* 24:118.

• **1964**. "Comments on the New Arithmetic Textbooks." Typescript. 저자 입수.

• **1964**. "Theory and Applications of Mercerau's Superconducting Circuits." Draft typescript. 캘테크 기록보관소.

• Feynman; Gell-Mann, Murray; and Zweig, George. 1964. "Group U(6) × U(6) Generated by Current Components." *Physical Review Letters* 13:678.

• **1965**. "The Development of the Space-Time View of Quantum Electrodynamics." Nobel Prize in Physics Award Address, Stockholm, 11 December. In *Les Prix Nobel en 1965* (Stockholm: Nobel Foundation, 1966); in *Physics Today*, August 1966, 31; in *Science* (1966) 153:699; and in Weaver 1987, 2:433.

• **1965**. "The Development of the Space-Time View of Quantum Electrodynamics." Transcript, physics colloquium at California Institute of Technology, 2 December. 캘테크 기록보관소.

• **1965**. "The Development of the Space-Time View of Quantum Electrodynamics." Talk at CERN, Geneva, 17 December. Tape courtesy of Helen Tuck.

• **1965**. Address to Far Rockaway High School. Transcript. 캘테크 기록보관소.

• **1965**. *The Character of Physical Law.* Cambridge, Mass.: MIT Press.

• **1965**. "New Textbooks for the 'New' Mathematics." *Engineering and Science*, March, 9.

• **1965**. "Consequences of SU(3) Symmetry in Weak Interactions." In *Symmetries in Elementary*

Particle Physics, III. New York: Ettore Majorana
Academic Press.

• Feynman and Hibbs, Albert R. 1965.
Quantum Mechanics and Path Integrals. New
York: McGraw-Hill.

• **1966**. "What Is Science?" Address to
National Science Teachers Association, 1– April.
Corrected transcript. 저자 입수.

• **1966**. "What Is and What Should Be the
Role of Scientific Culture in Modern Society?"
Supplemento al Nuovo Cimento 4:292.

• **1969**. "What Is Science?" *The Physics
Teacher,* September, 313.

• **1969**. "The Behavior of Hadron Collisions
at Extreme Energies." Talk at Third International
Conference on High Energy Collisions, State
University of New York, 5–6 September. In Yang
et al. 1969, 237.

• **1969**. "Very High-Energy Collisions of
Hadrons." *Physical Review Letters* 23:1415.

• **1970**. "Partons." Talk at Symposium on
the Past Decade in Particle Theory, University of
Texas at Austin, 14–17 April. In Sudarshan and
Ne'eman 1973, 773.

• Thornber, K. K., and Feynman. 1970.
"Velocity Acquired by an Electron in a Finite
Electric Field in a Polar Crystal." *Physical Review*
B10:4099.

• Feynman; Kislinger, M.; and Ravndal,
F. 1971. "Current Matrix Elements from a
Relativistic Quark Model." *Physical Review*
D3:2706.

• **1972**. "Closed Loops and Tree Diagrams." In
Klauder 1972, 355.

• **1972**. "Problems in Quantizing the
Gravitational Field, and the Massless Yang-Mills
Field." In Klauder 1972, 377.

• 1972. *Photon-Hadron Interactions*. New
York: W. A. Benjamin.

• **1972**. *Statistical Mechanics: A Set of
Lectures*. New York: W. A. Benjamin.

• **1972**. "The Proton Under the Electron
Microscope." Oersted Medal Lecture. Manuscript.
저자 입수.

• **1972**. "What Neutrinos Can Tell Us
About Particles." In Proceedings of Neutrino
'72 *Europhysics Conference*. Budapest: OMKD
Technoinform. 1974. "Structure of the Proton."
Talk at Dansk Ingeniorforening, Copenhagen.
Science 183:601.

• **1974**. "Conference Summary." Talk at
International Conference on Neutrino Physics and
Astrophysics,

• Philadelphia, 28 April. Typescript. 캘테크
기록보관소.

• **1975**. "Reminiscences of Wartime Los
Alamos." Talk at University of California at Santa
Barbara. Audio tapes. 미국 물리학회. Edited
version in Engineering and Science, January, 11.
Also in Badash et al. 1980, 105.

• Excerpted in 『Surely You're Joking,
Mr.Feynman!』, 90. [Page references to Badash et
al.]

• **1976**. "Gauge Theories." Lecture at Les
Houches, Session 29.

• **1977**. "Correlations in Hadron Collisions
at High Transverse Momentum." Talk at Orbis
Scientiae 1977, University of Miami, Coral Gables,
Florida.

• Feynman, Field, Richard D.; and Fox,
Geoffrey C. 1977. "Correlations among Particles
and Jets Produced with Large Transverse
Momenta." *Nuclear Physics* B 128:1.

• Field, Richard D., and Feynman. 1977.
"Quark Elastic Scattering as a Source of High
Transverse Momentum." *Physical Review*
D15:2590.

• **1978**. Talk at Julian Schwinger's 60th

birthday celebration. 미국 물리학회.

- Field, Richard D., and Feynman. 1978. "A Parametrization of the Properties of Quark Jets." *Nuclear Physics* B136:1.
- **1981**. "The Qualitative Behavior of Yang-Mills Theory in 2 + 1 Dimensions." *Nuclear Physics* B188:479.
- **1982**. "Simulating Physics with Computers." *International Journal of Theoretical Physics* 21:467.
- **1984**. "Quantum Mechanical Computers." Plenary talk at IQEC-CLEO Meeting, Anaheim, 19 June. Typescript.
- **1985**. 『Surely You're Joking, Mr. Feynman! Adventures of a Curious Character.』 New York: Norton.
- **1985**. 『QED: The Strange Theory of Light and Matter.』 Princeton: Princeton University Press.
- **1986**. "personal Observations of Reliability of Shuttle." In *Report of the Presidential Commission on the Space Shuttle Challenger Accident,* II-F.
- **1987**. "The Reason for Antiparticles." In Feynman and Weinberg 1987, 1.
- **1987**. "Negative Probability." In Hiley and Peat 1987, 235.
- **1987**. "Linear D Dimensional Vector Space." Manuscript. 저자 입수.
- Feynman and Weinberg, Steven. 1987. *Elementary Particles and the Laws of Physics: The 1986 Dirac Memorial Lectures.* Cambridge: Cambridge University Press.
- **1988**. *What Do You Care What Other People Think? Further Adventures of a Curious Character.* New York: Norton.

참고문헌

- Albers, Donald J., and Alexanderson, G. L., eds. 1985. *Mathematical People: Profiles and Interviews.* Boston: Birkhäuser.
- Albert, Robert S., ed. 1983. *Genius and Eminence: The Social Psychology of Creativity and Exceptional Achievement.* New York: Pergamon Press.
- Alt, Franz L. 1972. "Archeology of Computers: Reminiscences, 1945–947." *Communications of the Association for Computing Machinery,* July, 693.
- Anderson, Philip W. 1972. "More Is Different." *Science* 177:393. In Weaver 1987, 3:586.
- Andronikashvili, Elevter L. 1990. *Reflections on Liquid Helium.* Translated by Robert Berman. New York: American Institute of Physics.
- Ascoli, G.; Feldman, G.; Koester, Jr., L. J.; Newton, R.; Riesenfeld, W.; Ross, M.; and Sachs, R. G., eds. 1957. *High Energy Nuclear Physics.* Proceedings of the Seventh Annual Rochester Conference, 15–19 April. New York: Interscience.
- Aspray, William. 1990. *John von Neumann and the Origins of Modern Computing.* Cambridge, Mass.: MIT Press.
- Atomic Energy Commission. 1954. "In the Matter of J. Robert Oppenheimer." Transcript of Hearings before personnel Security Board.
- Badash, Lawrence; Hirschfelder, Joseph O.; and Broida, Herbert P., eds. 1980. *Reminiscences of Los Alamos, 1943–1945.* Dordrecht: Reidel.
- Ballam, J.; Fitch, V L.; Fulton, T; Huang, K.; Rau, R. R.; and Treiman, S. B., eds. 1956. *High Energy Nuclear Physics.* Proceedings of the Sixth Annual Rochester Conference, 3–7 April. New York: Interscience.
- Bashe, Charles J.; Johnson, Lyle R.; Palmer, John H.; and Pugh, Emerson W. 1986. *IBM's Early Computers.* Cambridge, Mass.: MIT Press.
- Battersby, Christine. 1989. *Gender and Genius: Towards a Feminist Aesthetics.* London: Women's Press.
- Benzer, Seymour. 1962. "The Fine Structure of the Gene." *Scientific American,* January, 70.
- Berenda, Carlton W. 1947. "The Determination of Past by Future Events: A Discussion of the Wheeler-Feynman Absorption-Radiation Theory." *Philosophy of Science* 14:13.
- Berkeley, George. 1952. *The Principles of Human Knowledge.* Chicago: University of Chicago Press.
- Berland, Theodore. 1962. *The Scientific Life.* New York: Coward-McCann.
- Bernal, J. D. 1939. *The Social Function of Science.* New York: Macmillan.
- Bernstein, Jeremy. 1967. *A Comprehensible World: On Modern Science and Its Origins.* New York: Random House.
- ———. 1980. *Hans Bethe: Prophet of Energy.* New York: Basic Books.
- ———. 1985. "Retarded Learner: Physicist John Wheeler." *Princeton Alumni Weekly,* 9 October, 28.
- ———. 1987. *The Life It Brings: One Physicist's Beginnings.* New York: Ticknor and Fields.
- ———. 1989. *The Tenth Dimension: An Informal History of High Energy Physics.* New York: McGraw-Hill. Bethe, Hans A. 1979. "The Happy

Thirties." In Stuewer 1979, 11.

• ——. 1988. "Richard Phillips Feynman (1918–988)." *Nature* 332:588. Bethe, Hans A.; Bacher, Robert F.; and Livingston, M. Stanley. 1986. *Basic Bethe: Seminal Articles on Nuclear Physics,* 1936–1937. Los Angeles: Tomash/ American Institute of Physics.

• Bethe, Hans A., and Christy, Robert F. 1944. "Memorandum on the Immediate After Effects of the Gadget," March 30. 로스앨러모스 국립 연구소 기록보관소.

• Beyer, Robert T, and Williams, Jr., A. O. 1957. *College Physics.* Englewood Cliffs, N.J.: Prentice-Hall.

• Bishop, Morris. 1962. *A History of Cornell.* Ithaca, N.Y.: Cornell University Press.

• Bjorken, James D. 1989. "Feynman and Partons." *Physics Today,* February, 56.

• Bloch, Felix. 1976. "Reminiscences of Heisenberg and the Early Days of Quantum Mechanics." *Physics Today,* December, 23.

• Blumberg, Stanley A., and Owens, Gwinn. 1976. *The Life and Times of Edward Teller.* New York: Putnam.

• Boden, Margaret A. 1990. *The Creative Mind: Myths and Mechanisms.* New York: Basic Books.

• Bohm, David, and Peat, F. David. 1987. *Science, Order, and Creativity.* New York: Bantam.

• Bohr, Niels. 1922. Nobel Prize in Physics Award Address, 11 December. In Weaver 1987, 2:315.

• ——. 1928. "New Problems in Quantum Theory: The Quantum Postulate and the Recent Development of Atomic Theory." Nature 121:580.

• ——. 1935. "Can Quantum-Mechanical Description of Physical Reality Be Considered Complete?" *Physical Review* 48:696.

• Bohr, Niels, and Wheeler, John Archibald. 1939. "The Mechanism of Nuclear Fission." *Physical Review* 56:426.

• Boltzman, Ludwig. 1974. *Theoretical Physics and Philosophical Problems.* Edited by Brian McGuinness. Boston: Reidel.

• Bondi, Hermann. 1967. *Assumption and Myth in Physical Theory.* Cambridge: Cambridge University Press.

• Bonner, Francis T., and Phillips, Melba. 1957. *Principles of Physical Science.* Reading, Mass.: Addison-Wesley.

• Born, Max. 1971. *The Born-Einstein Letters: Correspondence between Albert Einstein and Max and Hedwig Born from 1916 to 1955.* Translated by Irene Born. New York: Walker.

• Bosanquet, Bernard. 1923. *Three Chapters on the Nature of Mind.* London: Macmillan.

• Boscovitch, Roger G. 1922. *A Theory of Natural Philosophy.* Translated by J. M. Child. Chicago: Open Court.

• Boslough, John. 1986. "Inside the Mind of John Wheeler." *Reader's Digest,* September, 106.

• Bowerman, Walter G. 1947. *Studies in Genius.* New York: Philosophical Library.

• Boyd, Richard; Gasper, Philip; and Trout, J. D., eds. 1991. *The Philosophy of Science.* Cambridge, Mass.: MIT Press.

• Boyer, Paul. 1985. *By the Bomb's Early Light: American Thought and Culture at the Dawn of the Atomic Age.* New York: Pantheon.

• Bridgman, Percy. 1950. *Reflections of a Physicist.* New York: Philosophical Library.

• ——. 1952. *The Nature of Some of Our Physical Concepts.* New York: Philosophical Library.

• ——. 1961. *The Logic of Modern Physics.* New York: Macmillan.

• Briggs, John. 1988. *Fire in the Crucible:*

The Alchemy of Creative Genius. New York: St. Martin's Press.

• Brillouin, Leon. 1964. Scientific Uncertainty and Information. New York: Academic Press.

• Brode, Bernice. 1960. "Tales of Los Alamos." LASL Community News, 11 August.

• Broglie, Louis de. 1951. "The Concept of Time in Modern Physics and Bergson's Pure Duration." In Bergson and the Evolution of Physics. Knoxville: University of Tennessee Press.

• Bromberg, Joan. 1976. "The Concept of Particle Creation before and after Quantum Mechanics." Historical Studies in the Physical Sciences 7:161.

• Brower, Kenneth. 1978. The Starship and the Canoe. New York: Holt, Rinehart, and Winston.

• Brown, Laurie M.; Dresden, Max; and Hoddeson, Lillian, eds. 1989. Pions to Quarks: Particle Physics in the 1950s. Cambridge: Cambridge University Press.

• Brown, Laurie M., and Hoddeson, Lillian, eds. 1983. The Birth of Particle Physics. Cambridge: Cambridge University Press.

• Brown, Lawrason. 1934. Rules for Recovery from Pulmonary Tuberculosis. Philadelphia: Lea and Feberger.

• Brownell, G. L. 1952. "Physics in South America." Physics Today, July, 5.

• Bunge, Mario. 1979. Causality and Modern Science. New York: Dover.

• Cahn, Robert N., and Goldhaber, Gerson. 1989. The Experimental Foundations of Particle Physics. Cambridge: Cambridge University Press.

• Casimir, Hendrik B. G. 1983. Haphazard Reality: Half a Century of Science. New York: Harper and Row.

• Chamber of Commerce of the Rockaways. 1934. Annual Year Book of the Rockaways. Chandrasekhar, Subrahmanyan. 1987. Truth and Beauty: Aesthetics and Motivations in Science. Chicago: University of Chicago Press.

• Chase, W. Parker. 1932. New York: The Wonder city. Facsimile edition. New York: New York Bund, 1983.

• Chown, Marcus. 1989. "The Heart and Soul of Richard Feynman." New Scientist, 25 February, 65.

• Churchland, Paul M, and Hooker, Clifford A. Images of Science. Chicago: University of Chicago Press.

• Clark, Ronald W. 1971. Einstein: The Life and Times. New York: World.

• Close, F. E. 1979. An Introduction to Quarks and Partons. London: Academic Press.

• Cohen, I. Bernard, ed. 1981. The Conservation of Energy and the Principle of Least Action. New York: Arno Press.

• Cohen, I. Bernard. 1985. Revolution in Science. Cambridge, Mass.: Belknap Press.

• Cohen, Michael. 1991. "It Never Passed Him By." Typescript.

• Cohn, David L. 1943. Love in America. New York: Simon and Schuster.

• Colodny, Robert G. 1965. Beyond the Edge of Certainty: Essays in Contemporary Science and Philosophy. Englewood Cliffs, N.J.: Prentice-Hall.

• Compton, Arthur. 1956. Atomic Quest: A personal Narrative. Chicago: University of Chicago Press.

• Cooper, Necia Grant. 1989. From Cardinals to Chaos: Reflections of the Life and Legacy of Stanislaw Ulam. Cambridge: Cambridge University Press.

• Corey, C. L. 1988. Diary of a Safeman. Facsimile edition. Streamwood, Ill.: National Publishing.

• Crease, Robert P., and Mann, Charles C. 1986. The Second Creation. New York: Macmillan.

• Crick, Francis H. C. 1962. "The Genetic Code." *Scientific American*, October, 66.

• ———. 1966. "The Genetic Code: III." *Scientific American*, October, 55.

• Crick, Francis H. C; Barnett, Leslie; Brenner, Sydney; and Watts-Tobin, R. J. 1961. "General Nature of the Genetic Code for Proteins." *Nature* 192:1227.

• Currie, Robert. 1974. *Genius: An Ideology in Literature*. New York: Schocken.

• Curtin, Deane W. 1980. *The Aesthetic Dimension of Science*. New York: Philosophical Library.

• Curtin, Deane W., ed. 1982. *The Aesthetic Dimension of Science: 1980 Nobel Conference*. New York: Philosophical Library.

• Cvitanovi , Predrag. 1983. *Field Theory*. Copenhagen: Nordita Classics Illustrated.

• Dalai, Siddhartha R.; Fowlkes, Edward B.; and Hoadley, Bruce. 1989. "Risk Analysis of the Space Shuttle: Pre-Challenger Prediction of Failure." *Journal of the American Statistical Association* 84:945.

• Davies, John D. 1973. "The Curious History of Physics at Princeton." *Princeton Alumni Weekly,* 2 October, 8.

• Davies, P. C. W. 1974. %The Physics of Time Asymmetry. Berkeley: University of California Press.

• Davis, Nuel Pharr. 1968. *Lawrence and Oppenheimer*. New York: Simon and Schuster.

• De Hoffmann, Frederic. 1974. "A Novel Apprenticeship." In J. Wilson 1975, 162.

• De Sitter, Willem. 1932. *Kosmos*. Cambridge, Mass.: Harvard University Press.

• Dedmon, Emmett. 1953. *Fabulous Chicago*. New York: Random House.

• Dembart, Lee. 1983. "Nobel Prize: Another Side of the Medal." *Los Angeles Times,* 4 February, 20.

• Descartes, René. 1955. *The Philosophical Works of Descartes*. Translated by E. S. Haldane and G. R. T. Ross. New York: Dover.

• D'Espagnat, Bernard. 1976. *Conceptual Foundations of Quantum Mechanics*. Reading, Mass.: Addison- Wesley.

• ———. 1979. "The Quantum Theory and Reality." *Scientific American*, November, 158.

• Dirac, P. A. M. 1928. "The Quantum Theory of the Electron." Proceedings of the Royal Society of London A117:610.

• ———. 1933. "The Lagrangian in Quantum Mechanics." *Physikalische Zeitschrift der Sowjetunion* 2:64. In Schwinger 1958.

• ———. 1935. *The Principles of Quantum Mechanics*. Second edition. Oxford: Clarendon Press.

• ———. 1946. "Elementary Particles and Their Interactions." Typescript. 프린스턴 대학교 도서관.

• ———. 1971. *The Development of Quantum Theory*. J. Robert Oppenheimer Memorial Prize Acceptance Speech. New York: Gordon and Breach.

• ———. 1975. *Directions in Physics*. New York: Wiley and Sons.

• Dobkowski, Michael N. 1979. *The Tarnished Dream: Basis of American Anti-Semitism*. Westport, Conn.: Greenwood Press.

• Dodd, J. E. 1984. *The Ideas of Particle Physics*. Cambridge: Cambridge University Press.

• Donnelly, Russell. 1991a. *Quantized Vortices in Helium II*. Cambridge: Cambridge University Press.

• ———. 1991b. "The Discovery of Superfluidity." Manuscript.

• Dresden, Max. 1987. *H. A. Kramers: Between Tradition and Revolution*. New York: Springer-Verlag.

• Duff, William. 1767. *An Essay on Original Genius*. A facsimile reproduction edited with an introduction by John L. Mohoney. Gainesville, Pa.: Scholars' Facsimiles and Reprints, 1964.

• Duga, René. 1955. A History of Mechanics. Translated by J. R. Maddox. Neuchatel: Griffon.

• Dye, Lee. 1988. "Nobel Physicist R. P. Feynman of Caltech Dies." *Los Angeles Times,* 16 February, 1.

• Dyson, Freeman. 1944. "Some Guesses in the Theory of Partitions." *Eureka* 8:10.

• ——. 1949a. "The Radiation Theories of Tomonaga, Schwinger, and Feynman." *Physical Review* 75:486. In Schwinger 1958.

• ——. 1949b. "The S-Matrix in Quantum Electrodynamics." *Physical Review* 75:1736. In Schwinger 1958.

• ——. 1952. "Divergence of Perturbation Theory in Quantum Electrodynamics." *Physical Review* 85:631.

• ——. 1965a. "Tomonaga, Schwinger, and Feynman Awarded Nobel Prize for Physics." *Science* 150:588.

• In Weaver 1987, 1:427.

• ——. 1965b. "Old and New Fashions in Field Theory." *Physics Today,* June, 23.

• ——. 1979. *Disturbing the Universe*. New York: Basic Books.

• ——. 1980. "Manchester and Athens." In Curtin 1980, 41.

• ——. 1984. *Weapons and Hope*. New York: Harper and Row.

• ——. 1987. "A Walk through Ramanujan's Garden." Lecture at the Ramanujan Centenary Conference, University of Illinois, 2 June.

• ——. 1988a. Infinite in All Directions. New York: Harper and Row.

• ——. 1988b. "The Lemon and the Cream." Talk prepared for Gemant Award ceremonies, 25 October. Institute for Advanced Study.

• ——. 1989. "Feynman at Cornell." Physics Today, February, 32.

• ——. 1990. "Feynman's Proof of the Maxwell Equations." *American Journal of Physics* 58:209.

• ——. 1992. From Eros to Gaia. New Yoik: Pantheon.

• Earman, John. 1989. *World Enough and Space-Time*. Cambridge, Mass.: MIT Press.

• Eddington, A. S. 1940. *The Nature of the Physical World*. New York: Macmillan.

• Edson, Lee. 1967. "Two Men in Search of the Quark." *New York Times Magazine,* 8 October, 54.

• Einstein, Albert. 1909. "Development of Our Conception of the Nature and Constitution of Radiation." *Physikalishe Zeitschrift* 22:1909. In Weaver 1987, 2:295.

• Einstein, Albert, and Infeld, Leopold. 1938. *The Evolution of Physics: From Early Concepts to Relativity and Quanta*. New York: Dover.

• Erwin, G. S. 1946. *A Guide for the Tuberculous Patient*. New York: Gruneand Stratton.

• Far Rockaway High School. 1932. *History of the Rockaways*. Monograph by the students of Far Rockaway High School. Brooklyn Historical Society.

• Feinberg, Gerald. 1977. *What Is the World Made Of? The Achievements of Twentieth Century Physics*. Garden city, N.Y: Anchor Press.

• Fermi, Enrico. 1932. "Quantum Theory of Radiation." *Reviews of Modern Physics* 4:87.

• Fermi, Enrico, and Yang. C. N. 1949. "Are Mesons Elementary Particles?" *Physical Review* 76:1739.

• Fermi, Laura. 1954. *Atoms in the Family: My Life with Enrico Fermi*. Chicago: University of Chicago Press.

• ——. 1971. *Illustrious Immigrants: The*

Intellectual Migration from Europe 1930–41. Chicago: University of Chicago Press.

• ——. 1980. "The Fermis' Path to Los Alamos." In Badash et al. 1980.

• Ferretti, B., ed. 1958. *Annual International Conference on High Energy Physics at CERN.* Geneva, 30 June–5 July. Geneva: CERN.

• Ferris, Timothy. 1988. *Coming of Age in the Milky Way.* New York: Morrow.

• Fine, Arthur. 1986. *The Shaky Game: Einstein, Realism, and the Quantum Theory.* Chicago: University of Chicago Press.

• ——. 1991. "The Natural Ontological Attitude." In Boyd et al. 1991, 271.

• Flick, Lawrence F 1903. *Consumption a Curable and Preventable Disease.* Philadelphia: McKay.

• Foley, H. M., and Kusch, P. 1948. "On the Intrinsic Moment of the Electron." *Physical Review* 73:412.

• Forman, Paul. 1987. "Behind Quantum Electronics: National Security as a Basis for Physical Research in the United States, 1940–1960." *Historical Studies in the Physical Sciences* 18:149.

• Fox, David. 1952. "The Tiniest Time Traveler." *Astounding Science Fiction* (magazine).

• Francis, Patricia. 1989. "Science as a Way of Seeing: The Case of Richard Feynman." Manuscript, University of Maryland.

• Franklin, Allan. 1979. "The Discovery and Nondiscovery of Parity Nonconservation." *Studies in History and Philosophy of Science* 10:201.

• ——. 1990. *Experiment, Right or Wrong.* Cambridge: Cambridge University Press. Frisch, Otto B. 1979. *What Little I Remember.* Cambridge: Cambridge University Press.

• Galdston, Iago. 1940. *Progress in Medicine: A Critical Review of the Last Hundred Years.* New York: Knopf.

• Galison, Peter Louis. 1979. "Minkowski's Space-Time: From Visual Thinking to the Absolute World." *Historical Studies in the Physical Sciences* 10:85.

• ——. 1987. *How Experiments End.* Chicago: University of Chicago Press.

• Galton, Francis. 1869. *Hereditary Genius: An Inquiry into Its Laws and Consequences.* New York: Horizon Press.

• Gamow, George. 1966. *Thirty Years That Shook Physics: The Story of Quantum Theory.* Garden city, N.Y: Doubleday.

• Gardner, Martin. 1969. *The Ambidextrous Universe.* New York: Mentor.

• ——. 1989. *Hexaflexagons and Other Mathematical Diversions.* Chicago: University of Chicago Press.

• Gay, Peter. 1988. *Freud: A Life for Our Time.* New York: Norton.

• Gell-Mann, Murray. 1953. "Isotopic Spin and New Unstable Particles." *Physical Review* 92:833.

• ——. 1964. "A Schematic Model of Baryons and Mesons." *Physics Letters* 8:214.

• ——. 1982. "Strangeness." *Journal de Physique* 43:395.

• ——. 1983a. "From Renormalizability to Calculability?" In Jackiw et al. 1983, 3.

• ——. 1983b. "Particle Theory from S-Matrix to Quarks." Talk presented at the First International Congress on the History of Scientific Ideas at Sant Feliu de Guixols, Catalunya, Spain.

• ——. 1989a. "Dick Feynman—he Guy Down the Hall." *Physics Today*, February, 50.

• ——. 1989b. Remarks at a Conference Celebrating the Birthday of Murray Gell-Mann, 27–28 January.

• Gell-Mann, Murray, and Ne'eman, Yuval. 1964. *The Eightfold Way.* New York: Benjamin.

• Gemant, Andrew. 1961. *The Nature of the*

Genius. Springfield, Ill.: Charles C. Thomas.

• Gerard, Alexander. 1774. *An Essay on Genius.* London: Strahan.

• Gieryn, Thomas F., and Figert, Anne E. 1990. "Ingredients for a Theory of Science in Society: O-Rings,

• Ice Water, C-Clamp, Richard Feynman and the New York Times." *In Theories of Science and Society.*

• Edited by Susan E. Cozzens and Thomas F. Gieryn. Bloomington, Ind.: Indiana University Press.

• Gilbert, G. Nigel, and Mulkay, Michael. 1984. *Opening Pandora's Box: A Sociological Analysis of Scientists' Discourse.* Cambridge: Cambridge University Press.

• Glashow, Sheldon. 1980. "Towards a Unified Field Theory: Threads in a Tapestry." *Science,* 19 December, 1319.

• ———. 1988. *Interactions: A Journey through the Mind of a Particle Physicist and the Matter of This World.* With Ben Bova. New York: Warner Books.

• Gold, Thomas, ed. 1967. *The Nature of Time.* Ithaca, N.Y.: Cornell University Press.

• Goldstine, Herman H. 1972. *The Computer from Pascal to Von Neumann.* Princeton: Princeton University Press.

• Golovin, N. E. 1963. "The Creative person in Science." In Taylor and Frank 1963, 7.

• Goodstein, David. 1989. "Richard P. Feynman, Teacher." *Physics Today*, February, 70.

• Goodstein, Judith R. 1991. *Millikan's School: A History of the California Institute of Technology.* New York: Norton.

• Gould, Stephen Jay. 1981. *The Mismeasure of Man.* New York: Norton.

• ———. 1983. "Losing the Edge." In *The Flamingo's Smile.* New York: Norton.

• Grattan, C. Hartley. 1933. "Thomas Alva Edison: An American Symbol." *Scribner's Magazine,* September, 151.

• Greenberg, Daniel S. 1967. *The Politics of Pure Science.* New York: New American Library.

• Greenberger, Daniel M., and Overhauser, Albert W. 1980. "The Role of Gravity in Quantum Theory." *Scientific American,* May, 66.

• Gregory, Bruce. 1988. *Inventing Reality.* New York: Wiley and Sons.

• Groueff, Stephane. 1967. Manhattan Project: The Untold Story of the Making of the Atomic Bomb. Boston: Little, Brown.

• Groves, Leslie. 1975. *Now It Can Be Told.* New York: Da Capo.

• Grünbaum, Adolph. 1963. *Philosophical Problems of Space and Time.* New York: Knopf.

• Hanson, Norwood Russell. 1963. *The Concept of the Positron: A Philosophical Analysis.* Cambridge: Cambridge University Press.

• Harris, Theodore E. 1963. *The Theory of Branching Processes.* Englewood Cliffs, N.J.: Prentice-Hall.

• Hartman, Paul. 1984. "The Cornell Physics Department: Recollections and a History of Sorts." Typescript. Cornell University.

• Hawking, Stephen W. 1987. *A Brief History of Time: From the Big Bang to Black Holes.* New York: Bantam.

• Hawkins, David; Truslow, Edith C; and Smith, Ralph Carlisle. 1983. *Project Y: The Los Alamos Story.* Los Angeles: Tomash.

• Heidegger, Martin. 1959. *An Introduction to Metaphysics.* Translated by Ralph Manheim. New Haven, Conn.: Yale University Press.

• Heilbron, J. L., and Seidel, Robert W. 1989. *Lawrence and His Laboratory: A History of the Lawrence Berkeley Laboratory.* Berkeley: University of California Press.

- Heisenberg, Werner, ed. 1946. *Cosmic Radiation: Fifteen Lectures.* Translated by T. H. Johnson. New York: Dover.

- ———. 1971. *Physics and Beyond.* New York: Harper and Row.

- Hempel, Carl G. 1965. *Aspects of Scientific Explanation.* New York: The Free Press.

- Herbert, Nick. 1985. Quantum Reality. Garden city, N.Y.: Anchor Press.

- Hesse, Mary B. 1961. *Forces and Fields: The Concept of Action at a Distance in the History of Physics.* London: Nelson.

- Hewlett, Richard G., and Anderson, Jr., Oscar E. 1962. *The New World, 1939/1946: A History of the United States Atomic Energy Commission.* Volume 1. University Park, Pa.: Pennsylvania State University Press.

- Hiley, B. J., and Peat, F. David. 1987. *Quantum Implications: Essays in Honour of David Bohm.* London: Routledge and Kegan Paul.

- Hillis, W. Daniel. 1989. "Richard Feynman and the Connection Machine." *Physics Today,* February, 78.

- Hofstadter, Douglas R. 1979. *Gödel, Escher, Bach.* New York: Basic Books.

- ———. 1985. *Metamagical Themas.* New York: Basic Books.

- ———. 1991. "Thinking about Thought." *Nature* 349:378.

- Holton, Gerald, ed. 1965. *Science and Culture.* Boston: Houghton Mifflin.

- ———. 1972. *The Twentieth-Century Sciences: Studies in the Biography of Ideas.* New York: Norton.

- ———. 1978. *The Scientific Imagination: Case Studies.* Cambridge: Cambridge University Press.

- ———. 1988. *Thematic Origins of Scientific Thought: Kepler to Einstein.* Revised edition. Cambridge, Mass.: Harvard University Press.

- Hood, Edwin Paxton. 1851. *Genius and Industry: The Achievements of Mind Among the Cottages.* London: Partridge and Oakey.

- Hudson, Liam, ed. 1970. The Ecology of Human Intelligence. London: Penguin.

- Huxley, Thomas H. 1897. *Discourses: Biological and Geological Essays.* New York: Appleton.

- Hyman, Anthony. 1982. *Charles Babbage: Pioneer of the Computer.* Oxford: Oxford University Press.

- Infeld, Leopold. 1950. *Albert Einstein: His Work and Influence on Our World.* New York: Scribner.

- Jaki, Stanley L. *The Relevance of Physics.* Chicago: University of Chicago Press.

- Jackiw, Roman; Khuri, Nicola N.; Weinberg, Steven; and Witten, Edward, eds. 1983. *Shelter Island II: Proceedings of the 1983 Shelter Island Conference on Quantum Field Theory and the Fundamental Problems of Physics.* Cambridge, Mass.: MIT Press.

- James, William. 1917. *Selected Papers on Philosophy.* London: Dent.

- Jammer, Max. 1966. *The Conceptual Development of Quantum Mechanics.* New York: McGraw-Hill.

- ———. 1974. The *Philosophy of Quantum Mechanics: The Interpretations of Quantum Mechanics in Historical perspective.* New York: Wiley and Sons.

- Jeans, Sir James. 1943. *Physics and Philosophy.* Cambridge: Cambridge University Press.

- Jette, Eleanor. 1977. *Inside Box 1663.* Los Alamos, N.M.: Los Alamos Historical Society.

- Johnson, Charles W., and Jackson, Charles O. 1981. *city Behind a Fence: Oak Ridge, Tennessee, 1942–1946.* Knoxville: University of Tennessee.

• Jourdain, Philip E. B. 1913. *The Principle of Least Action*. Chicago: Open Court.

• Judson, Horace Freeland. 1979. *The Eighth Day of Creation: The Makers of the Revolution in Biology*. New York: Simon and Schuster.

• Jungk, Robert. 1956. *Brighter Than a Thousand Suns*. New York: Harcourt.

• Jungnickel, Christa; and McCormmach, Russell. 1986. *The Now Mighty Theoretical Physics*. Chicago: University of Chicago Press.

• Kac, Mark. 1985. *Enigmas of Chance*. New York: Harper and Row.

• Kamen, M. D. 1985. *Radiant Science, Dark Politics*. Berkeley: University of California Press.

• Kargon, Robert H. 1977. "Temple to Science: Cooperative Research and the Birth of the California Institute of Technology." *Historical Studies in the Physical Sciences* 8:3.

• Kazin, Alfred. 1951. A *Walker in the city*. New York: Harcourt, Brace.

• Kevles, Daniel. 1987. *The Physicists: The History of a Scientific Community in Modern America*. Cambridge, Mass.: Harvard University Press.

• ——. 1990. "Cold War and Hot Physics: Science, Security, and the American State, 1945–6." *Historical Studies in the Physical Sciences* 20:239.

• Klauder, John R., ed. 1972. *Magic Without Magic: John Archibald Wheeler*. San Francisco: W. H. Freeman.

• Kragh, Helge. 1989. *Dirac: A Scientific Biography*. Cambridge: Cambridge University Press.

• Kroll, Norman M., and Lamb, Willis E. 1949. "On the Self-Energy of a Bound Electron." *Physical Review* 75:388.

• Kuhn, T. S. 1962. *The Structure of Scientific Revolutions*. Chicago: University of Chicago Press.

• ——. 1977. *The Essential Tension*. Chicago: University of Chicago Press.

• ——. 1978. *Black Body Theory and the Quantum Discontinuity, 1894–1912*. Oxford: Clarendon Press.

• Kunetka, James W. 1979. *city of Fire*. Albuquerque: University of New Mexico Press.

• Kursunoglu, Behram N., and Wigner, Eugene P. 1987. *Reminiscences about a Great Physicist: Paul Adrien Maurice Dirac*. Cambridge: Cambridge University Press.

• La Belle, Jenijoy. 1989. "The Piper and the Physicist." *Engineering and Science*, Fall, 25.

• LaFollette, Marcel C. 1990. *Making Science Our Own: Public Images of Science 1910–1955*. Chicago: University of Chicago Press.

• Lamb, Willis. 1980. "The Fine Structure of Hydrogen." In Brown and Hoddeson 1983, 311.

• Landsberg, P. T., ed. 1982. *The Enigma of Time*. Bristol: Adam Hilger.

• Laurence, William L. 1959. *Men and Atoms*. New York: Simon and Schuster.

• Leighton, Ralph. 1991. *Tuva or Bust! Richard Feynman's Last Journey*. New York: Norton.

• Lentricchia, Frank. 1980. *After the New Criticism*. Chicago: University of Chicago.

• Leplin, J., ed. 1984. *Scientific Realism*. Berkeley: University of California Press.

• Lewis, Gilbert N. 1930. "The Symmetry of Time in Physics." In Landsberg 1982, 37.

• Lifshitz, Eugene M. 1958. "Superfluidity." *Scientific American*, June, 30.

• Lindsay, Robert Bruce. 1940. *General Physics for Students of Science*. New York: Wiley and Sons.

• Lipset, Seymour Martin, and Ladd, Jr., Everett Carll. 1971. "Jewish Academics in the United States." *American Jewish Yearbook*, 89.

• Lombroso, Cesare. 1891. *The Man of Genius*.

London: Walter Scott.

- Lopes, J. Leite. 1988. "Richard Feynman in Brazil: Recollections." Manuscript.

- Lopes, J. Leite, and Feynman, Richard. 1952. "On the Pseudoscalar Meson Theory of the Deuteron." *Symposium on New Research Techniques in Physics,* 251.

- Macfarlane, Gwyn. 1984. *Alexander Fleming: The Man and the Myth.* London: Hogarth Press.

- Mach, Ernst. 1960. *The Science of Mechanics: A Critical and Historical Account of Its Development.* Translated by Thomas J. McCormack. Lasalle, Ill.: Open Court.

- Maddox, John. 1988. "The Death of Richard Feynman." *Nature* 331:653.

- Mann, Thomas. 1927. *The Magic Mountain.* Translated by H. T. Lowe-Porter. New York: Modern Library.

- Marshak, Robert E. 1970. "The Rochester Conferences." *Bulletin of the Atomic Scientists,* June.

- Masters, Dexter, and Way, Katharine, eds. 1946. *One World or None: A Report to the Public on the Full Meaning of the Atomic Bomb.* New York: McGraw-Hill.

- Maugham, W. Somerset. 1947. "Sanatorium." In *Creatures of Circumstance.* London: Heinemann.

- Mead, Margaret. 1949. *Male and Female: A Study of the Sexes in a Changing World.* New York: Morrow.

- Medawar, Peter Brian. 1969. *Induction and Intuition in Scientific Thought.* Philadelphia: American Philosophical Society.

- Mehra, Jagdish, ed. 1973. *The Physicist's Conception of Nature.* Dordrecht: Reidel.

- Mehra, Jagdish. 1988. "My Last Encounter with Richard Feynman." Talk at Department of Physics, Cornell University, 24 February.

- Melsen, Andrew G. van. 1952. *From Atomos to Atom: The History of the Concept "Atom."* Translated by Henry J. Koren. Pittsburgh, Duquesne University Press.

- Mendenhall, C. E.; Eve, A. S,; Keys, D. A.; and Sutton, R. M. 1950. *College Physics.* Boston: Heath.

- Menge, Edward J. v. K. 1932. *Jobs for the College Graduate in Science.* New York: Bruce.

- Mermin, N. David. 1985. "Is the Moon There When Nobody Looks? Reality and the Quantum Theory." *Physics Today,* April, 38.

- Merton, Robert K. 1961. "The Role of Genius in Scientific Advance." *New Scientist* 259: 306. In Hudson 1970, 70.

- ——. 1973. *The Sociology of Science: Theoretical and Empirical Investigations.* Chicago: University of Chicago Press.

- Metropolis, Nicholas. 1990. "The Los Alamos Experience, 1943–954." In Nash 1990.

- Metropolis, Nicholas, and Nelson, E. C. 1982. "Early Computing at Los Alamos." *Annals of the History of Computing* 4:348.

- Michels, Walter C. 1948. "Women in Physics." *Physics Today,* December, 16.

- Miller, Arthur I. 1984. *Imagery in Scientific Thought: Creating Twentieth-Century Physics.* Boston: Birkhäuser.

- ——. 1985. "Werner Heisenberg and the Beginning of Nuclear Physics." *Physics Today,* November, 60.

- Millikan, Robert Andrews. 1947. *Electrons (+ and –) Protons, Photons, Neutrons, Mesotrons, and Cosmic Rays.* Chicago: University of Chicago Press.

- Millikan, Robert Andrews; Roller, Duane; and Watson, Earnest Charles. 1937. *Mechanics, Molecular Physics, Heat, and Sound.* Boston: Ginn.

Mizener, Arthur. 1949. *The Far Side of Paradise*. Boston: Houghton Mifflin.

Morris, Richard. 1984. *Time's Arrows: Scientific Attitudes toward Time*. New York: Simon and Schuster.

Morrison, Philip. 1946. "If the Bomb Gets Out of Hand." In Masters and Way 1946.

———. 1985. Review of *Surely You're Joking, Mr. Feynman!* In *Scientific American,* May, 41.

[Morrison, Philip.] 1988. "Richard P. Feynman 1918–988." *Scientific American,* June, 38.

Morse, Philip. 1977. *In at the Beginnings: A Physicist's Life*. Cambridge, Mass.: MIT Press.

Moss, Norman. 1987. *Klaus Fuchs*. London: Grafton.

Murray, Francis J. 1961. *Mathematical Machines*. New York: Columbia University Press.

Nash, Stephen G., ed. 1990. A *History of Scientific Computing*. New York: ACM. *New Yorker.* 1988. "Richard Feynman." 14 March, 30.

Nisbet, Robert. 1980. *History of the Idea of Progress*. New York: Basic Books.

Noyes, H. P.; Hafner, E. M.; Yekutieli, C; and Raz, B. J., eds. *High Energy Nuclear Physics*. Proceedings of the Fifth Annual Rochester Conference, 31 January–2 February. New York: Interscience.

Nye, Mary Jo, ed. 1984. *The Question of the Atom*. Los Angeles: Tomash.

Obler, Loraine K., and Fein, Deborah, eds. 1988. *The Exceptional Brain: Neuropsy-chology of Talent and Special Abilities*. New York: Guilford Press.

Ochse, R. 1990. *Before the Gates of Excellence: The Determinants of Creative Genius*. Cambridge: Cambridge University Press.

Oppenheimer, J. Robert. 1945. Speech to the Association of Los Alamos Scientists, 2 November. In Smith and Weiner 1980, 315.

———. 1948. "Electron Theory." In Schwinger 1958.

Osgood, Charles G., ed. 1947. *The Modern Princeton*. Princeton: Princeton University Press.

Osgood, Charles G. 1951. *Lights in Nassau Hall*. Princeton: Princeton University Press.

Pais, Abraham. 1982. *"Subtle Is the Lord": The Science and the Life of Albert Einstein*. Oxford: Oxford University Press.

———. 1986. *Inward Bound*. Oxford: Oxford University Press.

———. 1991. *Niels Bohr's Times, in Physics, Philosophy, and Polity*. Oxford: Oxford University Press.

Park, David. 1988. *The How and the Why*. Princeton: Princeton University Press.

Peierls, Rudolf. 1985. *Bird of Passage*. Princeton: Princeton University Press.

Perutz, Max. 1989. *Is Science Necessary?* Oxford: Oxford University Press.

Pickering, Andrew. 1984. *Constructing Quarks: A Sociological History of Particle Physics*. Edinburgh: Edinburgh University Press.

Polkinghorne, John C. 1980. *Models of High Energy Processes*. Cambridge: Cambridge University Press.

———. 1989. *Rochester Roundabout: The Story of High Energy Physics*. New York: W. H. Freeman.

———. 1990. "Chaos and Cosmos: A Theological Approach." Talk at Nobel Symposium, St. Peter, Minn.

Pollard, Ernest C. 1982. *Radiation: One Story of the MIT Radiation Laboratory*. Durham, N.C.: Woodbum Press.

Popper, Karl. 1958. *The Logic of Scientific Discovery*. London: Hutchinson.

Presidential Commission on the Space Shuttle Challenger Accident. 1986. *Report of the Presidential Commission on the Space Shuttle*

Challenger Accident. Washington, D.C.

• Princeton University. 1946. *The Future of Nuclear Science.* Princeton University Bicentennial Conferences: Series I, Conference I. Princeton: Princeton University Press.

• Putnam, Hilary. 1965. "A Philosopher Looks at Quantum Mechanics." In Colodny 1965, 75.

• Quine, W. V. 1969. *Ontological Relativity.* New York: Columbia University Press.

• ———. 1987. Quiddities: *An Intermittently Philosophical Dictionary.* Cambridge, Mass.: Belknap Press.

• Rabi, Isidor Isaac. 1970. *Science: The Center of Culture.* New York: World.

• Regis, Ed. 1987. *Who Got Einstein's Office?: Eccentricity and Genius at the Institute for Advanced Study.* Reading, Mass.: Addison Wesley.

• ———. 1990. *Great Mambo Chicken and the Transhuman Condition.* Reading, Mass.: Addison-Wesley.

• Reichenbach, Hans. 1956. *The Direction of Time.* Berkeley: University of California Press.

• Reid, Hiram Alvin. 1895. *History of Pasadena.* Pasadena: Pasadena History Company.

• Reid, R. W. 1969. *Tongues of Conscience: Weapons Research and the Scientists' Dilemma.* New York: Walker and Company.

• Reid, T. R. 1984. *The Chip: How Two Americans Invented the Microchip and Launched a Revolution.* New York: Simon and Schuster.

• Reingold, Nathan, and Reingold, Ida H., eds. 1981. *Science in America: A Documentary History 1900–1919.* Chicago: University of Chicago Press.

• Rhodes, Richard. 1987. *The Making of the Atomic Bomb.* New York: Simon and Schuster.

• Rigden, John S. 1987. *Rabi: Scientist and citizen.* New York: Basic Books.

• Riordan, Michael. 1987. *The Hunting of the Quark.* New York: Simon and Schuster.

• Root-Bernstein, Robert Scott. 1989. *Discovering: Inventing and Solving Problems at the Frontiers of Scientific Knowledge.* Cambridge, Mass.: Harvard University Press.

• Sakharov, Andrei. 1990. *Memoirs.* Translated by Richard Lourie. New York: Knopf.

• Salam, Abdus, and Strathdee, J. 1972. "The Path-Integral Quantization of Gravity." In *Aspects of Quantum Theory.* Edited by Abdus Salam and E. P. Wigner. Cambridge: Cambridge University Press.

• Sanchez, George I. 1961. *Arithmetic in Maya.*

• Scheid, Ann. 1986. *Pasadena: Crown of the Valley.* Northridge, Calif.: Windsor.

• Schlossberg, David. 1988. *Tuberculosis.* Second edition. New York: Springer-Verlag.

• Schrödinger, Erwin. 1967. *What Is Life?* Cambridge: Cambridge University Press.

• Schucking, Engelbert L. 1990. "Views from a Distant Past." In *General Relativity and Gravitation* 1989. Edited by Neil Ashby. Cambridge: Cambridge University Press.

• Schwartz, Joseph. 1992. *The Creative Moment: How Science Made Itself Alien to Modern Culture.* New York: HarperCollins.

• Schweber, Silvan S. 1983. "A Short History of Shelter Island I." In Jackiw et al. 1983, 301.

• ———. 1986a. "Feynman and the Visualization of Space-Time Processes." *Reviews of Modern Physics,* 58:449.

• ———. 1986b. "The Empiricist Temper Regnant: Theoretical Physics in the United States 1920–950." *Historical Studies in the Physical and Biological Sciences* 17:1.

• ———. 1986c. "Shelter Island, Pocono, and Oldstone: The Emergence of American Quantum Electrodynamics after World War II." *Osiris* 2:265.

• ———. 1989. "The Young Slater and the

Development of Quantum Chemistry." *Historical Studies in the Physical and Biological Sciences* 20:339

● ——. Forthcoming. *QED: 1946–1950: An American Success Story.* Manuscript.

● Schwinger, Julian. 1934. "On the Interaction of Several Electrons." Typescript. Courtesy of Schwinger.

● ——, ed. 1958. *Selected Papers on Quantum Electrodynamics.* New York: Dover.

● ——. 1973. "A Report on Quantum Electrodynamics." In Mehra 1973, 413.

● ——. 1983. "Renormalization Theory of Quantum Electrodynamics: An Individual View." In Brown and Hoddeson 1983.

● ——. 1989. "A Path to Quantum Electrodynamics." *Physics Today,* February, 42.

● Segrè, Emilio. 1970. *Enrico Fermi: Physicist.* Chicago: University of Chicago.

● ——. 1980. *From X-Rays to Quarks: Modern Physicists and Their Discoveries.* Berkeley, Calif.: W. H. Freeman.

● Sharpe, William. 1755. *A Dissertation Upon Genius.* Reprint, with introduction by William Bruce Johnson. Delmar, N.Y.: Scholars' Facsimiles and Reprints, 1973.

● Sheppard, R. Z. 1985. "The Wonderful Wizard of Quark." *Time,* 7 January, 91.

● Shryock, Richard Harrison. 1947. *The Development of Modern Medicine.* New York: Knopf.

● Shuttle Criticality Review Hazard Analysis Audit Committee. 1988. *Post-Challenger Evaluation of Space Shuttle Risk Assessment and Management.* Washington, D.C.: National Academy of Sciences Press.

● Silberman, Charles E. 1985. *A Certain People: American Jews and Their Lives Today.* New York: Summit.

● Simonton, Dean Keith. 1984. *Genius, Creativity, and Leadership: Historiometric Inquiries.* Cambridge, Mass.: Harvard University Press.

● ——. 1989. *Scientific Genius.* Cambridge: Cambridge University Press.

● Sitwell, Edith. 1943. *Street Songs.* London: Macmillan.

● ——. 1987. *Façade.* London: Duckworth.

● Sklar, Lawrence. 1974. *Space, Time, and Spacetime.* Berkeley: University of California Press.

● Slater, John C. 1955. *Modern Physics.* New York: McGraw-Hill.

● ——. 1963. *Quantum Theory of Molecules and Solids.* Vol. 1. New York: McGraw-Hill.

● ——. 1975. *Solid-State and Molecular Theory: A Scientific Biography.* New York: Wiley and Sons.

● Slater, John C, and Frank, Nathaniel H. 1933. *Introduction to Theoretical Physics.* New York: McGraw-Hill.

● Smith, Alice Kimball. 1965. A *Peril and a Hope: The Scientists' Movement in America 1945–7.* Chicago: University of Chicago Press.

● Smith, Alice Kimball, and Weiner, Charles. 1980. *Robert Oppenheimer: Letters and Reflections.* Cambridge, Mass.: Harvard University Press.

● Smith, Cyril Stanley. 1981. A *Search for Structure.* Cambridge, Mass.: MIT Press.

● Smith, F. B. 1988. *The Retreat of Tuberculosis 1850–1950.* London: Croom Helm.

● SMYth, H. D. 1945. *Atomic Energy for Military Purposes.* Princeton: Princeton University Press.

● SMYth, H. D., and Wilson, Robert R. 1942. "The Isotron Method." Isotron Report no. 18, 20 August. H. D. Smyth, 미국 철학회.

● Snow, C. P. 1981. *The Physicists.* Boston: Little, Brown.

● Solomon, Saul. 1952. *Tuberculosis.* New

York: Coward-McCann.

• Sopka, Katherine Russell. 1980. *Quantum Physics in America: 1920–1935*. New York: Arno Press.

• Stabler, Howard P. 1967. "Teaching from Feynman." *Physics Today*, March, 47.

• Starr, Kevin. 1985. *Inventing the Dream: California through the Progressive Era*. Oxford: Oxford University Press.

• Steinberg, Stephen. 1971. "How Jewish Quotas Began." *Commentary,* September.

• Stigler, George. 1985. "Sex and the Single Physicist." *Wall Street Journal,* 3 May, 21.

• Storch, Sylvia. 1966. "A Nobel-Prize Winner Comes Home." *Highpoints* (Board of Education of the city of New York), June, 5.

• Stückelberg, E. C. G. 1941. "Remarque àpropos de la Crétion de Paires de Particules en Thérie de Relativité." *Helvetica Physica Acta* 14:588.

• Stuewer, Roger H. 1975. "G. N. Lewis on Detailed Balancing, the Symmetry of Time, and the Nature of Light." *Historical Studies in the Physical Sciences* 6:469.

• Stuewer, Roger H., ed. 1979. *Nuclear Physics in Retrospect: Proceedings of a Symposium on the 1930s*. Minneapolis: University of Minnesota Press.

• Sudarshan, E. C. G. 1983. "Midcentury Adventures in Particle Physics." In Brown et al. 1989, 40.

• Sudarshan, E. C. G, and Marshak, Robert E. 1984. "Origin of the V-A Theory." Talk at International

• Conference on Fifty Years of Weak Interactions, Racine, Wis., 29 May–1 June.

• Sudarshan, E. C. G., and Ne'eman, Yuval, eds. 1973. The Past Decade in Particle Theory. London: Gordon and Breach.

• Sudarshan, E. C. G.; Tinlot, J. H.; and

Melissinos, A. C., eds. 1960. *Proceedings of the 1960 Annual International Conference on High Energy Physics at Rochester*. 25 August–1 September. New York: Interscience.

• Taylor, Calvin, and Barron, Frank, eds. 1963. *Scientific Creativity: Its Recognition and Development*. New York: Wiley and Sons.

• Taylor, J. C. 1976. *Gauge Theories of Weak Interactions*. Cambridge: Cambridge University Press.

• Teich, Malvin C. 1986. "An Incessant Search for New Approaches." *Physics Today,* September, 61.

• Telegdi, Valentine L. 1972. "Crucial Experiments on Discrete Symmetries." In Mehra 1973, 457.

• Teller, Michael E. 1988. *The Tuberculosis Movement: A Public Health Campaign in the Progressive Era*. New York: Greenwood Press.

• Tobey, Ronald C. 1971. *The American Ideology of National Science 1919–1930*. Pittsburgh: University of Pittsburgh Press.

• Tomonaga, Shin'ichiro. 1966. "Development of Quantum Electrodynamics: personal Recollections." In *Nobel Lectures: Physics 1963–1970*. Amsterdam: Elsevier.

• Torretti, Roberto. 1990. *Creative Understanding: Philosophical Reflections on Physics*. Chicago: University of Chicago Press.

• Toulmin, Stephen. 1953. *The Philosophy of Science*. New York: Harper and Row.

• Traweek, Sharon. 1988. *Beamtimes and Lifetimes: The World of High Energy Physicists*. Cambridge, Mass.: Harvard University Press.

• Tricker, R. A. R. 1966. *The Contributions of Faraday and Maxwell to Electrical Science*. Oxford: Pergamon Press.

• Trigg, George L. 1975. *Landmark Experiments in Twentieth Century Physics.* New

York: Crane, Russak.

• Ulam, Stanislaw M. 1976. *Adventures of a Mathematician*. New York: Scribner.

• Underwood, E. Ashworth. 1937. *Manual of Tuberculosis for Nurses and Public Health Workers*. Second edition. Edinburgh: E. & S. Livingstone.

• Von Neumann, John. 1955. *Mathematical Foundations of Quantum Mechanics*. Princeton: Princeton University Press.

• Waksman, Selman A. 1964. *The Conquest of Tuberculosis*. Berkeley: University of California Press.

• Watson, James D. 1968. *The Double Helix*. New York: Atheneum.

• Weart, Spencer R. 1988. *Nuclear Fear: A History of Images*. Cambridge, Mass.: Harvard University Press.

• Weaver, Jefferson Hane, ed. 1987. *The World of Physics*. 3 volumes. New York: Simon and Schuster.

• Weinberg, Steven. 1977a. "The Search for Unity: Notes for a History of Quantum Field Theory." *Daedalus* 106:17.

• ——. 1977b. *The First Three Minutes: A Modern View of the Origin of the Universe*. New York: Basic Books.

• ——. 1981. "Einstein and Spacetime: Then and Now." *Proceedings of the American Philosophical Society* 125:20.

• ——. 1987. "Towards the Final Laws of Physics." In Feynman and Weinberg 1987, 61.

• Weisskopf, Victor F. 1947. "Foundations of Quantum Mechanics: Outline of Topics for Discussion." Typescript. OPP.

• ——.1980. "Growing Up with Field Theory: The Development of Quantum Electrodynamics." In Brown and Hoddeson 1983, 56.

• ——. 1991. *The Joy of Insight: Passions of a Physicist*. New York: Basic Books.

• Welton, T. A. 1983. "Memories." Manuscript. 캘테크 기록보관소.

• Weyl, Hermann. 1922. *Space—Time—Matter*. Translated by Henry L. Brose. New York: Dover.

• ——. 1949. *Philosophy of Mathematics and Natural Science*. Princeton: Princeton University Press.

• ——. 1952. *Symmetry*. Princeton: Princeton University Press.

• Wheeler, John Archibald. 1948. "Conference on Physics: Pocono Manor, Pennsylvania, 30 March–April, 1948." Mimeographed notes.

• ——. 1979a. "Some Men and Moments in the History of Nuclear Physics." In Stuewer 1979, 217.

• ——. 1979b. "Beyond the Black Hole." In Woolf 1980, 341.

• ——. 1985 "Not Consciousness, but the Distinction between the Probe and the Probed, as Central to the Elemental Quantum Act of Observation." Lecture at the annual meeting of the American Association for the Advancement of Science, 8 January.

• ——. 1989. "The Young Feynman." *Physics Today*, February, 24.

• Wheeler, John Archibald, and Ruffini, Remo. 1971. "Introducing the Black Hole." *Physics Today*, 24.

• Wheeler, John Archibald, and Wigner, Eugene P. 1942. Report of the Readers of Richard P. Feynman's Thesis on "The Principle of Least Action in Quantum Mechanics." Typescript, 프린스턴 대학교 도서관.

• Wheeler, John Archibald, and Zurek, Wojciech Hibert. 1983. *Quantum Theory and Measurement*. Princeton: Princeton University Press.

• White, D. Hywel; Sullivan, Daniel; and Barboni, Edward J. 1979. "The Interdependence of

Theory and Experiment in Revolutionary Science: The Case of Parity Violation." *Social Studies of Science* 9:303.

• Whitrow, G. J. 1980. *The Natural Philosophy of Time*. Oxford: Clarendon Press.

• Wiener, Norbert. 1956. *I Am a Mathematician: The Later Life of a Prodigy*. Garden city, N.Y.: Doubleday.

• Wigner, Eugene P., ed. 1947. *Physical Science and Human Values*. Princeton Bicentennial Conference on the Future of Nuclear Science. Princeton: Princeton University Press.

• Williams, L. Pearce. 1966. *The Origins of Field Theory*. New York: Random House.

• Williams, Michael R. 1985. *A History of Computing Technology*. Englewood Cliffs, N.J.: Prentice-Hall.

• Williams, Robert Chadwell. 1987. *Klaus Fuchs, Atom Spy*. Cambridge, Mass.: Harvard University Press.

• Wilson, Jane, ed. 1975. *All in Our Time: The Reminiscences of Twelve Nuclear Pioneers*. Chicago: Educational Foundation for Nuclear Sciences.

• Wilson, Robert R. 1942. "Isotope Separator: General Description." Isotron Report no. 1. H. D. Smyth, 미국 철학회.

• ——. 1958. Review of *Brighter Than a Thousand Suns. In Scientific American,* December, 145.

• ——. 1972. "My Fight Against Team Research." In Holton 1972, 468.

• ——. 1974. "A Recruit for Los Alamos." In J. Wilson 1975, 142.

• Woolf, Harry, ed. 1980. *Some Strangeness in the Proportion: A Centennial Symposium to Celebrate the Achievements of Albert Einstein*. Reading, Mass.: Addison-Wesley.

• Wright, Kenneth W.; Monroe, James; and

Beck, Frederick. 1990. "A History of the Ray Brook State Tuberculosis Hospital." *New York State Journal of Medicine* 90, 406.

• Yang, Chen Ning. 1957. "The Law of Parity Conservation and Other Symmetry Laws in Physics." Nobel lecture, 11 December 1957. In *Nobel Lectures: Physics*. Amsterdam: Elsevier, 1964.

• ——. 1962. *Elementary Particles: A Short History of Some Discoveries in Atomic Physics*. Princeton: Princeton University Press.

• ——. 1983. "Particle Physics in the Early 1950s." In Brown et al. 1989, 40.

• Yang, Chen Ning.; Cole, J. A.; Good, M.; Hwa, R.; and Lee-Franzini, J., eds. 1969. *High Energy Collisions: Third International Conference*. London: Gordon and Breach.

• Yukawa, Hideki. 1973. *Creativity and Intuition: A Physicist Looks East and West*. Translated by John Bester. Tokyo: Kodansha.

• Zeman, Jin, ed. 1971. *Time in Science and Philosophy*. Amsterdam: Elsevier.

• Ziman, John. 1978. *Reliable Knowledge: An Exploration of the Grounds for Belief in Science*. Cambridge: Cambridge University Press.

• ——. 1992. "Unknotting Epistemology." *Nature* 355:408.

• Zuckerman, Harriet. 1977. *Scientific Elite: Nobel Laureates in the United States*. New York: The Free Press.

• Zurek, Wojciech Hubert; van der Merwe, Alwyn; and Miller, Warner Allen, eds. 1988. *Between Quantum and Cosmos: Studies and Essays in Honor of John Archibald Wheeler*. Princeton: Princeton University Press.

• Zweig, George. 1981. "Origins of the Quark Model." In *Baryon '80: Proceedings of the Fourth International Conference on Baryon Resonances*. Toronto: University of Toronto Press.

찾아보기

제임스 글릭James Gleick

1954년 미국 뉴욕에서 태어났다. 하버드 대학교에서 문학과 언어학을 공부했으며, 뉴욕 타임스에서 10여 년간 기자와 편집자로 일했다. 과학자들의 생애와 과학에 대해 주로 글을 쓰는 글릭은 《뉴욕 타임스》에 미첼 파이겐바움, 스티븐 제이 굴드, 더글러스 호프스태터, 브누아 망델브로 등에 대해 썼고, 이 외에도 《뉴요커》, 《슬레이트》, 《워싱턴포스트》에 글을 썼다. 또한 BEST AMERICAN SCIENCEWRITING 시리즈의 초대 편집자를 지내기도 했다.

글릭은 미국에서만 100만 부 이상 판매된 교양과학서의 베스트셀러 『카오스』로 '나비 효과'를 전 세계에 각인시킨 뛰어난 교양과학 작가이다. 『인포메이션』은 《타임》, 《뉴욕 타임스》, 《LA 타임스》 선정 올해의 책, 《뉴욕 타임스》 베스트셀러가 되었으며, PEN/에드워드 윌슨 과학저술상, 영국왕립학회 과학도서상, 살롱 북 어워드, 헤셀-틸먼상 등을 수상했다. 지은 책으로 『인포메이션』, 『카오스』, 『제임스 글릭의 타임 트래블』, 『아이작 뉴턴』 등이 있다.

옮긴이 양병찬

서울대학교 경영학과와 동 대학원을 졸업한 후 대기업에서 직장 생활을 하다 진로를 바꿔 중앙대학교에서 약학을 공부했다. 약사로 활동하며 틈틈이 의약학과 생명과학 분야의 글을 번역했다. 최근에는 생명과학 분야 전문 번역가로 활동하며 포항공과대학교 생물학연구정보센터(BRIC)바이오통신원으로, 《네이처》와 《사이언스》 등 해외 과학저널에 실린 의학 및 생명과학 기사를 번역해 최신 동향을 소개했다. 진화론의 교과서로 불리는 『센스 앤 넌센스』와 알렉산더 폰 훔볼트를 다룬 화제작 『자연의 발명』을 번역했고, 『아름다움의 진화』로 한국출판문화상 번역상을 수상했다. 그 외에 옮긴 책으로 『완전히 새로운 공룡의 역사』, 『텐 드럭스』, 『마지막 고래잡이』, 『과학자 아리스토텔레스의 생물학 여행 라군』 등이 있다.

옮긴이 김민수

고려대학교 물리학과를 졸업하고, 미국 뉴욕 주립 대학교에서 물리학 박사학위를 받았다. 이후 연세대학교에서 신소재 반도체 소자 관련 연구에 참여했다. 번역은 해외 기술사들과의 동시통역과 자료 번역 작업을 계기로 시작했다. 고려대학교 번역전문가 과정(KU-STP)과 《한겨레》 주관 번역작가양성과정을 밟았다. 과학 및 과학기술사가 주요 관심 분야다.

파인먼 평전

괴짜 물리학자가 남긴 현대 물리학의 위대한 이정표

ⓒ제임스 글릭, 2023 Printed in Seoul, Korea

초판 1쇄 찍은날 2023년 1월 25일
초판 1쇄 펴낸날 2023년 2월 1일

지은이	제임스 글릭
옮긴이	양병찬·김민수
펴낸이	한성봉
편집	최창문·이종석·조연주·오시경·이동현·김선형
콘텐츠제작	안상준
디자인	정명희
마케팅	박신용·오주형·강은혜·박민지·이예지
경영지원	국지연·강지선
펴낸곳	도서출판 동아시아
등록	1998년 3월 5일 제1998-000243호
주소	서울시 중구 퇴계로 30길 15-8 [필동1가 26] 무석빌딩 2층
페이스북	www.facebook.com/dongasiabooks
전자우편	dongasiabook@naver.com
블로그	blog.naver.com/dongasiabook
인스타그램	www.instargram.com/dongasiabook
전화	02) 757-9724, 5
팩스	02) 757-9726

ISBN	978-89-6262-480-9 03420

만든 사람들

책임편집	이지경
표지 디자인	최세정
본문 디자인	안성진